生活垃圾焚烧锅炉工程基础

白良成　徐文龙　编著

中国建筑工业出版社

图书在版编目（CIP）数据

生活垃圾焚烧锅炉工程基础 / 白良成，徐文龙编著
. —北京：中国建筑工业出版社，2021.2
ISBN 978-7-112-25910-6

Ⅰ．①生… Ⅱ．①白… ②徐… Ⅲ．①生活废物－垃圾焚化－锅炉 Ⅳ．①X799.3

中国版本图书馆 CIP 数据核字（2021）第 032720 号

本书基于燃烧和热力过程的基本理论基础与一般锅炉原理，首次尝试阐述垃圾焚烧锅炉特有的工程基础及其安全运行状态与失效分析。

本书适合生活垃圾焚烧锅炉的工程设计、建设运行、垃圾焚烧研究的工程技术人员和环境工程及相关专业大专院校师生参阅，也可供环卫及相关环境保护管理工作的工程技术人员参考。

责任编辑：付　娇　石枫华　兰丽婷
责任校对：张惠雯

生活垃圾焚烧锅炉工程基础
白良成　徐文龙　编著
*
中国建筑工业出版社出版、发行（北京海淀三里河路9号）
各地新华书店、建筑书店经销
北京科地亚盟排版公司制版
北京市密东印刷有限公司印刷
*
开本：787 毫米×1092 毫米　1/16　印张：27¼　字数：679 千字
2021 年 2 月第一版　　2021 年 2 月第一次印刷
定价：**98.00** 元
ISBN 978-7-112-25910-6
（36492）

序　言

　　人类社会生活与生产活动中会产生固体副产物，也称废物或垃圾。按其产生来源不同，废物或垃圾又可分为不同的类型，如：工业固体废物，包括一般工业固废和危险废物；生活垃圾，包括居民家庭垃圾、餐厨垃圾、商业垃圾、清扫垃圾、大件垃圾、园林垃圾等；农业废弃物，包括秸秆、畜禽粪便等；建筑垃圾，包括工程渣土、拆除垃圾、废弃砖瓦、废弃混凝土等；新兴垃圾，包括电子垃圾、医疗垃圾、海洋垃圾等。一部分废物或垃圾仍然具有回收利用价值而成为资源，可以实现资源化、能源化、材料化、肥料化等。

　　基于对人体健康与安全的考虑，世界各国都加强了固体废物管理的研究与实践，普遍形成了源头减量、回收循环使用、资源化利用、能源回收和残渣填埋处置的分层级可持续管理体系。良好的固废管理有利于避免对人体健康、生态环境、资源消耗产生负面影响。

　　与人们日常生活最为密切、社会影响最为广泛的可能要属生活垃圾。不及时清理和收运，会孳生蚊蝇、产生恶臭；集中清运到郊区，不进行无害化处理，会产生渗滤液和沼气，污染周边环境和地下水。近三四十年以来，通过对生活垃圾的研究，我国逐步形成了减量、回收、清扫、分类、收集、转运、处理、最终处置的全链条生活垃圾管理体系，规范了环卫行业行政管理，形成了最佳可用工程技术，建立了较系统的科学体系。

　　生活垃圾管理具有久远的历史。在我国可以追溯到历史上的商王朝，《韩非子·内储说上》记载："殷之法，弃灰于公道者，断其手"。此后历代有诸多记载，如《汉书·五行志》："商君之法，弃灰于道者，黥"；唐朝："其穿垣，矮墙出秽污者，杖六十；主司不禁，与同罪"。到宋朝设置"街道司"，也就是专职环卫工人。欧洲基于对公共卫生的关注，也很早对生活环境卫生进行清运管理，如古罗马时期就开始使用公共浴室和公共厕所。近现代欧洲也曾因城市环境卫生管理不善，付出了惨痛代价，用生命换来了沉重的教训。如 1346～1353 年，欧爆发黑死病导致千百万人死亡。1562 年巴黎爆发鼠疫及 1580 年巴黎爆发传染病，成千上万的市民失去生命。近些年来，国际上的禽流感、埃博拉、新冠肺炎等重大传染病的爆发，使我们更加深刻地认识到，保持良好的公共卫生习惯、保护生态环境的重要意义。在应对和解决公共卫生问题时，我们也认识到，要以科学理论和工程技术为基础，持续提升生活垃圾处理与处置水平。

　　本书通过对垃圾焚烧锅炉主体设备的工程理论基础予以探讨，结合垃圾焚烧锅炉的自身特点和相关规律，深入剖析和阐明了垃圾焚烧锅炉的基本结构、基本原理、主要系统、关键分析、安全稳定及评价等关键内容，对推进我国垃圾焚烧管理水平大有裨益。

　　希望能有更多探讨生活垃圾处理、提升行业工程基础的作品问世。

中国环境卫生协会副会长兼秘书长　刘晶昊

前　　言

　　锅炉是一种以输出热量载体为目的的能量转换设备。传统意义输入的能量是以燃料资源（属自然资源）的化学能为主，随着技术发展开拓到工业生产过程的余热能、二次能源的电能以及核能等输入能量的途径。输入能量经过以水或有机热载体为介质的锅炉转换，输出具有一定热能的蒸汽或高温水或有机热载体。

　　从工作原理看，可将锅炉看成是由锅与炉两大部分组成。锅的原义是指在火上加热的盛水容器，是承担吸热过程的设备；炉是指燃料资源燃烧或高温烟气的放热场所，是承担放热过程的设备。在炉中，通过燃烧或高温烟气不断放出热量，经辐射、对流传热过程，将热量传递给锅内的受热面，而本身温度逐渐降低，最后由锅炉省煤器出口排出，进行后续二级减排过程。在锅中，通过受热面将热量传递给水介质，产生的热水或相变的蒸汽，可直接为工业生产和社会生活提供所需热能，也可通过蒸汽动力装置转换为机械能，或是再通过发电机将机械能转换为电能。

　　相对一般锅炉，生活垃圾焚烧锅炉也是在高温、结焦、腐蚀的严酷环境下动态运行的过程，是涉及生命安全、危险性较大的特种设备。从工作原理看，同样是遵循质量平衡与能量平衡的基本定律，遵循燃烧学、汽水循环的基本规律，遵循金属失效机制。从监督管理看，同样是必须接受锅炉安全技术监察，金属技术监督等安全管理。总而言之，具有相同的工作特点和能量转换的基本属性，因而属于锅炉范畴。从燃烧特征的分类看，可归入室燃型、流化型与层燃型锅炉中的层燃型锅炉，但又与一般层燃型锅炉的燃烧过程有所差别。从使用途径的分类看，可归入电站锅炉、工业锅炉、生活锅炉与特种锅炉中的特种锅炉，但又与各类特种锅炉有明显差别。这种基本差别在于，其一，生活垃圾焚烧锅炉是实现减少垃圾体积和危害，实现初级减排，利用焚烧热能与避免热污染的核心设备，而不是以输出蒸汽为主要目的的设备。这也是为什么说利用焚烧垃圾热能首先是基于环境问题解决方案的原因。其二，生活垃圾焚烧锅炉输入的是具有物理成分复杂多变，经济利用价值低但尚可回收利用低品位能量的生活垃圾，而不是成分稳定、具有常规含义经济利用价值的燃料。其三，运行垃圾焚烧锅炉是要处理好社会、环境与经济效益之间的关系，通过动态过程的环保监督与焚烧技术相结合来实现可持续发展为目标，而不能单纯以市场＋利润作为运行的基本目标。这也是采用单位焚烧垃圾量而不是采用单位发电量作为量化指标基准的本源。总之，垃圾焚烧锅炉应属于锅炉系列特种锅炉类型中的一个新类型，也就意味着即要遵循锅炉基本规则又有别于其他类型锅炉的自身特点。

　　对我国生活垃圾焚烧厂运行统计数据和实际调研显示，在国家政策引导和支持下，在社会广泛关注与监督下，近年来我国的生活垃圾焚烧技术、两级减排、工程管理和文明生产的水平得到了快速发展。但是，也应看到美好的工程观念不等于奇形怪状的建筑、脱离实际的数字，而是要符合工程的理论基础、文化内涵与历史传承，需要有一个科学共识与工程探索的平台。为此，本书针对垃圾焚烧锅炉系统的一些热点问题，进行了理论基础和实践经验的探讨，尝试在相关国家法律框架内，以保护人体健康和环境质量为约束条件，搭建一个既要反映与一般锅炉共有的工程基础，又要揭示垃圾焚烧锅炉特有的工程技术的基础性平台。在这个以温度等级、能源效率、安全可靠等工程理论为支撑的基础平台上，发挥各方面的智慧，共同促进我国垃圾焚烧行业的常态化安全、可靠、环保运行，按国家发展战略，实现节能、减排、能效管理。

本书讨论的是垃圾焚烧锅炉与一般汽包型锅炉的异同，是采用下述科学研究的基本方法，即确定分析研究对象根据主观所需，人为地采用某种方法把这个对象从复杂的环境中隔离出来，使之与周围环境既要相区别又要发生确定关系的方法。按此方法从工程应用角度出发，提供工程分析思路。全书分为 8 章，采取如下编排顺序：锅炉综述、生活垃圾燃烧的工程基础、燃烧过程的基本规律、垃圾焚烧锅炉的炉膛结构及工作原理、垃圾焚烧锅炉汽水循环系统、垃圾焚烧锅炉的运行状态分析，垃圾焚烧锅炉失效分析，垃圾焚烧锅炉的安全运行与评价。

垃圾焚烧是在深厚理论基础上的热力过程，本书对此仅从应用角度做了概括性和结论性介绍，以期望对垃圾焚烧过程的分析提供理论依据，搭建讨论垃圾焚烧问题的平台，而不是去研究探讨这些前沿性理论问题。质能守恒定律也是垃圾焚烧的理论基石，相对论则说明只要观测者的参考系没有改变，狭义相对论中能量对时间的守恒就成立，在不同参考系下的观测者量测的能量大小会不同，但各观测者量测到的能量数值都不会随时间改变。因此，本书对质能守恒的状态参数与过程、稳定与变化等基本规律，理想状态与实际过程、孤立与开放系统等边界条件进行了探讨，涉及的燃烧学、热力学等理论只做了入门级的概括性、结论性阐述，目的是希望将前人研究的理论成果融入生活垃圾焚烧工程，成为解决生活垃圾焚烧工程问题的理论基础，仅仅是以此小心翼翼地放一小块铺路石头而已。当需要系统深入研究这些理论时，还是要去学习相关的教科书与专著。关于通用汽包型锅炉工程技术章节部分的素材主要源自数十年前西安交通大学的《锅炉原理》教材和笔记，并参考近年上海交通大学王金枝等编著的同名教材。

基于解决工程问题的路径是用什么理论模型去解决什么问题，研究深度、广度与翔尽度满足研究目的，故而书中只给出研究的系统功能与功能单位及其结论性计算模型或是基本规律，系统边界及取舍准则以及必要的数据要求、假设与限制，初始数据质量要求等内容，并未涉及建立研究的系统模型的推导过程。如 6.5.3 节"设备运行状态管理指标"是适用于包括垃圾焚烧锅炉在内的各类设备，且对垃圾焚烧锅炉的运行管理有重要指导作用的指标，可作为本工程基础的一部分。第 7 章材料的力学性能与各类失效内容只是一般知识性介绍，提供一个分析问题的路径，不具备用于设计计算，因为这种计算需要按相关学科专业的规定进行。第 8 章内容是以对我国生活垃圾焚烧的运行的实践经验为主的介绍。这是基于我国垃圾焚烧行业历经 30 年，积累了大量建设运营经验。尽管许多经验很有借鉴价值，仍待从多方论证，方可上升成系统的工程理论。

在本书编写过程中，得到中国城市环境卫生协会、住房建设部环境卫生研究中心的支持与帮助。刘晶昊、宋薇、蒲志红参与了编制工作。杨宏毅、龚佰勋、刘彦博、史焕明、吴文伟、袁克、陈辉、邵哲如、朱九龙、刘思明、龚桀、王武忠、彭宏、Mr. Derhardt（德）、原彰（日）、田中徹（日）等我国生活垃圾焚烧界同仁和国际同行业友人，分别从规制、环境、工程、管理、技术、设备、建设、运营等不同方面提出诸多宝贵的意见建议，抑或是为本书编写提供了可供公开发表的图文、信息等工程技术资料，在此一并表示诚挚感谢。希望本书能为生活垃圾焚烧领域的工程研究、设计制造、建设运行、监督管理等提供有益的参考。

　　由于笔者水平所限，书中难免有不当与疏漏之处，敬请读者予以批评指正。

编　者

目　　录

第1章 锅炉综述

1.1 生活垃圾焚烧锅炉的工作过程及构成

通常意义上的锅炉是以生产蒸汽或热水为目的，利用煤、油、天然气等一、二次能源的化学能，燃烧放热发生的高温烟气，通过金属受热面将热量传递给经过除盐处理后的水，以产生一定压力、温度的蒸汽或热水的换热设备。生活垃圾焚烧锅炉同样具有上述锅炉的作用，但是以焚烧处理生活垃圾，减少垃圾体积和危害，避免或减少可能有害物质，达到对污染的综合预防与控制为首要目的。垃圾焚烧锅炉也是利用焚烧热能、矿物质及化学物质的方法，以提高垃圾焚烧处理的经济性作为其控制目标，但利用焚烧能量首先是基于环境问题的解决方案。总之，生活垃圾焚烧锅炉承载着焚烧减量、初级减排与能量转换和传递的功能。

从生活垃圾焚烧锅炉的基本结构与工作过程看，与一般锅炉一样，都是融合工程热力学、燃烧学、传热学、流体力学、环境学、材料学、化学动力学、腐蚀学等基本理论的燃烧、放热、传热、相变与过热过程，也是全过程的污染物控制过程。与一般锅炉的重大差别则表现在热源特征、炉膛作用、温度控制、对流受热面布置，压力部件的材质选择等方面。

锅炉空间划分为炉膛，垂直膜式水冷壁辐射烟道，对流受热面通道以及尾部通道等。对流受热面通道内依次布置有前置蒸发器（如有）、高温过热器、中温过热器、低温过热器、后置蒸发器，尾部烟道布置省煤器。还包括如联箱、汽包（汽水分离器）等通流分离器件等。主要辅助系统包括一、二次风机与空气加热系统、除灰渣系统、启动与辅助燃烧器系统等。

图 1-1 为生活垃圾焚烧锅炉及其主要辅助系统设备示意图。将垃圾和烟气一侧所进行的进料、燃烧、放热、除渣、气体流动过程称为炉内过程，由进料斗 3、溜管 4、推料器 5、炉排及炉排下灰斗 6、炉膛 7 以及辐射与对流烟道、炉墙、构架等组成。将水汽侧所进行的炉水和蒸汽流动、吸热、蒸发、汽化、汽水分离、过热等热化学过程称为锅内过程，由容纳炉水和饱和蒸汽的汽包 10 以及受热面 11/12、省煤器 13 以及水冷壁、下降管、联箱等受压部件组成。主要辅助设备包括一次风机 14、二次风机 16、炉墙冷却风机 18、一/二空气加热器 15/17、启动燃烧器与辅助燃烧器 19/20、除渣机 21 等。

1.1.1 生活垃圾燃烧的炉内过程

生活垃圾燃烧与热量释放过程属于炉内过程，其要素是垃圾、空气与烟气。垃圾焚烧锅炉焚烧处理的生活垃圾属于混合垃圾，通过燃烧空气与高温烟气实现垃圾燃烧与热量释放过程。完成这一功能的系统包括有垃圾暂存与输送系统、风烟系统、焚烧系统与除灰渣系统等。

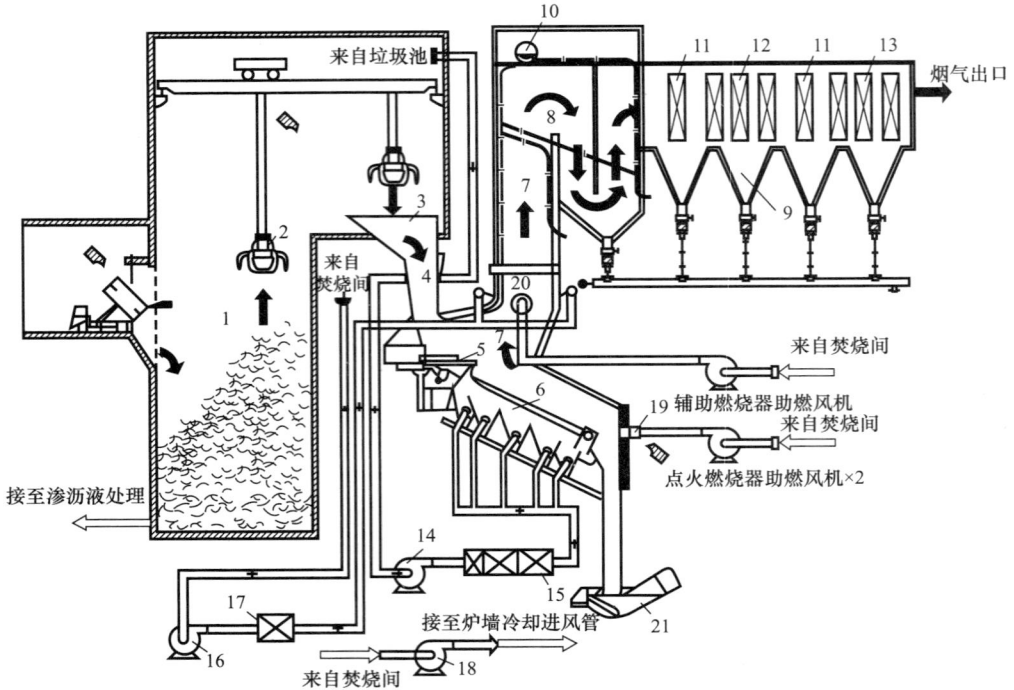

图 1-1　垃圾焚烧锅炉及其主要辅助系统设备示意图

1—垃圾池；2—垃圾抓斗起重机；3—进料斗；4—溜管；5—推料器；6—炉排及炉排下灰斗；

7—炉膛；8—辐射与对流烟道（未标记）；9—锅炉下灰斗；10—汽包；11—蒸发器；12—过热器；

13—省煤器；14—一次风机；15—一次空气加热器；16—二次风机；17—二次空气加热器；

18—炉墙冷却风机；19—启动燃烧器；20—辅助燃烧器；21—除渣机

　　由专用垃圾车从垃圾收集点收集、运输的生活垃圾，经进厂称量后卸入垃圾池 1。垃圾在垃圾池内暂存过程中由垃圾抓斗起重机 2 按设定区域分区倒垛，目的是调理混合垃圾均质化程度，促使垃圾中的外在水分沥出以提高垃圾热值，使垃圾堆体处于好氧状态以避免发生产生沼气的厌氧环境。当垃圾含水率大于约 50％时，要求垃圾在垃圾池内堆放 5～7 天。由此可能会发生微生物自然酵解的现象，但这不是垃圾焚烧所必须的预处理环节，故称之为"堆酵"。

　　垃圾池内调质后的垃圾由垃圾抓斗起重机均匀撒播到垃圾进料斗内，送入频次根据料斗与溜管上设置的料位检测与摄像镜头监视料斗内的状况确定，并由设置在抓斗上的计量装置测定投入量与累积量。在正常运行状态下，进料斗 3 与溜管 4 内的垃圾起到封闭炉膛进料口，保持炉内处于负压工况的作用。作为安全运行的辅助措施，溜管内不但要始终充满垃圾，还设有水夹套冷却系统，以防管壁超温。与此同时，在溜管的进口处设置有液压驱动的挡板门，目的是防范炉膛正压回火事故、疏导垃圾流、破解垃圾搭桥以及启停炉与非正常运行工况下隔断炉膛进料口与环境的通道。此外，料斗上方设置喷淋消防并与消防水炮构成区域消防系统，以防炉内可能发生的回火窜入垃圾池内，以及其他外来火种形成垃圾池内的着火源，发生火灾事故。

　　焚烧系统的任务是使垃圾在炉膛内按设计路径稳定燃烧，放出热量和初级减排控制。该系统由自动燃烧控制系统 ACC 控制，通过液压站、液压缸及管路、仪表等组成的液压系统驱动可调节的炉排，使料斗和流管内的生活垃圾，按照 ACC 的指令，液压系统控制，由坐落在专用轨道上的推料器 5 将预定垃圾量推进炉膛 7 内的炉排 6 上。

根据液压系统控制炉排推进速度与行程控制垃圾燃烧过程。其中，在炉排干燥段，垃圾在辐射热与可控的局部一次风作用下，实现干化、气化（即挥发分析出）与着火过程。这种干化、气化与着火燃烧过程没有明显界限。之后在燃烧段，进行以火焰为标志的气相燃烧和以发光放热为标志的固相燃烧，并以气相燃烧为主的过程。在燃烧段内有一个火焰边界，叫作火焰锋面俗称"火线"，它是监控燃烧状态，达到充分燃烧的重要手段。燃烬段也称为后燃烧段，是促使固相垃圾充分燃烧的手段，一般以炉渣热灼减率作为鉴别燃烬程度的指标。

以火焰为标志的正常气相燃烧是在二次风所在的炉膛断面区域结束。二次风喷嘴分别按一排或二排布置在炉膛前、后炉拱的上方并上、下错位布置，每排由多个喷嘴组成，形成紊流的动能区域。其作用是提供以 CO 为主要控制目标的挥发分完全燃烧的环境，以及调节控制炉温不致过高，以避免炉体损坏和减少氮氧化物产生。当在此区域残留有较高浓度的气相可燃物与固相细颗粒物时，可能会发生上部温度高于下部温度现象。固相垃圾燃烧一般是在炉排燃烬段的前端（按垃圾流方向）完成燃烧过程。产生的炉渣经排渣口由带有水封的除渣机 21 排出炉外。由一次风机 14 通过分段布置的风道提供燃烧空气，并根据垃圾热值情况由一次空气加热器 15 控制燃烧空气加热温度，之后再从炉排下方按炉排功能段分别调节控制进入炉排上垃圾料层的风量。一次空气首先对炉排片进行冷却，再按设计流向贯穿垃圾层助燃。二次风机 16 根据垃圾热值情况经二次空气加热器 17 控制加热温度，再从二次空气喷嘴以射流形式喷射入炉膛。

垃圾焚烧锅炉需要配置固定式或移动式的启动燃烧器。启动燃烧器通常设置在炉膛后拱下方，根据锅炉升温、降温曲线，垃圾特性以及与空气混合方式及混合比例，以一定速度将燃料喷射入炉膛内。其作用是提供锅炉启动需要的热量，控制启动过程的升温速率以及停运过程的降温速率。需要根据焚烧垃圾热值的高低与稳定性，确定是否配置辅助燃烧器。辅助燃烧器多设置在炉膛气相燃烧区域，根据运行经验，一般当焚烧垃圾热值低于 9200kJ/kg 时，要设置辅助燃烧器。其作用是保持足够的炉膛容积热负荷，有效控制炉膛主控温度，稳定达到初级减排下的锅炉运行。燃烧器是自动化程度较高的机电一体化设备，按其功能要求分为送风、点火、监测、燃料和电控等五个系统。

垃圾焚烧炉渣是采用如马丁、链条等半湿式除渣机，在 300～400℃ 工况下连续排出。除渣机水槽内的水除起到降低炉渣温度作用外，还具有维持炉膛负压的密封作用。对除渣机水位进行控制是一项重要措施。否则水位过低，会破坏炉膛负压；水位过高，会导致排出的炉渣带水过多。炉排漏灰、辐射与对流烟道下灰，一般采用刮板输送机送入渣池，与炉渣一并收集处理。

和资源性燃料一样，生活垃圾的挥发性无机物和有机物不能百分之百地绝对燃烧，因此采用炉渣热灼减率作为评价垃圾焚烧效果的重要指标。炉渣热灼减率是指经 110℃ 干燥 2h 后的室温下炉渣试样，在 (600±25)℃ 高温下加热 3h，因挥发、分解、氧化而减少的物质质量占原干燥后炉渣试样的百分比。可根据焚烧垃圾的特性，通过焚烧风量、炉排速度等因素对炉渣热灼减率进行控制，以达到降低垃圾焚烧的机械未完全燃烧损失，提高燃烧热效率，以及减少焚烧炉渣量的作用。

1.1.2　水汽循环的锅内过程

垃圾焚烧发电厂的水汽循环是以朗肯循环为理论基础，由垃圾焚烧锅炉、汽轮机、凝汽器、给水泵等主要设备通过管道连接，形成以水汽作为工质的循环过程。锅炉给水经给水泵升压后送入垃圾焚烧锅炉（工程理论分析通常忽略其压缩过程），吸热升温到设定压力的过热蒸汽。过热蒸汽通过主蒸汽管道进入汽轮机膨胀做功。做功后的低压蒸汽从按一定背压排入凝汽器凝结成水，之后经低压加热器升温、除氧器除氧后，再由给水泵升压送入锅炉，进行下一循环过程。

如图 1-2 所示，垃圾焚烧锅炉的汽水循环系统由汽包、下降管、联箱、水冷壁、蒸发器、过热器和省煤器等设备组成。在锅炉的水汽大循环过程中，锅炉给水进入省煤器，吸热升温到接近汽包工作压力的饱和水后进入汽包，与汽包中的炉水混合。为避免在锅炉点火启动初期或停炉过程中发生省煤器超温事故，图 1-2 标示出与省煤器并列的给水预热系统，也有在汽包底部与省煤器进口管之间装设再循环管的省煤器再循环系统。

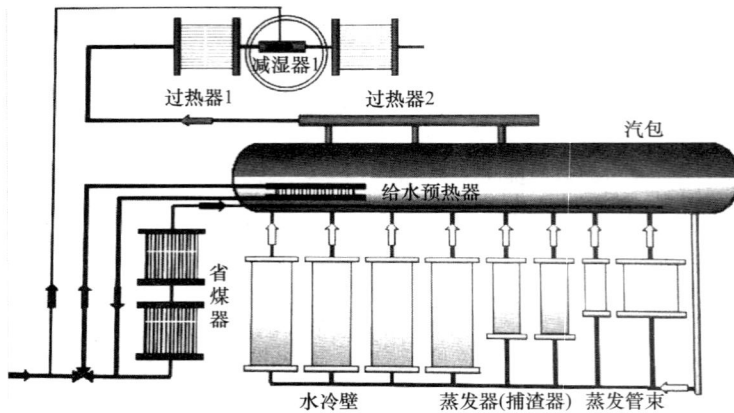

图 1-2　锅炉汽水系统

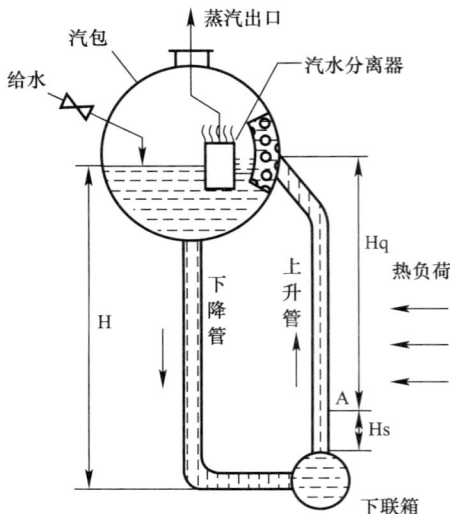

图 1-3　锅炉自然循环回路

不受热的下降管把汽包中的饱和水引入下联箱再分配到各受热的上升管即水冷壁管中。水在水冷壁中吸收炉膛辐射热使部分饱和水蒸发，生成的汽水混合物汇集于汽包内。汽水混合物通过汽包内的汽水分离装置进行汽水分离，分离出的饱和蒸汽经过蒸发器的等温加热，形成不含悬浮液体的干饱和蒸汽，再进入过热器加热成过热蒸汽。分离出的饱和水与从省煤器送入汽包的给水混合，形成由汽包、下降管、下联箱与水冷壁组成的锅炉自然循环回路（图 1-3）。这种自然循环的驱动力是由下降管工质与上升管工质的柱重差所产生的。影响其驱动力的因素是饱和水与饱和汽的密度和上升管的含汽率及循环回路高度。

　　水在加热过程中会汽化，一个压力必然对应一个饱和温度。在水的定压加热过程中，每个压力下，都会经历从未饱点到一个饱和水点，从湿饱和蒸汽点到一个干饱和蒸汽点，直至过热蒸汽点。从温-熵图即 T-s 图可知，随着压力的增高，饱和水点有向右移动的趋势，干饱和蒸汽点有向左移动的趋势，汽化阶段随着压力的增高而逐渐缩短，当饱和水点与干饱和蒸汽点重合时就是水的临界点，如图 1-4 由压力-比容即 p-v 坐标系与图 1-5 T-s 坐标系所示水的临界点 C。此时饱和水和饱和蒸汽已经没有任何差别。水的临界点参数 $p=22.129\text{MPa}$，$t=374.12℃$。

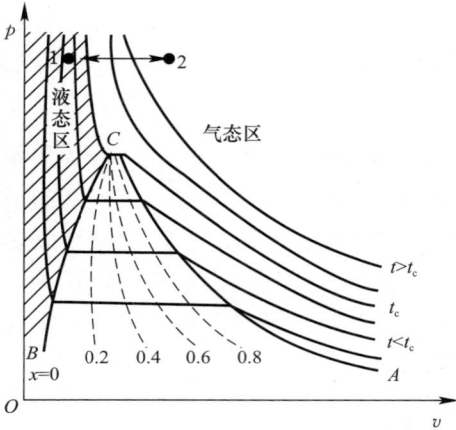

图 1-4　p-v 坐标系水的临界点示意图　　　　图 1-5　T-s 坐标系水的临界点示意图

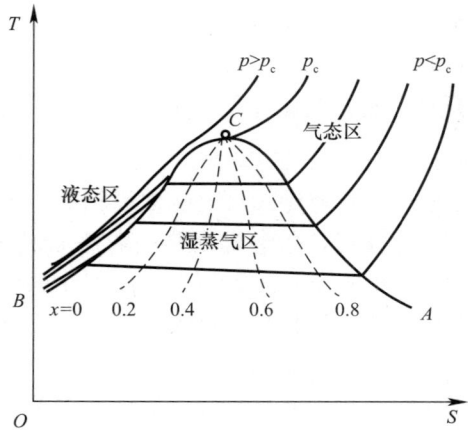

　　随着锅炉工作压力增高，饱和水和饱和汽的密度差会逐渐减小，则自然循环的驱动力会同步减小。要维持一定压力条件下的足够驱动力，就需要增大水冷壁的含汽率即回路高度。

　　从汽水动力循环过程可见，工质在垃圾焚烧锅炉内经历有三个加热阶段：来自除氧器的除氧水在锅炉内被加热到饱和水；饱和水蒸发为饱和蒸汽；饱和蒸汽过热成为一定压力与温度的过热蒸汽。前两个阶段在省煤器、水冷壁与蒸发器内完成，后一阶段由过热器完成。

　　省煤器布置在对流烟道低烟温区，利用烟气余热加热锅炉给水，降低排烟温度，提高锅炉效率。过热器一般由三级组成，两级之间通过减温器调节前一级过热蒸汽温度到所需要参数的过热蒸汽。从安全角度出发，垃圾焚烧锅炉一般不把过热器作为辐射受热面，而是布置在一定烟气温度的对流烟道内。作为单汽包自然循环锅炉的汽包位于锅炉顶部，是一个下部是水，上部是汽的圆筒形承压容器，其工作压力要大于额定蒸汽压力。它接受省煤器的来水，组成图 1-3 所示的水循环回路。下降管作为水冷壁的供水管道，有小直径分散下降管和大直径集中下降管两种。小直径下降管中，水冷壁下联箱是一根较粗的两端封闭的管子，其作用是把下降管与水冷壁连接在一起，起到汇集、混合、再分配工质的作用。水冷壁是炉膛的辐射受热面，其内部的工质在吸收炉膛辐射热的同时，保护炉墙不致被烧坏。针对垃圾焚烧锅炉的焚烧垃圾热值远低于电力常用煤发热量的状况，为保证汽水循环系统安全运行，采取炉膛出口区域以外的内壁敷设耐火涂料的复合水冷壁。

锅炉在运行中由于水的循环流动，不断地将受热面吸收的热量全部带走，不仅使水升温、汽化成蒸汽，而且使受热面得到良好的冷却，从而保证了锅炉受热面在高温条件下安全的工作。

1.2　生活垃圾焚烧锅炉视角的锅炉类型

《特种设备安全监察条例》定义的锅炉是指利用各种燃料、电或者其他能源，将所盛装的液体加热到一定的参数，并对外输出热能的设备，其范围规定为容积大于等于 30L 的承压蒸汽锅炉；出口水压大于等于 0.1MPa（表压）且额定功率大于等于 0.1MW 的承压热水锅炉；有机热载体锅炉。另外，锅炉的概念中还必须包括其安全附件、安全保护装置和与安全保护装置相关的设施。

锅炉的功能是通过可燃物质有组织的燃烧，实现如下互相关联且同时进行的能量转换和传递过程：物质中的化学能通过燃烧及其高温烟气与灰渣等燃烧产物，以热能的形式释放出来；燃烧与高温烟气释放的热能通过受热面向工质传递热量；工质被加热成热水形态、汽化成饱和蒸汽形态、过热成过热蒸汽形态，从而成为向用能设备提供能量的二次能源。这里所说的物料是指可燃物与不可燃物构成的适于燃烧的混合体。其中的可燃物又分为固态可燃物即固定碳与在一定温度下相变成的气态可燃物即挥发分。所谓工质，是指进行热—功转换的中间载热体，如用于发电的过热蒸汽。对只是向用热设备传输、提供热量以进行热利用的中间载热体称为热媒，如采暖用热水。

在蒸汽锅炉中，伴随能量转换和转移，工质、物料与空气进行如下水—汽、料—渣和风—烟的物质流动和转化：工质（做功后的回水＋补给水）送入锅炉，通过吸热，以蒸汽或热水的形式对外提供二次能源；物料送入锅炉，其中的挥发分燃烧后连同物料含有的水分转化为湿烟气，固定碳燃烧后的残渣与原含有的无机物以炉渣的形式排出；空气送入锅炉，其中氧气参与燃烧反应，过量空气和反应后的惰性气体以烟气形式排出。为方便分析，如前所述将物质和烟气侧所进行的燃烧、放热、排渣、气体流动等过程总称为"炉内过程"，将水、汽侧所进行水和蒸汽的流动、吸热、汽化、汽水分离、热化学等过程总称为"锅内过程"。由此可知垃圾焚烧锅炉具备一般锅炉的全部要素并具有自身的工程技术特征和使用要求，属于锅炉系列中的一个新类型。其锅炉的基本属性，体现在锅内过程是完全遵循朗肯循环原理，按照锅炉热力计算的标准方法设计，同样面临着控制锅炉积灰结渣、高温腐蚀问题，应遵守锅炉的基本规制。垃圾焚烧锅炉有别于一般锅炉的特定技术特征在于，传统锅炉定义的燃料是利用一次或二次能源，也就是在使用锅炉的过程中需要消耗资源，并由消耗资源的种类决定锅炉的类别。垃圾焚烧锅炉则是要处理物质生命周期最终产物中的生活垃圾，是要减少垃圾体积，防治垃圾危害，并梯级利用垃圾中可利用的低品位热能而不是消耗资源。故而与一般锅炉的安全、可靠、环保、经济性控制指标有显著差别，使用锅炉的责任主体与其承担的环境、社会责任有特定要求。

1.2.1　按锅炉用途、规格与蒸汽参数的分类

根据使用途径、工作条件、工作方式、热能来源和结构形式的不同，形成众多类型的锅炉系列。从使用途径看，有热能动力型锅炉和供热型锅炉。动力锅炉如用于发电、工业

生产、船舶和机车动力的电站锅炉、工业锅炉、船舶锅炉和机车锅炉等。供热锅炉如得到蒸汽、热水、热风和载热体的蒸汽锅炉、热水锅炉、热管锅炉和载热体加热炉等。生活垃圾焚烧锅既不是提供热能动力用，也不是供热用的类型，而是作为处理生活垃圾用途为主的锅炉，产生的焚烧热能即可用于动力源，也可用于供热。

锅炉规格是按使用目的以供汽或供热能力划分，如热能动力型锅炉的规格以小时蒸发量即小时产生的蒸汽量（单位 t/h）计，供热锅炉则按供热能力（单位 MW）计。生活垃圾焚烧锅炉的使用目的是处理生活垃圾，因此其规格是按日焚烧垃圾量的能力（单位 t/d）计。

锅炉容量有大、中、小型之分，但没有固定的分界。工业锅炉，通常以计算蒸发量小于 20t/h 的称为小型锅炉、大于 75t/h 的称为大型锅炉，计算蒸发量介于两者之间的称为中型锅炉。随着电力工业发展，电站锅炉的容量在从每小时百十吨发展到几千吨而不断增大，也使大中小型的分界容量在不断变化。故而通常是按蒸汽压力等级划分，如高压锅炉、超高压锅炉、超临界锅炉、超超临界锅炉等。

纵观垃圾焚烧锅炉，我国台湾地区曾参照日本以小型分散焚烧原则的做法，将焚烧炉或焚烧锅炉分为 80t/d 以上用于 24h 全连续焚烧方式的垃圾焚烧锅炉；40～80t/d 用于 16h 准连续焚烧方式的垃圾焚烧炉；20t/d 以下的固定式与 100t/d 以下用于 8h 分批填料焚烧方式的垃圾焚烧炉。我国大陆地区针对城镇生活垃圾产生量大，需要采用较大容量垃圾焚烧锅炉的实际情况，一直是以生态环境保护、焚烧热能有效利用的集中焚烧原则，采取 24h 连续焚烧方式，限制其他燃烧方式。按我国垃圾焚烧处理的特点，将 500t/d 及以上的垃圾焚烧锅炉视为大型锅炉；300～500t/d 的为中型锅炉；300t/d 及以下的为小型锅炉。随着 700～1000t/d 炉的出现又增加了超大型锅炉的类型。

垃圾焚烧锅炉遵循一般锅炉主蒸汽的压力等级划分方法，分为小于 2.45MPa 的低压等级锅炉、2.94～4.9MPa 的中压等级锅炉、7.84～10.8MPa 的高压等级锅炉、11.8～14.7MPa 的超高压等级锅炉等。一般地，小型锅炉采用低压参数，中型锅炉采用非再热式的中、高压参数；大型锅炉采用再热式的超高压及以上压力参数。对此，我国针对工业蒸汽锅炉与电站锅炉额定参数系列制订有如下两套参数系列：一是主蒸汽压力大于 0.04MPa、小于 3.8MPa 及其对应温度与蒸发量的工业蒸汽锅炉额定参数系列。其中，规定主蒸汽压力 2.5MPa（a）对应饱和蒸汽的额定蒸发量为 4～35t/h，对应 350℃、400℃过热蒸汽的额定蒸发量为 10～65t/h。二是如表 1-1 所示的电站锅炉蒸汽参数系列。其中高压及以下等级的锅炉采用非再热式，超高压及以上等级的锅炉采用再热式。火电厂机组装机容量 300MW 及以上的机组均采用亚临界或以上压力的锅炉，主蒸汽与再热蒸汽温度目前在 500～600℃。主蒸汽温度 700℃，压力 36MPa 左右参数是当前超超临界锅炉的前沿技术。

基于朗肯循环蒸汽动力机组的效率随蒸汽参数的提高而提高的规律，垃圾焚烧锅炉技术一直在进行提高主蒸汽参数的努力，但受垃圾特性及锅炉高温腐蚀等约束条件，早期垃圾焚烧锅炉的主蒸汽参数采用不高于 2.5MPa，350℃的次中压或低压参数，目前被国际上广泛认同的是 4MPa，400℃的中压参数。针对垃圾焚烧规模的增大以及金属材质与辅助的堆焊、激光熔覆等技术发展，参照电站锅炉蒸汽参数系列，按照"最小经济容量"原则，对特大型垃圾焚烧锅炉在积累采用 5.29～6.29MPa，450℃次高压参数的经验。

电站锅炉蒸汽参数系列 表1-1

| 类别 | 机组压力类别 | | | 锅炉蒸汽额定参数基本系列（送审稿） | | | | |
| | 类别 | 压力范围（MPa） | 温度范围（℃） | 过热蒸汽 | | 再热蒸汽 | 额定蒸汽允许偏差 | |
				压力（MPa）	温度（℃）	温度（℃）	过热蒸汽	再热蒸汽
非再热式	低压	1.27～1.57	350				+20/-20	
	次中压	1.96～2.45	400				+10/-20	
	中压	2.45～5.88	450	3.8	440		+10/-5	
	次高压	5.29～6.29	450～485	5.3	440、475			
	高压	6.29～13.72	510、540	9.8	540			
再热式	超高压	13.72～15.68	555	13.7	540	540	+5/-10	+5/-10
	亚临界	16～18	535～565	17.5	543	543		
	超临界	22.064～26	560	25.4	571	569		
	超超临界	≥31（26）	580（600）	26.15、27.46	605	603		

1.2.2 按燃料种类与通风方式分类

燃料种类对炉膛和燃烧设备有很大的影响，需要发展各种炉型来适应不同燃料的燃烧特点。从燃料角度，锅炉可分为如适应不同煤种的各类燃煤锅炉以及蔗渣锅炉等固体燃料锅炉；如重油锅炉等液体燃料锅炉；如天然气锅炉等气体燃料锅炉。这类煤、油、气燃料是具有高品位燃料属性和资源属性的物质。使用这类燃料作为放热源，需要尽可能减少其消耗量。

生活垃圾的热值可以和煤矸石类比，具有低品位燃料属性和负面社会影响属性的物质。从资源—产品—废品—垃圾—生活垃圾的物质生命周期看，不能单纯按低品位燃料属性将其看作资源，而且与资源节约相反，需要最大化焚烧处理。因此，垃圾焚烧锅炉不应按不同品位的燃料归类，而是像生物质锅炉、煤矸石CFB锅炉等自由名称锅炉一样，直接称为生活垃圾焚烧锅炉。将生活垃圾预处理成的RDF、SRF定义为燃料化垃圾，相应的锅炉称为燃料化垃圾焚烧锅炉，简称燃料化锅炉。

锅炉按通风方式可分为平衡通风锅炉、微正压锅炉（2～5kPa）和增压锅炉。所谓平衡通风锅炉指的是进入锅炉的供风由风机提供，燃烧后的烟气经引风机抽吸出去，炉膛出口呈-200～-50Pa负压状态，现在大型电站锅炉基本都采用平衡通风方式。微正压锅炉炉壳密封要求高，多用于燃油、燃气锅炉。增压锅炉炉内烟气压力高达1.0～1.5MPa，多用于燃气-蒸汽联合循环锅炉。垃圾焚烧锅炉属于平衡通风锅炉，炉膛出口一般处于-120～-50Pa负压状态。

1.2.3 按燃烧与排渣方式分类

按燃烧方式可分为层燃型锅炉（即火床燃烧锅炉）、室燃型锅炉（火室燃烧锅炉）、流化型锅炉（沸腾或流化燃烧锅炉）。层燃型锅炉是指燃料落在炉排上，进行固定碳固相燃烧与挥发分气相燃烧的锅炉，主要用于工业锅炉。室燃型锅炉是指将液体、气体或粉状固体燃料喷入炉内，进行空间燃烧的锅炉，主要用于电站锅炉。循环流化床型与沸腾型锅炉是指高速气流与所携带的稠密悬浮煤颗粒充分接触燃烧的锅炉。

锅炉按照排渣方式可分为固态排渣和液态排渣两种。固态排渣是指炉膛下部排出的灰渣呈灼热的固态，落入排渣装置经冷却水冷却后排出。液态排渣指炉膛内的灰渣以熔融状态从炉膛底部排出。因液态排渣燃烧温度高、排出 NO_X 较多对环境保护不利、运行可靠性易受影响等因素限制，大部分锅炉采用固态排渣方式。目前，我国应用的主流垃圾焚烧锅炉是采用固态排渣方式的层燃型与流化型锅炉。

1.2.4　按汽水循环方式分类

按锅炉汽水工质循环方式分为带有汽包的自然循环锅炉、控制循环锅炉和不带汽包的直流锅炉三类。直流锅炉沿工质整个行程的流动阻力均由给水泵来克服。在省煤器、蒸发器和过热器之间没有固定不变的分界点，水在受热蒸发面中全部转变为蒸汽，即循环倍率为 1。如果在直流锅炉的启动回路中加入循环泵，则形成复合循环锅炉。

自然循环是依靠管内工质密度差提供水循环的动力。在自然循环中，每千克水每循环一次只有一部分转变为蒸汽，单位时间内的循环水量同生成蒸汽量之比的循环倍率约为 4～30。控制循环锅炉除依靠工质密度差，主要依靠循环泵提供水循环的动力，以更好地适应锅炉结构布置的要求。控制循环锅炉的循环倍率约为 3～10。自然循环锅炉和控制循环锅炉的汽包将省煤器、蒸发器和过热器分隔开，并使蒸发部分形成密闭的汽水循环回路。汽包内的大容积能保证汽和水的良好分离。汽包锅炉只适用于临界压力以下的锅炉。目前的垃圾焚烧锅炉均为自然循环锅炉。

1.2.5　按垃圾焚烧锅炉布置形式分类

我国目前应用的垃圾焚烧锅炉均采用单汽包型，汽包外置布置在炉膛上方。垃圾焚烧锅炉炉膛布置按垃圾与烟气流向可分为顺流式、逆流式和混流式（图 1-6）。顺流式的烟气流向与垃圾运动方向相同，炉膛烟气辐射区域的进口位于炉排尾部。这种布置方式适用于高热值焚烧垃圾，如 12600kJ/kg。逆流式的烟气流向与垃圾运动方向相反，炉膛气辐射区域的进口位于炉排前部。这种布置适用于低热值垃圾，如 5000kJ/kg。混流式的烟气流向与垃圾运动方向介于顺流式与逆流式之间，炉膛气辐射区域的进口位于炉排中部，适用于前两者之间的垃圾。我国目前基本都是采用混流式布置。

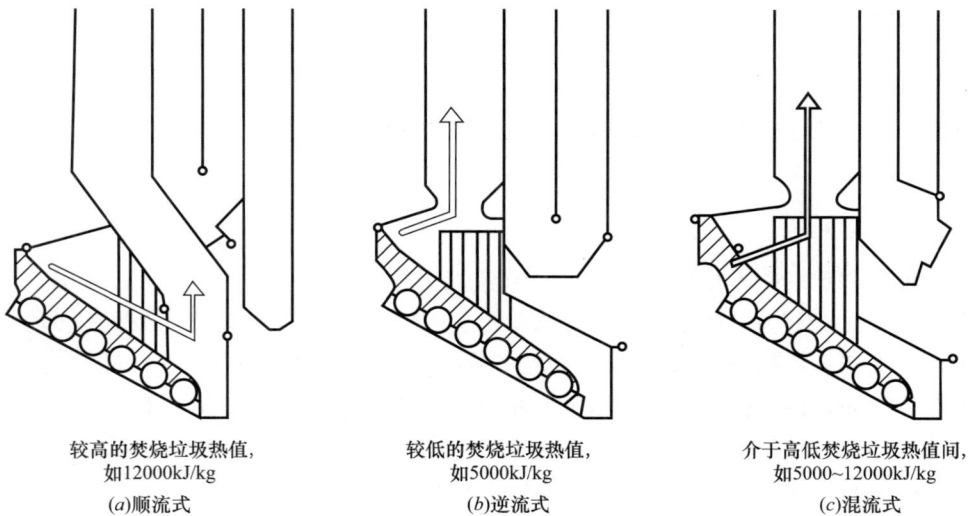

较高的焚烧垃圾热值，
如12000kJ/kg

(a)顺流式

较低的焚烧垃圾热值，
如5000kJ/kg

(b)逆流式

介于高低焚烧垃圾热值间，
如5000~12000kJ/kg

(c)混流式

图 1-6　垃圾焚烧锅炉炉膛燃烧区的基本布置形式

按垃圾焚烧锅炉的炉膛、烟气通道、对流通道与尾部通道间的相对布置关系主要有如图 1-7 所示的五种形式。按汽包布置方式分为单锅筒型与双锅筒型，垃圾焚烧锅炉基本都是采用单锅筒型锅炉。

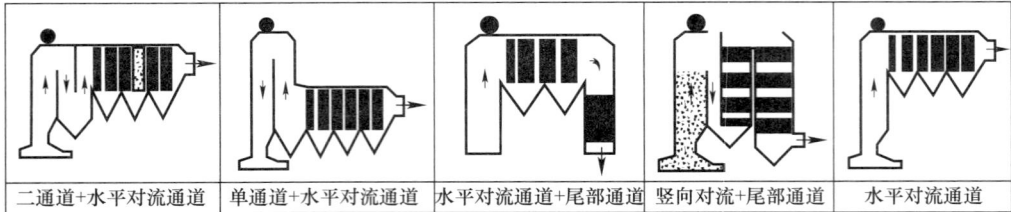

| 二通道+水平对流通道 | 单通道+水平对流通道 | 水平对流通道+尾部通道 | 竖向对流+尾部通道 | 水平对流通道 |

图 1-7　垃圾焚烧锅炉受热面的布置形式

1.2.6　按炉排形式分类

炉排的基本元素是炉排片，炉排片沿横向或竖向排列组成炉排组，按功能分为运动炉排组与固定炉排组，也有设置摆动炉排组的。不同功能的炉排组交替布置，按燃烧过程由不同数量交替布置的炉排组构成干燥点火段、燃烧段、燃烬段等不同的功能段。三种炉排段按顺序组合排列，形成一个模块。根据垃圾焚烧规模可由一个模块或是多个模块组成整体炉排。为强化垃圾与炉渣的运动，有在炉排不同部位增设摆动炉排组或是剪切刀。

按炉排片的特殊设计与炉排组的布置形式所形成的基本炉排形式可分为逆动型往复炉排、顺动型往复炉排、水平倾斜往复炉排与滚动炉排（图 1-8）。按炉排片结构形式、炉排组合形式以及驱动形式等的不同，形成不同技术派别的炉排。如顺动往复炉排有横向运动与纵向运动的炉排；顺动炉排与摆动炉排组合、逆动炉排与顺动炉排组合、顺动炉排与水平倾斜炉排组合，形成不同的组合型炉排。

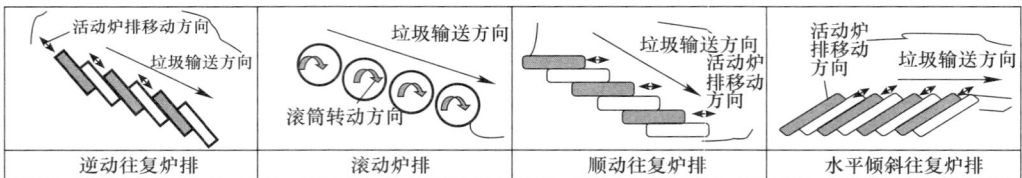

| 逆动往复炉排 | 滚动炉排 | 顺动往复炉排 | 水平倾斜往复炉排 |

图 1-8　垃圾焚烧锅炉的炉排基本形式

层燃型垃圾焚烧锅炉在结构上可分为以具有精密铸造和组装技术要求的炉排为核心的焚烧部分与由炉膛和对流受热面为核心的余热利用两部分。这种划分的缘由在于炉排技术作为垃圾焚烧锅炉的核心技术，通常不同企业拥有不同的炉排专利。目前我国锅炉制造厂除无锡锅炉厂外，大都没有获取焚烧炉制造技术的许可，而掌握炉排制造技术的企业又没有锅炉制造许可，从而形成将炉排为主的炉体和与传热为主的锅体一分为二，分开制造。相应企业主体也就需要将垃圾焚烧锅炉拆分为两大部套分开采购，为方便在工程建设过程中的设备采购，人为地将包括驱动装置、附属部件在内焚烧炉排系统称为焚烧炉，将炉排系统以外，必须要符合我国相关锅炉技术标准、质量监督规定的锅炉受热面和钢架、锅炉配件等称为余热锅炉。而锅炉用耐火材料与主蒸汽阀、给水调节阀等特殊阀门则由锅炉制造厂提出技术规范，由焚烧厂建设运营的企业主体另行采购或委托采购。此后，再通过安装过程将这两部分组装成不可分割的整体,并在运行中进行一体化运行管理,以发挥出作为垃圾焚烧锅炉的预期功能。当只有焚烧垃圾的炉子而不考虑焚烧热能利用时,称之为垃圾焚烧炉,这种不具备焚烧热能利用条件的垃圾焚烧锅炉是垃圾焚烧处理历史发展的早期产物。

需要注意的是,若将这种特定条件下的划分引申到工程技术范畴,就会造成工程概念的混淆,不利于垃圾焚烧全过程的管理。实际上,余热锅炉原意是指利用各种工业过程中的废气、废料或废液中的显热和/或其可燃物质燃烧后产生的热量的锅炉以及利用燃气轮机排出高温热量的锅炉,且余热锅炉作为余热利用要适应于主工艺的需求,不能影响主工艺的运行。余热锅炉有别于一般锅炉的典型特征是没有燃料燃烧装置;可在多压状态下产生蒸汽;热传导靠对流而不是靠辐射;一般采用翅片管以强化传热,基本不采用膜式水冷壁结构等。另一方面,由于垃圾焚烧锅炉与余热锅炉有类似的工作环境,可借鉴其经验。如对含有腐蚀性的高温废气,要求流速低约 8m/s 而均匀,并采取其他防磨措施。对含有 SO_2 等腐蚀性高温废气,为提高金属壁温,防止金属的硫酸腐蚀,通常排烟温度要较高。实际上基于垃圾焚烧锅炉特殊的环境条件,炉膛内的高温烟气流速比余热锅炉的烟气流速更低,而腐蚀情况可能不会像高含硫酸蒸汽的烟气那么严重,因而采用省煤器但不采用空气预热器的结构。

1.3 垃圾焚烧锅炉的主要特性参数与安全、环保、经济指标

1.3.1 垃圾焚烧锅炉的主要特性参数

利用焚烧热能生产蒸汽的垃圾焚烧锅炉,其主要特性参数是焚烧垃圾规模、炉膛主控温度、蒸发量、主蒸汽参数与给水温度。当机组采用再热技术时,还包括再热蒸汽参数。利用焚烧热能生产热水的垃圾焚烧锅炉,其主要特性参数是焚烧垃圾规模、炉膛主控温度、热功率、出水压力及供回水温度。

1.3.1.1 焚烧垃圾规模

焚烧垃圾是指进入垃圾焚烧锅炉进料斗内的垃圾。焚烧垃圾规模是指垃圾焚烧锅炉焚烧垃圾的能力,与焚烧热能生产蒸汽或热水等的利用形式无关,单位为吨/日(t/d)或是吨/小时(t/h)。当忽略垃圾池内存量的混合垃圾时,焚烧垃圾量与进厂垃圾量的主要差别在于垃圾渗沥出的水分多少,可认为当渗沥出的水分为零时,焚烧垃圾量等于进厂垃圾量。

1.3.1.2 炉膛主控温度与炉膛主控温度区

炉膛主控温度是指以炉膛二次风入口所在断面为基准,炉膛温度大于等于 850℃ 时,烟气滞留时间达到 2s 或以上的烟气状态参数。在正常运行工况下及任何流量条件下,都应满足该烟气状态的炉膛内的区间称为炉膛主控温度区。

炉膛温度本没有主次之分,根据垃圾燃烧与高温烟气的热力过程,对炉膛不同区间监控的要求是不同的。针对垃圾焚烧过程的初级减排研究成果,与工程上需要更严格控制的规则,特别提出这个基于环境质量的炉膛主控温度是应用二噁英在 700～750℃,滞留时间 1 秒左右可完成高温分解的研究成果,按照工程余量原则,从工程上赋予特定含义的垃圾焚烧锅炉初级减排的指标之一。

从实际运行情况看,烟气流量在额定流量的 80%～120%(对≥500t/d 的垃圾焚烧锅

炉取 80%～115%）时，实际运行时的炉膛主控温度应是在锅炉厂设计的炉膛主控温度区（即上、下测点区间）内。在 80%及以下时，流速降低，主控温度区可能会向下移动。这也是自二次风口以上到炉膛出口之间通常要设置多于二层测点的一个原因。

1.3.1.3　进入对流受热面时的高温烟气温度与锅炉排烟温度

就生活垃圾焚烧过程来说，为控制高温腐蚀，并根据灰熔点在对焚烧垃圾烟气颗粒物灰熔点会小于 700℃的研究结果，欧盟委员会在其源于欧盟国家的最佳可用技术文献中（Waste Incineration—Best Available Techniques for Integrated Pollution Prevention and Control），对控制进入对流受热面时的烟气侧温度的推荐值是低于 650～700℃。其成员国根据本国垃圾特性与实践经验，有按 650℃或是 675℃进行控制。针对我国目前生活垃圾的特性，相应焚烧烟气污染物具有较强的腐蚀性和较低的灰熔点等因素，推荐按不大于 650℃进行控制。实践证明，这对延缓高温腐蚀速率，延长过热器的寿命期是一项有效的措施。

锅炉排烟温度是指省煤器出口烟气温度。锅炉热效率会随着此温度降低而提高，但当此温度低于湿烟气中酸性污染物（通常以 SO_2 计）露点时又会造成低温腐蚀。由此，一般根据受热面污染情况，要求将排烟温度控制在 180～260℃，实际运行中多控制在 190～220℃。

1.3.1.4　蒸发量、额定蒸发量与热功率

蒸发量是指利用焚烧热能生产蒸汽的垃圾焚烧锅炉每小时产生的蒸汽量，单位是吨/小时（t/h）。

额定蒸发量是指在设计点的垃圾热值、额定蒸汽参数与额定给水温度，并保证热效率时规定的蒸发量。

热功率是指利用焚烧热能生产热水的垃圾焚烧锅炉长期安全运行时，每小时出水有效带热量，单位为兆瓦（MW），工程单位也常用 10^4 千卡/小时（10^4 kcal/h）。

1.3.1.5　主蒸汽参数与额定出水压力

主蒸汽参数是指垃圾焚烧锅炉高温过热器出口的额定蒸汽压力和温度。其中，额定蒸汽压力是指垃圾焚烧锅炉在规定给水压力和负荷范围内，长期连续运行的蒸汽压力。额定出水压力是指热水型垃圾焚烧锅炉最高允许使用的饱和水压力。蒸汽压力与出水压力由设计压力确定，单位均为兆帕（MPa）。额定蒸汽温度是指垃圾焚烧锅炉在规定的负荷范围内，并在额定蒸汽压力与规定给水压力下，长期连续运行应保证的主蒸汽温度，单位为摄氏度（℃）。对产生过热蒸汽的垃圾焚烧锅炉，铭牌上标明的温度是指过热蒸汽温度；对于无过热器的垃圾焚烧锅炉，不再标出温度，此时的温度是指额定蒸汽压力下的饱和蒸汽温度；对于热水锅炉，是指锅炉出口的供水温度。

1.3.1.6　给水温度与回水温度

用于生产蒸汽的垃圾焚烧锅炉给水温度是指在省煤器入口处的给水温度，单位是摄氏度（℃）。用于生产热水的垃圾焚烧锅炉回水温度是指经过热交换后返回锅炉入口处的温度，单位是摄氏度（℃）。

用于生产蒸汽的层燃型垃圾焚烧锅炉的给水温度一般取 130℃或 140℃；流化型垃圾焚烧锅炉一般按电站锅炉中的非再热式机组中压或次高压采用 150℃±10%或是按工业锅炉采用 104℃。生产热水的锅炉回水温度根据供水温度确定。

1.3.1.7　炉膛负压

炉膛负压指采用平衡通风方式的垃圾焚烧锅炉，使炉膛内烟气压力低于外界大气压力

的工况。炉膛负压是反映燃烧工况稳定与否，以及保持工作环境质量的重要参数，也是运行中要控制和监视的重要参数之一。通常，炉膛负压是以炉膛出口附近某一设计断面的平均压力作为监控指标。

1.3.2 垃圾焚烧锅炉的安全、可靠、环保指标

垃圾焚烧的首要目的是做到减少垃圾的体积和危害，也是通过焚烧过程实现保护生态环境的初级减排环节。当垃圾焚烧锅炉在 4.0～6.4MPa 压力下运行时，蒸发、过热受热面管外壁受到 350～1100℃内的不同高温烟气作用，管内是 255～450℃内不同温度的汽水工作介质，整个系统都是在高压、高温、高应力条件下运行，安全问题十分重要。对其系统设备运行的常态化安全、可靠、环保运行，常用但不限于下述指标来衡量。

1.3.2.1 年累计运行小时

年累计运行小时是指连续 12 个月将垃圾送入炉内进行焚烧处理的运行小时。也就是扣除计划与非计划停运时间后的垃圾焚烧锅炉的实际累计的运行小时，一般按 8000～8400 小时进行控制。

1.3.2.2 焚烧利用小时

连续 12 个月的累计生活垃圾焚烧量与垃圾焚烧锅炉的小时焚烧垃圾规模的比值，即：

$$焚烧利用小时 = \frac{年度生活垃圾焚烧量(t/a)}{焚烧垃圾规模(t/d)/[24(h/d)]} \tag{1-1}$$

1.3.2.3 负荷率

连续 12 个月累计生活垃圾焚烧量按累计运行小时数折算日均处理量与焚烧垃圾规模的比值，即：

$$负荷率 = \frac{年焚烧生活垃圾量(t/a) \times 24(h/d)}{年运行小时数(h/a) \times 焚烧垃圾规模(t/d)} \tag{1-2}$$

1.3.2.4 炉渣热灼减率

炉渣热灼减率是指炉渣在 110℃环境下干燥 2h 后冷却至室温的炉渣试样质量（记为 A，单位 g），与该试样在 600℃±25℃环境下灼烧 3 小时后冷却至室温的质量（记为 B，单位 g）之差，占 A 的百分比，即：

$$炉渣热灼减率 = \frac{A-B}{A} \times 100\% \tag{1-3}$$

1.3.2.5 锅炉事故率

统计期间（无特殊说明均指一个日历年），锅炉事故停运小时数，与运行小时数和事故停运小时数之和的百分比，即

$$垃圾焚烧锅炉事故率 = \frac{事故停炉小时数}{运行小时数 + 事故停炉小时数} \times 100\% \tag{1-4}$$

1.3.3 垃圾焚烧锅炉的经济性指标

1.3.3.1 垃圾焚烧锅炉热效率（η_{gl}）

垃圾焚烧锅炉热效率是指单位时间内有效利用热 Q_l 与输入的焚烧垃圾热量 Q_{lj} 和辅助燃料热量 Q_{fr} 之和的百分比，即

$$\eta_{gl} = \frac{Q_l}{Q_{lj} + Q_{fr}} \times 100\% \tag{1-5}$$

该指标反映了锅炉的燃烧和传热过程的完善程度。其中，Q_1是指单位时间内工质在垃圾焚烧锅炉中所吸收的热量，包括锅炉界面内的水和蒸汽吸热量与锅炉排污水和自用蒸汽消耗的热量。Q_{lj}是指随每千克焚烧垃圾热值计的总热量。Q_{fr}是单位时间输入辅助燃料的总热量，即单位时间输入的辅助燃料量与其单位发热量的乘积。一般要求设计中压等级的垃圾焚烧锅炉热效率应不低于 78%，对焚烧规模 600t/d 及以上的不低于 80%。

1.3.3.2　垃圾焚烧锅炉净效率（η_j）

垃圾焚烧锅炉净效率 η_j 是指锅炉供出的热量与输入的焚烧垃圾热量 Q_{lj} 和辅助燃料热量 Q_{fr} 之和的百分比，也就是在毛效率 η_{gl} 基础上，扣除锅炉运行时的自用热能和电能 $\Delta\eta$ 后的垃圾焚烧锅炉效率，即：

$$\eta_j = \eta_{gl} - \Delta\eta = \frac{Q_1 - D_z(i_q - i_{gs}) \times 10^3 - 29270 N_z b}{Q_{lj} + Q_{fr}} \times 100\% \tag{1-6}$$

该式反映了自用汽和自用电的消耗所相当的锅炉净效率降低。

式中　D_z——自用汽量，t/h；

$\quad\quad N_z$——自用电量，kWh/h；

$\quad\quad b$——生产每度电消耗的标准煤量，对垃圾焚烧锅炉暂取 0.335kg/kWh。

1.4　垃圾焚烧锅炉技术的发展

1.4.1　垃圾焚烧的历史演化

生活垃圾是人类生存的标志。有学者从考古视角推断史前人是将垃圾扔到低洼地处，当垃圾逐渐充满这一地区，他们就会被垃圾排挤出去。也就是说生活垃圾对环境的影响是他们被迫迁移的一个主要原因。当从迁徙部落发展成为定居居民的初期，是利用居所附近自然界吸纳垃圾能力来消纳垃圾。随着大量人群聚集而形成城市的早期，这种情况并未发生本质的改变，却发现垃圾产生量很快就远超过自然界的消纳能力，继而演变为城市危机。于是垃圾问题成为城市管理无法继续回避的部分，也就成为政府不可或缺的一项职能。

在数百年的城市发展和管理过程中，针对垃圾危机，人们总结出如下一条垃圾定律，即垃圾不是抽象概念而是具体事实，单纯靠思维、假设与推理是不可能解决垃圾问题的。

生活垃圾的填埋、堆肥与焚烧处理方法，都是起源于原始的、朴素的生活实践。当人们意识到随处乱扔垃圾会严重影响正常生活，甚至身体健康时，就将垃圾收集起来就近集中堆放，这就是垃圾填埋的雏形。随着垃圾堆放量增加，垃圾恶臭、粉尘等污染物对正常生活的干扰日益严重，于是用土覆盖垃圾，这也成为堆肥的起源。由于垃圾堆放地距离城市过近，又限于运输工具的落后，无力送到更远的地方去，于是出现了原始形态的露天垃圾焚烧。随着社会发展，科学技术进步，生活垃圾的填埋和焚烧持续发展成为当今的现代卫生填埋和清洁焚烧，并成为生活垃圾处理的主流应用技术。堆肥技术尽管也得到发展，但受制约的因素多，未能成为主流应用技术。

促进垃圾焚烧技术发展的核心因素是社会需求和环境保护，促进垃圾焚烧技术发展的驱动力是科学技术和国家规制。以美国垃圾焚烧发展为例，1885 年在纽约市总督岛建立了第一座美式焚烧炉，到 1908 年增加到 180 座。由于这时运行的焚烧炉没有任何环境保护措施，臭味四溢，粉尘漫天，到 1909 年，拆除了 102 座。在此期间启动了试图取代焚烧的"减量计划"，于 1896 年建立了第一座减量设施。这里所说的减量计划并非现在所说的垃圾源头减量概念，而是将湿垃圾、动物尸体熬煮成油脂和渣滓。这种原始的减量计划同样因没有环保措施，黑色污水及恶臭造成对环境的严重污染，到 20 世纪 50 年代纷纷关闭，最后一座设施于 1959 年歇业。第二次世界大战前夕，随着科学技术的发展，美国陆续投入 700 余座第二代垃圾焚烧炉。1967 年发布空气质量法，1970 年发布空气清洁法，淘汰了不能达标排放的焚烧炉，使垃圾焚烧厂锐减至 150 座左右。此后，由于能源危机，垃圾焚烧技术再次被提出来，并从能源角度出发，将"焚烧炉"概念改为"能源回收设施"，1970～1980 年代又调整为"废物—能源转换设施"，形成自动化的可控焚烧技术、利用垃圾焚烧热能发电技术和各类污染物控制技术在内的现代焚烧技术。与所有应用垃圾焚烧技术的国家和地区一样，美国在应用现代垃圾焚烧技术过程中相继经历了"二噁英的争论""政府层面上选址问题的争论"以及"焚烧与填埋孰优孰劣"等问题的争论。

1.4.2 垃圾焚烧锅炉的应用技术与前瞻技术

1.4.2.1 垃圾焚烧技术的发展

应用锅炉的目的不同，重点关注的指标也就不同。就电站锅炉、工业锅炉来说，是消耗煤、油、气资源提供热能为目的，其主要特征指标是资源消耗量、蒸汽压力与温度、蒸汽量、热效率等。用于垃圾焚烧的设备是从只有燃烧放热但无热载体功能的垃圾焚烧炉，到具有燃烧放热和产生蒸汽或热水功能的垃圾焚烧锅炉，是锅炉与燃烧技术不同发展阶段的结果，但都是遵循以燃烧为手段，以减少垃圾体积和危害为基本目的，特征指标为焚烧垃圾量、炉渣热灼减率、温度等级（含炉膛主控温度）等。

从表 1-2 垃圾焚烧技术的发展轨迹看，早期应用的垃圾焚烧炉只是以焚烧处理来减少垃圾体积与灭除垃圾携带的细菌和病原体为目的，间断运行。继而针对燃烧烟气污染、热污染控制，以及随着工程技术发展，将垃圾焚烧热能转换为蒸汽动力的垃圾焚烧锅炉得到成功应用。此后在 3T 工程理论基础上，通过清洁焚烧将垃圾焚烧热能稳定转换为电能，并在保证垃圾焚烧基本目的基础上，以热能利用的可靠性与提高蒸汽参数的经济性为标志，垃圾焚烧锅炉进入发展期。继而随着自动燃烧控制技术的应用，极大提升了锅炉系统稳定着火，充分燃烧，可靠运行，宽负荷适应性等性能，使垃圾焚烧锅炉技术进入成熟期。

垃圾焚烧技术的发展轨迹	表 1-2

19 世纪初，出现了露天开放式垃圾焚烧或简陋砖砌燃烧室集中燃烧的垃圾焚烧处理雏形。19 世纪下半叶，一些欧美国家相继出现人工操作的倾斜固定炉箅子箱式垃圾焚烧炉

1870 年代，见诸报道的世界第一台垃圾焚烧炉于 1870 年在英国帕丁顿（Paddington）市运行，不久因不适应垃圾特性，运行不良而关闭。1876 年，一座采用固定倾斜式阶梯炉排，共用一个排烟通道的数台箱式垃圾焚烧炉的垃圾焚烧厂在英国 Manchester 市运行。该炉采取人工从炉门投入垃圾，并进行除渣和拨火操作。通过炉拱与炉墙的辐射对新垃圾起到烘干的作用，达到可以焚烧垃圾的目的，尽管还存在劳动强度大、工作条件恶劣，不能连续焚烧的缺陷。到 19 世纪末在英国共投运了 210 台这种类型的焚烧装置，仅伦敦一地就有 14 台。此后在这种炉型的基础上又出现了背靠背布置，交替操作的双箱式焚烧炉（指一套设备进行垃圾焚烧过程，另一套进行除渣和给料操作）。投入的垃圾通过与灼热后墙接触得以干燥，燃烧温度能达到 700℃ 以上。箱式焚烧炉的炉门最宽 1m，炉排面积通常为 1.0～1.5m²，最大 3m²，日焚烧垃圾量 6～10t，在垃圾得到预热时可达 20t

　　1884 年，针对垃圾水分、灰分高而焚烧困难的问题，曾采用下炉排为燃烧煤层，上炉排焚烧垃圾的双层炉排，进而为改善燃烧特性，进行垃圾与煤混烧的尝试，未获得令人满意的结果，而且烟气污染严重。当时人们已经知晓燃烧空气量和投入方式对烟气温度的影响，相继采用了加高烟囱、配置送风机、引风机等措施，以满足焚烧过程对燃烧空气量的需求。检索最早采用焚烧法处理垃圾的记载有 1885 年美国纽约，1896 年德国汉堡、1898 年法国巴黎等。

　　1902 年，一座炉底尺寸为 0.8m×0.8m，高 3m 的矩形立式焚烧炉出现在德国 Wiesbaden 市。垃圾由炉子上方经过一个倒置喇叭口投入炉腔，燃烧空气由炉腔侧面通过水平渣井中的缝隙由下至上送入，在冷却炉渣的同时得到预热。烟气从侧面引出，并在加入二次风后进入燃烧室，以将烟气中携带的可燃成分充分燃烬。此后改进成圆筒形炉腔的立式焚烧炉。炉腔上方空间由新加入的垃圾填充。压力 4～5kPa 的燃烧空气由炉腔的侧面送入，炉腔温度约 900～1000℃，每 m² 排面积的焚烧量 1.1t/h。除渣时打开炉腔的底盖，一种特制的清渣刀由底部伸入炉腔中操作，退出炉腔后关闭炉腔底盖，垃圾靠自重落在底盖上。一座垃圾焚烧厂可由数台立式焚烧炉组成，有公用的燃烬室和飞灰收集装置。此后又出现了应用水冷壁、螺旋连续给料、机械除渣、类似于沸腾燃烧等技术的各种改进型立式焚烧炉。此后，欧洲和北美相继出现了焚烧规模达到 15t/d 的垃圾焚烧厂投入运行。

　　为了实现垃圾进料、拨火、清渣和除灰等的机械化操作，1920 年代研发了由固定炉排组和活动炉排组交替组成水平倾角 10～13°的各种阶梯式炉排。垃圾通过螺旋给料装置进入炉子，达到良好的拨火作用。根据焚烧量的大小，阶梯式炉排可以采用单排或双排的形式，炉排长度可达 3.5m，单列宽度 1.3m，焚烧量达到 3.5t/d；双列倾斜炉排的垃圾焚烧炉的炉排总面积 16m²，焚烧量达到 8t/d，炉膛温度 900～1000℃。此后又进一步开发出自进料口至灰斗方向向下倾斜 15～25°具有很好的拨火作用的炉排。成为与现代的倾斜往复炉排的先驱。与此同时，还出现了以克服垃圾充分焚烧的缺陷，实现机械化操作等目标的尝试，未能取得满意的效果，如由转筒和倾斜炉排共同组成的转筒式垃圾焚烧炉；采用分段链条炉排的焚烧炉等

　　1950 年代，出现分批投入垃圾的间歇机械式炉排，由于炉排的搅拌，使垃圾燃烧工况显著改善，并采用了喷淋水的方法去除燃烧烟气中的粉尘，燃烧规模达到 40t/d。

　　1960 年代，相继出现机械化投料，机械化出灰，机械化通风的全连续式炉排，现代化焚烧模式走向成熟；成功以垃圾焚烧锅炉形式向外供热，实现焚烧垃圾废热利用；随着焚烧技术规模的大型化，实现利用焚烧垃圾热能发电。

　　1970 年代，垃圾焚烧炉不断向大规模方向发展，燃烧形式不断多样化，各种新型焚烧炉不断出现，同时相继出现了焚烧规模在 2000t/d 以上的特大型焚烧厂；迅速崛起的自动化技术被应用于垃圾焚烧领域，使垃圾焚烧自动化控制水平迅速提高。与此同时，在二级减排方面，相继开发了包括干法、半干法、湿法、循环流化法等除酸技术，静电除尘、布袋除尘等除尘技术等多种技术组合的烟气净化工艺。

　　1990 年代成功采取喷入活性炭的方法以控制二噁英的排放。为控制氮氧化物对环境的污染，选择性非催化还原与选择性催化还原脱氮技术成功应用于烟气净化中。瑞士冯诺尔公司研发出水冷炉排技术，但什么条件下需要应用没有明确界定，除炉排表面温度不要超过 500℃外。实际上焚烧垃圾热值达到了 10MJ/kg 时，仍可使用风冷炉排

　　垃圾焚烧锅炉技术的发展包括垃圾焚烧技术与余热利用技术两部分。由于垃圾的复杂性、不稳定性与不可选择性而成为最难处理的废物，故而自初具现代意义的焚烧炉出世到成熟的垃圾焚烧锅炉应用，主要创新发展在于以焚烧炉排为核心的焚烧技术的发展。目前国际上应用的焚烧炉排形式达数百种，具有代表性的焚烧炉排技术有水平往复炉排、顺推倾斜往复炉排、组合往复炉排、逆推倾斜往复炉排、摆动炉排、滚动炉排等层燃型垃圾焚烧技术。包括沸腾床、循环流化床等在内的流化型垃圾焚烧锅炉技术则是在一定条件下的适宜技术，用于处理混合生活垃圾时尚存在需要解决的工程技术问题。回转窑焚烧炉更适合于焚烧如医疗垃圾、危险废物等特种垃圾，极少用于焚烧生活垃圾。20 世纪 90 年代中期，在一些国家兴起垃圾热解气化熔融技术，包括缺氧状态下的气化燃烧技术与绝氧状态下的干馏技术等，经历近 30 年的工程技术探索，截至目前仍不能属于成熟的工程技术。特别是采用等离子气化技术的垃圾处理项目失败案例，提醒我们要去辨明技术与工程的关系，审慎评估技术应用的驱动力和负面作用。好的热利用技术不一定是垃圾焚烧适用的工程技术。另外，自 20 世纪 60 年代确立的垃圾燃料化技术对稳定燃烧具有明显的作用，但未能得到普遍应用。究其原因，也是审慎评估应用该技术的驱动力与其对经济性、环境性与可靠性等负面作用的平衡结果。

1.4.2.2　提高主蒸汽参数

　　焚烧垃圾热能利用技术是指基于现有锅炉汽水系统的工程理论和技术规则生产蒸汽，

并针对焚烧垃圾特性持续改进设计的锅炉工程技术。从朗肯循环理论可知,提高热能利用效率与降低综合消耗的基本路径是提高主蒸汽参数,而提高蒸汽参数的驱动力是材料学、腐蚀与防护学的发展,并受垃圾特性、工程可靠性与经济性、风险与风险控制等因素的约束。多年实践表明,高效率首先是风险可控条件下的结果,否则高效率将会带来更多安全问题,从而要付出昂贵代价。

20世纪60年代成功利用生活垃圾焚烧热能至今,就垃圾焚烧发电项目来说,采用的主流参数是从次中压2.45MPa等级变迁到目前普遍采用的中压4.0MPa等级,过热蒸汽温度从300℃左右提高到400~450℃(资料显示德国有垃圾焚烧厂的蒸汽温度是从500℃回归到400~450℃)。随着特大型垃圾焚烧锅炉的应用,以及以合金金属材料的发展为主,辅以从金属喷涂到金属堆焊、再到激光熔覆等技术进步,也在进行如6.5MPa次高压等级与提高主蒸汽温度的尝试。

影响提高蒸汽参数的主要障碍是烟气侧高温腐蚀与结焦问题。垃圾焚烧锅炉内是一个多种高温腐蚀现象同时存在的严酷环境,其中包括烟气中腐蚀性成分引起氧化、酸化而发生的卤化物腐蚀、渗碳、氧化等高温气体腐蚀。在高温腐蚀区域,烟气温度超过450℃时高温腐蚀急剧增加。这也是为何至今仍不提倡采用大于450℃的工程实践经验。

从锅炉技术发展历程看,实际应用蒸汽参数的选择,可借鉴我国电力行业的蒸汽参数压力系列及其与温度的对应关系(表1-1),与发电功率的匹配的参数系列标准。该压力参数包括适用非再热式机组的低压、次中压、中压、次高压、高压系列,适用再热式机组的超高压、亚临界、超临界、超超临界系列。

1.4.2.3 垃圾焚烧锅炉自动燃烧控制系统

自控系统通过监控各系统设备在设定状态下的正常运行,迅速地收集、处理各种运行状态参数,提供最佳的运行管理信息,实现常态化安全、可靠、环保运行。为此,一旦新的自动化技术形成工业化产品,就会很快被应用于垃圾焚烧领域,使得从早期常规仪表显示的手动控制,经过单一信号反馈和比例控制、设备单元多变量控制、运行状态分级控制,发展到现代包括自动燃烧控制系统(ACC)在内的集散控制系统(DCS),垃圾焚烧自动控制水平得以迅速提高。其中的ACC应用源自设备众多的垃圾焚烧系统的工艺过程中需要有大量的调节回路和连锁保护,以及严格要求在低污染状态下运行。

垃圾焚烧锅炉是单汽包自然循环锅炉,采用集常规锅炉相同的给水自动调节系统、过热蒸汽温度自动调节系统与特定的自动燃烧控制系统为一体的ACC,是建立在反馈原理的基础之上,利用输出量同期望值的偏差进行控制的闭环控制系统。如锅炉自动点火,吹灰和定期排污等程序控制系统的输出只受输入控制,控制精度和抑制干扰的特性都比较低的开环控制系统。控制的目的是为使被控制对象达到预定的状态或是趋于某种需要的稳定状态。所谓锅炉给水自动调节是指以汽包水位主信号、给水流量反馈信号和过热蒸汽流量前馈信号的三冲量调节。为确保锅炉安全运行,必须控制汽包水位在一定范围内,包括过热蒸汽流量改变时调节器立即调节给水量,给水流量受到扰动时则能使给水流量恢复到原来值。过热蒸汽温度自动调节系统的任务是维持过热器出口温度在允许的范围内,并保持过热器壁温稳定在允许的工作温度范围内。过热蒸汽温度过高,会导致过热器管的强度下降甚至发生蠕变失效。如温度偏低,会降低能量转换效率,据分析汽温每降低5℃,热经济性下降1%;温度偏低还会使汽轮机末级蒸汽湿度增加甚至使之带水,影响机组安全运行。

ACC 控制模式主要分为传统控制、逻辑控制、模糊控制与自适应控制等模式（表1-3）。传统控制是依据微分方程理论实现的自动控制；逻辑控制是按照泛布尔代数规律进行的概念控制；模糊控制是按照 L.A 查德模糊集理论及相应的定义运算进行的概念控制；自适应控制是基于稳定性理论、收敛性定理和设计方法的自动控制。目前的 ACC 系统较多采用逻辑控制系统与模糊控制系统。

ACC 三种控制模式简要介绍　　　　　　　　　　表 1-3

名称	逻辑控制（可编程逻辑控制） LogicControl（PLC）	模糊控制（模糊逻辑控制） FuzzyControl	自适应控制 AdaptiveControl
定义	一种用泛布尔代数表达式表示符合人类思维规律的控制规则或输出响应的计算机数字控制技术	一种以模糊集合论、模糊语言变量和模糊逻辑推理为基础，模拟人的思维方法，将自然语言植入计算机内核的数字控制技术	一种能够自动地补偿模型阶次、参数和输入信号方面非预知的、变化的计算机数字控制技术
起源	1969 年，美国数字化设备公司研制出可编程控制器 PDP-14。20 世纪 70 年代出现微处理器并进入实用化阶段，20 世纪80 年代步入成熟期，20 世纪 90年代中期进入快速发展期并开始在垃圾焚烧领域应用。我国于 1974 年开始研制并于 1977年在工业应用领域推广 PLC；在垃圾焚烧起步阶段就应用了实现 PID 运算、闭环控制、通信联网等功能的 PLC	1965 年，美国系统论教授 Zadeh·L·A 率先提出模糊控制理论；1968～1973 年又先后提出语言变量、模糊条件语句（if,then 的形式）和模糊算法等概念和方法。1974 年，英国 Mamdani·E·H 教授研制成功第一个模糊控制器并在实验室应用于锅炉和汽轮机的控制获得成功	自适应控制研究可追溯到1950～1960 年代。20 世纪 70年代伴随计算机技术发展和控制理论发展转入成功实用阶段。如 1973 年，瑞典学者 AstromK.J. 和 Wittenmark B. 提出自校正调节器并在造纸厂成功应用。基于智能理论的发展，产生了基于模糊逻辑的自适应控制、基于神经网络的自适应控制和基于其他人工智能技术的自适应控制等
工艺技术概述	工作过程以输入采样、用户程序执行和输出刷新三个阶段为一扫描周期。用可编程存储器识别控制系统的动态特性所提供的特征信息，以扫描方式依次读入所有输入状态和数据并将它们存入 I/O 映象区中的相应单元。在其内部存储执行逻辑运算、顺序控制等操作指令；对缺乏数学模型的对象，通过数字式或模拟式的输出控制运行过程。从系统集成看，存在众多开关量为主的开环顺序控制。它按照逻辑条件，进行顺序动作号按时序动作；与顺序、时序无关的按照逻辑关系进行连锁保护动作控制；以及大量的开关量、脉冲量、定时、计数、模拟量越限报警等状态量为主的，离散量的数据采集监视	模糊控制器是模糊控制的核心，系统架构包含定义变量、模糊化、知识库、逻辑判断及反模糊化五个主要部分；控制规律由计算机程序实现。控制算法是：微机采样获取被控制量的精确值与给定值比较得到误差信号 E 并作为模糊控制器的一个输入量，把 E 的精确量进行模糊量化成用相应模糊语言表示的模糊量，得到误差 E 的模糊语言集合的一个子集 e（模糊向量）；再由 e 和模糊控制规则 R（模糊关系）根据推理的合成规则进行模糊决策，得到模糊控制量 u，$u=eR$。为了对被控对象施加精确控制，再将 u 非模糊化处理转换为精确量；得到精确数字量后，经数模转换变为精确的模拟量送执行机构，对被控对象进行进一步控制（参见下图） 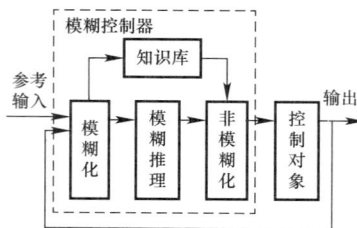	自适应控制器具有可调参数和参数调整机制的特性。控制过程包括：①信息采集，即获取被控系统或可调系统的输入输出及相关状态信息等。②在线辨识对象的动态特性或性能计算，即对系统相关参数或状态进行连续或周期性辨识，对系统的性能指标进行计算。③控制决策，即根据辨识结果与指标要求，确定当前控制或调整策略，通过与给定性能指标比较，确定相应的控制决策。④修正实现，即通过修正装置对被控系统的控制器或可调系统的相关参数或状态进行修正或调节

名称	逻辑控制（可编程逻辑控制） LogicControl（PLC）	模糊控制（模糊逻辑控制） FuzzyControl	自适应控制 AdaptiveControl
控制原理	产生于对控制器运行机理分析的控制规则按泛布尔代数规律进行控制。系统的稳定性用偏差—偏差变化图九点构成的语言轨迹来分析	以模糊数学为核心，以模糊集合论、模糊语言变量和模糊逻辑推理为基础的一种计算机非线性智能数字控制技术	按非线性控制与自适应控制理论，随着过程动态特性和环境特点的变化而不断修正自身行为的数字控制技术
环境效益	引入成熟的燃烧过程控制系统以改进操作条件，完善焚烧过程的稳定性与均一性，维持有效的燃烧性能。从而改善能源效率，增加设备利用率，提升初级减排效果。潜在的环境效益表现在：获得更好的炉渣、飞灰质量并减少产生量；减少 CO、NO_x、C_xH_y；为二级减排系统的稳定运行创造良好条件		
跨媒介效应	模拟人的逻辑思维、模仿人的控制行为，并能运用计算机技术实现逻辑控制，必须寻求更多变量来描述控制系统的动态特征。相对垃圾的复杂与不稳定程度，较难建立精确数学模型和精准实时控制	信息简单的模糊处理会导致系统精度降低，动态品质下降。要提高精度就必然增加量化级数，导致规则搜索范围扩大，降低决策速度，甚至不能进行实时控制。目前的模糊设计尚缺乏系统性，无法定义控制目标	自适应控制理论研究还存在如下问题：①对非线性系统或随机系统的稳定性研究。②现有收敛性结果的局限性过大，假定条件太苛刻。③因系统的非线性，时变性及初始条件不确定等，分析自适应系统的动态品质的成果有限
	对一次仪表的精度等级与漂移、执行机构的可靠性与稳定性有要求		
运行数据	一般要求控制系统投入率不低于 $90\% \sim 95\%$。信息数据包括各炉排段温度、压降与垃圾层厚度，不同位置的炉膛与对流区域烟风侧与汽水侧的温度、压力；过热蒸汽参数与产生量；不同位置得到 CO、O_2、CO_2、H_2O 的计量		
适用性	采用冗余系统或热备用系统。控制器系统的上级通信网络通信速率应大于 1Mbps，通信负荷小于等于 60%	利用人的知识对控制对象进行控制	对象特性或扰动特性变化范围很大，又要求经常保持高性能指标的控制
经济性	—	—	比常规反馈控制复杂，成本高，只在常规反馈达不到期望性能时采用
执行的驱动力	存储执行逻辑运算、顺序控制、定时、计数和算术运算等操作指令，并通过数字的、模拟的输入和输出，控制运行过程。系统易于与全厂控制系统形成一个整体，易于扩充其功能	利用控制法则描述系统变量间的关系。不用数值而用语言式的模糊变量来描述系统，控制器不必对被对象建立完整的数学模式。适用于非线性、时变、模型不完全的系统	研究具有一定程度不确定性的对象。即事先不一定能准确知道被控对象的数学模型结构和参数，一些外部环境的影响，包含未知和随机因素
应用	在垃圾焚烧厂得到普遍应用	较少有在垃圾焚烧厂的应用	属于垃圾焚烧厂的新兴技术

1.4.2.4　前沿技术——人工智能在垃圾焚烧行业的应用

人工智能产生于 1950 年代，是计算机科学的一个分支，是控制论、信息论、系统论、计算机科学、数学、心理学、哲学等多学科互相渗透的结果。人工智能研究的一个目标就是如何使机器去做一些需要人类智能才能做的复杂工作。研究的方向包括机器人、语言识别、图像识别、自然语言处理和专家系统等。作为人工智能一个分支的专家系统于 1970 年代开发成功，20 世纪 80 年代得到广泛应用。它是一个内含大量某领域专家水平的知识和经验，利用人类知识和解决问题的方法处理该领域问题的智能计算机程序系统。一般控制专家系统由知识库、控制算法库、实时推理机、信息获取与处理、动态数据库组成，适用于难以用数学模型来描述的复杂过程控制系统。

与一般锅炉不同的是，垃圾焚烧锅炉所面对的挑战是废物中最难处理的生活垃圾，其特性随天气、季节、生活习惯等的不同而不同，波动性十分大，致使燃烧稳定性很差。传统的应对措施是利用调节器系统通过人工经验判断燃烧状态，通过人工干预作出各种控制。利用对传统控制理论和技术的包容和发展的专家系统，可改变传统控制设计中单纯依靠受控对象数学模型的局面，并解决了实际控制过程难以用精确数学模型表达的大型复杂控制系统的控制问题。从而提高常规控制系统的控制品质，拓宽系统的作用和范围，增加系统的功能，而且对传统控制方法难以奏效的复杂扩充实现闭环控制，应用于焚烧领域的专家系统的研究尚属于前沿技术。

在此需要说的是，垃圾焚烧的智能化不是一蹴而就的事情，何况是尚处在如婴幼儿时期的时候。人工智能是研究、开发用于模拟、延伸和扩展人的智能的理论、方法、技术及应用系统的一门新的技术科学；智能化是指事物在网络、大数据、物联网和人工智能等技术的支持下，所具有的能动而非被动地满足人的各种需求的属性。继而有研究提出，智能化的路径首先是利用管理实现数字化，用以简化技术问题，把复杂问题简单化，简单问题流程化，流程问题信息化。当我们把大部分成熟的工作一步步变成软件和模型，交给电脑来干的时候，才算迈进智能化的大门了。

锅炉金属部件运行的四个重要因素是时间、温度、应力和介质，长期在高压力、高温度环境下运行，工作环境极为恶劣，在运行一段时间后，常常会因疲劳、腐蚀、过热、磨损以及质量缺陷等，造成严重影响安全运行的失效现象，其中受热面爆漏（火电厂称四管爆漏）是最常见的一类失效。故而在能源领域一个十分活跃的研究课题就是在设备故障诊断和恢复方面。目前电力系统故障诊断方法可归纳为基于推理型的方法、基于不确定性理论的方法、基于优化思想的方法和多种融合方法四类。例如，美国 SparkCognition 公司将解析学、传感器和操作中产生的数据三者相结合，来预测关键的基础设施何时会崩溃；美国 AES 电力公司针对其太阳能电站和电网系统，于 2017 年宣布进军人工智能的计划，将其作为提高公司的警觉性、效率和保护公司财产的手段。我国一些高科技公司在进行火电厂人工智能机器人的应用研究，并取得阶段成果，这也为垃圾焚烧领域的研究提供了有益的经验。

智能巡检机器人系统的研究案例简介

基本网络构架由包括云台、激光雷达、红外热像仪等在内的智能巡检机器人，通过无线 AP 模式与包括有数据服务器、硬盘录像机、本地客户端等的本地监控系统联络。还设置有运维站，使运维客户端通过硬件防火墙与本地客户端衔接。通过示范应用，证明其在火电厂应用的可行性，但仍需总结不足，持续优化，力争早日落地。

智能巡检机器人系统的主要功能：①视频识别（实现阀位、指示灯、表计、数显等自动识别、自动生成报表功能）；②红外热成像（电气设备接头测温、蒸汽泄漏、轴承等相关温度测量及分析）；③激光测振及拾音（实现转机振动测量、转机内部声音采集及相关数据分析功能）；④跑冒滴漏检测（实现根据不同介质与工况，通过泄漏电缆、升压计、视频识别、红外测温等技术综合分析，自动判断现场水、酸、碱、汽、气的功能）；⑤专家分析系统（该平台功能如机器人巡检系统自身状态信息与配置巡检任务；数据采集、存储、报表、趋势、报警等；开放组态通过后续数据库、建模、二次开发，实现设备异常的自诊断）；⑥实现对机器人状态、设备状态等的监控；⑦其他功能。

1.4.2.5 垃圾焚烧过程的初级减排

针对减少生活垃圾体积和危害的管理目标，垃圾焚烧被视为一种适宜的解决方案。在焚烧过程需要产生排放和消耗，避免或减少焚烧过程可能产生的污染物也就成为垃圾管理目标的另一项重要内容。这些情况受到从焚烧装置的设计到建设运行全过程的管理所制约。就运行管理过程来说，解决垃圾焚烧过程的负面环境问题，首先是对焚烧过程的控制，称为初级减排。在初级减排不能达到污染物令人满意的环境影响条件下，就必须针对不同污染物采取不同的处理措施，也就是二级减排。在此仅限于垃圾焚烧锅炉界限范围内的初级减排。

垃圾焚烧过程产生的烟气中含有颗粒物、氯化氢与硫化物、氮氧化物、重金属、二噁英类及其他残余有机物等污染物，一直是人们关注的焦点。通过优化焚烧炉设计与运行管理水平，提高以 3T 热力过程的 ACC 投入率，以达到充分燃烧，减少残余有机物、二噁英类、氮氧化物的生成与排放，但对其他污染物无效。一氧化碳不属于污染物，不需要采取二级减排的措施。将其作为重点关注的对象，是因其可作为完全燃烧程度的控制指标，另有研究认为可能与二噁英类的控制有一定关联关系。

炉渣与飞灰的性质和数量是垃圾焚烧过程的一个关键问题。这是因为，它们既是焚烧厂最大废物源，也是衡量焚烧过程是否充分的尺度。近期对国内 169 座采用层燃技术的焚烧厂中 145 个有效样本的炉渣量占焚烧垃圾量比例统计的中位值为 24.32%。影响焚烧炉渣量的主要因素是垃圾中不可燃物的占比，而设备设计与运行状态则与垃圾中可燃物燃烧的充分程度有关，其可燃物燃烧产生的无机物约占焚烧垃圾量的 4%～6%。衡量充分燃烧程度的指标是炉渣热灼减率，目前要求以不大于 5% 为合格，以 3% 作为焚烧良好的标志。焚烧过程产生的原始飞灰被焚烧烟气所夹带。这种飞灰的数量取决于垃圾成分、垃圾焚烧锅炉的技术参数和运行状态。目前对我国以焚烧垃圾为基数的层燃型 169 座厂中的 158 份有效样本统计，飞灰产生率的中位值是 3.08%。其中小于 3% 的厂约占 48%；另有大于 4% 的是飞灰固化物。通过对焚烧厂实际运行状态分析并按 $11\%O_2$ 统计的原始飞灰量在 5000～7000mg/Nm^3，飞灰减量化应是初级减排的有效途径，只是目前尚缺乏经验总结，加之一些涉及前沿技术问题，如在锅炉 200～450℃ 烟气区抑制或减少颗粒物量，如何通过锅炉清灰降低烟气夹带飞灰等。

垃圾焚烧锅炉本体重点控制的噪声源来自噪声值达到 100dB（A）以上的汽包排汽的高频噪声，主要发生在启动试运过程与需要事故排汽的场合。控制措施是尽可能避免事故排汽；采用具有节流减压、扩散、降速、变频等功能，气流速度小于 60m/s 的排汽消声器来降低噪声值。垃圾焚烧锅炉的废水是定期排污和连续排污的含盐类废水，一般可降级使用，如用于除渣补水等。垃圾焚烧锅炉焚烧过程可消除来自垃圾池气体的恶臭。但在垃圾溜管与炉膛衔接处留有膨胀缝，推料器下部需要留有渗沥液排放装置，而且这些区域的负压绝对值很小，容易弥散垃圾恶臭与渗沥液恶臭，需要采取适宜密封等防控措施。

1.4.3 我国垃圾焚烧锅炉技术的发展

我国垃圾焚烧锅炉的应用起步于 20 世纪 80 年代末，经过数十年的发展，从引进焚烧技术设备到有自主知识产权的中国制造，形成以层燃技术和流化技术为主流技术并以层燃技术为主的焚烧发展阶段。我国自 1990 年代初，利用三菱马丁焚烧技术实现了生活垃圾的焚烧处理。此后在 10 多年的早期发展阶段，有 40 余座垃圾焚烧厂投入运行。进入 21 世纪以来，特别是经历持续多年以二噁英问题与厂址选择问题为主的"邻避效应"，到 2009 年，150t/d 及以上规模的生活垃圾焚烧厂增加到 93 座，总处理规模 71253t/d，实际年处理进厂生活垃圾 2022 万吨；焚烧厂平均年利用小时数 6810.66h，已经超过欧洲 19 国平均值 6366.04h，但低于日本平均 7094.79h 与美国平均 7388.54h 的水平。到 2016 年底，我国大陆地区已经运行的生活垃圾焚烧厂 299 座，其中采用层燃型与流化型生活垃圾焚烧炉的分别占 77% 与 23%。统计 200t/d 及以上规模 295 座焚烧厂的总处理规模 298530t/d，总装机容量 53396.4MW。对 2016 年度 212 座厂的运行数据分析显示，进厂生活垃圾 8422 万吨。其中，156 座层燃型厂平均年运行 7779h，平均年利用小时 7538.17h；56 座流化型焚烧厂平均年运行 6358h，平均年利用小时 6418.01h。按 335g/(kW·h) 计，扣除启动、辅助用油（气）的贡献，层燃型与流化型厂合计年折算节标煤 594.03 万当量吨。按国家标准要求配置有齐全的烟气污染物控制硬件设施，年均排放指标显示可实现达标排放。垃圾焚烧热能以转化电能为主，层燃型厂平均吨垃圾发电 371kW·h，流化型为 224kWh。表明我国垃圾焚烧设施总体运行状况在以较快速度提升，但也存在提升规范化、精细化运行管理水平的问题。

1.4.3.1　层燃型垃圾焚烧锅炉的国产化

如前所述，层燃型垃圾焚烧锅炉从制造角度可拆分为以炉排为核心的焚烧部分与由炉膛和对流受热面为核心的余热利用两部分，为叙述方便分别称为焚烧炉与余热锅炉。余热锅炉一直是应用国内制造的产品。这是因为这类余热锅炉的容量与基本技术条件均在我国的锅炉设计、材料、制造、检验、安装、质量验收范畴内，具有完善的标准和成熟的技术。按我国《锅炉压力容器安全监察暂行条例》，凡具有 A 级锅炉制造资质厂均对这类锅炉具有很强的设计和开发能力，在锅炉效率、锅炉负荷变化的适应性及过热蒸汽温度可控性等性能方面均能达到或超过国外进口产品的水平。在余热锅炉的设计、制造方面借鉴的国外经验主要是，应对垃圾燃烧特点和高温烟气成分及其腐蚀性的锅炉结构优化设计，过热器材质的选择，以及如对流管束的加工等过程的技术管理要求。在引进焚烧炉技术设备时，出于对垃圾焚烧锅炉的整体性能保证，要求供货方提供余热锅炉概念设计，对车间图进行审查。国内的锅炉制造厂则负责完成车间图设计，并对加工质量承担保证。

作为焚烧炉核心部套的炉排，我国早期建设的焚烧厂是采用进口设备，从指标分析看，其可靠性较好，针对我国垃圾特性有一定适应性但也存在不同程度的水土不服问题。如当垃圾热值偏低时，垃圾中固态燃烧过程的停留时间不足，致使炉渣热灼减率偏高；垃圾含水量较高时渗沥液流入推料器下灰斗造成局部工作环境污染及渗沥液恶臭散发；ACC 尚不能完全适应垃圾特性的变化致使不能充分发挥功能等。此后进口的焚烧炉是按我国用户要求，由供货商进行了必要的改造，主要改进是在干燥段增加 2～3 个炉排组，以使燃烧段的火焰区域（即通俗称谓的火线）适当前移。

引进设备不但价格昂贵，而且存在采用标准等方面的差异，导致设备安装复杂，运行期间零部件更换受制于人的问题。解决的方法主要有两种，一种是全面引进技术，国内完成加工、组装、调试等的方式，应用的技术原型如 VONROLL、CITY2000、WATER-LUE、VOLUND 等。这类国内制造设备多数运行状态正常。另一种是在应用过程中暴露出其技术存在缺陷，由企业主体进行二次技术开发和重大设备改造，形成具有自主创新的国产技术设备。期间,也有可靠性低,不满足初级减排要求的外来技术设备以及国内一些基于工业锅炉炉排研制的小型焚烧炉。

2006年杭州新世纪公司牵头承担具有自主知识产权的225t/d模块化垃圾焚烧炉排国产化研发计划。此后,绿色动力、温州伟明等公司相继在马丁技术基础上获得了实用新型专利,运行状况基本正常,但与进口炉排相比,还需要再提高一些部件质量和装配精度等。

作为炉排的基本元素,炉排片要满足耐热、耐磨、耐冲击,力学性能和高使用可靠性的要求,通常需要采用严格的尺寸公差、形位公差、表面粗糙度等。主要解决路径是采用精密铸造工艺,铸造不需加工或简单加工后的合金铸造件。在焚烧设备国产化进程中,国内有一些特殊钢铸造有限公司的炉排片铸造质量精度已经高于引进部件的要求,为国内外焚烧炉制造企业所采用。

液压系统为垃圾焚烧炉炉排系统的动力源,架桥破解装置、推料器、干燥炉排段/燃烧炉排段/燃烬炉排段、除渣机等均需从液压系统获取动力。为确保液压系统的可靠性,液压系统的主要国产元器件(液压泵、滤油器、换向阀、调速阀、电机等)已经广泛应用于垃圾焚烧锅炉系统。但从精细化视角,如液压缸密封、液压站整体性能仍有进一步整体提升的空间。

1.4.3.2 层燃型垃圾焚烧锅炉的运行

垃圾焚烧锅炉设计是考虑25~30年长期稳定运行的要求。考虑我国生活垃圾热值目前正处于从较低热值向相对稳定的高热值过渡阶段,设计垃圾热值可根据垃圾特性发展趋势,并考虑在额定焚烧垃圾负荷下保证运行初期实现垃圾焚烧锅炉可靠、环保运行的要求,可按当前焚烧垃圾热值的1.25~1.43倍选取设计点垃圾热值。这是因为,在炉膛容积确定与额定焚烧垃圾量不变,且忽略空气带入热量及外部附加热量的情况下,炉膛容积热负荷与焚烧垃圾热值成正比。因此初步估算时,实际焚烧垃圾热值为设计热值的75%~85%到100%时,相应炉膛总容积热量即可满足稳定、环保运行的要求,包括锅炉出口烟气CO浓度满足环保标准规定的80mg/Nm^{3}浓度要求。

炉渣热灼减率是指炉渣中的残余可燃物质占比,是表明垃圾充分焚烧程度的运行控制指标。我国对垃圾焚烧锅炉的炉渣热灼减率总体要求不大于5%。对实际运行管理水平良好、运行经验充分的厂,以及对引进设备和引进技术国内制造的焚烧炉均要求按小于3%控制。实践证明此规定对推动我国焚烧装备的发展与保证引进焚烧技术设备的可靠性具有积极作用。至今,随着设备制造和运行经验的积累,已经具备以3%作为炉渣热灼减率的运行控制指标,并形成包括样品采集与检测方法的指标体系。

在我国目前的政策支持力度及社会经济等背景条件下,当焚烧垃圾热值低于6000kJ/kg时,对垃圾焚烧厂焚烧总规模300t/d以下的经济性表现为较差。垃圾焚烧锅炉的应用,从热能可利用程度和对环境质量影响角度看,对日处理规模100t以下的生活垃圾焚烧锅炉生产蒸汽的适用性表现为不宜。

1.4.3.3 流化型垃圾焚烧技术应用实践

流化技术自20世纪五六十年代从化学工业引入锅炉行业,到60年代鼓泡流化床锅炉投运,70年代末循环流化床锅炉兴起,80年代大容量循环流化床锅炉机组并网发电,再到90年代增压循环流化床和内循环流化床等新型锅炉技术水平不断提高,已经形成具有严谨流化床计算模型的学科。从其成功应用于煤矸石等劣质燃料流化焚烧来看，流化床技术并非替代层燃与煤粉焚烧技术，而是弥补层燃炉对煤种的适应性不足，从而扩大了锅炉应用系列。

固态燃料燃烧过程包括固定碳的表面缓慢燃烧和挥发分的空间急剧燃烧过程。煤的燃烧过程是以固定碳表面燃烧为主，大约占到 70%～80%。生活垃圾焚烧过程与煤的燃烧相反，具有以挥发分空间燃烧为主的特征。由于垃圾成分复杂多变，各类物质着火点与挥发分析出温度有较大差别，在 120～150℃ 挥发分开始析出，延续到 500℃ 左右结束。与煤燃烧相比，垃圾燃烧控制要困难得多。

流化床燃烧的基本特征是通过流态化悬浮燃烧提高燃烧速率，强化完全燃烧过程。这对难燃煤与劣质煤燃烧极具优势。而垃圾的挥发分燃烧速率已经很高，也就抑制了流化燃烧的优势。为此，我国科研机构在对非均质燃料扩散与偏析特性、传热特性进行了冷热态试验研究基础上，采用偏斜布风方式，实现内部旋流流化，再通过加入煤补燃来实现生活垃圾的稳定燃烧。

再好的理论技术都不可能无条件转化为适宜工程技术。选择流化床技术作为国产化垃圾焚烧研发的方向，从应用流化技术燃烧角度看，可发挥出燃烧充分、蓄热能力强的特点；可实现压火操作，炉渣热灼减率低的预期。但是，由于垃圾与煤燃烧特性巨大差别，致使存在实际垃圾流化燃烧的运行操作困难，以至故障率高，CO 排放浓度高等问题。经过十余年的流化型垃圾焚烧炉的应用实践和工程技术改进，使单台炉垃圾处理规模从早期 150t/d 扩大 800t/d，掺煤比从 27% 降到 5% 以下，通过如垃圾给料系统以及水冷系统、分离器、空气预热器、预燃室、排渣口等锅炉结构的优化，降低了故障率。但就目前实际应用情况看，采用流化型垃圾焚烧锅炉焚烧原生垃圾，仍有诸多制约因素待解决。

第 2 章　生活垃圾燃烧的工程基础

2.1　生活垃圾概述

2.1.1　废物、固体废物与生活垃圾

2.1.1.1　废物

废物是泛指人类在包括生产、消费、生活和其他社会活动在内的一切活动过程产生的，对持有者已不再具有利用价值而被废弃的物体。它是相对持有者的物体利用价值程度的广义的定性规定，包括有固态、液态、气态废物，俗称为三废。从狭义角度看，则是个体的私域范畴。联合国环境署（UNEP）给出废物的定义是"拥有者不再想要、需要或使用的，要求处理和/或处置的物体"。经济合作与发展组织（OECD）、欧共体在 91/156/EEC 法令也都有类似的定义。

废物的产生与排放是构成人类发展过程不可或缺的一部分，社会化的生产、分配、交换、消费环节都会产生废物。有没有利用价值只是持有者对其拥有物品的判断与行为的结果。当更换拥有者时，同一废物还可能具备继续利用或降级利用的价值，某一环节的废物也可能成为另一环节的原料，以至可以直接利用。因而废物的概念随时、空的变迁而具有相对性。提倡社会化废物再利用是充分利用资源，减少废物处置的数量，增加社会与经济效益，有利于社会发展。

2.1.1.2　固体废物

各国对固体废物范畴的规定有所差别，如有国家把废酸、废碱、废油、废有机溶剂等高浓度液体也归为固体废物，也有将动物活动产生的废物纳入固体废物。我国《环境工程名词术语》HJ 2016—2012 给固体废物的定义为"在生产、生活和其他活动中产生的丧失原有利用价值或者虽未丧失利用价值但被抛弃或者放弃的固态、半固态和置于容器中的气态的物品、物质以及法律、行政法规规定纳入固体废物管理的物品、物质"。

固体废物涉及的范围十分广泛，一般将各类生产活动中产生的固体废物称为废渣，生活活动中产生的固体废物则称为生活垃圾。按照固体废物的产生源，可将其分为以下五类：

（1）在工业生产和加工过程中排入环境的工业固体废物，如采矿废石及煤矸石、选矿尾矿、化工及冶炼废渣、金属切削废块、电子废物等，按废渣的毒性又分为有毒与无毒废渣两类；

（2）包括农业、林业、畜牧业、渔业、副业产生的农业废物，如作物秸秆、牲畜粪便、农产品加工的废物等；

（3）排入环境中具有易燃性、腐蚀性、反应性、传染性、毒性、放射性等对人体健康和环境潜伏危害的危险固体废物；

（4）医疗卫生机构在医疗、预防、保健以及其他相关活动中产生的具有直接或者间接感染性、毒性以及其他危害的医疗废物，如感染性废物、病理性废物、损伤性废物、药物性废物及化学性废物等；

（5）在日常生活中或者为日常生活提供服务的活动中产生的生活垃圾，以及法律、行政法规规定视为生活垃圾的固体废物。另外，从对落实管理主体、分流处理监控与特别处理方法的角度，将生活垃圾细分为餐饮垃圾、大件垃圾、绿化垃圾、建筑垃圾、粪渣以及污水污泥、动物尸骸等。

固体废物有其特定的时间和空间特征。从时间方面讲，它只是相对于当时的科学技术和经济条件，随着科学技术的发展，一个行业的废物可能会成为另一个行业的资源。从空间角度讲，废物仅仅相对于某一过程或某一方面没有使用价值，而并非在一切过程一切方面都没有使用价值，某一过程或方面的废物，可能会是另一过程或方面的原料。

固体废物的共同特征：一是直接污染环境以及以水、大气和土壤为媒介的污染源，二是侵占大量土地资源。如未经处理的有害废物在土壤中风化、淋溶后渗入土壤，会杀死土壤微生物，破坏土壤的腐蚀分解能力，导致土壤质量下降；把大量的固体废物直接倾倒水体致使水质下降，不但直接污染地表水，而且下渗后会污染地下水；固体废物在收运、堆放过程中可能挥发出废气、粉尘或是经生物分解后向大气释放有害气体，造成大气污染。另外，有统计我国堆积的工业固体废物和生活垃圾有数十亿吨，加上每年新增无法处理的固体废物，几万公顷的土地被它们侵吞。

2.1.1.3　生活垃圾

我国将生活垃圾定义为：人们在日常生活中或为日常生活提供服务的活动中产生的固体废物，以及法律、行政法规规定视为生活垃圾的固体废物。生活垃圾是由有机物和无机物所构成的。其中的有机物是指含碳化合物（CO、CO_2、碳酸、碳酸盐类、碳酸氢盐、金属碳化物、氰化物、硫氰化物等氧化物除外）或碳氢化合物及其衍生物的总称，包括以碳水化合物、蛋白质、氨基酸以及脂肪等形式存在的天然有机物质，以及如塑料等人工合成有机物质。有机物中除含有碳、氢元素，有些还含氧、氮、卤素、硫和磷等元素，具有易分解、易燃或可燃的特点。无机物指不含碳元素的化合物，但包括物质本身存在碳的氧化物、如碳酸盐、钙盐、硫酸盐、硝酸盐、氰化物等。绝大多数无机物可以归入氧化物、酸、碱、盐四大类，属不可燃物。从生活垃圾的物理成分划分的有机物包括纸类、橡塑类、织物类、木竹类及厨余类；无机物包括各类废金属、玻璃、砖瓦陶瓷等。我国生活垃圾中的有机物成分占总重量 75% 以上并仍有上升趋势。生活垃圾是一种无固定比例、互相渗透混杂、可自发生化反应的混合物质，被誉为最难处理的废物（图 2-1）。

生活垃圾按其来源，与公众息息相关，具有很强的社会属性。历史上，生活垃圾与自然界之间是通过物理、化学、生物反应等的自然消纳过程达到平衡。随着人口与其社会活动增加，排放的废物随之增多。但自然界的吸消纳能力是有限的，当超过其承受能力时，平衡被打破。结果就是对环境的污染即环境质量恶化，反过来又会困扰社会。因此，人们越来越强烈认识到，环境各要素之间彼此联系、相互作用，构成了一个不可分割的地球环境系统。防止环境质量恶化是需要认真有效管理地球环境系统不可分割的组成部分。

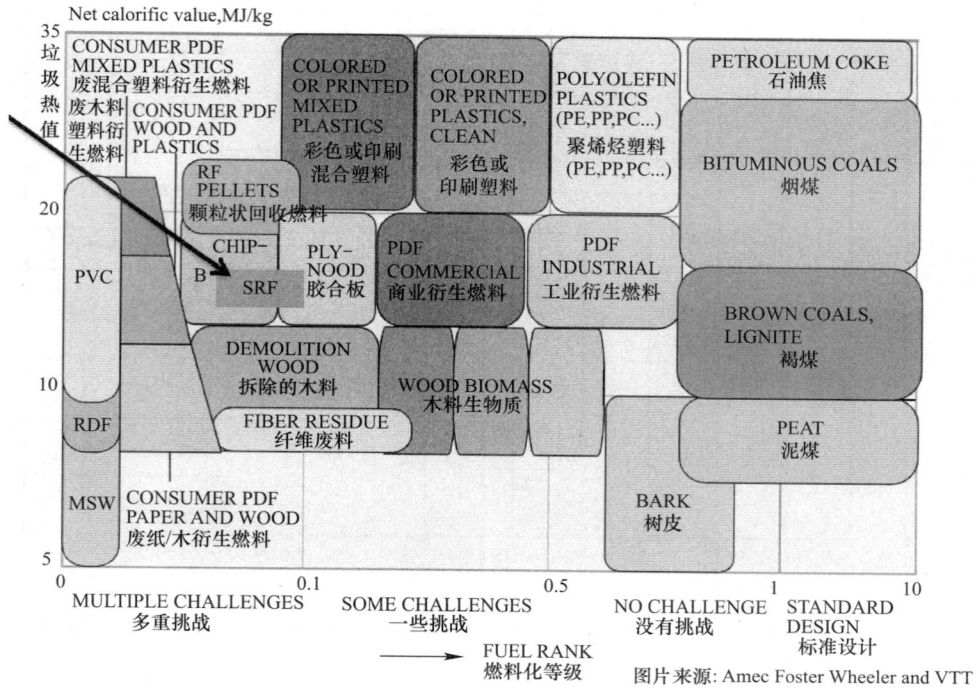

图 2-1 芬兰国家技术中心公布的垃圾地图

在环境污染引起广泛关注的同时，无论采取哪种垃圾处理的设施，都会在当地引起特别注意。特别是垃圾焚烧设施，会使人们更加关注总体上可能排放的水平与环境风险的控制力。这些地方关注催生出垃圾管理者面对社会不同群体对待垃圾的一般态度，按缩略语表示为：不在我家后院、不在我选举的期间、任何时候都绝对不能靠近任何人来建设等。尽管这些态度是可以理解的，但是，他们忽略了垃圾是每一个人都在排放，从而有对垃圾管理的共同责任。

生活垃圾管理需要靠人类的智慧和手段，以减少垃圾产生量和可持续的垃圾管理为目的，通过末端立法治理和战略目标，将环境负荷控制到人类可接受的最低水平。生活垃圾管理是全社会共同的责任，管理的责任主体是政府，以高度政治姿态关注安全与健康，把损害人体健康的危险降到最低；既满足当代人的需求，又不损害后代人满足其需要能力的可持续发展。世界环境与发展委员会提出：可持续发展不是和谐的一种固定状态，而是一个变化的过程。在这个过程中，资源的开发、投资的方向、技术发展的定位和制度的改变不但要与目前的需要相一致，而且也要与将来的需要相一致。可持续发展管理应是经济可承受的、社会可接受的、环境有效的。

2.1.2 生命周期视角的生活垃圾

2.1.2.1 从生命周期视角看生活垃圾的起源

如图 2-2 所示，生活垃圾是固体废物中的一类，它们都是物质形态转变过程的产物。这种转变起源于自然资源，形成物质生命周期视角的"资源—原料—产品—废物—垃圾"的物质形态转变路线图，包括开采、设计、制造、包装、运输、分配和消费等各个环节。

资源	资源消耗	工业社会原料	低熵状态 / 资源消耗	工业社会产品	资源消耗 / 完成一次使用价值	废物	废物管理战略			
							资源型废物	熵增状态低品位原材料	梯级利用价值的产品	转入垃圾
								废弃物		
							原料型废物	循环再生利用	熵增至高熵状态物质	梯级利用价值的产品
								工业垃圾		
							产品型废物	熵增至高熵状态物质		
								剩余功能交换利用	剩余使用价值	旧货市场
								回收再生利用		废品回收
								垃圾	工业垃圾	环保处理场所
									特殊垃圾	各专门处理场
									生活垃圾	环卫处理厂所

输入低熵状态能量和物质	熵增过渡状态能量和物质	高熵状态能量和物质
煤炭、石油、钢铁、建材水、电、气、粮食、蔬菜		垃圾、污水、废气、恶臭。废热

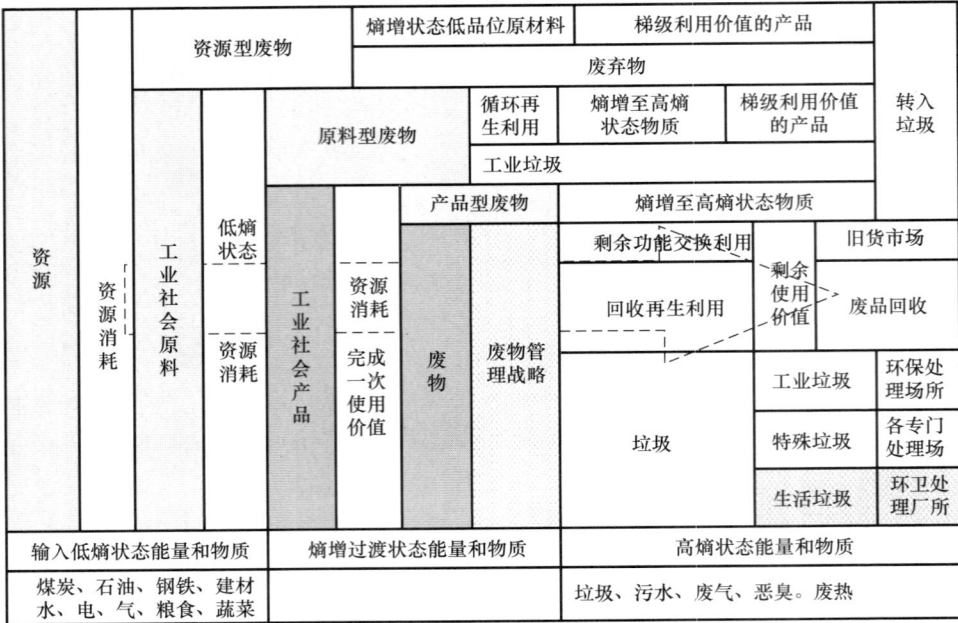

图 2-2 资源—原料—产品—废物—垃圾的物质转变路线图

图 2-2 中显示，人类开采大自然蕴藏的资源以及人工合成原料，将可利用的部分加工成原料。同时需要废弃在当时条件下不可利用的部分，称之为资源型废物。对这种资源型废物并非失去其全部资源属性，故而又可在当时社会环境条件下的判断规则，分为可降级利用与无利用价值的废物。同样道理，所有从原料直接或间接转化为社会商品的过程中，都会产生不能利用、不符合质量要求的原料型废物，都可分为可降级利用与无利用价值的原料型废物。譬如人们从地下挖出原煤，需要通过洗煤加工程序将原煤中的杂质剔除而成为一种高品位的能源。被剔除杂质中的煤矸石曾经是按废物去处理，随着科学技术的发展，已可将其作为低品位燃料加以利用。

总之，废物是商品在使用过程中，利用价值退化的产物。我国对商品使用后转化成的废物是按废物管理战略，分为适于直接降级使用而进入旧货市场的"二手货"、符合回收利用条件而进入回收渠道的"废品"与不可再生利用的，按行业管理角度划分的各类垃圾。生活垃圾是其中的社会影响最大，也是最难处理的垃圾。

与其他国家垃圾统计范围不同，我国的二手货与进入回收渠道大的废品是不计入生活垃圾统计量的，从而人均垃圾产生量也就不能简单类比。其实，我国的废品回收利用一直在持续进行，只是按不同行政主体管理体系，不叫垃圾分类而是叫废品回收而已。例如，2014 年我国废塑料、废机制纸及纸板、废日用玻璃器皿和包装容器的回收量分别为 2000 万吨、4400 万吨、855 万吨，回收利用率分别占其新投入使用量或生产量的 29.47%、37.28%、34.2%。废品回收利用一般需要进行逆生产及相应的逆向物流过程。在这种生产与物流过程中仍然会消耗自然资源或社会资源，并产生新的固体废物，这也就是回收利用的价值原则。

2.1.2.2 熵增原理——物质生命周期量度的理论基础

平常我们使用一件物品时，只针对物品的一项功能，用完之后就成废物的行为方式，也就是在某一孤立系统内，按照人们的需要程度即利用价值来划分的。将对原有使用者不再具有利用价值的固体废物，可能是另外使用者有另外价值的物品。这种物质生命周期的形态变异量度的理论根据是熵增原理。废物是在孤立系统中达到熵增平衡状态的物质。

> 熵增原理是表征在孤立系统中，质量不可逆退化与能量不可逆衰减，并终止于可用与不可用平衡状态的质能转变规律。质能不可用程度的量度称为熵。熵是系统无序程度的一个度量；如果指标的垃圾熵越小，该指标提供的可用程度量越大。孤立系统内的熵总是增加即大于零的，称为熵增，也叫正熵。从熵增理论可知质能转变是单向、不可逆与不可持续的。要延缓熵增，不可能从孤立系统内部取得，必须向外部开放，与外界交换质能。这种引入外界质能引起的熵变称为负熵。负熵可负可正，可能延缓熵增也可能促进熵增。
>
> 熵增原理的要素是：孤立系统、熵增、单向性（不可逆性）、平衡状态。典型热力学表述为：不可能把热量从低温物体传到高温物体而不引起其他变化。解读为无外界影响的能量总值不变，随着能量转换和系统趋于平衡态进程，不可用能即熵增越来越大，而可供利用或转换的能量越来越少但并非全部转变为不可用，且不可逆。

（1）熵增原理

爱因斯坦在相对论中发现了质量与能量守恒关系即质能守恒定律：能量＝质量×光速平方（$E=mc^2$），继而提出熵增原理是整个自然科学第一法则，反映了物质世界的演化规律。现今熵增原理已经广泛应用在经济、历史、语言、政治和社会等各学科领域，成为各学科定律中的第一定律。研究认为，熵增原理毫无例外地适用于垃圾处理领域，以垃圾熵作为物质生命周期形态变异量度的理论基础，也是认知垃圾焚烧的理论工具。遗憾的是目前的研究尚未能建立垃圾熵的数学模型。

"能量只能从一种形式转化为另种形式，即不能消灭，也不能创生"，这一能量守恒定律至今仍然是工程技术领域的理论基础。对此理论的深化是出于对能量是否可以无止境地转化为功的问题，由此产生了由法国物理学家卡诺于1824年研究发表的热力学功能转换理论。该理论揭示出，为了做功，在一个系统中热能必须非均匀分布，其中某一部分热能N_1的密集程度大于平均值，另一部分N_2则小于平均值，可获得功的数量取决于这种密集程度差$\Delta N=N_1-N_2$。这种差异随着做功的过程而减小，当$\Delta N=0$即能量均匀分布时，就不能再做功了，尽管此时总能量依然存在着。德国物理学家克劳修斯进一步揭示出：两个温度不同的物体相互接触时，高温物体会自发地将热传导给低温物体，最后达到两个物体温度相等，但相反的过程不会自发地发生。再如，一个容器的两边装有温度、压力相同的两种气体，在将中间的隔板抽开后，两种气体会自发地均匀混合。但是，要将它们分离而不消耗功是不可能的，并且混合前后虽然温度、压力不变，但状态不同，单用温度与压力不能说明它的状态。这些现象说明，自然发生的过程是有方向性的，称为不可逆过程。不可逆过程的前后两个状态是不等价的，这种不等价性的度量就是"熵"。根据热力学第二定律，在孤立系统中，熵的总量是不断增加且这一过程是不可逆的，正如一张纸烧成灰烬后熵增加了，但不能再恢复成原来那张纸一样。热力学第二定律属实验科学，有如下多种表述：

1）热量总是从高温物体传到低温物体，不可能从低温物体传递到高温物体而不引起其他的变化。

2）不可能从单一热源取出热量全部转换为功而不产生其他影响。

3）任何热机不能全部地、连续不断地把接受的热量转变为功，即无法制造永动机。

4) 在孤立系统中，实际发生的过程总使整个系统的熵值增大，即熵增原理。

熵增原理又称熵权法，是反映物质世界演化规律的广义科学的第一法则（爱因斯坦说），已经超越热力学范畴，在信息科学、经济学、管理学、社会学、生命科学、生态资源等众多学科中得到应用，成为科学研究的重要理论工具。熵增原理在科学技术上泛指某些物质系统状态的一种量度，在社会科学上泛指人类社会某些状态的程度，其普遍意义在于：

1) 揭示了系统内部传递的方向性与不能自动复原性，要使系统从终态回到初态必需借助外界的作用，孤立系统的熵增是不可持续的。例如要使热量从低温物体回到高温物体，必须要利用热泵额外做功并伴随环境的改变。

2) 只有与外界交换质能，使负熵与正熵之和小于零，方可延缓系统内的熵增，实现可持续。例如人体衰老过程是生命因子的正熵增加且不可逆的过程，延续生命的办法是持续从环境中吸取负熵，以抵消体内生化反应所产生的熵增。部分熵增原理的应用示例如下：

从物理学角度，熵增原理反映出热量转化为功的程度。表示为：

$$S(玻尔兹曼物理学熵) = K(玻尔兹曼常数)\log W(给定状态概率) \tag{2-1}$$

从信息学角度，熵增原理表示不确定性的量度。即建立在概率统计基础上的某种特定信息的出现概率所提供的信息量。表示为：

$$I(A)(事件 A 发生所提供的信息量) = -\log P(A)(事件 A 发生的概率) \tag{2-2}$$

从经济学角度，熵增原理揭示了环境与发展的问题，不可再生能源问题。需要从全球角度研究生态问题、环境保护与经济增长的关系问题。

从管理学角度，指对管理系统输入的物质与信息转化成管理功效的转化率度量。表示为：

$$H(狭义管理熵) = -\sum P_i \times I_i(事件发生的概率) = -\sum P_i \times \log 2P_i \quad (i=1,2\cdots,n) \tag{2-3}$$

从管理学熵的理论可以推出，盲目的投资与上马项目会造成整个社会熵增加的结论，只有人类自身活动的社会性与自然性相适应，才能做到可持续发展。

(2) 熵的特征

1) 熵是表征物质状态的量度。

英国植物学家布朗发现，每个分子的冲动力大小、方向都不相同，合力大小、方向随时改变，因而其运动是无规则的，这种现象称为布朗运动。分子的无规则运动（或动能）跟温度有关系，温度越高，分子的无规则运动越激烈（平均动能越大）。熵是这种热力学微观粒子无序度的一个量度，比如几个物体原来是有规律排列的，现在转变为乱一些了，就意味着熵增加了。宏观上，熵表示不可用能程度的量度，与温度、压力、焓一样，属物质内部状态的一个物理量，和质量守恒没有关系。熵值大小标志着系统无规则运动的状态，只能推算出来，不能直接测量，更不具备横向可比性。

熵表示在孤立系统内的自然状态下，质能处于不可用程度增加并不可逆转化的状态。也就是说，自发进行的过程总是朝着熵增方向进行。熵增加越大，表明物质退化及能量衰减程度越大，动力越小。最终达到相对可用和不可用的平衡状态，而并非绝对可用或不可用。这就是熵增原理。据此以熵变 dS 为判据，判断热力过程进行的方向，给出孤立系统达到热平衡的条件。表示为：

$$dS = \frac{dQ(\text{对物质增加的热量})}{T(\text{物质绝对温度})} \qquad \text{J/(mol} \cdot \text{K)} \tag{2-4}$$

一个特例是在热力学理论中，相对不可逆的熵增原理，建立了理论上的理想状态过程，即可逆绝热过程的前后是不变的等熵过程，表述在理想情况下膨胀做功趋近平衡于压缩消耗的功。撇开这种用于理论分析的可逆的假设条件，就成为试图发明永动机的驱动力。

2）熵是推动事物发展过程的动力。

从一切自发过程都是单向不可逆的熵增原理，可得出生态经济系统不可持续发展的结论。要实现可持续发展，就要减少系统正熵值，延缓熵增过程。这种熵值不可能从孤立系统内部取得，必须要向外部开放，引入负熵，成为如下开放系统平衡模型：

$$dS = d_e S + d_i S \tag{2-5}$$

式中的 $d_i S$ 为孤立系统内的功能退化和/或能量衰减的熵增，为正值。$d_e S$ 为与外界交换能量和物质引起的熵变，称为负熵；熵值可正（即正熵流）、可负（负熵流）、可为零。从上式可知：

若 $d_e S < 0$（负熵流）且 $|d_e S| > d_i S$；则 $dS = d_e S + d_i S < 0$ 表示负熵流使开放系统熵减，实现可持续。

若 $d_e S < 0$（负熵流）且 $|d_e S| < d_i S$；则 $dS = d_e S + d_i S > 0$ 表示负熵流延缓开放系统熵增。

若 $d_e S > 0$（正熵流）则 $dS = d_e S + d_i S > 0$ 表示正熵流使开放系统熵增，更加不可持续。

从熵增原理得知，推动焚烧项目建设运营管理过程的基本动力是开放系统的熵减，正如生命之所以能存在，就在于从环境中不断得到负熵并使 $dS < 0$。系统如果不能得到及时有效的维护，其功能将会逐步退化，其发展将趋于混乱。换言之，虽然我们无法逆转熵的方向，但可以通过企业文化、工程技术、经济效益和信息系统等的科学管理，使开放系统熵减，维持系统低熵状态平衡，实现系统稳定、可靠运行，减缓资源和能量的耗散速度，达到期望的项目寿命期。实现开放系统熵减的基本原则有：建立各关联方的协调机制；完善项目运行管理规章制度；强化温度等级和环境质量的技术管理；加强风险识别和管控；注重安全技术劳动保护措施和反事故措施等。应指出的是，虽然我们可以通过开放系统改变外在演变路径，但这种改变一定是有代价的。这是因为：克服系统趋向无序化的规律需要成本；开放系统熵减会在克服某一种熵的同时，又会在其他方面导致新的熵；随着社会日趋深刻而复杂的变迁，负熵成本有增高的趋势。因此，在实现开放系统的熵减过程中，要以可持续发展为目标，权衡行为利弊，以适宜的成本获取最大的负熵收益。

（3）垃圾熵思维

垃圾熵是物品失去使用价值程度的量度。人们使用物品的过程也就是熵增过程，具有不可逆转变和使用价值退化的性质。以一个家庭的孤立系统看，当他的物品使用价值退化，原有物品的属性、状态发生了变化而按一定的平衡标准而成为废品时，一部分可通过外部系统回收渠道转变为直接利用的二手货物或再生利用的废品，降低质量等级利用。对失去使用价值以及没有回收渠道的物品，则按市政管理规定投放到指定收集点，成为混合生活垃圾。要将混合生活垃圾的不同物质再分类回收，实现变化趋势的逆转，就必须消耗更多额外资源和人力、物力。"垃圾是资源"也就意味着以消耗更多资源引起其他变化，没有资源等的消耗就是违反自然规律的"永动机"。从生态资源角度看，资源将随着人类活动的日趋频繁、深入而降低，最终将无所利用，熵增已成为地球环境面临的突出问题。

　　基于熵增原理的探讨，使人们认识到孤立系统的老化、退化及衰减是自然界以致社会的普遍规律。例如环境资源的消耗、矿物能源的消耗、生物品种的灭绝、生命老化的过程，都是服从熵增的定律。熵增原理在日趋严峻的人类生存环境面前，是一个极具现实意义的理论，从而形成了"熵思维"。按照熵思维，应是在遵循熵增理论前提下，将提高能量利用思维转变为减少不可用能思维。从而将思维的理论基础从守恒和循环的世界与能量和秩序自动变迁的社会现实互相融合。

　　从某一产品转变为垃圾的孤立系统看，商品在使用过程中，其使用价值总是在不断退化。如衣服越穿越旧，意味着不可用程度在逐渐增大即熵增。当衣服旧到一定程度，就会将其淘汰，但不可能自动转变为新衣服，除非通过人为翻新等的外部作用。就是说从商品到垃圾的自发转变只能是单向、不可逆的。当把衣服扔掉时，它的使用功能并非完全丧失，而是退化到了一种平衡状态。这种平衡状态的标志是随着人们的生活质量与环境条件决定的，具有不确定性。例如家境宽裕的觉得不好看就废弃了，家境不富裕的就要穿旧到可以更换时才会淘汰。由此不难得出，实现垃圾管理战略，首先是减少生活垃圾产生的途径，就是要按照可延缓熵增的负熵原则，通过我们每个人的节俭行为，延缓家用产品使用价值的退化程度，减少生活垃圾的产生量。

　　从资源—原料—产品物质形态转变的孤立系统看，资源不可能自动转变为商品，而是要通过消耗外界资源或能源而得到低熵的商品，同时不可避免地向环境排放高熵的废物，如工业垃圾。按照熵增原理，这些废物不可能再恢复成资源而不引起其他变化。这也表明人类利用资源与产生垃圾过程就是资源不可逆减少及能量不可逆衰减的熵增过程，表现为不可用的资源性废物在增加，且一部分能量不能再做功。随着人类获取资源活动的加剧，产生了更大量的垃圾，致使环境熵大量增加，生态平衡日趋破坏。

　　从物质形态转变路线图的孤立系统看，垃圾是商品相对达到熵增平衡状态的结果，商品则是消耗资源的结果。垃圾不可能自动转变为资源而不发生外界变化，垃圾的管理不能等同于资源的管理，而是要按照非资源性的垃圾属性实施管理。包括按延缓熵增过程的路径，实施在低熵状态资源与商品为源头的减量消费；实施在废物层次上的分类梯级利用即二手物品交换使用及废品回收利用，以延缓熵增状态。废品回收利用即使有负熵的作用，仍不能等同于资源性商品，而是有其限定条件而降级使用，如废塑料再生塑料袋一般不可用于食品包装袋。

　　在处理垃圾时，可根据熵增理论尽可能下调其平衡状态，以最大化利用使用功能或能量，部分抵销处理垃圾的成本。生活垃圾热值在 5000kJ/kg 到 8000kJ/kg 左右，仅达到低等煤矸石热值的水平。一种提高垃圾热值途径是将其转变为相应标准的垃圾衍生燃料（Refuse Derived Fuel，RDF），这就需要通过消耗如电能、热能、机械能等外部质能，投入负熵成本，改变熵的外在演变路径。这种转变一定是有代价的，表现在如下三个方面：克服系统熵增的规律需要成本；负熵会有副作用，在克服某一种熵的同时，又会在其他方面导致新的熵；随着社会日趋深刻而复杂的变迁，负熵成本有增高的趋势。试想将生活垃圾中被污染的废纸要采用多少道工序、消耗多少能源才能转变成为再生纸？因此，要增加负熵，一定要以可持续发展为目标，权衡负熵成本与收益的行为利弊。总之，基于垃圾的思维基础需要以垃圾熵为判别依据，从垃圾孤立系统出发，判断过程的方向和不断增加不可用程度或是可用质能损失，给出孤立系统平衡的条件和应用负熵的代价。

2.1.3 生活垃圾产生量与影响因素

我国的生活垃圾量分为产生量与清运量。生活垃圾产生量是指一个城市或地区产生的生活垃圾总量，基本是按照统计学方法抽样调查取得的，以吨为单位的理论值。生活垃圾清运量是基于我国城市生活垃圾由环卫部门按日产日清作业的情况，以吨为单位的实际统计值。理论上，生活垃圾产生量大于生活垃圾清运量。由于产生生活垃圾的制约因素、影响因素十分复杂，无论是生活垃圾产生量还是清运量的准确度，目前尚不具备评价条件。为保证生活垃圾焚烧厂近期（如2～5年）、远期（如8～10年）都能达到经济负荷下的安全、可靠、环保运行的条件，通常是以预测服务区的生活垃圾产生量作为确定生活垃圾焚烧规模，并以当时的生活垃圾清运量为预测生活垃圾产生量的基础条件。

图2-3是我国大陆地区截止到2016年的历年城市生活垃圾清运量的统计值。图中显示，1981～1994年的生活垃圾平均年增长10.94%。查阅相关官方公布的大数据，此期间的城市数量从226座增长到622座，按城市与非农人口统计口径的合计人口从23644.1万人增加到53499.4万人，平均年增长6.61%。1995～2005年的生活垃圾平均年增长4.23%。相应城市数量从640座增长到661座，合计人口从56279.9万人增加到59575.7万人，平均年增长1.02%。2006比2015年平均增长2.12%；相应城市数量总体上维持在656座，包括城区与暂住人口统计口径的合计人口从37272.8万人增加到45999.3万人，平均年增长2.14%。特别注意到，2006年垃圾收集量比2005年减少4.5%，经查是与人口统计口径调整有关，即统计城市数量少5座，2005年及以前为城市人口，2006年及以后为城区人口，这部分人口数量减少7.3%；另将非农人口调整为城区暂住人口，这部分人口数量减少了83.2%。此外，2016年的比2015年的生活垃圾增长了12.3%，相应城区人口增加2.2%，城区暂住人口增加13%，合计人口数增加3.7%。

上述逐年生活垃圾清运量与城市人口统计数据（根据清运量与产生量具有趋近性的特征，以下除特别说明，统称为产生量）的关系表明，影响生活垃圾产生量的基本因素是人口数量。换一个角度看，我国的一线城市和经济较发达的二线城市居住人口增长明显，包括常住人口与暂住人口，相应生活垃圾快速增长，如深圳市人口从2011年1046.74万增加到2016年1190.8万，增长13.76%；相应生活垃圾产生量从13201t/d增加到15679t/d，增长18.77%。而经济欠发达的与侨乡占比高的三线城市，人口外流明显，相应垃圾量增长缓慢。由此，也可印证人口数量是影响生活垃圾产生量的基本因素。

从图2-4可见，逐年生活垃圾人均日产生量即生活垃圾产率，呈现非线性关系和总体增加趋势。已有大量研究证实影响这种变化趋势的因素是遵循一定社会、经济发展规律的，包括国家层面的政策与经济发展现状、生态环境法规与环境保护现状等；社会层面的风俗习惯、燃料结构、人的行为及与之相关的居民收入与消费结构等；自然环境层面的地理位置、季节气候、自然灾害等。这些因素具有一定时效性或是空间不确定性，但可以作为某一时段测算人均生活垃圾产生量的条件。

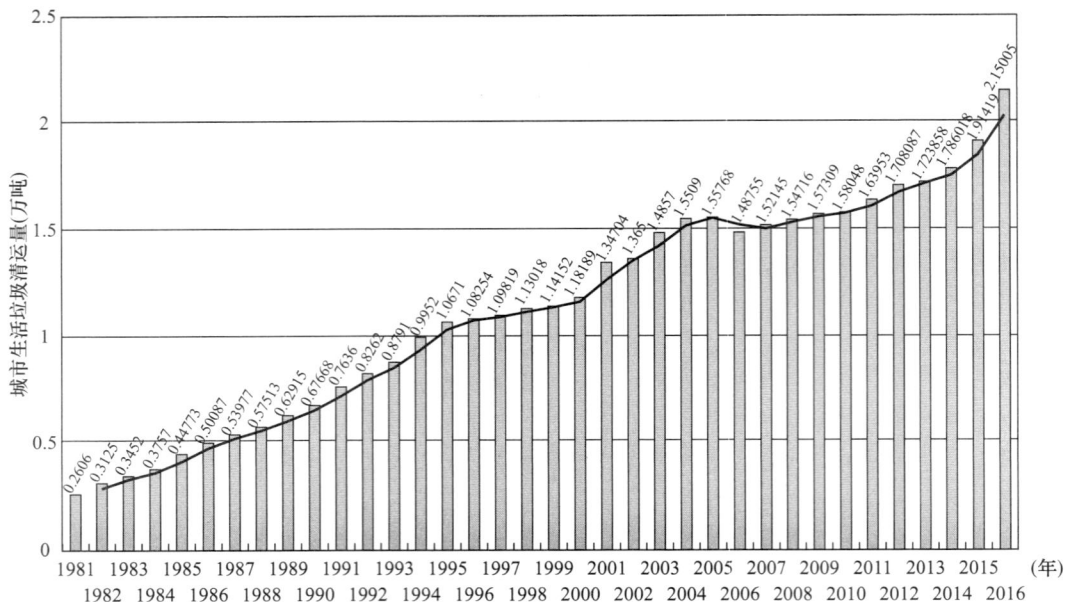

图 2-3　我国大陆地区历年城市生活垃圾清运量

据测算，近年全国每天产生 70 万～100 万吨生活垃圾，此数据包括居民家庭垃圾和各类公共场所、机关团体、企事业单位、学校等收集的与街道清扫的公共垃圾，但不包含建筑垃圾、园林垃圾、粪便、餐饮垃圾等。其中，居民生活垃圾人均日产生量在 0.4～0.8kg，下限范围适用于现阶段村镇生活垃圾。公共垃圾的统计数据很少。按北京环卫科研所的研究，公共设施比较丰富的地区，包括公共垃圾在内的生活垃圾日产生量可按人均 1.0～1.2kg 计。

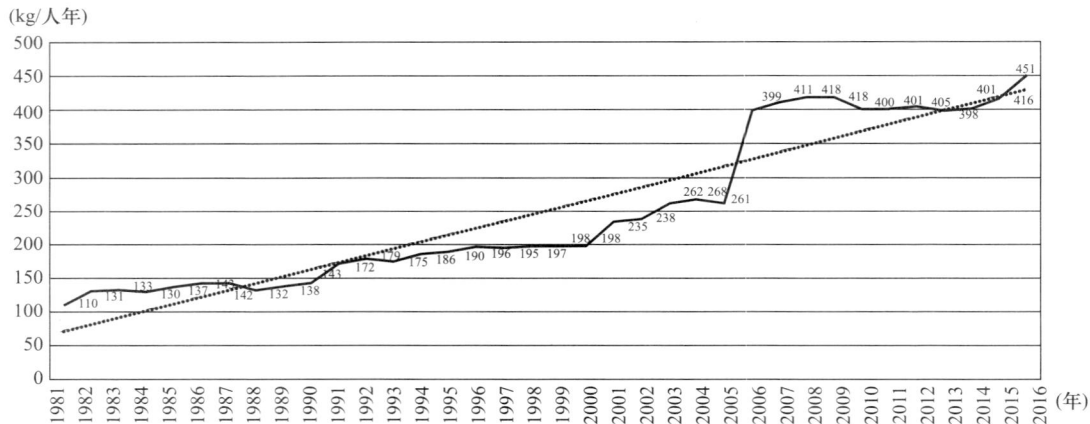

图 2-4　我国历年生活垃圾产生率

2.1.4　生活垃圾产生量预测

对生活垃圾产生量与特性进行预测是确定焚烧项目处理规模的必要条件之一。生活垃圾产生量预测的基本思路是以主要影响因素为基本条件，分析原因与结果之间的关系，建立数学模型，以此预测垃圾产生量的未来发展趋势和水平。

生活垃圾产生量总是遵循某些准自然法则的。有研究者从垃圾学角度探索根据某种特征性垃圾重量乘以研究出的经验系数（k_x）的量化模型，有研究应用灰色理论建立的预测模型，有应用线性回归方程建立的预测模型等。实际上，生活垃圾总是处于变化过程中，这是因为影响其变化的因素源于精彩纷呈的社会活动与发展过程。不但影响因素十分复杂，而且不同时期的影响程度也不同，加之可预见的因素大多不能量化，造成预测结果与实际情况总会有较大偏差。

目前在工程设计中多采用以人口数量和生活垃圾产率为变量的人口预测模型，由此可以将各种影响因素集中在这两个因子中分析确定，形成预测公式（2-6）：

$$Y_n = \frac{y_n \cdot P_n \cdot A_1 \cdot A_2 \cdot N_n}{1000} \qquad (2-6)$$

式中 　Y_n——第 n 年生活垃圾产生量，t/年；

y_n——第 n 年的生活垃圾产率，kg/(人·日)；

P_n——第 n 年收集范围内居住人口数量；

A_1——生活垃圾重量不均系数，$A_1 = 1.1 \sim 1.5$；

A_2——居住人口变动系数，$A_2 = 1.02 \sim 1.05$；

N_n——第 n 年日数。

式中的人口数量因子 P_n，通常以国家人口发展规划、城市建设年鉴、地区统计信息网等权威部门发布的预期人口为准，并充分注意项目服务范围内的分布特征区，人口的结构特征。所谓分布特征区是指居民区、事业区（指办公、文教特征区）、商业区（指商业/饭店聚集区、娱乐场所、交通枢纽站等）、清扫区（指街道、园林、广场等）及特殊区（如医院、诊所等）。不同分布特征区的生活垃圾成分会有差别。据此在预测模型中单独考虑了重量不均系数（A_1）。例如根据对北京市朝阳区生活垃圾成分及特性的调查分析，在预测其生活垃圾产生量时，取重量不均匀系数 $A_1 = 1.25$。人口结构包括常住人口、暂住人口与流动人口。其中，流动人口具有不稳定性，一般按其数量的 0.4～0.6 计算。

通常大型、特大型城市的人口结构更加复杂，故而在预测模型中单独考虑了人口变动系数（A_2）。例如在分析北京市朝阳区生活垃圾产生量时，取人口变动系数 $A_2 = 1.01$。当无法取得权威部门发布的当地人口数量时，可运用统计与数理模式与预测流程（表 2-1）对人口进行预测。

人口预测流程　　　　　表 2-1

1. 收集统计		2. 人口预测方法与分析		3. 因子预测		4. 统计		5. 垃圾量
规划区内历年人口数	⇒	方法：算数增加法、几何增加法、饱和曲线法、最小平方方法、曲线延长法 分析：（1）历年人口成长特性；（2）其他相关运作情形	⇒	规划区未来人口预测	⇒	垃圾收运率	⇒	垃圾产生量预测
规划区内历年垃圾产率				规划区内垃圾产率预测				

式中的生活垃圾产率因子 y_n，通常是以前几年生活垃圾产率为基础，同时考虑如前所述国家政策、经济发展、社会条件、自然条件因素的变化。y_n 的变化趋势是遵循一定的定性规律，从社会经济发展阶段看，y_n 值在高速发展期明显增大，发展到稳定增长期，y_n 值也会趋于稳定。从居民生活水平与消费习惯看，居民生活水平越高、商品经济越发达，

产品的使用寿命期越短，y_n 值越大。消费习惯的改变不仅影响 y_n 值变化，也影响着生活垃圾的物理成分，还可能会弱化季节的影响因素。从居民使用燃料结构看，在煤改气后，垃圾中的灰渣等无机物含量大幅度降低，y_n 值随之降低。

表 2-2 显示的是对北京市朝阳区历年人口与生活垃圾产生量及产率的统计结果。表中，2010 年朝阳区日均生活垃圾收运量 3874t，生活垃圾产率 0.974kg。从 2011~2014 年平均变化速率看，生活垃圾产率以 0.8% 速率下降，但常住人口增速为 2.56%，日均收运量仍以 1.6%~1.9% 的速率增长。2015~2016 年的收运量分别较上一年突增 10.98% 和 30.43%，达到 4600t/d 和 6000t/d。其可能原因，一是人们以网购、外卖为标志的生活习惯迅速改变造成不可回收物大量增加；二是某些废品再生利用成本高于回收成本而失去回收价值；三是废旧物资回收系统萎缩，以至诸多"废品"成为生活垃圾。

朝阳区历年人口与生活垃圾产生量及产率　　　　　　　　表 2-2

年份	常住人口统计（万人）			日均垃圾清运量（t）		按常住人口折算人均日产量	备注
	来源	总计	含外来	来源	总计		
2010	人口普查	354.5	151.5		3874	0.974	1. 常住人口指本地户籍人口、户籍在本地外出半年以上人口、外来半年以上人口。 2. 生活垃圾产率为扣除生活垃圾重量不均匀系数 1.1 和居住人口变动系数 1.02 的值。 3. 2017 年朝阳区政府发布人口是指有中国国籍常住人口。考虑外籍常住人口（不含使馆）情况，居住人口变动系数暂按 1.00 计。 4. 预测 2020 年的生活垃圾产率的居住人口变动系数按 1.00 计
2011	朝阳区统计信息网	365.8	160.9	朝阳循环经济产业园管理中心统计与预测值	3944	0.961	
2012		374.5	169.5		4018	0.956	
2013		384.1	176.1		4081	0.947	
2014		392.2	179.8		4145	0.942	
2015		395.5	184.0		4600	1.037	
2016		385.6			6000	1.387	
2017	区政府发布	373.9			5762	1.401	
2020	"十三五"京津冀发展规划	333.94			5620	1.530	

从近十年北京市人均日产生垃圾量看，2015 年日均垃圾生产量 21813t，按常住人口 2170 万计，生活垃圾产率 1.01kg/d。其中，朝阳区日均垃圾生产量 4800t，按常住人口 395.5 万计，生活垃圾产率 1.16kg/d，高于北京市平均水平。这是因为在朝阳区 23 个街道办事处，20 个乡的行政区划中，高端产业地位日益突显，如聚集了北京国际化现代 CBD 中心区、望京商务区、奥运功能区以及北京跨国公司、外资总部、新闻媒体集中区、对外交往活动的重要外事活动区，以及规模以上高技术企业不断发展，文化创意产业规模不断扩大，国际版权交易中心投入使用。产业结构优化升级直接促进了区域经济的发展，从而朝阳区财政收入自 2006 年在全市各区县中率先突破千亿元大关。随着区域经济发展会导致垃圾量的增长。通过对比分析朝阳区生活垃圾多年变化情况，按常住人口预测 2020 年生活垃圾产率将会达到 1.53kg。

2.1.5　生活垃圾的可持续管理与"三化"管理原则

2.1.5.1　固体废物全过程管理战略

固体废物全过程管理是运用环境管理的理论和方法，通过法律、经济、技术、教育和行政等手段，鼓励废物资源化利用和控制废物污染环境，促进经济与环境的可持续发展。这里所说的"环境"是指影响人类生存和发展的各种天然的和经过人工改造的自然因素的总体，包括大气、水、海洋、土地、矿藏、森林、草原、湿地、野生生物、自然遗迹、人文遗迹、自然保护区、风景名胜区、城市和乡村等。"管理"是指对废物的收集、运输和处置，包括对处置场所的最终处理。管理战略是包括目前大力推行垃圾分类在内的减少废物产生量，开发废物管理系统来处理不可避免产生的废物，努力将人类发展带来的环境问题降到最低。

从战略立法管理层面看，我国法规体系的效力级别分为法律、法规、地方性法规、规章和标准等，如《中华人民共和国固体废物污染环境防治法》《中华人民共和国环境保护法》《控制危险废物越境转移及其处置巴塞尔公约》以及《国家危险废物名录》《危险废物鉴别标准》《固体废物进口管理办法》《一般工业固体废物贮存、处置场污染控制标准》等。

《中华人民共和国固体废物污染环境防治法》规定国家对固体废物污染环境的防治，实行减少固体废物的产生量和危害性、充分合理利用和无害化处置固体废物的原则，促进清洁生产和循环经济发展；国家采取有利于固体废物综合利用活动的经济、技术政策和措施，对固体废物实行充分回收和合理利用；国家鼓励、支持采取有利于保护环境的集中处置固体废物的措施，促进固体废物污染环境防治产业发展的可持续管理战略。

从可持续管理战略层面看，《巴塞尔公约》更加侧重从国家战略和政策层面指导缔约方实施环境无害化管理。发展的重心由以前的废物特别是危险废物被完全视为一种应尽可能限制其转移的环境危害，转向强调环境无害化和废物减量化管理，将废物环境无害化管理列为促进公约成效的重要工具之一。2011 年，缔约方大会第十次会议通过了关于废物减量化的"卡塔赫纳宣言"，此后又陆续通过了"卡塔赫纳宣言"行动路线图，开发《废物预防和减量技术准则》等。《巴塞尔公约》将重视公众参与，发展伙伴关系机制确立为实现废物环境无害化管理和减量化的重要手段，目的是协助政府和利益相关方更有效地处理日益严重的需优先控制的废物问题，包括帮助所有利益相关方加强合作；联合专家和决策者制定指导方针并充分利用各方资源；通过合作为废物环境无害化管理所需开发工具和制定战略降低成本。

从管理制度层面看，《中华人民共和国环境保护法》规定保护环境是国家的基本国策，一切单位和个人都有保护环境的义务。环境保护坚持保护优先、预防为主、综合治理、公众参与、损害担责的方针。以促进清洁生产和资源循环利用，减少污染物的产生为基本原则，建设项目必须采取措施，防治在生产建设或者其他活动中产生的废气、废水、废渣、医疗废物、粉尘、恶臭气体、放射性物质以及噪声、振动、光辐射、电磁辐射等对环境的污染和危害。必须严格固废管理制度，如防治污染设施应与主体工程同时设计、同时施工、同时投产使用制度；建设项目环境影响评价制度；固废处理与环保设施不得擅自拆除或者闲置制度；污染者付费制度；产品、包装的生产者责任制度；危险废物转移可追溯性制度；固体废物进口审批制度等。

从生态安全管理看，需要在按"产品—废物—垃圾"规律的蜕化路径过程，持续发展以"源头减量、废品回收、转化利用、能源回收和剩余填埋"的现代废物管理战略。

源头减量是指在国家政策引导下，倡导从家庭源头进行垃圾分类，尽可能减少生活垃圾的产生。对投放的生活垃圾提倡在家里滤去剩茶叶、剩菜中的汤水等减少厨余水分的简单措施。按厨余投放前的含水率 70%～90%、所占比率 70%～85%、投放后在混合收集生活垃圾中所占比例 50%～65%、含水率 55%～70% 的估算结果看，只要通过沥水、挤压等简单措施将厨余垃圾含水率降低 4~5 个百分点，其对生活垃圾的减量甚至比废品回收的减量还要大，而且可有效降低终端处理的成本和提升终端处理的环境效益。

所谓废品回收是指使用后淘汰下来的如旧家电、旧家具等仍有可利用价值的物品，转到其他适宜降级使用的地方再使用。对此，多采用可利用程度作为定性衡量指标。

所谓转化利用是指具备经济利用条件的废品，通过回收渠道返回相应生产环节，作为再生原料进行再利用。这里所说的经济利用条件包括可再生原料不纯率等指标，如某单一再利用废物不纯率大于 0.5% 时拒收。举例来说，一次性咖啡杯的内壁大都贴一层防水用聚乙烯薄膜，作为纸类回收利用时，必须剥离这层薄膜，但进行再加工十分困难且代价不菲。若是把这些杯子和其他回收物放在一起，则很可能会污染其他东西。故而多不单独回收这种杯子而是在后续能源回收时进行焚烧处理。

所谓能源回收是指如焚烧热能、填埋沼气等的能量回收利用，以及在可接受资源消耗并符合利用标准的条件下，通过消耗外界能源按相应技术标准进行垃圾燃料化、易腐垃圾进行生物制肥等。

所谓剩余填埋是指对垃圾进行经济合理、环境可控的资源化利用后，垃圾熵增达到一个平衡状态即无利用价值，最终无害化填埋处置。

2.1.5.2　生活垃圾的无害化、减量化、资源化

无害化是贯穿于固废从产生到处理全过程节约自然资源、保护人体健康和生态环境总体要求的管理过程，更是后端处理的首要目标。既包含对已产生但又无法或暂时无法进行综合利用的废物—垃圾进行对环境无害或低危害的安全处理、处置的最终过程，也包含废物减量及回收利用过程。对无害化的评价应是对人体健康的影响程度与对大气、水体、土壤等生态环境负面影响程度的评价。只有满足无害化要求的减量化和资源化才是真正有意义的，否则只是污染转移、污染延伸或污染扩散。

减量化是"资源—产品—垃圾"的生命周期全过程控制途径，是垃圾前端收集的首要目标。减量化意味着采取清洁生产、各过程的源头减量及回收再利用，以最大限度地合理开发资源和能源，减少废物的体积或危害，避免或减少垃圾在目前和未来对人体健康及生态环境的危害。也就是说，减量化应是包含从源头减少废物的产生量即产生前减量，从消费和生活过程避免过度包装、铺张浪费现象等的过程减量，从垃圾清运与末端处理的产生后减量。对废物—垃圾减量化的评价应包括产生前减量、消费减量、产生后减量的经济成本和生态环境代价的评价。事实上，产生前减量是最为经济高效、环境友好的减量措施；消费减量更多是要减少人们的过度需求与延长物质使用寿命期，也是经济有效、环境友好但受到全链条约束的减量措施；产生后减量是必须付出相应的经济成本和环境代价的减量措施。要注意的是，一些具有显著减量化效果的技术必须要在全局、全链条的层面上加以审视，才能确定其对环境保护是否具有正面意义。

资源化是管理手段，是指对已产生的固体废物-垃圾进行再利用、再生利用、物质回收、能量回收的控制途径。对资源化评价应是以取得的环境、社会与经济之间的效益平衡为原则，进行转化条件、经济价值、处理成本、市场需求与对生态环境负面影响的评价。一些所谓零污染、零排放的"资源化"技术，违反了废物-垃圾孤立系统内的熵总是增加的基本规律。要想达到零污染、零排放，不可能从孤立系统内部取得，必须向外部开放，与外界交换质能，也就是要提供处理成本与环境成本在内的资源成本。尽管从技术角度来

看，几乎所有废物—垃圾都可以实现资源化利用，然而转化为资源需要付出资源代价，需要以回收利用价值小于资源消耗价值作为判别规则。

实施生活垃圾无害化、减量化、资源化是我国生活垃圾全过程管理的指导原则，并在固体废物范畴以法律、法规形式确立下来。

2005 年 4 月 1 日起施行，2015 年修订的《固体废物污染环境防治法》第三条规定：国家对固体废物污染环境的防治，实行减少固体废物的产生量和危害性、充分合理利用固体废物和无害化处置固体废物的原则，促进清洁生产和循环经济发展。

2009 年 1 月 1 日起施行的《循环经济促进法》第二条定义：本法所称减量化，是指在生产、流通和消费等过程中减少资源消耗和废物产生。本法所称再利用，是指将废物直接作为产品或者经修复、翻新、再制造后继续作为产品使用，或者将废物的全部或者部分作为其他产品的部件予以使用。本法所称资源化，是指将废物直接作为原料进行利用或者对废物进行再生利用。

2000 年 5 月 29 日发布的《城市生活垃圾处理及污染防治技术政策》（建城〔2000〕120 号）第 1.5 条规定：应按照减量化、资源化、无害化的原则，加强对垃圾产生的全过程管理，从源头减少垃圾的产生。对已产生的垃圾，要积极进行无害化处理和回收利用，防止污染环境。

2007 年 7 月 1 日起施行的《城市生活垃圾管理办法》（建设部令第 157 号）第三条规定：城市生活垃圾的治理，实行减量化、资源化、无害化和谁产生、谁依法负责的原则。

在充分肯定"三化"指导固体废物处理过程，促进生活垃圾处理行业进步方面发挥的积极作用的同时，针对现实存在的模糊认识与一些思维混乱现象，我国环境科学的学者就曾明确指出废物-垃圾首先是污染源，不加以控制必然会造成环境污染。继而从法律上与学术上剖析了"三化"之间的内在联系。其中，无害化是固体废物管理的根本目的，是固体废物管理的总体要求，固体废物从产生、收集、运输到减量、再利用、再生利用、回收利用都必须遵循这一要求。减量化、资源化是固体废物无害化管理的重要手段，应服从和服务于无害化。只有满足无害化要求的减量化和资源化才是真正意义上的减量化和资源化，否则不过是污染转移、污染延伸或污染扩散，不但对改善环境质量没有积极作用，反而会对人体健康和生态环境产生更大的危害。

2.1.5.3 废物/垃圾分类利用

污染源属性与其资源属性是废物-垃圾的基本属性，且第一属性是污染源，只有定位成污染源，推行垃圾分类利用的理念、措施才会站得住脚。从可利用角度看，垃圾是在其孤立系统内达到可利用与不可利用的熵增平衡结果，并非绝对失去其可利用属性。

废物-垃圾的资源的属性是废物-垃圾分类利用的驱动力。废物-垃圾分类利用包括直接再利用或者经分类处理后作为再生产品或再生原料使用。分类利用是在一定平台上进行的，这个平台取决于再利用途径与目的，如果再利用途径不畅或分类处理能力不匹配或没有能力处理，分类后的废物—垃圾只得再返回到垃圾系统。垃圾分类目的可分为：

（1）以直接降级使用为目的，主要回收途径是旧货市场，受再利用物品寿命期与再利用价值等市场条件约束。

（2）以作为制造相应产品的原料或补充原料或添加原料为目的，主要回收途径是废品收购站点，受产品质量要求与利用成本等市场条件约束。

（3）以改善后续处理难度与避免或进一步降低对环境的负面影响为目的，将分类作为后续处理的预处理过程，受处理工程技术、社会合理诉求及法律法规等条件约束。就固体废物中最难处理的生活垃圾来说，采用焚烧技术是以减少垃圾体积，避免或减少污染为目的，通过垃圾投放、运输等途径减少垃圾含水率、提升垃圾热值，以降低焚烧处理难度，更有利于污染物控制与提高资源化利用水平。

不管怎样去分类利用废物/垃圾，都需要不同程度地引入外部负熵，即付出成本代价。对混合生活垃圾所付出的这种成本代价常常要高于其产出价值，且要高出普通废物的付出。这是因为在废物再利用和资源化过程中必须要保证产品性能符合国家规定的标准，并保障生产安全和防治二次污染。

生活垃圾是多种物质的混合体，而在垃圾分类过程中，按单一物质回收利用途径对分类的废物有质量控制标准，工厂只会收购达到回收利用质量的废品，不满足要求的还得返回到垃圾系统。例如，对力学性能下降较大的废塑料，不宜制作高等级塑料制品，只能降级利用；对多种混合、分类较难的塑料，多进行焚烧等热处理；对可用作原料的进口废塑料必须符合《进口可用作原料的固体废物环境保护控制标准——废塑料》GB 16487.12 的规定。针对种类多、质量参差不齐、含有污染物废纸类，参考美国全美纸料委员会对近50个等级的纸品制定了标准，其中对低于规定质量而不适合使用的废纸则规定有杂质的比例，如新闻纸、瓦楞纸、杂纸不允许含有的材料分别应不大于 0.5%、1%、2%。美国对废玻璃的技术指导性要求参见表 2-3。针对废玻璃，有的可用于对化学成分、颜色、杂质要求不高的玻璃原料，有的只可用于如玻璃沥青、玻璃马赛克、玻璃面砖等其他产品的原料。在制造无色玻璃瓶及平板玻璃则不用外购废玻璃而只用本厂内生产过程的废玻璃，制造深绿色玻璃瓶罐时可用外购废玻璃 2.8%～38%，以保证产品的质量。

对已分类玻璃中杂质成分与允许的颜色混杂程度的要求　　　　表 2-3

按颜色分类后的玻璃中杂质成分的技术要求	
杂质	技术要求（拒收玻璃的理由）
磁性金属	任何大于 6 英寸×6 英寸×12 英寸的碎块；小于 6 英寸×6 英寸×12 英寸，但大于 1/2 英寸的碎块超过 1%；小于 1/2 英寸的碎块超过 0.05%
非磁性金属（铝、铅等）	大于 3/4 英寸的玻璃包装用材料（如铝箔等）超过正常包装需要的量（即过度包装）；大于 3/4 英寸的非玻璃包装用材料（如铅、铜、黄铜等）超过包装材料的 0.5%
有机材料（标签、商标等）	玻璃包装用有机材料（如商标等）超过正常包装需要的量；非玻璃包装用材料（如纸、木材、橡胶等）超过包装材料的 5%
难熔材料（陶瓷、餐具、瓦片等）	在一个 50 磅的样品中，存在任何大于 8 目的难熔材料的颗粒；或小于 8 目、大于 20 目的难熔材料的颗粒多于 1 个；或小于 20 目、大于 40 目的难熔材料的颗粒多于 40 个
碎玻璃尺寸限制	小于 3/4 英寸的碎玻璃超过 25%
其他杂质	杂质含量超标：灰尘、瓦砾、陶瓷、沥青、混凝土、石灰石、垃圾、水分、白炽灯泡、日光灯管、平板玻璃、汽车用玻璃、硼硅酸盐耐热玻璃、玻璃容器烧制时产生的杂质等

按颜色分类后的玻璃中杂质成分的要求（%）				
颜色	无色	浅黄色	绿色	其他
无色	97～100	0～3	0～1	0～3
浅黄色（黄褐色）	0～5	95～100	0～5	0～5
绿色	0～10	0～15	85～100	0～10

　　垃圾分类与垃圾减量受复杂的环境、社会与经济因素约束，不存在简单比例关系。造成垃圾分类等同垃圾减量的误解的一个原因是忽视了废物/垃圾的统计口径，譬如新加坡环境部门公布的 2015 年新加坡垃圾回收利用率 61%，但生活垃圾焚烧量不仅没有减少，而且还增加了。原因是回收率中包括了工业垃圾和建筑垃圾，生活垃圾只是其中的一部分。

　　我国一直在从预防、限制垃圾产生，鼓励废物循环利用，垃圾终端处理和保护环境等环节，全方位推进减少产生量，有效治理垃圾的工作。在预防、限制垃圾产生的环节，除了推行禁止过度包装、净菜进城等限制性工作，还在鼓励提高产品质量以延长产品使用寿命，以及提高一次性商品税收等预防垃圾产生的工作。在循环利用的环节，鼓励改变提高更新率和短寿命的商业性行为，并考虑产品的生态成本。在垃圾处理环节，国家和个地方都在加大环卫资金投入，全面提高垃圾收集、运输、二次转运及填埋、焚烧等设施与建设水平，达到环境和谐。

2.2　生活垃圾的理化特性

2.2.1　生活垃圾物理成分分析

　　生活垃圾物理成分按重量比记取。该重量比是在实验室条件下，以垃圾的干基总重量为基数，各成分的干基重量所占百分比，按下式计算：

$$C_{ig} = \frac{M_{ig}}{M_g} \times 100 = \frac{M_i - M_{iw}}{M - M_w} \times 100 \tag{2-7}$$

式中　　　C_{ig}——垃圾样品中的某成分的干基重量占比，计算结果保留两位小数，%；

　M、M_g、M_w——分别为垃圾样品测定的湿重、干重、水分重量，kg 或 g；

M_i、M_{ig}、M_{iw}——分别为垃圾样品中某成分的湿重、干重、水分重量，kg 或 g。

　　所谓干基是将样品置于电热鼓风恒温干燥箱中，在 105℃±5℃的条件下烘干 4～8h，待冷却 0.5h 后一次称重。再重复烘干 1～2h，冷却 0.5h 后二次称重，直至两次称量之差小于样品量的百分之一时的重量。一般无特殊说明，各垃圾组分占垃圾总重量的比例均指干基组分的占比。不同地区、不同时间的生活垃圾中的无机物、纸类、橡塑、厨余等物理成分总是处于动态变化之中，但在某一较短时间段内会处于相对变化较小，可用于统计分析范畴。按我国大陆地区的生活垃圾分类，在对我国城市不同年份数百组生活垃圾物理成分的统计结果作一简要分析。需说明的是，将生活垃圾划分成的各类物理成分仅仅是相对划分，实际上总会是混有其他类物质的混合物。另外，对有的混合物很难区分是属于哪一类物理成分的，在物理成分分析中将其归入其他类垃圾。

2.2.1.1　厨余类垃圾

　　厨余类垃圾指在生活中所丢弃的食物性生料、半成品、成品，以及如残羹剩饭、腐烂食物、菜叶、果皮、蛋壳、茶渣、兽骨鱼刺、贝壳等残留物。厨余类垃圾是含有高水分、容易腐坏的有机垃圾，也是垃圾恶臭的主要来源。餐馆、饭店的残羹剩饭属餐厨垃圾而单独收集与处理，不在此列。厨余类是我国生活垃圾的主要成分，大多占生活垃圾总量的45%～55%，并与地域差异有较大关系，以至不同城市占比的差异很大，即使同一城市不同区也有较大差别，如对北京多年统计，海淀为 $56\%\sim66\%$，朝阳、密云、昌平在 $44\%\sim54\%$，丰台、房山、顺义在 $22\%\sim30\%$。

就生活垃圾本身来说，垃圾含水量主要来自厨余中的易腐垃圾。有研究认为，在垃圾焚烧处理时，植物性垃圾水分的 20% 会在锅炉中与碳颗粒反应生成 CO 和 H_2，80% 要通过吸热蒸发成水蒸气，并融入烟气中。按热平衡理论可知，每千克 $20℃$ 的水变成 $140℃$ 蒸汽相当于燃烧标准煤 94.3g，就单位焚烧垃圾来说是一笔很大的热能消耗。其实，厨余中易腐垃圾可进行生物酵解利用，但目前最大难题是家庭分散产生和集中分类处理的矛盾。如何能用简单的操作手段将易腐垃圾从其他垃圾中分离是一个涉及技术，社会与政策管理的复杂的系统工程。关键是要转变传统的观念，用清洁焚烧的理念建立新的调控管理手段和垃圾处理模式，从源头上解决植物性垃圾分类的问题。

2.2.1.2　纸类垃圾

通常用于书写的纸是按张计数的，演变出纸张的概念。纸张的种类众多，一般分类为凸版印刷纸、新闻纸、胶版印刷纸、铜版纸、书皮纸、字典纸、拷贝纸、板纸等几大类。板纸又可细分为报纸、杂志、纸质宣传品、货物标签与包装纸、牛皮纸、塑料膜纸、皱纹纸、瓦楞板纸、硫酸纸、绘图纸、复印纸，以及蜡质奶盒、纸杯、纸饭盒、装饰壁纸等。从通常使用途径可分为书写用纸、复制用纸、生活用纸、卫生用纸、包装用纸、装饰用纸、特殊用纸等几大类。进入生活垃圾的纸类是来自家庭、办公场所、流通等领域不同种类、不同破损与不同干净程度的混合纸张。我国生活垃圾中的纸类与当地传统的生活习惯有较大关系，目前多为垃圾总量的 $15\%\sim30\%$，也有如经济欠发达的地方在 10% 以下。

纸张以纤维素、半纤维素、木素等植物纤维为主要成分。次要成分有植物纤维携带的少量灰分即无机盐类；添加较少含量的胶料（松香、硫酸铝，明矾、淀粉、水玻璃、干酪酸等）、色料（品蓝、群青、荧光增白剂等）；根据不同纸材、用途配加不同的填料（一般印刷用纸用滑石粉，高级印刷用纸用高岭土和硫酸钡）等组分；还有根据不同需要加入不同百分比的再生纸成分。单纯的纸类组成元素是碳、氢、氧，热值为 $8\sim15MJ/kg$，属高热值易燃有机物。纸的燃点在 $130\sim250℃$，但也有难燃与不燃纸。

可回收废纸是按纸张种类有条件划分的。举两个例子来说明，①可回收废杂纸（称为美废 1 号）是指由不同质量的废纸混合组成，不受包装方式或纤维组成的限制，杂物不得超过 2%，不合格废纸总量不得超过 10%。②旧瓦楞纸箱（称为美废 11 号）是指其面层为仿箱板纸浆、麻浆或牛皮木浆、打包供货，杂物不得超过 1%，不合格废纸总量不得超过 5%。详细了解纸张的类别，更有利于废纸类的分类回收与提高经济利用价值。

2.2.1.3　木竹类垃圾

木竹类垃圾主要指废弃的木材、竹材制品及花木，如复合板包装箱及盒子、草木竹类凉席、家装废木料竹料、树木落叶、败落花草、绿地修剪的草类等。木竹类成分多为垃圾总量的 $2\%\sim4\%$，在木竹资源丰富的县级市也有 10% 以上的。木竹类垃圾属较高热值的易燃废物，干基发热量约为 $14.6MJ/kg$。

木材的密度常用气干材密度表示，即长期储存于大气中自然干燥木材的密度，其平均含水率约为 15%。常用木材的气干密度平均值为 $618kg/m^3$，按含水率 12%、20% 计算的平均密度分别为 $572kg/m^3$、$629kg/m^3$。竹材是指竹类木质化茎秆部分，主要成分是纤维素，占竹材总量的 $40\%\sim60\%$；半纤维素，占 $14\%\sim25\%$；木质素，占 $16\%\sim34\%$。竹材中含有氮 0.21%~0.26%；灰分 1%~3.5%。所含硅积聚于硅质细胞，竹青中可达 4.35%。密度因竹龄、部位和竹种而异，平均约 640kg/m³。木材是由多种化合物组成复杂而不均匀的高分子碳水化合物，主要成分纤维素占其总量的 40%~50%，半纤维素占 20%~35%，木质素占 20%~30%，以及占 3%~3.5% 的溶剂溶解的物质。

2.2.1.4 橡塑类垃圾

这里所说的橡塑类包含橡胶、塑料、皮革三大类。橡塑垃圾属于热值高、易燃且生物降解困难的有机物。橡塑中含有微量与痕量的重金属，主要来自各类主体材料本身和必须的辅助材料。从一些经济较为发达城市看，橡塑类从十年前的 12%~18% 变化到当前的 24%~29%，总体上处于增加趋势。

塑料是以合成树脂或天然树脂为基础原料，以增塑剂、填充剂、润滑剂、着色剂等添加剂为辅助成分，在一定温度、压力下，加工塑制成型或交联固化成型的材料。是利用单体原料以合成或缩合反应聚合而成的合成高分子聚合物。塑料中的重金属物质主要来自含有铅盐、钙盐、钡盐、锌盐、镉盐等金属盐类的热稳定剂，含有钛、铬、镉等重金属的着色剂，成分复杂的回收塑料，存在重金属、可溶性重金属及有机挥发物包装的印刷油墨，以及催化剂残留。在此摘录一些塑料材料的发热量供参考：聚乙烯（PE）46MJ/kg，聚苯乙烯（PS）40.1MJ/kg，聚丙烯（PP）43.9MJ/kg，聚氯乙烯（PVC）13~23MJ/kg，丙烯腈-丁二烯-苯乙烯共聚合物（ABS）35.2MJ/kg，聚氨酯泡沫 24MJ/kg，聚酰胺 30.8MJ/kg，酚醛树脂 13.4MJ/kg，聚四氟乙烯 4.2MJ/kg，玻纤增强塑料 18.8MJ/kg。

已经工业化的塑料有 300 多种，常用的 60 余种，各具不同的物理、化学、机械性能。根据各种塑料不同的使用特性，通常将塑料分为通用塑料、工程塑料和特种塑料三种类型。

通用塑料是应用最广泛，和我们日常生活密切相关的塑料，也是生活垃圾中废塑料主要来源。通用塑料的品种主要有：①聚乙烯（PE），包括用于包装与农用薄膜、塑料改性等的低密度聚乙烯与线性低密度聚乙烯，用于薄膜、管材、注射日用品等的高密度聚乙烯。PE 的发热量可达到 46MJ/kg 左右；②聚丙烯（PP），包括用于拉丝、纤维、注射、BOPP 膜等的均聚聚丙烯（homopp），用于家用电器注射件、改性原料、日用注射产品、管材等的共聚聚丙烯（copp）和用于透明制品、高性能产品、高性能管材等的无规共聚聚丙烯（rapp）；③聚氯乙烯（PVC），广泛用于下水道管材、塑钢门窗、板材、人造皮革等；④聚苯乙烯（PS），用于汽车灯罩、日用透明件、透明杯、罐等；⑤丙烯腈-二烯-苯乙烯共聚合物（ABS），广泛用于洗衣机、空调、冰箱、电扇等家用电器及其他设备的面板、面罩、组合件、配件等。

工程塑料分为通用工程塑料和特种工程塑料。多为工业垃圾中的废塑料来源。通用工程塑料包括聚酰胺、聚甲醛、聚碳酸酯、改性聚苯醚、热塑性聚酯、超高分子量聚乙烯、甲基戊烯聚合物、乙烯醇共聚物等。特种工程塑料又有交联型的非交联型之分。交联型的有聚氨基双马来酰胺、聚三嗪、交联聚酰亚胺、耐热环氧树脂等。非交联型的聚砜、聚醚砜、聚苯硫醚、聚酰亚胺、聚醚醚酮（PEEK）等。工程塑料可以以塑代钢、以塑代木而广泛应用于电子电气、汽车、建筑、办公设备、机械、航空航天等行业。特种塑料指用于航空、航天等特殊应用领域，具有特种功能的塑料，如 PPS、PPO、PA、PC、POM 等。氟塑料和有机硅具有突出的耐高温、自润滑等特殊功用，增强塑料和泡沫塑料具有高强度、高缓冲性等特殊性能，这些塑料都归属于特种塑料范畴。

另外，根据塑料的光学性能可分为透明、半透明及不透明原料，如 PS、PMMA、AS、PC 等属于透明塑料，而其他大多数塑料都为不透明塑料。根据各种塑料不同的理化特性，分为热固性塑料和热塑性塑料两种类型。通常热塑性塑料的产品可再回收利用，而热固性塑料则不能。

迄今为止，石油化工生产的塑料废物污染是当今的一个世界环境难题。大部分塑料一次性消费使用后即被丢弃。塑料产品由于物理化学结构稳定、在自然环境中可能数十至数百年不会被分解。在回收渠道，由于塑料品种众多但又缺乏实用鉴别技术，废塑料回收面临许多难题，其中最为关键的技术是塑料的分选和分离技术，无污染的清洁清洗技术与价值评估和应用方向。

垃圾中的废橡胶来自采用橡胶材料的用品，如电缆绝缘层、密封条、垫圈，球胆、钢笔笔胆及海绵胶垫等文教用品，雨衣、救生用品、热水袋等生活用品。鉴于废橡胶在生活垃圾中占比很小，根据其与塑料有相近的燃烧特性而归为同一类。

橡胶是具有良好的物理力学性能、化学稳定性与可逆形变的高弹性聚合物材料。橡胶按性能和用途分为天然橡胶与合成橡胶，合成橡胶又分通用橡胶和特种橡胶，及半通用合成橡胶、专用合成橡胶。

天然橡胶是由胶乳制造的，胶乳中所含的非橡胶成分有一部分就留在固体的天然橡胶中。一般天然橡胶中含橡胶烃 92%～95%，而非橡胶烃占 5%～8%。橡胶中的灰分中主要含磷酸镁和磷酸钙等盐类。另有很少量并应控制的铜、锰、铁等金属化合物，因这些变价金属离子能促进橡胶老化。

通用橡胶有异戊橡胶、丁苯橡胶（SBR）、顺丁橡胶、乙丙橡胶、氯丁橡胶（CR）等，是具有较好综合性能的橡胶。特种橡胶有丁腈橡胶（NBR）、硅橡胶、氟橡胶、聚硫橡胶以及聚氨酯橡胶、氯醇橡胶、丙烯酸酯橡胶等，是具有某些特殊性能的橡胶。

皮革是指经鞣制、硝制或用别的处理方法而具有抵抗腐败作用，并且在天气干燥时比较软和柔顺的加工过的动物皮毛。按用途分为生活用革、国防用革、工农业用革、文化体育用品革。按制造方式分为真皮、再生皮、人造革与合成革。皮革在生活垃圾中占比很小，根据其与塑料有相近的燃烧特性而归为同一类。皮革及其制品的重金属来源于各道加工工序所需要的鞣剂、染料、颜料，以及抗菌剂、防水剂等助剂。皮革类的热值约为 17.58MJ/kg，氯丁橡胶的热值在 23.4～34.6MJ/kg。

2.2.1.5　织物类垃圾

织物类垃圾主要来自纺织品，纺织品按用途分为衣着用纺织品、装饰用纺织品与产业用纺织品。衣着用纺织品包括服装面料、领衬、里衬、松紧带、缝纫线以及针织成衣、手套、袜子等，是具备保护人体安全和健康的实用、舒适、卫生、美观等基本功能与特殊气候环境下特殊功能的物品。装饰用纺织品指家具、餐厅、浴室等室内用品，包括床罩、床单、被面、被套、枕芯、被芯、枕套等床上用品和人造草坪等户外用品。装饰用纺织品除要求基本实用价值外，更要求在品种结构、织纹图案和设色等方面具有较强的装饰性。产业用纺织品是指应用于医疗卫生、环境保护、交通运输、航空航天、新能源等领域的，经过专门设计的、具有技术含量高、符合工程结构特点的纺织品。常见的织物材料有棉、麻、毛、蚕丝等天然材料和尼龙、腈纶、聚丙烯、涤纶等人造材料。

生活垃圾中的织物类主要来自衣着与装饰用织物类，包含成品制造过程的下脚料，使用过程因使用功能、审美尺度等要求而被抛弃的纺织品，属于较高热值的易燃有机物，中等可生物降解。织物品中的重金属来源于天然原料的种植、人造材料制造过程，加工过程适用染料、抗菌剂、防霉剂、固色剂、阻燃剂等辅助化学药剂。主要重金属有铅、汞、镉、铬、砷、铜等。织物类热值一般取 17.50MJ/kg，另有检测纯净的混纺布 19.94MJ/kg、纯棉布 18.80MJ/kg、羊毛 23.00MJ/kg。

2.2.1.6 生活垃圾中的无机物

生活垃圾中的金属类、玻璃类与砖瓦灰土陶瓷类均属于不可燃的无机物。建筑垃圾也有叫建筑渣土，是单独分类收集且收集渠道与生活垃圾不同，不在此列。从焚烧角度无需再对不同的无机成分分析了，只是从产生的灰渣角度仍需要对无机物的组成有所了解。

玻璃是非晶态无机非金属材料，主要成分是二氧化硅和一些氧化物。其中，普通玻璃主要成分是硅酸盐复盐，化学组成是 NA_2SiO_3、$CaSiO_3$、SiO_2 或 $Na_2O \cdot CaO \cdot 6SiO_2$ 等。另有掺入某些金属氧化物或者盐类的有色玻璃，通过物理或者化学的方法制得的钢化玻璃等。砖瓦的成分已由黏土为主要原料逐步向利用煤矸石和粉煤灰等工业废料发展，由烧结向非烧结发展。烧结砖的主要成分是 SiO_2，占 $55\% \sim 70\%$，另含有 Al_2O_3、Fe_2O_3、CaO、MgO 等金属氧化物。陶瓷的成分是高岭土、黏土、瓷石、瓷土，以及着色剂、青花料、石灰釉、石灰碱釉等。这部分垃圾以砖瓦陶瓷类居多，对我国一些地方的这部分垃圾含量的抽样统计显示已经从十年前的 $25\% \sim 35\%$ 下降到当前的 $10\% \sim 15\%$。例如北京市由 $20\% \sim 25\%$ 下降到 10% 以下，北京市朝阳区近三年的平均值降到 $4\% \sim 5\%$；福州市从 $25\% \sim 30\%$ 降到约 15%。

2.2.1.7 其他类垃圾

主要指上述几类垃圾以外的垃圾，包括监测分析中很难按上述类别进行分类的混合物，如腐烂的厨余、废纸、织物等形成的近似泥状混杂物。随着我国对生活垃圾全过程管理的规范，这类垃圾所占比例总体上小于 5%。有一定热值，但对总垃圾热值的贡献很小。

2.2.2 生活垃圾的元素分析

生活垃圾焚烧锅炉的设计是在给定垃圾燃烧特性指标并考虑宽范围适应垃圾不稳定性的基础上进行的。其运行的安全性、可靠性、环保性、经济性与生活垃圾的燃烧性能有密切关系，对垃圾焚烧锅炉设计、管理和运行人员来说，了解生活垃圾的燃烧性能是十分必要的。

作为一种由多样、复杂、不稳定的有机物与无机物组成的固态生活垃圾，含有较高的易分解有机物质及其分解产生的恶臭物质。夹杂其中的无规律性的化学物质以及重金属等有害物质，具有即时性污染、潜伏性污染和长期性污染的特点，在达到一定规模的条件下成为危害人体健康，恶化环境质量的一种污染源。另一方面，生活垃圾中含有碳、氢与碳氢化合物等可燃物质，焚烧垃圾热值达到与石煤发热量 $4190 \sim 8380kJ/kg$ 相当的程度，具有着火与发光放热的基本燃烧特征。综合上述几个方面看，生活垃圾具有污染源与低品位热值的二元属性，并以污染源属性为第一属性，而不应将生活垃圾划归燃料范畴。换言之，采取焚烧处理是以解决生活垃圾对环境、社会的负面影响而不是以单纯追求经济效益为目的，只是从其低品位热值的属性，提供了一条垃圾经济处理的有效途径。利用垃圾焚烧热能具有一定经济效益，且是垃圾热值越高经济效益越好。这也是从垃圾处理战略路径视角，需要尽可能提高能源回收效率的动力。

生活垃圾的化学特性是根据焚烧处理方式的技术要求确定的，包括元素分析成分、灰分、水分，以及垃圾热值、挥发分、固定碳、着火温度等。下面从垃圾的元素分析成分与燃烧特性两方面进行分析。

2.2.2.1　生活垃圾的元素分析成分及其性质

生活垃圾中的化学元素成分大都以化合物形态存在于垃圾中。一般把生活垃圾中不可燃物质成分归入灰分。为了进行燃烧计算和了解生活垃圾某些特性，可通过元素分析将其分为碳（C）、氢（H）、氧（O）、氮（N）、硫（S）、氯（Cl）6 种元素成分和灰分（A）、水分（W），并以这 8 种成分为基准的质量百分数计量各种成分含量。从其来源讲，可理解为是属于以湿垃圾为基准的元素成分。

（1）碳 C

碳是构成生活垃圾的主要可燃元素，也是决定垃圾热值的主要元素之一。在我国生活垃圾热值小于 8370kJ/kg，含水率大于 45% 时，统计的碳含量在 10%～25%。在生活垃圾有机物环境中，碳原子含有 4 个价电子，可与多种原子及碳原子之间形成如 C—C、C=C、C≡C、C—O、C—H、C—N、C=O、C≡N、苯环等共价键，多个碳原子可结合成碳链或碳环，碳链或碳环还可相互结合。在无机物环境中，以碳的氧化物、碳酸盐如 CO、CO_2、CO_3^{2-}、HCO_3^-、H_2CO_3 等化合物的形式存在，或是与生物群落间以 CO_2 形式存在，也不排除如石墨、灰口铸铁等以自由状态存在的可能。碳完全燃烧产物为 CO_2，生成热 32700kJ/kg；不完全燃烧产物为 CO，生成热 9270kJ/kg。影响垃圾含碳量的物理成分依次是厨余、果皮、橡塑、纸类、织物。

（2）氢 H

氢是生活垃圾中高燃烧放热的元素，在我国生活垃圾热值小于 8370kJ/kg，含水率大于 45% 条件下，氢含量的统计值不大于 3%。垃圾中的氢一部分存在于有机物中，加热时挥发成氢气或以 C_mH_n 的形式挥发出来；还有一部分与氧化合成为不可燃物质。氢极易着火，迅速燃烧并生成水，生成热 120000kJ/kg（扣除水的汽化潜热后剩余的热量）。生活垃圾中，橡塑的氢元素含量最高，厨余含量最低。

（3）硫 S 和氯 Cl

在我国垃圾热值小于 8370kJ/kg，含水率大于 45% 状态的生活垃圾中，硫含量一般小于 0.6%，对垃圾热值影响比较小。生活垃圾中的硫，一种是与 C、H、O 结合成复杂化合物，以有机硫形态存在，具有燃烧放热的可燃硫；一种是以如 $CaSO_4$、$MgSO_4$、$FeSO_4$、$NaHSO_3$ 等硫酸盐形态存在。硫酸盐是不燃物而将其并入灰分。硫燃烧生成热 9040kJ/kg，燃烧产物 SO_2 会有一部分再氧化成有金属腐蚀作用的 SO_3，其在低温烟道内与水生成硫酸，腐蚀低温受热面。形成有机硫的主要物质为橡胶、塑料类。

氯因其在参与燃烧的过程中得到电子而被还原，属不燃元素。在我国垃圾热值小于 8370kJ/kg，含水率大于 45% 时的生活垃圾中，氯含量的统计值在 0.1%～0.8%。氯主要来源于垃圾中的含氯塑料及厨余中的盐分等。氯在燃烧过程中生成氯化氢并在一定条件下生成氯苯类等气态污染物（硫燃烧过程中生成硫氧化物）。垃圾中的氯元素高于硫元素，故烟气中的氯化氢含量高于硫氧化物。

（4）氧 O 和氮 N

氧和氮是不燃元素。在我国垃圾热值小于 8370kJ/kg，含水率大于 45% 时的生活垃圾中，统计的氧含量在 8%～15%，氮含量在 0.5%～1.5%。生活垃圾中的氧一部分为游离态氧，能助燃；另一部分是以如 CO_2、H_2O 化合态存在，当这部分氧多时也就意味着不可燃的 C、H 增多而热值降低。氮以化合态存在于生活垃圾有机物中，在适宜温度、氧量环境下，氧与氮化合成氮氧化物成为气态污染物，如在 1200℃ 温度条件下化合成有害的光化学烟雾。垃圾中纸类、竹木、织物的氧元素含量较高。

（5）灰分 A

这里的灰分也叫灰渣，是特指生活垃圾中的无机物和有机物燃烧后形成的固态残渣，包括自炉排末端排出的炉渣、锅炉下灰斗排出锅炉灰和烟气携带出垃圾焚烧锅炉的焚烧飞灰。灰分对燃烧过程有显著的负面影响，表现为会使着火时间推迟以致燃烧不稳定，炉温下降与热效率降低，受热面积灰结渣与磨损等。在我国垃圾热值小于 8370kJ/kg，含水率大于 45% 时，统计正常燃烧条件下的生活垃圾总灰分含量在 15%～25%，其中飞灰约占 2%～3%，炉渣约占 12%～23%。有机物焚烧过程产生的灰分由垃圾中有机物成分以及燃烧状态决定，按目前的分析一般在 4%～6%。由废金属、玻璃、渣石及灰土等构成的无机物是不燃物，其在燃烧过程中产生的热量来自标签、涂层及废弃容器内残留的有机物质等，通常忽略不计。

焚烧炉渣主要是由金属氧化物、氢氧化物、碳酸盐以及硅酸盐组成，另含有的铁铝及其他可直接回收金属物质，具有无机物属性。其组成成分多为酸性盐，Cu、Pb、Zn 含量相对较高。不考虑随垃圾进入炉内无机物的炉渣粒径分布分析显示，25mm 以上者约占 5%～10%，5mm～25mm 者约占 40%～45%，5mm 以下者约占 35%～40%。垃圾焚烧炉渣产生量与垃圾的种类、焚烧工艺设备条件有关。炉渣内的未燃组分即热灼减量限制在 3% 或 5% 以内。

焚烧飞灰呈浅灰色粉末状，含水率低，多以无定型态和多晶聚合体结构形式存在，具有较大的比表面和较高的孔隙率。垃圾焚烧飞灰颗粒分布在 0～1000μm，受锅炉结构和运行状态影响，不同实验状态下的分析结果有明显的差别。对某项目的实验分析显示，粒径≤40μm 的占 0.6%，40μm～100μm 的占 32.9%，100μm～160μm 的占 44.5%，160μm～200μm 的占 10.7%，200μm～1000μm 的占 10.9%，大于 1000μm 的占 0.4%。结合我国一些研究结果，其共有的特征是颗粒物呈近似正态分布，主要集中在 40μm～200μm 范围，部分大颗粒是多个小颗粒的链状聚合体。焚烧飞灰的化学元素成分包括 Cl、Ca、K、Na、Si、Al、O 等，形成的主要矿物成分如 CaO、SiO_2 和 Al_2O_3 为主（有分析分别 35.8%、20.5%、5.8%）构成的 SiO_2-Al_2O_3-金属氧化物体系；SiO_2、$CaCl_2$、$Ca_3Si_2O_7$、$Ca_2SiO_4 \cdot 0.35H_2O$、$Ca_9Si_6O_{21} \cdot H_2O$、$K_2Al_2Si_2O_8 \cdot 3.8H_2O$ 和 $AlCl_3 \cdot 4Al(OH)_3 4H_2O$ 等硅酸盐及铝硅酸盐等。还含有 Hg、Pb、Cd、Cu、Cr 及 Zn 等主要以气溶胶小颗粒（也有叫超细颗粒）和富集于飞灰颗粒表面的形式存在的重金属。同时在焚烧飞灰中还含有痕量二噁英类，使其具有危险废物特征。

锅炉下灰斗排出的灰主要来自对流受热面和尾部受热面清灰过程，以重力沉降为主积存在下灰斗内的锅炉灰。其中，对流受热面内的锅炉灰称为高温粘结性积灰属于高温积灰。这种积灰多发生在过热器、蒸发器等对流受热面上，积灰的程度与垃圾特性、炉膛与受热面运行工况等有很大关系。省煤器内部分粒径较大的颗粒物沉积在烟道中或受热面管子表面上的锅炉灰属于低温积灰，主要来源，一是酸腐蚀与水蒸气凝结产生的反应产物，其数量取决于产生酸腐蚀的量、反应温度以及受热面金属的类型；二是随烟气碰撞受热面管子并沉积下来的飞灰；三是酸与飞灰中的铁、钠、钙等元素发生反应而形成的盐类。由此可知，锅炉灰的量有较大的随机性，平均粒径远大于飞灰的平均粒径，一般可将其与炉渣一并处理。此外，由于炉排漏渣率通常小于焚烧垃圾量的 0.5%，可以忽略。灰分测定方法，是将生活垃圾在马弗炉中以 815℃±10℃（生活垃圾采样和物理分析方法 2009 版规定为 825±25℃），重复灼烧至恒重时的重量百分比。

（6）水分 W

物体内的水分可分为结合水与游离水。结合水是指以化和形式与分子结合的水分，如 $CaSO_4 \cdot 2H_2O$；游离水是指以机械方式附着或吸附在物体中的水分。游离水又分为附着在物体表面或非毛细孔内的外在水分与吸附或凝聚在物体毛细孔内的内在水分。垃圾水分指的是以自然状态存在于垃圾中的游离水，其中内在水分一般用垃圾样本在 105℃下保持 2h 后所失去的重量占样本重量的百分比的方法界定；外在水分一般按试样在 20℃±1℃，相对湿度 65%±1% 的空气中自然风干后失去的水分界定。外在水分与内在水分之和称为全水分。我国当前生活垃圾游离水分在 45%～65%，绝大多数来源于垃圾中的厨余物。

水分会使着火困难，燃烧温度降低，排烟损失大，引起低温受热面的积灰与腐蚀。但适当水分的存在会有一定好处，火焰中含有适量水蒸气对可燃颗粒物的悬浮燃烧是一种十分有效的催化剂。一般来说，生活垃圾的水分越高，垃圾热值越低。在工程设计时可按垃圾水分降低 1%，垃圾热值提高 120kJ/kg 的经验值进行估算。

2.2.2.2　生活垃圾元素成分百分数的基准

元素分析成分的计算基准分为湿基与干基两种表示方法。湿基是包括水分在内的实际应用成分的总质量作为计算基数，表示为：

$$C + H + O + N + S + Cl + A + W = 100\% \tag{2-8}$$

干基（用下标 g 表示）是去掉水分的垃圾成分的总量作为计算基数；表示为：

$$C_g + H_g + O_g + N_g + S_g + Cl_g + A_g = 100\% \tag{2-9}$$

各元素成分相对两种计算基数之间的转换关系为：

$$X = X_g \times (100 - W)/100 \tag{2-10}$$

生活垃圾的挥发分与固定碳按干基划分，统称可燃分，记为 V。一般用干基垃圾试样置于 600℃高温试验装置 3h 完全燃烧后所失去的重量占干基试样重量的百分比表示。完全燃烧后的剩余物即是灰分，也用其重量占样本重量的百分比表示。V、W 和 A 有如下关系：

$$A = 100 - V - W \tag{2-11}$$

2.2.2.3　生活垃圾的物理成分与元素分析成分

如表 2-4 所示，生活垃圾的物理成分分为可燃物、不燃物与水分，其中的可燃物与不燃物按干基测定和记取。从可燃物的燃烧过程可分为挥发分（V）和固定碳（FC）；焚烧后的固态产物包括垃圾中的不燃物折算灰分与可燃物焚烧产生的炉渣与飞灰之和，统称灰分。生活垃圾的水分包括结合水和游离水，游离水又分为内在水分和外在水分。物理成分范畴内的水分一般是指焚烧之前的外在水分。生活垃圾物理成分不同物理成分的挥发分、固定碳与灰分的比例参见表 2-5。

生活垃圾物理成分与元素分析成分的关系 　　　表 2-4

湿基垃圾									
干基垃圾							水分		
不燃物	可燃物						结合水	游离水	
灰分	灰分	固定碳	挥发分					内在水分	外在水分
A	A	C	H	O	N	S	Cl	W	

干基生活垃圾可燃物的挥发分、固定碳与灰分 　　　表 2-5

生活垃圾物理成分分类	挥发分 V（%）		固定碳 FC（%）	干基灰分 A_g（%）
	85%的值	极端值		
新闻纸、包装纸、广告纸、牛奶盒等 12 种纸类	84.1～91.6	69.2/94.0	6.0～11.6	0.2～24.4
植物性、动物性等 4 种厨余类	80.7～88.0	74.9/92.5	7.1～15.7	0.8～9.4
棉、毛、丝等 5 种纤维类	87.0～96.7	83.3/99.6	0.2～16.6	0.1～1.0
2 种木竹类	82.8～83.2	79.1/85.0	14.0～16.8	0.5～6.9
2 种皮革类	81.1～81.3	75.1/89.9	17.7～18.9	1.7～6.5
3 种橡胶类	62.8～96.2	59.0/98.5	1.5～36.2	1.6～27.4
各种食品袋及容器、塑料玩具、洗涤容器、发泡塑料等 19 种塑料类	91.1～99.2	77.7/99.9	0.1～22.2	0.1～3.9

　　垃圾元素分析测定有经典法或仪器法之分，样品粒度应小于 0.2mm。采用经典法测定垃圾元素分析成分值时，也可按煤的元素分析方法进行并应符合现行国家标准中的有关规定。采用仪器法测定元素分析成分值时，应按各类仪器的使用要求确定样品量。应说明的是，因生活垃圾物理成分复杂多变，垃圾采样的样品只能基本反映出当地当时的生活垃圾物理特征。其次，研磨的垃圾粒度实际上多达不到样品粒度的要求。因此，尽管实际检测过程中采取同一样品分多批次分析的措施，检测的元素成分值与实际情况往往偏差过大，只能反映出大致的垃圾特性。为此，经过多年对我国数百个生活垃圾样本的归纳分析与验证，可用表 2-6 将垃圾干基物理成分转换成湿基元素值，作为估算或核算工具。

生活垃圾干基物理成分转换成湿基元素值（%） 　　　表 2-6

	纸类	橡塑	厨余	纤维	竹木	其他
C	41.37	65.39	35.04	45.04	42.96	27.64
H	5.95	8.13	5.07	6.41	6.02	4.06
O	42.59	17.85	36.51	42.59	41.24	16.74
N	1.62	0.86	2.58	2.18	2.35	1.94
Cl	0.46	1.89	0.82	0.46	0.36	0.45
S	0.20	0.30	0.39	0.15	0.10	0.31
A	7.81	5.58	19.59	3.17	6.97	48.86

2.2.3　生活垃圾的某些焚烧特性

2.2.3.1　挥发分 V

　　挥发分定义为将失去水分的干基样本置于隔绝空气的环境中加热到 $900\pm10℃$，持续 7min 分解析出除水蒸气外的气态物质，按重量百分比计。挥发分是判明生活垃圾着火特性的重要指标，其含量越高燃烧速率越高，着火越容易。挥发分不是以自然状态存在于生活垃圾中，而是在加热时形成的气态物质，主要成分是非饱和烃为主的气态碳氢化合物以及甲烷、氢气、一氧化碳、硫化氢等可燃气体，还含有少量的氧、二氧化碳、氮等不燃气体。

　　生活垃圾挥发分的析出过程（也称气化过程）也是其中的有机物热分解过程，会使垃圾的化学结构、表面形态与孔隙结构发生变化。工程上，制约生活垃圾挥发分析出的因素主要是热分解温度，还受到加热速率、炉膛压力、垃圾粒度与结构特性等。当达到热分解温度时，挥发分会大量析出并伴有二次反应物生成。由于垃圾各组分的分子结构不同，断链条件不同，挥发分析出温度与析出量不同。在正常运行条件下，进入垃圾焚烧锅炉的焚烧垃圾在 $100\sim180℃$ 下进行以至基本完成干燥过程；挥发分平均析出温度大约在 $250℃$，到 $400\sim500℃$ 完成气化过程。其中，橡胶、塑料、竹木、纸类等垃圾开始析出温度在 $150\sim200℃$。这也可从煤的地质年龄越长，碳化程度越深，挥发分析出温度越高的规律，不难理解为什么碳化程度几乎为零的生活垃圾在 $150℃$ 左右就会有挥发分析出了。另有试验研究，垃圾不同组分的试样失重占总失重 99% 的温度（t_n）如表 2-7 所示，可供参考。

垃圾不同组分的试样失重占总失重99%的温度　　　　　表 2-7

试样	纸类	塑料	橡胶	竹木	纤维	厨余	果皮	树叶	混合物
t_n（℃）	399	591	551	498	470	618	479	519	$566\sim594$

　　挥发分多少与物质性质和碳化程度有关。一般挥发分量随物质碳化程度的加深而减少，如按碳化程度的高低有无烟煤挥发分在 $4\%\sim8\%$、烟煤 $>20\%$、褐煤 $>40\%$，蔗渣的挥发分 $\geq40\%$。同理，填埋垃圾的时间越长垃圾的挥发分越少，也就是说新鲜垃圾的挥发分最高。在氮气氛下，含氯塑料和织物的挥发分分两段析出，其他各组分一段析出。实验条件下，在 $600℃$ 时的挥发分析出完毕，其中塑料 99.94% 析出，竹木与纸类为 80%，橡胶为 55%。

　　测定煤的挥发分时，剩下不挥发的固态物质称为焦渣，焦渣减去其中的灰分就是固定碳，生活垃圾仍沿用此界定。浙江大学对我国 20 世纪 90 年代一些城市生活垃圾的工业分析研究的案例显示，深圳、香港生活垃圾的含水率分别为 40.94%、33.56%，挥发分分别为 30.69%、37.5%，固定碳分别为 4.14%、5.48%。其中，挥发分为固定碳的 $6\sim8$ 倍，表明垃圾焚烧过程是以燃烧速率很高的挥发分燃烧为主，其燃烧时放出的热量取决于挥发分的成分。由于挥发分着火温度低，生活垃圾的着火与燃烧是比较容易的。

2.2.3.2　垃圾热值 Q

　　垃圾热值是单位质量垃圾完全燃烧释放的热量，用 kJ/kg 表示。理论上，在激烈热化学反应初期具有很大动能，足以破坏其原有结构的分子，也就是活化分子吸收一定能量，再随着热化学反应进行放出大批能量，放出的能量除抵偿吸收的能量外，多余的能量就是垃圾热值。垃圾热值分为高位热值 Q_H 和低位热值 Q_L。Q_H 是指垃圾完全燃烧后，垃圾焚烧产物中的水蒸气全部凝结为水时释放的热量；Q_L 是指垃圾完全燃烧后，垃圾焚烧产物中的水分保持蒸汽状态时释放的热量。二者差别在于水蒸气凝结成水的气化潜热（r）是否放出，一般取 $r=2512$kJ/kg。由于垃圾焚烧的排烟温度在 $180\sim220℃$，烟气中的水蒸气分压力很低通常不会冷凝，故而在工程计算和焚烧工艺及设备选择时不计入这部分不能利用的热量而采用低位热值。当无特殊说明时，生活垃圾热值均指低位热值。鉴于低位热值测定困难，需要通过测定高位热值后再按下述公式转化为低位热值：

$$Q_L = Q_H - r\left(\frac{9H}{100} + \frac{W}{100}\right) \tag{2-12}$$

垃圾热值是焚烧厂设计的重要依据。根据我国垃圾含水量在中转、运输与焚烧厂内贮存、投入焚烧炉进料斗过程的变化，以垃圾抓斗起重机抓取送入进料斗为界面，将垃圾热值分为原生垃圾热值 Q_{L1} 和焚烧垃圾热值 Q_{L2}，其中的 Q_{L2} 是指投入垃圾焚烧锅炉进料斗时的焚烧垃圾热值。研究显示，在垃圾池内堆放 72h 以内，垃圾中的外在水分及部分内在水分必然会渗沥出来，从而使 Q_L 提高。当对垃圾池内的垃圾翻堆措施不力时，可能会使垃圾堆体在 72h 以后形成明显的厌氧环境而发生堆肥反应，也是造成 Q_{L2} 与 Q_{L1} 差别的主要因素（后面再具体分析）。以欧洲国家为代表的生活垃圾没有突出的含水量和堆肥反应的影响，也就没有这种 Q_{L2} 与 Q_{L1} 之分，对其所说的垃圾热值可按我国生活垃圾特点理解为焚烧垃圾热值。

在无辅助燃料的条件下，实现垃圾持续、稳定燃烧的下限焚烧垃圾热值称为临界热值，是生活垃圾焚烧的基本特征参数。通过我国第一座焚烧厂的实验研究提出实现垃圾焚烧的临界值为 3600kJ/kg。我国及日本等国家的垃圾焚烧行业提出基于环境保护视角的垃圾临界热值为 5000kJ/kg，否则需要添加辅助燃料燃烧。欧洲从事垃圾焚烧行业曾普遍认为保证达到欧盟标准的临界热值是 5860kJ/kg。世界银行曾提出采用焚烧技术处理垃圾的投资决策指导意见是，年平均焚烧垃圾的经济性临界热值 7000kJ/kg 且任何季节不低于 6000kJ/kg。否则热能回收量少就需要高昂垃圾补贴费维持运行，按其测算垃圾热值从 9000kJ/kg 降低到 6000kJ/kg 时，垃圾处理费可能要增加 30%。

焚烧垃圾热值是垃圾焚烧锅炉设计的一项重要指标。一般地，在焚烧厂运行初期的实际焚烧垃圾热值要低于设计热值，以炉膛容积热负荷为指标的炉内温度水平会随着焚烧垃圾热值下降而减低，相应垃圾焚烧锅炉热效率下降。当焚烧垃圾热值为设计热值的 75%±5% 时，会对以炉渣热酌减率为主要衡量指标的垃圾燃烬度有明显影响。焚烧垃圾热值低到 70% 以下将会引起燃烧不稳定以至必须投入资源性燃料辅助燃烧，否则难以实现烟气污染物达标排放。反之，热值高于设计水平，会使炉膛容积热负荷增高，当高到燃烧灰软化温度及以上时会极大增加结渣风险。因此要求在设计点热值在 70%～100% 范围内，以保证稳定燃烧并使炉膛主控温度区域处于正常工况。低到设计点热值 70% 时，可通过添加辅助燃料来达到正常工况。考虑锅炉的适应性，当焚烧垃圾热值大于设计热值的 105% 时，需要降低焚烧垃圾负荷且最低负荷不宜低于额定负荷的 75%～80%。

垃圾热值通常采用氧弹量热计或美热分析仪等实验室测量并通过必要的计算和修正取得。也可采用经验公式的方法计算得出。由于生活垃圾具有复杂性和随机性与采样、制样的局限性，加之采样与垃圾成分分析的偏差，两种方法与实际运行推算的焚烧热值的误差率在 25% 以内即属于正常。也有采用实验室测量，经验公式校核的方法。对垃圾热值在 6000kJ/kg 以下时的分析，较多情况是实验室测量结果偏低，两种结果的差会在 500kJ/kg 以内。一般采用上述方法获得垃圾热值后，需要根据积累的经验进行分析和必要修正，作为确定设计热值的依据。近年又有研究提出神经网络法预测生活垃圾热值的方法。

（1）采用量热计测定（弹筒式量热计、美热分析仪）的垃圾热值确定方法

采用弹筒式量热计测定的热值称为弹筒热值 Q_{DT}，需要按下述公式转换为高位热值 Q_H。其中 Q_H 与 Q_{DT} 的误差一般为 $0.2\% \sim 0.5\%$，最大不超过 1.5%。

$$Q_H = Q_{DT} - (95S + \alpha Q_{DT}) \tag{2-13}$$

式中　Q_{DT}——弹筒热值，kJ/kg；

　　　S——硫元素的含量，$\%$；

　　　α——系数，当 $S \leqslant 4\%$ 时，按下表确定：

$Q_{DT} \leqslant 14MJ/kg$	$14MJ/kg < Q_{DT} \leqslant 16.7MJ/kg$	$16.7MJ/kg < Q_{DT} \leqslant 25.1MJ/kg$	$Q_{DT} > 25.1MJ/kg$
$\alpha = 0$	$\alpha = 0.001$	$\alpha = 0.001$	$\alpha = 0.0016$

按下式将高位热值转换为低位热值：

$$Q_L = Q_H - 206H - 23W \tag{2-14}$$

式中　H、W——垃圾氢元素、水分的分析数值。

（2）经验公式分析方法

采用经验公式分析垃圾热值的方法可分为按元素分析模型加权计算方法，按工业分析模型和按垃圾物理成分分析模型的方法。后两种分析方法是在特定条件下取得的简易方法，其计算的误差比较大。根据元素分析值计算垃圾热值相对要复杂些，但符合性比较好，当今已经研究取得了不同使用条件的诸多计算模型。其中 Cl 元素成分对热值的影响非常小，予以忽略。经过对我国数百组垃圾特性数据的计算分析，推荐采用下述符合性较好的联合国工业发展组织和门捷列夫的垃圾热值计算模型。

联合国工业发展组织推荐的计算模型：

$$Q_2 = 348C + 939H + 105S + 63N - 108O - 25W \quad kJ/kg \tag{2-15}$$

门捷列夫计算模型：

$$Q_1 = 339C + 1030H + 109O - 109N - 25W \quad kJ/kg \tag{2-16}$$

决定上述公式计算结果准确性的因子是各元素值。很显然，垃圾元素的实验室分析结果的准确性受到采样、制样等过程负面因素的影响很大，解决途径主要在于采样、制样的代表性。

另外，人们自然而然地想到通过垃圾各物理成分对应的热值按其实际比例叠加出综合垃圾热值的方法。实际情况是，按这种此法计算结果的准确率要低于实验室的结果。原因在于生活垃圾中各种物理成分之间是以混合体形态存在，各组分的交互影响改变了单一成分的热力特性。解决途径是需要通过统计分析等经验方法，找出生活垃圾各基本组分的元素成分与其物理成分相对准确的预测关系。针对我国目前的生活垃圾状态，按表 2-6 的垃圾物理成分取得的各元素测算值，由上述计算模型得到的垃圾热值，可用于验证热值测定方法的准确性。

由于不同地方抑或同一地方不同季节的垃圾热值的差别很大，为了评价各焚烧厂节能减排等运行管理，参考欧洲将 $12500kJ/kg$ 作为界定资源回收的垃圾热值，可考虑采用 $12500kJ/kg$ 的焚烧垃圾作为标准垃圾。如 2 千克 $6250kJ/kg$ 的生活垃圾折合 1 千克标准垃圾。

2.2.3.3 焚烧飞灰的燃烧性质

关于焚烧飞灰的熔融温度界定和计算方法都是源自煤的研究成果，这是因为对生活焚烧飞灰的众多研究表明，其主要成分与煤粉灰分的具有较高的相似性。由于生活垃圾的混合物特征决定焚烧飞灰熔化只能有一个温度范围，没有严格意义的熔点。

焚烧飞灰的熔化性质可参照《煤灰熔融性的测定方法》GB/T 219 中的灰锥热试验方法确定。也就是先把焚烧飞灰制成底边长 7mm、高 20mm 的等边三角形的三角锥，然后以一定升温速度加热，根据锥体的状态变化，得到衡量焚烧飞灰熔融过程的如下三个特征温度：锥顶尖端开始变圆或开始倾斜时的变形温度 t_1，记为 DT；锥尖弯曲至锥尖接触到托板或锥体变成球形时的软化温度 t_2，记为 ST；灰锥融化展开成高度在 1.5mm 以下薄层时的熔化温度 t_3，记为 FT。以其中的 t_2 作为熔融性能及判断结渣性能的指标，称为灰熔点。

灰熔点测定仪是用于测定煤炭熔融特性的仪器。该仪器以硅碳管为发热元件，并配合可控硅调压器进行温度控制。灰熔点测定仪要符合《煤灰熔融性测定方法》所提出的四点技术要求，即高温恒温带长约 30mm（$\Delta t \leqslant$℃）；能比较准确地控制升温速度（900℃ 以前 20℃/min，900℃ 以后为 5±1℃ min）并在 3h 内加热到 1500℃；可用通气法或封碳法控制炉内气氛为弱还原性，用空气于炉内自由流通的方法控制为氧化性气氛；800℃ 以上，炉内试样即清晰可见。

通常可用灰成分中的钙酸比、硅铝比、铁钙比及硅值来判断其结焦倾向，灰熔点与灰的化学成分、灰周围的介质性质及灰分浓度有关。灰熔点越低，锅炉受热面越容易结焦。灰的化学成分以及各成分含量比例决定灰熔点的高低。灰熔点还与灰周围的介质性质有关，当烟气中存在 CO、H_2 等还原性气体时，灰熔点降低大约 200℃。这是因为还原性气体能使高熔点的 Fe_2O_3 还原成低熔点的 FeO 的缘故，二者熔化温度相差 200～300℃。灰熔点还与烟气中灰的浓度有关。

对垃圾飞灰熔融特性的试验显示其变形、软化、熔融温度点差距不大且分界不明显，三个特征温度均明显低于粉煤灰的温度，尤其是灰熔点发生在 1050℃ 左右，较煤灰低约 200℃。经验表明，当灰熔点 ST 小于 1350℃ 时的炉膛结渣概率较大，这也说明垃圾焚烧过程的结渣几率较大的原因。对焚烧飞灰的变形及熔化特性，不能以化学成分确定。大致的规律表现为：酸性氧化物使焚烧飞灰的灰熔点升高，碱性氧化物使其灰熔点降低。在高温下，一些氧化物相互作用（如 SiO_2 和 Al_2O_3 作用）会生成较低熔点的共熔体而使灰熔点降低。熔化的共熔体还有溶解灰中其他高熔点矿物质的性能，从而改变共熔体的成分，使其熔化温度更低。此外，在炉膛内的还原性气体 CO、H_2 等在很高温度下能使熔点较高的 Fe_2O_3 还原成熔点较低的 FeO，使焚烧飞灰的熔点降低。

垃圾灰分减少对垃圾热值的影响程度可按照下式计算。一般可按灰分减少 1%，垃圾热值相应增加 1% 进行初步估算。

$$Q_3 = \frac{100Q_1}{100 - \Delta A} \tag{2-17}$$

式中 Q_1、Q_3——分别为原状垃圾热值与灰分减少后的垃圾热值，kJ/kg；

  ΔA——灰分减少的百分比，%。

焚烧飞灰对锅炉炉膛结渣情况的影响与对高温受热面沾污情况的影响可按表 2-8 的结渣指标 RS 与沾污指标 RF 判断。

焚烧飞灰结渣指标（*RS*）与沾污指标（*RF*）　　　　　　　　　　表 2-8

焚烧飞灰对炉膛结渣情况的判别				
1. 计算	$RS=\dfrac{Fe_2O_3+CaO+MgO+Na_2O+K_2O}{SiO_2+Al_2O_3+TiO_2}\cdot\dfrac{100S}{100-W}$ 式中　S 为湿基硫分；W 为水分；Fe_2O_3 等分别为干基灰分中各成分百分比。			
2. 判别	RS	<0.6	0.6～2.0	2.0～2.6	>2.6
	结渣情况	轻	中等	强	严重
焚烧飞灰对高温受热面沾污情况的判别				
1. 计算	$RF=\dfrac{Fe_2O_3+CaO+MgO+Na_2O+K_2O}{SiO_2+Al_2O_3+TiO_2}\cdot Na_2O$ 式中　Fe_2O_3 等分别为干基灰分中各成分百分比。			
2. 判别	RF	<0.2	0.2～0.5	0.5～1.0	>1.0
	沾污情况	轻	中等	强	严重

2.2.4　生活垃圾采样分析的检测误差与应对措施

生活垃圾是不同类型、不同大小物质随机组合的混合体，只是在进行垃圾分析时按不同类别划分。在垃圾采样、分析检测过程，常常发生垃圾特性的检测数据与实际情况有较大误差，且当误差过大时，会导致垃圾焚烧锅炉的试运期延长，甚至可能造成焚烧厂建设决策的偏差。所谓检测误差是指检测结果的测得值与被测对象的真实值之间的差。这是任何检测过程中都存在的。造成检测误差的因素可归结为人为因素、采样因素、设备因素、测量因素与环境因素。根据误差产生的原因及性质，误差分析理论分为系统误差与随机误差（也称偶然误差）两类。

系统误差是由于检测仪器的磨耗误差、读数误差以及使用前未经校正或校正偏差等原因产生的误差；或是由于实验本身所依据的理论、公式的近似性或者对散热、电表内阻等实验条件、测量方法考虑不周造成的误差；或是由于如反应速度、分辨能力、固有习惯等检测者的生理特点造成的测量误差。系统误差的特点是测量结果向一个方向偏离，其数值按一定规律变化。需要根据具体的实验条件，系统误差的特点，找出产生的原因，采取相应措施来降低它的影响。

随机误差是指在相同条件下，对同一物理量进行多次等精度检测时，仍会有各种偶然的，无法预测因素干扰，且不能用修正或采取某种技术措施的办法来消除而出现测量值时而偏大，时而偏小的误差。在随机误差中，最重要的是样本的采样误差；还有重复检测多次的结果难免会有波动的实验误差等。产生随机误差的因素十分复杂，例如仪器设计或摆置不准确的余弦误差、阿贝误差，检测探头的插入深度与角度不同，读数时的视线位置不正确，实验仪器因环境温度、气压、湿度变化，空气扰动，振动，电压不稳定，零部件的摩擦、间隙等因素的影响而产生变化，以及它们的综合影响等。这些随机因素具体影响的大小难以确定，致使随机误差难以找出原因加以排除。实验表明，虽然单次测量的随机误差没有规律，但大量测量所得到的一系列数据的偶然误差都服从以下的统计规律：

（1）大小性—绝对值相等的正误差与负误差出现概率相同。

（2）对称性—绝对值小的误差比绝对值大的误差出现的机会多。

（3）有界性—误差不会超出一定的范围。

（4）抵偿性——在一定测量条件下，测量值误差的算术平均值随着测量次数的增加而趋于零。

我国生活垃圾中易发生生化反应的高含水率厨余类有机垃圾是困扰采样分析的主要负面影响因素，表现在很难将样品两种以上粘混纠缠在一起的物质分离，例如塑料袋上沾有灰土及油污，纸类粘上的污渍与灰分、玻璃瓶上贴纸等。还表现在各类单一成分的热值叠加不能反映综合垃圾热值大小；生化过程产生的恶臭严重影响实验周边环境及操作人员的工作情绪等方面。我国生活垃圾的这种特有的随机、混合、恶臭特征也是元素分析和垃圾热值测不准的因素。另外，检测全过程的系统误差和随机误差也是不可忽视的因素，如采样的方法、地点、时间、气候及采用工具等垃圾采样过程的影响；混合搅拌、破碎缩分等合成样制备及保存过程的影响；溶剂、试剂、玻璃器皿、检测设备的状态与精确度等的影响；其他偶然因素、人为因素的影响。

降低垃圾理化成分与垃圾热值误差率的基本做法是规范垃圾采样、样品制备、检测分析的方法与程序并注意与实际焚烧过程的运行数据对比分析，积累经验。其中生活垃圾物理成分、垃圾热值、含水率、可燃分、灰分及相关生活垃圾化学分析项目的采样、检测、分析按《生活垃圾采样和物理分析方法》CJ/T 313 的规定进行。垃圾元素分析测定按现行的《生活垃圾化学特性通用检测方法》CJ/T 96，也可参照煤的元素分析方法进行。垃圾热值检测计算也可参照《煤的发热量测定方法》GB/T 213，根据量热计的测定量程确定样品重量，样品重量精确至 0.0001g，每个样品重复测定 2～3 次。

根据误差分析理论，造成分析误差的重要因素在于采样。为减少采样样品与垃圾实际情况的差异，针对采样地点、时间、气候条件的误差，需要注意采样点选择应有代表性，覆盖面尽可能宽一些；按不同季节多次进行，最好做到按月采样检测，数据积累；在不良天气、民俗节庆及举办大型活动期间会造成垃圾质量异常状况，应避免进行采样。针对样品制备的误差因素，应按采样标准要求进行。针对检测用溶剂、试剂、玻璃器皿及其他仪器的误差因素，需要注意检测设备的质量与精度（如研磨设备）、试剂纯度、仪器洁净度等要符合规范规定与检测要求，证明其无干扰，必要时需在全玻璃系统内进行试剂及溶剂的纯化。

利用热量仪检测的垃圾热值是确定垃圾焚烧锅炉设计热值的基础性特定条件，需要针对垃圾中的水分、灰分及其他成分的百分比所具有的随机性，规定检测值的容许误差。

三成分检测的容许误差，按每一个测试的样品同时测定三组，并且加上一个空白试验。若任两组的测试值皆在表 2-9 的容许误差外，则实验必须重做。若三组数据皆在容许误差内，则取三组报告的平均值为该样品的灰分分析。若两组数据在容许误差内，则由这两组数据的平均值为报告值。

灰分检测两次分析容许误差　　　　　　　　　　　　　　表 2-9

水分分析范围（%）	<10.0	10.0～20.0	>20.0
容许误差（%）	0.340	0.40	0.50

垃圾热值检测及碳、氢、氮、硫、氯元素分析的容许误差，每一样品皆需要进行重复检测或分析，若其相对误差值超过 15%，则该批次的分析数据不予以采用并重新分析。

在垃圾焚烧锅炉设计过程采取以应对包括检测误差在内的垃圾特性的宽范围变化，达到常态化安全、可靠、环保运行为原则，以炉膛容积热负荷为控制准绳，在垃圾特性检测结果的基础上确定其设计热值。对层燃型垃圾焚烧锅炉可通过垃圾焚烧图来表示，如图 2-5 界定了正常焚烧垃圾的范围（$ABCDEFGA$ 围成的区域），垃圾焚烧量与焚烧垃圾热值的关系，以及满足环保要求所需添加辅助燃料的范围（$BCDHB$ 围成的区域）。下面结合图 2-5 加以说明。

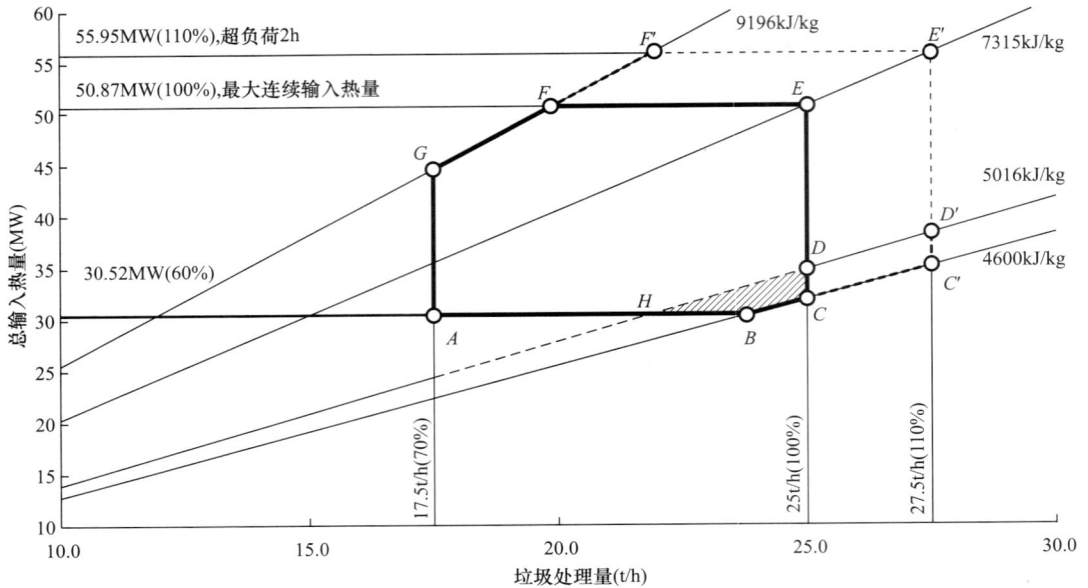

图 2-5　垃圾焚烧图（示例）

（1）E 点表示焚烧炉额定工况下的工作点，显示出设计点垃圾热值与 100% 负荷量的乘积就是最大连续输入热量。从线段 E 点到 F 点表示焚烧垃圾热值超过设计点热值，相应垃圾处理量逐渐减少，使总输入热量恒定不变。E 点也是确定炉膛容积热负荷、炉膛容积，以及风机、烟气净化设施、受电设备等容量的上限。

（2）D 点表示垃圾焚烧锅炉在 100% 垃圾处理量条件下正常工作的下限。炉排机械负荷与炉排面积，以及蒸汽空气加热器、辅助燃烧设备容量是按此点参数确定的。

（3）A 点表示焚烧炉正常工作的最低垃圾处理量和最低垃圾发热量，一般为额定焚烧垃圾负荷的 70%。

（4）线段 AG 与 DE 表示垃圾焚烧锅炉的正常负荷范围在 70%～100%，线段 $D'E'$ 为允许每日 2 次、每次 2 小时可在 110% 负荷下运行。

（5）线段 DE 还表示垃圾焚烧锅炉在 100% 负荷条件下的允许热值变动范围的正常工作区间。在此范围内，总输入热量将随着垃圾热值的变化而变化，但均可达到垃圾热灼减率与不添加辅助燃料时达到炉膛主控温度的要求。线段 CD 则表示当焚烧垃圾热值再低时，需要添加辅助燃料。设计点热值根据实际焚烧垃圾热值变化情况，可按检测与分析当前焚烧垃圾热值的 1.18～1.33 倍确定。

（6）从线段 FG 的 F 点到 G 点，表示垃圾处理量逐渐减少，总垃圾热值降低，偏离额定炉膛热负荷。

（7）折线 AHD 表示维持焚烧炉稳定燃烧，保证规定的炉渣热灼减量的下限。AHD

线以下，炉渣热灼减率不能保证，尽管沿线段 HD 总输入热量逐渐增加。如设计点 H 工况下不能保证垃圾热灼见率的要求，则需要根据焚烧垃圾热值适当将 H 点沿 HD 线段向上移动到 H'（图中未表示出）。此时 $AHH'A$ 区域也属于需要添加辅助燃料区。

2.3 生活垃圾在垃圾池内储存过程的堆酵与水分沥出

我国对垃圾池的容积规定按 $5\sim7$ 天的垃圾量设计，并规定了垃圾池容积的计算方法，如计算高度为自垃圾池底到垃圾卸料平台的高度。此项规定的初衷，一是避免焚烧垃圾量供应不足导致焚烧炉意外"断粮"停运、增加锅炉疲劳失效风险以及需要特殊控制环境污染等方面的安全、环保问题。二是针对我国需要减少焚烧垃圾含水率，改善焚烧条件、提高锅炉的热利用效率和焚烧过程初级减排效果。采取的措施主要有，用垃圾抓斗起重机对垃圾池内的垃圾进行分区倒垛，均匀混合，堆酵控水；抽取垃圾池内的气体作为一次焚烧空气并使垃圾池内处于负压状态，并按垃圾池卸料门全关时的负压在 75 ± 25Pa 控制为宜。

2.3.1 生活垃圾在垃圾池内堆酵分析

从对生活垃圾堆肥工程的基础性研究可知，每立方米的生活垃圾中含有包括细菌、真菌、放线菌等在内的微生物 $10^4\sim10^6$ 个，主要分布在有机垃圾中。在垃圾堆体有氧、缺氧或无氧不同条件下，会由不同的微生物生命活动来制备菌体本身，再通过微生物的转化及借助微小有机体，完成有机垃圾转化为腐殖质的酵解过程。此外，还包括直接代谢产物或次级代谢产物的分解过程。

根据微生物生长培养特点分为自然酵解与工业酵解。自然酵解是利用自然环境中的微生物进行生化反应的过程，工业酵解是指通过微生物或动植物细胞的生长培养和化学变化，大量产生和积累专门代谢产物的生化反应过程。根据酵解条件的微生物酵解过程分为厌氧酵解和好氧酵解。

厌氧酵解是在减少或隔绝垃圾中的有机质与空气接触，建立缺氧或无氧环境，利用厌氧菌分解有机质的深层酵解过程。按厌氧分解的水解酸化、产氢产乙酸、产甲烷的三阶段理论，在水解酸化阶段，水解与酵解细菌利用胞外酶对有机物进行体外酶解，使固体物质变成可溶于水的物质，然后细菌再吸收可溶于水的物质并将其发酵分解（简称酵解）成不同产物。在产氢产乙酸阶段，产氢产乙酸细菌把前一阶段产生的一些中间产物丙酸、丁酸、乳酸、长链脂肪酸、醇类等进一步分解成乙酸和氢。在产甲烷（CH_4）阶段，甲烷菌利用氢、二氧化碳、乙酸以及甲醇、甲酸、甲胺等 C_1 类化合物为基质，将其转化成 CH_4。

一般认为，CH_4 的形成主要来自 H_2 还原 CO_2 和乙酸的分解。根据对主要中间产物转化成 CH_4 过程的研究，以 COD 计，约 72% 的 CH_4 来自厌氧酵解中最重要的中间产物——乙酸盐，13% 由丙酸盐生成，15% 来自其他中间产物。厌氧酵解的最终产物分为沼气、沼液和沼渣。沼气是由 CH_4、CO_2 及其他成分组成的可燃气体。以含 CH_4 60%，CO_2 40% 的沼气作为标准沼气，热值在 $23\sim27$MJ/m^3，爆炸下限视所含其他成分计算确定，一般在 5% 左右。厌氧分解产物含有许多喜热细菌并会对环境造成严重污染。

垃圾好氧酵解是在有氧和含水率 $30\%\sim80\%$，最佳在 $45\%\sim50\%$ 条件下，利用好氧菌分解有机质的过程，包含氧化还原和生物合成。氧化还原并排入环境的产物为二氧化碳、水蒸气、氨、硝酸盐、硫酸盐、氧化物等，产生的热量提供生物合成用或被释放。影响好氧性酵解的主要因素是温度、含水率、有机质含量、磷与钾含量等。

生活垃圾在垃圾池内储存过程中的含水率多在 45%～65%，pH 值在 5.5～7.5，若此时的环境温度在 20℃ 左右时，将是垃圾中适宜菌群进行生物化学反应（简称生化反应）的活跃条件。在这种环境下，堆体内符合生存条件的中温菌群活跃起来，发生反应，使垃圾降解并释放热量。垃圾堆体温度随着释放热量增加持续升高，当升高到大于 45℃ 时，不适合生存条件的中温菌被抑制或死亡，适宜温度为 45～65℃ 的高温菌活跃起来。之后高温菌活跃期随着时间继续延续而减弱，堆体温度下降到 30℃ 左右。当环境温度低于 10℃ 时，大部分微生物处于抑制状态，这也是垃圾恶臭比较小的原因。好氧条件下酵解过程的总体环境呈弱酸性，有利于微生物的活动与酵解反应的进行。对生活垃圾堆酵过程的生化反应研究显示，垃圾堆放 2～3 天是生化反应最为活跃的时间，也是垃圾成分发生较大变化的时间。

垃圾在垃圾池内堆放一段时间有利于垃圾渗沥液沥出，提高垃圾热值。期间发生的生化反应过程并不是垃圾焚烧所需要。研究这种自然酵解的工程目的就是要通过分析垃圾堆放过程的物化转变关系与转化条件，解决消除安全隐患，提高垃圾热值，减少热能损失等问题。尤其是在厌氧环境下的垃圾堆放过程中会产生沼气，可能带来爆炸、火灾重大事故，故而在垃圾池内必须采取避免垃圾堆体自发形成厌氧环境的安全、环保措施，而不是强制去创造这种环境。而在好氧环境下的垃圾堆放过程，其生化反应的产物对促进燃烧过程没有明显作用，主要是垃圾渗沥液沥出而提高焚烧垃圾热值，最重要的是不会产生沼气也就不存在这种爆炸、火灾隐患。

2.3.2　生活垃圾堆体的水分沥出

所谓生活垃圾堆体的水分是指外在水分和内在水分组成的游离水，不含结合水。外在水分是垃圾各组分表面存留的水分，容易在常温下的干燥空气中蒸发，直到堆体表面的水蒸气压与空气的湿度平衡时。内在水分是垃圾各组分内部毛细孔中的水分，需在 100℃ 以上的温度经过一定时间才能蒸发。目前的生活垃圾采样和物理分析方法规定的垃圾含水率应是游离水。

对我国不同城市生活垃圾含水率的抽样统计概率在 45%～65%（不考虑天气等外部因素影响），其最主要贡献者是含水率可高达 70%～80% 的厨余垃圾，几乎是欧洲国家食品、果蔬垃圾含水率的一倍。这样高的含水率是影响垃圾热值、燃烧稳定性以及烟气含水率的重要因素之一。特别是按 1kg 水在常压下从 20℃ 升到 105℃ 蒸发时的理论计算热量 357kJ 可知，在垃圾焚烧的干燥气化过程需要吸收大量热能。这也是在我国垃圾热值较低时期，重点探讨垃圾在堆酵过程渗沥液析出的缘由。其中张衍国、龚伯勋等的研究提出堆酵过程中渗沥液的析出分为垃圾外在水的析出和酵解反应产生的液态物质析出两个阶段。何品晶等的研究提出负载压力可以增强生活垃圾堆酵过程的水分去除，压力对水分去除的影响呈现非线性特征，超过最优值（推荐值 8～12kPa），水分去除率反而降低。这是因为压力增加，机械挤压作用增强，使得生活垃圾颗粒结构破坏率上升，颗粒体内水分转化为自由水分，沥滤去除量趋于增加；但压力增加同样也会使堆体压实度增加，孔隙率减小，增加水分的流出阻力。

诸多生活垃圾的堆酵实验研究显示，生活垃圾堆酵过程的水分去除主要集中在前 36~48h；在生活垃圾堆酵开始后 48h，垃圾沥出的渗沥液占可沥出水分的 90％；72h 达到动态平衡，水分不再沥出。当原生垃圾含水率在 60％时，脱水率可达到 10％~12％，堆酵过程的垃圾极限含水率约 44％。

堆酵过程中适当翻动垃圾池内的垃圾可提供垃圾好氧酵解条件，有助于强化好氧酵解反应。堆酵中一些大分子有机物质分解成小分子物质，为垃圾焚烧提供了一个前反应。气体的逸出所引起的可燃质的流失有限，对垃圾热值的影响相对水分迁移而言可忽略不计。故而垃圾在堆放过程中渗沥液的析出是垃圾热值发生变化的主要原因，表现为堆酵后的焚烧垃圾热值提高，且随着厨余含量降低，热值提高比例降低。例如深圳某厂的垃圾堆酵与低位热值实验显示，原生垃圾热值 4026kJ/kg 时，堆酵 24h、48h、72h 后检测的垃圾热值分别达到 5118kJ/kg、4898kJ/kg、4699kJ/kg。一般地，垃圾含水率的变化可按下式估算：

$$Q_2 = \frac{(Q_1 + 6W_1)(100 - W_2)}{100 - W_1} - 6W_2 \tag{2-18}$$

式中 Q_1、W_1 与 Q_2、W_2——分别是变化前与变化后的垃圾热值与含水率。

一些从动力学角度对垃圾干燥的研究显示，含水率>50％的生活垃圾在焚烧的干燥过程脱除垃圾内部水分所需的能量较低，可在较低温度下进行干化。张衍国等在马弗炉内干燥试验得出在同一干燥温度下，随着物料块厚度的增加，其干燥时间呈现出指数增加趋势。垃圾干燥所消耗的能量远大于垃圾水分减少增加的热能，除非特殊需要，一般是不可采取的。

2.3.3 渗沥液回喷入焚烧炉对燃烧温度的影响

生活垃圾堆体沥出的水分成分复杂，有恶臭，水质与产生量不稳定等有别于一般污水特点的污染物，被称为渗沥液。基于对渗沥液的污染物性质和其特点，必须要进行高成本处理。将渗沥液喷入垃圾焚烧锅炉，对垃圾在炉膛内的焚烧工况会产生影响。其影响程度可在设定垃圾处理量、焚烧垃圾热值、渗沥液喷入量、炉膛烟气成分、炉膛负压等边界条件下，按如下热量平衡模型进行估算：

$$(c\theta) = \frac{Q_y(c_p\theta)_y - D(h'' - h')}{(Q_y + D)} \tag{2-19}$$

式中 Q_y、c_{py}、θ_y——分别是喷入渗沥液前的炉膛出口烟气量与其定压比热、温度；

　　　　D——喷入渗沥液量，c、θ 为喷入渗沥液后的炉膛出口烟气定压比热、温度；

　　　　$h'' - h'$——按 1kg 水计的汽化潜热，一般估算可取 2510kJ/kg。

按焚烧垃圾热值 4600kJ/kg，喷入炉膛的渗沥液量为焚烧垃圾量 8％等条件的估算显示，喷入渗沥液 1％，炉膛温度降低 3.8℃，当渗沥液喷入量增加到 10％时，每喷入渗沥液 1％，炉膛温度降低 3.85℃。因此，在焚烧垃圾较低的情况下不宜向垃圾焚烧锅炉内喷入渗沥液。

2.4 关于生活垃圾渗沥液产生的沼气爆炸问题

2.4.1 生活垃圾焚烧厂沼气产生的分析

生活垃圾焚烧厂的沼气是垃圾、污泥、渗沥液等有机物质在厌氧环境中，通过多种微生物的分解作用，发生复杂生物化学反应的结果。根据各类沼气细菌的作用将其分为两大类，一类叫作分解菌，是将复杂的有机物分解成简单的有机物和 CO_2 等。另一类叫作甲烷菌，是把简单的有机物及 CO_2 氧化还原成 CH_4。此厌氧机理明确了沼气生成的基本原因，也即厌氧状态是产生沼气的基本条件。

沼气的主要成分是：CH_4 占 $50\%\sim80\%$、CO_2 占 $20\%\sim40\%$、N_2 占 $0\sim5\%$、H_2S 占 $0.1\%\sim3\%$，H_2 与 O_2 则分别小于 1%、0.4%。因沼气的组成是以 CH_4 为主，通常按 CH_4 进行量化分析。影响沼气产生的因素主要有水分、温度、湿度、酸碱度等。

目前我国的干基生活垃圾物理成分中的有机物占到一半左右，具有沼气生成的条件。而储存于焚烧厂垃圾池内的垃圾是分区域堆方的，按垃圾池储存 7 天垃圾量计，每个区域的垃圾堆存时间在 $2\sim3$ 天，期间还需要进行倒垛操作。因此垃圾池内的垃圾总体上是处在好氧环境中，破坏了产生沼气的条件。当然，进行垃圾池内甲烷浓度监测是必要的安全措施，这是因为不排除垃圾池底部有抓取不到的少量垃圾处于厌氧状态的现象，尽管工程上对这种情况下可能产生的沼气量通常是可以忽略的。

针对这种安全隐患还要按照安全无死角的思维，仍要进一步采取消除垃圾堆体内形成厌氧条件的安全措施。实际运行也证实，在生活垃圾堆放过程中，针对形成厌氧环境的条件采取必要的措施，也就是避免沼气产生的过程。实际运行中主要控制措施包括：

（1）在生活垃圾焚烧厂的运行过程中，要求垃圾抓斗起重机每日有约三分之一时间专门用于进行垃圾翻堆、倒垛工作。

（2）将垃圾池内的气体作为燃烧空气被连续抽取到垃圾焚烧锅炉内，保持垃圾池内的空气处于流动状态。

（3）在一台焚烧炉停运期间，开启用于垃圾池的除臭风机，在达到除臭目的的同时，保持池内气体处于负压状态。

研究表明，垃圾堆放过程析出的渗沥液是一种成分复杂的高浓度有机废水，有生成沼气的因素。垃圾渗沥液收集池及其输送沟道内处于近似封闭状态，如长时间不采取通风措施，就会增加该区域的厌氧气氛并具有生成沼气的条件。在此状态下，尽管池内沼气产生量小，但会发生沼气中的甲烷累积效应而存在达到甲烷爆炸下限的概率。实际运行经验也证实，渗沥液收集池及其输送沟道内产生沼气的风险是很大的。因此，必须按可发生爆炸的特征，在建设和运行管理过程中，加强对渗沥液收集系统防止沼气聚集的措施。

沼气产生量的测算方法有多种，在此按忽略因合成细菌减少甲烷量（$1.42QX$）的氧法估算公式：

$$V_{沼气}=\frac{V_{CH_4}}{n}=\frac{0.35(QS_r-1.42QX)}{n}\approx\frac{0.35QS_r}{n} \tag{2-20}$$

式中　Q、V_{CH_4}——分别为进料量与甲烷产量，m^3/d；

　　　S_r——去除的 COD（kg/m^3），$S_r=S_{进水}-S_{出水}$；

　　　X——反应器内 VSS 浓度，m^3/d；

　　　n——甲烷的容积比，$\%$。

2.4.2　沼气（以甲烷计）爆炸的分析

从能量释放角度看，爆炸是瞬时的剧烈燃烧反应。以甲烷计的反应机理为：CH_4+

$2O_2 \longrightarrow CO_2 + 2H_2O + Q$。化学反应过程的能量变化如图 2-6 所示，处于初始状态的反应物 $CH_4 + 2O_2$ 经混合、吸收一定能量 E_1，即反应需要的最小能量（称为活化能，详见 3.2.1 节）而达到活化态，进而通过拐点迅速达到正向反应过程终止状态的生成物 $CO_2 + 2H_2O$ 并且产生能量 E_2。E_2 在抵消 E_1 后释放出能量 Q，也就是 $E_2 = Q + E_1$。

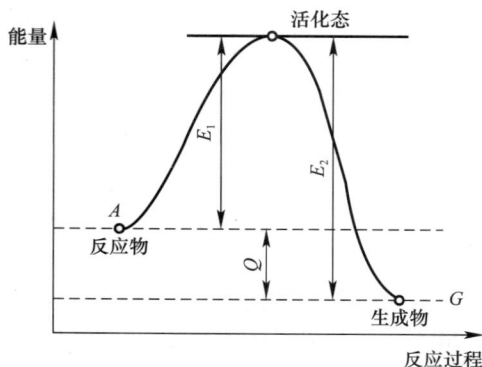

图 2-6 化学反应过程的能量变化示意图

根据燃烧和爆炸极限理论，任何可燃气体与空气的混合物并非在任何组成下都会发生爆炸，爆炸速率也受其组成制约。混合的反应物中，当可燃物浓度接近化学反应式的化学计量比时爆炸最强烈（燃烧最快）；浓度减小或增大，爆炸速率均会降低（燃烧蔓延速率降低）。浓度低于或高于某一极限值时，爆炸则不会发生（火焰不再蔓延）。可燃气体发生爆炸（使火焰蔓延）的最低浓度称为下限爆炸浓度，简称爆炸下限；发生爆炸的最高浓度为上限爆炸浓度，简称爆炸上限；合称爆炸极限。爆炸极限一般用可燃气体占混合气体的体积百分数表示，也可用单位体积可燃气体的质量（kg/m^3）表示。从爆炸极限分析，当可燃气体浓度低于爆炸下限浓度时，表明含有过量空气，此时在空气冷却作用下，活化中心的消失数大于产生数，从而阻止了爆炸的发生。当可燃气体浓度高于爆炸上限浓度时，表明空气不足，不能产生足够的活化中心，也不能发生爆炸。但此时不能认为超过爆炸上限就是安全的，因为若补充空气，降低可燃气体浓度，仍会发生爆炸。

爆炸极限理论认为在空气中的 N_2 占 78%，O_2 占 21% 条件下，甲烷与氧气的体积比为 1∶2 时，爆炸最强烈，此时甲烷在空气中所占的体积分数为 9.5%。爆炸下限浓度 $L_{下}$（体积百分数）与燃烧热 Q（摩尔燃烧热）近似成正比，即 $L_{下} \times Q =$ 常数，表明可燃气体燃烧热越大，其爆炸下限越低，见表 2-10。

一些物质的爆炸极限与燃烧热　　　　　　　　　　表 2-10

指标	单位	CH_4	H_2S	CO	NH_4	H_2
爆炸极限 $L_{下} \sim L_{上}$	%	5~15	4.3~45	12.5~74	15~30.2	4~75
燃烧热 Q	kJ/mol	799.1	510.4	280.3	318	238.5

2.4.3　可燃气体爆炸极限的计算

2.4.3.1　链烷烃及其他有机可燃气体在空气中的爆炸极限

化学理论体积分数近似计算爆炸气体完全燃烧时的化学理论体积分数，可用来确定链烷烃类爆炸下限的理论，是确定链烷烃及其他有机可燃气体在空气中（氧含量 20.9% 计）爆炸下限的理论基础。爆炸下限按下式计算：

$$L_{下} = 0.55 \times \frac{1}{1 + \frac{n_0}{0.209}} \times 100 = \frac{0.55 \times 20.9}{0.209 + n_0} = \frac{11.495}{0.209 + n_0} \tag{2-21}$$

式中　n_0——1 分子可燃气体完全燃烧时所需氧分子数。

以甲烷为例，从甲烷的化学反应式 $CH_4 + 2O_2 = CO_2 + 2H_2O$ 知，$n_0 = 2$。代入上式，则 $L_下 = 5.2$，即甲烷爆炸下限为 5.2%，与实验值 5% 的偏差 $(5.2-5)/5 = 0.04$。该式不适用于氢、乙炔，以及含有氮、氯、硫等的有机气体。

常压下 $25℃$ 链烷烃在空气中的爆炸上限 $L_上$ 可按下式计算：

$$L_上 = 7.1 \times L_下^{0.56} \tag{2-22}$$

在 $0.1 \sim 1.0MPa$ 下的甲烷在空气中的爆炸上限可按如下试验结果计算：

$$L_上 = 56.0 \times (p - 0.9)^{0.040} \tag{2-23}$$

2.4.3.2　根据闪点计算可燃液体的爆炸下限

闪点指可燃液体表面形成的蒸汽与空气的混合物引起瞬时燃烧的最低温度，爆炸下限是指该混合物能引起燃烧的最低浓度。易燃液体的爆炸下限可应用闪点下该液体的蒸汽压按下式计算：

$$L_下 = \frac{闪点下易燃液体的蒸汽压}{混合气体总压降} \times 100 = \frac{p_闪}{p_总} \times 100 \tag{2-24}$$

2.4.3.3　多组分可燃性气体混合物的爆炸极限

多组分可燃性气体混合物的爆炸极限按下式计算。其适用条件为各组分间不反应、燃烧时无催化作用的可燃气体。

$$L_m = \frac{100}{\sum_{i=1}^{n} \dfrac{V_i}{L_i}} \tag{2-25}$$

式中　L_m——混合气体爆炸极限，$\%$；

　　　L_i——混合气体中 i 组分爆炸极限，$\%$；

　　　V_i——混合气体中 i 组分的体积百分比，$\%$。

例：某天然气各组分及其爆炸下限为：甲烷 $V = 80\%$、$L_下 = 5\%$；乙烷 $V = 15\%$、$L_下 = 3.22\%$；丙烷 $V = 4\%$、$L_下 = 2.37\%$；丁烷 $V = 1\%$、$L_下 = 1.86\%$。则天然气混合可燃气体的爆炸极限为：

$$L_m = \frac{100}{\dfrac{80}{5} + \dfrac{15}{3.22} + \dfrac{4}{2.37} + \dfrac{1}{1.86}} = 4.369$$

2.4.3.4　混有惰性气体的多组分可燃气体混合物的爆炸极限

混有惰性气体的多组分可燃气体混合物的爆炸极限 (L_f)，可按下式估算：

$$L_f = L_m \times \frac{\left(1 + \dfrac{B}{1-B}\right) \times 100}{100 + L_f \times \dfrac{B}{1-B}} \tag{2-26}$$

式中　L_f——混合物的爆炸极限，$\%$；

　　　B——惰性气体含量，$\%$。

因不同惰性气体的阻燃阻爆能力不同，上式计算结果不够准确，但仍具有一定参考价值。

例：沼气成分中的甲烷 $V = 58\%$、$L_{f1} = 5\%$；H_2 的 $V = 0.2\%$、$L_{f2} = 4\%$；H_2S 的 $V = 1.2\%$、$L_{f3} = 4.3\%$；CO_2 的 $V = 36.8\%$、N_2 的 $V = 3.4\%$、O_2 的 $V = 0.4\%$；

则：多组分可燃性气体混合物的爆炸极限：

$$L_m = \frac{100}{\dfrac{58}{5} + \dfrac{0.2}{4} + \dfrac{1.2}{4.3}} = 8.3829$$

惰性气体含量：$B=36.8\%+3.4\%=40.2\%$

有：估算混有惰性气体的多组分可燃气体的混合物爆炸极限：

$$L_f = L_m \times \frac{\left(1+\dfrac{B}{1-B}\right)\times 100}{100+L_f\times\dfrac{B}{1-B}} = 8.3829 \times \frac{\left(1+\dfrac{0.4020}{1-0.4020}\right)\times 100}{100+8.3829\times\dfrac{0.4020}{1-0.4020}} = 5.3$$

即：该组成成分的沼气爆炸下限为 5.3%。

2.4.4　影响可燃气体爆炸极限的因素

根据爆炸极限理论，爆炸极限是在一定条件测得的值，但不是一个固定值。影响爆炸极限的因素除燃烧理论的三要素即可燃烧物（甲烷），助燃物（空气）与点火源外，主要影响因素还有初始温度、初始压力、惰性介质或杂质、容器的尺寸与材质等。

2.4.4.1　初始温度

温度升高，爆炸性混合物的危险性增大。这是因为爆炸性混合物的初始温度越高，其分子内能增加越大，致使燃烧反应更容易进行，爆炸极限范围越宽。如煤气初始温度分别为 20℃、100℃、200℃ 时，爆炸极限分别为 6.00%～13.4%、5.45%～13.5%、5.05%～13.8%。

2.4.4.2　初始压力

一般爆炸极限范围随爆炸性混合物的初始压力的增加而扩大（已知可燃气体中唯一例外的是 CO）。这是因为压力增加，分子间的距离减小，碰撞概率增加，使燃烧反应更容易进行，爆炸极限范围扩大。初始压力对甲烷爆炸极限的影响见表 2-11。

初始压力对甲烷爆炸极限的影响　　　　　　　　　　　　表 2-11

初始压力（MPa）	0.1013	1.013	5.065	12.66
爆炸下限（%）	5.6	5.9	5.4	5.7
爆炸上限（%）	14.3	17.2	29.4	45.7

研究还表明，当压力降低到某个值时，爆炸上、下限会重合，称之为临界压力。低于临界压力爆炸不会发生，这也解释了密闭容器减压操作有利于安全的原因。

2.4.4.3　惰性介质或杂质

一般地，爆炸混合物中的惰性物质含量增加，爆炸极限范围缩小，直至不会发生爆炸；而且对爆炸上限的影响比对爆炸下限的影响更明显，这是因为爆炸上限浓度下的氧含量已经很小，故惰性物质稍有增加，就会使爆炸上限强烈下降。惰性物质种类不同，对爆炸极限的影响也不同，如对甲烷来说，氮气、水蒸气、二氧化碳、四氯化碳对其爆炸的影响依次增加。水对爆炸性气体的反应有很大影响。如干燥的氢氧混合物，1000℃ 时也不会爆炸，痕量的水也会急剧加速臭氧等物质的分解。

2.4.4.4　容器的尺寸和材质

试验表明，对同一种可燃物质，管径越小，火焰蔓延速度越小；当管径小到一定程度，火焰不能通过而被熄灭。这是因为燃烧是自由基进行一系列连锁反应的结果，随着管径减小，自由基与器壁碰撞概率增加而阻碍新自由基的产生，当管道小到一定程度时，自由基消失数大于生成数，燃烧便不能继续进行了。

容器材质对爆炸极限有明显影响。如氢和氟在玻璃器皿中混合，即使在液态空气温度下，置于黑暗中也会发生爆炸。但在银质器皿中，在一般温度下才会发生爆炸。

2.4.4.5　火源、能量与光。 火源与可燃混合物的接触时间及火花能量对爆炸极限有影响。如甲烷在电压 100V、电流强度 1A 的电火花作用下，无论浓度如何都不会引起爆炸；当电流强度增至 2A 时，爆炸极限为 5.9%～13.6%，增至 3A 时为 5.85%～14.8%。对一定浓度的爆炸性混合物，总有一个引起其爆炸的最低能量，但浓度不同，引爆的最低能量不同。如甲烷浓度 8.5% 时的最小引爆能量为 280kJ/mol，氨浓度 21.8% 时的最小引爆能量为 770kJ/mol。光对爆炸也有影响。如甲烷与氯的混合物在黑暗中，长时间内没有反应，但在光照下会发生强烈反应，当混合物的比例适当时则会发生爆炸。从垃圾渗沥液通道与收集池内引发沼气爆炸事故的主要因素除沼气浓度外，还有点火源。可能的点火源有人为带入明火，电线漏电产生电火花，摩擦产生机械火花、静电火花以及足够高的温度等。

2.5　陈腐垃圾焚烧问题

陈腐垃圾通常是指生活垃圾含水率大于 45%，填埋龄期 5 年以上，经过生物降解趋于稳定化的填埋垃圾。陈世和等对陈腐垃圾的研究认为，总体上看，填埋龄期 5 年以上的陈腐垃圾已经不再具有原生垃圾的特征。垃圾经 8～10 年的降解后，基本上达到了稳定化状态。陈腐垃圾具有显著的随机和非随机不均匀性特点。

填埋场的生活垃圾稳定化的基本原理是微生物的分解作用。微生物按其呼吸作用的需求分为好氧菌、兼氧菌与厌氧菌。蒋建国教授提出，在微生物呼吸作用与细胞内酶素作用的活动过程中，将垃圾中氢的供给物质移去氢；移去的氢在好氧呼吸作用中与分子氧结合成水，在厌氧呼吸作用中与 CO_3^{2-}、NO_3^-、SO_4^{2-} 或有机化合物结合成最终产物 CH_4、NH_3、H_2S 或被还原的有机化合物。作为微生物代谢作用的基本元素可分为主要元素、次要元素与生长元素等，均可来自填埋垃圾。其中主要元素有碳、氢、氧、氮和磷，次要元素主要有铁、锰、钴、铜、硼、锌、钼和铝等，生长元素即控制细胞合成的微量物质，包括维生素、基本氨基酸及其前驱物质等。

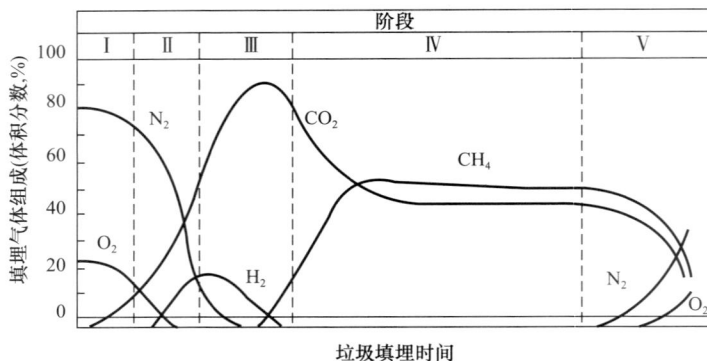

I—适应阶段；II—过渡阶段；III—酸化阶段；IV—甲烷酵解阶段；V—稳定化阶段

图 2-7　典型填埋气体组分变化规律

填埋垃圾的降解和生物化学反应要持续很多年，产生的气体性质和数量也会发生很大变化。图 2-7 反映出典型填埋气体组分的基本变化规律。随着垃圾特性的不同与填埋方式的不同，各填埋阶段产生的气体的量和性质会有变化，表 2-12 是某填埋场的填埋气体组成在不同时期的变化值。

填埋气体组成在不同时期的变化值   表 2-12

主要填埋气体积分数（%）	填埋后时间（月）							
	0~3	3~6	6~12	12~18	18~24	24~30	30~36	36~42	42~48
CH_4	5	21	29	40	47	48	51	47	48
CO_2	88	76	65	52	53	52	46	50	51
N_2	5.2	3.8	0.4	1.1	0.4	0.2	1.3	0.9	0.4

在垃圾填埋初期的适应阶段是在好氧条件下发生生化分解反应，主要产物是如下式的二氧化碳、水分及能量等：

$$(CH_2O)_nN + O_2 \longrightarrow 微生物细胞 + CO_2 + H_2O + NH_3 \tag{2-27}$$

到过渡阶段氧气逐渐被消耗，厌氧条件形成并发展，此时可作为电子接受体的硝酸盐和硫酸盐常被还原为 N_2 和 H_2S 气体。在酸化阶段，产酸菌活动明显加快，产生大量有机酸和少量 N_2，CO_2 浓度增高。在甲烷醇解阶段的产物以 CH_4 和 CO_2 为主，体积比分别占 30%~55%、30%~45%。还含有少量的空气、恶臭气体和氨、一氧化碳、硫化氢、多种挥发性有机物等物质等微量气体。从环境质量角度看，这类气体不仅会产生恶臭，而且其主要成分 CH_4 和 CO_2 都属于温室气体。根据联合国政府间气候变化专门委员（IPCC）规定，未经过处理的填埋气体中 CO_2 为生物质分解的结果属于自然碳循环的一部分，不计入温室气体。填埋气体中 CH_4 被列入大气温室气体清单，其温室效应是同体积 CO_2 的 21 倍。到稳定化阶段，垃圾堆体中大多可生化反应的有机物质被微生物降解，有研究认为剩余的可生化反应的有机物质不足 10% 且生化降解速率慢，致使填埋气体产生速率大大下降。由于填埋场封场措施不同，有的填埋场可能会存在少量氮气和氧气。

从垃圾焚烧角度看，生活垃圾从填埋初始阶段到稳定化阶段全过程，90% 以上可降解有机物通过微生物进行了能量转换，一些可燃物质转化为沼气。根据物质不灭及能量守恒法则，到填埋稳定化所形成的陈腐垃圾的热值必然要降低。对一些城市填埋龄期 5 年以上陈腐垃圾的分析，其中的重金属等污染物符合相关规定，故而降解后的产物与原生垃圾中的灰土可用作腐殖土，按重量计约占陈腐垃圾总量的 50%~60%，原生垃圾中的砖瓦石块、玻璃、金属等可用作骨料的无机物占到约 20%~35%，包括塑料与不足 10% 未降解的纸、竹木、织物等可焚烧的有机物约占 30%。对陈腐垃圾需要经过分拣、分选、干化等预处理，处理后可适用于焚烧的部分小于 40%，在工程设计时一般可按 30% 左右考虑。

对陈腐垃圾中有机碳变化规律的研究认为，陈腐垃圾中有机碳浓度与封场时间正相关，表现为随填埋封场时间越长，陈腐垃圾有机碳含量越高的变化趋势。其原因在于封场 5 年以上的填埋堆体易降解的有机物已经在微生物过程中消耗殆尽，而腐殖质的形成在封场单元厌氧条件下是一个长期缓慢的过程，这就意味着腐殖质随封场时间的延续将不断积累，导致有机碳含量随封场时间增加而提高。另外，陈腐垃圾中的有机碳浓度会发生异常变化。造成异常变化的原因是陈腐垃圾中混有种类较多，含量较高且无法彻底去除的含碳干扰物质，如各种化学纤维，塑胶等。

刘建国等对垃圾填埋场甲烷的碳同位素比值（$\delta^{13}C$）特征研究提出，主要来自乙酸酵解产甲烷过程的甲烷随着厌氧条件的建立而逐渐产生，可持续 20～30 年；成熟的高有机质垃圾中的含碳有机质一般可 100% 转化为 CH_4（占 50%～70%）和 CO_2（占 30%～50%），$V_{CH_4}/V_{CO_2} \approx 1.5～2.0$。对由甲烷层产生并由回收系统回收或排放系统排放的，没有或仅受到轻度氧化的 $\delta^{13}C$ 特征值为 $-6.22\%～-5.53\%$。通过覆土层排放的甲烷受到氧化 $\delta^{13}C$ 特征值为 $-5.82\%～-4.10\%$。二者有所差别，但也有部分重叠。有对上海老港填埋龄期 6 年与 10 年的陈腐垃圾进行的测试研究认为，陈腐垃圾具有显著的随机和非随机不均匀性特点；腐殖质的形成在封场单元厌氧条件下是长期缓慢的过程，导致有机碳浓度变化趋势与填埋时间正相关；小于 15mm 细料具有弱碱性，pH 为 7～8；填埋到稳定化阶段的微生物具有强生物吸附与降解能力，可以吸附有机气体和废水中的污染物和重金属。有对陈腐生活垃圾固化体的重金属稳定性研究提出，陈腐 5 年以上某填埋场陈腐垃圾中的 Pb、Zn、Cd 质量浓度超过《危险废物鉴别标准　浸出毒性鉴别》GB 5085.3—1996 规定的指标。有对陈腐垃圾的热解特性及动力学研究提出，升温速率 10K/min 的热解百分率为 57.41%，热解起始温度 270℃，挥发分完全析出温度 380℃。陈腐垃圾各组分的热解反应机理为多阶段一级反应，每一反应阶段有不同的动力学参数，热解过程中挥发分大量析出阶段是主要热解阶段，失重为 68%。

2.6　生活垃圾掺烧市政污泥

污泥是指在给水、废水及污水处理中，通过各种分离方法去掉溶解的、悬浮的或胶体的固体物质，从中产生的一种在无外力干扰下，固液比相对稳定的固液混合物质。污泥具有很强的持水性，泥饼含水率降低到 65% 的过程较慢，当降到 65% 以下越过胶黏状态后下降快。按污泥的来源可分为污水厂与自来水厂的市政污泥、排水收集系统的管网污泥，以及河湖淤泥及工业污泥等。这里所说的与生活垃圾掺烧的污泥是指数量大、含水率高、有强流动性的市政污泥。工业污泥是具有化学污染的有机质混合物，重金属多在较高水平，对垃圾焚烧减排的负面影响较大，一般不宜与生活垃圾混烧。

干污泥中一般含有 65% 的有机物和 35% 的无机物。生活垃圾与市政污泥具有类同的水分蒸发、挥发分析出燃烧，以及沸点高的大分子有机物析出和焦炭燃烬的三个失重燃烧阶段。表 2-13 所示某地市政污泥与生活垃圾的特征值中的挥发分相近，且前者的氢与碳元素含量及热值高于后者，反映出污泥具有可燃烧性。实际应用中需核实污泥热值在焚烧炉可承受的范围内，以免影响垃圾正常焚烧处理。

污泥的灰分、硫分及氯含量大于生活垃圾。掺烧污泥量过大，会因灰分影响正常燃烧，因氯含量影响增加设备腐蚀风险，因高硫分影响需要加大烟气净化的负荷。

生活垃圾与市政污泥的特征值　　　　　　　　　　　　　　表 2-13

	C	H	S	N	Cl	A	干基挥发分	热值（kJ/kg）
干基污泥	27.07	4.85	0.50	2.45	1.20	44.50	53.70	11530
生活垃圾	19.61	1.99	0.13	0.93	0.83	12.97	60.92	6070

不同污泥中含有的重金属变化范围大，实际运行中需要查明。如表 2-14，污泥中的汞、铅、镉、砷等重金属含量均可能高于生活垃圾，如与垃圾混烧可能会导致重金属超标排放。从对烟气净化系统的研究，控制重金属达标排放的有效办法是采用湿法技术。

典型市政污泥的重金属统计值 表 2-14

重金属离子名称		Hg 汞	Cd 镉	Cr 铬	Pb 铅	As 砷	Zn 锌	Cu 铜	Ni 镍
含量范围 (mg/kg 干污泥)		4.63~138	3.6~24.1	9.2~540	85~2400	12.4~560	300~1119	55~460	30~47.5
《农用污泥污染控制标准》 GB 4284	pH<6.5	5	5	600	300	75	500	250	100
	pH≥6.5	15	20	1000	1000	75	1000	500	200

影响干化污泥粒径的因素较多，其中干化时间对粒径的影响较大，其他因素随干化条件不同而发挥不同的作用（图 2-8）。有实验研究表明，干化前期的污泥粒径随干化时间延续而减少，后期可能发生团聚以及细颗粒散失现象造成平均粒径增大。另有对污泥的粒径分布试验显示，活性污泥与消化污泥的平均粒径分别是 $132.6\mu m$、$70.48\mu m$，占比最大的粒径分别是 $133\mu m$、$44.6\mu m$，相应体积分数分别是 3.73%、4.75%。

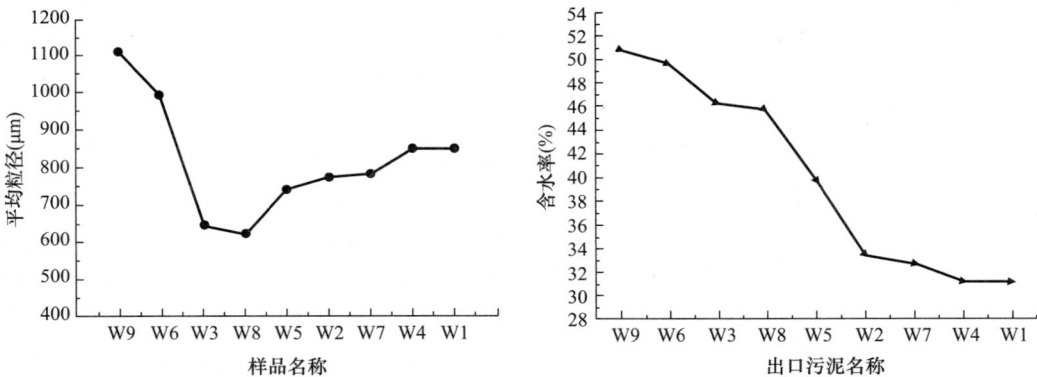

图 2-8 按干化时间排序的粒径图（左图）与含水率变化曲线（右图）
（来源：《电力科学与工程》第 33 卷第 3 期）

污泥焚烧是利用高温氧化污泥中的有机物并释放出一定能量的一种处理方式，分为将脱水污泥直接焚烧或是将脱水污泥干化后焚烧两类。目前以采用立式多段焚烧炉、回转焚烧炉、流化床焚烧炉等专用污泥焚烧设备为主，尚未见采用层燃型生活垃圾焚烧锅炉全量焚烧污泥的。

有地方需要焚烧处理污泥又不具备单独焚烧处理的条件的，有利用层燃型垃圾焚烧锅炉掺烧的需求。为此，某厂曾利用 150t/d 层燃型生活垃圾焚烧锅炉进行掺烧市政污泥的尝试，其中污泥含固率 20%，掺烧量为焚烧垃圾量的 10%。基于在 100~160℃ 干化温度下的干燥时间随温度提高呈直线下降趋势，取原始污泥温度 20℃、干化温度 140℃、热损耗 5%、蒸发 1t 水需消耗 $(589.08−83.85)/3600/0.95=150kW$ 热量作为估算条件，则掺烧 10% 的污泥对炉膛容积热负荷的影响接近 1%；混烧对炉膛温度和锅炉蒸发量有影响，影响程度与焚烧垃圾热值、处理规模有关。

为有利于垃圾焚烧锅炉的稳定运行，采取干化技术使污泥含水率降低至不高于焚烧垃圾含水率。干化系统是以单位时间内水蒸发能力来衡量的，而蒸发能力取决于干化系统处理能力、污泥与干化污泥的含水率。由于蒸发能力一定即热能供给不变，因而污泥水分含量降低会导致系统内的温度升高。当污泥颗粒严重过热时，会在很短时间内产生潜在爆炸危险的粉尘团。对此，采取如下安全余量评估方法：

$$SC = \frac{(1 - WC) \times FWC}{1 - FWC} \tag{2-28}$$

式中　　SC——干化系统的安全余量，也即系统蒸发能力一定时，污泥含水率的可变动范围；

WC、FWC——分别为污泥含水率与干化污泥含水率。

对污泥含水率 80%，按含水率 10% 的全干化污泥与取含水率 40% 的半干化污泥计算，安全余量分别是 2.22%、13.33%。因此，进料含水率一定时，干化污泥含水率越高，安全余量越大，安全性越高。

利用层燃型焚烧锅炉掺烧污泥时需要充分评估掺烧污泥的负面影响：

（1）从污泥性状看，污泥平均粒径在 70～135μm。由于层燃型焚烧炉的燃烧空气是穿越炉排缝隙或炉排片前端小孔进入炉膛内，对粒径小于 5mm 的颗粒物可能会阻塞炉排缝隙及气孔，影响燃料效果。

（2）需要特别注意的是要查明污泥中含有的重金属量，诸多分析研究均表明污泥成分中的铅、汞、铬、镉、砷、镍等重金属含量远高于生活垃圾，如与垃圾混烧，可能会带来重金属超标问题。

（3）污泥恶臭性质与生活垃圾不同，例如新鲜化学污泥具有强烈的臭味，属于六级臭气强度法中的 5 级；污泥含水率降低到约 60% 时，臭气强度可降到作业人员可以接受的 3 级。生活垃圾掺烧污泥时，需进一步研究对污泥恶臭的控制。通过测定其臭气浓度，利用相关性分析和主成分分析法分析臭气散发的影响因素及其影响大小排序，为控制臭气排放提供技术支撑。

生活垃圾焚烧是以减少垃圾体积和危害，避免或减少可能产生有害物质，热能利用首先是基于环境问题解决方案为目的，这是评价生活垃圾掺烧污泥运行的基本前提并贯穿于各种评价之中。从应用层燃技术的设备方面看，生活垃圾混烧污泥是有条件可行的，而应用流化技术设备被认为是一种适用技术。这是因床料蓄热量大，污泥在流化床中迅速干燥、着火和燃烧，燃烧停留时间 30～120s，能够取得较好的燃烧效果。从保证焚烧厂常态化安全、可靠、环保运行的工程经验等方面看，当前以生活垃圾混烧半干市政污泥，掺烧量控制在 5% 左右为宜。

2.7　生活垃圾的燃料化

燃料（不含核燃料）本是指有稳定的物化特性并有适宜的发热量，能与氧发生激烈化学反应并释放大量热能，在经济上合理的多种可燃物与不可燃物组成的混合物质。以煤炭、石油、天然气燃料为代表的自然资源是国家经济发展战略的主要能源基础（暂不涉及可再生能源事项）。燃料的基本经济指标是发热量，以收到基发热量记，标记为 Q_{ar}。以热能工程使用的燃料煤为例，我国标准煤 Q_{ar} 为 29.31MJ/kg，工业用的二类烟煤 Q_{ar} 典型值为 17.6MJ/kg，低值褐煤 Q_{ar} 一般在 10.5～16.7MJ/kg。火力发电用煤较少用低值煤。在采用焚烧技术处理生活垃圾的基本目的前提下，从利用焚烧能量视角，平均焚烧垃圾热值在一定社会经济环境下可能达到褐煤低位发热量下限水平，但目前我国经济较为发达地区的焚烧垃圾平均热值多在 6.0～8.5MJ/kg，而且由生活垃圾特性所决定其不具有长期稳定性。另一方面，至少目前生活垃圾焚烧仍是以防治生态环境污染为目的，利用焚烧垃圾热能发电是解决环境问题的手段。因此，不能将其视作燃料而纳入能源范畴。另外，从提高垃圾焚烧的经济效益视角，当通过加工使其在满足污染控制条件下，达到提高焚烧垃圾热值与稳定性质量要求时，可作为燃料化垃圾加以利用。对这种转质后的产品称为衍生燃料（Refuse Derived Fuel，RDF）或固体回收燃料（Solid Recovered Fuel，SRF），转质过程称为燃料化。需要注意的是转质 RDF 或 SRF 的基本评价原则，即最大化减少垃圾对生态环境的负面影响与转质过程所消耗的能源要小于其贡献的能源。

RDF 或 SRF 是利用物理或热化学方法将生活垃圾转质为性能相对比较稳定、均一的燃料化垃圾。转质 RDF 或 SRF 过程包括去除生活垃圾中的金属、玻璃、砂土等不燃物，对可燃垃圾按需求有选择地进行破碎、涡电流除铝、磁选除铁、风选、配兑黏合剂和填充剂等添加剂、压缩成型、干燥、储存等工序。其产品可作为单独燃料进行焚烧，也可按锅炉工艺要求与其他燃料混合焚烧，目前已经成功用作 RDF/SRF 流化床锅炉的燃料化垃圾。

垃圾衍生燃料——RDF，由美国检查及材料协会（ASTM）按 RDF 的加工程度、形状、用途等分成 7 类（表 2-15）。其中包含有固、液、气三种状态的衍生燃料，但并未严格规定 RDF 产品的质量指标。

RDF 分类   表 2-15

分类	将 MSW 加工制造成可燃固体废物的内容
RDF-1	分离除去粗大垃圾的疏松 RDF。一般用生活垃圾、农业垃圾转质
RDF-2	去除金属和玻璃，95％粗碎通过 152mm 筛后的细粒度疏松 RDF
RDF-3	去除金属、玻璃等不燃物，95％粗碎通过 50mm 过滤网的薄片状或木屑状细粒度 RDF
RDF-4	去除金属和玻璃等不燃物，95％通过 2mm（1.83mm）过滤网的粉状 RDF
RDF-5	去除金属和玻璃等不燃物，经粉碎、干燥、筛选、掺配、造粒等，加工成颗粒状或柱状等的成型 RDF
RDF-6	经过无氧裂解反应，产物以合成燃油等液体燃料为主
RDF-7	经过缺氧气化反应，产物以合成 CO、CH_4 等可燃气为主

据报道，欧美偏重于 RDF2、RDF3 的应用，瑞士、日本则着重在 RDF-5 的应用上。RDF-5 通常被制成 $\phi(10\sim20)mm\times(20\sim80)mm$ 圆柱状，含水率<5％，热值约在 14.6～21MJ/kg；具有一定抗压强度（如 1.4MPa）与抗弯强度（如 1MPa），易于运输与储存，常温下可储存 6～12 个月。1998 年日本公布的一项 RDF 燃烧试验结果表明发电效率 35％，比焚烧原生垃圾提高了 13％。

RDF 是生活垃圾转质的产品，其物理成分受生活垃圾的物理成分与 RDF 的质量要求制约。添加的固硫、固氯及防腐等药剂对其物理成分的影响可以忽略。表 2-16、表 2-17 为报道的 RDF 物理组成示例。

RDF 与 MSW 物理成分对比   表 2-16

RDF	纸和卡片 16.9％，塑料 8.4％，织物品 24.9％，腐烂物 16.6％，不燃物 33％
MSW	纸类和卡片 35％，塑料膜 4％，高/低密度塑料 5％，织物品 2％，腐烂物 19％，可燃混杂物 8％，不可燃混杂物 2％，玻璃 7％，铁 6％，非铁金属 1％，<10mm 细颗粒 11％

RDF 物理成分与各类元素分析和工业分析示例　　　　　　表 2-17

RDF 物理成分（重量%）							
68.1	15.0	2.0	0.8	0.1	4.0	10.0	8

元素分析（wt%）							工业分析（wt%）			
	C	H	O	N	S	Cl	A	W	FC	V
RDF（a）	45.9	6.8	33.7	1.1	无检出	微量	12.3	4.1	9.9	77.8
RDF（b）	48.3	7.6	31.6	0.6	0.1	0.2	11.6	4.5	15.0	73.4
RDF（c）	40.8	6.7	38.8	0.9	0.6	0.7	11.4	15.5	20.5	68.1
RDF（d）	42.2	6.1	39.9	0.8	0.1	0.5	10.4	4.0	13.1	76.4

资料来源：CozzaniV，PetarcaL. Fuel，1995，74（6）：903~912。

固体回收燃料——SRF，是从非危险废物中转质而成，可用于能源回收设施的燃料化垃圾。按英国环境、食品和农村事务部（DEFRA）解释，SRF 是经过提炼的 RDF。作为 SRF 标准化的核心标准，欧盟 EN 15359 规定了规范模板和分类系统，其中，将 SRF 分为 5 级，定量规定了三项不同含义的分级指标：经济指标—净热值，技术指标—氯含量，环境指标—汞含量（表 2-18）。

SRF 分级参数——欧盟标准 EN 15359：2011　　　　　　表 2-18

分类项目	统计测量	单位	分级参数				
			1	2	3	4	5
净热值（NCV）	年平均值	MJ/kg	≥25	≥20	≥15	≥10	≥3

分类项目	统计测量	单位	分级参数				
			1	2	3	4	5
氯（Cl）	日平均值	%	≤0.2	≤0.6	≤1.0	≤1.5	≤3

分类项目	统计测量	单位	分级参数				
			1	2	3	4	5
汞（Hg）	年中位值	mg/MJ	≤0.02	≤0.03	≤0.08	≤0.15	≤0.50
	第 80 百分位数	mg/MJ	≤0.04	≤0.06	≤0.16	≤0.30	≤1.00

应用示例：SRF 的年平均净热值 19MJ/kg，日平均 Cl 含量 0.5%，年中位值 Hg 含量 0.016mg/MJ，年 80 百分位值 Hg 含量 0.05mg/MJ。则该 SRF 级别代码为 NCV 3；Cl 2；Hg 2

EN 15359 标准作为一种工具，致力于促进 SRF 的生产、使用和监督，减少碳排量，满足趋紧的环境要求；致力于促进买卖双方达成良好的理解和高效率交易，增强燃料市场对 SRF 的可接受度，提高公众信任度，以及政府许可程序。

EN 15359 规范了如下强制性说明：①来源：用于制备 SRF 的垃圾原料说明；②SRF 颗粒形式：比如丸状、砖状、片状、碎屑状、蓬松状和粉末状；③粒径：根据 prCEN/TS 15415，分布曲线上的 $x\%$ 通过筛分时的粒径 d；④净热值：根据 prCEN/TS 15400，详细说明接收时和以干基计算时数值；⑤灰分含量：依据 prCEN/TS 15403 详细说明以干基计算时的数值；⑥含水量：根据 prCEN/TS 15414 详细说明接收时的数值；⑦氯含量：根据 prCEN/TS 15408 详细说明以干基计算时的数值；⑧重金属：单独说明 Sb、As、Cd、Cr、Co、Cu、Pb、Mn、Hg、Ni、Tl、V。

此外，还包括一些自愿性说明，如 SRF 的物理性质如堆密度、挥发物含量和灰分熔融特性，按照 EN 15440 测量生物质含量，也可用于说明如粉尘、臭气、燃点等其他特性。

关于 CE N15747 测试采样，有固体回收燃料的 CEN 标准，如《抽样方法》CEN/TS 15442、《实验室样品制备方法》CEN/TS 15443、《制备来自于实验室样品的测试样品的方法》CEN/TS 15413。也可以接受由行业确立的抽样协议。

已发布涉及 SRF 的欧盟标准（EN），技术标准（TS）和技术报告（TR）清单涵盖了质量管理体系、安全、规范和级别、生物质含量测定、采样以及物理测试、化学测试等内容，包括如下内容：

质量管理体系
- EN 15357:2011 SRF-Terminology, definitions and descriptions
- EN 15358:2011 SRF-Quality management systems

安全
- CEN/TR 15441:2006 SRF-Guidelines on occupational health
- EN 15590:2011 SRF-Determination of microbial self heating

规范和级别
- CEN/TR 15508:2006 Key properties on SRF for classification
- EN 15359:2011 SRF-Specifications and classes

生物质含量的测定
- CEN/TR 14980:2004 SRF-Report on difference biodegradable and biogenic fractions of SRF
- CEN/TR 15591:2007 SRF-Biomass content by the 14C method
- EN 15440:2011 SRF-Method for biomass contet

取样
- EN 15442:2011 SRF-Methods for sampling
- EN 15443:2011 SRF-Methods for the laboratory sample
- EN 15413:2011 SRF-Methods for the test sample

物理测试
- CEN/TR 15716:2008 SRF-Determination of combustion behaviour
- EN 15400:2011 SRF-Determination of calorific value
- CEN/TS 15401:2010 SRF-Determination of bulk density
- EN 15402:2011 SRF-Determination of content of volatile matter
- EN 15403:2011 SRF-Determination of ash content
- CEN/TS 15404:2010 SRF-Methods for the determination of ash melting behaviour
- CEN/TS 15405:2010 SRF-Determination of density of pellets and briquettes
- CEN/TS 15406:2010 SRF-Determination of bridging properties of bulk material
- CEN/TS 15414-1:2010 SRF-Determination of moisture content-Part 1
- CEN/TS 15414-2:2010 SRF-Determination of moisture content-Part 2
- EN 15414-3:2011 SRF-Determination of moisture content-Part 3
- EN 15415-1:2011 SRF-Determination of particle size distribution-Part 1:
- CEN-TS 15639:2010 SRF-Determination of mechanical durability of pellets
- CEN-TS 15412:2010 SRF Methods for the determination of metallic aluminium
- FprEN SRF 15415-2:2012-Determination of particle size distribution-Part 2
- FprEN SRF 15415-2:2012-Determination of particle size distribution-Part 3

化学测试
- EN 15407:2011 SRF-Methods for the determination of C,H and N content
- EN 15408:2011 SRF-Methods for the determination of S,Cl,F and Br content
- EN 15410:2011 SRF-Methods for the determination of the content of major elements (Al,Ca,Fe,K,Mg,Na,P,Si,Ti)
- EN 15411:2011 SRF-Methods for the determination of the content of trace elements A(As,Ba,Be,Cd,Co,Cr,Cu,Hg,Mo,Mn,Ni,Pb,Sb,Se,Ti,V and Zn)

联合国 CDM AM0025 方法学规定 ASTM D6866 为测量生物质含量的标准。ASTM D6866 是利用碳 14 测定生物质含量的标准方法，通常用于验证排入大气的有机 CO_2 百分含量。有机 CO_2 被认为是可抵除的温室气体，因此确定气体排放的有机百分含量变得有意义。例如：在焚烧垃圾发电时，产生 CO_2 排放 100t，经测量，其中有 20％为有机 CO_2 排放，则在碳排放报告上为 80t 的 CO_2 排放。

从燃烧性能与环境效益方面，相对原生垃圾，RDF 及 SRF 的颗粒度均匀，热值提高并稳定，燃烧性能的稳定性明显提高，便于储存调度，不受焚烧规模限制按需提供热源。在转质 RDF 或 SRF 过程中，加入脱除酸性污染物和抑制二噁英生成的添加剂可以提高初级减排效果。RDF 焚烧可降低 NO_x 排放，原因是生活垃圾的氮源主要来自其中的厨余成分，经转质的 RDF 含氮量较一般垃圾低。

作为一项技术，需要考虑转质 RDF 或 SRF 的负面影响和不利因素。如果原生垃圾的厨余成分与无机成分很高，热值过低，会使转质工艺过于复杂。结果或是经济性很差，或是产品质量不高致使燃烧性能较差，从而应用 RDF 或 SRF 技术也就失去了意义。转质 RDF 或 SRF 过程的噪声、粉尘、垃圾恶臭等污染物控制产生不利的影响，转质过程中分离出不符合 SRF 质量要求的物质需要单独处理，以及转质设备的故障率、设备寿命期、电能消耗等运行问题仍有不同意见。据欧洲委员会报告，SRF 可以由多种材料组成，其中一些，虽然可回收，但是其回收形式可能已经对环境造成一些危害。一方面收集和/或分拣并制备成可回收形式的材料不应认为是 SRF，可是另一方面可循环再造的物料不应该从 SRF 中排除，因为这样的排除可能导致这些材料被随意处置，以及其含有的资源被浪费。

第3章　燃烧过程的基本规律

3.1　生活垃圾焚烧的基本概念

物质与氧化合的反应是普遍存在的一种化学反应，按不同反应速度分为氧化反应、燃烧与爆炸，可从其反应过程中的声、光和热的物理现象加以判断是属于哪一类氧化反应。对物质与氧反应速度慢，反应过程缓缓发热但没有发光和声音现象的称为氧化反应，如金属锈蚀、生物呼吸等。对物质与氧反应速度剧烈，发生化合与分解在内的氧化反应，反应过程同时发生放热和发光但没有强烈声音现象的称为燃烧，复杂物质的燃烧，一般是物质受热分解然后再发生氧化反应。对氧化反应速度十分激烈，在极短时间内发生混合燃烧，同时发生放热、发光与强烈声音现象的称为爆炸。

燃烧的三要素是可燃物、助燃物与着火源。从燃烧角度把所有物质分成可燃物质、难燃物质和不燃物质三类。可燃物质是在着火源作用下能被点燃，着火源移去后能持续燃烧至燃烬的物质，按其物理状态划分有气态、液态和固体三类可燃物质。难燃物质是在着火源作用下能被点燃并阴燃，当火源移去后不能持续燃烧的物质。不燃物质在正常情况下不会被点燃。助燃物是指具有氧化性能且能与可燃物质发生化学反应并引起燃烧的物质，这里所指的是空气中的氧气，泛指空气。着火源是指能引起可燃物质着火的具有一定温度和热量的能源。常见的着火源有电火花、电弧和炽热物体等。

燃烧三要素在量上的变化会使燃烧速度与燃烧状态改变，甚至不能发生燃烧。因而还必须具备燃烧发生和持续的充分条件，它们是可燃物的含量，助燃物的氧浓度与着火的能量，以及三个条件的相互作用。如减少可燃气体与空气的混合物比例时，燃烧速率会减慢甚至停止燃烧，如当空气中的氧浓度从 21％ 降低到 16％～14％ 时木材就会停止燃烧。若着火源不具备一定的温度和足够的热量，燃烧就不会发生，如飞溅的火星可以点燃油棉丝或刨花，但锻件燃煤加热炉的火星如果溅落在大块木材上，即使这种着火源有超过木材着火的温度也会很快熄灭。

习惯上将生活垃圾的燃烧称为焚烧。生活垃圾是可燃物（如纸类、一般塑料及橡胶、织物、竹木）、难燃物（如酚醛塑料、聚氯乙烯塑料、三聚氰胺塑料、抹灰木板条等）与不燃物（如砖石瓦块、灰土、金属及玻璃及水分等）的动态混合物。当不燃物重量比大于40％，或是垃圾含水率大于60％时，直接燃烧就会很困难并难以持续。

垃圾焚烧的助燃物是指以海拔高度 0m、空气含氧量 20.95％（工程计算取为 21％）为基准的空气。焚烧过程需要有保证垃圾充分燃烧的过量空气支持，传统过量空气系数 α 是按 1.6～2.0 控制。随着工程技术发展，以燃烧理论和工程技术为支撑，可在保证空气温度条件下降低 α（有案例降到 1.3），实现更加经济的低氧燃烧。由此，欧盟委员会（EU）早期曾规定以锅炉出口烟气最小含氧量 6％ 作为评价指标，此后在技术发展和运行管理水平提高的基础上通过谨慎研究，于近年发布指令废除了该项指标的规定。对此的解释是较低的炉膛温度,较短的停留时间和较低的烟气含氧量在一定情况下仍然能够实现完全燃烧,并全面改善环境质量。对锅炉出口低含氧量负面影响的研究结论是可能增加腐蚀性的危险,需要对材料进行特殊的保护。

当随海拔高度改变相应空气含氧量偏离基准值时,一味采取增加 α 值的做法则是不妥当的。这是因为当海拔 1000m 时的空气含氧量约为 19.35%,按比例减少了 [(20.95－19.35)/20.95]×100%＝7.6%。此时适当调增过量空气系数尚可以达到正常燃烧条件。但到高海拔 3000～4000m 时的空气含氧量减少到 16.15%～14.56%,按比例减少了22.9%～30.5%。此时氧量供应严重不足,单靠增加 α,会降低炉膛容积热负荷,恶化燃烧条件,使燃烧减弱直至熄灭。

所谓着火就是可燃物与火源接触发生燃烧并在火源移去后仍能保持继续燃烧的现象。可燃物质发生着火的最低温度称为着火点或燃点,例如纸张着火点的典型值为 130℃,棉麻为 130～250℃,高挥发分烟煤 200～400℃,木材 250～470℃(木柴 250～350℃、木炭320～400℃、软木约 470℃),橡胶 350℃,ABS 树脂 280～320℃,聚苯烯 420℃,聚苯乙烯 450～500℃,乙烯 542～547℃,尼龙约 500℃,环氧树脂 530～540℃,聚四氟乙烯670℃,硫化氢 346～379℃,甲烷 658～750℃,乙烷 520～630℃,一氧化碳 641～658℃,高温焦炭 440～600℃。

3.2 燃烧的理论基础

生活垃圾燃烧过程是在极短时间内完成可燃物与氧混合成适宜的可燃混合物,继而进行激烈的化学反应、快速火焰传播、热量释放与交换以及燃烧产物转移等物理与化学的复杂过程。从燃烧视角,生活垃圾的化学特性揭示了它是以挥发分的气相燃烧反应为主,以固定碳的固相燃烧反应为辅进行的。在焚烧过程中,生活垃圾、燃烧空气和燃烧产物三者之间进行着动量、热量和质量传递,形成火焰这种有多组分浓度梯度和不等温两相流动的复杂结构。火焰内部的这些传递借层流分子转移或湍流微团转移来实现并以湍流微团转移为主。认识燃烧现象与燃烧机理,是进行精细化垃圾焚烧运行管理所需专业基础知识的重要组成部分。

3.2.1 燃烧化学反应的基本理论

燃烧化学反应不是一步反应完成的,需要反应物经过若干中间的单元反应过程才能完成的复杂反应,从而许多燃烧特点不是简单服从于质量作用定律。燃烧理论告诉我们,在燃烧化学反应中需要有一群足以破坏原有结构的分子动能,也就是从常态转变为容易发生化学反应的活跃状态所需要的能量。将表示一个化学反应发生所需要的最小能量称为活化能。在燃烧化学反应之初会产生一些只需要较小的活化能就可与气体分子发生化学反应的自由原子(如 H、O)与根(如 OH),这些活性高且不稳定的自由原子或根统称为活化中心。

活化中心是因与原始反应物进行化学反应或是自由原子与根的互相碰撞、碰壁等原因而销毁,但反应产物除最终生成物外还繁殖了同等或更多数量的活化中心,使燃烧化学反应得以持续进行下去。活化中心在燃烧化学反应中起着中间链节作用,故称这种反应为链式反应,其中的每一链节是指一组基本单元的燃烧化学反应。链式反应经过一段时间孕育过程后，不稳定自由基原子或根所需的活化能降低，燃烧化学反应速度大为提高。此后，随着反应物的浓度显著减少，燃烧化学反应速度下降，活化中心数量相应减少，直至燃烧过程结束。

一种分子转变为另一种分子的燃烧化学变化并不是与一种或多种分子单独发生的，而是在一大群处于热运动状态并赋有不同能量负荷的分子群中发生的，通过它们的互相碰撞直接影响到总质量中的能量。取 T 为绝对温度，气体常数 $R=8.28\text{kJ/molK}$（mol 按千克—分子计），则由分子能量分布理论导出的马柯斯维尔—鲍尔茨曼定律用与之完全吻合的阿累尼乌斯定理表述为：若分子碰撞的总次数即频率因子为常数 k_0，具有活化能大于 E_{11} 和 E_{12} 的相对分子数分别等于 $\exp(-E_{11}/RT)$、$\exp(-E_{12}/RT)$ 时，这两种分子互相碰撞的次数占总碰撞次数的份额等于该值的乘积，设定为反应常数 k，则有如式 3-1 表示的量化模型。其中的 $E=E_{11}+E_{12}$（kJ/molK）由试验确定，$\exp(-E/RT)$ 是能量 $\geq E$ 的分子的相对碰撞次数 k/k_0。在燃烧化学反应的发生和进行中，碰撞能量起到巨大的作用。这就从化学反应机理阐明了在简单燃烧化学反应中质量作用定律与阿累尼乌斯定律的物理意义。

$$k = k_0\exp(-E_{11}/RT)\exp(-E_{12}/RT) = k_0\exp(-E/RT) \tag{3-1}$$

燃烧化学反应不能直接用简单化学反应定律解释其链式反应的机理，但每一链节都是遵循质量定律和能量定律即阿累尼乌斯定律的基本规律，包括如下燃烧化学反应的影响因素：

（1）燃烧化学反应速度 w_m 定义为单位时间、单位体积内烧掉的可燃物所释放的热量，是反应燃烧快慢程度的状态参数，与炉膛容积热负荷 q_V 等量。w_m 与活化能 E 的大小密切相关，活化能越低，反应速率越快，因此降低活化能会有效地促进反应的进行。在锅炉炉膛内的燃烧过程中，影响 w_m 的主要因素是炉膛内的温度，炉温越高，意味着活化能越低，燃烧化学反应速度越快。

（2）按照质量定律，若两种物质 A、B 的化学反应式为 $\alpha A+\beta B \longrightarrow \cdots\cdots$，取反映化学反应难易程度的反应常数 k，以方括号代表物质的浓度 [A]、[B]，α、β 分别为 A、B 的浓度指数，$\alpha+\beta=n$ 称为反应级数，则化学反应速度 w_m 与反应物的浓度有近似适用关系，即质量作用定律：$w_m=k[A]^\alpha[B]^\beta$。

（3）从理想气体状态方程 $p_iV=\mu_iRT$（p_i、μ_i 分别为气体组分分压力、摩尔数，V 为总容积）可推导出燃烧化学反应速度 w_m 与反应物分压力 p_i 关系。进一步推知，当系统总压力 p 变化而其中各组分的摩尔数相对百分比不变时，各分压力也和 p 成比例变化，从而有以反应物浓度为基准的燃烧化学反应速度与系统压力的近似正比关系 $w_m\propto p^n$。若反应物浓度以相对浓度表示时，也就是在一定温度和反应物相对浓度条件下有 $w_m\propto p^{n-1}$。严格讲该式仅适用于简单的气相燃烧化学反应，实际上还可能有固相参与的异相反应以及液体气化过程，反应机理十分复杂。这时的反应级数 n 不能从化学反应式取得，只能从实验得出。

（4）从式（3-1）可见，温度对燃烧化学反应速度有巨大影响，表现在阿累尼乌斯定律的反应常数上。该 $k-T$ 关系可用图 3-1 陡峭的上升段表示。图中 $E/2R$ 是按二次求导方法求出的拐点 a 对应的温度。小于 a 时，k 随 T 增大而增加，大于 a 后，k 增

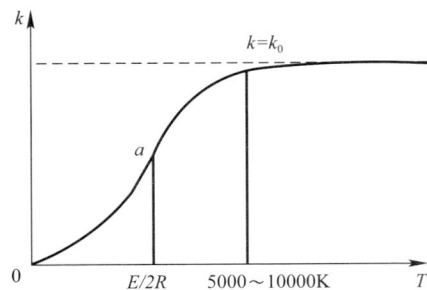

图 3-1　反应常数 k 对温度 T 的曲线

加速度减慢下来，仅当温度很高时（当 $E \approx 83700 \sim 167500 \text{kJ/mol}$ 时，$T \approx 5000 \sim 10000\text{K}$），其渐近线接近于直线 $k = k_0$。质量作用定律的浓度 $[A]$、$[B]$ 和 T 则没有这种关系。

分子之间化学反应是互相接触或碰撞的结果，但并非每次碰撞都能发生反应，只有能量超过活化能 E 的分子互相碰撞才能发生反应，这些大于活化能的分子称为活化分子。活化分子浓度是决定反应速度的一个重要因素，浓度越大则反应速度越快，表示为 $w_m \propto \exp(-E/RT)$。该式反映出，①大多数燃烧化学反应随着温度 T 升高，活化分子数大增，反应速度 w_m 急剧增加。例如按范特荷夫近似规律，当温度提高 $100℃$ 时，反应速度增加 $2^{10} \sim 4^{10}$ 倍，平均加快 $3^{10} = 59049$ 倍；②活化能较小的反应速度较快。一般燃烧化学反应的活化能在 400MJ/mol 以下，此时的化学反应速度极快以至瞬间完成，大于该值可认为不起反应。

（5）在温度压力不变条件下，反应速度 w_m 与反应物的相对浓度具有上凸对称弧线的关系（公式略），当相对浓度＝0.5 时达到最大值。对反应物中掺有惰性气体时，w_m 为上述关系式乘以空气含氧量的百分比。

3.2.2 可燃固体的主要燃烧机理

由于固态可燃物质存在状态不同，其燃烧形式是多种多样的。从燃烧反应相看，分为在同一相中进行燃烧的均一系燃烧与在两相燃烧的非均一系燃烧，均一系燃烧是指可燃物质和氧化剂处于单一相态的燃烧。如氢、天然气等气体燃料在空气中的燃烧，就其主流而言即属于均相燃烧。之所以这样讲，是因为纯粹意义的均相燃烧是非常少见的。两相燃烧是指由固态或液态燃料颗粒群悬浮物与气态氧化剂所组成的两相流动体系中发生的燃烧。

就燃烧过程看，可燃固体的燃烧主要有表面燃烧、分解燃烧、蒸发燃烧。蒸发燃烧是指如石蜡、高分子材料等低熔点可燃固体首先受热熔融成液态，然后蒸发成气态而燃烧的过程，其中也可能同时发生分解燃烧。有一些易分解的可燃固体，当温度较低而使挥发分未能着火时，会冒出大量烟雾，使气态可燃物散失在烟雾中造成对环境的污染，这是需要避免发生的非正常燃烧现象。蒸发燃烧在生活垃圾焚烧中发生的概率较小，下面仅对表面燃烧和分解燃烧做一简要分析。

3.2.2.1 表面燃烧与碳燃烧的基本原理

表面燃烧是可燃固体表面与气体中的氧进行异相化学反应的现象，表现为气体中的 O_2 与 CO_2 等扩散到固体表面与其中的碳进行化合反应。气体中的 CO_2 与碳的反应活化能很高，通常在 $800℃$ 以下的反应速率几乎为零，超过 $800℃$ 以后的反应速率才比较显著。但也不排除达到很高温度时反应速率常数会有可能超过碳氧化反应速率常数。

异相化合反应的气态产物 CO_2、CO 及其他物质离开固体表面扩散至周围环境。其中未完全燃烧的 CO 等离开表面后，可再与氧进行气相燃烧反应。一个典型事例就是层燃型垃圾焚烧锅炉二次风区域促进 CO 的再燃烧过程。可燃固体中含有的固态杂质与未完全燃烧的残余物作为炉渣排放出去。

这种异相燃烧化学反应速度可用消耗掉的氧量表示：

$$K_b^{O_2} = \frac{C_\infty}{a_{z1}^{-1} + k^{-1}} \tag{3-2}$$

式中 $K_b^{O_2}$——每秒每平方厘米固体表面烧掉的氧量；

C_∞——远离燃烧物体的氧浓度；

a_{zl}——质量交换系数，为 2 倍的流体质量系数与固态可燃物相对直径的商，m/s；

k——服从于阿累尼乌斯定律的化学反应常数。

从 3-2 式知：

（1）当 T 较低时，化学反应速度很低，相应 k 值很小，而 $k^{-1} \gg a_{zl}^{-1}$。由此忽略 a_{zl}^{-1} 项，则有 $K_b^{O_2} = kC_\infty$。此时的燃烧化学反应很慢，从远处扩散到固体表面后的氧浓度消耗很少，可认为 $C_b \approx C_\infty$，故而燃烧速度决定于化学反应，这种燃烧称为动力燃烧，燃烧区段称为动力燃烧区，简称动力区。

（2）当 T 较高时，化学反应速度很高，k 很大，有 $k^{-1} \ll a_{zl}^{-1}$。由此忽略式中 k^{-1} 项，有 $K_b^{O_2} = a_{zl}C_\infty$。此时的燃烧化学反应很快，从远处扩散到固体表面后的氧立刻被消耗掉，也就是氧浓度 $C_b \approx 0$，故而燃烧速度决定于扩散，这种燃烧称为扩散燃烧，燃烧区段称为扩散控制区，简称扩散区。

（3）当化学反应常数 k 与质量交换系数 a_{zl} 在同一数量级而不可偏从哪项时，唯有用式 3-2。这一燃烧区段称为过渡区。此时当温度偏低时，提高燃烧速度的关键在于提高温度。当温度偏高时，提高燃烧速度的关键在于提高固体表面的质量交换系数 a_{zl}。例如层燃型垃圾焚烧炉在正常运行中的床层温度高，燃烧处于扩散区时，要提高出力就需加强送风。

表面燃烧发生在几乎不含或已经分解出挥发分后的固态可燃物，如木炭、焦炭等。表面燃烧以碳燃烧为主。碳是由多晶体交错叠合成的固态组合体，晶格不同的碳具有不同的活性。一般晶体表面和边缘处的碳原子的活化能可达到 84MJ/mol，但只有在温度很高时，其化学吸附才很显著而物理吸附不再存在。

碳表面燃烧过程为：氧扩散至碳表面→氧吸附于碳表面→氧与碳化合反应→生成物由碳表面解析，再扩散到周边环境。表面燃烧不是按照表示物料平衡和热平衡的 $C+O_2$ 生成 CO_2 或 CO 并放热的化学反应式进行的，而是两次异相反应过程，且视具体的条件发生不同反应：

初次反应过程：

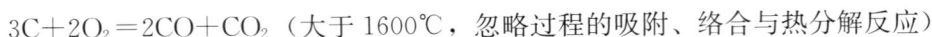

$4C+3O_2 = 2CO+2CO_2$（略低于 1200℃，忽略过程的络合与离解反应）

$3C+2O_2 = 2CO+CO_2$（大于 1600℃，忽略过程的吸附、络合与热分解反应）

初次反应生成物又可能与碳和氧进行二次反应：

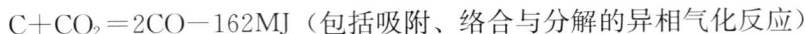

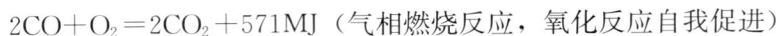

$C+CO_2 = 2CO-162MJ$（包括吸附、络合与分解的异相气化反应）

$2CO+O_2 = 2CO_2+571MJ$（气相燃烧反应，氧化反应自我促进）

燃烧过程中的碳与水蒸气还会发生如下初级反应，这在生活垃圾焚烧过程需要特别关注。

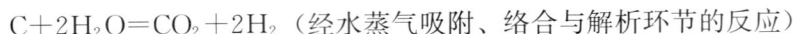

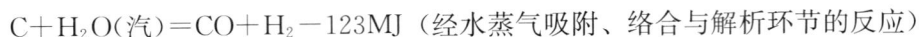

$C+2H_2O = CO_2+2H_2$（经水蒸气吸附、络合与解析环节的反应）

$C+H_2O(汽) = CO+H_2-123MJ$（经水蒸气吸附、络合与解析环节的反应）

$C+2H_2 = CH_4$（常压高温裂解逆反应为主，增压高 H_2 环境下发生正反应）

燃烧过程上述 CO_2 还原成 CO 的气化反应会发生逆反应，称为一氧化碳的歧化反应：

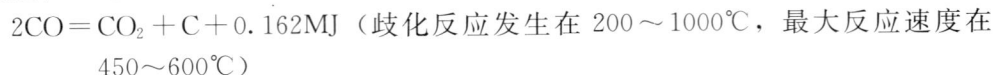

$2CO = CO_2+C+0.162MJ$（歧化反应发生在 200～1000℃，最大反应速度在 450～600℃）

3.2.2.2　分解燃烧与挥发分的燃烧化学反应特征

分解燃烧是由热分解产生的挥发分在离开可燃物表面后，与氧进行气相燃烧化学反应的现象。从对大量的生活垃圾可燃物试样失重与工业分析可知，其热分解温度较低，可燃物中的挥发分所占重量比高，因此生活垃圾是以分解燃烧为主。气相可燃物主要成分有 CO、C_mH_n、N_2、CO_2 与气态污染物。

CO、H_2、C_mH_n 等挥发分燃烧是按照链式反应机理的燃烧化学反应过程。在挥发分与空气混合物中存在 H、O 自由原子、OH 根及 O_3 等活化中心，这些原子或根遇到气体分子时，只需要较少的活化能就能引起燃烧化学反应。在反应过程中，参与反应的那些活化中心在转化为新生成物的同时繁殖出新的活化中心，另有一些活化中心在运动过程因发生碰撞或撞到容器壁等原因而被销毁。当繁殖速度大于销毁速度时，反应持续进行；反之不可持续。链式反应经过一段孕育时间后，会加速燃烧反应过程，使反应速度很快达到峰值。在这以后，反应物分子与氧的浓度显著减少，反应速度较快下降。

燃烧过程包含有可逆反应，但不是导致不完全燃烧的主要因素。可逆反应最终达到平衡标志着系统成分不再变化，除非改变温度、压力或某一成分而破坏平衡。

基于活化中心与链式反应理论并忽略逆反应过程，根据不同反应状态的研究思路，取原始活化中心速度 W_1（由最慢的中间反应所决定）以及在链式反应中的繁殖速度（也叫反应速度）W_2 与销毁速度（也叫中断速度）W_3；再取活化中心的瞬时浓度 c_φ；另取与温度、活化能及其他因素有关的繁殖速度常数 f、销毁速度常数 g，令其差为 k_φ，则 $k_\varphi = f - g$ 即为实际速度常数。而 $k_\varphi c_\varphi$ 为繁殖速度 W_2 与销毁速度 W_3 差，就是链式反应的实际速度 W，即 $W = k_\varphi c_\varphi = f c_\varphi - g c_\varphi$。综上推理得出如下活化中心形成的速度：

$$\mathrm{d}c_\varphi/\mathrm{d}\tau = W_1 + f c_\varphi - g c_\varphi = W_1 + k_\varphi c_\varphi = W_1 + W \tag{3-3}$$

不同 k_φ 值下链式分支实际速度 W 随时间 τ 变化情况如图 3-2 所示。当曲线 $k_\varphi < 0$ 时，反映了活化中心的销毁比繁殖快。此时的反应温度处于较低水平，初生速度 W 很低，可随时间 τ 趋近于一渐近线而达到一稳态反应。当曲线 $k_\varphi = 0$ 时，反映了活化中心的销毁等于繁殖速度，表示由稳态向自行加速的非稳态过渡的临界条件也就是着火条件。此时的混合气温度称为链式反应自燃的临界温度。当曲线 $k_\varphi > 0$ 时（图 3-2 中下标显示不同状态下的 k_φ 值），反映了活化中心的繁殖比销毁快且反应温度越高繁殖越快，此时的链式反应经过一段孕育时间后，W 处于非稳态并以指数函数的规律急速增加，也即反应速度随之越来越大直到爆炸。

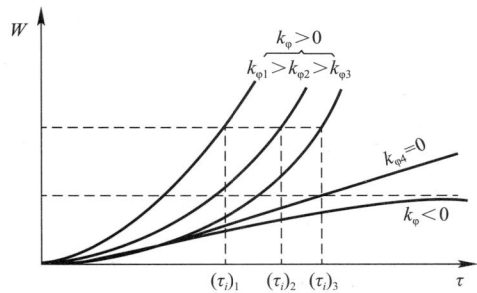

图 3-2 不同 k_φ 值下链式分支实际速度 W 随时间 τ 变化曲线

不同可燃物质的燃烧过程具有不同的具体反应机理和反应特征，其中：

氢（H_2）：通过链式反应的机理分析，取 T 为绝对温度（K），R 为通用气体常数（8.28kJ/molK），[H]、[O_2] 分别为氢、氧浓度，则氢燃烧化学反应总速度 w_m 表示为：

$$w_m = 10^{-11} \sqrt{T} \exp\left(-\frac{75400}{RT}\right)[\mathrm{H}][\mathrm{O_2}] \tag{3-4}$$

氢反应特征表现在一定温度、压力条件下会在经历一定酝酿时间后发生爆炸，在另一温度、压力条件下发生燃烧，具有特定浓度变化模型。

一氧化碳（CO）：燃烧化学反应速度 w_m 在氧浓度低于 5% 时与 CO 成正比，氧浓度大于 5% 时与 CO 浓度无关。另 w_m 与水蒸气浓度成正比。反应特征表现在 CO 燃烧化学反应中，O_3 起活化中心作用；着火温度有干燥与潮湿混合物之分；若炉膛产生较大 CO 没有被燃烧掉就可能在过热区发生后期燃烧，并会因温度过高而使锅炉部套受损。

碳氢化合物（C_mH_n）：烃类与空气混合物在 $200\sim300℃$ 即可发生链式反应，甚至发生冷焰或爆炸。烃类在无氧条件下发生干馏，在不同温度区间转化为不同比例的甲烷气、焦油及炭黑。

3.2.3 燃烧过程的热力条件

着火、稳定燃烧与熄灭的燃烧过程取决于混合可燃物的性质和燃烧过程的热力条件。以某一类煤作为燃料时也就意味着其混合可燃物的性质相对稳定，而对生活垃圾焚烧过程，其多变的混合可燃物性质与产生的热力条件是同等重要的因素，这也是实际生活垃圾焚烧管控过程更加困难的原因所在。生活垃圾着火同样是指燃烧反应速率在很短时间内由低速迅速增到极高速率，从不燃到燃烧的自身演变或外界引发的过程；在燃烧化学反应过程中同样遵循燃烧基本规律；在发生燃烧放热过程中同样发生容器散热现象以及放热与散热的热平衡现象。

3.2.3.1 热着火过程

可燃物质的着火过程分为链式着火过程和热着火过程。链式着火过程是因活化中心的繁殖很快并大于销毁，即使温度不变反应速度也十分迅速所引起的过程。热着火过程则是温度不断提高使化学反应速度加快，反应放热增加，反过来又使温度进一步提高，如此反复交互影响使反应速度变得十分迅速的过程。工程上，链式反应在着火过程中的影响一般可以忽略不计。

采用容器内可燃气体成分、温度与压力是均匀的所谓零元系统物理模型，将燃烧化学反应过程中基于质量定律与阿累尼乌斯定律的放热曲线与容器散热曲线的性质进行对比分析，可方便得出一些有用的结论，尽管这种方法难以进行数值分析。

假设体积为 V，壁面积 S 的容器中含有均匀的可燃气体混合物，则在着火过程中：

$$容器内燃烧放热：Q_{fr} = k_0 \exp\left(-\frac{E}{RT}\right)C^n VQ \tag{3-5}$$

$$容器壁面散热：Q_{sr} = \eta S(T - T_0) \tag{3-6}$$

式（3-5）和式（3-6）中 $k_0\exp(-E/RT)$——基于阿累尼乌斯定律的反应常数；

$\qquad\qquad\qquad C$——可燃混合物中的反应物浓度，着火阶段可认为 C 不变；

$\qquad\qquad\qquad n$——反应级数；

$\qquad\qquad\qquad Q$——可燃混合物发热量；

$\qquad\qquad\qquad \eta$——散热系数；

$\qquad\qquad\qquad T$、T_0——绝对温度及容器壁面温度。

放热量 Q_{fr} 与散热量 Q_{sr} 随温度变化的曲线如图 3-3 与图 3-4 所示。结合式 3-5 可知，Q_{fr} 曲线取决于阿累尼乌斯因子，就像图 3-1 所示的曲线，但只画出其中的开始段。Q_{sr} 曲线是一根直线，T_{0i} 为截距，当容器壁面积 S 确定后，斜率随散热系数 η 而变化。图 3-3 为倾角不变而容器壁温度 T_0 在变化时，Q_{fr}、Q_{sr} 随 T 变化的曲线。Q_{sr} 族线表示当容器壁面

积 S 与散热系数 η 确定时，在同样绝对温度 T 状态下的容器壁温越小，散热量越大。图 3-4 为容器壁温 T_0 不变，而倾角在变，表示当 S 一定时，散热系数越大，在同样温度状态下的容器散热量越大。

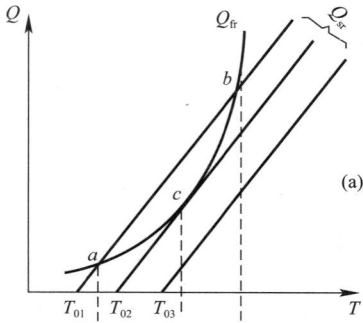

图 3-3 η 对自燃过程的影响

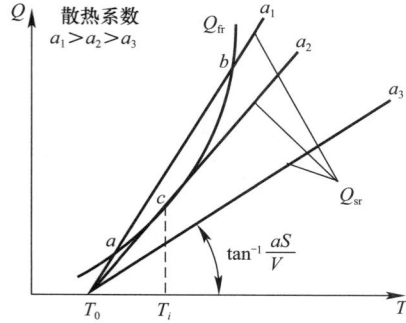

图 3-4 Q_s 斜率变动时的热着火过程

在图 3-3 中，Q_{fr} 与 $Q_{sr} T_{01}$ 有两个交点。交点 a 表示温度低而稳定的熄灭状态。当绝对温度 T 降到 a 点左方时，$Q_{fr} > Q_{sr} T_{01}$，则 T 将回升使系统工况回复到 a 点。当 T 升到 a 点右方时，$Q_{fr} < Q_{sr} T_{01}$，T 将回落使可燃混合物恢复到熄灭状态。交点 b 是燃烧的分界点。当 T 向左偏移时，$Q_{fr} < Q_{sr} T_{01}$，T 将继续下降并向 a 点趋近，使可燃混合物最终达到熄灭状态。当 T 向右偏移时，$Q_{fr} > Q_{sr} T_{01}$，T 将继续上升，燃烧化学反应越来越强烈，可燃混合物发生着火。

上述物理模型仅反映出着火过程的基本规律而忽略燃烬与浓度的影响。在图 3-1 揭示的燃烧化学反应常数 k 与绝热温度 T 的关系中，由于拐点 a 对应的温度通常在 $2500 \sim 25000\text{K}$，故而实际应用中只表示出该图 k 随 T 增大而增加的前半段。实际上可燃混合物的浓度随燃烧过程而减小，Q_f 迅速衰竭，表现为燃烬现象十分明显。这也正是为什么在垃圾焚烧锅炉二次风附近燃烧过程结束的原因。

当壁温 T_{01} 上升到 T_{03} 时，Q_{fr} 始终大于 $Q_{sr} T_{03}$，表示系统一定能着火。T_{01} 上升到 T_{02} 时，Q_{fr} 与 $Q_{sr} T_{02}$ 线相切于 c 点，表明系统处于临界状态。T 离开 c 点下降时能回升到 c 点，但一旦离 c 点上升时仍将继续上升导致着火。

有把这个切点温度 T_{lj} 称为着火温度，也有把临界状态温度 T_{02} 称作着火温度，分析证明这两个温度大约相差 $40\,^\circ\mathrm{C}$，就燃烧而言相对差别不大。试验结果表明出着火温度不是由基于燃料种类的反应活性的理化参数所决定，而是与如下诸多因素有关：装置的尺寸、形状与材料，混合物初始温度，反应物成分，混合物中起控制作用的反应物化学反应活化能，时间、压力、流体元的速度，流动中湍流的尺寸和强度，等等。由此可知，着火温度只对一个完整的有严格定义的系统才有确定值。试验结果还表明实际着火温度要大于 T_{lj} 数百度，故而过分强调着火温度没有实际意义，其作用只是在于理论研究中可以使着火过程的物理模型高度简化。

自燃过程的温度变化情况可根据式（3-5）、式（3-6）计算。由此根据 Q_{fr} 与 Q_{sr} 之差并引入可燃混合物的特性参数密度 ρ 与容积比热 c_v，可求出温度随时间 τ 的变化率 $\mathrm{d}T/\mathrm{d}\tau$：

$$Q_{fr} - Q_{sr} = V \rho c_v \frac{\mathrm{d}T}{\mathrm{d}\tau} \tag{3-7}$$

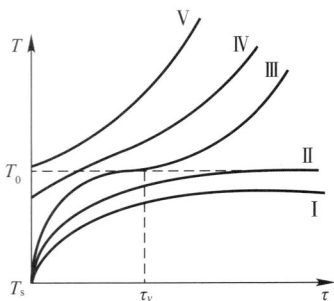

图 3-5　自然过程的温度变化

由此，对于自燃过程的各种工况（图 3-3 的 $Q_{sr}T_{01}$、$Q_{sr}T_{02}$、$Q_{sr}T_{03}$），可绘制出温度 T 随时间 τ 变化曲线，如图 3-5 对应的温度变化曲线 $T_s \mathrm{I}$、$T_s \mathrm{II}$、$T_s \mathrm{III}$（注：图中为便于查看，T_{lj} 虚线以下部分是放大的）。对于曲线 $T_s \mathrm{I}$、$T_s \mathrm{II}$，容器内的可燃混合物因 $Q_{fr}-Q_{sr}$ 越来越趋近于 0，相应温度趋近于交点或切点的数值，故而以其作为渐近线。对曲线 $T_s \mathrm{III}$，因 Q_{fr} 与 $Q_{sr}T_{03}$ 的热量差最小，温度曲线出现一个拐点。拐点之前曲线下凹，温度减速上升且上升幅度很小，拐点之后曲线上凹，温度加速上升直至热着火。若初温 T_0 再高，温度上升曲线就如 $T_s \mathrm{IV}$，孕育时间就会缩短。如 T_0 高到超过 T_{lj}，则温度上升曲线如 $T_s \mathrm{V}$，拐点消失但曲线上凹，表明初始升温较慢，如同链式反应的孕育时间。对曲线 $T_s \mathrm{II}$ 的临界状态，可认为孕育时间无限大。实际燃烧技术要求生活垃圾在炉内可靠地着火且不允许孕育时间过长。从上述分析知，缩短孕育时间的主要措施是提高着火温度。

着火温度和可燃物与空气混合物的成分有关。可用过量空气系数 α 表征空气与可燃物比例。当可燃混合物中 $\alpha \gg 1$（可燃混合物过稀）或 $\alpha \ll 1$（可燃混合物过浓）时，着火温度很高，反应速度很低，热着火十分困难。由此可知，在一定散热及压力条件下，α 仅在轨迹如同以水平线为基准的倒抛物线型的范围内时，可燃混合物才能自燃，这个范围叫作着火范围。当着火温度升高一些时，着火范围可稍微变宽一些；当着火温度降到该抛物线底部以下时，不会发生着火。

在绝热容器中，$Q_{sr}=0$，其自燃过程的模型为：

$$k_0 \exp\left(-\frac{E}{RT}\right)C^n VQ = V\rho c_v \frac{\mathrm{d}T}{\mathrm{d}\tau} \tag{3-8}$$

设初始条件 $\tau=0$，相应 $T=T_0$，$C=C_0$，可燃物 100％燃烬后的燃烧产物温度（称为测热计温度）为 T_{cr}。则绝热条件下的浓度与温度有 $C=C_0(T_{cr}-T)/(T_{cr}-T_0)$。由此，有如下自燃过程中时间 τ 与温度 T 的关系：

$$\tau = \frac{\rho \cdot c_v}{k_0 C_0^n Q}(T_{cr}-T_0)^n \int_{T_0}^{T} \frac{\exp(E/RT)}{(T_{cr}-T)^n}dT \tag{3-9}$$

绝热自燃过程的燃烧反应速度为：

$$w_m = k_0 \exp\left(-\frac{E}{RT}\right)C^n V \tag{3-10}$$

按式（3-9）、式（3-10）绘制出图 3-6 与图 3-7 所示的绝热自燃过程的温度与燃烧反应速度的关系。

图 3-7 反映出在绝热自燃的起始阶段，因阿累尼乌斯因子 $\exp(-E/RT)$ 很小，致燃烧反应速度极低，温度上升很慢。随着温度略有提高，使反应加速，继而温度迅速上升导致猛烈燃烧，表现在图 3-7 中的高峰与图 3-6 中的突发跃升。此后可燃混合物接近燃烬，反应速度急速下降，温度逼近测热计温度。一般认为图 3-7 的高峰出现在约有 80％可燃物燃烬的时候。图 3-6 的曲线仅用于火焰传播过程的研究。

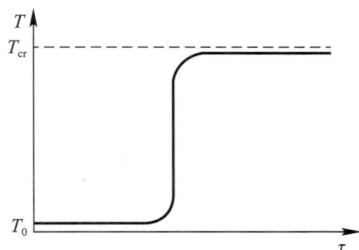

图 3-6　绝热自燃过程的温度变化

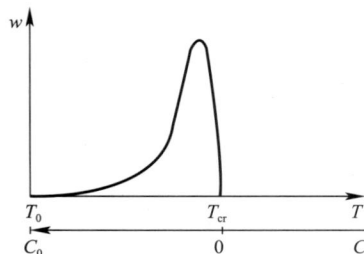

图 3-7　绝热自燃过程的燃烧反应速度

3.2.3.2　强燃

在前述热力着火时，当可燃混合物燃烧放热曲线与容器壁散热曲线相切时就发生热力着火现象。但燃烧技术中，为加速和稳定着火，通常是由外界对局部可燃混合物加热并使之着火，之后火焰传播到整个和燃混合物中。这种使可燃物着火的方法称为强燃，也叫点燃或强迫点燃。这种着火与热力着火没有本质区别。工程上所用的点火方法有电火花点火（如高压电火花法、高频高压电火花法、高能电火花法等），电弧点火，炽热物体点火与火焰点火等。强燃可设想成一炽热物体以强燃温度 T_{qr} 向气体散热，使可燃混合物边界层的气体温度 $T_{i=1\sim3}$ 从 $T_1 < T_{qr}$ 快速升高到 $T_3 > T_{qr}$ 而着火。边界层内的化学反应速度取决于阿累尼乌斯因子 $\exp(-E/RT)$。一般近似认为混合物浓度 C 均匀分布，温度下降幅度 RT_{qr}^2/E 后，阿累尼乌斯因子已经大大减小，化学反应速度可忽略不计。T_{qr} 可通过数学模型计算求得，一般在 $1000℃$ 以上，远高于自燃着火温度。强燃着火温度和自燃着火温度一样，不是一个物理常数。例如点火源或高温烟气回流量过小，传给可燃混合物的热量较小，就需要较高的的点火温度才能着火。

垃圾焚烧厂常用电火花强燃法。首先是由 $6000 \sim 20000K$ 温度的电火花使局部可燃混合气体着火，形成初始火焰中心，初始火焰中心再向可燃混合物传播，开始着火过程。制约电火花强燃的主要因素是最低着火能 E_{min} 与淬熄距离并受可燃物的理化特性、温度、压力、流速及电极形状等的约束。其中的 d_q 是指在临近容器壁面数毫米之内的地方，壁面散热作用强烈以至火焰不能传播的那段距离。对一定的可燃混合气体与电极间距，只有当放电能量 $E > E_{min}$ 时才可能点燃；达到点燃混合气的最小距离记为 d_q，当电极间距 d 大于 d_q 时，初始火焰向电极散热太多而不能点燃。

3.2.3.3　火焰传播

当可燃气体混合物在某一区域点燃后，火焰就从此区域传播开去。火焰传播需要有一个足够高温的燃烧策源地并且燃烧本身必须有一定的化学反应能力，几乎看不出明显的准备阶段就会燃烧起来。在着火过程中，散热条件对着火温度的影响很大，但对火焰传播速度的影响比较小。火焰传播速度是指火焰锋面在其法线方向的传播速度。各处火焰锋面以一定传播速度传播而形成新的火焰锋面。

在连续工作的垃圾焚烧锅炉炉膛中构成稳定燃烧过程的区域内，燃烧是在可燃混合物的连续气流里面发生的。如果温度与浓度足够大，化学反应就开始以很大的速度进行，以至在燃烧过程连续的"传递区域"中，混合作用的物理阶段变成了整个"连续"系统的一个最狭窄的阻塞区。正是这种高温状态下的物理作用，阻滞了也就是控制了整个燃烧工况。当化学反应速度发展得很快，相比之下的混合作用又显得很慢时，实际反应速度就会等于混合速度。对这样一个燃烧过程的区域，称为扩散区域。

火焰传播可分为层流时的传播与湍流时的传播，本分析中忽略过渡流时的火焰传播。层流是指在流速较小时流体分层流动，各层间互不干扰互不混合，各自沿光滑曲线向前流动。湍流则是指流体不规则运动，流场中各种量随时间和空间坐标发生紊乱的变化，但从统计意义上可得到其准确的平均值。

（1）层流时的火焰传播

层流时的火焰传播速度称为正常传播速度，记为 u_{ce}。u_{ce} 与沿着如管道中心线方向的传播速度 u 是不同的。经数学推导与简化得到如下层流流动气体与静止气体的传播速度公式：

$$u_{ce} = \sqrt{\frac{a}{\rho c_p} \frac{2Qw_m}{(T_{lr} - T_0)^2} \frac{RT_{lr}^2}{E}} \tag{3-11}$$

有时认为反应速度 w_m 与 T_{lr} 下可燃混合物燃烬所需要的时间 τ 成反比，可用便于分析的简化公式：

$$u_{ce}^2 = \frac{a}{\tau} \tag{3-12}$$

火焰锋面与可燃混合物升温与预热区总厚度 s 的数量级：

$$s \approx \frac{a}{u_{ce}} \backsim \left(\frac{\tau}{a}\right)^{1/2} \tag{3-13}$$

上述 3 式中　a——导温系数；

w_m——反应速度，由式 3-7 解出；

ρ——气体密度；

c_p——定压比热；

Q——可燃混合物反应热；

T_0 与 T_{lr}——可燃混合物初始温度与理论燃烧温度。

由式（3-11）、式（3-13）和试验研究可知影响火焰传播速度 u_{ce} 的因素较多，其中：

1）一般火焰正常传播速度的数量级为 1～100cm/s。火焰锋面厚度一般不到 1mm。

2）影响火焰传播速度 u_{ce} 最重要的因素是成平方根比例关系的导温系数 a 与化学反应速度 w_m。

3）u_{ce} 与压力 $P^{-(0\sim0.5)}$ 成比例，随压力升高略有降低。但质量流率 ρu_{ce} 是增加的，同样大小的火焰锋面内单位时间烧掉的可燃物将增大一些。

4）可燃混合物初温 T_0 升高时，u_{ce} 随理论燃烧温度 T_{cr} 升高会有所增大。可燃气体混合物中掺杂惰性物质增多，则 T_{cr} 降低，u_{ce} 会有所减慢。

5）u_{ce} 最大值出现在过量空气系数 α 稍小并接近 1 时。解释为 $\alpha>1$ 时空气过剩，$\alpha<1$ 时可燃物过剩，而过剩的物质不但不能放热而且在升温时要吸热，从而 T_{cr} 降低，u_{ce} 会有所减慢。α 过大或过小，火焰则不能传播，故而有"火焰传播范围"。

6）火焰锋面向四周环境的散热比较强烈，u_{ce} 降低。外来热源对火焰锋面前的可燃混合物加热，u_{ce} 会有所增大。散热和火焰凹凸锋面（如凸锋面的暴露于低温的可燃混合物之中，凹面对其前面的低温混合物形成钳形包围）对 u_{ce} 的影响是有限的。火焰的正常传播速度基本上只取决于可燃混合物的成分与物理化学性质。

（2）湍流时的火焰传播

湍流时的火焰传播速度，记为 u_t。湍流中的火焰锋面具有不断抖动，比层流时的火焰锋面厚的特点，可视为一层区域。一些湍流火焰传播速度模型都认为燃烧化学反应速度非常高，并且只在很薄的火焰锋面内进行。这种理论被称为火焰传播的表面理论。以后又根据湍流传播的试验提出，燃烧化学反应在火焰中各处都是以不同速度进行的，湍动迁移使不同成分的气体在火焰区内与燃烧同时进行着掺混，燃烧与掺混的结果就造成火焰传播。这种理论被称为火焰传播的容积理论。

较多应用的湍流机理是舍谢尔金物理模型。该模型定义湍动微团的大小或湍动迁移到与别的微团混合前所走的路程为湍流标尺。当湍流标尺小于层流火焰锋面厚度时称为小标尺湍流。小标尺湍流适用于很细的管内流动，与层流时的火焰传播速度 u_{ce}、雷诺数 Re 有近似关系：$u_t/u_{ce} \backsim Re^{0.5}$。当湍流标尺大于层流火焰锋面厚度的被定义为大标尺湍流，这是燃烧技术上常见的湍流。大标尺湍流可按气体微团的湍流脉动速度 w' 大小划分为大标尺弱湍流与大标尺强湍流。大标尺湍流有下述关系：

$$\frac{u_t}{u_{ce}} = \sqrt{1 + \left(\frac{w'}{u_{ce}}\right)^2} \qquad (3-14)$$

在大标尺弱湍流时，$w' < u_{ce}$，湍流迁移的气体微团尚不能冲破火焰锋面，但会使火焰锋面受到扭曲。其中火焰锋面上某几处气体微团向前迁移的速度 w' 大于平均湍流脉动速度 w'_{bj}，形成了凸出的锥面。另外几处向后迁移的 w' 落后于整个火焰封面，形成了凹进的锥面。这样就形成了凹凸不平的整个火焰峰面。在这凹凸不平的锋面上，各处火焰都以正常的火焰传播速度 u_{ce} 沿着该点火焰锋面的法线方向，向未燃一侧推进。与此同时又由于新的湍动，火焰锋面又会出现这种凹凸不平的锥面。由式 3-14，在很弱的大标尺弱湍流时，$w' \ll u_{ce}$，则 $u_t \approx u_{ce}$。

在大标尺强湍流时，$w' > u_{ce}$，可略去式 3-14 中根号下的 1，则有 $u_t \approx w'$。这使得火焰传播可设想成大团未燃烧的可燃混合物冲破火焰锋面迁移到高温燃烧产物的包围之中。这些大团未燃烧产物的尺寸超过层流时的火焰锋面厚度，迁移之后仍保持自己的独立性，不能马上与周围的气团混合但会在燃烧时把火焰传播给周围的可燃混合物。另一方面，大团可燃混合物又受到周围高温燃烧混合物的火焰传播。总之，湍流使火焰迁移到哪里就烧到哪里，这时的火焰传播速度就等于火焰脉动速度。通过对湍流燃烧机理的研究，上述物理模型被发展到如下大标尺强湍流的火焰传播速度：

$$u_t \approx 4.3 \frac{w'}{\sqrt{\ln\left(1 + \frac{w'}{u_{ce}}\right)}} \qquad (3-15)$$

为揭示湍流燃烧机理，还取得有众多研究成果。岑可法院士指出，湍流燃烧过程十分复杂，至今对湍流理论的研究尚处于探索机理的阶段（包括上述理论）。在其《高等燃烧学》中还介绍了直观解释湍流燃烧现象的 ESCIMO 湍流燃烧理论等，重点阐述了湍流气流中火焰传播的容积燃烧模型及其计算方法的研究成果，即火焰锋面在微小干扰作用下，不断波动、增加和分裂而最终破裂过程的自湍化理论。对该理论的评价是，可比较正确地解释湍流燃烧的一些问题，只是该理论尚不够成熟，将会随着实验技术的提高与非线性科学的突破与发展而完善。

3.3　燃烧化学反应的工程基础

燃烧化学反应的工程基础是工程热力学理论，包括能量与物质、能量状态与物质状态、能量转换与物质改变以及它们之间密不可分的关系，能量转换与物质状态改变遵循的平衡态与可逆过程的规律。

3.3.1　热力系的基本概念

科学研究的方法告诉我们，确定分析研究对象根据主观所需，人为地采用某种方法把这个对象从复杂的环境中隔离出来，使之与周围环境既要相区别又要发生确定的关系。热力学规定的研究对象称为热力学系统简称热力系。本文所涉及工程热力学方面的内容都是限定在该热力系范畴内。热力系与外界的相互作用有热量交换 ΔQ、质量交换 Δm 与对外作功 W。以下汇集的是一些常用基本规定：

（1）热力系瞬间呈现的宏观物理形态叫作状态，描述这一状态的宏观物理量为具体数值的叫作状态参数，为函数关系的叫状态函数。热力系处于平衡状态的基本状态参数压力 p、容积 v、温度 T 之间的函数关系称为状态方程，隐函数形式为 $f(p,v,T)=0$，显函数形式为 $p=f(v,T)$、$v=f(p,T)$、$T=f(p,v)$。

（2）以热力系吸热、对外做功为正，热力系放热、外界对系统做功为负。其中功的力学定义为物体受力和沿力作用方向产生位移，也即热力系与外界之间所做的功是力、位移和位移夹角余弦的乘积；广义热力学定义热力系与外界在边界发生的一种相互作用，其效果可归结为对外做功，单位时间完成的功叫作功率。一个质量不变的热力系不做功，而通过边界传递的能量叫作热量。

（3）按热力系与外界作用的形式有：热力系与外界没有热交换的叫作绝热系统，反之叫非绝热系统；与外界没有质量交换的叫作闭口系统，反之叫开口系统；与外界既无热量交换又无质量交换的叫作孤立系统。

（4）按热力系内部特点有：热力系内由可压缩流体组成的叫作可压缩热力系，反之叫不可压缩热力系，只有可压缩热力系才能做体积功。在不受除重力场以外的外界影响情况下，热力系状态参数长时间不随时间变化的状态叫作平衡状态；状态参数不随时间而变化的状态叫作稳定状态，也叫静态；热力系没有压差（温差）即处处压力（温度）相等的叫作力（热）平衡。

（5）热力系状态连续的变化称为热力学过程简称热力过程。近似地用一系列平衡态代替或表征非常接近平衡状态的非平衡状态所组成的热力过程称为准热力过程。准热力过程成立条件是造成热力系改变的外界不平衡势差趋于无限小以至该热力系在任意时刻都无限接近某一平衡态，热力过程进行的无限缓慢。热力系从不平衡态到平衡态所经历的时间称为弛豫时间。

（6）热力系经历一热力过程后，沿原路径逆行而使热力系和外界同时不留任何痕迹地恢复到原态的过程称为可逆过程。热力系和外界不能同时不留任何痕迹地恢复到原态的过程称为不可逆过程。

工程热力学引入的概念很多，在此仅直接引用这些概念而未做详细说明，如温度、熵、热量、功、平衡态、可逆过程、机械能等。需要说明的是，在给定状态下，凡与系统内所含物质的数量有关的，具有可加性与确定性的状态参数称为广延参数；凡与系统内所含物质的数量无关，在热力系任一点都有确定值的物理量称为强度参数。对总质量恒定的系统，在达到化学平衡前各组成的质量是不稳定的，因而系统的内能、焓、容积只能用广延量 U、H、V，只在确定的化学平衡中采用强度量 u、h、v。

3.3.2 质量与能量的转换定律

任何物质都有质量与能量（以下简称质能），换句话说质能是物质的固有属性，没有质能的物质和没有物质的质能是不可想象的。质量通过物体的惯性和万有引力现象表现出来。能量分为储存于物系内的能量与转移能量，储存能又有内部与外部储存能之分，转移能则分为热量与功。转移能是通过物质系统状态变化时对外作功、热量传递等形式表现出来。质能既不能创生也不能消灭，只可从一种形式转换成另一种形式。

在没有外界影响条件下的孤立系统平衡是由其本身的状态所决定，从而可用系统某种状态函数来判断。这种平衡包括有系统内的温度趋于一致的热平衡，系统内的压力趋于一致的力平衡和系统内没有自发相变的相平衡。在引入孤立系统平衡的同时，还要引入可逆与不可逆过程的概念。这是因为，一是在孤立系统内，温度差与压力差只是自发地由不平衡达到平衡，没有对外做功并转化成无效能而留在系统内。二是化学不平衡势差导致化学组成与密度变化等自发变化，由此产生能量贬值既是不平衡损失。另外系统内的机械摩擦阻力、流体粘性阻力以及磁阻、电阻作用产生的能量贬值既是耗散损失。没有不平衡损失和耗散损失的过程就是可逆过程。

化学反应的过程就是反应物的分子破裂后重新组合为新的分子而生成其他物质的过程。其质量、能量转换的数量关系通过守恒关系建立起来，一定质量的可燃物燃烧释放的一定能量，在定压条件下以焓的形式表述，在定容条件下以内能的形式表述。这就是可燃物的物质转化与能量转化过程的基本规则，其理论基础包括工程热力学定律，传热传质学定律和化学动力学定律等。这些理论的基石就是质量守恒、能量守恒与熵增原理。

关于熵，已经在第二章从垃圾生命周期视角提出了广义的熵概念。起源于热力学的熵是克劳修斯提出的宏观概念，此后波尔兹曼又提出微观熵概念，把 S 当作描述混乱程度的量，其经典表达式为 $S=K\log W$。由此熵就跳出热力学范畴，成为爱因斯坦所说的所有科学定律之第一定律。

在此进一步就热力学熵进行讨论。热力学熵的物理意义是构成热力系的大量微观离子集体表现的性质，是一个只具有统计意义但不能直接测量的宏观量，谈论个别微观粒子的熵没有意义。理论界认为，鉴于熵和熵增原理的克劳修斯经典方法的解释有欠缺，而热力学微观本质需要在统计热力学得到解释，所以要把熵理论问题讲清楚是很难做到的。喀喇氏法针对热力系，先以可逆过程证明状态参数熵的存在，再引入绝对温度而得到熵函数，最后以不可逆过程证明了熵增原理。

熵增原理源于热力学第二定律，是指热力系中不能利用来做功的那部分热能 Q 除以绝对温度 T 的商 Q/T 表示，这个商被赋予特定意义，取名为熵。引入的熵是作为可逆过程传热标志的广延参数微小增量，是一个状态参数，记为 S，单位是 J/K，比熵（即单位质量的熵）单位是 J/kgK。熵的变化是热力系吸收的热量与绝对温度的比值，基本表达式为 $dS = dQ/T$。热力学系统能量按能量守恒定律对非孤立系统的扩展表达为：系统由状态 1 经过某一个过程到达状态 2 后的内能增量 dU，与在过程中系统从外界环境吸收的热量 dQ 和系统对环境做功 dW 有关系，取外界热源温度 T_{sur}（无外界热源时，为环境温度 T，也即 $T_{sur} = T$），则有：

$$dQ = dU + dW \tag{3-16}$$
$$dS \geqslant dQ/T_{sur} = (dU + dW)/T_{sur} \tag{3-17}$$

内能 U 是与具体过程无关的状态函数，数值取决于系统的始态和终态参数。Q 和 W 则是内能改变量的量度，只当系统状态改变时才会出现的过程量，其数值不仅与过程的初终态有关，还与过程经历的路径有关。Q 与 W 之间存在某种相关性，把这种相关性的数值称为热功当量。应用式 3-16 时，系统吸热 $Q > 0$，系统放热 $Q < 0$；系统对环境做功 $W > 0$，环境对系统做功 $W < 0$。

平衡与非平衡是以热力学第二定律作为讨论的基础，也就是孤立系统的熵 S 只能增大不能减小，只当 S 达到最大值时，系统状态不再改变而达到平衡态，表示为 $dS \geqslant 0$。当与外界无质量和能量交换为约束条件即系统能量 $E =$ 常数时，表示为 $dS_E \geqslant 0$；当与外界没有功及热交换的约束条件即系统内能 U 与容积 V 不变时，表示为 $dS_{U,V} \geqslant 0$。

重要的是我们可以改变熵的外在演变路径，但这种改变一定是有代价的，表现在如下几方面：第一，克服系统趋向无序化的规律需要成本；第二，熵减会有副作用，即在克服某一种熵的同时，又会在其他方面导致新的熵；第三，随着社会日趋深刻而复杂的变迁，熵减成本有增高的趋势，熵减的难度越来越大。因此，在熵减过程中要以整个人类生活系统的可持续发展为目标，权衡行为利弊，努力以最少的成本获取最大的熵减收益。

质量守恒定律也称物质不灭定律，从不同视角表述为：①在孤立体系中，不论发生何种变化或过程，其总质量保持不变；②在化学反应中，参加反应的各物质的质量总和等于反应后生成各物质的质量总和；③包括化学反应与核反应的任何变化，物质都不能消灭，只是改变了物质的原有形态或结构。在化学反应过程中，质量守恒定律揭示出反应前后原子的种类、原子的数目、原子的质量、元素种类、元素质量和反应前后的总质量一定不变，而分子种类、物质种类一定改变，分子数目可能改变。与任何一种化学反应过程一样，燃烧化学反应的过程就是参加反应的各物质重新组合而生成其他物质的过程，反应前后的物质总质量不会增加也不会减少，只会有形式的转化。该定律成立的前提是反应过程要在与周围隔绝的孤立的环境下进行。若是在大气中，反应产物质量会改变，这是因为与孤立系统以外的空气结合。

质量守恒在化学反应的表述就是中学化学所讲的平衡方法，即通过化学反应公式，利用不同物质质量间（包括分子量）的平衡关系，当已知一种物质的质量，可按比例求得未知量的质量。

能量是物质的时空分布可能变化程度的度量，用来表征物理系统做功的本领。与功的单位相同，采用国际单位制焦耳（J）。能量以多种不同形式存在，按燃烧化学反应过程涉及的运动形式分为机械能、化学能、热能、电能等。不同形式的能量之间可以通过物理效应或化学反应而相互转化。

　　能量守恒定律即热力学第一定律，是指在一个孤立体系的总能量保持不变。从不同视角的表述为：①能量既不会凭空产生也不会凭空消失，它只能从一种形式转化为另一种形式或者从一个物体转移到其他物体，但总能量保持不变。②孤立系统的总能量保持不变；③一个系统的总能量改变只等于传入或者传出该系统的能量的多少。④既不靠外界供给能量，本身也不减少能量，却不断地对外做功而不消耗能量的第一类永动机是不可能造成的。

　　对孤立系统，无论其内部如何变化，总能量 E 保持不变。能量转移与守恒定律可简单表述为 $\Delta E = 0$。如将物系及其有关的外界作为一个孤立系统，取物系能量 E_{1N}、外界能量 E_{2W}。为简单起见，在不考虑质量交换即认为能量的增量 ΔE_{1N}、ΔE_{2W} 不包含质量交换的能量变化条件下，表述为 $\Delta E = \Delta E_{1N} - \Delta E_{2W} = 0$。由于热力学并不描述外界状态，$\Delta E_{2W}$ 是用外界与物系的作用表示的。鉴于其有质的差异，可将 ΔE_{2W} 分为传热的热量 Q 与做功 W，并规定外界对物系加热为正，做功为负，则有 $\Delta E_{1N} - (Q - W) = 0$。将其转换成 3-18 式，表述为加给热力物系的热量等于热力物系的能量增量与热力系对外做功之和。这就是热力学第一定律表达式。

$$Q = \Delta E_{1N} + W \quad 或 \quad dQ = dE + dW \qquad (3-18)$$

　　物系储存能有内部与外部的储存能之分。内部储存能是指物质粒子的微观动能与其在空间位置有关的能量，称之为内能，记为 U。内能与上述物系能量相同，$U = E_1$。U 由粒子状态决定，为状态参数。当不涉及物质内部结构变化时，内能仅指粒子的微观动能与位能时又称为热能。物体整体运动时除有内能外，还会有物系外参考坐标确定的其他能量，这种能量为外部储存能。外部储存能通常由宏观动能 $(1/2)mc^2$，宏观位能 mz 表示。故而取决于物系状态的状态参数储存能 E 为：

$$E = U + \frac{1}{2}mc^2 + mz \qquad (3-19)$$

　　人们根据大量实验确认了不同形式能量之间相互转换时的量值守恒。焦耳热功当量实验是早期确认能量守恒定律的著名实验，而后在宏观领域内建立了能量转换与守恒的热力学第一定律。康普顿效应确认能量守恒定律在微观世界仍然正确，后又逐步认识到能量守恒定律是由时间平移不变性决定的，从而使它成为物理学中的普遍定律。作为对非孤立系统扩展的热力学第一定律，是为物质运动转换量度的能量，此时可通过功 W 或热量 Q 的形式传入或传出，相应能量守恒定律用不同形式阐述为：

　　（1）孤立系统的能量守恒。

　　（2）物体内能的增加等于物体吸收的热量和对物体所作功的总和。

　　（3）系统在绝热状态时，功只取决于系统初始状态和结束状态的能量，与过程无关。

　　（4）系统经过绝热循环，其所做的功为零，因此第一类永动机是不可能的。

　　（5）两个系统相互作用时，功具有唯一的数值，可以为正、负或零。

　　复杂的燃烧化学反应是诸多元素互相交融作用的结果，就会产生不同于某几个元素相互作用的规律。就是说每一链节反应的个别元素所遵循的化学平衡与质能的基本规则，不能用于解释整体燃烧过程的规律。燃烧化学反应不能使可燃物百分之百进行到底，总会有中间产物存在。这也反映实际燃烧产物比理论产物的组分要复杂得多。这与我们研究燃烧产物精确组分、产生并排放的有害物质、燃烧产物热力学参数的精确值等

3 4 4

3 4 3 4

4 3 4

密切相关。

　　能量守恒是许多物理定律的特征。从数学视角看，能量守恒是诺特定理的结果。如果物理系统在时间平移时，满足连续对称性则其能量守恒，无对称性则能量不守恒。但若考虑此系统和另一个系统交换能量，而合成的较大系统不随时间改变，这个较大系统的能量就会守恒。由于任何时变系统都可以放在一个较大的非时变系统中，因此可以借不违背基本规律的重新定义能量来达到能量的守恒。相对论则说明只要观测者的参考系没有改变，狭义相对论中能量对时间的守恒就成立，在不同参考系下的观测者量测的能量大小会不同，但各观测者量测到的能量数值都不会随时间改变。需要注意的是，能量这一概念有其应用范围，根据广义相对论，在一定条件下就不能再使用能量这种量度。

> 　　爱因斯坦相对论所确立的质能守恒定律 $E=mc^2$ 与彼此独立的质量守恒定律和能量守恒定律的解释有原则性区别。
>
> 　　爱因斯坦质能守恒定律表明，物质可以转变为辐射能，辐射能可以转变为物质。有实验证明此定律与化学质量守恒定律的关系，表明质量守恒定律是完全正确的。20 世纪以来，人们发现原子核裂变所产生的能量远远超过最剧烈的化学反应。1kg 铀 235 裂变释放能量 8.23×10^{10} MJ，与产生这些辐射能相等的质量为 0.914g，二者的质量差千分之一。由此人们对质量守恒定律又有了新的认识。在爱因斯坦的狭义相对论中，能量是四维向量（一个能量，三个动量）中的一个分量。在任意封闭物系，任意惯性系观测时，每一个分量都会守恒，不随时间改变。此向量的长度也会守恒，向量长度为单一质点的静止质量，也是由多质量粒子组成系统的不变质量与不变能量。
>
> 　　质能守恒的总能量已不再只是动能与势能之和，而是静止能量、动能、势能三者的总量。引入的物体的静止能量包括分子运动的动能、分子间相互作用的势能、原子与原子结合的化学能、原子核和电子结合的电磁能以及原子核内质子、中子的结合能等。从而揭示出静止粒子内部仍然存在着运动，一定质量的粒子具有一定的内部运动能量，带有一定内部运动能量的粒子具有一定的惯性质量。在基本粒子转化过程中，有可能把粒子内部蕴藏着的全部静止能量释放为可以利用的动能。例如，当 π 介子衰变为两个光子时，由于光子的静止质量为零而没有静止能量，所以 π 介子内部蕴藏着全部静止能量。

3.3.3　卡诺循环与朗肯循环

3.3.3.1　焓与焓变

　　在开口系统能量方程中，进出开口系流体的热力学能总是与流动功同时出现且都是属于状态参量，热力学理论把它们定义为一个表征物质系统能量的状态参量"焓"。焓的物理意义是体系中热力学能 U 加上其体积 V 与外界作用于该系统压强 p 的乘积的总和，用 H 表示，单位为焦耳（J），表达式为：

$$H = U + pV \tag{3-20}$$

　　其中的 pV 可按照物理定义 $p=F/S$、$V=Sh$，$Fh=pV$ 来理解，也就是系统对外做功或是外界吸收的能量。

　　焓的变化（ΔH）是描述经历一个过程的热力系统状态变化，但只与系统发生过程的始态、终态有关，与中间过程无关的状态函数，是制约化学反应能否发生的重要因素之一。表达式为：

$$\Delta H = H_{终态} - H_{始态} = \Delta U + \Delta(pV) \tag{3-21}$$

　　实际应用中更常用的是单位质量的焓也叫比焓，记为 $h=u+pv$。相应焓变表示为 $\Delta h=\Delta u+\Delta(pv)$。固体与液体的单位为 kJ/kg，气体为 kJ/m³。

为便于理论分析，设定严格遵从气态方程 $PV=nRT$（系数 n 为物质的量）的气体叫作理想气体。所谓理想气体是将分子假设成有质量的几何点而忽略其自身体积，分子间没有相互吸引和排斥即不计分子势能，分子之间及分子与器壁之间发生的碰撞是完全弹性的，没有动能损失的气体。理想气体的焓只是温度的函数，取定压比热 c_p 按下式计算：$\Delta h=c_p(T_1-T_2)$。另外，内能是取定容比热 c_v 按下式计算：$\Delta u=c_v(T_1-T_2)$。

在化学反应中，因为 H 是状态函数，所以只有当产物和反应物的状态确定后，ΔH 才有定值。为把物质的热性质数据汇集起来以便查用，很有必要对物质的状态有一个统一的规定。基于这种需要，科学家们提出设定在指定温度 T 和压强 p 下的热力学标准状态的概念。对气态物质的标准状态是温度 273.15K（0℃），压强 101.325kPa 的状态。

由热力学第一定律可以导出，若一个孤立的热力系经历一个等压过程，而且在此过程中体系只有因体积的膨胀或压缩而与环境间交换的功即体积功，则该过程的体系焓变 ΔH 在数值上等于体系吸收或放出的热即等压热效应：$\Delta H=Q_p$。当恒压下对物质加热，则物质吸热后温度升高，$\Delta H>0$，也就是物质在高温时的焓大于它在低温时的焓；恒压下的放热化学反应，$\Delta H<0$，表明生成物的焓小于反应物的焓。

吉布斯研究焓变与熵变在不同温度下化学反应中自发进行的情况，建立了判断化学应能否自发从状态 1 变化到状态 2 的吉布斯自由能 ΔG，$\Delta G=\Delta H-T\Delta S$。式中 T 为反应温度（单位 K），$T>0$。若反应在等温等压下进行，不做非体积功。$\Delta G=0$ 时，处于平衡态，反应不能进行。如图 3-8 所示，象限 Ⅱ 是当 $\Delta H<0$、$\Delta S>0$、$\Delta G=\Delta H-T\Delta S<0$ 时，吉布斯自由能减少，反应自发进行，例如 $2O_3 \longrightarrow 3O_2$。象限 Ⅳ 是当 $\Delta H>0$、$\Delta S<0$、$\Delta G=\Delta H-T\Delta S>0$ 时，仅逆反应自发进行，例如 $CO \longrightarrow C+1/2O_2$。当 ΔH 与 ΔS 为同号时，正反应与逆反应可在一定条件下自发进行。其中，象限 Ⅰ 是高温正反应可自发进行，意味着高温时的 $T\Delta S$ 足够大时，ΔG 小于零。例如在高温下发生正自发反应 $N_2+O_2 \longrightarrow 2NO$，但在常温下不能自发地发生。象限 Ⅲ 是低温反应可自发进行，意味着在逆反应 $\Delta G_{逆}=-\Delta H+T\Delta S$，低温时的 $T\Delta S$ 项小，且升温至某温度时，ΔG 由正值变为负值，从而易于保证 $\Delta G_{逆}$ 小于零。例如 $HC_1+NH_3 \longrightarrow NH_4C_1$。

ΔH	ΔS	$\Delta H-T\Delta S$
<0	>0	<0
所有温度下化学反应可自发进行		

ΔH	ΔS	$\Delta H-T\Delta S$
>0	>0	低温时>0高温时<0
高温时化学反应可自发进行		

ΔH	ΔS	$\Delta H-T\Delta S$
<0	<0	低温时<0高温时>0
低温时化学反应可自发进行		

ΔH	ΔS	$\Delta H-T\Delta S$
>0	<0	>0
所有温度下化学反应不可自发进行		

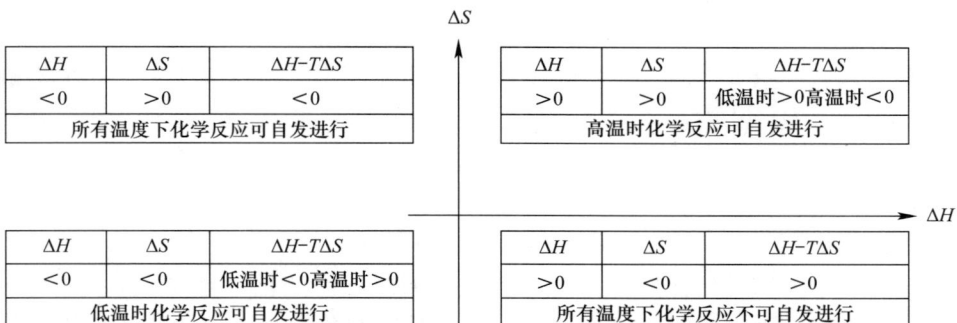

图 3-8 焓变与熵变在不同温度下化学反应中自发进行的坐标图

3.3.3.2 卡诺循环

如前所述，热力学确定了状态参数温度与温标，热力学第一定律确定了状态参数内能和焓，热力学第二定律确定了状态参数熵。这些定律都是建立卡诺循环和卡诺定理的基础。该规律是由法国军事工程师 S·卡诺（S. Carnot）针对改善热机效率，且是早于第二定律问世的。

卡诺循环的设定条件，一是热力学可逆过程即忽略如散热、泄漏、摩擦等耗散效应与准静态过程，二是假设工作物质只与两个恒温热源交换热量，三是不受气体类型限制的理想气体。因限制只与两热源交换热量，工作物质从高温热源吸热是无温度差的等温膨胀过程，向低温热源放热是等温压缩过程，脱离热源后只能是绝热过程。由此，获得了热要从高温热源流向低温热源才能做功，通过消耗热而得到机械功的极为重要的理论—卡诺循环。与此同时，证明了在相同的高、低温热源温度 T_1、T_2 之间工作的一切循环中，以卡诺循环的热效率为最高的基本规律—卡诺定理。卡诺循环与卡诺定理指明了提高循环热效率方向和极限值。

为方便理解，给出图 3-9 两幅图，这是原理相同的，采用 p-V、T-S 不同坐标系的卡诺循环（p-V 图中的 T_1、T_2 分别与 T-S 图中的 T_H、T_C 等同），A-B-C-D-A 为正卡诺循环，适用于热力过程分析。A-D-C-B-A 为逆卡诺循环，适用于制冷过程分析。在正卡诺循环中，理想气体从状态 A(P_1，V_1，T_1) 等温吸热到状态 B(P_2，V_2，T_1)，再从状态 B 绝热膨胀到状态 C(P_3，V_3，T_2)，从状态 C 等温放热到状态 D(P_4，V_4，T_2)，最后从状态 D 绝热压缩回到状态 A。这种由两个等温过程和两个绝热过程构成的理想气体可逆热力循环构成了卡诺循环。其中在：

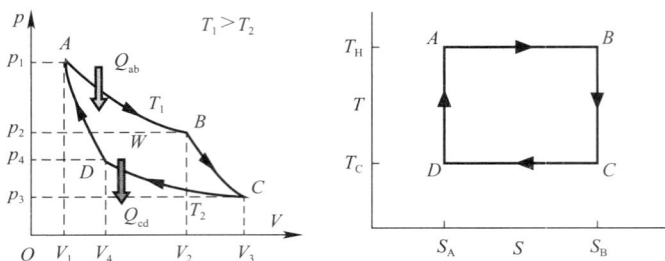

图 3-9 卡诺循环的 p-S 图（左图）与 T-S 图（右图）

A-B 可逆等温吸热过程中，工质在温度 T_1 下从相同温度的高温热源吸入热量 Q_{ab}。其状态表现为：$\Delta U_1=0$，$\Delta T_1=0$，$V_1 \downarrow \rightarrow V_2$，$Q_1=Q_{ab}=-W_1=nRT_1\ln(V_2/V_1)$。

B-C 可逆绝热膨胀过程中，工质温度自 T_1 降为 T_2，系统对环境作功 W。取 γ 为绝热指数，其状态表现为：$Q'=0$，$T_1>T_2$，$V_2^{\gamma-1}T_1=V_3^{\gamma-1}T_2$，$W'=\Delta U'=nC_{V,m}(T_2-T_1)$。

C-D 可逆等温放热过程中，工质在温度 T_2 下向同温度的低温热源释放热量 Q_{cd}，体积压缩。其状态表现为：$\Delta U_2=0$，$\Delta T_2=0$，$V_3 \downarrow \rightarrow V_4$，$Q_2=Q_{cd}=-W_2=nRT_2\ln(V_4/V_3)$。

D-A 可逆绝热压缩过程中，工质温度自 T_2 升高到 T_1，对外作出净功 W''，完成一个可逆循环。其状态表现为：$Q''=0$，$T_2<T_1$，$V_4^{\gamma-1}T_1=V_4^{\gamma-1}T_2$，$W''=\Delta U''=nC_{V,m}(T_1-T_2)$。

在一个卡诺循环中，总热力学能 $\Delta U=0$。热机所作功 W 为 ABCDA 围成的面积。因 $W'+W''=nC_{V,m}(T_2-T_1)+nC_{V,m}(T_1-T_2)=0$，故而热机所作总功为：$W=W_1+W_2=nRT_1\ln(V_2/V_1)+nRT_2\ln(V_4/V_3)$。

逆卡诺循环与上述正向循环反向，因而 Q_2 是工质从低温热源吸入的热量（通称制冷量），Q_1 是工质排放给高温热源的热量，W 是完成逆向循环所需的外界输入的净功。

卡诺循环的热经济指标用卡诺循环热效率 η_c 表示。根据克莱修斯不等式 $\oint \dfrac{dQ}{T} \leqslant 0$，可逆过程等号成立，有 $Q_2/T_2 = Q_1/T_1$。通过热力学相关定理可得出卡诺循环的效率：

$$\eta_c = \frac{W}{Q_1} = \frac{Q_1 - Q_2}{Q_1} = 1 - \frac{Q_2}{Q_1} = 1 - \frac{T_2}{T_1} \qquad (3\text{-}22)$$

由此可以看出，卡诺循环即是最简单、最理想的循环。卡诺循环表明：

（1）以任何工作物质（简称工质）作卡诺循环，其效率都是相同的。卡诺循环效率 η_c 只与热源温度 T_1 与冷源温度 T_2 有关，且 T_1 越高和/或 T_2 越低，η_c 越高，从而指明了提高 η_c 的路径。低温热源通常是周围环境，显然降低环境温度的难度大、成本高，是不足取的办法。尽量提高蒸汽温度，使用过热蒸汽推动汽轮机，正是基于这个理论。但实际应用中，还必须要充分考虑工程使用条件和应用时的负面影响因素。

（2）由于 $T_1 \to \infty$，$T_2 = 0\mathrm{K}(-273\,℃)$ 都是不可能获得的，所以 $\eta_c < 100\%$。应用热力学第二定律，采用反证法，可证明高温热源和低温热源温度的卡诺循环的效率最高。鉴于卡诺定律应用不方便，故而更常用的是下述二个推论：一是在两个相同热源之间工作的所有可逆机的热效率均相同；二是在两个相同热源之间工作的所有不可逆机的热效率一定小于可逆机的热效率。

（3）若只有单一热源即 $T_1 = T_2$，则 $\eta_c = 0$。说明具有单一热源的第二类永动机是不可能制造成功的。

卡诺循环的卡诺热机是实际热机所不能达到，但指明了热机效率的限制与提高实际热机热效率的方向。表现在：

① 影响热效率的本质是温度，而不是吸热量和或放热量。

② 实际热机的最佳设计路径，是使热力循环尽可能接近卡诺循环。

③ 尽可能减少不可逆循环过程包括内不可逆和外不可逆过程，特别是减少如摩擦、泄漏、掺混等的内不可逆过程。

④ 尽量扩大循环的极限温度范围，即提高热源温度，降低冷源温度。一般热源温度受材料的耐热性能的约束，冷源温度受环境温度的制约。

3.3.3.3 理想朗肯循环

基于卡诺循环原理的朗肯循环理论是由英国科学家朗肯（W. J. M. Rankine）计算出的热力学循环（后称朗肯循环）的热效率，于 1859 年出版的《蒸汽机和其他动力机手册》是第一本系统阐述蒸汽机理论的经典著作。朗肯循环被作为蒸汽动力发电厂性能的对比标准，也就是说一切蒸汽动力循环都是以朗肯循环为基础。

蒸汽动力循环系统是由给水泵、锅炉、汽轮机和冷凝器几个主要装置组成（参见图 3-10 左 1）。在循环系统中，锅炉给水由给水泵增压，然后进入锅炉被加热—蒸发—过热，过热蒸汽进入汽轮机膨胀作功，做功后的低压蒸汽通过冷凝器凝结成水，再回到给水泵，完成一个循环。图 3-10（左 2）是理想朗肯循环的 $T\text{-}s$ 图，为方便从不同视角理解，同时绘出 $p\text{-}v$ 图（左 3）与 $h\text{-}s$ 图（左 4）的不同表达方式。如前所述理想循环是忽略了各种损耗的循环，这类损耗包括热量的损耗和热量中有效能的损耗。在实际应用中的循环是不可逆的，需要将各环节的热量和热量中有效能的损耗计入相应分析计算中，也就是将理想循环转化为实际循环。

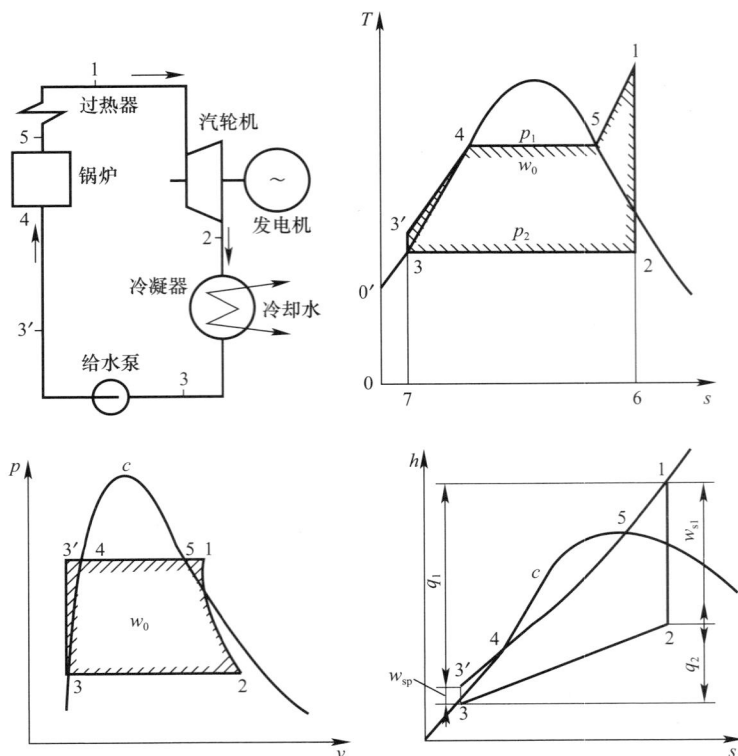

图 3-10　蒸汽动力循环装置（左1）与理想朗肯循环 T-s 图（左2）、p-v 图（左3）、h-s 图（左4）

图 3-10 显示出，蒸汽动力装置的工作循环可以理想化为由两个可逆等压过程和两个可逆绝热即等熵过程组成的理想循环：

1-2 为等熵膨胀过程：过热蒸汽在汽轮机中放热和膨胀做功过程因其流量大、散热量相对较小。故理论分析时忽略摩擦等不可逆因素，将该过程理想化为可逆绝热膨胀过程即等熵膨胀并对外做功过程。此状态为：$\delta s_{1-2}=s_1-s_2=0$，$ws_{1-2}=h_1-h_2$。

2-3 为等压冷凝过程：膨胀后的低压蒸汽在冷凝器中冷却成饱和水。将该过程的不可逆温差传热与过冷度等因素放于系统之外去考虑，以理想化成定压冷凝过程。此状态为：$\delta p_{2-3}=p_2-p_3=0$，$q_2=h_2-h_3$。

3-3′ 为等熵压缩过程：锅炉给水在水泵中压缩升压过程中，流经水泵的流量较大，水泵向周围的散热量折到单位质量工质很小，一般水泵消耗的能量只占整个吸热量的 $0.8\%\sim1\%$，工程计算可忽略不计，从而简化该过程为可逆绝热压缩即等熵压缩过程。此状态为：$\delta s_{3-3'}=s_{3'}-s_3=0$，$ws_{3-3'}=h_{3'}-h_3\approx0$。

3′-4-5-1 为等压加热、汽化与过热过程：包括 3′-4 锅炉给水加热成为饱和水的加热阶段，4-5 饱和水加热成为干饱和蒸汽的蒸发阶段，5-1 干饱和蒸汽加热成为过热蒸汽的过热阶段。锅炉给水被加热成过热蒸汽的过程是与外部高温热源有较大温差条件下进行的，工质必然会有压力损失，也就是一个不可逆吸热过程。把它理想化为不计工质压力变化，也就是把传热不可逆因素放在系统之外，将加热过程理想化为等压可逆吸热，即等压气化与过热过程。此状态为：$\delta p_{1-3'}=p_1-p_{3'}=0$，$q_1=h_1-h_{3'}\approx h_1-h_3$。理想朗肯循环是不考虑实际燃烧和传热过程损失的理想循环，继而推导出朗肯循环热效率：

$$\eta_t = \frac{w_{s1-2}}{q_1} = \frac{q_1 - q_2}{q_1} = \frac{(h_1 - h_{3'}) - (h_2 - h_3)}{h_1 - h_{3'}} = \frac{(h_1 - h_2) - (h_{3'} - h_3)}{h_1 - h_{3'}} \quad (3\text{-}23a)$$

忽略给水泵消耗的功，即 $h_{3'} - h_3 = 0$，则有：

$$\eta_t = \frac{h_1 - h_2}{h_1 - h_3} \quad (3\text{-}23b)$$

在 4-5 饱和水加热到干饱和蒸汽过程是处于汽、水共存的动态平衡状态即湿饱和蒸汽状态，简称为湿蒸汽。取 1kg 湿蒸汽中含有干饱和蒸汽的质量百分数为蒸汽干度，记为 X_s。当 $X_s = 100\%$ 时的蒸汽为干饱和蒸汽，$X_s = 0$ 时为饱和水，X_s 在 $0 \sim 100\%$ 时为不同干度的湿蒸汽。湿蒸汽的总热焓 H_s 由汽化潜热焓 L_v 及水的显热焓 H_{ws} 组成，即：

$$H_s = H_{ws} + X_s L_v \quad \text{kJ/kg} \quad (3\text{-}24)$$

H_s 在较低压力下最大，随着压力升高而逐渐减小，压力达到临界点（22.56MPa，374.1℃）时降到最低点。而 L_v 随压力增加而减少，H_{ws} 随压力增加而增加。在相同压力条件下，X_s 越高，H_s 就越大。

单位质量湿蒸汽中，干饱和蒸汽占据的体积称作饱和蒸汽的比体积 V_s，饱和水占据的体积称作饱和水的比体积 V_w，二者之和称作湿蒸汽的比体积 V_{ws}，按下式计算：

$$V_{ws} = X_s V_s + (1 - X_s) V_w \quad \text{m}^3/\text{kg} \quad (3\text{-}25)$$

湿蒸汽的干度与压力成正比关系，而在相同压力下，湿蒸汽的比体积又与干度成正比关系。在饱和温度下的湿蒸汽黏度非常低，其中在 $100 \sim 370$℃ 范围内的黏度仅为 $0.01 \sim 0.02$mPa·s。

湿饱和蒸汽的密度 ρ_{ws} 是相应蒸汽干度下 X_s 的干蒸气密度 ρ_s 与饱和水密度 ρ_w 之和，有：

$$\rho_{ws} = X_s \rho_s + (1 - X_s) \rho_w \quad \text{kg/m}^3 \quad (3\text{-}26)$$

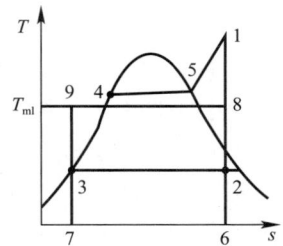

图 3-11 理想朗肯循环
及其等效卡诺循环

我国热力工程学的先驱陈大燮教授在分析朗肯循环热效率时，提出把理想朗肯循环折合成等效卡诺循环的分析方法。如图 3-11 所示，82398 是朗肯循环 123451 的等效卡诺循环，二者围成的面积相等，即循环热效率 $\eta_{t82398} = \eta_{t123451}$，以及 $\eta_{t82398} = 1 - T_2/T_8$。此处 T_8 为卡诺循环吸热的绝对温度，也就是朗肯循环的平均吸热温度，可推导出 $T_8 = (h_1 - h_3)/(s_1 - s_3)$。对其热效率的影响因素只需考虑的是蒸汽参数，即初压与初温，终压与终温。

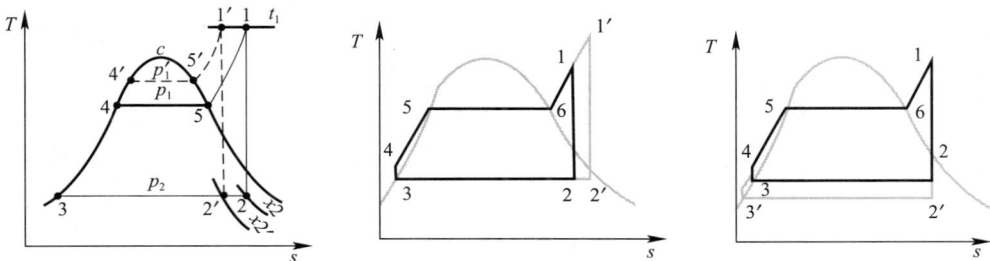

图 3-12 提高初压（左）、初温（中）、终压（右）对朗肯循环的影响
（注：中/右图标示出水泵的热力过程，故其状态点 5/6 分别对应左图的 4/5）

基于上述概念，并进一步从图 3-12（左）可见，当初温 t_1、终压 p_2 不变时，初压 p_1 越高，蒸汽的蒸发温度 t_5 越高（如 t_5'），平均吸热温度也越高，从而热效率越高。p_1 越高，蒸发吸热量占总吸热量的比例越小（表 3-1），也就是初压增加，循环效率提高，但增加幅度是递减的。实际应用中，初压增高，不但对材料的强度有更高要求，而且因汽轮机做功过程后的出口蒸汽干度降低（一般要求大于 0.88），对汽轮机的安全运行可能会产生影响。另有分析，如图 3-12（中）提高初温 t_1，汽轮机出口蒸汽干度提高而效益显著，但受到金属材料的耐温限制，从安全运行角度看需要谨慎对待。就生活垃圾焚烧过程来说，针对我国生活垃圾复杂多变，含水率较高的特性而具有较强的腐蚀性因素，要控制进入对流受热面时的烟气温度不大于 650℃。

不同初参数的余热锅炉工质吸热量比例　　　　　　　　表 3-1

过热蒸汽			给水		饱和水汽		总焓降 （kJ/kg）	吸热量占比（%）		
压力 （MPa）	温度 （℃）	焓 （kJ/kg）	温度 （℃）	给水焓 （kJ/kg）	饱和水 （kJ/kg）	饱和汽 （kJ/kg）		加热	蒸发	过热
4.0	400	3215.71	130	546.28	1087.36	2800.34	2669.43	20.27	64.17	15.56
4.0	400	3215.71	140	589.08	1088.36	2801.34	2626.63	19.01	65.22	15.78
4.0	450	3331.22	130	546.28	1089.36	2802.34	2784.94	19.50	61.51	18.99
5.4	450	3311.92	130	546.28	1178.9	2790.83	2765.64	22.87	58.28	18.84
6.4	450	3297.74	130	546.28	1235.7	2780.65	2751.46	25.06	56.15	18.79

注：表中的焓值根据某汽机厂的焓熵图确定。

从蒸汽动力循环的热效率看，如 p_1、t_1 不变，降低终压 p_2，相应终温降低，则如图 3-12（右）循环热效率提高。但降低终温、终压的收获不能说是递增的，因为有如下不能忽视的限制因素：一是冷凝器中的冷却水温度是取决于地区、季节等社会环境条件，而蒸汽终温又是不可能低于冷却水温度。二是冷凝器内的蒸汽要放热给冷却水，但冷却 1kg 蒸汽所需要的冷却水是可多可少的，冷却水的倍数越大温升越小。蒸汽终温 t_2 应是冷却水进冷凝器的温度 t_0，加上其在冷凝器内的温升 Δt_1。采用面式冷凝器时，需再加上一个换热温差 Δt_2，即：$t_2 = t_0 + \Delta t_1 + \Delta t_2$。由此可知，冷却水的倍数越大（范围在 50～110），Δt_1 越小，则 t_2 越小；但循环冷却水泵的功率就越大，以致使热效率的增大可能补偿不了此项的损失。另一方面，面式冷凝器 Δt_2 越小，t_2 也可以减少，但冷凝器面积也越大，甚至也是得不偿失的。故而降低蒸汽终温或终压虽然有利，却是有限度的。所以在朗肯循环范围内以调整参数来提高热效率的潜力有限，一般不是发展方向。有效提高蒸汽循环热效率，还需突破朗肯循环。例如利用氨和水混合物作为工作介质的新颖、高效的动力循环系统—卡琳娜循环。目前成熟的做法是如火电厂超高压等级及以上机组采用抽汽回热循环的再热式机组。其基本原理如图 3-13 所示，忽略泵功，取抽气量 α，有 $\alpha = (h_{01'} - h_{2'})/(h_{01} - h_{2'})$，则抽汽回热循环的热效率 η_t 为：

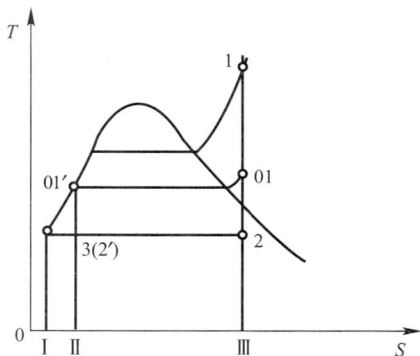

图 3-13　抽汽回热循环

$$\eta_t = 1 - \frac{(1-\alpha)(h_2 - h_{2'})}{h_1 - h_{01''}} \qquad (3\text{-}27)$$

3.3.3.4 实际朗肯循环的各项损失

实际朗肯循环是在理论朗肯循环基础上，计入循环过程的各项损失的循环过程，这种损失包括：①蒸汽动力循环本身的损失。主要有高压蒸汽管道的散热与节流损失，汽轮机内部损失，还有给水泵有效能损失，系统漏汽损失等。②燃烧、传热过程的各项损失。主要有锅炉不完全燃烧、散热、燃烧气体带走热量，气—汽传热的有效能损失，冷凝器中的有效能损失，机械、电机、辅助设备等的能量损失。③实际运行管理过程中需要避免或减少的损失。

高压蒸汽管道的散热损失，是因管道内的过热蒸汽温度远大于环境温度，引发传热过程导致的有效能损失。如图 3-14 所示，散热损失是过热蒸汽从初态 1 降到状态 $1'$，理想焓降从 h_1-h_2 降到 $h_{1'}-h_{2'}$，熵差 $\Delta s_散 = s_1-s_{1'}$，散热的有效能损失 $E_散 = \Delta h_散 - T_2 \Delta s_散 = (h_1-h_{1'})-T_2(s_1-s_{1'})$，占总热量的比例按下式计算：

$$\frac{Q_散}{Q} = \frac{h_1-h_{1''}}{h_1-h_3} \qquad (3-28)$$

节流损失是管道、阀门等阻力产生的有效能的损失而并非热量的损失，其压降以初压为基数，可降低 3%～5%。如图 3-14，节流的有效能损失可看做过热蒸汽由 $1'$ 等熵膨胀到 5，压力损失 $\Delta p = p_{1'}-p_5$。所得的功转变为热量，此热量再对过热蒸汽等压加热至 $1''$。由于节流损失，从 $1'$ 点转变到 $1''$ 点，理想焓降从 $h_{1'}-h_{2'}$ 减少到 $h_{1''}-h_{2''}$。图示面积 $51''685$ 表示有效能转变为的热量，即 $h_{1'}-h_5 = h_{1''}-h_5$。其中的面积 $2'2''682'$ 表示无效能，数量为 $T_2(s_{1''}-s_5)$；面积 $51''2'2'5$ 表示有效能损失，即 $(h_{1''}-h_5)-T_2(s_{1''}-s_5)$。转变成热量的平均温度 $(T_{1''}+T_5)/2$ 越高，有效能损失对有效能转变为热量的份额越小，此份额的近似值为 $2T_2/(T_{1''}+T_5)$。其中 $T_{1''}$ 数值可按蒸汽性质表求取或近似地取为：

$$T_{1''} = \frac{h_{1'}-h_5}{2} + T_5 \qquad (3-29)$$

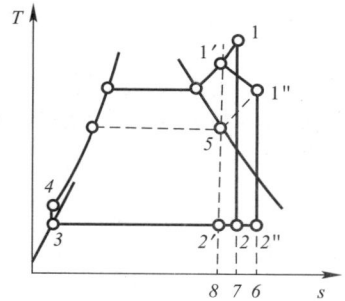

图 3-14 高压管道散热与节流损失

3.4 燃烧工艺基础

3.4.1 绝热燃烧温度与炉膛理论温度

炉膛温度通常是泛指锅炉炉膛内火焰与高温烟气的温度。但对层燃型垃圾焚烧锅炉来说，炉膛燃烧区在炉排上的垃圾层表面到二次风入口所在断面结束而不是充斥整个或大部分炉膛；紧接二次空气紊流区上部的区域是燃烧热量的第一占有者—高温烟气辐射换热区，以及后续炉膛出口区域。以某 400t/d 垃圾焚烧锅炉为例，自二次风所在断面到炉膛顶部以下区域的容积在 $500m^3$ 左右，整个炉膛的空间根据垃圾焚烧目的与燃烧特征，炉膛不同部位的燃烧或烟气温度是有很大差别的。因此所谓炉膛温度只是一个概念性的温度，不是具体状态参数。在一般锅炉炉膛温度的理论计算时，首先是根据燃烧与传热理论，忽略一些次要影响因素，简化成可燃物与空气在绝热状态下，燃烧反应释放的热量全部用于增加燃烧产物的焓或内能，使燃烧产物达到理论上最高温度即绝热燃烧温度 ϑ_{adi}。此时烟

气的焓 I_y 等于输入垃圾焚烧锅炉炉膛的热量 H_{max}，表示为 $H_{max} = c_p \vartheta_{adi}$。该热量是以 1kg 焚烧垃圾为基数，包含有焚烧垃圾热量、空气带入的热量、用外来热量加热空气时带入的热量、垃圾带入的热量以及烟气回流带入的热量等。根据输入的热量和过量空气系数，按《工业锅炉设计计算方法》规定的焓温表求得绝热燃烧温度 ϑ_{adi}。ϑ_{adi} 是在燃烧效率、热量传递的理论分析中起着重要作用的虚拟状态参数，也是实际不可能达到的极限温度。实际燃烧过程不可能造成绝热条件，而是同时存在着通过辐射、对流及导热而向周围环境的散热，以及其他负面影响因素。对此，采取经验系数的修正方法，使之成为可以接受的贴近实际状态的参数。

实际应用中，采用炉膛理论温度 t_a（℃）作为评价与控制生活垃圾焚烧锅炉燃烧过程的特征参数。t_a 是在确定的可燃物和空气，计入锅炉热效率后的垃圾有效热量以及恒定体积、等压条件下的燃烧产物在理论上达到的终态温度。对特定的生活垃圾，t_a 随空气过量系数的增加而降低，随空气预热温度的上升而提高。t_a 可通过能量平衡建立与焚烧垃圾热值 Q_d（kJ/kg）的关系。t_a 的计算有精确与近似计算法。由于垃圾的不稳定特性远大于资源燃料，且精确计算过于繁琐，通常采用近似计算法。

以热平衡为基础的炉膛燃烧理论温度计算模型有很多，如美国 Tillman 等根据美国垃圾焚烧厂的运行数据，建立了如下垃圾焚烧理论温度回归模型：

$$t_a = 0.108Q_g + 3467\alpha^{-1} - 4.544W + 0.59(t_k - 77) - 287 \tag{3-30a}$$

日本田贺博士根据热平衡原理建立了燃烧理论温度模型：

$$t_a = [(Q_d + 6W) - 5.899W + 0.80t_k\alpha(1 - W/100)]/[0.847\alpha + 0.00491W] \tag{3-30b}$$

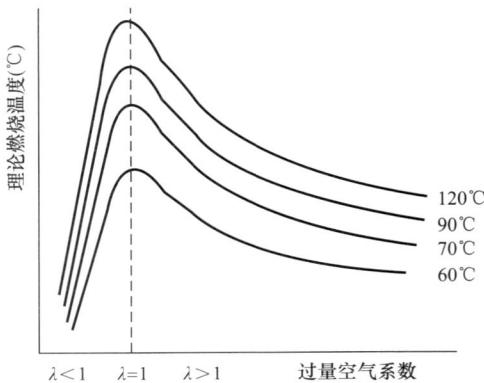

图 3-15　不同加热温度的过量空气
与炉膛燃烧理论温度的关系（示意图）

以上两式中的 t_a 与空气预热温度 t_k 的单位为 ℉，垃圾热值 Q_d、Q_g 为 kcal/kg，W、α 分别表示垃圾含水率、过量空气系数。

按我国锅炉的计算方法，可采用如下垃圾有效热量的热平衡近似计算模型。其中的过量空气系数与空气温度的实际意义表明不同加热温度的过量空气对理论燃烧温度有如图 3-15 所示的影响。

$$Q_d\eta + \alpha L_0 c_k t_k = \alpha L_0 c_y t_a + c_y t_a$$

即：

$$t_a = \frac{Q_d\eta + \alpha L_0 c_k t_k}{c_y(\alpha L_0 + 1)} \tag{3-30c}$$

式中　α——过量空气系数。与氧量 O_2 关系按式 $\alpha = 21/(21 - O_2)$ 确定或按下表选取：

氧量（%）	3	4	5	6	7	8	9	10	11	12
α	1.1667	1.2353	1.3125	1.4000	1.5000	1.6154	1.7500	1.9091	2.1000	2.3333

L_0——理论空气量 kg/kg。按垃圾元素进行计算。也可按下式估算：

$$L_0 = rQ_{dw}^{0.8197} = 0.002Q_{dw}^{0.8197}$$

t_k——空气预热温度 ℃；

c_y——烟气平均定压比热。一般为 $1.2979\sim1.4654$kJ/(N·m³·℃)，近似取 $c_y=1.254$kJ/(kg·℃)；

c_k——预热空气平均比热 kJ/kg℃，可按下表选取：

空气温度	t_k	℃	0	20	100	200
空气平均比热（标准大气压）	c_a	kJ/(m³·℃)	1.3188	1.3199	1.3243	1.3318
		kJ/(kg·℃)	1.7052	1.7066	1.7121	1.7220

例：已知：$Q_d=6688$kJ/kg；炉膛过量空气系数 $\alpha=1.4$；烟气平均定压比热 $c_y=1.254$kJ/(kg·℃)。

求：炉膛理论温度 t_a。

解：空气预热温度 $t_k=200$℃，查表得预热空气平均比热 $c_k=1.7220$kJ/(kg·℃)

理论空气量 $L_0=0.002Q_d^{0.8197}=0.002\times6688^{0.8197}=2.7329$kg/kg

则：炉膛理论温度 $t_a=\dfrac{Q_d\eta+aL_0c_kt_k}{c_y(aL_0+1)}=\dfrac{6688\times\eta+1.4\times2.7329\times1.7220\times200}{1.254\times(1.4\times2.7329+1)}$

当 $\eta=1$、0.95、0.8 时，$t_a=1323$℃、1268℃、1102℃

分析：如 $t_a=1200$℃时，按内插法得 $L_0=2.1570$kg/kg；则垃圾临界热值为：

$Q_d=(aL_0c_yt_a+c_yt_a-aL_0c_kt_k)/\eta$

$=(1.4\times2.1570\times1.254\times1200+1.254\times1200-1.4\times2.1570\times1.722\times200)/0.95$

$=6676$kJ/kg

3.4.2 完全燃烧原理

生活垃圾燃烧过程是具有不确定因素在内的复杂过程，既有受热分解产物再燃烧的分解燃烧，可燃固体的表面燃烧，又会有低熔点可燃固体熔融的蒸发燃烧以及液态物质的蒸发燃烧。试验表明，生活垃圾焚烧是以热分解气化后的气相燃烧即分解燃烧为主。由于燃烧是瞬间发生的，其分解、气化、混合的时间均纳入燃烧时间，这是因为按目前的应用技术手段，要把分解、气化与燃烧的过程划分开是极其困难的。显然这样的理论对工程的指导意义不大。由于可燃物与空气送入燃烧的方式，烟气－空气气流及其扰动程度都不是固定的，也很难取得计算模型。因此人们转而从宏观实用角度，应用以整个燃烧设备为基准的燃烧平均特性方法去研究燃烧过程，用一般的平均技术计算去界定燃烧程度。

所谓完全燃烧严格讲是指焚烧垃圾中的全部可燃物质与氧进行激烈化合反应并释放出全部热量，反应产物中不含有可燃成分的燃烧。完全燃烧的工程意义在于以垃圾焚烧锅炉的安全性、环保性、经济性运行为评价原则，用一般的平均技术特性去确定趋于完全燃烧的技术指标，包括用焚烧烟气中的 CO 含量与炉渣热灼减率作为直接判别完全焚烧程度，也可作为间接判断初级减排二噁英的基本指标。

3.4.2.1 理论空气量和过量空气系数

每千克焚烧垃圾完全燃烧所需要的空气量称为理论空气量，记为 V^0。完全燃烧时所需要的空气量按燃烧化学反应模型计算。计算中，所有气体都按 0.101MPa、0℃的标准状态，1mol 容积为 22.41m³ 的理想气体计。以碳完全燃烧为例，取生活垃圾的湿基可燃成分有 C、H、S 元素，Q^C 为放热量的燃烧反应方程为：

$$12.01\text{kgC}+22.41\text{Nm}^3\text{O}_2=22.41\text{Nm}^3\text{CO}_2+Q^C$$

则 1kgC 完全燃烧时有：$1\text{kgC}+1.866\text{Nm}^3\text{O}_2=1.866\text{Nm}^3\text{CO}_2+33700\text{kJ}$

97

1kg H 完全燃烧时有：$1kg H_2 + 5.56 Nm^3 O_2 = 11.1 Nm^3 H_2O + 120000kJ$

1kg S 完全燃烧时有：$1kg S + 0.70 Nm^3 O_2 = 0.70 Nm^3 SO_2 + 9220kJ$

就是说 1kg 焚烧垃圾中有 $\dfrac{C}{100}$kg 碳、$\dfrac{H}{100}$kg 氢、$\dfrac{S}{100}$kg 硫，完全燃烧时需氧量分别是 $1.866\dfrac{C}{100}Nm^3$，$5.56\dfrac{H}{100}Nm^3$，$0.7\dfrac{S}{100}Nm^3$。生活垃圾本身的氧量在标准状态下的容积是 $\dfrac{22.41}{32} \cdot \dfrac{O}{100} = 0.7\dfrac{O}{100}Nm^3$。垃圾中的 Cl 元素是支持燃烧的助燃剂，只与可燃成分中的 H 发生放热反应。生活垃圾的氯量在标准状态下的容积是 $\dfrac{22.41}{71} \cdot \dfrac{Cl}{100} = 0.3156\dfrac{Cl}{100}Nm^3$。

则 1kg 焚烧垃圾完全燃烧的理论需氧量按空气含氧量 21% 折算为完全燃烧所需要的理论空气量：

$$V^0 = \frac{1}{21}V^0_{O_2} = \frac{1}{21}\left(1.866\frac{C}{100} + 5.56\frac{H}{100} + 0.7\frac{S}{100} - 0.7\frac{O}{100} - 0.3156\frac{Cl}{100}\right)$$

$$= 0.0889C + 0.265H + 0.0333S - 0.0333O - 0.015Cl \quad Nm^3/kg \qquad (3\text{-}31)$$

用重量表示为：

$$L^0 = 1.293V^0 = 0.115C + 0.342H + 0.0431S - 0.0431O - 0.0194Cl \quad kg/kg \qquad (3\text{-}32)$$

需要注意的是随着海拔高度的增加，空气含氧量降低。考虑锅炉风机的调节能力，一般在 1000m 以下时，由该公式计算结果可不做修正。当用在海拔 1000m 以上的地区时，可按海拔升高 100m，空气含氧量下降 0.16% 进行修正。但这种修正在海拔 4000m 时的空气含氧量下降为 14.6%，则需修正为 $V^0_{4000} = 21/14.6 \times V^0 = 1.4384 V^0$。显然因过量空气过多，可能对燃烧产生不利影响。

为了使生活垃圾中的可燃物在炉膛内能够充分燃烧，尽可能达到或接近完全燃烧，减少不完全燃烧的热损失，有组织送入炉内的空气量需要大于理论空气量。为此，引入过量空气系数指标，记为 α，定义为供给的空气量 $V_k Nm^3/kg$ 与理论空气量 $V^0 Nm^3/kg$ 之比：

$$\alpha = \frac{V_k}{V^0} \qquad (3\text{-}33)$$

由于垃圾焚烧锅炉的挥发分燃烧过程是在二次风进口区域结束，该区域是处于紊流状态而不便监控，所以仍沿用一般锅炉做法取炉膛出口处的过量空气系数 α_1。影响 α_1 的因素很多，如垃圾特性、燃烧方式、炉膛结构与运行管理。对常规垃圾焚烧锅炉一般控制 α_1 不低于 1.40；对低氧燃烧的炉子有推荐控制范围为 1.25～1.40。根据技术发展和运行管理水平提高，α_1 的控制指标不再作为垃圾焚烧工程的硬性指标，但需要充分注意增加腐蚀性的负面作用，综合各种因素的最佳 α_1 可通过燃烧调整试验确定。

基于焚烧过程的初级减排要求，生活垃圾焚烧锅炉必须在负压下运行。在此工况下，炉膛和其后的烟道中，外界冷空气会通过不严密处漏入炉内。将其量化为漏风系数 $\Delta\alpha$，即相对于每千克焚烧垃圾漏入的空气量 $\Delta V_k Nm^3/kg$ 与理论空气量 V^0 之比，记为 $\Delta\alpha = \Delta V_k / V^0$。用 $\sum\Delta\alpha$ 表示计算烟道前的各烟道漏风系数之和，则沿烟气流程，炉膛及以后任一烟道中的过量空气为：

$$\alpha = \alpha_1 + \sum\Delta\alpha \qquad (3\text{-}34)$$

平衡通风时，炉膛及各烟道漏风系数推荐值见表 3-2。这是参考我国锅炉计算方法及针对层燃型垃圾焚烧锅炉的经验数据给出的。根据垃圾焚烧炉膛结构与工作环境的具体条件，也可采用不同于推荐的漏风系数。

漏风系数 表3-2

名称	按水冷壁计炉膛		烟气通道	对流受热面		按蒸汽量计的钢管省煤器	
	光管	膜式壁		凝渣管	过热器、蒸发器	$\geqslant 50\text{t/h}$	$<50\text{t/h}$
$\Delta\alpha$	0.1	0~0.05	0	0	0~0.03*	0.02	0.02~0.1

注：* 采用膜式壁时取0。

垃圾焚烧锅炉的炉膛与烟道漏风不但具有使烟气温度水平降低，与受热面热交换变差，烟气容积增大，排烟损失增加等不利因素；而且对焚烧过程的初级减排，以及后续烟气净化过程的二级减排都会有负面影响。因而在锅炉设计和运行中都应注意采取降低漏风量的措施。

3.4.2.2 生活垃圾焚烧烟气的成分和数量

生活垃圾焚烧产物包括炉渣和烟气。以单位焚烧垃圾量为基准的标准状态容积 Nm^3/kg 或实际容积 m^3/kg 记的烟气，是由占容积比99%的 N_2、O_2、CO_2、H_2O 等气态无害成分和不足1%的气态、固态污染物组成。在此讨论的是焚烧工艺中的物料平衡与热平衡所涉及的焚烧烟气量和下述烟气基本产物：可燃元素 C、H、S 的完全燃烧产物 CO_2、SO_2、H_2O；来自各种形态燃料型为主的 NO_x 以及燃烧过程的热力型 NO_x；过量空气中未被利用的 O_2；来自垃圾中水分蒸发和随同空气进入炉中的水蒸气以及 H 燃烧生成的水蒸气，等等。必须要高度重视的颗粒物、重金属、残余有机物以及氮氧化物、氯化氢、硫氧化物等污染物控制需要另行专门讨论，不在此讨论范围。实际应用的烟气有害产物是以单位标准状态烟气容积为基准的重量 mg/Nm^3。当以实际烟气容积为基准时记为 mg/m^3。

这些烟气基本产物的量化关系为：1kg 焚烧垃圾的烟气容积 V_y 等于干烟气容积 V_{gy} 与烟气所含水蒸气容积 V_{H_2O} 之和。其中的 V_{gy} 为理论干烟气容积 V_{gy}^0 与过量空气容积 $(\alpha-1)V^0$ 之和；而 V_{gy}^0 等于三原子气体 RO_2（为 CO_2+SO_2）与理论氮 $V_{N_2}^0$ 的容积之和。烟气容积的量化分析计算按下述步骤进行：

1）干烟气容积 V_{gy}。指 1kg 焚烧垃圾中的可燃物完全燃烧生成标准状态下烟气体积，由氮 N_2、三原子气体 RO_2、过量空气 $(\alpha-1)V^0$ 组成：

$$V_{N_2}^0 = 0.79V^0 + 0.008N \qquad \text{Nm}^3/\text{kg} \qquad (3\text{-}35)$$

$$V_{RO_2} = 0.01866(C+0.375S) \qquad \text{Nm}^3/\text{kg} \qquad (3\text{-}36)$$

则：

$$V_{gy} = V_{gy}^0 + (\alpha-1)V^0 = V_{RO_2} + V_{N_2}^0 + (\alpha-1)V^0 \qquad \text{Nm}^3/\text{kg} \qquad (3\text{-}37)$$

由上式知，当 $\alpha=1$ 时即为理论干烟气量 V_{gy}^0。

2）实际烟气容积 V_y。是指 1kg 焚烧垃圾中的可燃物在过量空气量下完全燃烧生成标准状态下烟气体积，由干烟气干烟气容积与烟气中的水蒸气容积组成。烟气中的水蒸气包括：可燃物中氢燃烧反应产物、焚烧垃圾中的水分蒸发、随理论空气量带入的水蒸气。此外，如向锅炉内喷入蒸汽时，按 1kg 焚烧垃圾的蒸汽重量 G（kg/kg）的蒸汽容积（22.41/18）$G=1.24G$（Nm^3/kg）计。计算式为：

$$V_{H_2O} = 0.111H + 0.0124W + 0.016V^0 + 1.24G \qquad \text{Nm}^3/\text{kg} \qquad (3\text{-}38)$$

则有实际烟气容积：

$$V_y = V_{gy} + V_{H_2O} \quad \text{m}^3/\text{kg} \tag{3-39}$$

3）1kg 焚烧垃圾中的可燃物焚烧的烟气重量由三部分组成：①焚烧垃圾转变烟气的重量份额 $1 - A/100$，其中的 A 包括焚烧垃圾的可燃物焚烧产生的灰渣成分和按湿基垃圾折算的不可燃物成分之和；②焚烧垃圾中的水分及外来水分雾化蒸汽的重量 G_{wh}；③可燃物消耗的湿空气重量。按下式计算：

$$G_y = 1 - 0.01A + G_{wh} + 1.306\alpha V^0 \quad \text{kg/kg} \tag{3-40}$$

3.4.2.3　完全燃烧指标 1——焚烧垃圾烟气中 CO 成分及浓度判别指标

理论上的完全燃烧是指烟气中的 CO 成分为零，而实际运行中，受炉膛温度、烟气流速不均匀程度的影响，当温度过高时还会受生成物分解以及逆反应的影响，总是会存在未完全燃烧的 CO 及过量 O_2。故而可用干烟气中的未完全燃烧的可燃物 CO 作为判断燃烧工况的指标之一。

为方便计算，引进取决于可燃成分的元素组成的可燃物特性系数 β，它将元素组成与燃烧产物联系起来，表示为：

$$\beta = 2.35 \times \frac{H - 0.126O + 0.038N}{C + 0.375S} \tag{3-41}$$

根据焚烧垃圾中的可燃物元素成分以及烟气分析，就可由应用数理理论和方法确定干烟气中的 CO 含量：

$$CO = \frac{(21 - \beta RO_2) - (RO_2 + O_2)}{0.605 + \beta} \times 100\% \tag{3-42}$$

当完全燃烧时，$C=0$，式（3-41）即转变为完全燃烧模型。

$$21 - O_2 = (1 + \beta)RO_2 \tag{3-43}$$

从上式可见，当 $O_2 = 0$ 时，RO_2 达到最大值，即 $(RO_2)_{max} = 21/(1+\beta)$。

关于焚烧垃圾烟气中一氧化碳浓度 $[CO]\text{mg/Nm}^3$ 的计算程序参见表 3-3。

CO 浓度计算程序　　　　　　　　　　　　　　　　　　　　　　表 3-3

步骤	计算内容	单位	符号	计算依据或计算公式
1	垃圾各元素湿基值	重量%		根据垃圾特性确定 C、H、O、N、S
2	理论空气量	Nm³/kg	V^0	$V^0 = 0.0889C + 0.265H + 0.0333S - 0.0333O$
3	理论干烟气容积	Nm³/kg	V_{gy}^0	$V_{gy}^0 = 0.01866C + 0.007S + 0.008N + 0.79V^0$
4	过量空气系数		α	$\alpha = 21/(21 - O_2)$
5	干烟气容积	Nm³/kg	V_{gy}	$V_{gy} = V_{gy}^0 + (\alpha - 1)V^0$
6	垃圾特性系数		β	$\beta = 2.35 \times \dfrac{H - 0.126O + 0.038N}{C + 0.375S}$
7	烟气中三原子气体容积	Nm³/kg	V_{RO_2}	$V_{RO_2} = 0.01866 (C + 0.375S)$
8	烟气中三原子气体容积百分比		RO_2	$RO_2 = V_{RO_2}/V_{gy}$
9	自由氧容积	Nm³/kg	V_{O_2}	$V_{O_2} = 0.21(\alpha - 1)V^0$
10	自由氧容积百分比		O_2	$O_2 = V_{O_2}/V_{gy}$
11	一氧化碳容积百分比		CO	$CO = \dfrac{(21 - \beta RO_2) - (RO_2 + O_2)}{0.605 + \beta} \times 100\%$

步骤	计算内容	单位	符号	计算依据或计算公式
12	一氧化碳容积	Nm^3/kg	V_{CO}	$V_{CO} = COV_{gy}$
13	一氧化碳含量	mg/Nm^3	$[CO]$	$[CO] = 1.25V_{CO}/V_{gy}$

注 1. 完全燃烧程度的判别：$[CO]$ 小时均值 $\leqslant 40mg/Nm^3$。
   2. 采样与检测方法应符合《固定污染源排气中一氧化碳的测定 非色散红外吸收法》HJ/T 44；《固定污染源排气中颗粒物测定与气态污染物采样方法》GB/T 16157 规定。
   3. 测试仪表：非色散红外气体分析仪。精确度±3%（满刻度）；量程 $0\sim50000mg/m^3$；对 CO_2 和 H_2O 分别具有不低于 2000:1 和 1000:1 的抗干扰。也可按 GB/T 16157 规定，采用奥式气体分析仪。采样管用不锈钢、硬质玻璃或聚四氟乙烯材质，其头部塞有适量玻璃棉。抽气泵用密封隔膜泵或具有同等效果的其他泵。采气袋：铝箔复合薄膜气袋。除湿装置：用冷凝器除湿。
   4. 运行方式：设计正常运行工况范围（焚烧炉额定处理能力的 70%～100%）、超负荷 100%～110% 运行工况范围、添加辅助燃料运行范围。
   5. 测试工况：采样期间的工况应与正常运行工况相同，任何人员都不应任意改变运行工况。
   6. 测试时间：小时均值指以连续 1h 的采样获取的平均值，或在 1h 内，以等时间间隔至少采取 3 个样品计算的平均值。测定均值是指以等时间间隔至少采取 3 个样品计算的平均值。

3.4.2.4 完全燃烧指标 2——焚烧垃圾的炉渣热灼减率判别指标

炉渣热灼减率是判别焚烧垃圾完全燃烧程度的指标之一，见式（1-3）。焚烧炉渣热灼减率的分析采用重量法，取三次平均值作为判断值。根据误差分析理论，采样误差是影响分析结果的主要因素，故而需要对炉渣采样做出规定。一般在输送带上或落口处，按截取废物流的全截面采样。采样间隔时间 T'(min) 根据份样最低重量 Q(kg)，炉渣产生量 G(t/h) 及采样的份数 $n=5$，按下式计算：

$$T' \leqslant \frac{60Q}{G \cdot n} \tag{3-44}$$

式中的份样最低重量 Q，根据最大粒度的等效直径 d(mm)，不均匀程度的缩分系数 K（用统计误差法由实验测定，一般取 $K=0.06$），并取随废物的均匀程度的经验常数 α（一般取 $\alpha=1$），按切乔特公式计算：$Q \geqslant Kd^a$。对测试用采样铲可按《散装矿产品取样、制样通则手工取样方法》GB 2007.1—87 规定选用。

3.4.2.5 根据烟气分析确定过量空气系数

如前所述，过量空气系数 α 是进入垃圾焚烧锅炉的实际烟气量 V_k 与理论空气量 V^0 之比。通过 $CO=0$ 时的完全燃烧公式 $O_2=21-(1+\beta)RO_2$，干烟气组成 $RO_2+O_2+N_2=100\%$，以及下述转换关系：

$$\Delta V = V_k - V^0 = (\alpha - 1)V^0 = \frac{1}{21} \cdot \frac{O_2}{100}V_{gy}$$

$$V_k = \alpha V^0 = \frac{V_{N_2} - 0.8\frac{N}{100}}{0.79} \approx \frac{V_{N_2}}{0.79} = \frac{1}{0.79} \cdot \frac{N_2}{100}V_{gy}$$

得出：

$$\alpha \approx \frac{(RO_2)_{max}}{RO_2} \tag{3-45}$$

这对可燃物一定的情况下，可通过调整试验确定使垃圾焚烧锅炉各项损失最小时，对应最佳过量空气系数下的三原子气体含量 RO_2 值，运行中保持这样的 RO_2 就可使锅炉处于经济运行工况。然而，基于生活垃圾成分是十分不稳定的特性系数 β 处于宽范围变化中，$(RO_2)_{max}$ 相应在变化，也就不存在稳定的 RO_2 与经济运行工况的关系。因此对垃圾焚烧过程是采用烟气含氧量按下式来监督炉内燃烧工况：

$$O_2 = \frac{V_{O_2}}{V_{gy}} \times 100\% = \frac{0.21(\alpha-1)V^0}{V_{gy}+(\alpha-1)V^0} = \frac{21V^0}{\frac{V_{gy}^0}{\alpha-1}+V^0} \quad (3\text{-}46)$$

式中的 V_0、V_{gy}^0 只决定于可燃物的元素组成，当焚烧垃圾确定时，O_2 只是过量空气系数 α 的函数。

在完全燃烧，β、N 相对很小而忽略条件下，可按下式进行估算：

$$\alpha \approx \frac{(RO_2)_{max}}{RO_2} = \frac{\frac{21}{1+\beta}}{RO_2} = \frac{21}{21-O_2} \quad (3\text{-}47)$$

从焚烧垃圾角度看，采用烟气含氧量监督炉内燃烧工况，可燃物成分的变化对 $\alpha = f(O_2)$ 的影响要小于 $\alpha = f(CO_2)$ 的影响。特别是现代氧量检测技术不但反应速度快、准确度高、测量范围广，而且为燃烧自动控制以及低氧燃烧提供了有利条件。

3.4.2.6　垃圾焚烧烟气的焓

在锅炉机组设计计算、校核计算及试验时，需要知道垃圾焚烧烟气温度与焓之间的关系。生活垃圾焚烧烟气焓的计算是以 1kg 焚烧垃圾为基准，以 0℃ 作为计算起点的某一温度状态的焓。

垃圾焚烧烟气是混合物，它的焓 I_y 是理论烟气焓、过量空气焓与飞灰焓之和，表示为：

$$I_y = I_y^0 + (\alpha-1)I_k^0 + I_{fh} \quad kJ/kg \quad (3\text{-}48)$$

在烟气温度 ϑ℃ 时，式中的理论烟气焓 I_y^0 与理论空气焓 I_k^0 分别为：

$$I_y^0 = V_{RO_2}(c_{RO_2}\vartheta) + V_{N_2}^0(c_{N_2}\vartheta) + V_{H_2O}^0(c_{H_2O}\vartheta) \quad kJ/kg \quad (3\text{-}49)$$

$$I_k^0 = V^0(c_k\vartheta) \quad kJ/kg \quad (3\text{-}50)$$

1kg 焚烧垃圾燃烧产生的烟气容积中，取烟气携带焚烧垃圾总灰分 A 的份额为 a_{ash}，携带颗粒物的重量为 $a_{ash}(A/100)$ kg，则烟气颗粒物的焓：

$$I_{ash} = a_{ash}\frac{A}{100}(c_{ash}\vartheta) \quad kJ/kg \quad (3\text{-}51)$$

在生活垃圾焚烧过程中，一般烟气颗粒物焓值很小，当不满足如下条件时可予忽略 I_{ash}：

$$1000\frac{a_{ash}A}{Q_d} > 1.43 \quad (3\text{-}52)$$

1m³ 标准状态下气体的焓 $c_{RO_2}\vartheta$、$c_{N_2}\vartheta$、$c_{H_2O}\vartheta$、$c_k\vartheta$，以及 1kg 烟气颗粒物的焓 $c_{ash}\vartheta$ 可由表 3-4 查得。

1Nm³ 空气和烟气焓（kJ/Nm³）及 1kg 烟气颗粒物的焓（kJ/kg）　　表 3-4

ϑ	$c_{RO_2}\vartheta$	$c_{N_2}\vartheta$	$c_O\vartheta$	$c_{H_2O}\vartheta$	$c_k\vartheta$	$c_{ash}\vartheta$　$c_{lz}\vartheta$
℃	kJ/m³					kJ/kg
100	170.0	129.6	131.8	150.5	132.4	80.8
200	357.5	259.9	267.0	304.5	266.4	169.1
300	558.8	392.0	406.8	462.7	402.7	263.8

续表

ϑ	$c_{RO_2}\vartheta$	$c_{N_2}\vartheta$	$c_{O_2}\vartheta$	$c_{H_2O}\vartheta$	$c_k\vartheta$	$c_{ash}\vartheta\ c_{lz}\vartheta$
℃	kJ/m³					kJ/kg
400	771.9	526.5	551.0	626.2	541.8	360.1
500	994.4	663.8	699.0	794.9	684.1	458.5
600	1224.6	804.1	850.1	968.9	829.7	560.2
700	1461.9	947.5	1004.1	1148.9	978.3	662.4
800	1704.9	1093.6	1159.9	1334.4	1129.1	767.0
900	1952.3	1241.6	1318.1	1526.1	1282.3	875.0
1000	2203.5	1391.7	1477.5	1722.9	1437.3	983.9
1100	2458.4	1543.8	1638.2	1925.1	1594.9	1096.9
1200	2716.6	1697.2	1800.7	2132.3	1753.4	1205.8
1300	2976.7	1852.7	1963.8	2343.7	1914.2	1360.7
1400	3239.1	2008.7	2128.3	2559.1	2076.2	1582.6
1500	3503.1	2166.0	2294.2	2779.0	2238.9	1758.5
1600	3768.8	2324.5	2460.5	3001.8	2402.9	1875.7
1700	4036.4	2484.0	2628.5	3229.2	2567.3	2064.1
1800	4304.7	2643.7	2797.5	3458.4	2731.9	2185.5
1900	4574.1	2804.1	2967.2	3690.3	2898.8	2386.5
2000	4844.1	2965.1	3138.0	3925.5	3064.7	2512.1
2100	5115.3	3127.4	3309.4	4163.1	3233.8	—
2200	5386.6	3289.2	3482.7	4401.9	3401.6	—

3.4.3 锅炉机组的热平衡

锅炉机组的热平衡是如图 3-16 中虚线所示锅炉机组总输入热量与粗实线所示总输出热量之间的平衡，用以判断锅炉机组运行静态特性的结果。输出热量包括用于产生蒸汽的有效利用热和未被利用的各项热损失之间的关系，这种关系不是用来确定有效利用热量的大小，而是根据热平衡结果判断锅炉机组设计和运行情况，提供改进经济性运行途径。从而将其作为一个运行经济性指标，奠定了锅炉机组热效率的概念。

实际应用热平衡是在锅炉机组稳定热力状态下，以 1kg 焚烧垃圾为基准进行计算。设 Q_r 为输入锅炉总热量，Q_1 为锅炉有效利用热量，Q_2 为排烟热损失，Q_3 为气体不完全燃烧热损失，Q_4 为固体不完全燃烧热损失，Q_5 为散热损失，Q_6 为灰渣物理热损失，则相应于每 kg 焚烧垃圾的热平衡为：

$$Q_r = Q_1 + Q_2 + Q_3 + Q_4 + Q_5 + Q_6 \quad kJ/kg \tag{3-53}$$

或由上式两边同除以 Q_r，并取 $q_i = Q_i/Q_r \times 100\%$ 表示为：

$$100\% = q_1 + q_2 + q_3 + q_4 + q_5 + q_6 \tag{3-54}$$

3.4.3.1 每千克垃圾输入总热量

$$Q_r = Q_d + Q_k + Q_{fz} + Q_{lk} + Q_{zq} - Q_{NH} - Q_{js} \quad kJ/kg \tag{3-55}$$

式中 Q_d——焚烧垃圾热值，工程计算时可忽略由基准温度（20℃）加热到预定温度的焚烧垃圾物理显热；

Q_k——一、二次空气折算每千克焚烧垃圾带入的热量，包括利用汽轮机抽汽加热空气时，空气带入热量。按下式计算：

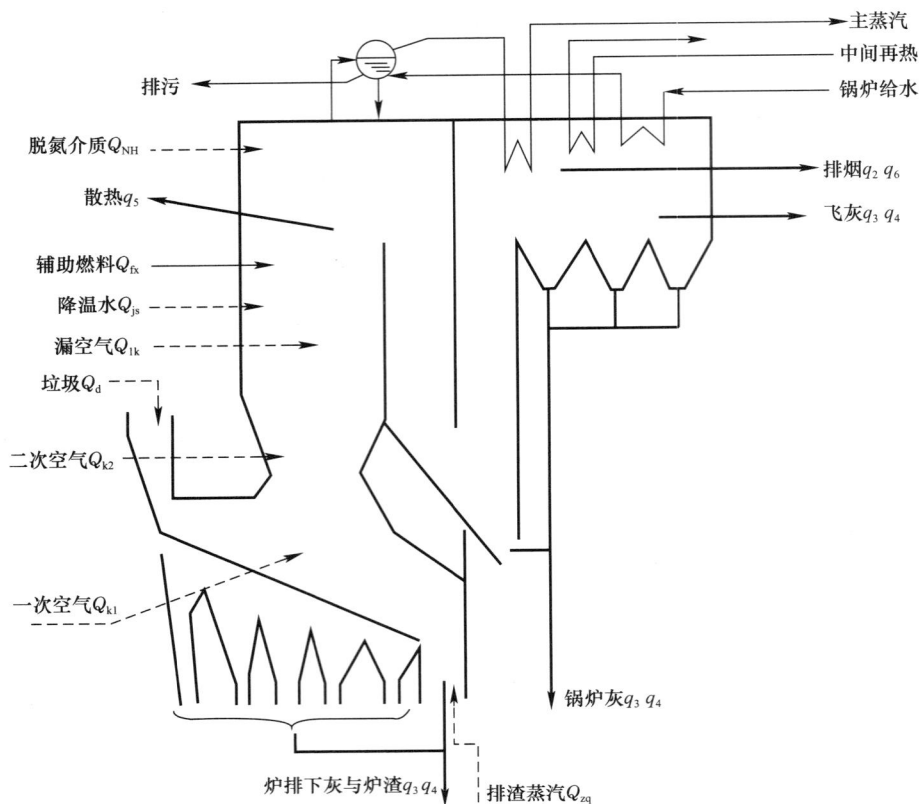

图 3-16　垃圾焚烧锅炉热平衡示意图

$$Q_k = \beta(I^0_{rk} - I^0_{lk}) = \beta(V^0 c_k t_{rk} - V^0 c_k t_{lk}) \quad \text{kJ/kg} \tag{3-56}$$

式中　　β——锅炉入口空气量与理论空气量的比；

I^0_{rk}、I^0_{lk}——分别为蒸汽-空气加热器出口、进口空气焓，kJ/kg；

V^0——理论空气量，Nm^3/kg；

c_k——空气比热，kJ/kg℃；

t_{rk}、t_{lk}——空气出口、进口温度，℃。

Q_{fz}——辅助燃料低位发热量以及由基准温度（20℃）加热到预定温度的物理显热，kJ/kg。辅助燃料带入的物理显热（i_r）按下式计算：

$$i_r = c_r t_r \quad \text{kJ/kg} \tag{3-57}$$

式中　　t_r——辅助燃料进炉前的温度，℃；

c_r——辅助燃料比热，kJ/kg℃；燃料油计算：$c_r = 1.738 + 0.0025 t_r$ kJ/kg℃；燃料煤：$c_r = 0.0419 W^y + (1 - 0.01 W^y) c^g$ kJ/kg℃；式中：W^y 为煤收到基水分；c^g 为煤干燥基比热，烟煤取 1.1；无烟煤及贫煤取 0.92；褐煤取 1.16。

Q_{lk}——漏入垃圾焚烧锅炉空气的热量。按锅炉进口处的焓与基准温度（20℃）下的焓差计算；

Q_{zq}——排渣雾化蒸汽带入热量。按饱和蒸汽焓与基准温度下的焓差计算；

Q_{NH}——喷入垃圾焚烧锅炉脱氮介质吸收热量。喷入固态介质时，为吸热反应的反应热；喷入液态介质时，按水的蒸发热与气化潜热之和计算；

Q_{js}——焚烧炉降温用水吸热量，包括蒸发热与汽化潜热。

3.4.3.2 垃圾焚烧炉有效利用热量

垃圾焚烧锅炉有效利用热量 Q_1 指从垃圾焚烧锅炉省煤器给水侧入口的状态加热到出口过热蒸汽状态所吸收的热量。可按下式计算：

$$Q_1 = \frac{Q_{gl}}{B} = \frac{D_{gr}(h''_{gr} - h_{gs}) + D_{bq}(h''_{bq} - h_{gs}) + D_{ps}(h''_{bq} - h_{gs})}{B} \quad \text{kJ/kg} \quad (3\text{-}58)$$

式中　　Q_{gl}——锅炉机组总有效利用热，kJ/h；

D_{gr}、D_{bq}、D_{ps}——分别为过热蒸汽量、从汽包抽出的饱和蒸汽量与连续排污水量，kg/h；

h''_{gr}、h_{gs}、h''_{bsq}——分别为过热器出口过热蒸汽焓、锅炉给水焓与汽包压力下的饱和蒸汽焓，kJ/kg；

B——单台锅炉每小时焚烧垃圾量，kg/h。

3.4.3.3 平衡期垃圾焚烧锅炉热效率与各项热损失

和一般锅炉一样，垃圾焚烧锅炉热效率 η_{gl} 也是指锅炉有效利用热量占总输入热量的百分比。计算方法分为通过测量有效利用热量 Q_1 和输入热量 Q_r 取得的正平衡热效率和通过测量各项热损失 q_n 取得的反平衡热效率两种：

正平衡热效率 $\qquad\qquad \eta_{gl} = \frac{Q_1}{Q_r} \cdot 100\% \qquad\qquad\qquad (3\text{-}59)$

反平衡热效率 $\qquad\qquad \eta_{gl} = \left(100 - \sum_{n=2}^{6} q_n\right) \cdot 100\% \qquad (3\text{-}60)$

垃圾焚烧锅炉反平衡热效率是按如下各项热损失计算，排烟热损失 q_2、气体不完全燃烧热损失 q_3、固体不完全燃烧热损失 q_4、散热损失 q_5 与炉渣物理热损失 q_6。

(1) 垃圾焚烧锅炉排烟热损失（q_2）

从垃圾焚烧锅炉的省煤器排放烟气的温度正常情况下在 $180 \sim 220℃$，最高不超过 $250℃$，含有随烟气排入大气的一定热量，形成排烟损失 q_2。这部分损失并非全部来自焚烧垃圾，其中一部分来自空气，此外燃烧过程还存在固体不完全燃烧热损失 q_4，因此垃圾焚烧锅炉的排烟热损失为：

$$q_2 = \frac{Q_2}{Q_r} = \frac{(I_{py} - \alpha_{py} I_{lk})(1 - 0.01 q_4)}{Q_r} \cdot 100\% \quad (3\text{-}61)$$

式中　I_{py}——垃圾焚烧锅炉出口排烟过量空气系数 α_{py} 和排烟温度 ϑ_{py} 下的排烟焓，kJ/kg；

I_{lk}——冷空气温度 t_{lk} 和垃圾焚烧锅炉出口排烟过量空气系数 α_{py} 的空气焓，kJ/kg。

排烟热损失是垃圾焚烧锅炉热损失的最大项，影响因素主要有：

1) 排烟温度 ϑ_{py}。ϑ_{py} 升高，排烟损失增大，一般 ϑ_{py} 每增高 $12 \sim 15℃$，q_2 增加约 1%；ϑ_{py} 越低，尾部受热面传热温差越小，相应通风阻力越大。

2) 炉膛过量空气系数及沿烟气行程各处烟道漏风。

3) 为避免或减轻焚烧烟气的低温腐蚀，当氯、硫含量较高时，将迫使锅炉采用较高的排烟温度。

4) 水分增加会使烟气容积增加，从而 q_2 增加。

（2）气体不完全燃烧热损失（q_3）

气体不完全燃烧热损失 q_3 是烟气中残留的 CO、H_2、NH_3 和碳氢化合物 C_mH_n 等可燃气体未释放出其燃烧热所造成的损失。正常燃烧工况下，需考虑的烟气残留可燃气体 CO、H_2、NH_3 很低，而 C_mH_n 含量极少可忽略。另外需要扣除燃烧过程固体不完全燃烧热损失 q_4 的影响，按下式计算：

$$q_3 = \frac{Q_3}{Q_r} = \frac{V_{gy}(126.4CO + 107.9H_2 + 358.2CH_4)(1 - 0.01q_4)}{Q_r} \cdot 100\% \quad (3\text{-}62)$$

其中，V_{gy} 为按式（3-37）计算的干烟气量；CO、H_2、CH_4 分别为干烟气中的一氧化碳、氢与甲烷的容积百分比，%；同任何资源性燃料一样，炉内焚烧垃圾与空气不可能混合的绝对均匀，为最大化降低气体不完全燃烧热损失，通常要求炉膛过量空气系数 α_l'' 大于 1.2。在正常运行状态下，只要供给足够的过量空气，CO 可做到不大于 $40mg/Nm^3$。

q_3 一般不超过 1%，远小于 q_4、q_2。影响 q_3 的因素主要有：

1）过量空气系数，α_l'' 越大 q_3 越小，但 α_l'' 超过一定数值以后对 q_3 不再有影响；

2）改善焚烧垃圾和空气的混合可降低 q_3。提高炉膛温度 ϑ_l，可降低 q_3；

3）一般计算时可分别取空气、烟气平均比热 1.005kJ/kgK 与 1.00kJ/kgK。

（3）固体不完全燃烧热损失（q_4）

固体不完全燃烧热损失 q_4 是垃圾焚烧过程产生的固态炉渣与飞灰中含有未燃烬残炭所引起的热损失。用焚烧垃圾的灰分 A 与焚烧后生成的飞灰和炉渣中的含灰量之间的灰平衡，按下式计算：

$$q_4 = q_4^{fh} + q_4^{lz} = \frac{Q_4^{fh} + Q_4^{lz}}{Q_r} = \frac{326.82A}{Q_r}\left(\frac{\alpha_{fh}C_{fh}}{100 - C_{fh}} + \frac{\alpha_{lz}C_{lz}}{100 - C_{lz}}\right) \times 100\% \quad (3\text{-}63)$$

式中　A——焚烧垃圾灰分，由垃圾中的可燃物焚烧产生的灰渣和无机成分折算为湿基元素成分的数量之和组成。工程设计时，可通过垃圾元素分析计算取得。

α_{fh}、α_{lz}——分别为飞灰、炉渣中含灰量占焚烧垃圾总灰分 A 的重量百分比。无测定资料时，若 A 的重量比为 15%，层燃型垃圾焚烧锅炉可按 $\alpha_{fh}=20\%$、$\alpha_{lz}=80\%$ 估算。

C_{fh}、C_{lz}——分别为飞灰、炉渣中可燃物含量的百分比。按《飞灰和炉渣可燃物测定方法》DL/T 567.6 确定。对层燃型垃圾焚烧锅炉，估算时可取 $C_{fh}\approx2.5\%$、$C_{lz}\approx15\%$。

固体不完全燃烧热损失是仅次于排烟热损失的主要热损失。影响 q_4 的因素主要有：

1）挥发分占焚烧垃圾重量比越大越容易燃烧，q_4 越小。灰分越多燃烬越困难，q_4 越大。一般计算时的飞灰、炉渣平均比热可分别取 0.84kJ/kgK 与 1.0kJ/kgK。

2）炉膛过量空气系数 α'' 过大过小都将会导致 q_4 增加，这是因为 α'' 过小会影响可燃物与空气混合的均匀性，α'' 过大则气流速度过高而带出物增加。

3）设计炉膛容积热负荷越大则炉膛尺寸越小，会使飞灰停留时间缩短，q_4 加大。

需要从垃圾特性、一次风速、热风温度、过量空气系数、燃烧方式、炉膛结构、炉膛热负荷、炉内空气动力场和运行管理情况等方面对飞灰、炉渣含碳量的影响及其变化规律，全面考虑各种措施间的紧密联系和互相依赖性。

（4）散热损失（q_5）

锅炉运行中，炉墙外壁及其范围内的构件、烟风与汽水管道的表面温度总是高于环境温度，从而通过辐射、自然对流向环境散失的热量称为散热损失 q_5。影响 q_5 的主要因素有垃圾焚烧锅炉形式、蒸发量、保温程度、空气流动速度，锅炉本体管道保温及环境温度等。一般锅炉越大，相对散热损失越小。通常要求人可接触到的炉墙表面温度不应超过 50℃，接触不到的不超过 60℃。由于散热损失的测量和计算方法比较复杂，在锅炉设计时，额定容量 D_e(t/h) 下的散热损失 q_5^e 可按下式计算，也可按图 3-17 选取。垃圾焚烧锅炉的 q_5 一般可取 0.8%～1.1%。

$$q_5^e = 5.82 D_e^{-0.38} \quad \% \tag{3-64}$$

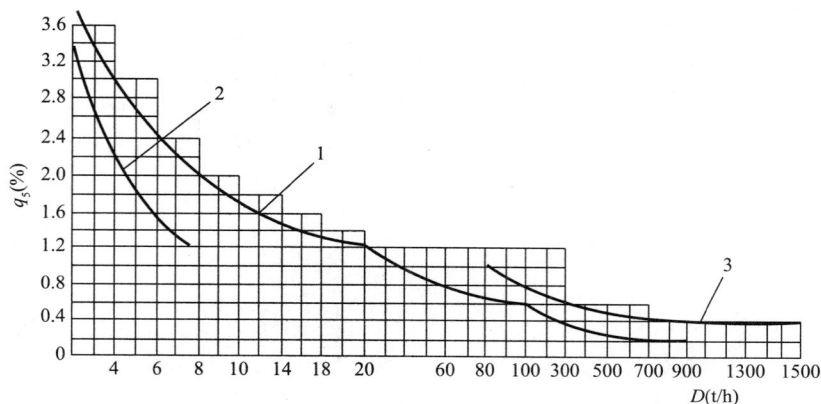

图 3-17　锅炉额定蒸发量的散热损失

1—包含尾部受热面的锅炉整体；2—无尾部受热面的锅炉本体；3—我国电站锅炉整体性能验收规程的曲线

由于锅炉容量越大单位表面积越小，故而非额定容量下的散热损失 q_5 与锅炉负荷成反比。在非额定运行工况时，取运行容量 D(t/h) 按下式计算：

$$q_5 = q_5^e \frac{D_e}{D} \quad \% \tag{3-65}$$

锅炉设计计算需要计算各个受热面烟道散热损失。各烟道段的散热损失与该段烟道中的烟气放热量成正比，且各烟道段的比例系数均相同。为表示该段烟道中放出热量有多少被该烟道内的受热面所吸收，引进保热系数 φ 参量，并以 $1-\varphi$ 表示散热损失所占的份额：

$$1-\varphi = \frac{Q_5}{Q_1 + Q_5} = \frac{Q_5/Q_r}{(Q_1 + Q_5)/Q_r} = \frac{q_5}{\eta_{gl} + q_5} \tag{3-66}$$

（5）炉渣物理热损失（q_6）

从垃圾焚烧锅炉排出的炉渣仍具有较高温度，其带走的热量占输入热量的百分比，称为物理热损失 q_6。层燃型垃圾焚烧锅炉按下式计算，其中的 $(c\vartheta)_{lz}$ 为 1kg 炉渣的焓，kJ/kg；由表 3-4 查取。

$$q_6 = \frac{\alpha_{lz}(c\vartheta)_{lz} A}{Q_r} \tag{3-67}$$

3.4.3.4　垃圾焚烧锅炉的热平衡测试

生活垃圾焚烧发电厂一般按平衡期内全厂垃圾焚烧锅炉热效率进行测试。测试目的是确定当时焚烧垃圾热值条件下的锅炉的各项损失与热效率，确定不同运行工况下的各项经济指标。平衡期内的评价指标可采用热效率 $\eta_{cgl} \geqslant 78\%$ 为合格指标。测试内容及方法参见表 3-5。

测试内容及方法　　　　　　　　　　　　　　　　　　　　表 3-5

序号	名称	测量方法
一	正平衡法	
1	入炉垃圾量	
2	焚烧垃圾热值、含水率、元素分析及工业分析	按《生活垃圾采样和物理分析方法》CJ/T 313—2009 及参照 GB 211、GB 212、GB 214、GB 218、GB 476
3	垃圾和空气温度	参照《电站锅炉性能试验规程》GB/T 10184 第 5、8 章
4	过热蒸汽及其他用汽流量、压力与温度	参照《电站锅炉性能试验规程》GB/T 10184 第 5、8 章
5	给水及减温水流量、压力与温度	参照《电站锅炉性能试验规程》GB/T 10184 第 5、8 章
6	蒸汽-空气加热器进、出口风量、温度	参照《电站锅炉性能试验规程》GB/T 10184 第 5、8 章
7	其他外来热源工质的流量、压力与温度	参照《电站锅炉性能试验规程》GB/T 10184 第 5、8 章
8	泄漏与排污量	参照《电站锅炉性能试验规程》GB/T 10184 第 5、8 章
9	过桶内压力	参照《电站锅炉性能试验规程》GB/T 10184 第 5、8 章
二	反平衡法	
1	垃圾低位发热量、工业分析与元素分析	按《生活垃圾采样和物理分析方法》CJ/T 313—2009 及参照 GB 211、GB 212、GB 214、GB 218、GB 476
2	烟气分析（CO_2、O_2、CO、H_2、C_mH_n 等）	参照《电站锅炉性能试验规程》GB/T 10184 第 5、8 章
3	垃圾、空气和烟气温度	参照《电站锅炉性能试验规程》GB/T 10184 第 5、8 章
4	外界环境干、湿球温度，大气压	参照《电站锅炉性能试验规程》GB/T 10184 第 5、8 章
5	蒸汽—空气加热器进、出口风量、温度	参照《电站锅炉性能试验规程》GB/T 10184 第 5、8 章
6	其他外来热源工质的流量、压力与温度	参照《电站锅炉性能试验规程》GB/T 10184 第 5、8 章
7	各灰渣量比例及其可燃物含量	参照《电站锅炉性能试验规程》GB/T 10184 第 5、8 章
8	各灰渣温度	参照《电站锅炉性能试验规程》GB/T 10184 第 5、8 章
三	辅助设备功率消耗	参照《电站锅炉性能试验规程》GB/T 10184 第 5、8 章

垃圾焚烧锅炉测试的基本要求：

（1）测试数据：热平衡的不平衡率小于等于±1％的绝对值。

（2）运行工况：现场焚烧垃圾热值条件下，可取焚烧垃圾量计的额定负荷工况、110％额定负荷工况、70％额定负荷工况进行测试。

（3）测试工况：测试机组连续稳定运行不低于 3d，开始试验前 9h 的机组运行负荷不低于额定负荷的 80％。试验持续时间应小于 4h。每种运行工况原则上重复测试二次，如二次偏差过大，应重做一次或多次。

（4）波动范围：测试期间允许波动范围为：锅炉负荷±5％；蒸汽温度±5℃；蒸汽压为±0.05MPa（中、低压），±0.1MPa（次高压、高压）；过量空气系数 0.05。

（5）样本工况：同运行工况；以风机入口处温度为基准温度；蒸汽参数波动的允许最大偏差为：

项目	蒸发量		蒸汽压力	蒸汽温度
规格	＜65t/h	≥65t/h	＜9.5MPa	≥400℃
允许最大偏差	±10％	±6％	±4％	+5；−10

（6）误差分析：测试仪表、测量方法及误差符合《电站锅炉性能试验规程》第 5、8 章规定。

（7）测试报告：测试的技术报告内容与所做的工作特点和内容相关。编写程序一般包括：测试目的与方法；锅炉的结构特征与运行情况；测量方法与测试工作特点；测试结果与分析评价；结论与建议；数据综合表与线图；测量技术与仪表说明的附件；其他附件。

3.5 生活垃圾的焚烧特征

3.5.1 生活垃圾的燃烧方式

生活垃圾焚烧过程是以分解燃烧和表面燃烧为主的多种燃烧方式的复杂燃烧过程。还伴有辅助燃烧器的液态蒸发燃烧或气态扩散燃烧过程。此外，从安全运行控制方面，需要防止发生具有阴燃、闪燃、爆炸的燃烧条件。

气态物质的燃烧可分为扩散燃烧与预混燃烧。扩散燃烧是指如天然气等可燃气体从喷口喷出，在喷口处与空气中的氧一边扩散混合一边燃烧的现象。其燃烧速度取决于可燃气体的喷出速度，一般属于稳定燃烧。预混燃烧是指可燃气体与氧在燃烧前混合，并形成一定浓度的可燃混合气体，被火源点燃所引起的燃烧。这类燃烧往往是爆炸式的燃烧即通常所说的气体爆炸。爆炸式燃烧后转变为稳定的扩散燃烧。

轻柴油等易燃和可燃液体的燃烧并不是液体本身在燃烧，而是液体受热时蒸发出来的气体被分解、氧化达至燃点而燃烧，称蒸发燃烧。其燃烧速度取决于液体的蒸发速度，而蒸发速度又取决于接受的热量，故接受热量越多，气体蒸发量越大，燃烧速度越快。

固态物质的燃烧分为蒸发燃烧、分解燃烧、表面燃烧以及阴燃等。蒸发燃烧是指熔点较低的可燃固体，受热熔融后像可燃液体一样的蒸发燃烧现象。如高分子材料的热塑性塑料受热后变形、熔融成为液态，继而蒸发燃烧。另外，具有升华性质的物质则在受热后直接变为可燃蒸气燃烧。分解燃烧是指分子结构复杂的固态可燃物受热分解出与加热温度相应的热分解产物，分解产物再氧化燃烧的现象。如木材、纸张、棉、麻、毛、丝等天然高分子材料以及合成高分子的热固塑料、合成橡胶、纤维等的燃烧均属于分解燃烧。表面燃烧是蒸气压非常小或者难于发生热分解的可燃物，当氧气包围物质的表层时，呈炽热状态无火焰燃烧现象。木炭、焦炭、铁、铜等可燃固体的无焰燃烧均属于表面燃烧。

阴燃是指某些固体可燃物在空气不流通，加热温度较低或可燃物含水分较多等条件下所发生的只冒烟无火焰的发光放热燃烧现象。如成捆堆放的棉、麻、纸张及大量堆放的煤、杂草、湿木材等受热后易发生阴燃。在特定条件下，垃圾在垃圾池内也有发生阴燃的可能性，只是发生概率非常小。有焰燃烧和阴燃在一定条件下会相互转化。

闪燃是在一定温度下，易燃可燃液体及具有升华特征的少量固体表面上产生的蒸汽与空气混合后，一遇着火源就会发生一闪即灭的燃烧现象。这是因为液体在闪点以下的蒸发速率较低，表面聚集的蒸汽遇火瞬间燃烬，而新蒸发的蒸汽来不及补充，故而不能持续燃烧。发生闪燃的最低温度称为闪点，闪点小于等于45℃的液体称为易燃液体，闪点大于45℃的液体称为可燃液体（参见表3-6）。同系物的闪点随其分子量或是沸点的增加而升高；多组分的混合液如汽油、煤油、柴油等的闪点随沸程的增加而升高；两种可燃液体混合物的闪点，一般低于这两个可燃液体闪点的平均值；能溶于水的易燃液体的闪点随含水量的增加而升高。

液体闪点分类表　　　　　　　　　　　表 3-6

类别	级别	闪点（℃）	示例
易燃液体	一	$t \leq 28$	汽油、甲醇、乙醇、乙醚、苯、醋酸戊脂、丙醇、石脑油等
	二	$28 < t \leq 45$	煤油、松节油、丁醇等
可燃液体	三	$45 < t \leq 120$	戊醇、柴油、重油、酚等
	四	$t > 120$	润滑油、变压器油、甘油等

易燃和可燃液体闪点

名称	闪点（℃）	名称	闪点（℃）	名称	闪点（℃）	名称	闪点（℃）
汽油	−58~10	醋酸乙酯	1	松节油	32	二苯醚	115
石油醚	−50	甲苯	4	丁醇	35	变压器油	146
二硫化碳	−45	甲醇	9	冰醋酸	40	甘油	160
原油	−35	乙醇	11	戊醇	49	沥青	204
丙酮	−17	醋酸丁酯	13	酚	79	桐油	239
辛烷	−16	石脑油	25	重油	80~130		
苯	−14	煤油	30~70	乙二醇	100		

不同含量醇溶液的闪点（℃）

溶液中醇含量%		100	75	55	40	10	5	3
闪点	甲醇	9	18	22	30	60	无	无
	乙醇	11	22	23	25	50	60	无

在消防领域应用有回燃并分为爆燃、复燃概念，即是泛指在火灾现场缺氧燃烧时，因大量的新鲜空气冲入现场，而导致爆发式的剧烈燃烧现象。这是因为发生火灾后会聚集大量可燃气体、可燃液滴和碳烟粒子等具有可燃性的不完全燃烧产物和热解产物的混合物，而且浓度随着燃烧时间的增长而不断变大。有关理论研究表明，室内发生火灾时，处于气相的可燃混合物浓度和室内的氧浓度是回燃发生的决定性因素。回燃的剧烈程度随室内可燃气相混合物浓度的增大而增大。室内火灾中可燃气相混合物浓度的大小，主要取决于室内可燃物的类型，火灾荷载密度、通风条件以及燃烧时间。通俗讲，由于室内通风不良，供氧不足，氧气浓度低于可燃气相混合物的爆炸的临界氧浓度，因此不会爆炸。当房间门突然被打开或者因火场环境受到破坏，大量的空气随之涌入，室内氧气浓度迅速升高，似的可燃气相混合物进入爆炸极限的范围内，从而发生爆炸或者快速燃烧的现象。

爆炸是物质从一种状态迅速转变成另一状态，在瞬间放出大量能量同时产生声响的现象。按爆炸物质在爆炸过程中的变化可分为：爆炸性物质本身发生化学变化引起的化学爆炸；因状态或压力突变引起的物理爆炸，以及原子核裂变或核聚变引起的核爆炸。按爆炸物质的变化传播速度，化学爆炸又可分为：

（1）变化速率为每秒数十米至百米，爆炸时压力不会激增，没有爆炸响声，无多大破坏力的爆燃。

（2）变化速率为每秒百米至千米，爆炸时仅在爆炸点引起压力激增，有震耳响声和破坏作用的爆炸。

（3）突然升起极高的压力，其传播是通过超音速的冲击波实现的，每秒可达数千米的爆震。

3.5.2 生活垃圾的两相燃烧

如图 3-18 所示，生活垃圾的焚烧过程是以分解燃烧为主要特征的非均一系燃烧。对非均一系燃烧必须考虑到物质的加热及由此而产生的相变。在燃烧过程中，如纸张、天然纤维物等可燃性固体通过受热干燥后分解释放出气相的挥发分，挥发分同周围空气接触，发生可燃性气体分子同氧分子相互扩散、混合与燃烧的扩散燃烧过程。另有如焦炭等可燃固体的表面燃烧，同时留下若干固体残渣。由于氧只是部分参加反应，所以固体残渣中会留有未完全燃烧的残炭。

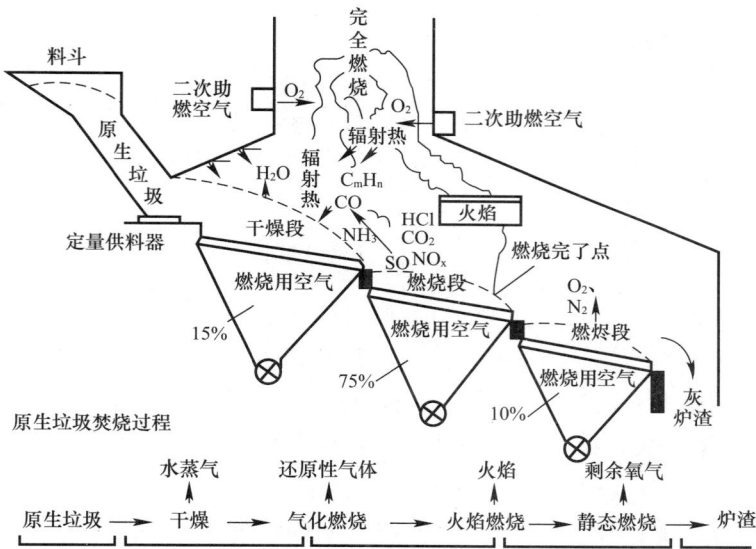

图 3-18 生活垃圾燃烧过程

在生活垃圾焚烧过程中，由推料器推送到炉排干燥段上的生活垃圾，称为床层。通过床层上部火焰和炉拱的强烈辐射，以及床层底部通入一次风进行对流传热进行加热，在 100℃以上的环境中开始水分蒸发。干燥后的不同垃圾可燃物在 500℃以下不同温度环境下，析出的挥发分与氧发生剧烈的气相燃烧反应，其余的固定碳进行固相燃烧反应，并在燃烧结束后形成包括少量未燃尽的固相可燃物在内的炉渣，与垃圾中的无机物一同从炉排尾部排放。

床层以上区域是气相的火焰燃烧与向周围的炉拱、垃圾床层进行强烈辐射放热过程。其上方的二次空气以高速射流方式进入炉膛内，扰动有一次空气参与的燃烧主气流的流场而形成紊流区，完成短暂的充分燃烧过程。此后，产生的高温烟气向炉墙辐射放热，烟气温度随着气流上升下降。烟气中可能存在不均匀分布未燃烬的颗粒，大都在紊流区进行不均匀的悬浮燃烧、燃烬过程，致使这种燃烧过程所增加的热能可能会使局部烟气温度再次升高。

图 3-19 是对垃圾含水率在 50％以上，应用层燃技术燃烧过程的数值模拟研究结果，

其中的左图为热分解、燃烧和燃烬阶段的数值模拟图。该研究描述如下：沿炉排长度 4m 处于热分解阶段，挥发分迅速析出，到 6m 处烟气温度骤升至约 1127℃。垃圾在炉排至 7.5m 左右中部进入强烈燃烧阶段，最高温度约 1227℃。然后炉排上垃圾量迅速减少。进入过渡阶段后，挥发分仍保持燃烧，剩余固定碳在高温下碳化并开始表面着火，出现两相并存燃烧现象直到气相火焰熄灭。一般来说位于燃烧段垃圾层上方并靠近燃烧火焰的区域内的温度最高达到 1100℃。继而通过碳燃烧过程后，反应速度急剧下降直至燃烬，温度下降并稳定在约 627℃。随着挥发分和固定碳的燃烬，床层表面烟气温度逐渐下降到 400～500℃，最终使垃圾减重率达 79.18%。

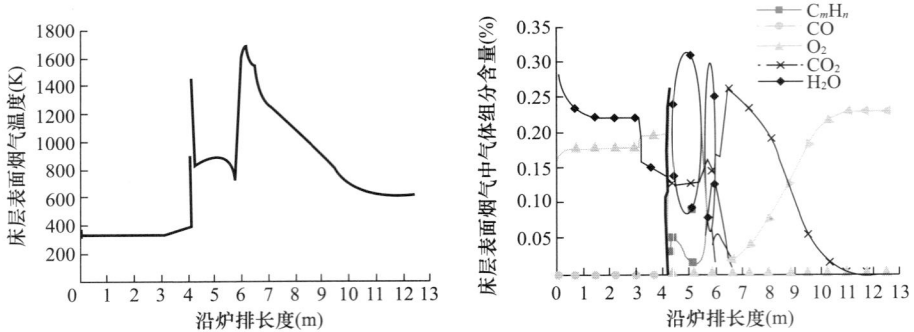

图 3-19　床层表面的烟气温度（左图）床层表面烟气中气体组分分布（右图）

右图为床层表面烟气中气体组分的分布图。由于水分蒸发过程中没有燃烧，故 O_2 含量基本维持在 15%～20%。在 4m 处迅速析出的挥发分中的 CO 的含量较高，C_mH_n 的含量很低。挥发分的着火燃烧使得 O_2 含量迅速降到近零，随后进入固定碳燃烧阶段直至进入燃烬段 O_2 含量逐渐恢复到 20%。另外，床层表面烟气中的 CO_2 主要来源于挥发分燃烧过程，而在干燥段和燃烬段的含量则很少。

我国有学者对生活垃圾的燃烧特性，从挥发分析出动力学、热重测量和差热试验以及对垃圾工业分析等不同角度进行了研究，归纳了混合垃圾的如下燃烧特性：

（1）生活垃圾含有外在水分时，遇热后外在水分首先发生蒸发汽化而逸出的干燥（文献中称为脱水）阶段。生活垃圾燃烧是析出挥发分和固定可燃分的非均一系燃烧过程，且挥发分燃烧速率大于固定可燃分燃烧速率，可用一级反应来描述。

（2）生活垃圾的挥发分含量都较高，对生活垃圾工业分析研究显示，挥发分的重量比占 70%～80%，固定可燃分占 20%～30%。挥发分析出区间为 250～600℃，挥发时间小于 10min。

（3）对照生活垃圾单一组分燃烧特性，混合试样的各组分之间有一定相互影响，表现在燃烧特性有所改变但不强烈。

（4）CO_2 的存在对挥发分的析出几乎没有影响。在氮气气氛下，含氯塑料和织物的挥发分分两段析出，其他各组分的挥发分一段析出。

3.5.3　生活垃圾的燃烧产物

生活垃圾燃烧的产物主要是灰渣与烟气。其中的烟气是由燃烧产生的悬浮固体、液体粒子和气体的混合物，其粒径一般在 $0.01 \sim 10 \mu m$。燃烧产物的数量、构成随物质的化学组成以及温度、空气的供给等燃烧条件不同而有所不同。

一般单质在空气中完全燃烧的产物为该单质元素的氧化物，如 C、H、S 生成 CO_2、H_2O 及 SO_x 等。有机化合物主要由 C、H、O 元素组成，如烃及烃的衍生物完全燃烧的化学通式分别为：

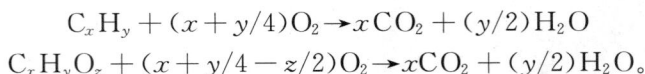

$$C_xH_y + (x + y/4)O_2 \rightarrow xCO_2 + (y/2)H_2O$$
$$C_xH_yO_z + (x + y/4 - z/2)O_2 \rightarrow xCO_2 + (y/2)H_2O 。$$

有的合成高分子材料还含有 Cl、N 元素，在燃烧伴有裂解的过程中会生成 HCl、NO_x 等。塑料、橡胶、合成纤维等高聚物在燃烧或分解过程中会生成 CO、NO_x、HCl、HF、SO_2 等有害物质。一些化合物在空气中燃烧除生成完全燃烧产物外，还会生成不完全燃烧产物。无机物通常指不含碳元素的化合物，但包括碳的氧化物、碳酸盐、氢化物等。

需要控制的生活垃圾燃烧产物有 CO 以及颗粒物、CO_2、SO_2、HCl、NO_x 污染物；汞、镉、铊、锑、砷、铅、铬、钴、铜、锰、镍等重金属及其化合物；二噁英类及其他残余有机物。这也是垃圾焚烧过程污染物控制即初级减排的主要任务之一。

3.5.4 燃烧火焰

3.5.4.1 概述

生活垃圾焚烧过程中，当析出的挥发分达到着火温度后即生成以火焰为标志的分解燃烧并出现反应速度峰值，然后热分解速度急剧下降。火焰是指气体可燃物或是气体与固体细颗粒混合可燃物在高温环境下伴随有发光放热、闪烁上升现象的燃烧状态，是与能量密度无关的能量梯度场。

火焰的本质是放热反应，是其内部不停被激发而游动的气态分子所进行的反应并发出光和释放能量，发出的光就是我们看到的火焰。反应区向外释放的能量从焰心至外焰逐渐升高，然后急剧下降，使火焰有较清晰的轮廓，火焰与周围空气的边界处即反应能量骤减处。向外释放的热能在反应区周围积聚，加热周边的空气，使周边空气分子做高速运动，运动速度越快温度越高。

典型的火焰如图 3-20 所示，自内向外分为焰心或起始平面、内焰、外焰三个部分。焰心或起始平面，是处于内层的亮度较暗的核心区域。其粒子运动速度低，光谱集中在红外区。表现为供氧不足，燃烧不完全，温度最低，有还原作用。内焰也称还原焰，是包围焰心的最明亮区域，呈现深红或浅黄色。其粒子运动速度中等，光谱集中在可见光部分。表现为亮度最高，温度较高，气体未完全燃烧，含碳粒子被烧热发出强光并有还原作用。外焰也称氧化焰，是最外层的反应

图 3-20 火焰示意图

区域，呈现浅黄色或无色透明。外焰具有粒子运动速度最快，光谱集中在紫外区的特征，表现为亮度较高，温度最高，具有过量而强热的空气、燃烧完全，有氧化作用。当火焰的构造无空气进入时，则只有一层圆锥形火焰即外焰，这也是常见的垃圾焚烧的火焰状态。

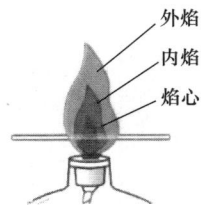

蜡烛的泪状火焰是热量造成空气流上升，空气流在蜡烛火焰周围平稳流动并将它聚拢

成一点。本生灯的火焰是混合气流速度大于火焰传播速度形成的锥形火焰，其形状是由空气流和燃气流共同控制的。不论是哪种燃烧方式，火焰的形状都与重力有关，尤其热空气的密度比冷空气低，因此会上升。在失重状态下，这种"对流"的效应就不再发挥作用，火焰的形状会更像球形。

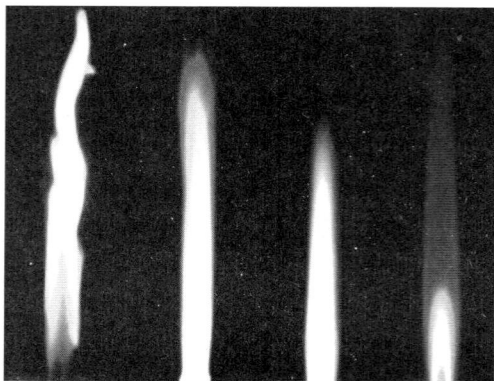

图 3-21　本生灯火焰形状与颜色

本生灯的内层焰心为水蒸气、一氧化碳、氢、二氧化碳和氮氧等混合物，温度约 300℃。中层内焰也称还原焰，可燃气体开始燃烧但燃烧不完全，火焰呈淡蓝色，温度约 500℃。外层外焰也称氧化焰，可燃气体燃烧完全，火焰呈淡紫色，温度 800 ~ 900℃。图 3-21 是不同空气混合下的本生灯火焰形状与颜色。自左向右分别表示出，①本生灯点燃之前的可燃气体未予空气混合时，按湍流时的火焰传播速度 u_t 传播，火焰锋面不断抖动。②~④当空气同燃气预先混合时，可按层流时的火焰传播速度 u_{ce} 传播。此时随空气增加，火焰温度相应提高，颜色改变，形状也规则得多，温度最高时形成带点蓝色的圆锥形。

更加具有参考意义的是应用倒焰炉窑陶瓷烧造技术的火焰状态。按火焰不同时期的不同性质将这种火焰分为氧化焰、还原焰和中性焰。氧化焰是通过每次加煤量少，间隔时间长且保持煤层不宜太厚，维持负压操作，实现完全燃烧的火焰。表现为窑中的 O_2 充足，CO 少，火焰明澈清晰。还原焰是通过勤加少添、短间隔投煤，维持窑内不断火不断焰的正压操作，实现不完全燃烧的火焰。表现为窑中的 CO、H_2 多，极少有游离态氧。中性焰是指 CO、H_2 与进入空气的化合反应量相等，因极难控制而用弱还原焰代替之。控制弱还原焰的方法是采用大块煤、大加煤量、稍厚煤层长、大于还原焰加煤间隔同时减弱窑内的通风，维持窑内不断火。按陶瓷烧造过程的火焰顺序为还原焰-弱还原焰-氧化焰，保持窑内火焰的一定性质往往以存焰与火净的时间比例予以控制。欲提高窑内温度，必须采用氧化焰燃烧法，根据烧造质量要求一般控制在 900~1200℃。

压力控制对隧道窑尤为重要。层流时的火焰传播速度 u_{ce} 随压力升高略有降低，但质量流率 ρu_{ce} 增加，同样大小的火焰锋面内单位时间烧掉的可燃物将增大一些。在氧化气氛下烧成时，隧道窑的零压点在烧成带与冷却带之间；在还原气氛下烧成时，隧道窑的零压点则在烧成带与预热带之间。

此外，烃类液体可燃物在缓慢氧化的链式反应中，突然在短时间内发光与温度上升约 100~150K 的现象称之为冷焰。冷焰燃烧是在一定的温度和压力条件下，烃类可燃物在空气中发生分解反应，释放自身部分化学能的预燃烧反应。原因是化学平衡往形成烃基分子团转化，而使已氧化的烃基分子团浓度下降，阻止了燃料的着火。冷焰燃烧的起止温度在约 300~500℃。

3.5.4.2　观察火焰颜色，辨识火焰温度，判别燃烧状态

我国古代在冶炼金属的实践中，创造了观察火候和火色判断温度的方法。据《考工记》记载，在铸造铜与锡时，火焰颜色依次变为暗红色、橙色、黄色、白色、青色，然后才

可以浇铸。这种方法同样适用于制陶业。"火候"成为我国古代热工艺中一个内容丰富的特有概念。

从现代科学分析，火焰是挥发分氧化反应释放光和热量的现象。火焰中心或起始平面到外焰边界的范围内是不停被激发而游离的气态分子，它们和空气发生强烈的氧化反应过程中释放出不同频率的能量波，因而在介质中发出不同颜色的光（图 3-22）。其中的波速 v 与频率 f（Hz）、波长 λ（m）有如下关系：

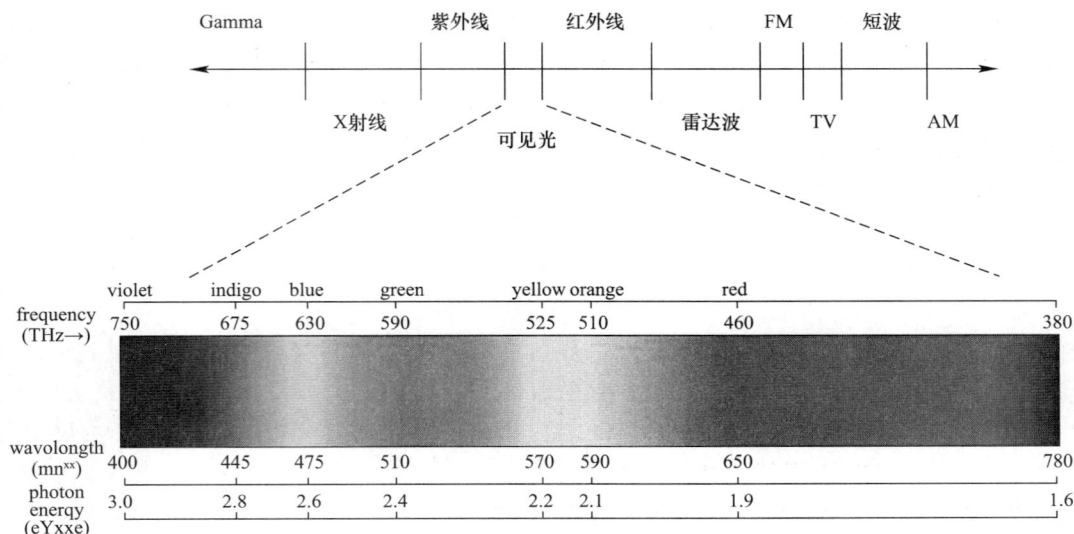

图 3-22 可见光的颜色与对应的波长

$$v = f \times \lambda \quad \text{m/s} \tag{3-68}$$

温度水平对燃烧过程与初级减排都有较大影响，需要从温度去识别低温、终温与高温三个重要的燃烧区。垃圾焚烧过程的炉膛燃烧区正常情况下是处于下面描述三个重要的燃烧区的中温燃烧区，当焚烧垃圾热值低于 5000kJ/kg 状态下不添加辅助燃料时，会处于低温燃烧区。

（1）在 $900\sim1000℃$ 以下的低温燃烧区。即使混合方法十分完善，仍会发生不完全燃烧。这是由于可燃混合物在焚烧设备中逗留时间有限，反应进行相对较慢的缘故。表现为燃烧生成物中有未完全氧化反应的 CO、H_2 和未参与反应的 O_2。燃烧温度降低时，不完全燃烧现象加剧。

（2）$1000\sim1800℃$ 的中温燃烧区。若混合过程很完善，就能保证燃烧完全。在此情况下，当 $\alpha\geqslant1$ 时，即使反应物质在炉膛内逗留时间受到实际条件限制，但在高温影响下发展起来的反应速度，也能使燃烧过程进行到充分完成的地步。即只得出完全氧化的生成物 CO_2、H_2O 等。如果混合过程很完善，则只在 $\alpha<1$ 时，才可能在中温区域发生不完全燃烧现象。

（3）大于 $1800℃$ 的高温燃烧区。由于燃烧产物发生分解的逆反应在加快进行，使完全燃烧成为不可能。表现在生成物质中出现有自由基，如 $H_2O \longleftrightarrow OH + H$，该反应向右进行放热，向左进行吸热。对于高温燃烧区，燃烧产物发生了分解反应，不但体积增大还吸收了大量的热量。在低温时，化学当量比混合物或者贫燃料混合物燃烧后的产生只有 CO_2 和 H_2O，然而这些产物很不稳定，只要温度稍高一点，就可能部分转变为成如 CO、H_2、O、H 和 OH 等简单的分子、原子和离子形式。相应地在转变过程中，能量被吸收，最大火焰温度也相应地被减小了。

由于火焰各部位气体组成不同，燃烧反应进行程度不同，发热、散热不同，故而温度不同。影响火焰构造的因素较多，如火焰的类型、燃烧环境，同类火焰的燃助比等。同一类型火焰，根据燃助比的变化可分为化学计量焰、富燃焰和贫燃焰。其中：

化学计量焰又称中性火焰，是指燃气与助燃气之比完全符合燃烧反应系数比，一般理论燃助比为 1∶6。这种火焰温度高、稳定、干扰小，但其本身不具有氧化还原特性。

富燃焰又称还原性火焰，是指燃助比小于化学计量焰的火焰。这种火焰呈黄色，层次模糊，温度稍低，由于燃气增加使得火焰中碳原子的浓度增高，使富燃焰中具有一定的还原性，有利于基态原子的产生。

贫燃焰又称氧化性火焰，是指助燃气大于化学计量的火焰。这种火焰呈蓝色，氧化性较强，火焰温度较低，适于易离解、易电离元素的原子化。

如前所述，很早以前人们就知道火焰的颜色是燃烧温度的表现并加以应用。由颜色测量发光火焰温度可依据相关色温的定义进行。发光火焰温度的测量一直受到普遍关注，通过对测量技术的研究，取得一些有益的经验性规律：①理论上最高温度的火焰是无色的，目前最热的太阳温度约 6500℃，为纯白色光。②一般含氧量在 50% 以上的气态可燃物燃烧时，发出不显光（呈暗光或浅蓝色光）火焰；含氧量低于 50% 时，发出显光（呈亮光或发黄光）火焰。含碳量在 60% 以上的气态可燃物，发出显光并带有大量黑烟的火焰。③低温的时候是红外线光谱段，随着温度上升，进入可视有色光谱段。近红外线的有色光谱段的火焰是低能量的火焰，随着温度继续升高，火焰的颜色最终从紫色过渡到紫外线。在有色光谱段，温度越低，短波长的光越少、长波长的光越多，低温段的颜色偏红、黄色，反之偏蓝、白色。

目前的研究尚没有在理论上明确相关色温和火焰温度之间的关系，而是凭借积累的经验来判断，如通常认为火焰达到 700℃ 处于紫红色时，就是俗称的炉火通红，火焰达到 3000℃ 以上处于蓝色时温度最高，也就是俗称的炉火纯青。火焰颜色和温度大致关系的经验判断方法可参见表 3-7。

火焰颜色和温度参考关系　　　　　　　　　　　　　　表 3-7

颜色	最低可见暗黑色	赤褐~暗赤	暗樱红~樱桃红	淡樱红~橘黄微红	橘黄~淡橘黄
温度（℃）	475	600~650	700~750	800~850	900~950
颜色	黄色	淡黄色	白微黄	亮白	耀眼白
温度（℃）	1000	1100	1200	1300	>1500

可采取主观判别燃烧状态的方法，判别标准为：火焰锋面（俗称火线）明亮的金黄色火焰为正常，火焰均匀的充满整个炉膛的形状，不紊乱，不浑浊。不带有黑丝或火星，不冲刷水冷壁。不能紧贴燃烧器，也不能离开根部太远着火，一般一次风过小和过大易导致这两种情况（表 3-8）。

燃烧火焰实际状态分析示例　　　　　　　　　　　　　　　表 3-8

微黄～亮白色火焰，火焰层次清晰、稳定、透明，均匀充满度高。温度达到 1200～1300℃	淡橘黄～黄色半透明火焰，火焰浑浊，层次不清晰、欠稳定、不均匀充满炉膛。温度 950～1000℃，局部 1100℃	暗樱红～淡樱红色火焰，火焰严重浑浊、层次紊乱、不稳定、不均匀充斥炉膛。温度 700～800℃

注：1. 火焰稳定指火焰区位置和体积稳定。理论上的一维稳定条件为火焰层流传播速度 u_{cc} 与气体微团的湍流脉动速度 w' 相等。火焰透明度暂参考珠宝玉、石材料透明度划分：透明、亚透明、半透明、微透明和不透明。

2. 层流火焰与紊流火焰可参考下表进行区别：

	外观	火焰长度	火焰	燃烧状态	流动面积	黏度系数
层燃火焰	清晰、火焰层薄	较长	稳定、表面光滑	较安静	小	大
紊流火焰	模糊、火焰层厚	较短	抖动、呈毛刷状	有噪声	大	小

3.5.4.3 不同大气压下的燃烧火焰现象

有学者对海拔高度与空气含氧量的研究认为，从海平面到 10 万米高空，空气中的氧气含量均为 21%。然而，空气压力是随着海拔高度的升高按指数律递减，实践经验显示在 3000m 以下时，呈现大约每升高 12m，大气压强降低 133.322Pa（1mmHg 柱）。由此导致空气稀薄，氧气分压力随之降低。据测算，在海拔 4270m 高处，氧气压力只有海平面的 58%。所以，尽管氧气在大气中的相对比例没有变化，但由于空气稀薄，导致氧气的绝对量却变小。除海拔高度对大气压及空气含氧量有直接影响，还受到当时的大气温度、空气密度、空气湿度、风力等的影响。一般温度越高或空气的湿度越高，含氧量就会越高，这也是夏季的空气含氧量可能会比冬季的含氧量高的原因。气压有日变化和年变化。一年之中，冬季比夏季气压高。气压日变化幅度较小，一般为 0.1～0.4kPa，并随纬度增高而减小。一天中的气压有一个峰值和谷值，通常分别出现在 9 时～10 时和 15 时～16 时，还有一个次高值和一个次低值，分别出现在 21 时～22 时和 3 时～4 时。

经测量，在海拔高度 0m 的地方，空气含氧量约 $b_0 = 299.3g/m^3$。研究发现，空气含氧量 $y(g/m^3)$ 与海拔高度 $x(m)$ 近似满足一次函数关系。

$$y = b_0 - kx = 299.3 - kx \qquad (3-69)$$

式中　b_0——海拔 0m 处标准状态含氧量，$b_0 = 299.3g/m^3$；

　　　k——系数，按表 3-9 选取。

海拔高度与含氧量等的关系　　　　　　　　　　　　　　表 3-9

海拔高度（m）	标准状态大气压（mbar）	空气密度（g/m³）	含氧量（g/m³）	系数 k
7.000	420	573	123.16	0.02512
6.000	481	644	141.69	0.02627
5.000	549	719	159.71	0.02792
4.000	624	802	182.08	0.02931

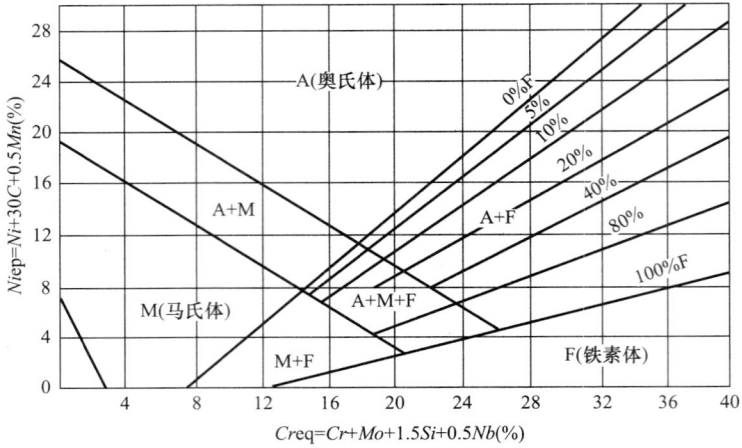

图 4-7　Schaeffler 不锈钢焊接金属的结构图

4.2.2.5　炉排上的燃烧过程

垃圾层厚度是指推料器将垃圾推入焚烧炉排上时的初始平均厚度，一般为 800～1200mm。如前所述，对炉排上垃圾燃烧过程的紊流功能，是通过运动炉排与固定炉排交错布置及形成如顺推炉排段 0.8～1.2m 的落差，通过垃圾翻转和跌落，使其可燃分暴露在固体面层，促进固定碳的表面燃烧。

以图 4-8（可与图 3-17 互为补充）分析垃圾在炉内自左至右的燃烧过程。首先是在稳定流的环境状态下，推送到炉排上的上层垃圾吸收火焰和炉拱的辐射热并向下层传递热量，与此同时自下而上与加热 200℃ 左右的一次风进行对流换热。在此过程需注意防控偏

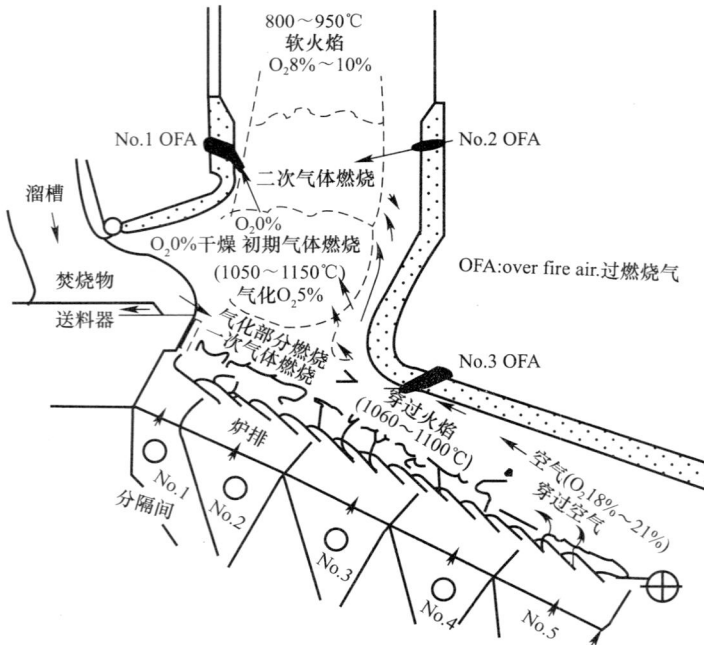

图 4-8　生活垃圾焚烧状态示意图

流现象。吸热后的垃圾层温度接近 100℃时的垃圾水分即开始向水分压力小的气相扩散，也就是水分蒸发过程。当堆体温度达到 120℃或以上时，水分蒸发过程基本结束，而垃圾中的 H_2、CH_4、C_mH_n、CO、CO_2 等多种混合碳氢化合物开始热分解与挥发分析出过程。此质能转换的阶段称为干燥热分解阶段。实验研究显示，经过干燥热分解后的垃圾质量迅速减少；水分蒸发过程视垃圾含水率大约在 30 分钟或以下；挥发分析出温度视垃圾特性可持续到床层表面约 500℃，析出与燃烧的过程几乎同时发生。

孙悦等按固相温度 T_s 提出如下单位体积焚烧垃圾的水分蒸发速率 $S_W(kg/m^3/s)$ 计算公式：

$$当\ T_s < 373K\ 时：S_W = k_m A(C_{Ws} - C_{Wg}) \tag{4-7}$$
$$当\ T_s = 373K\ 时：S_W = Q_W/\gamma \tag{4-8}$$

上述两式中　A——颗粒比表面积，m^2；

　　C_{Ws}、C_{Wg}——分别为固相饱和水与气相水蒸气密度，kg/m^3；

　　　　　γ——蒸发潜热，W；

　　k_m——传质系数，$k_m = (2.0 + 1.1 \times S_{CW}^{1/3} Re^{0.6})D_W/d$，m/s；其中的 S_{CW} 为舍伍德数，D_W 为水的扩散系数，d 为焚烧垃圾当量直径，m；

　　Q_W——固相吸收的热量，$Q_W = A[h(T_g - T_s) + \varepsilon_g\sigma(T_g^4 - T_s^4)]$；其中的 h 为气固相间传热系数 $W/(m^2 \cdot K)$，T_g、T_s 分别为气相、固相温度，ε_g 为固态颗粒表面的辐射发射率，σ 为斯特藩·玻尔兹曼数。

热分解气化的挥发分析出速率 r_{vol} 按 Badzioch 和 Hawksley 假设，采用一级反应方程描述：

$$r_{vol} = k_{vol} \times m_{mol} = k_0 \exp(-E/RT_s) \times \rho_s Y_{col} y_{vol}(1-\varepsilon) \tag{4-9}$$

式中　k_{vol}——热分解速率常数；

　　m_{mol}——热分解过程剩余挥发分质量，kg/m^3；

　　ρ_s——固相密度，kg/m^3；

Y_{col}、y_{vol}——分别为未热分解成分的百分数与挥发分含量，%。

热分解气化及后续升温着火后，是包括在炉排上方至二次空气区域的挥发分气相燃烧，以及延续到炉排上燃烧段的固定炭固相燃烧过程，再后为固相燃烬阶段。

根据对生活垃圾挥发分析出动力学的研究，尽管垃圾的可燃性质存在较大差异，但热分解产生的挥发分成分具有很大相似性。热分解过程可认为是生活垃圾中的可燃分在好氧状态下，挥发分大量析出的过程。该过程主要影响因素是燃烧环境的温度、一次空气量和垃圾可燃物的组分。不同垃圾组分的挥发分析出温度是不同的，实际上在 200℃左右就会有挥发分析出。总体上看，假定此段的一次空气量为恒定值，则在空气气氛下，400℃时挥发分析出尚不充分，在 500℃之前约 90%的挥发分析出，到 600℃时挥发分析出结束，至此垃圾中未析出的挥发分小于垃圾总挥发分含量的 3%；总析出时间小于 10min。

析出挥发分的各成分含量随热分解温度的升高呈现出不同的变化趋势。其中，脱氢反应随着反应温度的升高而加剧，但越来越多的大分子碳氢化合物分解释放出氢气。CH_4 在较低温度区间内脱氢和氢化反应剧烈，但随着温度升高脱氢和氢化反应程度提高缓慢。因此，H_2 与 CH_4 的含量均呈现随温度增加而增加的特征，只是 H_2 在 500～600℃增加显著；CH_4 在 400～500℃增加显著，500～600℃增加缓慢。C_nH_m 随温度升高大分子断裂成根据火焰中含有高温状态下微小颗粒的连续辐射表现出发光火焰的色的研究，有微小颗粒温度与火焰温度相等的结论。由此火焰温度的测量可转化为火焰中微粒云的测量。由此，可通过 Mie 微小粒子散射理论，推导出由微粒云表现出的发光火焰的如下理论发射率（ε_f）：

$$\varepsilon_f = 1 - \exp(-kl/\lambda^\alpha) \tag{3-70}$$

式中　k——微粒云吸收系数；

　　　l——观察光轴方向的火焰厚度；

　　　λ——波长；

　　　α——波长范围试验确定的常数，对于稳定火焰，$\alpha=1.39$；对于非稳定火焰，$\alpha=1.38$。

基于光谱辐射功率 $P(\lambda)$ 的彩色三基色的系数，按 CIE（国际照明委员会）推荐的 RGB 制式中的三刺激值混色曲线，在 $0.38\sim0.78\mu m$ 可见光波段的色系数 R、G、B。由此，可得到如下三基色：

$$r = R/(R+G+B) \tag{3-71a}$$
$$g = G/(R+G+B) \tag{3-71b}$$
$$b = B/(R+G+B) \tag{3-71c}$$

据此，根据色度学的黑体的颜色与温度单一对应关系，通过数学推导，可得到发光火焰的光谱辐射颜色的数学模型（具体公式可参见如陆少松等的《发光火焰温度的彩色测量方法》等文章，在此不再列出）。这种方法表现出发光火焰在某一温度下对应着一系列颜色，但根据颜色反演火焰温度，具有求解唯一性。在色度图上的不同颜色区域，发光火焰的温度分辨率是不同的，在普朗克轨迹上达到最大。

3.5.5　改善焚烧垃圾稳定性

生活垃圾是以每个人或每个家庭为单位的产生物，将它们集合在一起，形成了成分复杂多样且是在动态变化的原生垃圾，也就导致燃烧特性的不稳定性。就垃圾焚烧而言，垃圾焚烧锅炉是按某一垃圾热值作为设计条件，同时要考虑其能够安全、可靠和环保运行的一定适应范围。如图 3-23，这一范围主要体现在相互关联的焚烧垃圾热值与焚烧垃圾负荷的指标上。由此可见，垃圾成分是控制和优化焚烧工艺的关键因素。该图还示出实际垃圾热值可能会超出垃圾焚烧锅炉的适用范围，这将对焚烧烟气达标排放形成负面影响。对这种客观现象尽管是不可改变的，但是有可能缓解的。这首先是需要采取尽可能使垃圾热值相对稳定，避免超焚烧垃圾负荷的措施。而我国大力推行的垃圾源头减量和垃圾分类，以及对垃圾池内的垃圾分区堆放与搅拌，析出渗沥液的作业也是改善焚烧垃圾稳定性十分有效的做法。

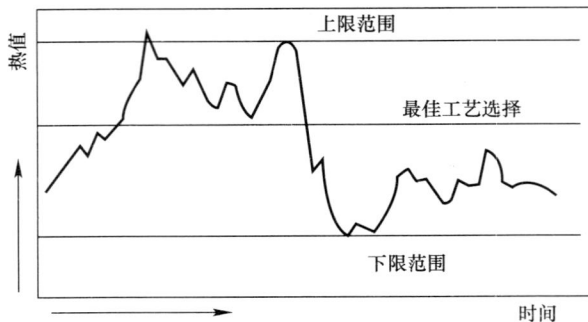

图 3-23　垃圾热值变化与垃圾焚烧锅炉适应性

第4章 垃圾焚烧锅炉的炉膛结构及工作原理

4.1 生活垃圾焚烧锅炉的应用基础与结构特征

垃圾焚烧锅炉与一般锅炉具有相同的工程理论基础，遵循同一材料科学、热能工程、流体力学、腐蚀与燃烧理论、环境科学的基本规律与规则；遵照同样的锅炉设计基本原则；按照同样的压力部件制造安装规则；接受同样的技术质量监督。两者又在应用目的和发挥作用上具有工程管理的显著区别，表现在垃圾焚烧锅炉运行过程是以环境、社会效益为主要目的，而不是以经济效益为主要目的；一般是采取汽机主调锅炉跟随的定压运行方式，而不是锅炉主调汽机跟随的滑压运行方式。还表现在各自需要采取量身定制的防结渣、防腐蚀等措施；采取有差别的金属材料使用规则，采取针对各自运行特征的反事故措施。通过以上简要分析可知，垃圾焚烧锅炉是具有锅炉一般属性，属于锅炉设备系列中的一个新品种。

与通过消耗化石燃料，向用能设备提供热能的工业锅炉、电站锅炉等固定式锅炉的目的不同，应用生活垃圾焚烧锅炉是以安全可靠焚烧处理垃圾，保护生态环境质量，并非以生产规定参数的蒸汽的为基本目的。也就是此前多次提到的要以减少垃圾的体积和危害，避免或减少可能的有害物质的总体控制指标，同时要秉承基于相同汽水循环理论基础的锅炉设计计算、失效分析等基本方法并符合垃圾焚烧特点，需要学习借鉴电站锅炉安全可靠的运行管理经验。从极具实用性建设、运行管理的基本思路角度看，则是不可生搬以煤燃烧特性为基础的运行控制要求，更要注意两者形式类似但本质的差异。例如发电项目是按规定的蒸发量，采用可选择的稳定特性的资源性燃料，确定允许窄幅波动的处理规模。垃圾焚烧发电项目则是以焚烧处理垃圾量，采用不可选择的不稳定特性的垃圾，确定适应一定范围的处理规模。再如火电项目强调煤耗的节能指标是以市场和利润作为法律调节基础的降低资源消耗、提高能源利用率的考核指标。而垃圾焚烧项目也强调利用焚烧热能、矿物质及化学物质的方法和效率并以折算当量节煤作为节能考核指标，但此指标是以社会可持续发展作为法律调节基础，并且首先是基于环境问题的解决方案。应用焚烧技术设备处理生活垃圾具有城市发展和保障人体健康环境所必须的市政基础性行业的属性，应用发电技术设备生产电力则是关系国家经济发展和满足人们生存所必需的支柱性产业的属性，各自发挥着不可替代的社会作用。

应用生活垃圾焚烧锅炉技术的主要边界条件有生活垃圾物理成分与焚烧垃圾热值、含水率等热特性的稳定性；生活垃圾的进料方式；垃圾焚烧锅炉的处理能力以及热量回收的工艺条件；要求利用污染物控制技术达到的各类烟气、恶臭、飞灰、渗沥液与噪声等污染物的允许排放值。

适应生活垃圾的垃圾焚烧锅炉技术已经得到了开发，用来满足在规定范围内变化的生活垃圾的处理需求。其中适应生活垃圾特性的层燃型垃圾焚烧锅炉是采用平衡通风单锅筒的自然循环水管锅炉，锅炉蒸发量根据焚烧垃圾热值与单位垃圾处理量确定。垃圾焚烧锅超负荷状态下不宜大于 110％，低负荷状态下不应低于 70％。否则不但难以保证正常燃烧过程，而且会增加后续烟气净化系统运行的负面影响。

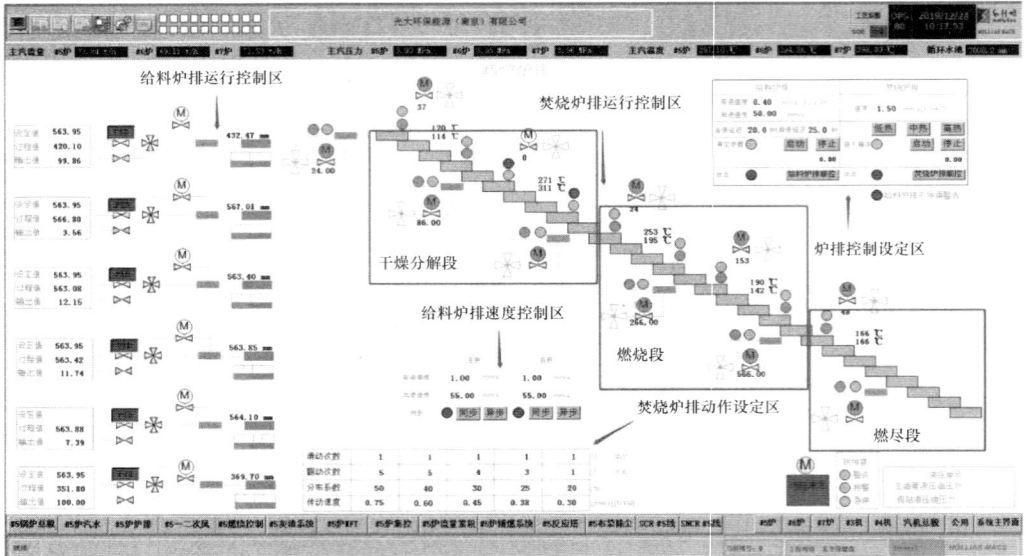

图 4-11　某炉排温度运行监控截图（图源：光大（中国）有限公司运营管理部）

　　炉排系统通常采用由多点干油泵及管路等组成的集中润滑系统，实现定时润滑。其时间间隔可调，工作时干油泵启动，将油脂依次分配到各润滑点。所谓干油泵是指以手动或电动的方式将润滑脂类的粘度大的润滑油通过泵体注入设备内的一种泵类。

　　炉排漏灰通过炉排下灰斗与放灰阀等放灰通道排出。放灰系统采用定时工作方式，时间间隔可调。放灰装置控制的主要参数如：循环间隔时间，支阀、总阀动作时间等。

4.2.3　炉膛的热力过程

4.2.3.1　层燃型垃圾焚烧锅炉炉膛换热过程的基本概念

　　层燃型垃圾焚烧锅炉炉膛按如下规则确定：底部为炉排上的垃圾层表面，设计时可按垃圾层平均厚度 500mm 计；前端为炉排头部与推料器衔接处断面，后端为炉排尾部终了处断面；顶部为水冷壁管中心线所在面或是炉顶内表面；出口窗截面最前一排管中心线所在面；四周为水冷壁管中心所在面，当有耐火砖或涂覆有耐火浇筑料时按向火和或烟气表面计。炉膛容积 V_{fur} 为由上述各面包覆的容积。炉膛周界总面积 F_{fur} 为炉排面积 R 与其余周界面面积 F_i 之和：

$$F_{fur} = R + \sum_{i=1}^{n} F_i \tag{4-11}$$

　　一般锅炉炉膛的炉墙的基本形式，按吸热方式不同可分为耐火材料型炉膛与水冷壁型炉墙两种。耐火材料型炉膛的所有热量均由设于对流区的锅炉传热面吸收，此种形式仅用于较早期的锅炉。水冷壁型炉膛采用水冷壁墙吸收燃烧产生的辐射热量，为近代锅炉所采用。垃圾焚烧锅炉炉膛的炉墙则是这两种形式的组合的混合式炉墙，一般在炉膛的火焰燃烧区（以下简称为炉膛燃烧区）采取耐火炉墙，从炉墙布置上又有风冷炉墙与水冷炉墙之分。在炉膛燃烧区上部，包括二次空气紊流区域与高温烟气辐射换热区采用复合式水冷壁炉墙；在炉膛出口区则是涂覆或是不涂覆耐火浇注料的水冷壁炉墙。其主要设计准则如下：

（1）炉膛采用混合式炉墙以控制高温烟气腐蚀、吸收烟气的辐射热、避免或降低燃烧热能的散热损失，达到良好气密性要求。为避免暴露在火焰中而遭受严重腐蚀，垃圾焚烧锅炉的水冷壁下联箱通常布置在二次风空气紊流区或以上的高温烟气辐射区域。为保持炉膛主控温度在规定范围，控制高温烟气对水冷壁腐蚀，需采用涂覆耐火涂料的复合水冷壁炉墙。

（2）为应对垃圾热值低又不很稳定的特点，在额定负荷下的炉膛烟气流速一般控制在不高于 4m/s。垃圾焚烧烟气携带的颗粒物浓度较高，需防止烟气中之尘粒因流速太快而对炉墙造成磨损。

（3）控制炉膛主控温度（即以炉膛二次空气入口断面为起点，烟气停留时间不低于 2s 时的温度不低于 850℃）将二噁英类有效分解。但也不宜高于 1050℃，以免飞灰因温度高过其软化温度而黏着于炉壁造成结渣和腐蚀，并且有效抑制过量氮氧化物的产生。

从图 4-12 所示的炉膛结构、温度场与速度场模拟图可知，炉膛温度纵向分布是不均匀递减的，又有明显的区域性特征。由此可按垃圾焚烧锅炉炉膛内的热力过程，如图 4-13 自下而上顺序分为如下四个区域：炉膛燃烧区、二次空气紊流区、高温烟气辐射区与炉膛出口区。各区域根据燃烧状态划分，没有明显的界线，在进行热力计算时应按锅炉结构，设定界面分区计算。当有两种传热形式时，以主要换热形式计算，其他换热形式折算到主要换热形式内。

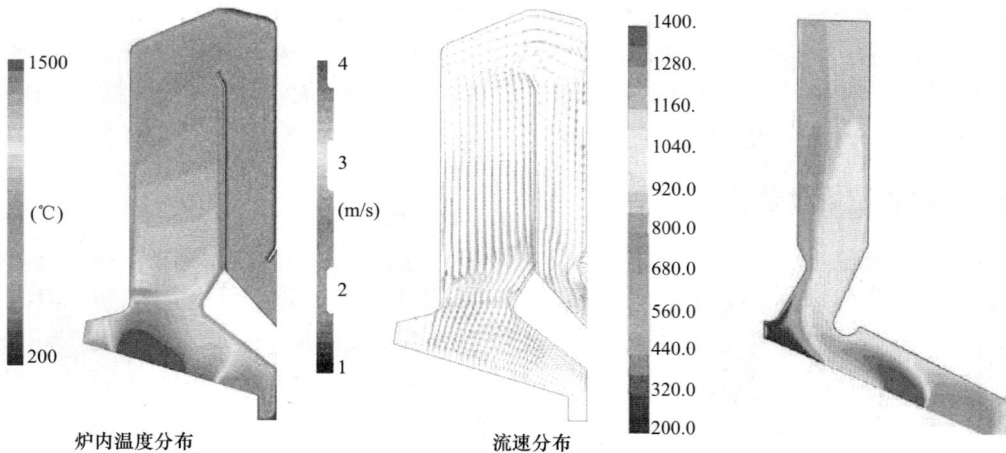

炉内温度分布　　　　　流速分布

图 4-12　使用计算机模拟炉膛内的流场与温度场
（来自与日立公司 SIGHERS、HITACHI 交流热流体模拟用）

从换热角度看，进入炉内的生活垃圾在炉膛燃烧区与空气混合、加热、着火与气相、固相燃烧。火焰燃烧过程在二次空气区域结束，固相燃烧过程在燃烧段中部靠前位置基本结束。炉膛燃烧区与二次空气紊流区由耐火炉墙组成，火焰燃烧温度高，可近似看做绝热过程。炉膛燃烧区也是初级减排监控的重要区域之一，表现为火焰燃烧的监视与炉渣热灼减率的控制。

掺烧污泥，结果使炉膛温度场偏离正常状态，污染物初级减排达不到有效控制。已有结果显示出现对流受热面结渣、腐蚀加剧，烟气污染物原始浓度波动现象。

生活垃圾焚烧的经济效益是要在保证环境与社会效益的前提下，采取当地经济发展条件可承受的，适宜的焚烧技术、污染物控制标准和装备，获取可承受的经济效益。这种经济效益是从两方面体现，一是在垃圾处理费和国家优惠售电政策方面，二是在节能减排、能源效率及人力资源等内部管理方面。显然前者是被动的有条件可持续的，后者则是主动的可持续的。其中，既有垃圾热值提升到 8400kJ/kg 使正常运行时吨焚烧垃圾量达到 500kW·h 以上的外部因素，更有前述的采取适宜建设标准，加强节能减排等提高经济效益的内部因素。以社会条件为基础的政策性引导和企业要达到管理水平的相互融合，是垃圾焚烧行业得以可持续发展的驱动力。所谓政策性引导是指需要发挥行政主管作用，表现为在发展规划中发挥资源配置的导向功能，包括对公共资源配置的刚性约束功能；对关系公共利益的社会资源配置的有效引导功能；对于社会资源的信号引导功能。在实施过程中把握与处理决策科学化与民主化的关系，实践对运营主体的依法监督，创新机制扩大公众参与的形式与渠道。

4.2 生活垃圾焚烧 3T 原则与炉膛的热力过程

层燃型垃圾焚烧锅炉从功能上可分为炉膛、辐射烟道与对流烟道三部分，其中炉膛是完成燃烧功能的部分。炉膛是由底部炉排上的垃圾层表面，顶部水冷壁与出口窗，四周由耐火炉墙、水冷壁及复合式水冷壁炉墙，以及规定的垃圾进料、炉渣、烟气出口断面等围成的，供垃圾焚烧与携带并释放出一部分热量的高温烟气流动的空间。炉膛范围内的部件主要有炉排系统、炉墙与水冷壁（含炉墙冷却装置）、炉排下灰斗、落渣管、一次风管、二次空气管系及喷嘴、各部套之间的连接和密封部分、耐火与保温材料、炉内火焰探测器及传送器、炉排与炉内监控仪表等。

4.2.1 生活垃圾焚烧的 3T 原则

炉膛内垃圾燃烧过程要经过固态垃圾在炉排上的水分蒸发、热分解（也叫气化）、燃烧、燃尽阶段和挥发分空间燃烧、高温烟气流动与辐射换热过程。我国有人提出将空气系统 E 应单独列出，成为 3T+E 原则。但从燃烧过程看，E 应是 3T 控制原则的重要组成部分，故而在此不再将 E 单列，仍沿用垃圾焚烧过程以温度、时间、紊流即 3T 为控制原则。其中的温度，广义上泛指包括炉排表面温度、燃烧温度、高温烟气温度以及炉墙或水冷壁炉墙向火面等锅炉炉膛不同节点的焚烧与烟风控制温度，以及汽水循环控制温度在内的炉膛温度。炉膛温度控制是从安全、可靠、环保运行出发的整体温度等级的全方位综合控制。根据具体分析及控制要求，需要采用不同特征的温度，例如理论分析时取炉膛绝热燃烧温度也叫理论燃烧温度；监控一、二次空气的燃烧空气温度；保持炉排上一定垃圾层厚度的炉排表面温度；控制二噁英类和前体物质高温消减的炉膛主控温度等。

理论上只有燃烧无传热，燃烧热量全部用于加热烟气，达到的烟气温度叫作理论燃烧温度，主要用于工程理论的分析与计算。实际应用上，在锅炉的焚烧与烟风温度系的节点温度主要有炉膛内不同节点的温度、炉膛出口温度、对流受热面进口温度、省煤器出口排烟温度，以及温度偏差和与之密切相关的烟风侧、汽水侧的压力等。汽水侧温度系指水汽吸热与相变温度与压力，以及主蒸汽温度与压力等。从初级减排的二噁英类污染物运行控制视角，工程应用中采用炉膛主控温度即当炉膛内高温烟气达到 850℃ 时停留时间不低于 2s 的温度。这是在炉膛出口窗下方的某一区段，是按锅炉设计的垃圾特性与炉膛热力状态所确定，以该区域上、下层测点温度或是以炉膛出口区测点并按实际主控温度区域的状态进行自动修正计算的温度进行监控。需要说明的是，欧盟委员会在《废物焚烧—综合污染预防与控制最佳可行技术》中提出：运行经验表明较低的炉膛温度，较短的停留时间和较低的烟气含氧量在一定情况仍然能够实现完全燃烧，并全面改善环境质量。可认为这是符合垃圾焚烧初级减排过程的动态管理的科学论断，但不能作为目前我国降低运行控制规定的借口。

图 4-1 是一、二次空气温与焚烧垃圾的研究关系。保持良好的燃烧工况，是与垃圾焚烧一、二次空气温度与垃圾热值具有不可分割的关系。实际运行经验表明，当焚烧垃圾在 5000kJ/kg 或以下时，一、二次空气温度宜分别控制在 200～250℃ 与 200～220℃；当焚烧垃圾热值在 5000～8000kJ/kg 时，宜分别控制在 200～250℃ 与 200～220℃；当焚烧垃圾热值大于 8000kJ/kg 时，一次空气温宜根据不同热值控制在 20～100℃，二次空气温度取为 20℃ 的室温，寒冷地区需要根据当地环境温度按此原则进行调整。当需要加热时，

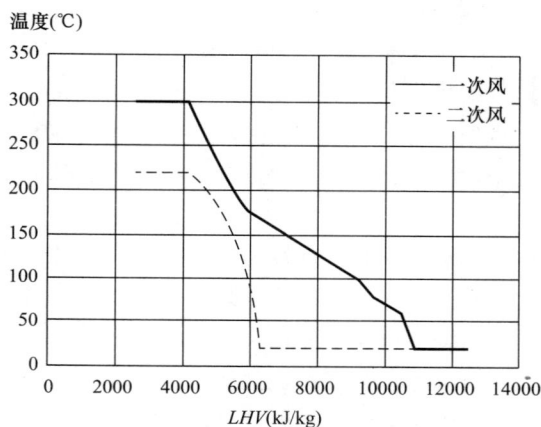

图 4-1 额定焚烧垃圾量时的一二次空气温度与焚烧垃圾热值关系

可采用蒸汽—空气加热器来保持燃烧需要的一、二次空气温度。

时间作为物质运动、变化的持续性、顺序性的物理量，在燃烧过程的 3T 中，特指垃圾燃烧过程延续的度量。表现在如下两方面，一是生活垃圾焚烧烟气在炉膛中的停留时间即生活垃圾烧产生的烟气从开始到排出炉膛所需的时间，也是炉膛主控温度所在区域。实际应用中，根据火焰燃烧在二次空气紊流区域结束的特点，采用最上层二次空气喷入口所在断面作为核算高温烟气滞留时间的基准。适宜的滞留时间由焚烧垃圾热值、垃圾焚烧锅炉的特征以及实际处理量和运行管理等具体情况来确定。二是生活垃圾固态可燃物在焚烧炉排上的延续时间，是生活垃圾从进炉开始到焚烧结束，炉渣从炉中排出的度量。实际运行中根据垃圾特性大多控制在 40～120min。一般焚烧垃圾热值越高，垃圾在炉排上的滞留时间越短。当焚烧垃圾的含水率较高时（大于 48%），就需要增加垃圾在炉排干燥段的滞留时间。另外，炉排形式对垃圾固态可燃物的滞留时间有一定影响，如在同样垃圾与环境条件下，逆推式炉排的设计滞留时间通常比顺推式炉排要短一些。实际运行显示，当焚烧垃圾热值在 5000～6500kJ/kg，含水率在 50% 左右时，在顺推炉排上的滞留时间在 80～120min。

从物理结构上可把湍流现象定性看成是由各种不同尺度的涡旋叠合而成的流动，这些漩涡的大小及旋转轴的方向分布是随机的（参见图 4-2）。大尺度的涡旋主要是由流动的边界条件所决定，其尺寸可以与流场的大小相比拟，是引起低频脉动的原因。小尺度的涡旋

1）将燃烧和辐射过程分开。只有燃烧无传热，燃烧热量全部用于加热烟气，达到的烟气温度即为理论燃烧温度。只有传热无燃烧，服从辐射传热的规律；

2）将换热过程与烟气流动与扩散、受热面污染等过程分开，在建立换热方程组后，通过引入角系数、保热系数、水冷度、黑度等经验系数方式进行修正；

3）换热过程以辐射换热为主，由于烟气流速较低，水冷壁或是复合式水冷壁被污染，致使温度较高且对流换热所占炉内总换热比例不足 5%。因此在建立炉膛的换热方程时予以忽略；

4）对炉内各处的热力参数是不均匀的状态，将其简化为平均参数。如以平均温度、平均烟气热容量分别表示炉内各点的温度、烟气热容量；

5）假设火焰黑度是均匀的，按分段计算原则记取相应参数。

按照这些假设与修正，并依据绝热燃烧温度下的烟气焓 I_a 等于 Q_l，以及热力学焓的定义，应用辐射换热面的吸热与炉内燃烧烟气放热的计算公式与平衡关系，建立如下炉内换热准则方程：

$$\alpha_1 F_1 x \sigma_0 (\overline{T}_h^4 - \overline{T}_b^4) = \varphi B_j (Q_l - I_1'') = \varphi B_j V c_{pj}(T_a - T_1'') \tag{4-15}$$

式中　α_1——通称炉膛黑度，在此指火焰和炉壁之间的系统黑度，值与火焰黑度和炉墙黑度有关；

F_1——炉膛有效容积内的炉墙内侧总面积，m^2；

x——水冷壁角系数，按《工业锅炉设计计算方法》选取；

$\overline{T}_h$、$\overline{T}_b$——分别为火焰绝对温度与炉壁绝对温度，K；

φ——保热系数，即炉墙对外界散热引起的校正系数，$\varphi = 1 - q_5/(\eta_{gl} + q_5)$；

B_j——焚烧垃圾量，t/h；

Q_l——单位焚烧垃圾量送入炉内的有效热量，kJ/kg；按下式计算：

$$Q_l = Q_r \frac{100 - q_3 - q_4 - q_6}{100 - q_4} + Q_k - Q_{wr} + rI_z$$

其中：Q_r 为焚烧垃圾输入热量；Q_k 为空气带入炉内的热量，$Q_k = (\alpha_1 - \Delta\alpha_1)I_{rk}^0 + \Delta\alpha_1 I_{lk}^0$；

Q_{wr} 为空气在锅炉机组外部受热时所带入炉内的热量；rI_z 为再循环烟气热量。

T_1''、I_1''——分别为炉膛出口烟气处的烟气温度与烟气焓，kJ/kg；

Vc_{pj}——单位焚烧垃圾量的燃烧产物，从绝热燃烧温度 T_a 变化到炉膛出口温度 T_1'' 时的热容量平均值，kJ/(kg·℃)。

由于挥发分在炉内分布不均匀，而炉墙与新进入的垃圾又会使火焰受到冷却，这些都将导致横截面上的温度不均匀。理论上该区域某一段面处于零压平衡状态，但受一次风量与风压影响，有可能出现正压现象，也可能在炉排尾部区域出现负压现象。另外，该区域有明显的火焰锋面，也就是俗称的火线。通常将其控制在炉排燃烧段的中部，以作为炉渣热灼减率运行控制的手段之一。

（2）炉膛燃烧区的结构特点

为实现有组织的可靠燃烧过程，避免无组织空气进入炉内干扰燃烧工况，需要保持炉膛与外部环境之间的隔离。这种隔离在正常运行期间以进料溜管内的垃圾重力作用和与炉渣排出口衔接的出渣机水封实现；在启停与非正常运行期间，用料斗挡板等机械机构作为隔断。在炉排两侧与前后拱不设置水冷壁而是采用耐火砖或耐火涂料炉墙加以隔热，并如图 4-15 所示，根据燃烧温度与高温腐蚀特征，在不同部位敷设不同材质的耐火材料。

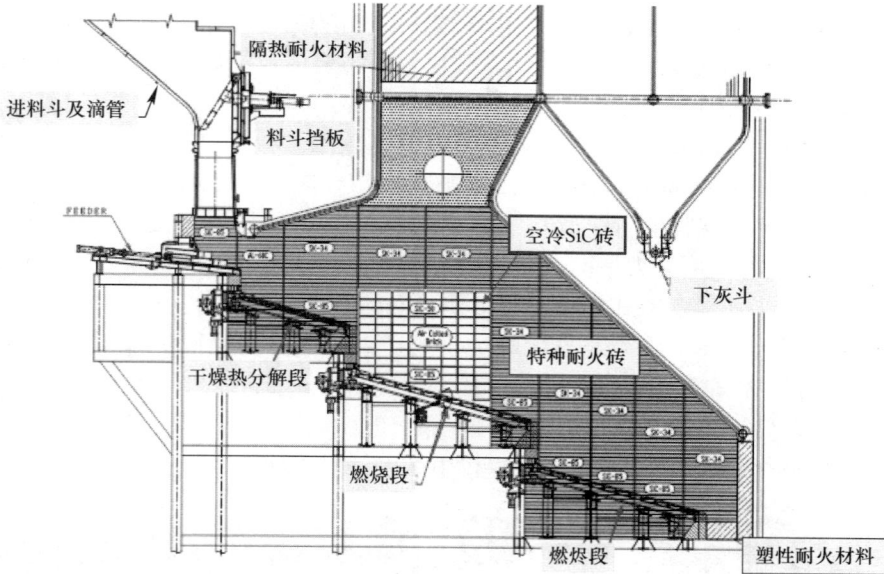

图 4-15 炉膛燃烧区炉墙基本结构

在扩散状态下直接或是经过耐火炉墙与炉拱的辐射把热量传递给炉排上的垃圾。炉拱是指层燃型锅炉的炉膛燃烧区域上部突出于炉膛内，壁面向下倾斜的耐火炉墙部分。应用炉拱的作用是合理组织炉内的气流与热辐射，达到加强着火、充分燃烧和燃烬的目的。垃圾焚烧锅炉的炉拱按其所处位置可分为前拱、后拱和中拱。前拱也叫辐射拱，起到辐射引燃作用并使高温烟气流在前拱获得良好的流体动力特性。一般认为其表面法线方向上的辐射黑度约为 0.8 即 80% 被炉拱吸收，待温度提高后再辐射出去。后拱相对前拱的辐射引燃作用很小，主要是改变烟气的流速和方向，加强炉内气流混合并使后拱的烟气流能深入前拱区，形成强烈旋流。目前所见实际应用的中拱是由复合式水冷壁、角度可调的中间隔板或是中空的隔离体组成。主要特点是通过组织燃烧主气流的前后分流来强化与二次空气混流，实现完全燃烧的目标。从目前实际应用看，CO 等指标尚未能达到所期望的结果，故而工程上较少应用。

炉拱的设计方法有基于炉拱辐射效果的覆盖率法，基于引燃辐射源的辐射源法等。主要涉及炉拱的高度、长度与倾角以及前拱的敞开度等。有研究提出，当炉内温度达到 900℃ 时，其本身的辐射能力可增加一倍；若达到 1300℃ 时，可从 1 倍增加到 4 倍。因此热辐射能力取决于锅炉内温度的变化。

炉墙结渣是由于局部高温火焰燃烧或垃圾热值急剧上升，垃圾中的无机物熔融产物约在 1000～1100℃ 下附着在炉墙上并有增大的现象，其危害表现在缩短耐火砖的寿命、降低垃圾焚烧的能力。为防止炉墙结渣以及避免炉墙外表面温度过高，通常是按热交换原理，将常温空气通过炉墙冷却风机送到耐火砖背火面并保持风室处于微正压状态或是将冷却水管敷设在期间，将炉墙的表面温度冷却到 700～800℃。将这种送入空气形式的炉墙叫空冷炉墙（图 4-16），设置水管形式的炉墙叫水冷炉墙。为了利用这部分冷却炉墙的热量，采取被加热的冷却空气掺混入一次空气中或是其他利用方法。

（2）燃烧段需要具备耐热冲击、耐机械冲击与耐磨损性；可均匀分配燃烧空气并具有冷却炉排片效果，处于良好的垃圾搅拌、混合与均匀移送垃圾状态，不易造成贯穿燃烧，控制好火焰锋面位置作用。

（3）燃烬段需要具备使残余未燃物充分搅拌、混合，通入少量空气使固定碳充分燃烧，延长垃圾在炉排上的滞留时间，具备良好的排渣、防结渣作用。

4.2.2.2 炉排的基本结构

根据炉排运动方式可分为平面运动方式、滚筒转动方式、摆动方式、组合运动方式等（图 4-3）。其中的平面运动方式根据炉排整体平面的水平夹角 α 分为 $\alpha=0°$ 的水平运动炉排与 $\alpha>0°$ 的倾斜运动炉排。按垃圾与运动炉排的运动方向分为顺推炉排与逆推炉排。从目前使用的炉排片材质与实际应用情况看，焚烧垃圾热值在 9210kJ/kg（2200kcal/kg）及以下时可采用空气冷却炉排，在达到 10467kJ/kg（2500kcal/kg）以上时通常要考虑采用水冷却炉排。这将会随着材料科学发展，提供更多的选择空间。

水平运动炉排

倾斜顺推运动炉排

倾斜逆推运动炉排

滚筒运动炉排

图 4-3 几种垃圾焚烧炉排形式

下面以图 4-4 所示空冷炉排的基本结构为例说明如下。炉排的基本元素是炉排片，是具有耐热冲击、耐机械冲击与耐腐蚀、耐磨蚀性能的精密铸造件。炉排片的侧面必要时需进行精加工以防止或减轻磨损，防止炉排漏渣；背面设计有散热肋片；前端设计有一次风通风孔或利用两炉排片之间的侧壁间隙作为通风道。

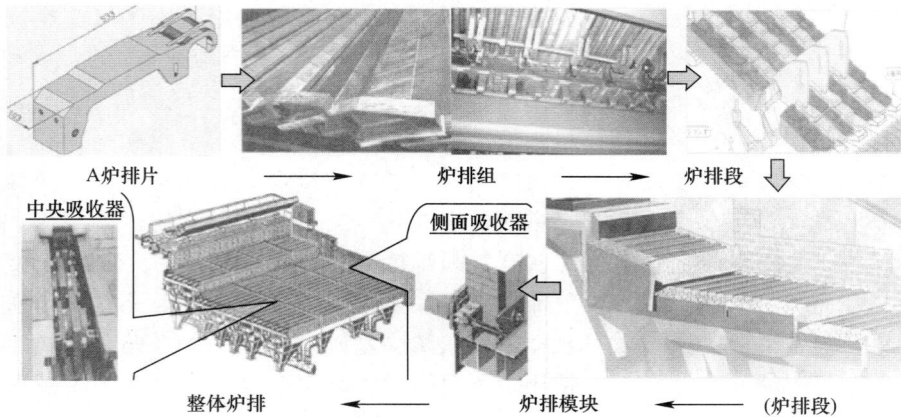

图 4-4　空冷炉排的基本结构

采用通风截面比 f_{tf} 表示炉排特性的指标，如下式等于炉排通风孔隙总面积 $A_孔$ 与炉排总表面积 A 之比，一般不大于 2%。

$$f_{tf} = A_孔/A \qquad (4\text{-}1)$$

采用炉排冷却度 ω 表示炉排可靠性的指标，如下式等于炉排全部肋片面积 $A_肋$ 与整个炉排面积 A 之比，一般不小于 $2\sim3$。

$$\omega = A_肋/A \qquad (4\text{-}2)$$

由多个炉排片沿横向排成行或竖向排成列，按其运动形式分为运动炉排行（列）与固定炉排行（列），每一运动炉排行（列）与一固定炉排行（列）组合成一个炉排组。按行（列）排序的炉排片通过驱动框架与固定框架装配成为相互固定的整体，热态下几乎没有间隙，从而有效减少漏渣量。此外还有如完全由摆动炉排组、转动炉排段等组成的炉排。

顺推式、逆推式或组合式炉排是按动、静交替排列的多个炉排组形成炉排段，按焚烧功能顺序分为干燥热分解段、焚烧段与燃烬段。各功能段之间可有 $0.8\sim1.2m$ 高的跌落，或是设置摆动炉排等结构，以实现强化固相垃圾及炉渣的翻转移动，避免表面结块的作用。

通常是由 1 个干燥热分解段、$1\sim2$ 个焚烧段与 1 个燃烬段顺序组合成一个可完成垃圾燃烧过程的模块。一个模块的焚烧垃圾规模大致在 $120t/d\sim200t/d$，可根据焚烧处理要求进行适当调整，如通过增加炉排片使炉排宽度扩大的技术措施可将处理规模从 $200t/d$ 调整为 $225t/d$。

当焚烧垃圾规模小于 $200t/d$ 时，一个模块就是一个炉排主体。当焚烧垃圾规模较大时，可将两个或以上模块通过膨胀吸收器等部套并排组合起来，如处理规模 $600t/d$，可由 3 个 $200t/d$ 的模块组合而成。炉排模块边缘与侧墙相邻的，它们之间留有膨胀间隙，通过填充炉排侧密封以及膨胀吸收器来吸收热膨胀和防止炉排与侧墙摩擦和漏风问题。目前，在正常条件下的炉排漏渣率可控制在 0.1% 以下。

每个炉排按不同垃圾焚烧规模配置炉排液压驱动系统、炉排侧密封、炉排尾部装置、炉排下灰斗、炉排温度监测装置等。为对应干燥、燃烧、燃烬三段的功能及不同风量的需求，在各炉排段的下面设置炉排下灰斗。其功能一是收集从炉排间隙掉下的漏渣，二是作为风室从料斗侧面将一次风转送到炉排底部，再向炉内有组织供应燃烧空气。炉排下灰斗

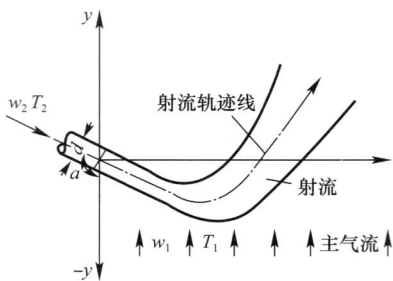

图 4-18　射流射入垂直
主气流时的流动

始扰动状态下，二次空气射流透入主气流空间的扩张角一般不超过 $15°\sim22°$。具有流速 w_2 的二次空气射流以倾角 α 射入具有流速 w_1 的主气流后与主气流发生动量交换。由于主气流的质量与动量相对大得多，因此二次空气射流透入主气流一定射程后，逐渐被主气流携带而最终同化。二次空气射流的运动规律和轨迹与二次空气喷嘴的形式、喷射角度 α、喷射速度 w_2，主气流速度 w_1，射流与主气流的密度等因素有关。这些规律需要在试验基础上取得一些经验公式供工程设计使用。下面仅对无因次速度、无因次温度及射流喷射角与射程的关系作简要说明。

1）无因次速度 w_2/w_1 越小，主流同化二次空气射流能力就越强，也就是说要增加射流进入主气流的射程，就要增加 w_2。鉴于速度场不存在相似规律，该射程需要试验确定。

2）无因次温度 T_2/T_1 对射流的影响体现在二者密度的影响。当一股冷射流透入热的主气流中，即使 w_2/w_1 不变，由于冷射流介质的密度大，单位质量的动能 $\rho_{2冷}w_2^2$ 大于热射流的 $\rho_{2热}w_2^2$，致射流穿透深度要大。

3）射流喷射角 $\alpha=0°$、$180°$ 分别表示二者同向或逆向流的极端情况，对射程没有意义。当 α 为其他值时，则有不同的射程。伊万诺夫通过试验，分别取垂直距离 y、水平距离 x、二次射流喷嘴直径 d，归纳出下述射流轨迹的经验公式，其使用条件是 $\alpha=60°\sim120°$，$T_2/T_1\leqslant2$，$\rho_2w_2^2/\rho_1w_1^2=25\sim400$。

$$\frac{y}{d}=\left(\frac{\rho_1w_1^2}{\rho_2w_2^2}\right)^{1.3}\left(\frac{x}{d}\right)^3-\left(\frac{x}{d}\right)\tan(\alpha-90) \tag{4-16}$$

里亚霍夫斯基和舍尔金通过气体动力试验，得出在非等温流入条件下，二次空气射流透入主气流的射程 L 的半经验公式。

$$L=k\frac{w_2}{w_1}\sqrt{\frac{T_1}{T_2}}\cdot d \tag{4-17}$$

式中　w_1、T_1 与 w_2、T_2——分别为主气流与二次空气射流喷嘴出口的气流速度、绝对温度；

d——二次空气喷嘴的当量直径，mm；

k——经验系数，水平布置圆形喷嘴取 1.5；长方形喷嘴取 1.8；二次空气流轴线与水平线呈 $30\sim45°$ 倾斜的任何形状喷嘴取 1.85。

二次空气喷嘴出口速度 w_2(m/s) 与风压 Δp(Pa) 有如下关系：

$$w_2=\sqrt{\frac{20g\Delta p}{\xi\cdot\gamma_c}} \tag{4-18}$$

式中　ξ——二次空气系统阻力系数（风道形状合理时，可取 1.5）；

γ_c——二次空气比重。

实际应用的是在垃圾焚烧锅炉炉膛前后拱上方配置由 $1\sim2$ 排多个相同圆形喷嘴组成的平行射流组。通过二次空气射流可以确定燃烧过程不同阶段氧浓度增长的性质，确定过量空气是不是有规律地增长。但是在炉膛内，即使射程足够大，燃烧过程也将带有局部性质而不是均匀性质。这是因为各射流汇合前的初始段是独立发展的，但受射流组相互间的引射作用，初始段的长度缩短。主要影响因素是喷嘴直径、喷嘴间距、初始射流速度以及边界层混合区厚度等，故而初始段长度需要通过试验确定。射流初始段的边界层内速度场是相似的，但是在射流组情况下，边界层厚度增加的比较快。

有案例在考虑炉膛内颗粒停留时间、炉膛出口 NO_x 浓度时，选择二次空气前后墙下倾角 $20°$ 的布置方式，正常流速约 $55m/s$ 的效果较佳。有基于计算流体动力学的数值模拟方法的模拟结果显示，炉膛上二次风对冲布置与风速从 $45m/s$ 增大至 $65m/s$，均能有效促进烟气混合，提高炉膛烟气的充满度，改善温度分布的均匀性。上二次风对冲布置较错列布置能进一步提高烟气停留时间，降低炉膛出口的 CO 体积分数，从而提高燃烧效率。该研究还认为，通过在炉拱下方增加下二次风，能对炉膛前、后炉拱形成包覆作用，阻挡高温烟气冲刷，有利于改善炉拱区域结渣问题。

在此附带说明一下二次燃烧的问题。所谓二次燃烧是指一次燃烧的中间产物与外围空气再次反应而生成最终稳定产物的燃烧。发生二次燃烧的主要原因是运行不当，如未燃尽的燃料在尾部受热面上逐渐积存、燃烧调整不当、炉膛温度过低、长时间低负荷运行、锅炉启停频繁以及吹灰不及时等。发生二次燃烧时，会使烟道内烟气温度和锅炉排烟温度急剧升高，烟道负压和炉膛负压剧烈波动甚至变为正压等现象。因运行不当发生的二次燃烧被认为是一种破坏性燃烧，处理不及时会损坏设备甚至造成锅炉爆燃的恶性事故。因此，对层燃型垃圾焚烧锅炉不应存在二次燃烧问题。当然，若燃料燃烧后的烟道气中尚有可燃物时可进行有组织的二次燃烧加以解决。也有按缺氧与足氧二阶段段燃烧，设计有两个独立燃烧室结构的焚烧炉，这与广泛应用的层燃型垃圾焚烧锅炉的结构、燃烧机理是完全不同的，不能混为一谈。

（2）关于烟气再循环

加入二次空气射流的目的之一是促进烟气均匀混合，但过多二次空气会降低炉膛温度与能源效率，由此催生了替代部分二次空气的烟气再循环技术的发展。所谓烟气再循环技术是指抽取锅炉尾部烟道中的一部分 $250\sim350℃$ 的低温烟气，通过再循环风机送入炉膛的技术。送入炉膛的方式，从二次空气紊流区送入以减少二次空气量，而不采取与一次空气混合送入以减少一次空气量的做法。再循环烟气抽气口多在除尘器下游，以减少烟气污染物浓度从而减少腐蚀、结垢和操作方面的安全性风险。采用烟气再循环技术的驱动力在于强化烟气湍流，控制炉膛温度水平，抑制炉膛结焦，减少排烟热量损失，而且当焚烧垃圾热值较低需要提高二次空气温度时，可减少外部能量的消耗。主要负面影响因素是增加一套烟气系统，厂用电率增加明显。

燃烧烟气中的 NO_x 是由约 $5\%NO_2$ 和 $95\%NO$ 以及少量 N_2O 等其他氮氧化物组成的，其中 NO 很容易通过光化反应生成 NO_2，故而工程计算时按 NO_2 计，但在生成模型的分析时需要按 NO 进行。

一般认为烟气再循环可减少 NO_x 的生成，但有实际应用结果显示达不到设计指标。分析其原因，首先，烟气再循环可减少来自空气 N_2 而减少 NO_x 生成的说法是不严谨的，因为空气中氮气和氧气是在大于 $1500℃$ 高温下缓慢反应生成的热力型 NO_x，小于 $1300℃$ 时的生成量很少，故而烟气再循环虽然不是生成 NO_x 的主要途径，但也不是抑制 NO_x 的主要路径。其次，燃烧过程的 NO_x 主要是燃料型 NO_x，目前的研究认为，生活垃圾焚烧例：已知：某垃圾焚烧厂采用倾角 24°的倾斜顺推运动炉排，单台焚烧垃圾规模 400t/d，垃圾含水率 55%，设计垃圾热值 $LHV = 6480$kJ/kg（1550kcal/kg），加热空气温度 220℃，炉渣热灼减率保证值为 3%。

求：试估算最小焚烧炉排几何尺寸并作出评价（计算结果取小数点后 2 位，其余尾数全部按进位计）。

解：根据垃圾含水率，取炉排长度 $L \geqslant 9 + 2 = 11$m；

根据给定的 LHV 取 $f = 2.25 \sim 2.5$，则炉排宽度 $W \geqslant (400/24)/(2.25 \sim 2.5) = 7.41 \sim 6.78$m

取 $m_Q = 480$kW/m²h，$b = 2.0$m，则炉排有效面积 $A \geqslant 0.28 \times (400/24) \times 6480/480 + 2.0 \times 6.78 = 76.56$m²

有：$m_G \leqslant 215 \times [1 + 0.0005(1200 - 1000)] \times [1 + 0.001(220 - 200)] \times [1 + 0.002(400 - 150)] \times [1 + 0.05(3 - 5)] \times 0.9 \approx 294$kg/m²h

4.2.2.4　炉排片的材质

根据炉排工作条件，要求炉排片在 1000℃ 下具有抗高温磨蚀、热冲击、物理冲击的能力。故而炉排片材质与结构形式是根据影响合金性质的硬质相等的研究，通过精心设计，获得能在高温抗氧化性、抗磨蚀性与热强性好的基体上分布有高温稳定性好且硬度高的硬质相的材料。目前多采用高 Cr 系耐热合金，如含 Cr24%～28% 或以上高铬铸钢，含有 Cr、Ni、Mo 及其他稀土元素的奥氏体型或奥氏体-铁素体型合金材质。德国蒂森克虏伯 VDM 公司曾针对垃圾高温腐蚀环境专门开发出了 Nicrofer45TM-合金 45TM 高铬镍奥氏体不锈铸钢。关于炉排片的主要元素成分的基本特征可参见表 4-1。

炉排片的主要元素成分　　　　　　　　　　　　　　　　表 4-1

序号	名称		特征	常用比例
1	碳	C	影响合金性能的主要元素。随着含碳量的增加，钢的强度、硬度高，奥氏体稳定性增强。同时也会引起碳化物数量增加，提高高温材料的抗磨性能。碳含量增加，合金中形成 Cr 的碳化物多会使基体中 Cr 含量下降，降低高铬合金抗氧化能力	设计确定
2	铬	Cr	影响合金性能的主要元素。一定 Cr 含量可使耐热合金在氧化性气氛下，表面形成连续致密的 Cr_2O_3 氧化膜，可防止氧及其他氧化性气体进入材料内部，提高了材料的抗氧化性能。Cr 含量过多易引起 δ 脆性	18%～28%
3	镍	Ni	扩大奥氏体区的元素。可提高材料电极电位和高温强度。镍与铬配合使用会大大提高其抗氧化性能	4%～15%
4	锰	Mn	奥氏体化的元素，在钢中可部分代替 Ni 的作用。Mn 量过高会降低耐热合金的高温强度、抗氧化性能、耐蚀性能和力学性能	<2%
5	钼	Mo	增加钢钝化能力并可强烈地固溶强化基体，提高耐热合金的热稳定性，成本较高	<2%
6	硅	Si	耐热合金中对抗高温氧化的有益元素。含 Si 的耐热合金在高温下与 O_2、Cr 等综合反应，形成致密的混合氧化膜。Si 系耐热铸铁如 $RTSi_5$、$RQTSi_5$、RQT_2Si_4Mo 等属中硅球墨铸铁，铸造工艺性好，抗氧化性能优越，耐热温度 800℃ 左右	<2%

续表

序号	名称	特征	常用比例
7	稀土元素	可提高耐热合金氧化膜的形成能力,改善晶界中碳化物的形态,阻止晶粒粗化。具有脱氧去硫作用,减少非金属夹杂物,改善夹杂物形态	多控制在 0.1%~0.2%
8	微量元素	Ti、V、Nb 属强碳化物形成元素。在耐热合金中加入其中的一种或混合加入可形成高熔点,高温下极为稳定的特征。能起外来晶核作用,细化铸态组织,晶界上的 MC 能有效阻碍奥氏体晶粒的长大,改善晶界 Cr 的碳化物形态。它们的氮碳化物均属面心立方结构,它们之间可互相溶解成复合化物,可调整化合物的物理性质。例如可调整复合化合物的比重到和钢水的比重相接近,以使复合化物在晶界上弥散析出而不产生偏析。分析这些碳化物的物性,由于晶格参数不同 NbC(0.447nm)、TiC(0.4360nm)、VN(0.4139nm),与 bbc 铁的共格度分别为 NbC 或 Nb(CN)(1.103)、TiC(1.076)、VN(1.021),与 FCC 铁的共格度 NbC 或 Nb(CN)(0.882)、TiC(0.861)、VN(0.817),可见 NbC 或 Nb(CN) 引起晶格畸变最大,在颗粒周围应变场亦最大,选择晶格畸变小的碳化物可以降低高温时氧化膜的内应力	Ti、V、Nb 总含量宜控制在 0.1%~0.3%

为了控制合金的组织,可用舍夫勒(Schaeffler)根据不锈钢手工电弧焊的焊缝组织实测统计绘成的,表征不锈钢焊缝金属的化学组成(不计氮元素)与相组织定量关系的 Schaeffler 组织图来预测各合金元素对耐热合金组织的影响。如图 4-7 所示,把合金中奥氏体形成元素折合成 Ni 的作用,把铁素体形成元素折合成 Cr 的作用,并以纵坐标用镍当量 Ni_{eq} 表示,横坐标用铬当量 Cr_{eq} 表示,其中:

$$Ni_{eq}=(Ni)+(Co)+0.5(Mn)+0.3(Cu)+25(N)+30(C)$$

$$Cr_{eq}=(Cr)+2(Si)+1.5(Mo)+5(V)+1.75(Nb)+1.5(Ti)+0.75(W)$$

式中的 Ni_{eq} 是反映不锈钢焊缝金属组织奥氏体化程度的指标,量值根据焊缝金属组织中包含如镍、碳、锰等的奥氏体元素,按其奥氏体化作用的强烈程度,折算成相当于若干个镍之总和。式中的 Cr_{eq} 是反映焊缝金属组织的铁素体化程度的指标,量值根据参与焊缝组织中如铬、钼、硅、铌等的铁素体化元素,按其铁素体化作用的强烈程度,折算成相当于若干个铬之总和。

图 4-7 中标识有 A(奥氏体)、F(铁素体)、M(马氏体)等组织的区域范围。根据被焊母材和添加焊接材料的化学成分,用熔焊稀释率换算出焊缝金属的化学组成并分别折算成 Ni_{eq} 和 Cr_{eq},即可在组织图中查出焊缝金属组织的相组织和铁素体的含量。反之,也可以按照对焊缝金属组织的相组成要求,确定对应的 Ni_{eq} 和 Cr_{eq}。然后,据此组织图进行焊缝金属化学组成的调整。

舍夫勒组织图考虑了化学成分对组织的影响,但未考虑实际结晶条件及合金元素存在形态的影响。实际上,合金元素只有在固溶状态下才对 γ 奥氏体与 δ 铁素体的比例发生影响。不同的焊接方法,焊接工艺及接头形式,都会对熔焊稀释率和熔池的凝固结晶条件产生影响。利用舍夫勒组织图估算的 δ 铁素体含量同实测值会有误差,一般按体积估算的误差约为±4%。因此,工程上用此组织图预测各合金元素对耐热合金组织的影响仍具有实用价值。

海拔高度（m）	标准状态大气压（mbar）	空气密度（g/m³）	含氧量（g/m³）	系数 k
3.000	707	892	209.63	0.02989
2000	791		234.8	0.03225
1000	902		265.5	0.03380
0	1013.2	1292	299.3	0

表 3-10 是观察 11 月下旬在北京和拉萨的火柴燃烧现象，就此对比说明如下。两地当时的气温：拉萨中午室内约 17℃，北京晚上室内 16℃；两地平均大气压：拉萨 660～670hPa，北京 1030hPa。火柴燃烧现象表明，在北京，火柴着火孕育时间短，着火点低，火焰传播速度快，燃烧反应速率大、燃烧经历时间小，几乎看不出明显的准备阶段就会燃烧起来。在拉萨则完全相反。

在北京和拉萨的火柴燃烧现象　　　　　表 3-10

项目		工程理论	在北京的火柴燃烧	在拉萨的火柴燃烧
		在北京的火柴燃烧		在拉萨的火柴燃烧
		11 月	22 日北京晚间室内	20 日拉萨中午室内
环境条件	大气压 hPa		1030	660～670
	气温 ℃		16	17
	氧含量 %		～20.8	～13.6
	空气密度 kg/m³		1.293	0.81
燃烧化学反应速度		以反应物浓度为基准的燃烧化学反应速度与系统压力关系 $w_m \propto P^n$。若反应物浓度以相对浓度表示时，也就是在一定温度和反应物相对浓度条件下有 $w_m \propto P^{n-1}$	火焰包裹火柴杆，火焰短粗，火焰锋面可见但不清晰，外焰不很明显	掺混过程明显，火焰在火柴杆上部燃烧，相对瘦长，火焰锋面清晰
内层的焰心或起始平面		亮度较暗的蓝色核心区。光谱集中在红外区。表现供氧不足，燃烧不完全，温度低，有还原作用	供氧充足，燃烧迅速，看不出起始平面	供氧不足，燃烧缓慢，可见起始平面
包围焰心的内焰即还原焰		深红或浅黄最明亮区域。光谱集中在可见光部分。表现为亮度最高，温度较高，气体未完全燃烧	火焰亮白，轮廓可辨；对比色显示大于 1300℃	火焰亮白，轮廓明显；对比色显示大于 1300℃

续表

项目	工程理论	在北京的火柴燃烧	在拉萨的火柴燃烧
最外层的外焰即氧化焰	浅黄或无色透明的反应区域。表现为亮度较高，温度最高；有过量而强热的空气、燃烧完全，有氧化作用。当火焰构造无空气进入时，只有一层圆锥形外焰	呈浅黄色，亮度较高。对比色显示在 1100～1200℃	呈黄色光环，亮度较低。对比色显示在 1000℃左右
火焰燃烧特征	反应区向外释放的能量从焰心至外焰逐渐升高，然后急剧下降，使火焰有较清晰的轮廓，火焰与周围空气边界处反应能量骤减		

在北京与拉萨的蜡烛火焰。内焰与外焰在北京无明显区分，在拉萨可分辨出；内焰颜色北京较拉萨明亮，显示在北京的火焰温度稍高；在北京的火焰长度明显短于拉萨，表明在北京燃烧反应速度快。从焰心看，在北京燃烧的混合过程短，颜色变化没有在拉萨明显，且呈上凸状。在拉萨的焰心从蓝-红-黄到白色可明显区分，且显示有些下凹状。显示在拉萨挥发分与空气混合过程慢，燃烧反应速度慢

在北京　　　　　　　在拉萨

混合气流速度大于火焰传播速度 u_{ce} 形成锥形火焰，其形状由空气流和燃气流共同控制。在蜡烛材质等其他条件相同时，大气压越高，氧浓度越高，燃烧速度越快，时间越短，火焰长度越短。两者焰心的形状不同，内焰颜色明亮程度有差异，表明大气压越高的火焰越亮，温度稍高。温度当火焰的构造无空气进入时，则只有一层圆锥形火焰即外焰。通过在类似上述环境条件下的模拟试验显示，低氧状态的火焰最高温度比高氧状态低约 200℃；采用增加燃烧空气量来增加氧量的试验则显示，火焰最高温度降低约 50℃，与此同时，CO 浓度范围扩大，相应残存 CO 增加

3.5.4.4　关于火焰温度的彩色测量

一般而言，炉膛内火焰燃烧的辐射能以不同的频率闪烁着，不同燃料、不同燃烧器的闪烁频率也是不同的。炉膛内火焰燃烧的状态不同，其平均光辐射强度也是不同的。火焰检测器就是利用火焰的闪烁频率和光的辐射强度来综合判断火焰的有无。

由于不同种类可燃物的燃烧火焰辐射光强度不同，采用的火焰检测元件也就不一样。煤粉火焰中除了含有不发光的 CO_2 和水蒸气等三原子气体外，还有部分灼热发光的焦炭粒子和炭粒，它们辐射较强的红外线、可见光和一些紫外线，而紫外线往往容易被燃烧产物和灰粒吸收而很快被减弱，因此煤粉燃烧火焰宜采用可见光或红外线火焰检测器。而在用油燃烧的火焰中，除了有一部分 CO_2 和水蒸气外，还有大量的发光碳黑粒子，它也能辐射较强的可见光、红外线和紫外线，因此可采用对这三种火焰较敏感的检测元件进行测量。而可燃气体燃烧时，在火焰初始燃烧区辐射较强的紫外线，此时可采用紫外线火焰检测器进行检测。除辐射稳态电磁波外，所有的火焰均呈脉动变化，因此单燃烧器工业锅炉的火焰监视可以利用火焰脉动变化特性，采用带低通滤波器（10～20Hz）的红外固体检测器（通常采用硫化铅）。

诸多研究一直在探索根据发光火焰颜色实现真实火焰温度温度场测量的方法，此课题研究的理论基础包括黑体辐射的普朗克定律，Mie 微小粒子散射理论及彩色三基色原理等。

一般认为，有机物的热解过程首先是从脱水开始的：

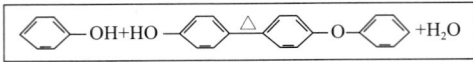

其次是脱甲基：

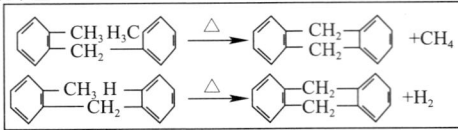

第一个反应的生成水与第二个反应产物的架桥部分的次甲基反应：

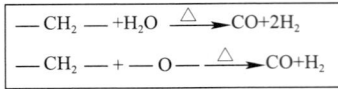

图 4-9　有机物热解过程的化学反应

小分子越多，其含量降低越快，呈现一直降低并在 500～600℃ 降低明显的特征。由于温度升高可以在一定程度上促进生成水和架桥部分的分解次甲基键反应（主要化学反应参见图 4-9），致使 CO 呈现逐渐增加，CO_2 呈现逐渐降低的特征。

各温度下热分解的固相产物固定碳的绝对量可能会高于反应物，这是因为挥发分二次裂解可生成固定碳，其值基本恒定。随着热分解温度的升高，挥发分析出的增多，固体产物的热值呈下降趋势。

热分解产生的挥发分在床层上部发生火焰燃烧，燃烧热量对炉排上的垃圾层辐射并由床层上部向下传热，使床温上升。达到着火温度后的固定碳在靠近炉排处氧的扩散、化学反应动力及灰分对固定碳燃烧的阻滞作用下进行燃烧反应，燃烧温度通常达到 900℃ 以上。此反应可用扩散-动力模型描述。燃烧反应速率 r_{char} 与氧的分压力 P_{O_2} 可看作为如下线性关系：

$$r_{char} = kP_{O_2} \tag{4-10}$$

其中的焦炭反应系数 k 与氧扩散系数 k_d、化学反应动力系数 k_c、灰分作用灰层内扩散系数 k_e 有如下关系：$k=1/(1/k_d+1/k_c+1/k_e)$。式中的各系数仍需要针对垃圾焚烧情况进一步深入研究。

到燃烬阶段，床层温度通常在 400～600℃，主要为剩余固定碳的燃烧，燃烧速度降低直至转变为炉渣，完成燃烧过程。实际运行中，炉渣中仍会有未完全燃烧的固定碳即炉渣热灼减率。这是一个运行控制的指标，一般要求控制在小于等于 3%，通过现行规定的标准进行检测。

4.2.2.6　影响炉排运行的一些因素

（1）系统连锁

推料器、炉排需要与一次风机、引风机连锁，只在风机运行后，推料器、炉排才能投入自动控制，否则切换为手动操作。若液压泵全停延时（如 15s）后，推料器、炉排、料斗装置、出渣机、料层挡板切手动模式全停。

（2）推料器

推料器是在推料用液压缸的驱动下重复往返运动，向干燥热解段炉排输送垃圾，并受炉排上的垃圾燃烧状态约束的机械装置。推料器应能够持续稳定地按设定程序与规定量向干燥炉排输送生活垃圾；应具有针对生活垃圾特性的耐腐耐磨耐温、故障率低、保持炉体密封等性能；采用风冷形式以防止高温膨胀变形；推料周期可调；具有自清作用即每完成一个周期可清理掉残留在推料器底板上的垃圾。在图 4-10 中，推料器装有使推杆能平滑移动支撑和导向滚轮以及防止垃圾自动溜滑的装置，其动作采用如单稳态 4/2 阀结合比例阀实现。在推料器的下面布置有与渗滤液收集系统相连的密闭型渗沥液收集斗。

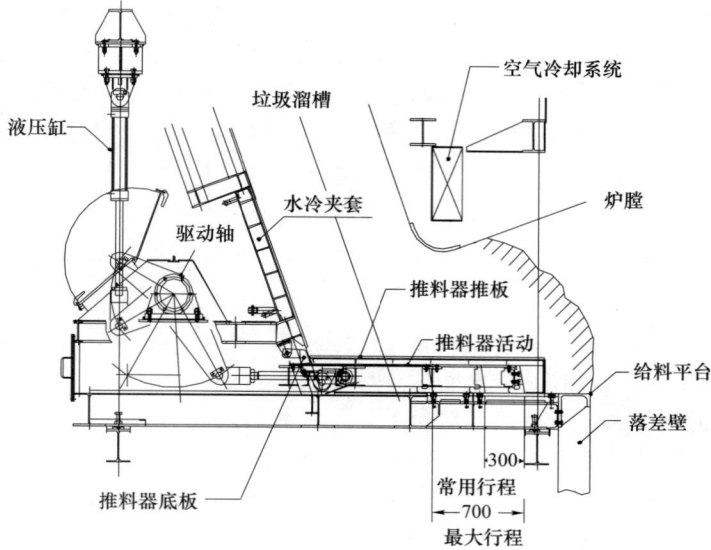

图 4-10 推料器的结构示意图

推料器的推进速度由 ACC 根据垃圾热值、床层厚度、氧量、风压、负荷等因素来控制，通过控制进入缸内的液压油量进行调整。其压力与行程由炉排设计确定（参见表 4-2）。选择适宜的行程十分重要，避免因行程过大造成一次进入炉膛的垃圾过多导致炉温波动大，或是行程过小造成供料不足。

顺推运动炉排的推料器用液压缸的压力与行程案例　　　　表 4-2

焚烧规模	t/d 台	750	400	200
压力	MPa	14	14	14
推料器行程	mm	1600	800～900	～500

（3）关于炉排运行的一些问题

因生活垃圾具有松散体的特征，在一定程度上可被压缩、回弹。若运动炉排的行程过短，可能发生垃圾只被压缩不移动现象。反之，若行程过长，会降低炉排热强度。运动炉排组的行程与炉排结构形式、炉排片尺寸等有关，一般在 200～480mm。

炉排运行速度可调范围相对固定，因垃圾热值低而提高焚烧垃圾量并处于超负荷状态，会使炉排燃烧速率增加，燃烧状况变差，炉渣热灼减率不能得到保证。因此，垃圾热值低时，可提高垃圾处理量以使设计点总发热量不变的命题是不成立的。

不同品质的垃圾应根据在炉内的焚烧效果，合理调整料层厚度才能使垃圾稳定燃烧。垃圾层厚度由位于推料器和干燥炉排端部的一个料位传感器检测，通过控制供料器和干燥炉的速度来保持。

垃圾料层厚度是与焚烧垃圾量密不可分的，厚度太大即焚烧量过多，可能导致不完全燃烧甚至不稳定燃烧，厚度太薄即焚烧量过少不但减少焚烧垃圾处理量，还会使炉排温度过高，甚至裸露于燃烧环境中形成干烧，成为不安全因素。图 4-11 为炉排温度监控实例，炉排表面温度一般按不超过 500℃控制，此案例是按 300℃进行控制。从经济负荷角度看，保证正常燃烧的负荷率即焚烧垃圾量为额定负荷的百分比在 80%～100%，正常运行短期

第 4 章　垃圾焚烧锅炉的炉膛结构及工作原理

炉是以一、二次风机与引风机进行平衡通风，以机械式炉排支持垃圾焚烧，以锅炉下降管中的水与水冷壁中的汽水混合物密度差推动汽水流动的自然循环，以汽水系统回收垃圾焚烧热量提供发电或供热所需蒸汽或热水的装备。从垃圾焚烧锅炉的风烟汽水流程和能量转换等工作过程可知，与一般锅炉一样，都是融合工程热力学、燃烧学、传热学、流体力学、环境学、化学动力学、材料学、腐蚀学等基本理论的燃烧、放热、传热、相变与过热过程，以及对积灰、结渣、腐蚀防治和全过程的污染物控制过程，也就决定了其设计思路、设计方法以及基本结构形式要遵循一样的基本原则。同时，因垃圾焚烧锅炉是以焚烧垃圾为目的，形成了其独有的特征。主要表现在：

（1）从焚烧角度看，相对生活垃圾的固定碳，挥发分大致占到 70% 以上，从而形成以火焰燃烧为表现形式的气态燃烧为主的特征；

（2）以炉膛为初级减排主要控制对象的 3T（温度、时间、紊流）焚烧原则；

（3）为适应垃圾热值低的特点，炉膛采用耐火砖炉墙与大面积敷设耐火浇注料的复合式水冷壁等的混合炉墙形式。同时设置较大面积的蒸发器管束，以满足水的加热、蒸发与过热过程的吸热量比例，实现汽水吸热量的平衡；

（4）针对其灰熔点相对偏低而导致更加严重的积灰、结渣及腐蚀等特点，需要增大受热面管子的节距，改善高温过热器的材质，控制锅炉烟风侧各节点温度；

（5）基于炉排专利与锅炉制造的严格准入等条件，形成炉排系统与汽水系统分开制造的局面，此时可分别称之为焚烧炉与余热锅炉。两者之间通过特定的膨胀器连接在一起，形成一个锅炉整体，方可发挥锅炉的功能。

典型对流烟道横向布置的层燃型垃圾焚烧锅炉，包括有炉排、复合式水冷壁等组成的供燃烧和高温烟气辐射换热的炉膛；高温烟气从炉膛出口窗转 180° 进入由膜式水冷壁构成的第二辐射烟道；下行至底部经 180° 转弯进入相同布置的第三辐射烟道；再上行至顶部转 90° 进入有水冷壁炉墙以及布置有对流受热面的对流烟道；最后通过尾部省煤器烟侧出口进入烟气净化系统。炉膛采用固定支撑结构，其下半部敷设包括特种耐火砖或浇注料在内的绝热层以达到绝热和避免高温腐蚀作用。在二次空气射流区域采用柔性膨胀节连接以达到密封和吸收膨胀作用。为解决炉膛、垂直烟道与对流烟道之间的热膨胀，在第三通道出口与对流烟道入口之间设置有柔性三向膨胀节。对流烟道竖向布置的层燃型垃圾焚烧锅炉则不设置第三辐射烟道，相应烟气从对流烟道折返 180° 后，通过尾部省煤器烟气侧排出锅炉。

典型对流烟道内顺序布置有如下对流受热面：一级顺列顺流的高温过热器、一级 2 段顺列混流的中温过热器与一级 2 段顺列逆流的低温过热器，两级过热器之间布置有喷水减温器；低温过热器与尾部省煤器之间布置有蒸发器。横向布置的过热器可向下膨胀，采取穿过对流烟道顶部吊挂在钢架的顶部梁格上的固定方式；竖向布置的过热器采取支吊方式。饱和蒸汽从汽包由多根蒸汽引出管进入低温过热器；低温过热蒸汽从低温过热器出口集箱的一侧引出，经一级喷水减温器进入中温过热器；中温过热蒸汽从中温过热器出口集箱的一侧引出，经二级喷水减温器进入高温过热器；最后经高温过热器出口集箱进入主蒸汽管。过热器与蒸发器通常布置为单排蛇形管，采用管夹和梳形板等稳定措施。尾部烟道布置有多级省煤器，竖向布置的省煤器固定方式与过热器类同。横向布置的省煤器管系通过支撑梁支撑在管箱壳体上。按烟气流向的末 1～2 级省煤器固定在尾部钢架梁上，其上部管箱设有防晃装置。为吸收锅炉膨胀，尾部烟道上装置有一个柔性三向膨胀节。

　　锅炉构架采用全钢结构，主要由钢柱、钢梁、刚性平台框架及炉间钢架连接梁等组成。汽包纵、横中心线是其他受热面定位的基准，要求汽包两端及中部的十字铣眼必须十分准确。水冷壁系统分为炉膛辐射烟道的复合式水冷壁系统和对流烟道水冷壁系统，由前墙水冷壁、前隔墙水冷壁、后隔墙水冷壁、后墙水冷壁、左侧墙水冷壁与右侧墙水冷壁六部分组成。以某垃圾焚烧锅炉为例，水冷壁系统集箱约有 36 只，在现场与水冷壁进行组装。水冷壁上布置有刚性梁，沿高度方向炉膛设置有 4 道，对流烟道设置 1 道。水冷壁上还开设人孔、看火孔、检查孔及防爆门等孔洞。水冷壁的重量是通过上集箱悬吊耳板和吊梁及相应吊杆装置吊挂在顶部梁格上。此外，锅炉上还设置有检修门、出渣口、受热面清灰装置以及平台扶梯；配置有自动燃烧控制系统，必要的检测仪表及其他安全措施。

　　生活垃圾焚烧是通过控制压力、温度、时间、结渣、腐蚀等工况的焚烧过程，使垃圾在炉膛内燃烧减量并释放热能，进而转化为载有一定热量的高温烟气以及灰渣等焚烧产物。其中烟气所载有的热量经过传热过程，绝大部分使工质水被加热汽化为饱和蒸汽，再进一步被加热成为具有规定参数的过热蒸汽，另有极少部分作为散热损失掉。经过热交换后的烟气残留热量经过省煤器再回收一部分后，作为排烟损失随烟气排出。载有炉渣物理热损失的炉渣以及携带未完全燃烧的残余固体可燃物随炉渣从炉膛排出。在垃圾焚烧过程中，需要将空气送入炉内，其中氧气参加燃烧反应，过剩的空气和反应剩余的惰性气体以及残留的气体不完全燃烧热损失作为烟气的一部分排出。

　　应用垃圾焚烧锅炉技术的驱动力在于经过运行考验，符合常态化安全、可靠、环保、卫生的设施条件，以及提升节能、减排和能效的运行管理的清洁焚烧要求。而且通过改进垃圾焚烧锅炉内的烟风流分布，做到减轻锅炉的腐蚀；通过优化垃圾焚烧锅炉设计，做到提高垃圾焚烧性能，限制 CO、TOC、NO_x、PCDD/F 的形成，进而有利于污染物控制，资源消耗与降低运行成本，获得与周边关系协调的环境、社会与经济效益。具体技术状况表现在能持续达到规定的焚烧垃圾量（用焚烧垃圾负荷率指标表示），热效率可达到规定的水平，主要运行指标及参数符合设计或有关标准的规定；设备本体没有影响安全运行的明显缺陷，附属设备技术状况及运行情况良好，能保证主要设备安全运行和出力、效率；保护装置、信号及主要的指标仪表、记录仪表完整良好，指示正确，动作正常，主要自动装置能经常投入使用等。

　　垃圾焚烧的技术风险对运行监控、设备维护保养提出更高要求。判别主要焚烧风险如：含高汞、高碘的垃圾会导致高原始烟气浓度，高氯、高硫负荷会导致超出后续烟气处理能力；含水量或垃圾热值大幅度变化会导致燃烧过程不稳定，进而原始烟气污染物浓度难以控制；大块垃圾堵塞进料系统会导致正常操作中断；长期超过生活垃圾焚烧锅炉处理能力的100%、短期（每日 2 次×2h）超过110%的超负荷运行，会导致运行中的不完全燃烧和影响烟气污染物的稳定达标控制；低于70%的极低负荷运行，会导致炉膛温度不稳定并大量增加辅助燃料的消耗；燃烧垃圾中含有特殊成分会增加炉内的积灰、结渣、腐蚀的机会。

　　任何设备装置都有其适用范围，也就是说垃圾焚烧装置在技术上要符合所处理的生活垃圾性质。针对接收废物类型，目前大多焚烧装置的设计是仅接受生活垃圾，但也有焚烧或热处理装置是设计为多种废物共同处理。一种技术装置若改为处理可能不适合的废物或是试图用设计的装置不适当焚烧处理错误的废物，都可能会导致严重的操作、安全和环境负面后果。例如锅炉设计本没有考虑也未进行针对性校核就向炉膛内投入沼气、渗沥液或

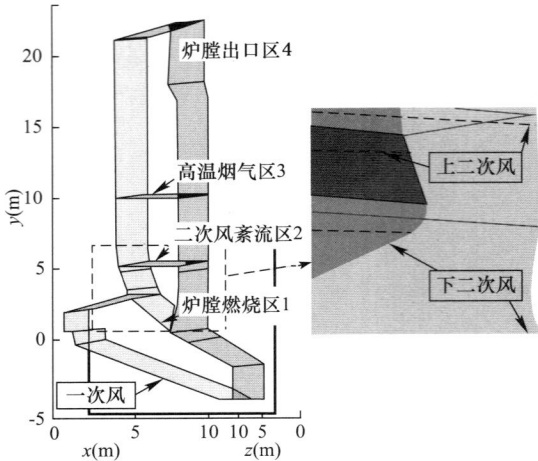

图 4-13　炉膛空间结构示意图

燃烧烟气在负压状态下进入高温烟气辐射区及炉膛出口区，在流动和扩散状态下，通过水冷壁与复合式水冷壁的管内的汽水两相流进行以辐射换热为主要形式的热量交换。在进行传热计算时，要按辐射形式计算，对存在的对流换热形式则折算到辐射换热形式中。高温烟气辐射区内的炉膛主控温度控制段是初级减排控制的重要区段。为控制炉膛主控温度，针对焚烧垃圾热值较低的情况，在该区域的水冷壁内侧敷设有耐火材料以减少辐射换热量，将这部分加热换热转移到蒸发器去完成。在炉膛出口区以及后续二、三烟道的水冷壁不再敷设耐火浇注料，以保证锅炉汽水侧工况下加热、蒸发与过热过程的加热比例。

离开炉膛的高温烟气在负压状态下通过二、三辐射烟道的辐射换热，降低到不高于 650℃后进入对流受热面，包括三级过热器与前置蒸发器（因存在蒸发器管内外温差大，腐蚀严重的环境，目前较少有应用）、后置蒸发器，以有效控制高温腐蚀。此时虽然烟气中的三原子气体具有一定辐射能力并传递少量热量，但主要是与各受热面管内的蒸汽进行对流换热。经过对流换热后的低温烟气一般是在 280℃以下，再通过省煤器与锅炉给水进行对流换热，为避免或减少低温腐蚀，省煤器出口烟温根据受热面随运行时间的被污染状态，控制在 180～250℃（实际运行多按 190～220℃控制），此后进入烟气净化系统。

在炉膛总体设计时，采用炉膛容积热负荷 q_V（kJ/m^3）作为核算炉膛大小的指标。所谓炉膛容积热负荷是指单位炉膛体积的设计热容量。按下式计算：

$$q_V = \frac{B[Q_d + AC_a(t_a - t_0)] + FQ_f}{V_{fur}} \tag{4-12}$$

式中　B、F——分别为焚烧垃圾量及辅助燃料量，kg/h；

$\quad\quad Q_d$、Q_f——分别为焚烧垃圾热值及辅助燃料低位发热量，kJ/kg；

$\quad\quad A$——单位燃烧空气量，Nm^3/kg；

$\quad\quad C_a$——空气定压比热，$kJ/(Nm^3 \cdot ℃)$；

$\quad\quad t_a$、t_0——分别为加热空气温度与环境空气温度，℃；

$\quad\quad V_{fur}$——炉膛容积，m^3。

从上式可见，q_V 越大，V_{fur} 越小，烟气流速越大；q_V 越小，V_{fur} 越大，烟气流速越小。q_V 过大的负面影响表现在炉膛内的温度过高，烟气停留时间过短，残存 CO 等燃烧气体向后漂移，甚至会在高温烟气辐射区发生再燃烧现象。q_V 过小的负面影响表现在会因炉膛散热损失使炉膛内的温度降低，导致燃烧不稳定。针对我国目前的生活垃圾特性并考虑不同类型锅炉特点，建议 q_V 值为（42～63）$\times 10^4 kJ/m^3 h$。

影响炉膛辐射换热的主要负面因素是炉膛燃烧区与二次空气紊流区的耐火炉墙，高温烟气辐射区涂覆耐火浇注料的复合水冷壁炉墙和炉膛出口区的水冷壁炉墙组成的混合式炉墙的结渣，使辐射传热热阻增大，传热恶化问题以及严重结渣带来的安全运行问题。这一问题将在后面专门探讨。

4.2.3.2 炉膛燃烧区

炉膛燃烧区位于炉排上的垃圾层表面到二次空气紊流区以下的空间，是燃烧过程与热辐射过程同时进行的区域（图 4-14）。辐射介质源于垃圾内部热源，形成极为复杂的固相燃烧与火焰燃烧，并向炉墙及前后拱的放热过程。表现为气相、固相燃烧并存，以气相燃烧为主，火焰中心区温度在 1050～1400℃ 范围变

图 4-14 炉膛燃烧区结构图

化的燃烧状态。在着火后的很短时间内，垃圾燃烧产热量远超过放热量，因此温度水平急剧上升。其燃烧状态取决于以垃圾热值为标志的热源强度与其对炉墙放热强度之间的关系，既能决定烟气的温度水平也能决定温度变化的工况。随着可燃物浓度降低以及挥发分和固定碳燃烬，发热强度降低，温度上升趋缓，发热量与放热量趋于平衡，达到温度水平的最大值。此后产热过程不能补偿放热的消耗，火焰温度降低，直到进入二次空气紊流区与排渣口预定的温度水平结束。

（1）炉膛燃烧区的热力特征

炉内辐射换热过程的理论依据是传热学的斯蒂芬-玻尔茨曼定理，该定理揭示的是在理论上的绝对黑体与一定换热面积条件下，辐射换热量 Q 与发生辐射换热的两个物体绝对温度 T_1、T_2 的四次方差关系。表示为：

$$Q = F\sigma_0(T_1^4 - T_2^4) \tag{4-13}$$

实际上并不存在绝对黑体辐射热量的情况，为此引入用黑度 ε 表示的灰体概念，并将斯蒂芬-玻尔茨曼定理修正为：

$$Q = \varepsilon F\sigma_0(T_1^4 - T_2^4) \tag{4-14}$$

式中　Q——灰体的辐射换热量，W；

　　　ε——灰体的黑度，为同温度下的实际物体辐射力与绝对黑体辐射力之比；

　　　F——炉膛有效容积内的炉壁内侧总换热面积，m^2；

　　　σ_0——绝对黑体的辐射系数，也叫斯蒂芬-玻尔茨曼常数，为 $5.67 \times 10^{-8} W/(m^2 \cdot K^4)$。

在此先解释一下黑体的概念。当辐射热投射到物体表面时，会发生反射、吸收、穿透三种现象，其所占比例分别记为 ρ、α、τ，且有 $\rho + \alpha + \tau = 1$。将辐射热全部反射即 $\rho = 1$ 的物体称为绝对白体，全部透过辐射热即 $\tau = 1$ 的物体称为绝对透明体，并将辐射热全部吸收即 $\alpha = 1$ 的物体称为绝对黑体，在工程上把 α 趋近于 1 的物体近似当作黑体。辐射光谱曲线的形状与黑体辐射光谱曲线的形状相似，且单色辐射能力小于黑体同波长的单色辐射能力，两者的比例是小于等于 1 的常数，将这类物体称为灰体。灰体的全辐射能力与同温度下绝对黑体全辐射能力之比称之为灰体的黑度，记为 ε。而吸收其他物体发射来的辐射能的能力与黑体的吸收能力的比值称为"吸收率"。根据克希霍夫定律，两者数值相等。

由于炉内燃烧与辐射换热过程的复杂性，在实际换热计算时需要忽略掉或分开考虑一些次要因素以简化炉内过程的分析计算，包括：

主要是有黏性力所决定，其尺寸可能只有流场尺度的千分之一量级，是引起高频脉动的原因。大尺度的涡旋破裂后形成小尺度涡旋，较小尺度的涡旋破裂后形成更小尺度的涡旋。因而在充分发展的湍流区域内，流体涡旋的尺度可在相当宽的范围内连续地变化。大尺度的涡旋不断地从主流获得能量，通过涡旋间的相互作用，能量逐渐向小的涡旋传递。最后由于流体黏性的作用，小尺度的涡旋不断消失，机械能就转化为流体的热能。同时，由于边界作用、扰动及速度梯度的作用，新的涡旋又不断产生，这就构成了湍流运动。

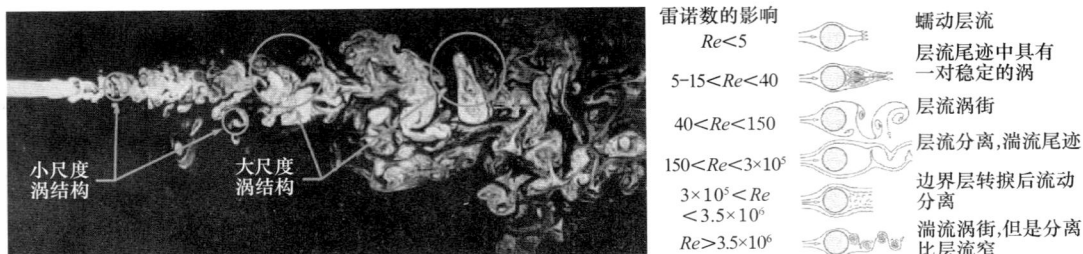

图 4-2　湍流结构（左）与雷诺数的影响（右）

　　湍流是流体的一种高度复杂的三维非稳态、带旋转的不规则流动状态。用无量纲数的雷诺数 Re 表征，即 $Re=\rho \upsilon d/\mu$，其中 υ、ρ、μ 分别为流体的流速、密度与黏性系数，d 为特征长度，如当流体流过圆形管道，则 d 为管道的当量直径。流体内部多尺度涡旋的随机运动构成了湍流的一个重要特点即物理量的脉动。湍流中的流体速度、压力、温度等物理参数都随时间与空间发生随机的变化。一般认为，当 Re 较小，如圆管的 $Re<2000$ 时，黏滞力对流场的影响大于惯性力，流场中流速的扰动会因黏滞力而衰减，流体流动稳定，表现为流速很小时，流体分层互不混合的流动状态，称为层流。当 Re 较大，如圆管的 $Re>4000$ 时，惯性力对流场的影响大于黏滞力，流体流动较不稳定，流速的微小变化容易发展、增强，形成紊乱、不规则的湍流流场，表现为流速很大时，流线不再清楚可辨，流场中的相邻流层间既有滑动也有混合的状态，称为湍流，也叫扰流或紊流。从层流变到紊流或从紊流变到层流时各有一临界雷诺数，分别表示为 Re_c' 与 Re_c。当 $Re_c<Re<Re_c'$ 时，流线出现波浪状摆动，摆动频率及振幅随流速增加而增加的状态称为过渡流。当 $Re<Re_c$ 时的流动为层流状态，$Re>Re_c'$ 时为紊流状态。

　　湍流运动可看作是经典物理学范畴的流体微团的复杂运动，远未达到分子水平，非稳态、非线性的纳维-斯托克斯方程（记为 N-S 方程）仍然适用于湍流的瞬时运动。由于湍流运动的随机性，需应用统计力学或统计平均值方法，进行理论分析、数值计算和实验研究。其中，雷诺于 1895 年首次采用将湍流瞬时速度、瞬时压力加以平均化的平均方法，从 N-S 方程导出湍流平均流场的基本方程即雷诺方程，奠定了湍流的理论基础。在此基础上建立的半经验理论和各种湍流模式为解决实际技术问题提供了一定理论依据。20 世纪 30 年代的湍流统计理论，特别是理想的均匀各向同性湍流理论获得了长足的进步，但是离解决实际问题还很远。20 世纪 60 年代分别从统计力学和量子场论等不同角度，应用泛函、拓扑和群论等数学工具探索湍流理论的新途径。20 世纪 70 年代以来，由于湍流相干结构又称拟序结构概念的确立，专家们试图建立确定性湍流理论。关于湍流是如何由层流演变而来的非线性理论，例如分岔理论，混沌理论和奇怪吸引子等有了重要进展。

　　湍流数值计算实质上是求湍流基本方程的数值解。以前湍流数值计算主要以半经验理论为基础，20 世纪 60 年代以前，积分方法和常微分方程方法成为常规工程技术的算法。20 世纪 60 年代中期以后，由于高速电子计算机的应用，提出了各种复杂的湍流模式和计算方法，偏微分方程方法获得了迅速发展。20 世纪 70 年代以来，由于第四代巨型高速计算机的使用，湍流数值计算向大规模的数值模拟的更高阶段发展。可以预料，随着计算机的进步，湍流数值计算将有更大的发展。

　　湍流实验是在可控的实验条件下，利用各种测试仪器和数据处理系统，测量湍流的特征参量或显示流场。湍流实验不仅可以直接取得有用的技术数据，而且是认识湍流结构，发展湍流新概念新模式的手段。20 世纪 30 年代热线风速仪的发明，使人们可以测量湍流的脉动速度。20 世纪 50 年代随着电子仪器的完善，实验侧重于研究湍流的能谱分布，特别是湍流的精细结构。20 世纪 60 年代中期以后，由于改善了流场显示技术，采用了条件采样方法，发现不规则的湍流中存在着有一定秩序的大尺度相干结构。从此湍流相干结构成为湍流实验的新课题。

　　实际应用上，用湍流度表征气相流体状态程度和固态生活垃圾和空气混合程度的指标，定性地看，湍流度越大，流体的混合程度以及生活垃圾和空气的混合程度越好，可燃物能及时充分获取燃烧所需的氧气以至燃烧反应越完全。当焚烧量一定时，加大空气供给量可提高湍流度并改善传质传热效果、增加反应速率，有利于焚烧。但是过多的扰动则会使发火延后，有经验表明炉排燃烧段的速率大于 70% 则不利于起火，而一次风量的过度供给则对炉膛内部产生降温冷却的效果，一般应以低风压大风量为调整要点。

4.2.2　炉排结构特征与固定碳燃烧

4.2.2.1　炉排的基本功能

　　炉排技术的理论基础是机械工程学，一门涉及利用物理定律为机械系统作分析、设计、制造、安装、运用及维修的工程学科。此部分的工程理论基础不在本研究范围，在此仅从燃烧工程的视角，探讨炉排的基本结构特点与运行要求等问题。

　　炉排是支撑垃圾进行热分解和固定碳燃烧的装置。对炉排的设计是以固相燃烧的 3T 为原则，满足其功能性与结构性要求，包括使垃圾持续翻动并按设定方向运动，以促使其充分燃烧的功能；通过液压系统驱动炉排运动并调节其运动速度，以促使垃圾均匀燃烧的功能；通过调整炉排干燥热分解段的组数即长度，以适应垃圾含水率要求；控制炉排表面温度，以避免金属超温等。

　　对炉排结构要求是根据垃圾的物化特性和燃烧特点，针对垃圾的干燥热分解、燃烧、燃烬顺序展开的燃烧过程，将炉排分为干燥热分解段、燃烧段（必要时可将燃烧段分为分段控制的燃烧Ⅰ段与燃烧Ⅱ段）与燃烬段。实际运行中，几个燃烧阶段互相渗透无明显界限。各段炉排均应具备允许使用的温度与极限温度的要求，具备耐腐蚀、耐磨蚀的要求，具备能承受设定的热冲击负荷、机械负荷冲击负荷的要求。针对不同炉排段的负面环境条件，还需要不同的功能要求。其中：

　　（1）干燥热分解段需要具备使垃圾外在水分基本蒸发掉；避免垃圾结成大团块并防止不正常夹杂异物；避免因垃圾外在水分与土砂等造成炉排片的通风孔阻塞；具有自清作用、垃圾均匀分布与移动、气体贯穿现象少的作用。

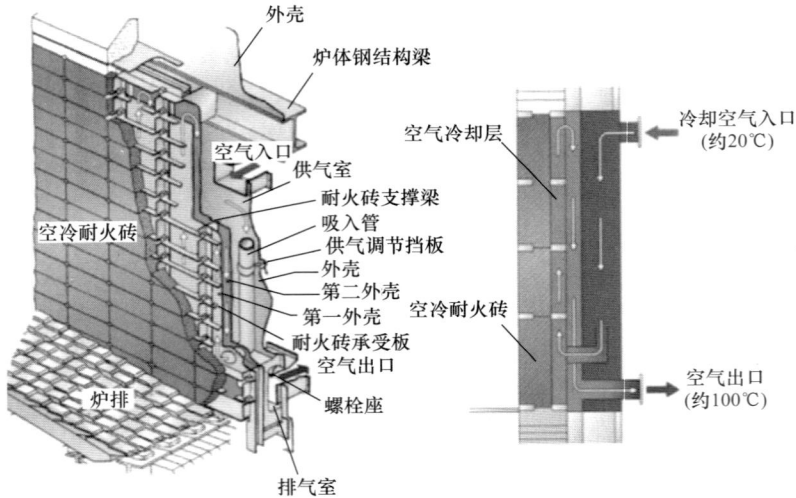

图 4-16　空冷耐火炉墙结构图

　　燃烧空气量控制是指提供、分配、控制与优化燃烧反应所需的空气量，即需要提供一次空气，并根据垃圾特性设计为干燥热分解—燃烧—燃尽过程，根据不同炉排段的功能对一次空气量进行分配和控制，以达到充分燃烧的目的。一次空气量及其压力、温度参数可按锅炉的烟风设计与结构设计确定。一次空气的分配与控制按焚烧炉配风设计与运行燃烧控制实现。一次空气进入炉膛内燃烧空间区域，会发生很特殊的重新分配的现象，对此的研究还很少。

4.2.3.3　二次空气紊流区

　　二次空气紊流区，下与炉膛燃烧区、上与高温烟气辐射换热区相接且无明显边界，是从焚烧过程向高温烟气辐射换热过程转化，强化残余的氧化碳与悬浮可燃颗粒物充分燃烧的湍流过渡区。该区的温度状态具有不均衡、不稳定，尤其是二次空气入口处的温度与该区域的中心温度有较大温度梯度，以及该区域平均温度可能会略低于上部温度与高于下部温度的现象。这是因为在该紊流区的射流与形成的局部烟气涡流作用，会使局部温度低于850℃，而在该区域的上部可能存在残存 CO 燃烧和残存碳微粒悬浮燃烧的情况。

　　统计该区域的平均温度在 950～1100℃，最低时可达 800℃左右。实际运行以二次空气量、风温、风压、配置方式的控制为主。由于该区域的上部温度可能会高通常设有多个温度监视点。

　　在此区域内，流体分子微团做无规则运动，流体各点温度、速度、浓度以及压力等参数都随时间变化而变化，但在足够长的时间间隔内服从数学统计规律。因而工程上是用统计方法来研究紊流运动规律，其中把瞬时的真实流速用不变的时间平均速度 $\hat{w}$ 与随时间变化的脉动速度 w' 之和 w 来表达：

$$w_x = \hat{w}_x + w'_x \quad w_y = \hat{w}_y + w'_y \quad w_z = \hat{w}_z + w'_z$$

　　（1）二次空气射流

　　垃圾挥发分的燃烧需要进一步氧化，这是配置二次空气来补充燃烧用空气的初衷。早期的焚烧技术只是依靠简单吸入法将二次空气送入主气流内，但这样吸入的空气不能与主气流充分混合，只会增加过剩空气。为强化混合主气流，加快扩散型燃烧，二次空气流需要有较高的流速与一定的喷射角，以形成强力扰动的流场，充分完成气相燃烧过程。这也是形成现代二次空气射流技术的缘由。

对气流自喷嘴喷射后，在某一空间不受固定边界限制，继续扩散流动现象称为自由射流。与周围静止空间介质的温度、密度相同条件下的射流称为自由沉没射流，简称射流。除雷诺数非常小外，射流均属于紊流工况。由试验测定与观察了解到这种射流的流动特性如图 4-17 所示。图中阴影部分为射流的核心区，其余部分为混合区。随着射流向

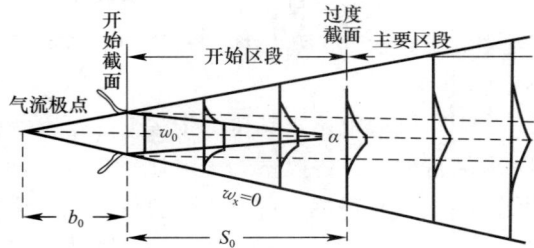

图 4-17　自由射流示意图

前发展，核心区逐渐缩小，混合区逐渐扩大，从喷嘴的出口到核心区的顶点为射流的初始段，由核心区和混合区两部分组成。射流出了初始段后进入基本段，此时核心区消失。

以空气介质为例，空气射流离开喷嘴时的射流初始速度 w_0 可认为是均一的。沿 x 轴流动一段距离，射流抽引了大量周围气体，而射流速度逐步降低。通常把射流速度 $w=0$ 的边界叫外边界，$w=w_0$ 的边界叫内边界，内外边界之间的区域叫射流边界层也叫湍流边界层。射流边界层随 x 轴方向的射流距离增加，一方面向外扩张，带动更多的气体介质进入边界层，使外边界越来越宽；一方面又向中心扩展，逐步消蚀气流速度 $w=w_0$ 的区域，也就是内边界逐渐收窄。当内边界只有射流中心一点的 $w=w_0$ 时，该射流的截面称为转折截面。射流喷嘴界面和转折截面之间的区段即是射流初始段，其特点是射流中心的速度始终等于 w_0，且有一具有初始速度 w_0 的圆锥形的射流核心区。转折截面后的区段为射流基本段，其射流中心速度沿流向不断降低，且射流边界层已占有气流的整个截面并继续扩张下去。射流外边界线入口端前方交汇于射流极点，它是在管嘴内部的一个几何点。在射流基本段，单位时间的动能为 $1/2mw^2$，因质量增加不足以抵消速度的减小，故随射程增加而减小，最终降至为零。沿射流方向变化的自由射流的流动参数中，射流内部的静压力与周围介质的静压力相同，截面和径向的压力保持不变。

在这种射流中的任意截面的横向速度 w_y 与轴向速度 w_x 相比，w_y 可忽略，即 $w=(w_x^2+w_y^2)^{-0.5}\approx w_x$。射流的速度减小由质量的增加抵消，动量不随射程变化而变化，有 $m_1w_1=m_2w_2=$ 常数。

以射流极点为原点的射流扩展角 θ 有如下关系：$\tan(\theta/2)=R_0/h_0=3.4a$。以等速核心区转折界面 w_0 点为原点的收缩角 α' 有如下关系：$\tan(\alpha'/2)=R_0/s_0=1.47a$。两式中的 a 为经验系数，在雷诺数 $Re=2\times10^4\sim4\times10^6$ 范围内不随 Re 变化，而是随初始速度场不均匀程度而变化，包括初始速度 w_0、脉动速度 w' 与平均速度 w 及初始紊流强度 ε_0，且有 $\varepsilon_0=\sqrt{\overline{w'^2}}/w$。其抵抗主气流承载作用后横过主气流向前推进的深度称为射程（L）。L 大小取决于二次空气射流的动量 m_2w_2 与主气流的动量 m_1w_1 之比，且有 $m_2w_2/m_1w_1=\rho_2w_2^2/\rho_1w_1^2$。

燃烧技术采用的二次空气技术可用来使混合速度局部加强，即是扩散型燃烧过程加强。实际上，垃圾焚烧锅炉的二次空气射流是以高速射流方式射入炉膛，与燃烧烟气主气流形成近似垂直的流动，以扰动主气流流场，并使射流截面从圆形发展成类似肾形。对这种射流叫错流射流，如图 4-18 所示，承载主气流的炉膛尺寸远大于射流喷嘴尺寸。在原

按模块结构进行配置，一个模块的炉排，在推料器、干燥热分解段与燃烧段下各设置 1 个、燃烧段下设置 1~2 个。针对垃圾含水率较高的情况，在推料器下部设置有渗沥液收集管系。为预防炉排下灰斗内发生堵塞、架桥以及熔融铝、焦油黏着等事故发生，在其适当位置设置检查、清扫用的检修口和人孔，以及定期喷水清洗用的喷嘴，测温用温度探测器等。

一次风量配比及其压力损失对床层垃圾的燃烧具有重要影响。针对特定炉排结构与生活垃圾特性，按各风室的配风比例送风（图 4-5）。实际送风比例通常按燃烧 I 段＞燃烧 II 段＞干燥热分解段＞燃烬段进行控制，例如某项目按此顺序的配风比例为 0.38、0.28、0.22、0.12。如图 4-6 所示，各炉排段下的一次空气是从炉排下灰斗进入，冷却炉排片与炉排支撑架后，掠过炉排片之间的预留孔或是炉排片前端的通风孔进入床层。

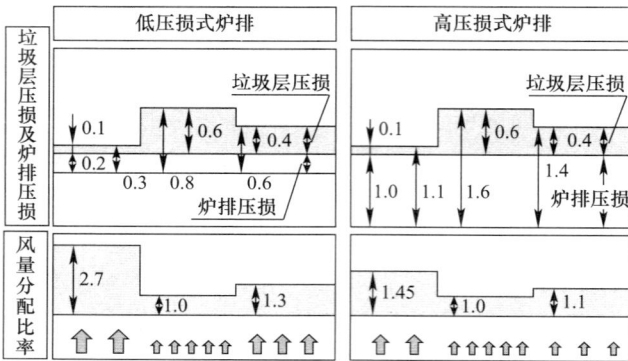

图 4-5　炉排压损与风量分配示意图

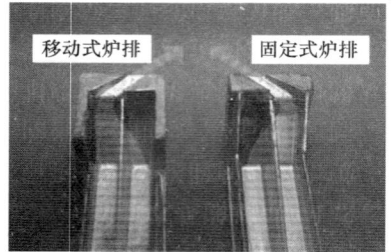

图 4-6　一次空气注入示意图

4.2.2.3　炉排几何尺寸

从炉排的几何尺寸看，炉排长度大致是一个模块长度 L，是顺序完成生活垃圾在炉排上从蒸发热分解到固定碳燃烧，并达到设计燃烬程度即炉渣热灼减率所需的长度。它是从炉排前端与推料炉排衔接处到其末端的炉渣出口边缘之间的距离，是相对一定垃圾特性的设计确定的，与焚烧处理规模无关的固定值。不同炉排技术都有自己不同的设计标准，一般设计长度 $L=7~9m$。倾斜逆推运动炉排合组合运动炉排长度要小一些，水平运动炉排要大一些。当焚烧垃圾平均含水量较高（如大于 45%）时，干燥着火段炉排应适当加长。根据垃圾成分可适当调整燃烧段和/或燃烬段的长度。在焚烧垃圾含水率 50% 左右，垃圾热值 6000kJ/kg 左右的条件下，实际应用的顺推炉排长度多在 9~13m。

炉排宽度 W(m) 主要取决于设计的垃圾焚烧规模 B_{sj}(t/h) 与炉排结构，以及焚烧垃圾热值等因素，设计时取与垃圾热值、炉排结构有关的经验系数 f(t/h·m)。如当焚烧垃圾热值 $LHV=9500kJ/kg$ 时，取 $f=2.75t/h·m$；当 $LHV<9500kJ/kg$ 时，取 $f=2.25~2.5t/h·m$。由于炉排与炉墙之间需要有密封，但这段距离不参与焚烧过程，故不计入 W。假设垃圾沿炉排宽度的燃烧工况相同，则有如下关系：

$$W=\frac{B_{sj}}{f} \tag{4-3}$$

例：已知焚烧垃圾含水率 48%，LHV7800kJ/kg，B_{sj}25t/h，采用倾斜顺推运动炉排。

根据 LHV7800kJ/kg，取 $f=2.25t/mh$。则有：$W=25/2.25=11.12m$。

炉排面积大小应充分满足垃圾处理量和充分燃烧的要求。若设计面积过小而焚烧垃圾量不减少的话，会使进炉垃圾层厚度增加，致使一次空气的阻力过大。造成燃烧不完全，表现为炉渣热灼减率过大甚至有生料随炉渣排出。炉排面积过小还会使温度过高，热冲击负荷过大，导致炉排受到损。若设计面积过大而焚烧垃圾量不足的话，则会使炉膛容积热负荷过小而达不到设定的炉膛温度要求。由此，炉排面积 $A(\mathrm{m}^2)$ 要充分考虑焚烧垃圾的量与质的因素，按下式计算：

$$A = \frac{0.28 \cdot B_{\mathrm{sj}} \cdot LHV}{m_Q} + b \cdot W \qquad (4-4)$$

式中　LHV——焚烧垃圾热值，kJ/kg；

　　　m_Q——炉排热强度，空冷炉排取 $420\sim600\mathrm{kW/(m^2 \cdot h)}$，最大 $750\mathrm{kW/(m^2 \cdot h)}$；

　　　　　　水冷炉排取 $2000\mathrm{kW/(m^2 \cdot h)}$；

　　b、W——需要额外增加的炉排长度与炉排有效宽度，m。

　　0.28——换算系数，$\mathrm{kW \cdot h/MJ}$；

炉排面积 A 的评价指标，在量的方面采用炉排燃烧速率 $m_G[\mathrm{kg/(m^2 \cdot h)}]$ 也叫炉排机械负荷，在质的方面取炉排热强度 $m_Q(\mathrm{kW/m^2})$ 也叫炉排面积热负荷。

炉排燃烧速率 m_G 的意义在于判断垃圾特性与热应力作用的适应性，是保证垃圾焚烧锅炉长期稳定运行，实现完全燃烧的重要参数。m_G 定义为在规定的炉渣热灼减率条件下，单位炉排面积、单位时间的设计焚烧垃圾量 $B_{\mathrm{sj}}(\mathrm{kg/h})$，即 $m_G = B_{\mathrm{sy}}/A$。也可按下式确定：

$$m_G = a \times K_1 \times K_2 \times K_3 \times K_4 \times K_5 \quad \mathrm{kg/m^2 h} \qquad (4-5)$$

式中　a——常数，一般取 $215\mathrm{kg/m^2 h}$；

　　$K_1 = 1 + 0.0005 \times (LHV - 1000)$，

其中 $900\mathrm{kcal/kg} \leqslant LHV \leqslant 1200\mathrm{kcal/kg}$，超出上下范围时分别取 $900\mathrm{kcal/kg}$、$1200\mathrm{kcal/kg}$。

　　$K_2 = 1 + 0.001 \times (t - 200)$，其中 t 为一次、二次空气加热后的最高温度，超过 $250^\circ\mathrm{C}$ 时，取 $t = 250$。

　　$K_3 = 1 + 0.002 \times (B_{\mathrm{sj}} - 150)$，其中 B_{sj} 为单条焚烧线日处理规模（t/d）。

　　$K_4 = 1 + 0.05 \times (N - 5)$，其中 N 为炉渣热灼减率保证值，一般取 $N \leqslant 3$。

　　$K_5 = 1 \sim 0.9$，其中烟囱出口干烟气中 NO_x 保证值 $\geqslant 200\mathrm{mg/Nm^3}$ 时取 1，$< 200\mathrm{mg/(N \cdot m^3)}$ 时取 0.9。

炉排热强度 m_Q，是表征燃烧过程的剧烈程度的指标，定义为单位炉排有效面积的焚烧垃圾释放的全部热量。按下式计算：

$$m_Q = \frac{B_{\mathrm{sj}} \cdot LHV}{3.6 \cdot A} \qquad (4-6)$$

一般设计焚烧垃圾量 B_{sj} 与炉排有效面积 A 比为某一常数，故而焚烧垃圾热值 LHV（kJ/kg）越大，m_Q 越大。根据实践经验，m_Q 值一般在 $277\mathrm{kW/m^2} \sim 694\mathrm{kW/m^2}$ 之间选取。根据我国的实践经验，当焚烧垃圾热值为 $6280\mathrm{kJ/kg} \sim 6900\mathrm{kJ/kg}$ 时，可取 $m_Q = 420 \sim 600\mathrm{kW/m^2 h}$ 并视炉排运动形式有所差异。

实际应用中，按 m_G、m_Q 核算炉排面积时，按其大者确定。对倾角 α 小于 45° 的炉排，按实际面积 A 计算；α 大于 45° 的炉排，按投影面积 $A_{\cos\alpha}$ 计算。

过程的 NO_x 主要来自挥发分释放出的挥发氮所生成的燃料型 NO_x。其生成和破坏过程不仅和垃圾特性、氮受热分解后在挥发分和焦炭的比例、成分和分布有关，还与温度和空气量及各种再循环烟气成分的浓度等的燃烧条件密切相关。当再循环烟气从二次空气紊流区喷入时，又与射入炉膛的位置、烟气量与射程相关。

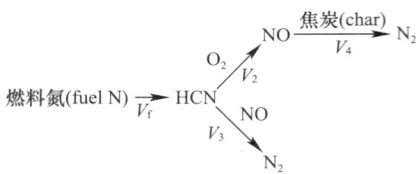

$$\text{燃料氮(fuel N)} \xrightarrow{V_f} HCN \begin{array}{c} \xrightarrow[V_2]{O_2} NO \xrightarrow[V_4]{\text{焦炭(char)}} N_2 \\ \searrow[V_3]{NO} \\ N_2 \end{array}$$

图 4-19　燃料型 NO 的生成模型

燃料型 NO_x 的生成机理非常复杂，至今仍在研究之中。其中的燃料型 NO 的生成模型大都是采用 De Soete 提出的生成机理，如图 4-19 所示。这里假定燃料氮向 HCN 转化的速度 V_f 极快，可认为等于挥发分释放的速度。V_2、V_3 是 De Soete 提出的综合反应速度。在该模型中考虑了焦炭引起的氮还原，这个问题尚有不同观点。除了 HCN 以外，还有如何考虑如 $NH_{i(i=1,2,3)}$、N 等含氮中间体的问题。

日本学者针对本国的垃圾焚烧，按 11% 氧量折算与单位换算的研究结果提出，当焚烧垃圾热值在 $6270\sim8360kJ/kg$ 时，应用层燃技术的 NO_x 发生范围在 $116\sim210mg/Nm^3$，最大值 $345mg/Nm^3$；当火焰燃烧温度在 1300℃ 时，推测的热力型 NO_x 发生量在 $45\sim70mg/Nm^3$。对我国近 300 座生活垃圾焚烧厂的调查分析，NO_x 发生量在 $260\sim360mg/Nm^3$。由此可知，无论从 NO_x 的运行状态还是生成机理看，都需要审慎看待烟气再循环替代部分二次空气的减排 NO_x 的作用。有研究认为，按二次空气量的 20% 与其射入压力，向火焰燃烧处射入再循环烟气，NO_x 减排效果有效。另有欧洲烟气再循环技术拥有者提出按低负荷投入运行，额定负荷退出运行的意见。

（3）渗沥液回喷炉膛

向炉膛内回喷经雾化的渗沥液的主要目的是解决渗沥液浓液处理难题。从燃烧角度看，喷入炉膛的渗沥液浓液直接参与火焰燃烧及高温烟气辐射过程，但只是一个吸热过程。实际运行经验显示，喷射入炉膛的渗沥液浓液会增加烟气含水量与烟气污染物浓度，从而增加受热面的腐蚀与结焦的概率，以及调整后续烟气净化运行状态。必须应用此方法时，需要根据焚烧烟气污染物两级减排指标，综合评估其对稳定燃烧与高温烟气辐射换热等运行工况的负面影响与应对措施，平衡稳定燃烧与控制渗沥液回喷量的利弊关系。

目前较多应用的渗沥液回喷系统，包括渗滤液经过两次过滤后存入缓存箱，再由加压泵根据锅炉的焚烧工况定向调整喷射量，通过特定雾化喷射器将雾化渗沥液射入炉膛烟气主气流，使雾化渗沥液在与主气流混合过程中吸热蒸发，完成消纳渗沥液的任务。这里所说的雾化是指经过特殊装置使液体分散成粒径一般小于 $70\mu m$ 的过程。雾化过程按流体动力学原理、相似原理等分为射流雾化过程与液膜雾化过程，应用于渗沥液回喷炉内的雾化过程主要是射流雾化过程。渗沥液的雾化过程受气动阻力、黏性力、液体表面张力和惯性力等四种力的相互作用，使液体发生分裂、破碎。目前较多应用的雾化器是由压缩空气作为动力源将渗沥液雾化后从喷嘴喷入炉膛的双流体喷枪。对这种液态向气态的射流称为非淹没射流，属于压力不大于 10MPa 的低压射流。

用于对渗沥液喷射过程的喷雾场特性研究的技术有激光散射法、激光全息法、相位多普勒粒子测速法（PDPA）、激光诱导荧光法（LIF）、粒子图像测速法（PTV）等光学测量技术。由此确定雾化锥角、射流贯穿长度、液膜破碎的距离、液滴在喷雾场的分布等宏观特性参数，以及液滴尺寸、液滴在流场中的位置以及速度、温度、粒径分布等微观特性参数。除此之外，还用于对雾化场出口回流区空气回流、燃油蒸气的浓度及分布、液膜和液滴的变形、分裂、聚合、碰撞等的研究。

从流动过程看，雾化渗沥液也是射入垂直主气流的流动，可借鉴如下二次空气射流的分析结论：

1）在抵抗主气流的承载作用后的射程取决于与主气流的动量比，且有足够大的动量时会使混合速度局部加强。

2）喷嘴的流速可参考二次空气流速计算方法确定。

3）若是依靠简单吸入法将雾化浓液送入主气流内，则吸入的雾化浓液不能与主气流良好混合，而且由于投入的浓液是吸热反应，只能导致局部温度降低。

4）为在一定工况下起到冷却炉膛温度的效果，需要通过试验研究，设计好渗沥液雾化粒径、射入量、射入位置、角度、射程等参数。

按热量平衡估算炉膛平均温度时，由于计算条件复杂而难以准确取得相关参数，故而简化如下计算条件：渗沥液特性等同水的特性，按大气压计，忽略炉膛负压。在此条件下，可按式（4-19）的热量平衡式评估透入炉膛内的渗沥液浓液对炉膛平均温度的影响。由于实际浓液不均匀透入和对炉内局部区域的温度影响，可能会大于按该式的计算结果。

$$(c\theta) = \frac{Q_y(c_p T_{pj})_y - D(h''_{100} - h'_{20})}{(Q_y + D)} \tag{4-19}$$

式中　Q_y——烟气量，m^3/h；

　　　c_p——烟气定压比热，$kJ/(kg \cdot K)$；

　　　T_{pj}——炉膛平均温度，K；

　　　D——渗沥液喷入量，kg/h；

h''_{100}、h'_{20}——分别为蒸汽焓与 20℃水焓，kJ/kg。

附：渗沥液喷入炉膛的能量平衡计算示例：

1. 设定采用的基本参数

垃圾处理量	kg/h	33300	
湿基垃圾低位热值	kJ/kg	4600	
渗沥液喷入比例	%	8	10
渗沥液喷入量	kg/h	2670	3340
炉膛内的烟气成分		CO	H$_2$O	N$_2$
	%	13	11	76

2. 烟气特性表

θ	℃	1073	1083	1093	1103	1113	1123	1173
c_p	kJ/(kg · ℃)	1.2640	1.2665	1.2691	1.2716	1.2742	1.2767	1.2895
$(c\theta)_y$	kJ/kg	1356.2720	1371.6195	1387.1263	1042.5748	1418.1846	1433.7341	1512.5835

3. 热力特性分析

序号	项目	符号与计算公式	单位	数值	
1	烟气量	Q_y 由烟风计算得出	m^3/h	169880	
2	渗沥液喷入量	D（设定的边界条件）	kg/h	2670	3340

续表

序号	项目	符号与计算公式	单位	数值	
3	水比容	v''	m³/kg	1.667	
4	渗沥液汽化容积	$V_{汽化}=Dv''$	m³/h	4466.91	5587.82
5	蒸汽焓	h''	kJ/kg	2676	
6	20℃水焓	h'	kJ/kg	83.86	
7	汽化潜热	$Q_{渗沥液}=D(h''-h')$	kJ/h	6921013.8	8657747.6

4. 热量平衡计算

$$(c\theta)=\frac{Q_y(c_p\theta)_y-D(h''_{100}-h'_{20})}{(Q_y+D)}=\frac{169880\times1433.7341-D\times(2676-83.77)}{169880+D}$$

当 $D=2670$kg/h（喷入 8%）时 $(c\theta)=1371.4372$kJ/kg

$D=3340$kg/h（喷入 10%）时 $(c\theta)=1356.10602$kJ/kg

通过试凑法分别求出比热 c、炉膛平均温度 θ（喷入前的炉膛温度 850℃）：

θ	℃	819.6	811.5
c	kJ/kg℃	1.6734	1.6712

5. 结论

渗沥液喷入量 2670kg/h 时，喷入渗沥液 1%，炉膛温度降低 3.8℃。

渗沥液喷入量 3340kg/h 时，喷入渗沥液 1%，炉膛温度降低 3.85℃。

若保持喷入渗沥液前的温度场工况，需要喷入辅助燃料，按下式计算喷入量：

$$Q_{rl}=\frac{D(h''_{100}-h'_{20})}{Q_d^y}$$

其中　Q_{rl}——辅助燃料量，kg/h；D——喷入渗沥液量，kg/h；Q_d^y——辅助燃料的发热量，kJ/kg；

h''_{100}、h'_{20}——渗沥液在 100℃时的饱和蒸汽焓和常温时液体的焓，kJ/kg。

则：按辅助燃料热值 8600kJ/kg 计：

渗沥液喷入量 2670kg/h 时，需要投入辅助燃料=6921013.8/8600=805kg/h。

渗沥液喷入量 3340kg/h 时，需要投入辅助燃料=8657747.6/8600=1007kg/h。

4.2.3.4　高温烟气辐射换热区

高温烟气辐射换热区在二次空气紊流区与炉膛出口区域之间，根据垃圾设计热值及变工况范围的锅炉设计确定的高温烟气流动过程，并与涂覆耐火浇注料层的复合水冷壁或是耐火砖砌筑炉墙进行辐射换热的区域。烟气通流过程温度降与控制二噁英类初级减排状态的监控也在此区域。主要特征参数是烟气的温度、炉膛负压与流速等。

针对生活垃圾不同成分的不同燃烧特性和热力特性以及不稳定与混合的特点，炉膛容积通常是按 110% 额定焚烧垃圾量的容积热负荷为基数设计的。当垃圾热值较低时，为避免炉膛容积热负荷过低，保证汽水循环，在此区域的水冷壁向火侧自下而上覆盖有耐磨、耐腐蚀的耐火浇注料，故而称为复合式水冷壁。

在此区域内断面的负压与烟气温度易发生较大偏差，而且截面积越大控制难度越大。由于炉内烟气分布不均匀，而周边的炉墙又会使火焰受到冷却，将导致炉膛该区域横截面上的温度不均。烟气流速与温度一般在贴近炉墙处低，中心区高但几何对称点的温度不一定是最高温度点。在设计计算时取该段平均温度。

与外界无功能交换的流动称为绝能流动，把气体可逆绝能阻滞到速度为零的状态称为滞止状态，相应参数为滞止参数，用 $*$ 号表示。取气体的温度 T、流速 w、定压比热 c_p，称 T^* 为动温度，真实温度 T 为静温度，从能量平衡可知温度与流速之间有 $T^* = T + w^2/2c_p$ 的关系。其中 $w^2/2c_p$ 具有温度量纲，被称为附加温度 ΔT。ΔT 与伯努利方程中的附加压力 $rw^2/2g$ 的意义是相似的。有研究显示，只有气流速度接近音速时才会产生重要影响。因此，锅炉烟气流速对热力过程的影响较小，其重要性主要表现在对流动阻力与对受热面磨蚀的影响，对我国生活垃圾焚烧厂目前实际运行状态的核算结果显示，在此高温烟气辐射区域 80%～100% 正常负荷时的实际烟气流速范围一般在 2.4～4.0m/s；在 110% 超负荷时的烟气流速通常不超过 4.5m/s；在 70%～80% 低负荷时的流速范围大多在 2.1～2.8m/s。

（1）高温烟气的辐射传热

当物体温度高于绝对温度零度时，就会以电磁波的形式向外辐射能量，它不依赖任何外界条件，是一种非接触式传热，在真空中也能进行。这种由于物体受热而发射的辐射能称为热辐射，因热辐射而发生的热量传递称为辐射换热。物体发出的电磁波，理论上是在整个波谱范围内分布，电磁波的波长包括从 0～+∞ 的整个波段范围，并以光速在空间进行传播。不同波长的电磁波投射到物体时，可产生不同的效应。在工业上所遇到的温度范围内，有实际意义的是波长位于 0.38～1000μm 之间的热辐射；在材料加热温度范围内，绝大部分能量又集中在红外线又称热射线区段中的 0.76～20μm 波段范围。

辐射换热是自然界物体的固有属性，当两个温度不同的物体间进行辐射换热时，不仅高温物体向低温物体连续地辐射热量，低温物体也同样持续不断地向高温物体辐射热量。只是高温物体辐射给低温物体的热量要多，故而是高温物体将热量传给了低温物体。高温物体传递的能量与低温物体吸收的能量之差就是传递出去的或是吸收的净能量，如果系统内两个物体的温度相等，这时它们之间热量的传递和吸收过程仍在不断进行，只是相互交换的热量相等，辐射换热的热流量为零。

物体辐射换热的强度取决于辐射物体的温度和自身性质，其中主要是区别于不同黑度的性质（表 4-3）。对火焰燃烧过程来说是指火焰辐射能力的系数即火焰黑度，但在垃圾焚烧的炉膛高温烟气辐射换热过程，不能用火焰黑度作为计算用黑度。因为高温烟气投射到水冷壁的辐射能量，一部分被吸收一部分被反射回去了，而投射到炉墙上的辐射能量几乎是全部反射到暴露的水冷壁上和炉膛空间。故而既要考虑物体吸收的辐射能，还要考虑各种表面的二次辐射问题，为此引入炉内高温烟气与水冷壁之间的系统黑度的概念。它与火焰黑度及水冷壁的辐射特性有关。

炉膛用材料的黑度   表 4-3

材料	温度（℃）	黑度	材料		温度（℃）	黑度
氧化的铸铁	200～600	0.64～0.78	硅砖		1000	0.80～0.85
氧化的钢	600	0.80	石棉		0～400	0.95
氧化的铁	600	0.86	耐火砖的辐射性能	好	600～1000	0.85～0.90
红砖	1000	0.94		差	600～1000	0.70～0.75

　　具有辐射能力的成分主要是高温烟气中的三原子气体与颗粒物。单原子及结构对称的双原子气体，如惰性气体、空气、N_2、O_2 等热辐射能量很弱，碳氢化合物含量极少，可忽略不计。三原子气体的辐射能力与烟气温度 T_g 的关系有：$CO_2 \propto T_g^{3.5}$、$H_2O \propto T_g^3$，SO_2 计在 CO_2 组分中。为使气体和固体一样都可应用辐射能力 $\propto T_g^4$ 的斯蒂芬-玻尔茨曼定律，即将与四次方有偏差的部分计入在系统黑度 α_{sys} 中。

　　高温烟气辐射区的热平衡记为：$Q_{bc} = \varphi(I' + \Delta\alpha I_{lk}^0 - I'') = \varphi Vc_{av}(\vartheta' - \vartheta'')$。基于该热平衡的单位焚烧垃圾的平均热容量 Vc_{av} 按下式确定：

$$Vc_{av} = \frac{I' + \Delta\alpha I_{lk}^0 - I''}{\vartheta' - \vartheta''} \quad \text{kJ/(kg} \cdot \text{℃)} \tag{4-20}$$

式中　I'、I''、I_{lk}^0——分别为高温烟气辐射区进、出口的烟气焓，以及漏入空气焓，kJ/kg；

　　　　$\Delta\alpha$——漏入空气系数，一般取为零；

　　　　ϑ'、ϑ''——分别为高温烟气辐射区进、出口的温度，℃。

　　高温烟气辐射区的系统黑度 α_{sys} 按下式确定：

$$\alpha_{sys} = \frac{1}{\dfrac{1}{\alpha_{wal}} + \chi \dfrac{1 - \alpha_g}{\alpha_g}} \tag{4-21}$$

式中　α_{wal}——水冷壁表面的黑度，一般取 $\alpha_{wal} = 0.8$。当内壁敷设耐火浇注料时，根据选用材料确定，辐射受热面积 H 与覆盖耐火浇注料层面积 F 按 $H = 0.3F$ 确定；

　　　　χ——炉膛的水冷度；

　　　　α_g——烟气黑度，按下式计算：$\alpha_g = 1 - e^{kpS}$。其中，k 为烟气辐射减弱系数，为三原子气体与颗粒物的辐射减弱系数之和，计算方法见《工业锅炉设计计算方法》$[1/(\text{m} \cdot \text{MPa})]$、$S$ 为有效辐射层厚度（m）、p 为炉内介质压力（MPa），非正压炉膛取 $p = 0.1\text{MPa}$。

　　基于系统黑度法的辐射换热量 Q_f 按下式计算：

$$Q_f = 5.7 \times 10^{-8} \alpha_{sys} \alpha_{ash} H_f \zeta (T^4 - T_m^4) \quad \text{kJ/h} \tag{4-22}$$

式中　α_{ash}——烟气颗粒物的辐射系数；

　　　　H_f——辐射受热面积，m^2；

　　　　ζ——辐射受热面污染系数；

　　T、T_m——分别为烟气、受热面的绝对温度，K。

　　基于系统黑度法的高温烟气辐射区出口烟气温度 ϑ'' 按下计算：

$$\vartheta'' = 0.5B_0\left(\frac{1}{\alpha_{sys}} + m\right)\left[\sqrt{1 + \frac{4}{B_0(\alpha_{sys}^{-1} + m)}} - 1\right](\vartheta' + 273) - 273 \quad \text{℃} \tag{4-23}$$

式中　B_0——玻尔兹曼准则，$B_0 = \dfrac{\varphi B_j Vc_{av}}{3.6\sigma_0 H T'^3}$；

　　　　m——考虑水冷壁积灰层表面温度对传热的影响系数。

　　（2）水冷壁

　　水冷壁是敷设在锅炉炉膛四周，由并联的上升管排与上、下联箱等组成的蒸发受热面（图 4-20）。水冷壁的作用是管内工质水吸收高温烟气的辐射热量，升温及蒸发成汽水两相流，随着转化过程的密度差做上升运动。与此同时，还起到降低炉墙温度以保护炉墙作用。由于 40%～50% 甚至更多的热量由水冷壁与蒸发器所吸收，良好的热交换功能使水冷壁成为锅炉的主要受热部分，并逐渐成为现代水管锅炉中最主要的受热面之一。

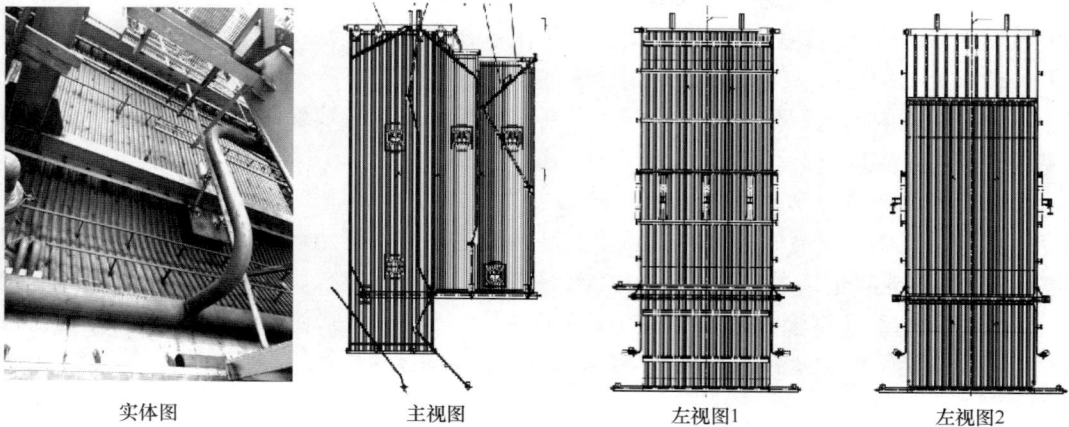

实体图　　　　　　　主视图　　　　　　　左视图1　　　　　　　左视图2

图 4-20　垃圾焚烧锅炉的炉膛水冷壁示意图

按水冷壁的结构形式，有光管式水冷壁、销钉式水冷壁与膜式水冷壁之分。光管式水冷壁是由外形光滑的管子并列成平面，与炉墙浇成一体形成敷管式炉墙；销钉式水冷壁是在管壁外侧焊上很多一定长度圆钢，用以敷设和固牢耐火浇筑料的水冷壁；膜式水冷壁是由许多鳍片沿水冷壁管纵向依次焊接成整块管屏，并在管屏外侧敷以保温材料的受热面。1970 年代，我国开始大量采用带鳍片的水冷壁管，有轧制鳍片管与焊接鳍片管之分，构成膜式水冷壁。垃圾焚烧锅炉多采用这种气密性好的膜式水冷壁，同时考虑焚烧垃圾热值偏低与防治汽水循环恶化的因素，在水冷壁向火侧涂覆耐火浇注料层，形成复合水冷壁。根据我国《工业锅炉设计计算方法》，对这种复合水冷壁的计算辐射受热面积 H 与覆盖耐火浇注料层面积 F 按 $H=0.3F$ 计算，而对覆盖耐火砖炉墙按 $H=0.15F$ 计算；水冷度与辐射层厚度按《工业锅炉设计计算方法》确定。

相邻两管的管中心线距离称为节距，用 s 表示，水冷壁布置的疏密程度通常用相对水冷壁管径 d 的相对节距 s/d 表示。相对节距增加，总辐射受热面减少，对炉墙保护作用减弱。但会增加水冷壁背火面的吸热量而提高了金属利用率。s/d 值的确定与锅炉蒸汽参数的发展、水冷壁结构以及炉墙结构相关，其中膜式水冷壁的相对节距多取 $s/d=1.3\sim$ 1.35，有效辐射角系数 $\chi=1$。

为防止受热不均而引起汽水循环恶化甚至停滞事故，一般做法是将膜式水冷壁分成若干独立回路，称为管屏，每个管屏的受热面宽度通常不大于 2.5m，在制造厂成片预制以利于安装。水冷壁联箱主要作用是将工质汇集起来，并将工质通过联箱重新分配到其他管道中。其下联箱是一根较粗两端封闭的管子，作用是把下降管与水冷壁连接在一起，起到汇集、混合、再分配工质的作用。

随着锅炉的容量与参数提高，加热吸热量的比例增加，相应所需辐射受热面积增加。而炉墙面积的增加总是小于容量的增加，使受热面布置遇到困难。相应的对策是按常规锅炉那样采用双面水冷壁，更多是采用增加蒸发受热面的方式加以解决。

由于水冷壁管子较长并且在炉内受热，为防止水冷壁管发生较大的变形，需要可靠的拉固装置，常见的拉固装置有搭接式和框架式。垃圾焚烧锅炉多采用可靠性较高、结构较为复杂、耗钢量较多的框架式刚性梁水冷壁拉固装置。它是在搭接式刚性梁水冷壁拉固装置的基础上，外加一圈满足强度、刚度、稳定性条件，具有膨胀空间的框架，以防止搭接式刚性梁变形超出允许范围。水冷壁的上联箱固定在支架上，水冷壁管自身吊拉件限制其水平移动以免结构变形。下联箱由自由膨胀的水冷壁悬吊。水冷壁穿过炉墙的部分要留出膨胀间隙，间隙内填充石棉绳以防止漏风。对于敷管炉墙，炉墙贴附在膜式水冷壁管外面形成一个整体，穿墙部分留间隙。

水冷壁管的壁厚通常不超过 6mm，这是因为管内外壁温差和壁厚成正比，管壁越厚，热应力越大。当压力更高时，水冷壁需要更高的强度，则不采用增加壁厚的方法而是采用强度更高的材料制造。如工作压力 10MPa 以下，采用符合《高压锅炉用无缝钢管》GB 5310 标准的 20G 钢管；当压力超过 15MPa 时，采用 15MnV 或 15CrMo 等低合金钢材料。中压垃圾焚烧锅炉水冷壁管多采用 $\phi51\times(4\sim5)$、$\phi60\times(4.5\sim5)$ 带有鳍片的无缝钢管。

（3）水冷壁热应力

锅炉承压部件的温度升高后要膨胀，当物体受热不均而存在温度差时，导致各处膨胀或收缩变形不一致所形成的相互约束，不能自由胀缩的应力即是热应力。

锅炉运行时，水冷壁管内工质汽水混合物的温度是汽包压力下的饱和温度，管内壁被工质冷却。管外壁受到高温烟气的热辐射，尽管水冷壁管厚度不大于 6mm，管壁热阻不大，但热负荷很高，仍会使管内外壁温差达 60～80℃。管外壁温度高会发生膨胀而承受压缩应力，内壁温度低则会阻止外壁膨胀并承受拉伸应力，这样就在水冷壁管产生了热应力。承压部件的自由膨胀受到限制时还会产生附加应力，造成应力叠加或应力集中。如水冷壁管的内壁结垢，将汽水混合物与金属管壁隔离，则由于垢的导热系数小于管壁，反而因不能被汽水混合物冷却而使管壁温差降低。

整个锅炉承压部套及其辅助设备的荷载通过吊杆悬吊在锅炉顶部几根钢结构的大梁上，再通过锅炉钢柱将荷载传递到地基。为了不使膨胀受阻，引起在承压部件内产生过大的热应力，以及针对水冷壁膨胀量大，本身补偿膨胀的能力小的情况，设计有按预定方向自由膨胀的措施。同时根据经验，对不同形式的锅炉，人为确定其膨胀中心。设计时，需要按《锅炉安全技术监察规程》《水管锅炉受压元件强度计算》等计算方法，以膨胀中心为膨胀零点，计算出膨胀方向和位移量。在此基础上进行受热面、热力管道的受压元件强度计算、应力分析和整体密封设计。

联箱沿轴向两端的膨胀如果不均匀，则说明联箱内工质的温度不均匀。水冷壁下联箱容易出现这种现象。可采取加强联箱放水的方法，促使水循环较差的水冷壁管得到改善，消除下联箱的膨胀不均。过热器和省煤器由于本身蛇形管有很多弯头，足以补偿温度升高后产生的膨胀，可不必考虑采取另外的膨胀补偿措施。此外，为保障水冷壁与二次空气紊流区及以下炉膛燃烧区之间的相对膨胀，两者间采用大型耐温、耐磨、耐腐蚀的金属膨胀节连接。

（4）炉膛温度与炉膛主控温度

从阿累尼乌斯定律的反应常数 k 对温度 T 的曲线（图 3-1）可知，实际燃烧过程仅表现在初始升高段，此温度升高对燃烧化学反应速度有很大影响。这也是对包括熄火、爆燃以及防治结渣、腐蚀等燃烧过程控制的工程基础。垃圾焚烧过程需要根据不同阶段，将不同区域的温度控制在一定范围之内，也就有燃烧温度、高温烟气温度、炉膛温度等不同说法。

燃烧温度是指燃烧学范畴内的固定碳与挥发分燃烧过程的温度。垃圾燃烧温度按燃烧过程分为干燥气化温度、火焰燃烧温度、燃尽与排渣温度等。运行监视的火焰燃烧温度在 $1050 \sim 1400 \degree C$，其他燃烧温度主要用于监视燃烧过程的分布状态。结合燃烧条件与特征点温度状态，分析与优化燃烧过程，按监控指标采取对应措施，实现挥发分与固定碳的充分燃烧。此外在锅炉设计计算时采用"理论燃烧温度"概念，是指只有燃烧无传热，燃烧热量全部用于加热烟气，达到的烟气温度。

高温烟气温度是指火焰燃烧结束后的二次空气紊流区到炉膛出口区域的动态烟气温度，有实际状态的瞬时温度、运行监测的取样温度与分析计算的平均温度之分。受烟气与水冷壁或炉墙辐射换热的影响，任何断面温度均呈近炉墙处温度低于该断面平均温度的规律。通常所说的断面炉膛温度是指平均温度。而测温热电偶受温度与腐蚀的制约，一般伸进炉膛的垂直于炉墙距离在 200mm 左右，此时的测点温度低于该断面的平均温度。综合考虑工作环境与表计偏差等因素，有规定以此测定温度为准，也有通过修正值取其平均温度的做法，两者偏差在 $50 \degree C$ 左右。

炉膛主控温度是根据对高温二噁英合成的研究，特别规定在此区域达到 $850 \degree C$ 且停留时间不低于 2s 的特定温度。将在正常焚烧垃圾负荷条件下，满足炉膛主控温度所在断面的集合区间定义为炉膛主控温度区间，此区间由锅炉设计确定。实际运行以此作为控制二噁英类和前体物质高温消减的指标，这也是对垃圾焚烧初级减排控制的特别要求。应说明的是只要任何正常运行工况下的炉膛主控温度落在炉膛主控温度区间即可认定为满足要求，而不是在此区间必须全部满足。

炉膛主控温度区间是根据垃圾设计热值与成分不稳定的特征，以二噁英在约 $750 \degree C$ 持续时间 1s 的高温分解特性和留有充分的工程余量为依据，以烟气量与相应炉膛结构为必要条件，以炉膛二次空气上入口断面为计算基准，计算出的满足高温烟气温度不低于 $850 \degree C$ 时滞留时间不低于 2s 的动态运行状态的一个固定温度区段。如前所述此温度也不宜高于 $1050 \degree C$，以避免飞灰达到灰熔点 t_2 即灰分软化温度 ST，造成结焦、腐蚀事故以及产生过量 NO_x。核算实际正常运行的炉膛主控温度状态时，应是根据我国现行烟气污染物排放标准，以任一小时且不重复计的温度均值为准的炉膛主控温度运行曲线。

关于焚烧烟气在炉膛内滞留 2s 时的温度不低于 $850 \degree C$ 的要求，来源于我国垃圾焚烧烟气污染排放标准以及日本在防止垃圾处理中产生二噁英类的指导方针（1990 年 12 月）中的规定：炉膛高温烟气温度在 $850 \degree C$ 以上（日本补充期望 $900 \degree C$ 以上）的烟气停留时间 2s 以上。欧洲议会和理事会于 2000 年 12 月发布的废物焚烧指令 2000/76/EC 规定焚烧厂应以下述方式设计、装配、建设和运营。在投入最后一次燃烧空气后（指最高断面处的二次空气），以受控和均匀的方式，甚至在最不利的条件下，焚烧过程中产生的气体温度被提高到 $850 \degree C$，持续时间达到 2s。如前所述，随着垃圾焚烧技术发展和运行管理水平提高，欧盟委员会作出如下修订意见：较低的炉膛温度，较短的停留时间和较低的烟气含氧量在一定情况下仍然能够实现完全燃烧，并全面改善环境质量。

实际监测炉膛主控温度的环境需要根据炉膛结构特征认定。最常应用的原则，一是烟气在炉膛内滞留时间的基准面取最高二次空气入口所在截面，二是炉膛截面的温度场总是靠近炉墙的温度低并且低于该断面平均温度。由此对炉膛断面平均温度850℃有两种检测方法与解释：方法一，是根据垃圾处理规模，从炉膛侧墙按同一测温断面插入 2~3 只温度传感器探头，采集距离炉墙大约 200mm 处的炉膛瞬时温度，取其平均值的方法；方法二，是采取从炉膛顶部按不同位置插入 3~4 只或更多温度传感器，对采集的温度平均值进行修正计算的方法。这两种方法在我国都有应用，但较多采用的是方法一。

方法一，如图 4-21 所示的下限 TICA 到上限 TIA 温度断面之间，任何工况采集的热电偶温度值在 TICA 与 TIC 控制范围以内，即可认定为满足大于等于 2s 要求，此时的检测温度尽管比该断面平均温度低 50℃左右，仍需按测点平均温度计。

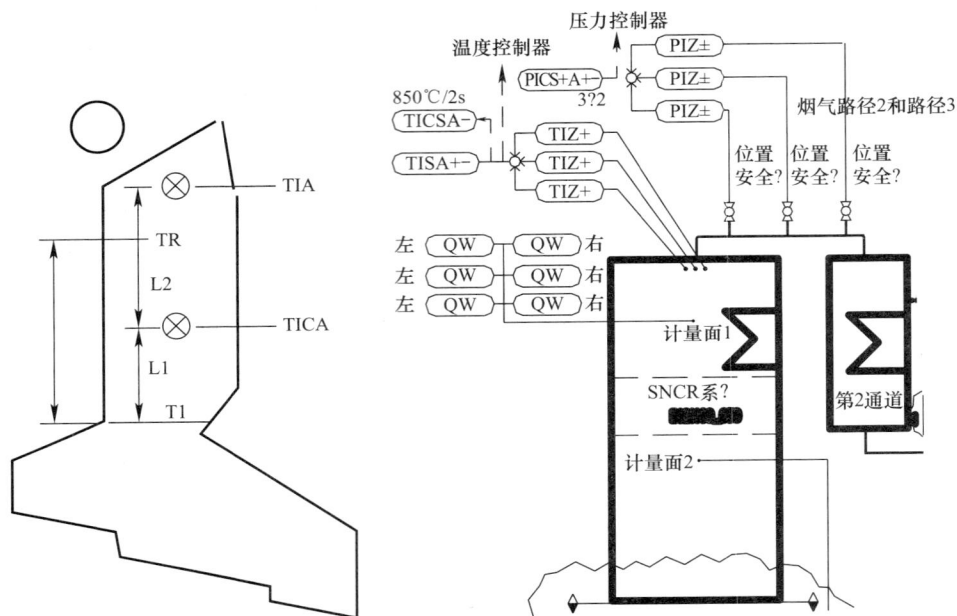

图 4-21　炉膛主控温度的监测平均值方法的布置（左）与修正值监测方法的布置（右）

在低于额定负荷率的运行工况，烟气量减少，烟气流速降低时，滞留时间增加，也就是说主控温度区下移，故不低于 80% 的正常负荷或是 70% 低负荷时，应以温度段下限核算为准。按锅炉设计工况，此时的烟气温度仍满足要求。反之，高于额定负荷率的运行工况但不超过 115%~120% 时，以温度段上限核算为准。由此，烟气温度可通过核查该特征温度的运行曲线核定。滞留时间可以设计的额定烟气量为基准，按额定烟气量的 80%、100%、115% 或 120% 分别核算，其中焚烧规模小于 500t/d 取 120%，大于等于 500t/d 取115%。计算示例见表 4-4、表 4-5。在低于经济负荷运行工况时，烟气量减少较多，流速降低较多时，区段温度会降低，滞留时间增加，也就是说当主控温度区可能会长期按低于经济负荷设定的温度限时，就需要在炉膛高温烟气的炉膛主控温度区域下部再布置一层温度监控断面。对这种情况需要注意控制烟气流速不宜低于 2.5m/s。

按方法一核算炉膛主控温度停留时间示例　　　　表 4-4

序号	名称	单位	测点 TICA	测点 TIA
1	余热锅炉出口设计负荷烟气量	m³/h	370384.32	
	余热锅炉出口 120%设计负荷烟气量	m³/h	—	444461.18
	余热锅炉出口 80%设计负荷烟气量	m³/h	258824.76	—
2	二次空气以上的炉膛截面长×宽=面积	m、m²	7.707×4.032=31.0746	
3	炉膛计算高度（上二次空气进口断面至热电偶监控断面的垂直距离）	m	6.88	8.98
4	按设计烟气量估算平均烟气流速	m/s	3.31	3.31
	按 120%烟气量估算平均烟气流速	m/s	—	3.97
	按 80%烟气量估算平均烟气流速	m/s	2.31	—
5	按设计核算的烟气停留时间	s	2.08	2.71
	按 120%烟气量核算烟气停留时间	s	—	2.26
	按 80%烟气量核算烟气停留时间	s	2.97	

某 800t/d 垃圾焚烧锅炉炉膛主控温度的设计计算与分析　　　　表 4-5

项目	单位	6688kJ/kg	6270kJ/kg	5434kJ/kg
烟气温度（温度计 1+温度计 2 平均）	℃	850	850	850
标态烟气量	Nm³/h	139430	133170	120760
实态烟气量	m³/h	573314.313	547574.1735	496546.1981
	m³/s	159.253976	152.1039371	137.9294995
上二次空气出口中心线标高	m	13.93	13.93	13.93
二次空气出口中心线至温度测点标高 1 的高度	m	21.7−13.93=7.77		
二次空气出口中心线至温度测点标高 2 的高度	m	19.3−13.93=5.37		
二次空气出口中心线至温度测点标高 3 的高度	m	17.1−13.93=3.17		
炉膛截面积（长×宽=面积）	m²	4.57×11.54=52.7378		
高温段烟气流速	m/s	3.02	2.88	2.62
两秒时间对应的高度	m	6.04	5.77	5.23

注：目前的焚烧垃圾热值在 5343～6270kJ/kg，为满足 850℃/2s 要求，温度测点应在标高 2（19.3m）～标高 1（21.7m）之间。热值低时测点标高 2（19.3m）层，温度超过 850℃ 即满足要求。

　　方法二，如图 4-21（右）所示，以设计采集点的温度值为基准，按确定的修正方法的修正值不低于 850℃ 即可认定为符合要求。通过对比分析烟气达到 2s 的炉膛温度，采用方法二修正的温度要高于方法一的直接采样值。应用方法二，烟气在大于等于 850℃ 区域内停留时间的计算示例见表 4-6。其中，炉膛容积 $V=L\times B\times(H_1-H_0)$，m³；炉膛平均温度 $T=(T_1+T_2)/2$，℃；烟气流量 Q 为标准状态下的流量，Nm³/h。炉膛内烟气停留时间 $T_R=273\times3600\times V/[Q\times(T+273)]$，h。取热电偶测量的实测烟气量 TC，根据 MHIEC 经验的烟气温度补偿值（T_i）的确定方法是：当 $0\leqslant TC<400$，$T_i=TC\times404/400$；当 $400\leqslant TC<800$，$T_i=-0.00052\times TC^2+1.84\times TC-248.68$；当 $TC\geqslant800$，$T_i=TC+91$。

　　作为一个特例，在炉膛燃烧区设置隔板，形成如图 4-22 所示的主、副烟道以及二组二次风喷入口的情况。其中副烟道出口烟气于主烟道中间进入。对此，从估算炉膛主控温度角度，可认为火焰燃烧在主烟道二次空气入口和副烟道出口结束，且以主烟道的烟气量为主。

国内应用欧洲某公司 850℃/2s 计算示例　　　　　表 4-6

测点布置		示例值
实际测定值	炉膛顶部烟气温度 1 测定值	755.886
	炉膛顶部烟气温度 2 测定值	780.045
	炉膛顶部烟气温度 3 测定值	767.141
炉膛顶部烟气温度量程		0～1000℃
取 3 个测定值的中间值 T_1		767.141
蒸汽量补偿修正		
设定蒸汽输出值 $VALA_1$		67
实测蒸汽输出值 $2HZ$		52.6682
计算：$A_1 = 2HZ/VALA_1$		52.6682/67＝0.786092
修正输出设定值 $VALA_2$		0.1875
修正：$A_2 = A_1 \times VALA_2$		0.786092×0.1875＝0.147392
修正输出设定值 $VALA_3$		1.5125
补偿值：$A_3 = VALA_3 - A_2$		1.5125－0.147392＝1.36511
设定对比值 $VALA_4 = 1.325 VALA_5$		1.4
补偿值 A_3 对比分析		1.325＜A_3＜1.4 取 A_3＝1.36511
相对炉膛 850℃ 的修正温度＝$T_1 \times A_3$		767.141×1.36511＝1049.08℃
		高于选择测点温度 281.94℃

注：因对该计算程序的逻辑关系尚不清楚，暂不能解释测定值与修正值的内在联系。

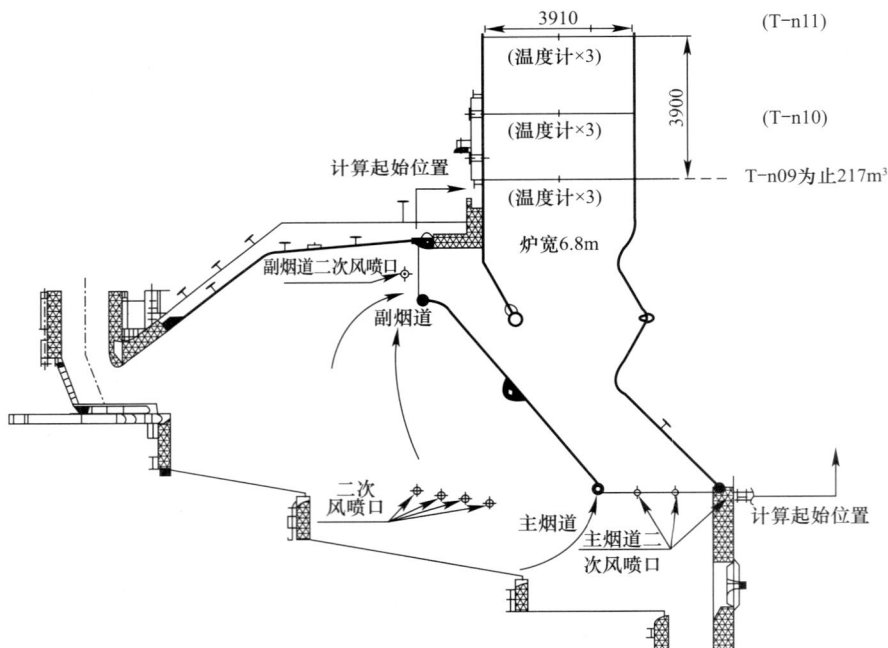

图 4-22　炉膛主燃烧区设置隔板形成主副烟道

针对该炉膛结构，通过几何变换证明可采取炉膛温度下限测点 T-n09 以下到主烟道二次风所在断面之间的空间容积（图示为 217m³），按炉膛辐射换热区断面尺寸（3.91×6.8m＝26.588m²），并考虑一定系数（图示暂取 0.85），可得到折算主控温度下限高度（h_1＝

6.93m）与上限高度（$h_2=6.93+3.6m$），也就是确定了折算二次空气计算起点。进而可根据炉膛出口实际烟气量估算在炉膛主控温度范围内的烟气停留时间。

（5）SNCR 系统

SNCR 技术是向炉膛高温辐射换热区域内最佳脱氮效率的温度区域，在氧共存条件下，在无催化剂作用下，直接喷入氨水或尿素等氨基还原剂，有选择性地将 NO_x 还原成 N_2 和 H_2O，而不与烟气中的 O_2 作用。NH_3 水或尿素还原 NO_x 的基本反应模型为：

NH_3 水为还原剂时：$4NH_3+4NO+O_2 \longrightarrow 4N_2+6H_2O$

尿素为还原剂时：$(NH_2)_2CO+2NO+1/2O_2 \longrightarrow 2N_2+CO_2+2H_2O$

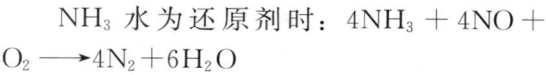

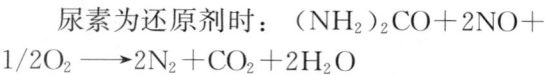

瑞士 Von Roll 公司采用的 SNCR 技术是在设计炉膛温度 $850\sim950℃$ 范围内设置三层特定喷枪，不同标高喷枪的切换基于炉膛温度测量值。该技术在 1982 年首先成功应用于 BREMERHAVEN 垃圾焚烧厂，自此成为烟气脱氮主要技术之一。有研究 SNCR 技术在 $NH_3/NO=2$ 条件下的脱氮率为 $30\%\sim50\%$。

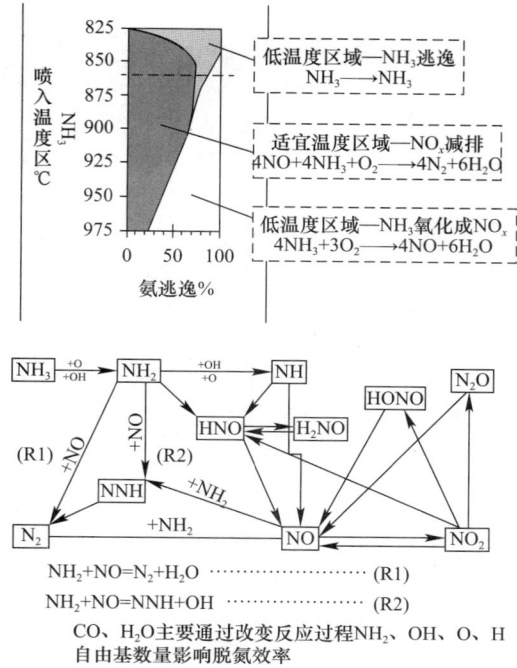

图 4-23 NH_3 喷入炉膛的最佳温度与主要放映过程

根据我国当前生活垃圾特性，干烟气含氧量 11%，正常运行工况下，采用 SNCR 技术，适用于控制 NO_x 排放浓度在 $180\sim200mg/Nm^3$。国外有根据本国的垃圾与运行状态条件下，可按干烟气含氧量 11% 控制到 $160mg/Nm^3$。实践经验还表明，喷入尿素太多时，会产生氯化氨（NH_4Cl），排放的烟气呈现为紫烟。最近的研究如图 4-23 所示，应用 SNCR 技术的最佳脱氮效率在炉膛温度 $850\sim900℃$ 范围。当炉膛温度低于 $850℃$ 时，NH_3 逃逸率会随着温度降低而明显增加。当炉膛温度高于 $900℃$ 时，NH_3 氧化成 NO 比率（即氨损失率）会随着温度而明显增加。喷枪在炉墙上的最佳位置可通过流体解析模拟确定，参见图 4-24。

传统 SNCR 技术是采取稀释方法，将氨浓度控制在 $3\%\sim5\%$，采用尿素时控制在 8% 左右。为保证脱氮效率和避免稀释尿素液含有影响设备运行的有机成分，稀释用水应采用除盐水。稀释的副作用表现在水的蒸发潜热可能会导致锅炉蒸发量有所降低。为解决该技术的不足，瑞士 Von Roll 公司研究出蒸汽喷雾式高效 SNCR 技术。该技术使用浓度 25% 的氨水，通过流速 $300\sim500m/s$ 的高速蒸汽喷枪的喷雾搅拌，不但保持锅炉蒸发量不变，而且使脱氮效率进一步提高。其显著特点还体现在工程上，采用高速蒸汽喷枪的管径 $\phi3\sim\phi9mm$，实现了小型化（图 4-25）。实际使用效果参见图 4-26。

以日处理 600t 生活垃圾焚烧炉为例，SNCR 喷枪设置三层，每层设 14 根；设计消耗浓度 25% 的氨水 72.8kg/h，消耗 0.48MPa 的蒸汽 2710kg/h。

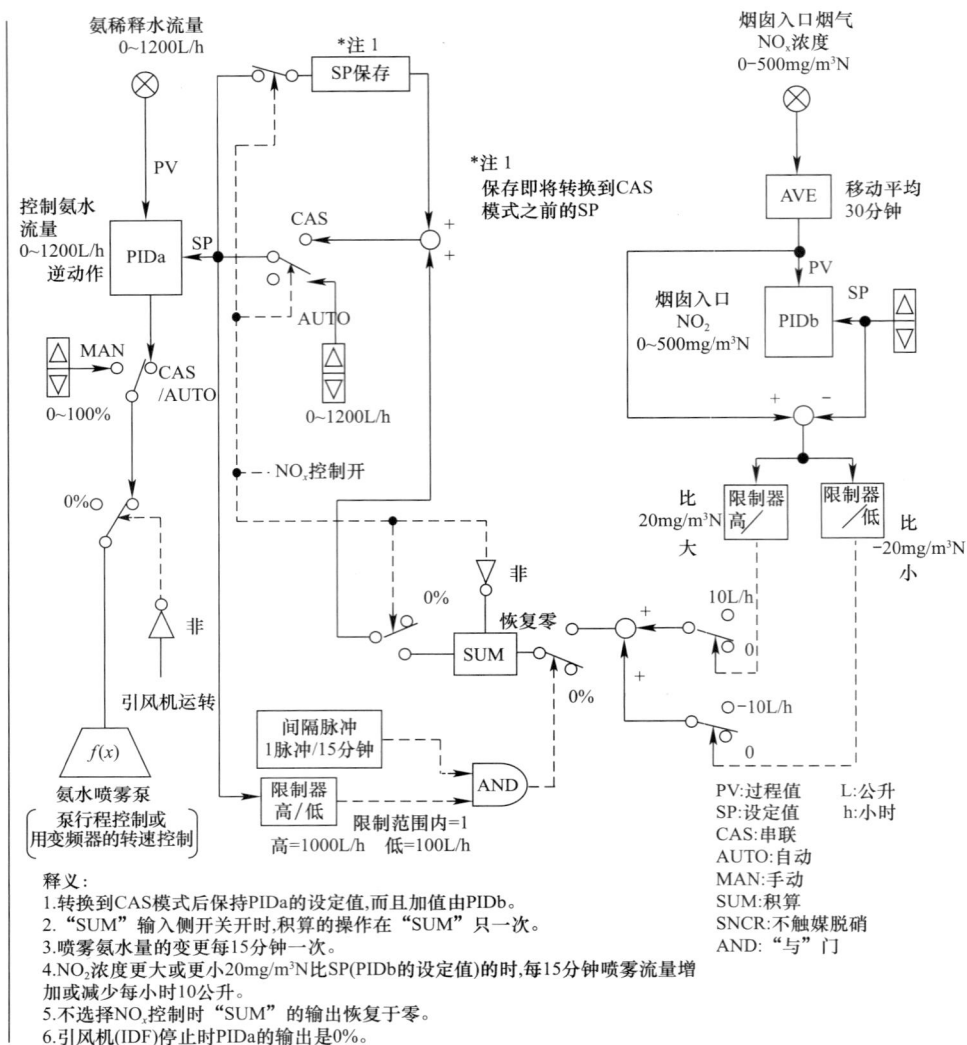

图 4-24　SNCR 逻辑控制

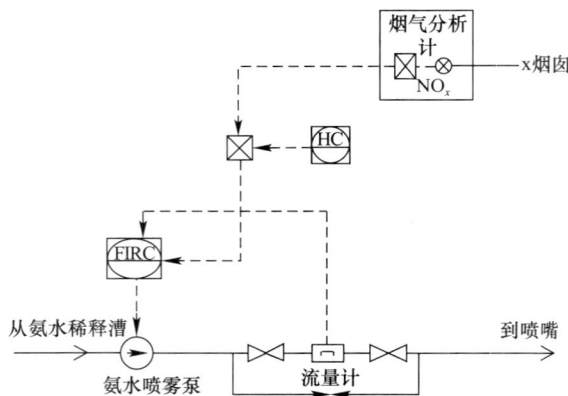

图 4-25　SNCR 系统（左）、SNCR 喷枪（中）及安装后的外观（左）（一）

160

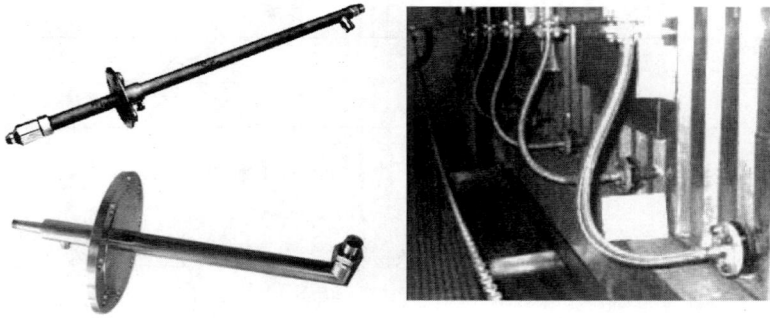

图 4-25　SNCR 系统（左）、SNCR 喷枪（中）及安装后的外观（左）（二）

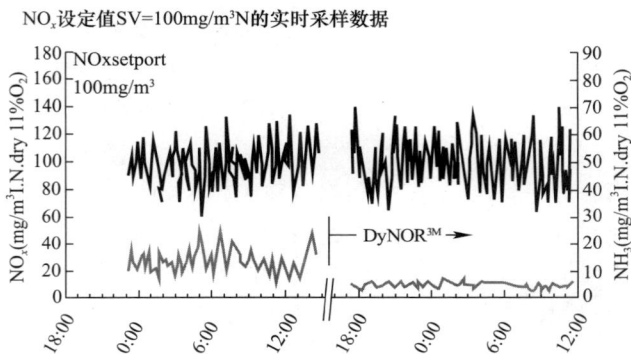

图 4-26　欧洲某厂采用该技术的实时取样数据

SNCR 脱氮工程主要包括还原剂的储存、制备、计量分配、输送及喷射。还原剂的储存与制备，以尿素还原剂为例包括尿素储罐及尿素溶解、稀释缓冲等设备。尿素溶液的输送系统包括蒸汽管道、水管道、还原剂管道以及尿素溶液循环泵、输送泵、稀释水泵等。还原剂的计量分配包括还原剂、雾化介质和稀释水的压力、温度计量设备与流量分配设备等。还原剂的喷射包括喷射枪及电动推进装置等。

脱氮控制系统要求在无就地人员配合的情况下，通过采用可独立运行的可编程逻辑控制器 PLC，远程控制还原剂的输送、计量、喷枪系统等启动、停运、调节和事故处理。控制子系统包括：还原剂流量控制系统、喷射控制系统、冷却水或蒸汽控制系统、空气及净化控制系统、温度监测系统等。

用于 SNCR 脱氮系统的尿素是以粉状形态在尿素储槽中稀释到 20％后，由尿素泵移送到稀释槽，在稀释槽按质量浓度＝(溶质质量/溶液质量)×100％稀释为 8％～10％后，再由稀释尿素喷射泵通过喷枪从高温烟气辐射换热区域的 850～900℃区间喷射到炉膛内。稀释水箱内投入次氯酸钠以保持有足够的氯浓度。利用尿素作为脱氮还原剂的反应过程为：

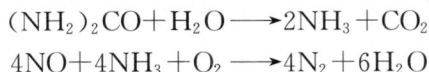

$$(NH_2)_2CO + H_2O \longrightarrow 2NH_3 + CO_2$$

$$4NO + 4NH_3 + O_2 \longrightarrow 4N_2 + 6H_2O$$

由于尿素是无害的且室温下储存即可，在运输、储存中无需考虑安全及危险性。因此，在环境和安全要求比较高的地区，用尿素制氨作为烟气脱氮系统还原剂是一种可行的选择。对尿素的基本质量要求见表 4-7。

对尿素质量的基本要求　　　　　　　　　表 4-7

形态	纯度	杂质	含水率	喷入炉内的尿素浓度
粉状	95%	不含有 Ca 等	<1%	8%

采用尿素的 SNCR 工艺可参照《火电厂烟气脱硝工程技术规范选择性非催化还原法》HJ563 标准的规定。

尿素应制备成重量比为 50% 的尿素溶液储存，总储存容量宜按不小于 MCR 工况下 7d 的总消耗量设计。尿素溶解设备宜布置在室内，储存设备宜布置在室外。设备间距应满足施工、操作和维护的要求，尿素溶液管道应保温。

尿素仓至少设置 1 个，应设计成锥形底立式碳钢罐，并且应设置热风流化装置和振动下料装置，以防止固体尿素吸潮、架桥及结块堵塞。尿素溶解罐至少设置 1 个，罐体应设有人孔、尿素或尿素溶液入口、尿素溶液出口、通风孔、搅拌器口、液位表、温度表口和排放口，采用 304 不锈钢材质。尿素溶液储罐应设置 2 个，设有伴热装置，以及梯子、平台、栏杆和液面计支架等；采用 FRP、304 或 316 型不锈钢材质。尿素溶解罐和尿素溶液储罐之间应设置离心输送泵。

多台锅炉可共用一套尿素溶液输送系统，其中，设计两台多级离心式输送泵，一用一备。设置有能满足补偿尿素溶液输送途中热量损失的加热器。

每台套垃圾焚烧锅炉配置一套尿素溶液稀释系统，包括有过滤器、稀释混合器（宜采用静态混合器）、两台稀释水泵（一用一备）等。稀释水泵的设计流量余量不小于 10%，压头余量不小于 20%。每台锅炉配置一套带空气过滤器的计量分配系统。

图 4-27　SNCR 喷枪的喷射模拟实验图

应通过 SNCR 计算流体力学和化学动力学模型试验（图 4-27，由原西格斯公司提供喷枪的模拟试验图），确定最优喷入炉膛高温烟气辐射换热区域的温度区间和最佳反应剂喷射模式。喷枪应有足够的冷却保护措施，应有伸缩机构，当喷枪不使用、冷却水流量不足、冷却水温度高或雾化空气流量不足时，可自动将其从锅炉中抽出以保护其不受损坏。每台锅炉应设置一套炉膛温度监测仪。

液氨及氨水 SNCR 工艺和尿素 SNCR 工艺相似，具体参见《火电厂烟气脱硝工程技术规范选择性非催化还原法》HJ 563。其中，采用液氨的 SNCR 工艺时，氨喷射系统应根据炉膛截面、高度等几何尺寸进行氨喷射系统的设计，使进入炉膛的氨能与烟气达到充分均匀混合；选用耐磨、抗高温及防腐特性的材料；具有清扫功能，避免堵塞。采用氨水的 SNCR 工艺时，一般使用 20% 左右浓度的氨水。

对 SNCR 脱氮系统的基本控制指标有：

1）设计和制造应符合安全可靠、连续有效运行的要求，服务年限应在 30 年以上，整个寿命期内系统可用率应不小于 98%；

2）对锅炉效率的影响应小于 0.5%。负荷响应能力应满足锅炉负荷变化率要求。应能在锅炉最低稳定燃烧负荷工况和 MCR 工况之间的任何负荷持续安全运行。不对锅炉运行产生干扰，不增加烟气阻力；

3）氨逃逸率应控制在 8mg/Nm³ 以下。

以某项目设计为例，应用 SNCR 系统包括尿素水制备槽、尿素水储存槽，尿素水泵（2 用 1 备）、尿素水喷枪和提供空气的风机等。在锅炉炉膛高温辐射换热区域设置 3 层进行切换的喷枪，每层在炉前位置设置 2 个喷枪，试运行期间根据局部温度的具体情况，选择合适的喷入位置。

如图 4-28 所示的系统说明如下：先向尿素溶液配制槽内注入定量的水，用槽内加热器在 6h 内将水加热至设定的 50℃ 后，通过电动葫芦将袋装尿素粉投入尿素水制备槽，通过自动控制系统控制尿素溶液的浓度 40%（尿素溶解为吸热过程，会导致水温下降 30℃左右）。再由 2 台尿素泵分别向 2 条焚烧线提供尿素溶液，并在输送过程中与厂用水混合，使 NH₃ 浓度稀释到 3% 左右，最后从选择的炉膛高温辐射换热区域 850～900℃ 区间的喷枪，用压缩空气由长软管连接的喷枪以雾化态喷入。

4.2.3.5 炉膛出口区

炉膛出口区位于炉膛顶部烟气出口窗区域。该区域的水冷壁有敷设，也有不敷设耐火浇注料的，烟气温度通过与水冷壁换热而降低，正常运行时降到 800～950℃。炉膛出口区后的二、三烟道壁面设计成不敷设耐火浇注料的膜式水冷壁。炉膛出口的烟气通过与其后的第二、三烟道水冷壁辐射换热，被冷却到不大于 650℃（正常运行多按 620℃ 左右控制）再进入对流受热面，以避免或减少过热器的结渣与高温腐蚀。实际运行状态显示，当炉膛出口窗温度高过 970℃ 时，对流受热面进口处的烟温会高过 650℃。故而在正常运行时，通常要求控制该点的烟气温度在 950℃ 左右。

在此区域的辐射换热计算方法与高温烟气辐射换热区的计算方法相同。当此区域的换热是在水冷壁与高温烟气之间直接进行时，需要与高温烟气辐射区分段计算。

（1）炉膛出口烟气温度

在垃圾燃烧放热与烟气辐射放热的复杂环境中，严格讲炉膛内每一断面以及同一断面不同点的温度都是不同的（图 4-12 与图 4-13），在分析计算时，通常是对同一类特征温度取其平均温度值。另外，在一个清灰周期内，受热面被污染程度随运行时段延续而越发严重，会使炉膛出口的平均烟气温度提高，例如对某型垃圾焚烧锅炉设计计算，清洁时的炉膛出口窗的烟气温度是 842℃，运行 1500h、4000h 后计入污染系数等的温度分别提高到 874℃、901℃，跟踪实际运行情况显示还要高一些。

流动到炉膛出口窗的烟气平均温度 ϑ_l'' 可视为安全监视温度，主要目的是避免或减轻炉膛顶部区域的高温腐蚀与爆管事故，并控制对流受热面入口温度以避免或减轻蒸发器或过热器结渣与高温腐蚀。炉膛出口烟温 ϑ_l'' 可根据炉膛整体状态按下式计算。计算的允许误差 $\Delta\vartheta_l''$ 在 ±100℃ 以内。

$$\vartheta_l'' = \frac{T_a}{M\left(\dfrac{\sigma_0 \psi_{pj} F_l \alpha_l T_a^3}{\varphi B_j V c_{pj}}\right)^{0.6} + 1} - 273 \quad ℃ \tag{4-24}$$

式中　$T_a(\vartheta_a)$——炉膛绝热燃烧温度，$T_a = \vartheta_a + 273$K；

　　　F_l——炉膛有效容积内的炉墙内侧总面积，m²；

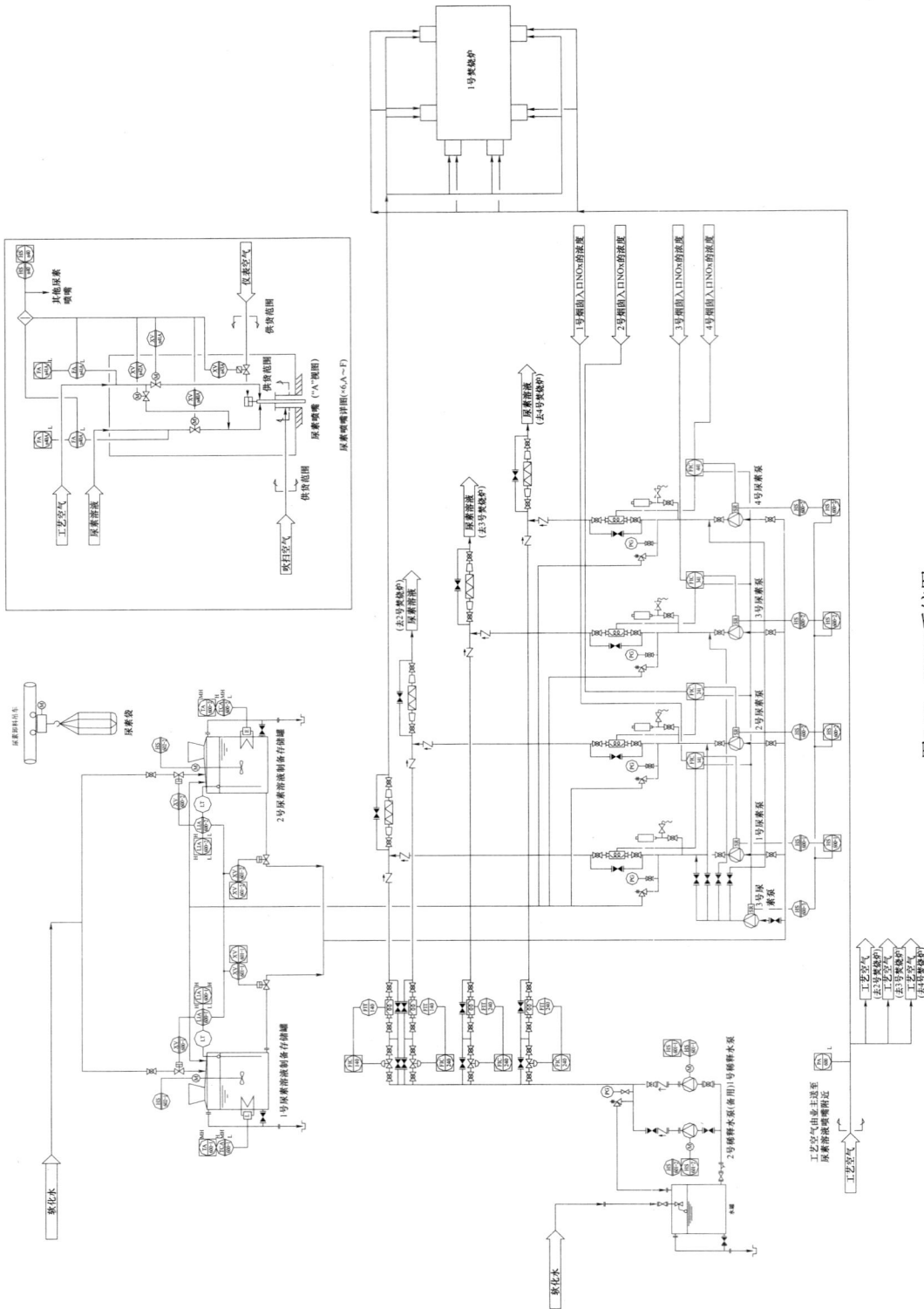

图4-28　SNCR系统图

M——考虑炉内温度场的系数。影响 M 的变动因素主要取决于燃料特性及炉内最高温度的位置，对换热影响很小。对燃料煤的 M 值不大于 0.5，对焚烧垃圾的 M 尚缺乏研究，暂可参考燃料煤的 M 进行估算；

B_j——焚烧垃圾量，t/h；

σ_0——绝对黑体辐射系数，$\sigma_0 = 5.67 \times 10^{-8}$ W/(m^2·K^4)；

ψ_{pj}——水冷壁平均热有效系数，等于沾污系数 ζ 与角系数 x 的乘积；

α_l——炉膛系统黑度；

φ——保热系数，即炉墙对外界散热引起的校正系数，$\varphi = 1 - q_5/(\eta_{gl} + q_5)$；

Vc_{pi}——单位焚烧垃圾量的燃烧产物，从 ϑ_a 或 T_a 变化到 ϑ_l'' 或 T_l'' 时的热容量平均值，kJ/(kg·℃)。

ϑ_l'' 的选择时，为防止焚烧灰分达到软化温度 ST 后黏结在受热面或炉墙上造成结焦与腐蚀，就要控制 ϑ_l'' 低于灰熔点，一般按 $\vartheta_l'' = ST - 100℃$ 确定。实践经验表明可按 $\vartheta_l'' = 800 \sim 950℃$ 且最高不大于 1050℃ 控制。

（2）炉膛负压

垃圾焚烧锅炉采用平衡通风方式。所谓平衡通风是在锅炉通风系统中同时装置一次风机和引风机的通风方式。一次风机在正压下工作，用以克服风道、蒸汽—空气加热器、炉排下灰斗、炉排与垃圾料层的阻力，把燃烧空气送入炉膛。引风机在负压下工作，用以克服炉膛、烟道、对流受热面、烟气净化系统的阻力。

炉膛处于负压运行状态的度量值是指炉膛内测量点处的绝对压力与该测点标高处绝对大气压力的差值，是反映燃烧工况稳定与否的运行监控的重要参数之一。炉膛烟气温度发生变化之前炉膛负压率先变化的现象反映出了燃烧工况发生变化时的下述一般规律：当燃烧系统发生故障或异常变化时最先反映在炉膛负压上，而后才是炉膛安全监测系统的变化以及火焰的变化，再次才是蒸汽参数的变化。因此，监控炉膛负压对保证炉内燃烧工况的稳定、分析炉内燃烧与烟道运行工况、分析某些事故的原因都有重要意义。

正压送风与负压引风系统的衔接处是通风动力场的平衡点也叫零压点。零压点通常是在炉膛燃烧区近垃圾料层上方。确定零压点在炉内的位置，可忽略如二次风及其他影响因素，只考虑需要克服的流动阻力 $\sum \Delta p_i$，也就是取决于风机运行工况。此工况的工程基础是如下风压 P_g 的计算公式：

$$P_g = k \sum_{i=1}^{4} \Delta p_i \cdot \frac{273 + t_k}{273 + t_g} \cdot \frac{101}{b} \cdot \frac{1.293}{\rho_k^0} \quad \text{Pa} \tag{4-25}$$

式中 k——风压备用系数。根据垃圾焚烧锅炉的规模确定，一般取 1.15～1.3；

$\sum \Delta p_i$——按一次风机需要克服的各项阻力之和：$\sum \Delta p_i = \Delta p_1 + \Delta p_2 + \Delta p_3 + \Delta p_4 + \Delta p_5$，Pa；其中：

Δp_1——风管沿程阻力与局部阻力、管件与阀门等管道部件的局部阻力之和。可按《小型热电站实用设计手册》计算；

Δp_2——蒸汽—空气加热器的空气侧阻力。由设备设计确定；

Δp_3——炉排下灰斗阻力，按焚烧炉设计确定，缺少资料时可按 400Pa 估算；

Δp_4——炉排总阻力。按焚烧炉排设计确定，缺少资料时可按 800～1200Pa 估算；

Δp_5——焚烧垃圾料层阻力。对当前的焚烧垃圾可按 1500Pa/m 估算；依据公式：

$$\Delta p = h\mu v / C_{\mathrm{pr}}\kappa_{\mathrm{air}}$$

其中，h——焚烧垃圾料层厚度；

μ——空气黏度；

v——空气渗流速度，通过流量计与床面面积计算取得；

C_{pr}——与焚烧炉特性相关的焚烧炉特性系数；

κ_{air}——空气渗透率；

t_{k}、t_{g}——进入风机时的空气温度与环境温度（一般取 20℃），℃；

b——当地大气压，kPa；

ρ_{k}^0——周围空气密度，无特殊条件时，取 $\rho_{\mathrm{k}}^0 = 1.293 \mathrm{kg/m^3}$。

零压点以上到炉膛出口窗是为炉膛负压区，受燃烧状态影响，同一断面不同点的压力也不完全相同，计算时取其平均压力值。其间的二次空气紊流区是二次空气射流与主气流交互作用的区域，不适宜负压检测，适合设置负压检测点的位置是从高温烟气辐射换热区到炉膛出口区。

鉴于炉膛负压对运行状态的反映最敏感，选择负压测点位置也就显得尤为重要。分析认为炉膛内的烟气流动速度很低，流动阻力甚微，可以忽略。故而主要受到炉内高温烟气柱与炉外冷空气柱的比重差作用，在炉膛负压区的下部负压大、上部负压小。例如，取炉膛上部的烟气温度 950℃，此时的烟气比重 $\gamma'' \approx 0.29 \mathrm{kg/m^3}$，冷空气比重 $\gamma' \approx 1.15 \mathrm{kg/m^3}$，假设测点在距离炉顶以下 $\Delta H = 8\mathrm{m}$ 处，则按冷、热气柱间的压差 $\Delta P = -10\Delta H(\gamma' - \gamma'') -$ （50～120）估算为 119～189Pa。也就是说，要保持 $\Delta H = 8\mathrm{m}$ 处的负压在 $-120 \sim -190\mathrm{Pa}$ 方能使炉顶处的绝对压力与同标高的大气压力一样。如仍保持该测点负压 $-50 \sim -100\mathrm{Pa}$，则炉顶部位将出现 70Pa 的正压。若在此负压测点下运行，必然会导致烟气或火焰向外泄漏，不仅污染工作环境，而且对设备及人身构成危险。只有保持炉顶部处于负压状态才能保证整个炉膛上下都呈负压状态，为此有研究提出适宜的炉膛负压测点设置宜设定在炉顶下 1～2m 处。为了保持整个炉膛在负压状态运行并考虑垃圾不稳定的燃烧特性，垃圾焚烧锅炉的炉膛负压点的压力宜控制在 $-30 \sim -100\mathrm{Pa}$，而不应按普通锅炉要求的 $-20 \sim -30\mathrm{Pa}$ 去控制。当然，炉膛负压过大也是不可取的，这是因为炉膛负压太大则引风机抽吸力过大，表现为引风机电耗增加，$\vartheta_{\mathrm{pj}}''$ 升高并引起蒸汽温度升高或过热器结渣，导致气体不完全燃烧损失与排烟热损失均增大。

实际运行工况显示，炉膛负压并不总是按上述规律变化的，引起炉膛负压波动的重要原因是燃烧工况的变化，在引风机与一、二风机保持运行工况不变的情况下，由于炉膛燃烧工况总会有变化，导致炉膛负压总是波动的。当燃烧不稳定时，炉膛负压将产生强烈波动。当炉膛负压发生剧烈脉动时往往是灭火的前兆，这时必须加强监控炉内燃烧工况，及时进行运行调整。另外，二次空气紊流区射流会对高温烟气辐射区下部的负压会产生复杂的影响。表 4-8 是根据实际运行经验汇集的引起炉膛负压变化的一些现象与原因，处理方法与预防措施，可供参考。

（3）炉膛设计压力

在讨论这个话题时会涉及垃圾焚烧锅炉炉膛爆燃的问题。无论是理论分析还是运行实践都表明，在垃圾焚烧锅炉的运行期间，特别是在启、停炉期间投入燃料油或燃气以及燃

炉膛负压的变化与处理方法或预防措施 表 4-8

序号	炉膛负压变化的现象与原因	处理方法或预防措施
1	烟气净化系统故障，如脱酸烟气挡板脱落造成炉膛正压	①如炉膛负压自动调节跟踪不好，应解除送/引风机自动，手动调节；②如调整后炉膛正压仍快速上升，应停止向炉内进垃圾以防炉膛正压损坏设备；③注意调整一次风机风压以防风机喘振；④监视汽包水位，根据水位变化大小调整降负荷速度；⑤发生引风机喘振，应解除引风机自动逐渐关小引风机静叶直到喘振消失；⑥炉膛负压恢复后应对锅炉本体进行全面检查
2	锅炉掉焦引起炉膛负压波动	①加强燃烧调整，加强吹灰，降低结焦可能性；②监视燃烧工况，燃烧不稳定时投油助燃；③进行锅炉漏风检查并及时治理；④进行出渣机水封检查，保证水封严密稳定，并根据排渣量辅助判断锅炉结焦情况
3	锅炉快速减负荷动作引起炉膛负压波动	因引风机、一次风机、给水泵等故障跳闸，锅炉快速减负荷动作时，检查引、送风机根据负荷自动调整在合适范围，否则手动干预
4	引风机静叶及挡板故障引起炉膛负压波动	①根据炉膛负压调整引风机出力，若引风机静叶卡涩首先限制负荷，活动引风机静叶，无效时就地手摇静叶；②引风机静叶执行机构脱落或引风机入口挡板关闭致无法调整时，应降负荷运行或停炉检修故障风机
5	受热面泄漏引起炉膛负压波动	适当降低机组负荷保证炉膛负压在允许范围，无法维持时紧急停炉处理
6	尾部烟道再燃烧引起炉膛负压波动	①排烟温度升高时应调整燃烧和受热面吹灰等措施；②排烟温度升至260℃时紧急停炉，停炉后关闭各烟风挡板；③禁止打开看所有门孔
7	投油造成炉膛压力突变	①避免多支油枪同时投入；②投油时监视油量，若油量大立即停用油枪
8	燃烧不稳定引起炉膛负压波动	①根据火检，投油稳燃；②适当调高负荷，强化燃烧；③调整一、二次风；③若调整无效，停用火检 注：火检是掌握炉内火焰情况的重要设备，是安全监测系统重要组成部分
9	风机喘振引起炉膛负压波动	①检查风机动、静叶开度，监视并调整运行风机参数，避免风机电机过流或炉膛负压急剧增大；②将风机调为手动；③根据负压情况降低机组负荷；④手动减小风机静叶开度，降低风机出力，使风机在正常工作区域
10	烟气通道漏风引起负压波动	及时修理密封面或更换垫料
11	炉膛负压向负的方向增大的可能原因	①避免炉膛灭火；②引风机风量增大或一、二次风机风量减少；③风机调速指令与调速机构现场实际不一致；④风机调速机构或风门执行机构故障，未发指令而自行调整开度；⑤压力变送器零点漂移、受潮、进水等故障
12	炉膛负压向正压方向增大的可能原因	①锅炉燃烧不稳，投入油枪造成正压波动；②引风机故障或挡板关闭，送风机仍在运行，造成炉膛正压；③大块掉焦，造成较大正压；④尾部受热面积灰严重；⑤锅炉发生泄漏、爆管；⑥压力变送器零点漂移或冬季保温不良，冻结

烧设备或燃烧控制系统故障且处理操作不当时，就可能具备如下炉膛爆燃三要素：可燃物和助燃物的存在；可燃物和空气的混合比达到爆燃浓度；有足够的点火能量。实际上几乎未曾见过垃圾焚烧锅炉炉膛爆燃事故的原因，主要在于以现代锅炉工程理论为基础的锅炉设计、制造过程中采取了高可靠性的结构设计与预防措施；在于积累的安全、可靠运行经验，以保持炉膛温度足够高、可燃物与空气比适当、燃烧时间充分，避免炉膛及烟道积存足够浓度的可燃物等。尽管如此，炉膛爆燃仍要引起充分重视，尤其是要保持锅炉稳定燃烧，避免发生炉膛灭火事故，如引风机、送风机突然停止运行事故，水冷壁严重爆管使大量汽水喷出造成炉膛正压事故，炉内严重结渣破坏了炉内正常的动力场事故，水冷壁吹灰

不及时造成大面积掉渣扑灭火焰事故，锅炉长时间低负荷运行或大量的冷风漏入炉膛致使炉内温度水平过低甚至灭火事故等。下述炉膛爆燃模型可供分析用：

$$P_2 = P_1 \Big[1 + \frac{V_r}{V} \cdot \frac{Q_r}{C_v T_1} \Big] \tag{4-26}$$

式中　P_1、P_2——分别为爆燃前、后炉膛介质的压力，MPa；

$\qquad$ V_r、V——分别为可燃混合物容积与爆燃后炉膛介质的总容积，m^3；

$\qquad$ Q_r——可燃混合物单位容积发热量，kJ/m^3；

$\qquad$ C_v——炉膛介质的平均定容比热，$kJ/(m^3 \cdot K)$；

$\qquad$ T_1——爆燃前炉膛介质的绝对温度，K。

前面曾说到要保持炉膛出口区域在$-50 \sim -100Pa$的负压下运行。一旦炉内能量发生瞬变导致炉膛压力突增或突减到炉膛承压能力时，就会使炉墙遭到破坏，其中因炉膛压力突增引起的爆燃叫作外爆，炉内压力突降致使负压过大造成炉墙破坏的称作内爆。

炉膛必需要具备一定承压能力，这就是炉膛设计压力P_{fds}。P_{fds}是指设计炉膛壁面时所规定的结构强度计算压力，等于将炉膛防内爆设计瞬态压力P_{mft}除以安全系数n_s，即：

$$P_{fds} = P_{mft}/n_s \tag{4-27}$$

这里的安全系数n_s是材料按屈服极限确定基本许用应力时的安全系数，对于引进型锅炉可取1.67，传统型锅炉取1.5。一个可供垃圾焚烧锅炉参考的特例是在《进口大容量电站锅炉及附属设备技术谈判指南》中规定炉膛设计承压能力按大于5.8kPa考虑，瞬间承受能力应不低于± 8.7kPa，也就是取$n_s = 1.5$。

设计瞬态压力是炉膛结构应能承受非正常情况所出现的瞬时压力，在此压力下的炉膛不应由于任何支撑部件发生弯曲或屈服而导致永久变形。从一、二次风机出口到烟囱之间的烟风系统，凡与炉膛相连通的烟风道必须考虑炉膛瞬态压力的影响。这是因为烟气系统设备、烟道设计压力及炉膛设计压力均与引风机压头有关，例如在采用"半干法＋干法＋除尘＋活性炭喷射"烟气净化组合工艺的设计时，除尘器出口至引风机入口间的烟道设计压力采用1.2倍炉膛设计负压，引风机至水平烟道入口的设计压力取$+2$kPa。以往在未考虑烟气脱酸、脱硝系统的设置时，瞬态压力按不超过-8.7kPa选取。随着烟气净化系统链的延长而总阻力增加，需要注意当炉膛设计瞬态压力与引风机最大工况的压头不一致时，烟道设计压力需按各种工况合理选取。炉膛设计瞬态压力的提高，不但会导致如刚性梁重量与间距改变，提高了设备造价，而且会受到锅炉结构设计的限制。但无论由于什么原因使引风机选型点的能力超过-8.7kPa时，炉膛设计瞬态压力都应予以增加。

我国锅炉炉膛防爆压力选取的规范有《火力发电厂烟风煤粉管道设计技术规程》DL/T 5121、《电站煤粉锅炉炉膛防爆规程》DL/T 435，以下分别简称《烟规》、《炉膛防爆规程》。两个规范参考了美国《多燃烧器锅炉炉膛防外爆/内爆标准》NFPA 8502，该标准最新版本为《Boilerand Combustion Systems》2007版NFPA85，简称NFPA 85—2007。

在垃圾焚烧锅炉没有此项规定时，需要按上述规定执行。如按《烟规》第9.5.7条，引进型锅炉炉膛防内爆外爆的设计压力应满足：①瞬态正压按环境温度下送风机试验台风压确定，但不必要求超过$+8.7$kPa；②瞬态负压按环境温度下引风机试验台风压确定，但不必要求更低于-8.7kPa；③当锅炉尾部采用的烟气净化设备阻力较大，环境温度下吸风机试验台风压低于-8.7kPa时，必须考虑增大的设计负压。按《炉膛防爆规程》第3.2.1

条，①炉膛结构应能承受非正常情况所出现的瞬态压力。在此压力下，炉膛不应由于任何支撑部件发生弯曲或屈服而导致永久变形；②炉膛设计瞬态压力应在±8.7kPa的范围内。对锅炉容量400t/h及以下的炉膛瞬态压力绝对值宜在±6.7kPa的范围内；③无论由于什么原因使引风机选型点的压力超过－8.7kPa时，炉膛设计瞬态负压都应考虑予以增加。

关于炉膛压力保护报警值，视炉膛安全监控系统的功能而异，平衡通风锅炉炉膛压力报警值一般取±0.4kPa。动作值应避开炉膛压力的正常波动，如吹灰，投、停燃烧器及一些小的坍塌等。当然还要远低于炉膛抗爆强度，以保证保护动作后炉膛压力继续升高时，炉膛各部分不发生永久变形。动作值应通过试验确定，作为试运行阶段的初始值，动作值可取＋1.5kPa和－0.75kPa。过高的值也许可以防止误动，但冒拒动或保护动作过迟的风险似乎没有必要。

4.2.3.6 关于第二、三辐射烟道

当进入对流受热面的烟气温度控制在不高于650℃，而炉膛出口窗的温度大约在950℃时，两者的温差是通过烟气与二、三烟道设置的水冷壁进行辐射换热为主，以及部分高温烟气冲刷水冷壁的对流换热加以利用的，故而称之为第二、三辐射烟道。

一方面，从辐射热量正比于温度差的四次方可知，随着烟气温度降低，辐射换热量急剧下降。另一方面，需要适应生活垃圾成分不稳定，焚烧烟气含尘量高而受热面污染严重，设计计算的准确性比燃煤锅炉低的情况，需要有适宜的换热面积与利于烟气中大颗粒重力分离的沉降空间。但一般不再布置半辐射受热面，除非需要进行增加过热器的锅炉改造时，在第三辐射烟道上部布置半辐射或对流过热器。此时烟气流速随炉膛辐射换热区的烟气流速变化而变化，但一般不大于4.5m/s。

在此辐射烟道内的高温烟气辐射换热同样遵循如下热平衡：$Q_{bc}=\varphi(I'+\Delta\alpha I_{lk}^0-I'')=\varphi Vc_{av}(\vartheta'-\vartheta'')$，辐射换热计算方法与炉膛出口区的高温烟气辐射换热计算方法相同。取每段烟道出口与进口绝对温度 T_{bc}''、T_{bc}' 之比为无因次温度，即 $\theta_{bc}''=T_{bc}''/T_{bc}'$，将式4-21的高温烟气辐射区的系统黑度 α_{sys} 替换为计算烟道的系统黑度 α_{bc}，则可将式4-23转换为：

$$\vartheta_{bc}''=0.5B_0\left(\frac{1}{\alpha_{bc}}+m\right)\left[\sqrt{1+\frac{4}{B_0(\alpha_{bc}^{-1}+m)}}-1\right] \quad ℃ \quad (4-28)$$

辐射烟道一般采用校核方法计算，计算步骤为：

（1）计算辐射烟道的几何特性。

（2）估取 T_{bc}''，按式（4-20）计算平均热容量 Vc_{av}，依据式4-21计算 α_{bc}。

（3）按工业锅炉设计计算方法选取 m 值，计算 $B_0(\alpha_{bc}^{-1}+m)$；按式4-28计算 ϑ_{bc}''，算出辐射烟道出口烟气温度 T_{bc}''。

（4）由焓温表查得计算辐射烟道出口烟气焓 I_{bc}''；由热平衡计算对应1kg焚烧垃圾的烟道吸热量 Q_{bc}。

（5）如计算的 T_{bc}'' 与估取值的差小于等于100K，则认为合格，否则重新估取 T_{bc}''，重新计算。

4.3 垃圾焚烧锅炉的控制

4.3.1 概述

在垃圾焚烧过程中，为保持常态化安全、可靠、环保运行，就需要对燃烧过程进行人

工干预下的自动燃烧控制。自动燃烧控制的基本目标可归结为，最大化地维持炉膛内持续稳定的燃烧、控制锅炉排出烟气污染物原始浓度、保持质量稳定的蒸汽流量、降低人为操作失误等，以期达到预定的垃圾处理量和减少垃圾危害与其对环境负面影响的基本目的。

为实现保持主蒸汽压力和温度稳定的控制目标，一般是基于锅炉蒸发量与炉温稳定控制原理，以集散控制系统 DCS 或可编程控制器 PLC 为手段，通过对蒸发量的实际值与设定值的校正计算得出的补偿值；通过烟气中的氧浓度等进行一次空气量调整，对一次空气量的校正计算得出的补偿值；结合蒸发量补偿值及炉排温度检测、炉排上垃圾层厚度检测等来调整运动炉排组速度，进行必要的焚烧垃圾量的调整；通过对焚烧烟气中的氧量补偿计算调整二次空气量等，进行自动燃烧控制。此外，还要根据炉膛主控温度并参考上述蒸发量、空气量、炉排运动速度，计算是否加入及加入多少辅助燃油（气）量。总之，这种自动燃烧过程控制是由自动燃烧控制系统（ACC）通过主蒸汽参数、汽包水位、炉膛主控温度、炉膛负压、省煤器出口温度及烟气含氧量等进行推料器与炉排速度自动控制和燃烧风量自动控制，其余控制采用模拟信号引入 ACC。

ACC 的设计取决于具体炉排形式和整体垃圾焚烧锅炉设计，通过比例、微分、积分演算和补偿计算发出控制指令。不同供货商有着不同的控制系统。ACC 与 DCS 系统多采用 OPC 协议通信，完成数据的采集和控制，在主控室内进行监控和参数调整。

在科学技术持续进步的推动下使垃圾焚烧控制技术得到快速发展，在数十年运行的经验积累使运行管理水平得到很大提高，从而已经形成能够应付处理条件的大范围变化，实现在时间上稳定性与空间上均一性的自动控制下的焚烧过程。通过过程控制，减小了燃烧空气量的变化，可使飞灰量稳定控制在 3% 以内。由于垃圾焚烧锅炉的运行状态更加稳定，使 CO、NO_x 产生量减少；由于减少了运行状态变化导致的热量损失，使锅炉热效率可稳定在不低于 80% 等。

4.3.2　垃圾焚烧炉排控制

主控操作处理信息主要有炉排的压降与不同位置温度，垃圾层厚度，烟风温度，不同控制点的 CO、O_2、CO_2 浓度及 H_2O 等。从燃烧自动控制 ACC 可知，炉排是自动燃烧控制的核心，包括前述的炉排系统与液压控制系统、料层调节系统等，以及料斗、除渣、炉排下灰的辅助控制。目前多通过 PLC、操作屏及表计等完成参数设置、部件调试、自动并辅以手动操作等功能，控制炉排的启停、启停周期和运动速度等。

液压系统由液压站、液压阀台、液压缸及液压管件等组成。液压站提供驱动液压缸的动力源，通常由两台主油泵、一台滤油泵和一台自循环冷油泵及油箱、辅助设施组成。主油泵启动前先要打开吸油蝶阀，卸荷动作由炉排 PLC 完成，强制卸荷仅在调试或维修中使用，也可以根据需要，不停泵而将出口加载阀卸荷。滤油泵用于对液压油进行循环过滤。油箱内配置温度传感器和压力传感器，一般当油温高于 60℃ 或油位低于 500mm 时炉排控制系统报警，当油温高于 65℃ 或油位低于 400mm 时系统自动停止所有油泵。系统设置有冷却进水阀，在自动模式下，当油温高于 50℃ 时，PLC 自动打开冷却进水阀，冷却水进入水冷器对回油进行冷却，低于 50℃ 时关闭。液压阀台集中布置液压比例方向阀、电磁换向阀、同步马达、减压阀、溢流阀、单向阀等组件用以控制炉排的运动方向和运动速度。液压缸推杆按步序自动循环顺控，首先从启动位置按设定速度朝前运动，直至前限停止速度为零。等待几秒（如 5s）后给料炉排按设定速度回撤，直至启动位置停止并速度为零。在下一个周期运动前有个停止时间，按此不断地往复循环运动。

一般地，顺推运动炉排由每个炉排段左右两只液压缸驱动，逆推运动炉排是在其前端按一个模块配置一只液压缸来驱动。每只液压缸装有顺序阀以实现故障时的液压缸行程自锁，由比例方向阀进行开环调节且每只液压缸速度单独可调，由减压阀控制液压系统工作压力在设定值。在液压缸的起始位置装有接近开关，通过液压缸外置旋转编码器及操作屏反映各液压缸的位置和速度；通过压力补偿器保持比例阀、节流阀的前后压差基本恒定，使液压缸的运动速度不受负载变化的影响。在各炉排阀门组的供油和回流管道上设置手动停止阀以方便维修。在燃烧段内的炉排片上设置热电偶测量炉排表面的温度。当该温度上升时，采用增加垃圾层厚度，减少辐射热的影响、增加燃烧空气提高冷却效果的运行方法。

为调整燃烧状态，稳定燃烧过程，要求炉排按模块和或分段控制，各模块或炉排段按同样的驱动原理，采用就地和主控两种操作模式。就地操作模式通过现场的炉排控制盘柜的进、退按钮对炉排进行就地微动操作。主控操作模式是在详细的处理信息基础上，调节炉排速度和燃烧空气的燃烧控制，包括可自由转换的手动、自动、ACC 的操作模式。手动模式是对各炉排段进行前进和后退单个循环的人工操作。自动模式是根据预设的炉排运动周期独立、自动驱动各炉排段的动作。ACC 模式是根据焚烧垃圾量、垃圾热值和垃圾层厚度等的演算结果，经综合运算给出各段炉排的运行周期，实现间隔运行的启停时间、进退速度、原位停止时间、行程延长时间等的自动动作（图 4-29）。当从自动模式切换到 ACC 模式时，ACC 模式下的往复运动初始值为切换前自动模式。当从 ACC 模式切换到自动模式时，切换前的周期将作为自动模式的预设周期，切换后炉排按此周期继续动作。实现自动与 ACC 模式无扰切换。

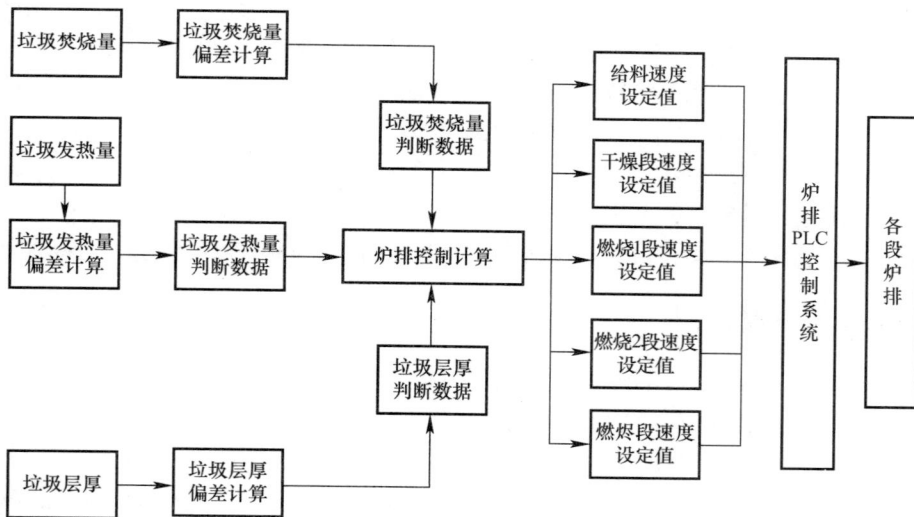

图 4-29 炉排控制原理图

关于炉排的启动、停运控制，有研究提出可选择间隔控制或炉温控制、蒸发量控制模式。间隔控制实际上是根据操作经验，在进入运行时，主要调节推料器与炉排之间的速度比及总间隔开停时间来控制燃烧状况；退出运行时，主要调节推料器与炉排之间的时序间

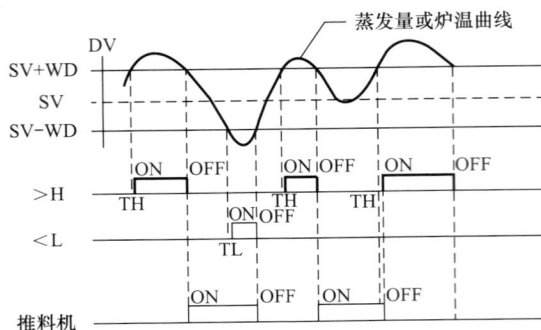

图 4-30　蒸发量、炉温控制相位
超前控制算法

隔长短、各自开停频繁程度来控制燃烧状况。炉膛温度或蒸发量控制，需设定炉温调节设定值 SV 或蒸发量调节设定值 SV 及其调节宽度 DW，再根据蒸发量或炉温变化趋势，采用相位超前控制原则，即提前动作（图 4-30）。

一种炉排架速度控制方法是采用单回路 PID 控制器来控制，计算阻力作为控制器的过程变量，输出作为炉排架速度。当炉排干燥热分解段的料层阻力低于设定值时，表明垃圾厚度低，控制器将加快炉排架速度。如料层阻力高于设定值时，表明垃圾厚度大，将降低炉架速度。阻力计算公式为：

$$\Delta H = C \frac{\mathrm{d}P/\mathrm{d}P_0}{(Q/Q_0)^n} \tag{4-29}$$

式中　$\mathrm{d}P$、$\mathrm{d}P_0$——运行、标况的料层阻力平均值；

Q、Q_0——运行、标况的一次风量；

C、n——常数，经验值。

送入炉排上的垃圾推料速度受到垃圾在炉排干燥热分解段上的水分与挥发分析出过程延续时间以及后续温度、压力、时间等燃烧状态的约束。垃圾在炉排上的运动速度需要根据固态垃圾的燃烧状态进行控制，如燃烧段垃圾燃烧较快致使垃圾量较少时，就要提高推料器速度，反之，降低其速度。为避免未燃尽的垃圾排出炉外，燃烬段炉排速度基本不做改变，只当除渣机、灰渣输送机等故障时，才要在确保后燃烧段炉排上的灰渣层厚度在 10~20cm 条件下尽量使其缓慢动作。也就是说，通过分别改变推料器以及炉排的往复循环运动速度，调节投入炉膛内的垃圾量，进而控制燃烧状态。投入炉膛的垃圾量变化对炉内燃烧状态的影响具有滞后性，滞后时间由推料器、炉排的综合运动状态决定。

实际运行中，当垃圾量改变后要充分注意监视火焰燃烧与炉渣热灼减率的状态。另外，正常运行状态下送入进料斗的垃圾可滞留一段时间（如 20min 左右）再投入炉膛。在此过程中，垃圾的容重会发生变化，也就需要滞后一段时间去重新调整推料器的运动速度。

4.3.3　燃烧空气量控制

垃圾焚烧锅炉的燃烧空气有一次空气和二次空气。其燃烧空气控制分为一次空气温度控制、一次空气流量控制、二次空气流量控制等。一次空气量控制通过一次风机和每个炉排段的风门调节来实现。二次空气量控制是通过对二次风机的调节来实现。这种风量调节是随着垃圾特性变化而动作的，为此一次风机和二次风机采用变频控制，这也是保证燃烧空气最大灵活性和可利用性，同时将能耗降低到最低程度的适宜的选择。

如图 4-1 所示，一、二次空气是否加热及加热到何种程度根据垃圾热值确定。一次空气经蒸汽-空气加热器加热后，通过设置在各炉排段下灰斗空气进口处的调节风门进行分配与控制包括炉排干燥热分解段的垃圾干燥所需空气量，炉排燃烧 1 段、2 段上的垃圾燃烧所需空气量，以及促使垃圾焚烧活跃而增加的供气量或是抑制燃烧而减少的供气量；炉排燃烬段上未燃烬垃圾充分燃烧所需空气量。

二次空气从二次空气紊流区域送入炉膛，在与焚烧烟气主气流形成紊流条件下，提供促使烟气中的 CO 充分燃烧所需的空气。通常 CO 浓度达到最高峰时，需要增加供气量。二次空气设定值是依据烟气含氧量和一次风量来设定的。例如，在炉膛出口温度较高、O_2 浓度低时需要适当调增二次空气量，在炉膛出口温度较低、O_2 浓度高时则要适当调减二次空气量。

炉排各段风量控制方式采取比率调节的运算方法，对检测项的实际值与相应设定值进行补偿计算，根据计算结果调节空气量。一次空气量应是根据炉膛出口烟气含氧量进行控制的，但受炉膛出口烟气温度和颗粒物浓度的影响，无法在该位置设置氧量计，只能在省煤器出口设置，因此这里所说的炉膛出口烟气含氧量是根据省煤器出口氧量计的值推算的计算值。

4.4　垃圾焚烧锅炉炉膛用耐火材料的选择

因生活垃圾不同组分的非均匀性，在焚烧环境下的移动过程中，会对炉体产生不同程度的机械冲击与热冲击、磨损与腐蚀；产生的高温烟气辐射与对流作用也会对炉体产生不同程度的侵蚀和腐蚀。因此要求炉体内衬耐火材料的物理和化学性能应适应操作期间不同阶段、不同程度中最苛刻的要求，包括体积稳定性，抗震稳定性，高温强度，耐磨性、耐酸性、耐热性、隔热性，以及抗 CO、Cl_2、SO_2、HCl、碱金属蒸汽侵蚀性等。

垃圾焚烧锅炉承受的应力主要有温度梯度引起的热应力，金属框架和耐火材料膨胀差在接触部位产生包括摩擦在内的机械应力，氧化、腐蚀、外来成分引起的化学变化和结晶转移等引发的支撑力丧失等。热应力的大小主要取决于生活垃圾、焚烧设备与焚烧工艺过程，以焚烧工艺过程为主。抵抗应力的方法有优化焚烧炉的操作工艺、改进耐火材料性能以提高内衬寿命、更加适宜的耐火材料性能等。

复杂的炉内的气氛、使用温度、熔融物的侵蚀以及应力等，在不同程度上影响了耐火材料的使用寿命。尤其是垃圾在炉排燃烧段的火焰燃烧时，需要考虑火焰温度可能达到1400℃，炉墙局部辐射吸热温度可能达到 1100℃ 以上的情况。在这种环境下，被吹起的灰在达到灰熔点后，附着在壁面形成结焦，并呈现出炉内温度越高结焦物的堆积生长越快，而且因垃圾焚烧锅炉的运行状态不同，结焦物的附着部位、附着速度也不同的特点。

应对上述苛刻条件、减轻结焦现象的措施，是在锅炉设计上采取耐火材料的选择与炉墙冷却的结构等。典型措施是如图 4-15 所示，在容易附着结焦的炉墙处选用 SiC 85% 以上的碳化硅质砖，这是因为 SiC 具有高热传导率、低气孔率，不易润湿且耐腐蚀性好，具有良好的抗灰渣侵蚀及附着性，较好地解决了垃圾飞灰附着的问题。再如图 4-16，采用空冷壁结构将耐火材料表面温度冷却至灰熔点以下也是有效的控制结焦措施。

炉内各部位的温度使用要求与变化情况不同，所需耐火材料的耐压性能、重烧线变化、热震稳定性等性能也不同。应根据炉内不同部位的工作环境，如气体的侵蚀、垃圾在高温移动过程中对炉体内部的磨损和冲击等，选择适宜理化指标的耐火材料（表 4-9～表 4-11），做到合理配合，避免材料之间互相损毁，保证整体寿命以及合理解决资源和成本问题。

炉膛内衬的安装位置与衬砌耐火材料示例　　　　　　　　　　　表 4-9

序号	炉膛内衬耐火材料安装位置	要求耐火材料的性能	耐火材料选择参考示例
1	推料器侧面炉墙、炉排上方侧墙底部等与炉渣和垃圾有接触的地方	耐磨蚀、耐热震、抗氧化性、抗碱性等	SK-35 耐火砖或耐火浇注料
2	干燥段炉排侧壁上部,包括前拱	防止吸收垃圾水分而膨胀造成的损伤	70% Al_2O_3 耐火浇注料或高铝砖 AL-60C
3	燃烧段炉排侧墙与垃圾和炉渣接触部位的空冷耐火砖底部,二次空气及燃烧器周围区域。炉排两侧温度约 1000~1400℃	耐温、耐磨、耐蚀、抗碱、抗氧化、难附着	70% SiC 耐火砖或 SiC-85 或耐火度 1710~1750℃耐磨浇注料
4	干燥与燃烧炉排、燃烧与燃尽炉排之间的落差处	防止与垃圾和炉渣接触而引起的磨损;耐热震、抗氧化性、抗碱性等	Si_3N_4-SiC
5	炉膛高温烟气辐射区	低传热性、抗碱、耐水、耐热震性	SK-34 耐火砖、耐火浇注料
6	炉排燃烬段区域包括后拱、排渣口;二次空气区域	耐高温、耐腐蚀	45% Al_2O_3 耐火浇注料、SK-34 耐火砖
7	燃烧器的咽喉部等部位	耐剥落特性、耐热震性	高氧化铝耐火材料
8	炉膛出口区域及烟气二、三通道	烟气温度已经降到高温腐蚀区域以下	不需涂覆耐火材料
9	炉墙的第 2、第 3 层	降低炉子的散热	隔热耐火砖 (B-1~4)
10	耐火砖层与炉壳之间	保温,防止偏移	充填岩棉和硅酸盐板;荷重较高的用硅酸盐板

耐火砖的规格和特性　　　　　　　　　　　表 4-10

耐火砖		SiC-85		SK-34	SK-30	AL-60C	SiC-50	Si_3N_4-SiC
		焙烧前	焙烧后					≤3.0
化学成分(%)	SiO_2	≤5.0	≤10.0	≤55.0	≤69.0	≤32.0	≤36.0	(Si_3N_4＋Si_2ON_2) 14~25
	Al_2O_3	≤3.0	≤3.0	≥42.0	≥28.0	≥63.0	≤12.0	
	Fe_2O_3	≤2.0	≤2.0	≤2.5	≤2.5	≤2.0	≤2.0	≤1.0
	SiC	≥90.0	≥85.0	—	—	≥1.2 (MgO)	≥50.0	73~82
表面气孔率(%)		≤16.0		≤25.0	≤26.0	≤21.0	≤18.0	≤15.0
耐火度(SK)		≥40*		≥34	≥30	—	≥37*	—
容积密度		≥2.60		≥2.05	≥1.85	≥2.30	≥2.40	≥2.65
抗压强度(MPa)		≥98.1		≥24.5	≥19.6	≥58.8	≥58.8	≥147.1
荷重软化温度(19.6N/cm^2 T_2℃)		≥1600		≥1400	≥1320	≥1430	≥1550	≥1600
热线胀系数(1000℃ %)		≤0.48		≤0.62	≤0.62	≤0.50	≤0.50	≤0.45
残余线变化率(%)		±0.1 (1600℃)		±0.25 (1400℃)	±0.3 (1300℃)	±0.0 (1400℃)	±0.5 (1500℃)	±0.1 (1600℃)
抗热振性(1000℃水淬次)		≥30		≥10	≥8	≥25	≥25	≥30
热传导率 W/(m·K)	在 20℃	18.6		0.67	0.63		10.8	
	在 350℃	18.0		0.93	0.81	—	10.5	
	在 850℃	15.6		1.29	1.08		9.2	
隔热耐火砖		B-1		B-2		B-3		B-4
容积密度		<0.70		<0.70		<0.75		<0.80

续表

隔热耐火砖	B-1	B-2	B-3	B-4
抗压强度（MPa）	＞2.45	＞2.45	＞2.45	＞2.45
再加热收缩率（%）	＜2（900℃）	＜2（1000℃）	＜2（1100℃）	＜2（1200℃）
350℃±10℃热传导率 W/(m·K)	＜0.198	＜0.209	＜0.233	＜0.256

注：1. 上述数据是代表性数据，仅供参考。
  2. 热传导率数值是参考值。
  3. 带 * 号的为理论值。

焚烧炉用耐火浇注料的基本性能　　　　　　　　表 4-11

项目		碳化硅浇注料	高铝耐火浇注料			隔热浇注料
			CGAJ-1	CGAJ-2	CGAJ-3	
化学成分（%）	SiC	≥56	—	—	—	—
	Al_2O_3	≥21	≥75	≥80	≥82	≥35
	SiO	—	≤8	≤10	≤10	≥45
	Fe_2O_3	≤1.4	≤1.5	≤1.5	≤1.0	≤2.0
耐压强度（MPa）	110℃×24h	≥80	≥90	≥100	≥120	≥40
	800℃×3h	—	≥70	≥90	≥120	—
	1200℃×3h	≥120	—	—	≥100	≥7.6（1300℃）
体积密度（g/cm³）		≥2.45	≥2.5	≥2.6	≥2.9	≥0.9
烧后线变化（%）1200℃		≤−0.4	≤−0.14（800℃）	≤0.15（800℃） ≤0.30（110℃）	≤−0.4（1200℃）	≤−0.3（1300℃）
抗折强度（MPa）	110℃×24h	≥12	≥12	≥15	≥15	≥0.6
	800℃×3h	—	≥10	≥15	≥18	—
	1200℃×3h	≥15	—	—	≥15	≥2.0（1300℃）
导热系数［W/(m·k)］		≥5.0（500℃）	≤1.3（800℃）	≤2.0（500℃）	≤2.5（500℃）	≤0.18（500℃） ≤0.20（650℃）
气孔率（%）		≤17	≤16	≤16	≤14	—
最高使用温度（℃）		1550	1400	1400	1650	1350

注：本表摘自"中国耐火砖产业网"。

175

第 5 章　垃圾焚烧锅炉汽水循环系统

5.1　生活垃圾焚烧锅炉汽水系统

　　垃圾焚烧锅炉汽水系统是指由不同功能、相互依赖的部套，按照热力过程，通过受热面进行汽水转化的有机整体。所谓受热面，一是指燃烧火焰或烟气放热介质和水汽受热介质进行热交换的金属分界面，也叫间壁式受热面。二是指烟气放热介质和燃烧空气受热介质分别周期性轮流交替地与金属壁面相接触，在接触中向受热面放热或从受热面吸热的金属壁面，也叫蓄热式受热面或再生式受热面。这里所说的受热面无特殊说明时，均指一侧接触火焰或烟气，另一侧接触水或蒸汽，连续进行吸热与放热的受热面。这些受热面包括：用于将除氧后的锅炉给水加热为达到或接近饱和水的省煤器；用于将作为饱和水的炉水加热为汽水混合物或饱和蒸汽的水冷壁与蒸发器；用于将饱和蒸汽加热为过热蒸汽的过热器；用于将汽轮机高压缸排出的中温中压蒸汽加热为中压高温蒸汽的再热受热面等。其中，布置在炉膛及后续第二、三烟气通道内以辐射方式换热的受热面称为辐射受热面，该通道相应称为第二、三辐射烟道，统称为辐射烟道。布置在辐射烟道以后，烟气温度较低的烟道内，以对流换热方式为主的吸收放热介质放热量的受热面称为对流受热面。布置对流受热面的烟道称为对流烟道。另外，将布置省煤器的对流受热面叫作尾部受热面，相应的烟道叫作尾部烟道。受热面按其结构又可分为板式和管式。烟气在管内流过的受热面称为烟管受热面，水在管内流过的称为水管受热面。

5.1.1　汽水系统基本流程

　　生活垃圾焚烧锅炉的汽水系统是基于朗肯循环吸热、蒸发、饱和、过热的工程理论，采用单锅筒自然循环水管锅炉。锅炉汽水系统由布置在炉顶的汽包以及布置在炉体内的下降管，布置在炉膛与辐射烟道内的联箱与上升管束组成的水冷壁，布置在水平或竖向对流烟道内的过热器、蒸发器、省煤器等对流受热面组成。

　　图 5-1 是生活垃圾焚烧锅炉汽水系统的基本流程图，分别由南通万达锅炉股份有限公司和四川川锅锅炉有限责任公司提供（两幅图基本流程一致但各具特色，为方便研习，一并给出）。按汽水系统的基本流程，来自除氧器的 130℃ 或 140℃ 的除氧水由给水泵从省煤器进口联箱输入，相对于烟气流向横向流过各级省煤器后，通过省煤器出口联箱与连接管，按汽包的工作压力进入汽包内的水空间。根据朗肯循环的工程理论，省煤器吸收锅炉低温烟气热量与水冷壁同属汽水循环中加热过程的一部分，需注意要避免（非沸腾式）或控制（沸腾式）省煤器内发生汽化现象。

　　下降管是把汽包中的水引入各下联箱再分配到各水冷壁管中的供水管道，有小直径分散下降管和大直径集中下降管两种，大直径集中下降管常用于高压等级及以上的锅炉。垃圾焚烧锅炉多采用小直径分散下降管。与下联箱连接的典型案例是取管径 $\phi108\sim\phi159$ 的管子 4～6 根，通过下部小直径分散支管与直径 $\phi362\sim\phi725$ 的下联箱连接。常用的下降管材质有 20G、SA-106B 等碳钢或低合金钢。锅炉炉膛水冷壁多采用联箱结构形式。联箱按其所在位置和不同的功能，有上联箱和下联箱之分。上联箱起到将工质汇集引出的作用，下联箱则起到将工质分配到各水冷壁管排中的作用。联箱一般由较大直径的无缝钢管和焊接端盖而成，也有将管端旋压收口以取代焊接端盖的做法。垃圾焚烧锅炉炉膛水冷壁下联箱位于炉膛二次空气入口上方，并与水冷壁上升管排连接，起到再分配工质到水冷壁上升管排的作用。下联箱设有锅炉定期排污管，端部开有手孔以便检查清扫联箱内部。上联箱位于炉管上部用于汇集水冷壁上升管束的汽水混合物。也有上联箱设在炉墙外部，开有人孔以便清扫炉管内部。

图 5-2 是锅炉简单自然循环回路示意图。炉水通过下降管、下联箱进入上升管排组成的炉膛水冷壁与二、三烟气通道水冷壁（从循环角度也叫上升管）。垃圾焚烧锅炉的水冷壁吸收炉膛辐射热是来自炉膛高温烟气的辐射热，使管内工质从炉水转化成向上流动的汽水混合物，再由连接管将其导入汽包，形成汽水自然循环系统。这种汽水自然循环的典型特征如图 5-3 所示，随锅炉工作压力提高，饱和水与饱和蒸汽密度差逐渐减小，自然循环的驱动力逐渐减小。对此可通过增大上升管内的含汽率以及回路高度 h 得以解决。

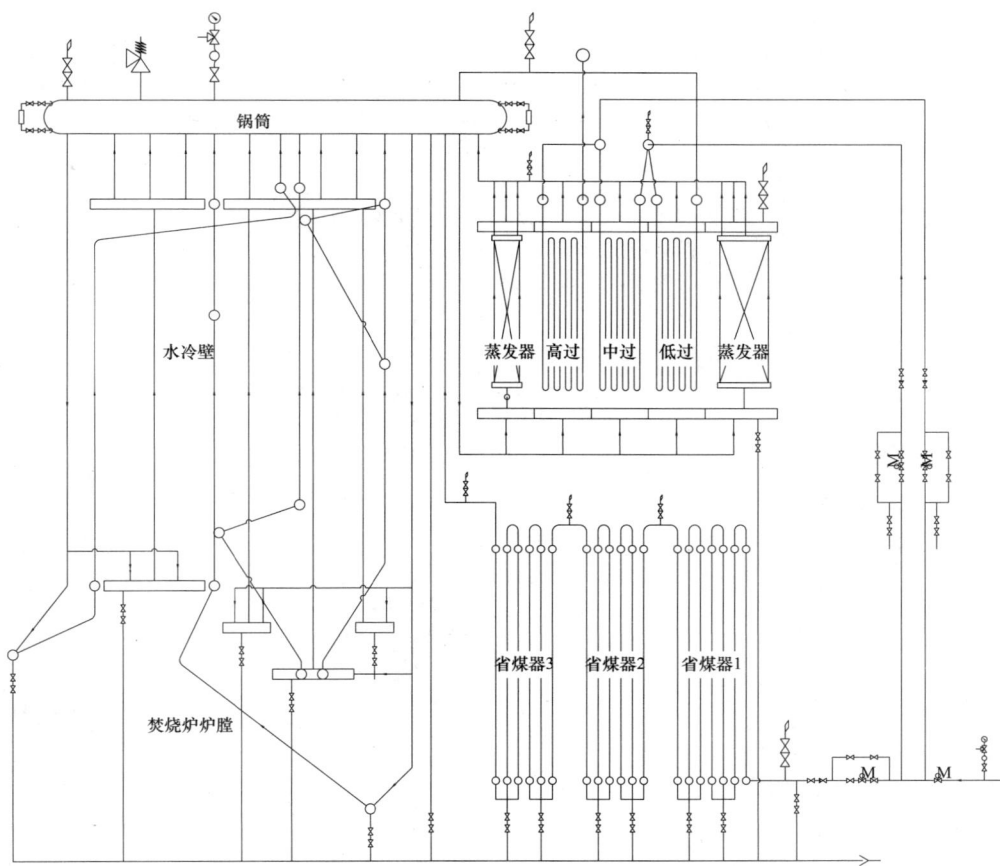

图 5-1 两个生活垃圾焚烧锅炉汽水系统基本流程图

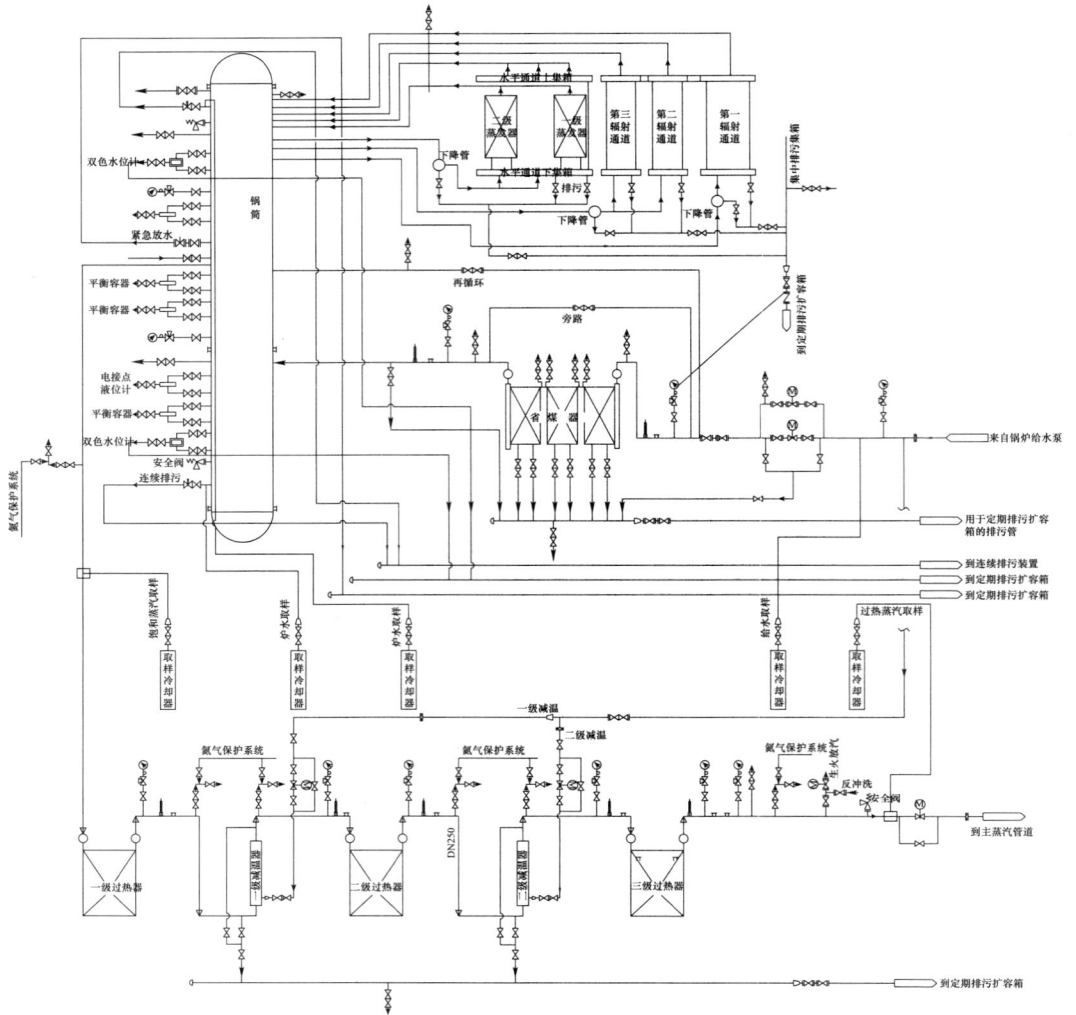

图 5-1 两个生活垃圾焚烧锅炉汽水系统基本流程图（续）

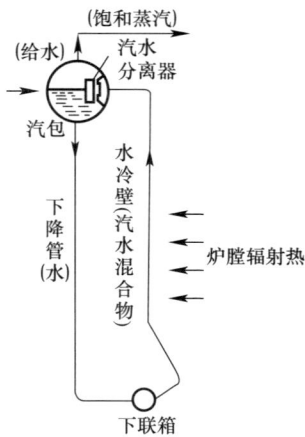

图 5-2 简单自然循环回路

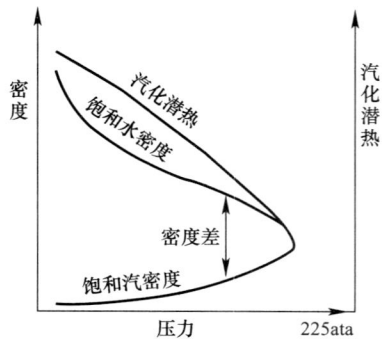

图 5-3 不同压力下饱和水和汽的密度差和汽化潜热

实际上锅炉是由多个自然循环回路构成的，且每个自然循环回路都是由许多并联上升管和较少数目的下降管组成，还可能有几个回路并联交叉的情况。水冷壁上升管束中的工质流动特性与下联箱的分配作用和上联箱的汇集作用相关。关于锅炉机组自然循环的水力特性，运动压头、循环阻力、传热恶化等按锅炉机组水利计算标准中的方法进行分析计算，不再赘述。

为适应生活垃圾不稳定特性，炉膛水冷壁较多采取只是部分向下深入到二次空气紊流区域的布置，附带的负面影响是使蒸发受热面布置受到一定限制。如前多次提到为防治垃圾焚烧烟气对炉膛水冷壁的强腐蚀作用，炉膛内采用混合式炉墙，其负面影响是降低了蒸发吸热能量。为此在低温过热器与尾部省煤器之间通常布置有 1~3 段相对较多的对流蒸发受热面。其蒸发器采用顺列布置，管内工质温度不变，均为汽包压力下的饱和温度，以保持锅炉汽水系统中的加热、蒸发与过热吸热量的平衡关系。蒸发器的管材需要符合锅炉和压力容器规范或相关的规定。

此外，有在对流烟道进口与高温过热器之间布置少数几排由水冷壁延伸拉稀的前置蒸发器，也叫凝渣管束。其目的只是为减轻对高温过热器结渣、腐蚀的影响，而对热力循环的影响完全可忽略。也有不同意见认为，一方面进入垃圾焚烧锅炉对流烟道的烟气流速较低而对管壁的磨蚀作用较小。另一方面此管束的管壁内外温差远大于过热器而使腐蚀失效十分严重，即使采用如 310s 高抗氧化性、耐腐蚀性与耐高温性，价格昂贵的奥氏体铬镍不锈钢管子，其寿命期仍是过短而更换频繁。因此较多垃圾焚烧锅炉没有设置前置蒸发器。

垃圾焚烧锅炉的结构特点表现为：采用锅炉本体刚性梁柱支撑结构的自立式锅炉，可以使受热面向设计规定的方向膨胀；采用机械振打、蒸汽或乙炔爆破等清灰装置，避免对流受热面传热劣化；装设有给水、炉水、饱和蒸汽和过热蒸汽取样器以监视给水、炉水与蒸汽品质；锅炉烟气侧设置有必要的检查孔和检修门，保持各受热面安全运行。在汽包和过热器出口联箱上设有安全阀；过热器各段测点上设有热电偶接口；在锅炉受热面高点和最低点设有放空阀和排污疏水阀；还装有各种监视、控制装置，如各种水位表、平衡容器、紧急放水、加药管、连续排污管等。

以某 4MPa/400℃的中压等级锅炉为例，水冷壁布置形式包括有炉膛复合式水冷壁、第二、三辐射烟道水冷壁、水平对流烟道两侧水冷壁均由鳍片管组成。水冷壁外设计有刚性梁，形成水冷壁刚性吊箍式结构。水冷壁本身及其所属炉墙、刚性梁与附件等的重量通过设置在侧壁下部集箱的支撑脚自立，它的热膨胀以固定点为中心，向设定的上方、下方和侧向呈放射性膨胀。对流烟道中的蒸发受热面由三段组成，设置在低温过热器之后。蒸发受热面的进水是从汽包经下降管的连接管引到侧水冷壁下集箱，从那里分配到各蒸发受热面以及侧面水冷壁管。由蒸发受热面加热的饱和水通过母管与连接管汇集到汽包。

从一般锅炉技术发展来看，当蒸汽压力超过 16MPa 且存在自然循环可靠性问题或是单炉规模不低于 600MW 时，就要考虑采用强制循环锅炉。目前的自然循环锅炉应用最高蒸汽压力是 19.11MPa，最大容量 885MW。垃圾焚烧锅炉从早期的次中压等级发展到目前以中压等级、主蒸汽温度 400℃为主流参数的自然循环锅炉，对超大型的炉子采用次高压等级、主蒸汽温度不高于 450℃的自然循环锅炉。

5.1.2 自然循环

在图 5-2 的自然循环回路中，水冷壁即上升管吸收炉膛内辐射热而产生汽水混合物，

使其密度 ρ_{h}'' 小于下降管内的炉水密度 ρ'，在下联箱中央截面两侧受到不同静压力。取汽包内的压力 P_0，则下降管内工质水的静压力 $P_1 = P_0 + h\rho'g$，上升管内汽水混合物的静压力 $P_2 = P_0 + h\rho_h''g$，且有 $P_1 > P_2$。这种回路中的重力差即是自然循环的驱动力，用以克服系统阻力，推动工质在循环回路中的流动。影响这一驱动力的主要因素是饱和水与饱和蒸汽密度、上升管中的含汽率以及循环回路高度 h。在流动中管内产生阻力，分别取汽包水面至下联箱中央截面的下降系统总阻力 ΔP_{xj} 与包括上升管与分离装置阻力等的上升系统总阻力 ΔP_{ss}，则下降与上升系统的压差分别为：

$$\sum \Delta P_{xj} = P_1 - P_0 = h\rho'g - \Delta P_{xj} \tag{5-1a}$$

$$\sum \Delta P_{ss} = P_2 - P_0 = h\rho_h''g + \Delta P_{ss} \tag{5-1b}$$

当达到稳定流而形成动态平衡时，有 $\sum \Delta P_{xj} - \sum \Delta P_{ss} = 0$，这就是进行锅炉水循环计算的基本公式：

$$\Delta P_{xj} + \Delta P_{ss} = h\rho'g - h\rho_h''g = (\rho' - \rho_h'')hg \tag{5-1c}$$

在自然循环中，炉水需要经过几次循环流动才能完全转变为干饱和蒸汽。作为衡量锅炉水循环可靠性的指标，工程上常使用质量流速 $w\rho$ 与汽水循环倍率简称循环倍率 K 两个特性参数，如黏度系数、表面张力、导热系数等其他物理参数是单项介质的特性参数。在计算和试验数据处理中常用不同的折算方法设定两相的某些特性参数，典型的参数有折算速度与流量速度，两相介质密度与两相介质真实密度等。

质量流速是指流过单位上升管截面积（记为上升管总截面积 A）的两相介质总质量。分别取两相流中炉水与蒸汽的折算速度、质量、流量、密度为 w'、D'、Q'、ρ' 与 w''、D''、Q''、ρ''，则同一上升管截面的总质量流速 w、两相介质密度 ρ 与汽液两相介质的质量流速有如下关系：

$$w\rho = G/A = (D' + D'')/A = (Q'\rho' + Q''\rho'')/A = w'\rho' + w''\rho'' \tag{5-2}$$

循环倍率 K 是指进入水冷壁的循环水量与蒸汽量两相介质的总质量 G 与其中的蒸汽量 D'' 之比。另将 D'' 占总质量 G 的比例叫作质量含汽率 x。则有如下关系：

$$K = G/D'' = 1/x = w\rho/w''\rho'' \tag{5-3}$$

以汽包引出的饱和蒸汽量为计算基准的循环倍率叫作名义循环倍率，记为 K_0，即：

$$K_0 = G/D_0'' = 1/x = w\rho/w_0''\rho_0'' \tag{5-4}$$

循环倍率与循环系统结构、上升管受热强度有关。在下降管与上升管截面比、结构一定的条件下，热负荷增大，开始时循环流速随之增高，循环倍率增大，表现出自补偿能力。但到一定程度时，热负荷再增大，则循环流速增加缓慢甚至不再增加，循环倍率不再增大，也就失去自补偿能力。此时的循环倍率要小于推荐的循环倍率，称为界限循环倍率。如热负荷再增大，循环倍率反而减小。

考虑水循环的安全性和可靠性，自然循环锅炉通常采用较高的循环倍率（表 5-1）。这是因为中、高压锅炉受水冷壁积盐限制，要求循环倍率必须足够大，并保证在 $50\% \sim 100\%$ 额定蒸汽负荷下水循环安全可靠。高循环倍率具有上升管出口含汽率不高、避免出现沸腾换热恶化、水冷壁冷却条件较好以及循环水量大的特点。表中列出的超高压、亚临界压力时从避免膜态沸腾考虑限制最小循环倍率。

自然循环锅炉的推荐循环倍率　　　　　　　　　　表 5-1

项目	单位	自然循环锅炉参数			强制循环锅炉
汽包压力	MPa	4～6	10～12	14～16	—
锅炉蒸发量	t/h	35～240	160～420	185～670	
上升管内径（推荐）	mm	36～54	35～50	34～48	
上升管外径（推荐）	mm	42～60	42～60	42～60	
下降管入口流速（推荐）	m/s	≤3	≤3.5	≤3.5	
界限循环倍率	—	10	5	3	
推荐循环倍率	—	15～25	8～15	5～8	3～5

　　传统的流体力学研究是采用特性参数折算方法，包括对气液两相流动机构分区、均流模型与分流模型等的特性计算方法。随着计算机的应用，针对气相产生点的波松分布，气相在液相中的概率分布等庞大计算量，已经可以对不同流动机构进行数学计算，称之为流动机构模型处理法。具体内容请参阅相关流体力学著作。

5.1.3　在上升管内的汽水两相流与传热恶化

　　水在垂直管内向上流动时，横截面速度分布是不均匀的，表现为靠近管壁的流速低且速度梯度较大，管中心区域的流速最大且梯度趋近零。当水中含有蒸汽形成汽水两相流时，汽水两相介质有气液两相的分界面。在能量平衡方面，汽水两相介质不但在整体界面上存在能量交换，而且两相界面之间也会有能量交换并伴随机械能损失，这就使整体流动的能量平衡变得复杂起来。从流体力学方面看，两相界面之间有作用力存在，只是这种作用力在连续流动工况下处于平衡状态。其宏观表现在两相流体仅与管壁和进出口界面发生力的作用。其微观表现在相同压力作用下的如下特征：一是因蒸汽密度比水小，汽泡上升速度比水快。二是靠近管壁处的汽水相对阻力大于管中间，汽泡总是往阻力小的地方运动。所以在上升管中，汽泡都向管中间运动，形成汽泡趋中效应。另外，汽水两相介质不是均质流体，每一相介质与界面的相互作用以及两相之间的相互作用，从而其动量关系与能量关系以及其他流动的特性都与相的存在和相间分布有关。汽水两相流动机构的形式很复杂，机构之间的界限也不十分清晰。从图 5-4 表现形式定性地看，在管子下部为单项水（图中 A 段），当汽水混合物中含汽率较小时，蒸汽呈细小的汽泡，主要在管子中心部分向上运动，称为汽泡状流（B-C 段）。当含汽率增大，汽泡开始合并成弹状大汽泡，形成阻力较小的汽弹，称为弹状流（D 段下部）。当含汽率继续增大，弹状汽泡汇合成汽柱并沿着管子中心流动，而水则呈环状水膜沿管壁流动，称为环状流（D 段上部和 E 段）。当含汽率再增大，管壁上水膜变薄，汽流将水膜撕破成小水滴分布于蒸汽流中被带走，汽水形成雾状混合物，称为液雾流（G 段）。在环状流与液雾流之间的过渡段，称为环状带液滴流（F 段）。图中还显示出由于管内流型不断变化，流体与管壁的换热方式即管内流体的放热系数不断变化。在单相水区放热系数变化不大，只随水温增高而略有增大。进入过冷沸腾区后，放热系数上升而温差下降，进入饱和核状沸腾区的传热情况相同，放热系数不变。在两相强制水膜对流传热区，质量含汽率 x 增大，因管内壁液膜减薄致使放热系数增大，温差逐渐下降。在蒸干点由于液膜破坏传热恶化，此时的传热改变为管壁对蒸汽的对流传热，放热系数突降而温差突增。

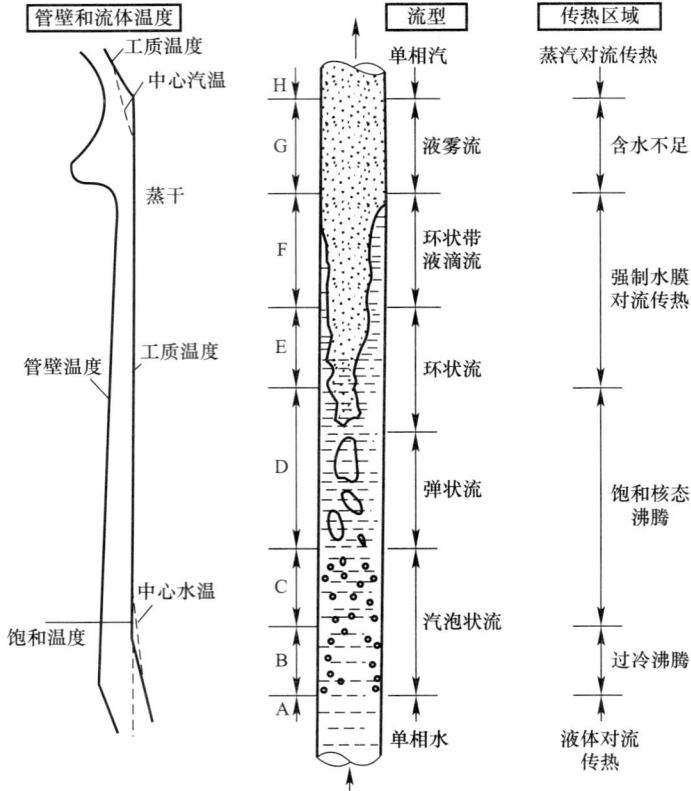

图 5-4　均匀受热垂直上升管两相流型和传热工况

作为辐射受热面，蒸发管内热负荷是很高的，不但要求有足够的工质流动，而且必须使管内壁保持一层水膜以冷却管壁。在 x 较小的气泡状流动结构中，管内壁汽化核心急剧增加，汽泡脱离壁面的速度远小于壁面产生的速度，致放热系数降低，管壁得不到液体冷却而超温破坏，形成膜态沸腾引起的传热恶化。这种状态的发生也被称为第一类传热恶化。其直接原因是热负荷过高，出现这类传热恶化时的负荷称为临界热负荷，用 q_{cr} 表示。

在环状流动结构中，当热负荷比前者低但 x 趋近到 1 时，汽流将局部液膜撕破或因蒸发使水膜部分或全部消失，也就是局部液膜被破坏，管壁直接与蒸汽接触而得不到液体的足够冷却，传热系数急剧下降，壁温突增，形成蒸干引起的传热恶化。这种状态发生称为第二类传热恶化。其直接原因是含汽率过高，出现这类传热恶化时的含汽率称为临界含汽率，用 x_{cr} 表示。x_{cr} 与管径、热负荷、质量流速、工作压力等因素有关。当然，如水质不良致使管内壁结构与腐蚀，烟气对管外壁的积灰结渣与高温腐蚀也是导致传热恶化的重要因素。传热恶化可能烧坏管子，还会导致管壁温度发生波动，造成金属疲劳失效。常见的水冷壁汽水循环恶化的因素主要有停滞、倒流与汽水分层，参见表 5-2。

对高参数大容量的锅炉，随着 K 值减小，上升管内工质含汽率增大，循环运动的动压头和循环流速都比较大，发生循环停滞、倒流的可能性比较小，故而对汽包压力 P 大于 13.7MPa，结构设计合理的锅炉，可不做循环停滞校验。但因管内含汽率较高，发生沸腾传热恶化的可能性较高，需要进行验证。不发生沸腾传热恶化的条件是：

常见的水冷壁汽水循环恶化类型 表 5-2

序号	类型	分析
		汽水循环恶化现象
1	循环停滞	循环回路中某个上升管的循环水量降低到仅等于该管子所产生的蒸汽流量时的工况称为循环停滞。受热弱的管子含汽率小，运动压头不足，循环流速降低，传热过程主要靠传导，易出现循环停滞。循环停滞导致汽泡聚集为大汽泡，形成汽塞，使管子局部超温。同时由于水面波动，水面附近的管壁受到汽、水交替接触产生交变热应力使管子疲劳破坏
		不发生循环停滞的条件是循环回路工作压差 $\Sigma\Delta p_0$ 与停滞压差 Δp_{tz} 比 $\Sigma\Delta p_0/\Delta p_{tz}\geqslant 1.1$
2	循环倒流	当上升管引入汽包的水空间，且当该管受热很弱以致其重位压差大于循环回路的工作压差时，上升管中发生水自上而下流动现象。上升管引入汽包汽空间时不会发生倒流。只有当上升管的流动阻力为负值时才能流向颠倒，该上升管就变成一根受热的下降管。倒流发生，管内的蒸汽泡不能被带走，这些汽包聚集长大形成汽塞，而形成汽塞的这部分管壁的温度升高或壁温交变，最后导致管壁超温或疲劳失效
		不发生循环倒流的条件是循环回路工作压差 $\Sigma\Delta p_0$ 与最大倒流压差 Δp_{dl}^{max} 比 $\Sigma\Delta p_0/\Delta p_{dl}^{max}\geqslant 1.05\sim 1.1$
3	汽水分层	当上升管引入汽包汽空间，发生循环停滞时管中工质无法到达上升管的最高点，即出现自由水面。自由水面以上是汽，以下是水，管子上部会过热超温，在汽和水交界面处会产生温度交变应力，引起管子疲劳失效
		影响汽水循环的安全性因素
1	受热不均匀程度	如果平均受热情况不变，受热弱的管子受热更弱，则该根管子越容易发生停滞、倒流。若每根管子受热相同，则不会发生停滞、倒流
2	下降管阻力影响	下降管阻力系数影响下降管压差特性曲线，下降管阻力越大压差越小，在上升管吸热不变的情况下，使回路工作点的压差下移，流速减小，使得更容易发生停滞、倒流
3	下降管带汽	导致下降管带汽的因素：汽包中的炉水进入下降管时，因流阻和加速产生压降使下降管进口处发生自汽化；下降管进口形成涡漩漏斗状吸入蒸汽；汽包水容积内所含蒸汽被带入下降管中。其后果是使下降管中工质密度减小，运动压头下降，影响正常水循环
4	膜态沸腾	热负荷过高，汽泡在管内壁面聚集形成完整的汽膜，使管壁得不到水膜直接冷却，导致管壁超温
5	汽水引出管阻力	汽水引出管的阻力很大时，回路工作点流量小，水冷壁管屏的工作点压差高，易于超过其受热弱管子的停滞压差或最大倒流压差，严重影响水循环可靠性
6	上升管阻力系数不同	主要是平行连接的管子结构不同引起，如有的管子绕过燃烧器、人孔、观火孔等而有更多弯头和长度。可从两方面分析：首先，阻力大的管子是受热弱的管子，在同样压差下受热弱管子的流量进一步减小，故受热弱的管子不宜有更多的弯头和长度。其次，若平均受热的管子阻力增大，而受热弱管子阻力不变，在同样的压差下，受热弱管子的流量反而增加，这对倒流倒有好处，提高了受热弱管子的安全性。当然平均受热管流量减小会使出口干度增大，循环倍率 K 下降，若 K 已经很小了，则对受热强的管子不利。若 K 很大（通常在低压力时），可提高受热强管子的阻力，以提高受热弱管子的流量，同时还可降低 K，以减轻汽水混合物进入汽包时的扰动

（1）最强受热管的热负荷 q 小于临界热负荷 q_{cr}。此条件大多都可以实现。

（2）管内的含汽率 x 小于临界含汽率 x_{cr}。

确定 x_{cr} 的方法很多，在此介绍其中一种。对内径大于 15mm 的垂直上升管，若工质满足条件：$p<8MPa$，$\rho w<3000kg/m^2 s$，或 $8MPa<p<17MPa$，$\rho w<3000(17-p)/9$；或 p 大于 17MPa，质量流速不限。则：

$$q_3<q<q_2 时，\quad x_{cr}=x_0 b_d \tag{5-5}$$

$$q<q_3 时，\quad x_{cr}=x_0 b_d-[(q-q_3)/1.16]\times 10^{-5}b_q \tag{5-6}$$

式中 q——受热管内壁的最大热负荷，W/m^2；

q_2、q_3——与热负荷无关区段相应的最大、最小热负荷，按下表确定：

压力（MPa）	5	6	7	8	9	10	11	12	13	14	15
q_2	1.16	1.16	1.16	1.16	1.16	1.16	0.93	0.7	0.58	0.46	0.35
q_3	0.7	0.58	0.47	0.34	0.23	0	0	0	0	0	0

x_0——管内径 20mm，与热负荷大小无关的临界含汽率，按图 5-5 确定；

b_d、b_q——管径及热负荷的修正系数，按图 5-6 确定。

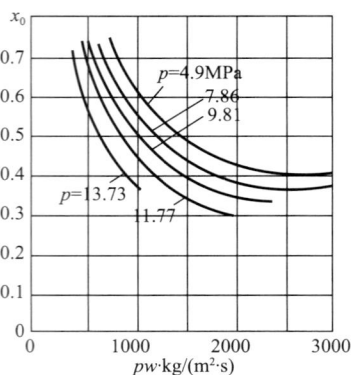

图 5-5　管内径 20mm，与热负荷大小无关的临界含汽率

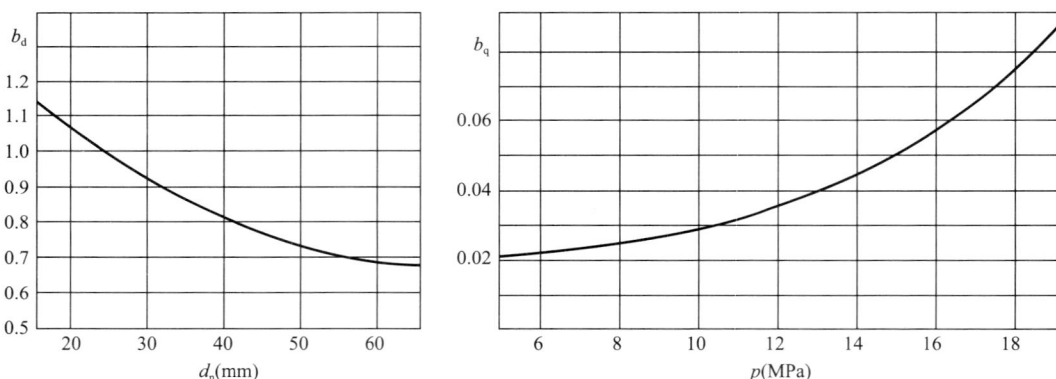

图 5-6　管径及热负荷的修正系数

5.1.4　汽包

汽包也叫锅筒，是水管锅炉中用以进行汽水分离和蒸汽净化，组成汽水自然循环回路并蓄存炉水与向低温过热器输送饱和蒸汽的筒形压力容器。汽包中的下半部是存储炉水的容积，上部为蓄存蒸汽的空间，它们之间有一明确的水位面，叫蒸发面。汽包具有一定储蓄热量与工质的作用，正常储水容积在停止给水后能维持 5min 以上，以便有紧急反应时间。汽包对蒸发量与给水量之间的不平衡以及汽压速度过快变化有一定缓冲作用，如负荷升高时汽压要下降，处于饱和状态的炉水可自行汽化一部分蒸汽，使汽压下降速度趋缓。

如图 5-7 所示，垃圾焚烧锅炉应用的单汽包位于锅炉炉顶外部，与下降管、联箱、水冷壁共同组成汽水自然循环回路。汽包作为一个平衡容器，是提供水冷壁汽水混合物流动所需压力的核心部件，也是自然循环锅炉中最重要的受压元件。由于不同锅炉制造厂家设计的汽包可能会有所差异，下面仅对汽包工作流程做出一般性描述。

图 5-7 不同厂家的垃圾焚烧锅炉汽包安装图

来自水冷壁的汽水混合物经过汽包上部引入管，沿着汽包内壁与弧形衬板形成的狭窄环形通道流下，使汽水混合物以适当流速均匀地传热给汽包内壁，以避免或减轻锅炉启停时汽包上下壁温差过大的负面影响。此后，汽水混合物进入旋风分离器，利用改变流动方向进行初级惯性分离。分离出来仍携带有不少水分的湿蒸汽通过设置在旋风分离器顶部的波形板等形式的分离器进行二次分离。带有部分水滴的湿蒸汽在波形板间的缝隙中流动，使水黏附在金属壁面上形成水膜往下流，将水滴再次分离出来。二次分离后的蒸汽最后经过蒸汽清洗，利用水的密度差进行重力分离即三次分离。蒸汽经过三次分离后的饱和蒸汽由汽包顶部饱和蒸汽管引入低温（Ⅰ级）过热器。

5.1.4.1 汽包的结构特征

汽包是由筒体和封头等部件构成。筒体由多辊筒卷板机卷制并全焊接而成的圆筒部分，其内径和长度取决于锅炉容量、蒸汽参数、循环方式及内部设备结构形式等。封头由水压机或油压机压制成型，其中的中压、高压、超高压锅炉的封头采取椭球形，亚临界压力锅炉为半球形。封头上设有安装和检修用人孔，最小尺寸为 320mm×420mm。根据功能要求，汽包上配置有下降管、上升管、溢流管、连续排污管、饱和蒸汽排汽管和给水管等的接口；配置有保证锅炉安全运行的安全阀、事故放水阀，用于监测汽包压力、温度、水位计等附属设备。

对于包括汽包在内的锅炉承压部件的重大安全性规范要求，包括钢材选择，锅筒尺寸计算，封头选择、校核及开孔，孔的减弱系数，筒体与封头水压试验压力，筒体焊缝承载能力校核，以及安全运行过程中的启动上水、停炉排水及温度、压降、水位控制等的设计计算都是严肃的技术问题。作为强制性要求，汽包的材料、焊接、拼接、尺寸偏差、表面质量、连接件、开孔及热处理等要求，以及附属设备配置数量和要求必须符合《锅炉安全技术监察规程》TSG G0001、《锅炉锅筒制造技术条件》JB/T 1609 等规定。在锅炉设计中，汽包直径是按经验确定且一般应不小于 1200mm（表 5-3），必要时按允许蒸发强度 Rv 值等进行校核。

汽包壁厚确定涉及有附加量、开孔补强、材料选用，以及强度理论计算、安全系数取值等问题。应用时除应符合前述 TSG G0001、JB/T 1609 规定外，还必须符合《水管锅炉受压元件强度计算》GB/T 9222 等的规定，在此仅给出如下基本计算公式。

不同锅炉参数的常用汽包尺寸及材质　　　　　　　　　**表 5-3**

不同参数一般锅炉常用的汽包尺寸及材质					
压力	单位	中压	高压	超高压	亚临界
内径	mm	1400～1600	1600	1600～1800	1700～1800
壁厚	mm	46	90～100	100～120	140～200
材质		碳钢	C Mn 钢	Mn-Ni-Mo 钢 Mn-Mo-V 钢	C Mn 钢 Mn-Ni-Mo 钢
一般锅炉按蒸发量推荐的汽包内径					
蒸发量	t/h	35～75	75～130	220～410	480～670
内径	mm	1200～1400	1400～1500	1500～1600	1600～1720
常用垃圾焚烧锅炉汽包内径示例					
110%额定蒸发量	t/h	18.15	26.18	47.6	36～81.18
内径	mm	1300	1500	1500	1600
壁厚	mm	38	38	70	42/50
材质		碳钢	碳钢	19Mn6	SA516　Gr7019Mn6

汽包筒体理论计算壁厚 δ_L 的基本公式为：

$$\delta_L = \frac{pD_n}{2\varphi_{min}[\sigma] - p} \tag{5-7}$$

式中　　p——计算压力，MPa；

D_n——汽包筒体内径，mm；

φ_{min}——最小减弱系数。

汽包最小壁厚 δ_{min} 应是 δ_L 加上腐蚀减薄等附加厚度 C_1 的厚度，即

$$\delta_{min} = \delta_L + C_1 \tag{5-8}$$

汽包设计壁厚 δ_s 应是 δ_L 加上腐蚀减薄附加厚度 C_1、钢板工艺减薄附加厚度 C_2 和钢板厚度负偏差附加厚度 C_3 之和 $C_1 + C_2 + C_3$ 的厚度，记为 C，即：

$$\delta_s = \delta_L + C = \delta_L + (C_1 + C_2 + C_3) \tag{5-9}$$

实际汽包取用厚度 δ 应满足：

$$\delta > \delta_s = \delta_L + C \tag{5-10}$$

尽管不同规模不同蒸汽参数的锅炉汽包内部结构有所差异，但都是基于保证蒸汽品质而具有包括汽水进入汽包时的一次离心分离与波纹管等的二次分离在内的汽水分离，使含盐量低的清洗水与含盐量高的蒸汽相接触而实现蒸汽溶盐转移的蒸汽清洗，排出汽包上部浓缩水的连续排污以及锅内加药的功能，基本配置均包括有均匀给水的配水槽、汽水分离装置和连续排污装置等。

对汽包的结构性原则性要求应是具有足够的蒸汽容积和水容积；具有蒸汽品质及水循环的可靠性；合理布置如给水引入管、汽水混合物引入管、饱和蒸汽引出管、排污管及加药管等汽包内的各种管道。不同压力等级的典型汽包内部结构参见图 5-8。

以某 400t/d、4MPa/400℃ 中压锅炉的结构特点为例，汽包内径 1500mm，壁厚 60mm，筒体总长 10460mm。内部装置中的一次分离装置采用水下孔板，二次分离装置采用波形板分离器和均汽孔板，布置在汽包顶部。为保证锅炉启动和低负荷运行时不使锅炉排烟温度过低，在汽包蒸汽侧布置了一给水加热器，以提高省煤器的进水温度。为保证蒸

汽品质,汽包内部设置有加药管、连续排污管及紧急放水管。汽包下部由集中下降管供水,下降管入口处为防止产生漩涡而装有安全栅栏。

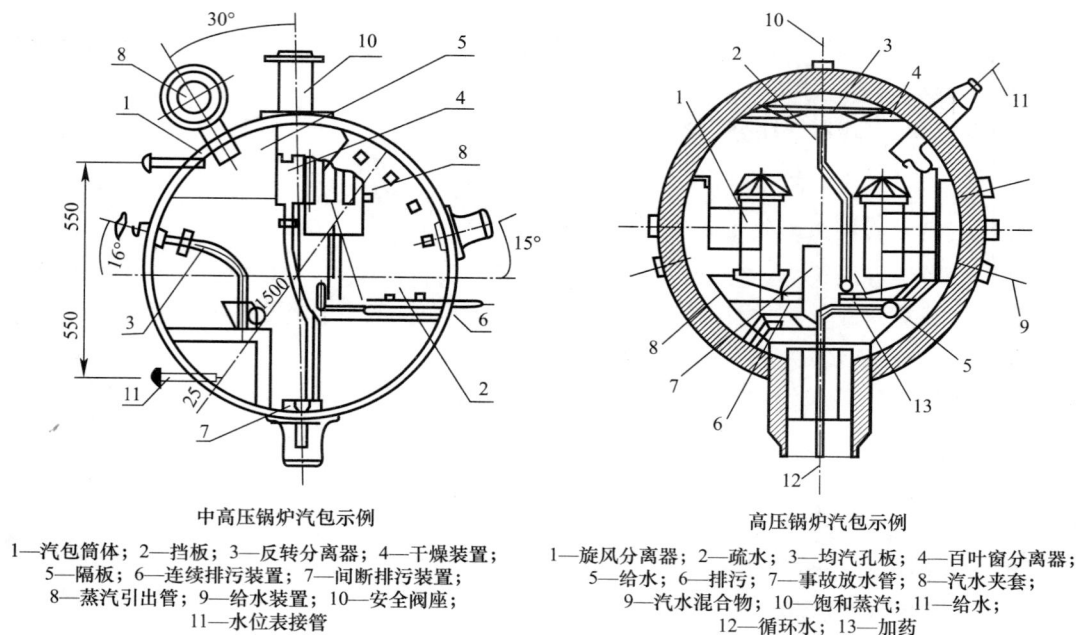

中高压锅炉汽包示例

1—汽包筒体;2—挡板;3—反转分离器;4—干燥装置;
5—隔板;6—连续排污装置;7—间断排污装置;
8—蒸汽引出管;9—给水装置;10—安全阀座;
11—水位表接管

高压锅炉汽包示例

1—旋风分离器;2—疏水;3—均汽孔板;4—百叶窗分离器;
5—给水;6—排污;7—事故放水管;8—汽水夹套;
9—汽水混合物;10—饱和蒸汽;11—给水;
12—循环水;13—加药

图 5-8　锅炉汽包内部结构示例

5.1.4.2　汽包壁温度与热应力

（1）热应力与热应变

钢件在加热或冷却过程中,因表面与内部和不同部位之间存在着温度差,在其体内形成作用力,使各部分的体积胀缩产生不均匀涨缩。对这种在无外力作用下,由温度变化引起物体膨胀或收缩的热变形,叫作热应变,记为 ε。物体从温度 t_0 变化到 t_1 时,取材料的线膨胀系数 α,则各方向的热应变相同,均为:

$$\varepsilon = \alpha(t_1 - t_0) \tag{5-11}$$

物体发生热应变受到约束时,在物体内产生的力叫作热应力或温度应力,记为 σ。例如淬火零件的热应力表面呈压应力,中心则为拉应力。由不同材料的零件组合成的部件产生热应力时,因各自膨胀系数不同造成零件之间的相互制约,不能自由涨缩,从而各自产生不同的热应力。

采用弹性模量 E 作为衡量材料产生弹性变形难易程度的指标。该指标是指在单向应力状态下,材料在弹性变形阶段的应力和应变成正比例关系的比值。有基于胡克定律的应变与应力的关系式:

$$\sigma = \alpha E(t_1 - t_0) = \varepsilon E \tag{5-12}$$

线性弹性力学的应力 σ 由正应力 σ_x、σ_y、σ_z 和剪切应力 τ_{xy}、τ_{yz}、τ_{zx} 六个应力分量确定一个点的应力状态。同样应变 ε 由正应变 ε_x、ε_y、ε_z 和剪切应变 γ_{xy}、γ_{yz}、γ_{zx} 六个分量确定一个点的应变状态。数值计算中,是将所有应力分量与应变分量分别用矩阵表示为: $\{\sigma\} = \{\sigma_x \sigma_y \sigma_z \tau_{xy} \tau_{yz} \tau_{zx}\}^T$、$\{\varepsilon\} = \{\varepsilon_x \varepsilon_y \varepsilon_z \gamma_{xy} \gamma_{yz} \gamma_{zx}\}^T$。按应力求解时,通常取弹性体中各点的

应力作为基本未知量，由只包含应力分量的微分方程、变形连续方程以及边界条件求得应力分量后，用物理方程求取应变分量，再用几何方程求取位移分量。具体计算方法见材料力学与热应力理论的著作[23]。

汽包计算壁温 t_{bj}，许用应力 $[\sigma]$，计算壁厚 δ 按《水管锅炉受压元件强度计算》GBT 9222 的相关规定计算。其中：

许用应力 $[\sigma]$ 基本计算公式为：

$$[\sigma] \leqslant \eta [\sigma]_j \tag{5-13}$$

式中　η——基本许用应力修正系数；

$[\sigma]_j$——基本许用应力，分别按材料在 20℃ 时的抗拉强度 σ_b、在计算壁温下的屈服点或规定非比例伸长应力 σ_s、在计算壁温下的 $10^5 h$ 持久强度除以相应安全系数的公式计算并取其中最小者，MPa。

汽包壁温 t_d 的基本计算公式为：

$$t_d = t_m + J \cdot q_{max} \left(\frac{\beta}{\alpha_2} + \frac{1}{1000} \frac{\delta}{\lambda} \frac{\beta}{\beta + 1} \right) \tag{5-14}$$

式中　t_m——对应于计算压力的饱和温度，℃；

β——筒体外径与内径比；

J——热流均流系数，一般取 $J=1$；

q_{max}——最大热流密度，kW/m^2；

α_2——内壁对介质的放热系数，$kW/m^2℃$；

δ——筒体不小于设计厚度的取用厚度，mm；

λ——钢材导热系数，$kW/m℃$。

（2）汽包壁温差产生的原因

汽包是锅炉中最重的厚壁承压部件，不但承受很高的内压，而且存在汽和水对筒壁放热的差异，使上下壁及内外壁之间均有一定温差。在锅炉启、停和运行过程中，随着工况变化形成壁温波动，产生热应力。因此汽包往往成为限制起动速度的主要部件，也就必须要对汽包内外壁及上下壁温差进行测量并加强监督。

进入锅炉的给水具有一定的温度，给水进入汽包后首先与汽包下部接触，如果给水温低于汽包壁温，则容易导致汽包下壁以及下壁的内壁先降温，从而使汽包上壁温度高、下壁温度低，内壁温度低、外壁温度高，这种现象常在机组温态、热态启动时发生。在锅炉冷启动时，给水温度会高于汽包壁温，使汽包下壁以及下壁的内壁先升温，从而使汽包下壁温度高于上壁温度，内壁温度高于外壁温度低。在锅炉停炉时下壁温度低于上壁温度。由于温度不一致，变形将受制约。温度高的部分要膨胀伸长，温度低的部分则限制它的膨胀，结果在高温部位产生压应力。低温部位产生拉应力。锅炉在启、停过程中，出现的汽包内外壁温差会在汽包壁内产生热应力。

实践证明，内外壁温差最大不得超过 50℃ 是避免造成较大的热应力所需控制的适宜温差。在锅炉启动升温期间，汽包内压较低，只要控制汽包上下壁温差不超过 50℃，汽包壁面热应力会在许用范围之内。在停炉冷却期间，汽包内压较高，在热应力和内压的共同作用下，会出现超过材料许用应力的情况。如果压力下降太快就会导致汽包下壁面降温过快，汽包上下壁面产生热应力比点火升温时更加危险。下面分三种情况说明。

1）汽包内外壁温差

汽包内水和蒸汽的饱和温度随着压力升高而升高。与水和蒸汽接触的汽包内壁温度接近饱和温度，但外壁是靠汽包壁金属导热而升高，使内外壁产生传热温差。在锅炉起动过程中，汽包内的汽水工质温度不断升高致使内壁温度高于外壁，通常限制锅炉的汽包壁温度变化率在不大于 110℃/h，汽包内工质饱和温度变化率不大于 28℃/h。产生的热应力 σ_θ 可按下式确定：

$$\sigma_\theta = 0.245 \frac{\mathrm{d}t}{\mathrm{d}\tau} S^2 \quad \text{MPa} \tag{5-15}$$

式中　$\mathrm{d}t/\mathrm{d}\tau$——升温速度，℃/h；

　　　S——汽包壁厚，mm。

2）锅炉启动升温过程的汽包上、下壁温差

锅炉启动升温过程中，汽包下半部被炉水加热，上半部被蒸汽加热。炉水和蒸汽的温度随着汽包压力的升高而升高并且在升温过程中基本相同，只是由于炉水与蒸汽对汽包壁的放热系数不同，使得汽包上下壁温度升高的速率不一样。蒸汽遇到温度较低的汽包上壁凝结成水并放出潜热的放热属于凝结放热，放热系数约为 $7\mathrm{kW/(m^2 \cdot ℃)}$。在启动初期尚未形成炉内水循环时，炉水对汽包下半部的传热属于对流放热，放热系数为凝结放热的 1/4～1/3。因此在升火中，汽包上半部的壁温高于下半部的壁温，形成汽包上下壁温差。随着温度升高，汽包会有膨胀趋势，表现为上半部壁温高、膨胀量大，下半部壁温低、膨胀

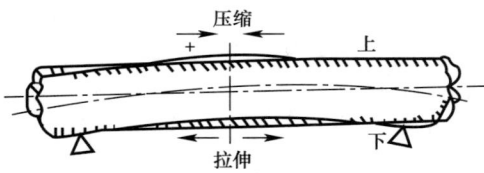

图 5-9　汽包在启动升火过程的
热应力示意图

量小。由此，一方面下半部会对上半部的膨胀产生一定约束力，使上半部汽包壁承受压应力。另一方面下半部在上半部膨胀的影响下被拉伸，而承受拉伸应力。汽包将会如图 5-9 所示的产生向上拱起的变形，形成较大的热应力。以某型锅炉为例，汽包内径×壁厚为 1300mm×90mm。当汽压升至 6MPa，汽包上下壁温差 20℃时，由机械应力和热应力共同作用下的汽包壁折算应力是 0.94MPa。其中工作压力所产生的应力只有 0.58MPa，20℃温差贡献的汽包上下壁应力占到将近一半。

锅炉启动初期的特点是压力较低、锅炉水循环比较弱、汽包内水流缓慢、炉水的扰动不强，并且在炉膛受热较弱的局部甚至出现循环停滞区，这部分停滞区水温明显偏低。而蒸汽在汽包内的蒸汽空间传热相对较均匀，会使汽包上下壁的温差进一步增大，而且这种汽包上下壁较大温差最容易出现在 0～1MPa 压力段。此外，由于汽包壁较厚致使膨胀较慢，连接在汽包壁上的管子的管壁较薄而膨胀较快。此时若进水温度过高或进水速度过快，将会造成膨胀不均，焊口发生裂缝事故。

总之，在锅炉启动升温期间，汽包上下壁存在较大热应力，但此时汽包内压较低，只要升温期间控制汽包上下壁温差不大于 50℃，汽包壁面热应力仍会在许可范围之内。在停炉冷却期间，汽包内压还较高，如果压力下降太快，就会导致汽包下壁面降温过快，从而在热应力和内压的共同作用下，出现超过材料许用应力的情况，造成汽包损坏。汽包在停炉冷却期间，汽包上下壁面产生热应力比点火升温时更加具有破坏作用。

3）停炉过程中汽包上下壁温差

由于汽包的壁厚较大加之有良好的保温层，有较好的储热能力，向周围介质的散热很少，停炉过程主要靠内部工质的冷却。在锅炉停炉冷却过程中，伴随着汽包压力的下降，汽包内饱和蒸汽被上部汽包壁加热会超过饱和温度，从而在汽包上部内壁形成一层过热蒸汽的保护膜。过热蒸汽较饱和蒸汽的密度小、导热性能差且不能形成对流换热，导致上汽包壁温冷却很慢，而下汽包壁接触的炉水仍在构成自然循环，冷却较快。所以，在停炉过程中上半部分温度高，下半部分温度低。

（3）汽包壁温差的控制

为了保证汽包的安全，在高压及以上锅炉汽包的上下部都设置有汽包壁温度的监测点，当汽包上下壁温差接近 50℃ 时就要降低升压的速度。保持汽包安全稳定运行的基本措施是要能准确地监视汽包沿长度方向若干截面的上下壁温差和内外壁温差，控制好汽包压力变化速率，监测给水温度。要控制锅炉启动前进水速度不宜过快，进水初期尤应缓慢，一般冬季进水时间不少于 4h，其他季节控制在 2～3h。有根据温度差很小的实践经验介绍，锅炉启动之初阶段及稳定运行阶段，可通过监视蒸汽引出管外壁温度推断汽包上内壁温度，也可用当时汽包压力对应的饱和蒸汽温度来代替汽包上内壁温度。

在锅炉冷态启动阶段，上水时的汽包壁温差主要通过控制上水温度和上水速度实现。包括：

1）严格控制进入汽包的给水温度与汽包壁温差不大于 40℃，否则应减缓进水。冷态启动时的进水温度不大于 100℃，温态、热态启动时的进水温度比照汽包壁温度确定。需要注意的是在省煤器检修后处于完全冷却状态，上水时的省煤器周围空气温度只有 10～30℃，因此上水温度需要考虑省煤器温降的问题。

2）要严控升压速度，特别是在 0～0.981MPa 阶段的升压速度不大于 0.014MPa/min，与此同时的升温速度不大于 1.5～2℃/min。

3）如经上述操作仍不能有效控制住汽包上下壁温差，则在接近或达到 40℃ 时应暂停升压，并进行定期排污以增强水循环，待温度差稳定且小于 40℃ 再进行升压。

在停运阶段，为防止汽包壁温差大，一般要求降压速度不宜过快，给水温度不得低于 130℃。锅炉熄火前将炉水控制在略高于汽包正常水位，熄火后不必进水。控制放水过程中的汽包上下壁温差不超过 40℃，当温差达到 40℃ 时暂停放水，待温差稳定后重新放水。

控制放水后的壁温差的有效途径是降低放水压力和严格按规定程序进行。汽包放水压力要根据实际环境条件、汽包壁温情况、避免锅炉急剧冷却、保证锅炉汽水与风烟系统严密性和有利于锅炉烘干防腐要求的原则确定。通常按 0.49～0.78MPa，冬季取下限、夏季取上限进行控制。

停炉控制的基本程序按锅炉充分通风（需 3～5min）将受热面吹扫干净后，按顺序停送风机、引风机，关闭风烟系统所有风门挡板，检查出渣机水封正常或是补水至正常，检查汽水系统各阀门关闭严密。再按先开省煤器放水，后开定排、加热各阀放汽，最后开一次汽疏水及空气阀等。

为了防止停运期间的锅炉急剧冷却，熄火后 6～8h 内应关闭各空气与烟气挡板，保持炉内密闭。此后可根据汽包温差控制要求，开启烟道挡板、引风挡板，进行自然通风冷却。有在 18h 后方可启动引风机进行通风的实践经验，可供参考。此外，放水的速度对汽包壁温差的影响，表现为放水速度较快易产生过大的壁温差。当按正常汽包压力放水不能满足汽包壁温降要求，低压力又不能满足烘干要求时，可采取充氮保养或低压放水后引入邻炉热烟气进行干燥的措施。

5.1.4.3 汽水分离、蒸汽清洗

（1）汽水分离

水经过受热面加热后以汽水混合物的形式进入汽包，根据对蒸汽品质的利用需求，要在汽包内设置一套汽水分离装置，把蒸汽中的水分分离出来。汽水分离的基本原理是物理分离，包括利用汽水密度差进行重力分离，利用汽流改变方向时的惯性力进行惯性分离，利用汽流旋转运动时的离心力进行汽水离心分离和利用使水黏附在金属壁面上形成水膜往下流形成的吸附分离等。

汽水分离装置的作用就是要减少饱和蒸汽带水，对汽水分离装置的总体要求是：

1）能消除进入汽包的汽水混合物的动能并尽可能不把水滴打散，缓和汽水混合物对水面的冲击，使蒸汽中的水滴分离出来；

2）能有效避免汽包蒸发面和汽空间的局部负荷增高，降低蒸汽的上升速度，使蒸汽均匀地穿出水面，均匀分配到汽包的蒸汽空间，提高自然分离效果；

3）能利用离心力、惯性力的作用使蒸汽经过多折、急转的流动路径，实现汽水分离；

4）能及时顺利地将分离下来的水排到水容积，避免二次携带；

5）能创造足够的水膜表面积以粘附更多的水滴，提高汽水分离的效果；

6）具有较小的阻力，以尽可能降低循环回路的阻力；

7）对负荷变化有较强的适应能力，结构简单耐用，便于制造、安装和检修。

汽包内常用各种不同的汽水分离装置，其中分离效果较低的水下孔板、挡板式、缝隙挡板式等分离器属粗分离器，分离效果较好的百叶窗或波形板、旋风分离器等属细分离器，可根据需要采用一种或两种以上组合式的汽水分离装置。垃圾焚烧锅炉汽包的汽水分离较多采用挡板式或缝隙式挡板分离器，分离出的饱和蒸汽被引到出口联箱，再通过蒸发器将残余水滴转换为蒸汽。

如采用图 5-10 所示挡板，汽水混合物由汽包蒸汽空间进入。挡板与汽流夹角小于 45°，以消除混合物动能并使水汽分离。挡板适用于离开管口速度 w_2 较低的情况，如中压锅炉<3m/s，高压锅炉<2m/s，否则会将水打散而使蒸汽二次带水。中压锅炉穿过挡板时的汽流速度 w_3 一般取 1.0～1.5m/s，高压锅炉取小于 1m/s。

如采用如图 5-11 所示缝隙式挡板，挡板沿汽包长度将汽包分为两部分。汽水混合物由汽包中心线附近（如上下 30°）沿汽包长度均匀进入；进入缝隙前有一次分离，湿蒸汽经缝隙后转折向上，再次进行分离。这种汽水分离器适用于入口流速较低，且炉水浓度不高的情况，如中压锅炉流速为 2～3m/s，炉水含盐量≤200mg/kg；高压锅炉流速为 1～2m/s，炉水含盐量≤100mg/kg。

如汽水混合物从水容积进入汽包，则采用如图 5-12 所示，孔径 5～10mm 的均汽孔板 b 和水下孔板 a 组合装置。在饱和蒸汽引出管前的水平均汽孔板，流动阻力一般小于等于（3250±250Pa），以使蒸汽空间的上升气流速度均匀。水下孔板没于最低允许水位下（100±50mm）的水中，通过孔板的流动阻力，使蒸汽均匀地分布。为使孔板下保持一层蒸汽垫层，孔径中的最小蒸汽流速按下式确定：

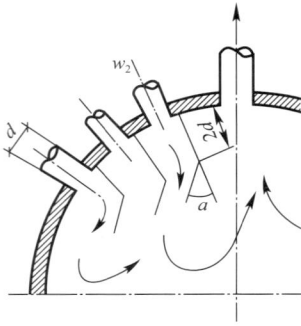

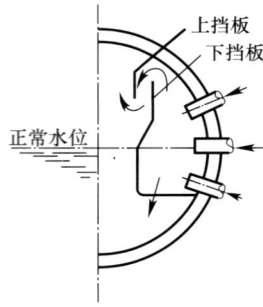

图 5-10　挡板　　　　　　图 5-11　缝隙挡板　　　　图 5-12　水下孔板和均汽孔板

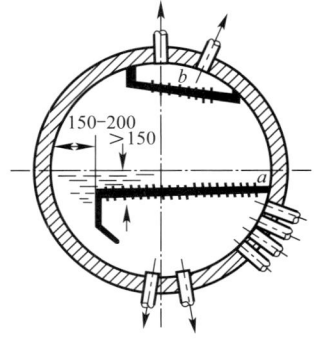

$$w = 1.1 \left[\frac{g^2 \sigma (\rho' - \rho'')}{\rho''^2} \right]^{\frac{1}{4}} \qquad (5-16)$$

式中　ρ'、ρ''——分别为饱和水和饱和蒸汽密度，kg/m^3；

　　　σ——水的表面张力，N/m。

上式示出蒸汽穿越孔眼的最小流速主要取决于饱和水和饱和蒸汽的密度，而与孔径无关，水的表面张力影响有限。

下面以多用于中高压与高压等级锅炉汽包的汽水分离装置案例说明其工作过程（图 5-8 的汽包内部结构）。其中，中压与高压等级锅炉汽包多采用"隔板—反转分离器—干燥器"三级组合汽水分离装置。汽水混合物由上升管导入由隔板四面封闭，两端面及上方斜面隔板上开孔的小室内。正面隔板不开孔，汽水混合物只能从两端板小孔和上方斜隔板小孔处向外逸出。逸出的汽流动能经扩散被消耗，从而减少了对液面的冲击力。其后，汽水混合物折转进入反转分离器，出来后再折转 90°进入干燥器。反转分离器及干燥器下部设有分离水滴的排水管。干燥器内放置 Ω 形拉西环以增加与蒸汽的接触面积，进一步干燥蒸汽。

用于高压等级锅炉汽包的汽水分离案例说明如下。来自水冷壁的汽水混合物进入汽包内的汇流箱，再切向进入旋风分离器，汽水混合物中的水滴在高速旋转产生的离心力作用下被甩至筒壁形成水膜，在重力作用下流入汽包水容积。从旋风分离器顶部波形板分离器出来的蒸汽经汽包蒸汽空间的重力分离后，再次经汽包顶部的波形板分离器分离。利用波形板分离器的多孔板产生的阻力，使蒸汽沿汽包长度均匀地进入蒸发器。为防止因流速过高，将波形板分离器的水膜撕破而带水，需要控制蒸汽流经多孔板的速度，对中压等级锅炉通常控制在 8～10m/s，高压等级锅炉控制在 6～8m/s，超高压等级锅炉控制在 4～6m/s。

（2）蒸汽清洗

蒸汽清洗的目的是降低蒸汽中的溶解盐类，一般用于选择性携带问题严重的高压、超高压及亚临界锅炉，如高压锅炉汽包内，蒸汽对如硅酸等一些盐类的溶解量比蒸汽带水夹带出的盐量要多几十甚至上百倍。在蒸汽锅炉中特别要注意硅酸在蒸汽中的溶解，溶解于饱和蒸汽的硅酸量取决于炉水的硅酸量和硅酸分配系数。由于硅酸能够溶解在炉水和蒸汽中，对高压等级以上锅炉，汽包中杂质在蒸汽与炉水中的分配适用于如下分配定律，即在平衡状态下，该物质在两种不相溶介质里的溶解度之比为一常数，这就是分配系数。

若无蒸汽清洗装置，汽包内蒸气与炉水溶解的硅酸量处于平衡状态，溶解于蒸汽中的硅酸取决于炉水的硅酸量与分配系数。减少蒸汽中的硅酸量，一方面要降低炉水的硅酸浓度，也就对锅炉给水的处理提出更高要求。另一方面，采用低于炉水含盐量的锅炉给水清洗饱和蒸汽，在新的平衡中使蒸汽的硅酸转移到给水，从而达到降低蒸汽含硅酸量之目的。理论上这种清洗过程的物质交换进行到平衡为止，实际上由于各种原因，清洗效率只可能达到 $60\%\sim70\%$。

目前我国常用起泡穿层式的清洗方式。基本原理如图 5-13 所示，经过如旋风分离器等一次分离的蒸汽，自下而上通过清洗孔板 1 清洗给水由配水装置 2 沿汽包长度均匀分配到清洗孔板上并在孔板上保持有清洁水层。当蒸汽通过清洗孔板与清洗水接触时，蒸汽携带的部分硅酸等杂质会溶解到清洗水中。清洗后的给水从溢水门槛 3 流入汽包水容积。表 5-4 是对图 5-14 平板清洗装置的基本布置要求。

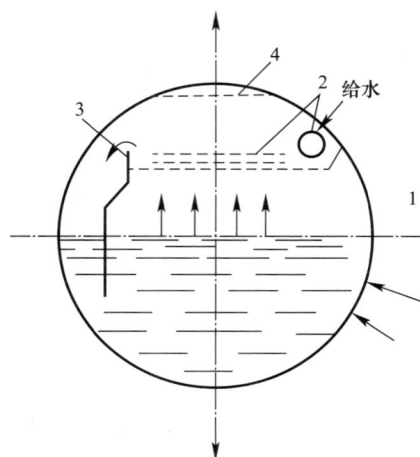

图 5-13 清洗原理示意图
1—清洗孔板；2—配水装置；3—溢水门槛；
4—均汽孔板

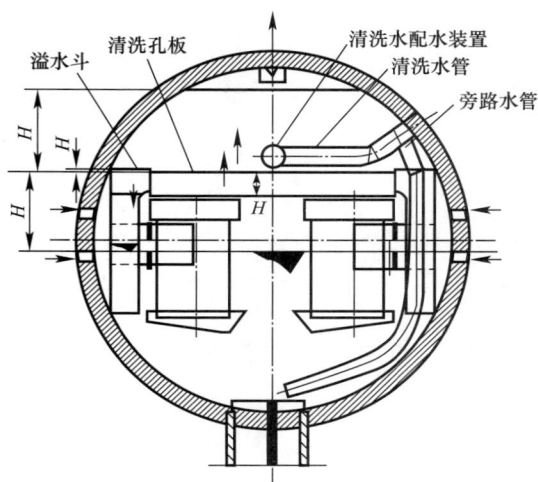

图 5-14 平板式清洗装置的布置

对平板清洗装置的基本布置要求（示例） 表 5-4

序号	项目	符号	要求及说明
1	清洗板与正常水位的距离	H_{sqx}	保证清洗前蒸汽中的水分有一定程度的分离。它与一次分离元件性能和炉水含盐浓度等有关
2	旋风分离器顶帽上沿与清洗板的距离	H_{xqx}	大于等于 $90\sim100$mm，以保证蒸汽水分分离与蒸汽到达清洗板时的速度均匀性
3	蒸汽通过孔径 $5\sim6$mm 清洗孔板时的流速	w_{kb}	对高压、超高压锅炉额定负荷时的建议流速 $1.3\sim1.6$m。w_{kb} 过小，孔板前后的压差可能托不住孔板上的水层，以至清洗水从部分板孔中漏下而降低清洗效果；w_{kb} 过大，当锅炉负荷稍高时，会增大清洗后的蒸汽带水
4	清洗板上面的蒸汽折算速度	w_{01}''	即每秒通过清洗水层单位面积的流量。高压锅炉≤0.14m/s，超高压锅炉≤0.09m/s。速度越大穿过清洗水层的蒸汽带水越多

续表

序号	项目	符号	要求及说明
5	清洗水层厚度	H_{qxs}	一般为 30～50mm。清洗板两侧溢水时的门坎的高度 $H_{mk} \approx$ 20mm，单侧溢水时还要降低。清洗水层过薄则清洗不充分，再厚对清洗效果不明显。通常用 40%～50% 的给水作为清洗水，其余的水由旁路水管引至下降管入口附近

对高压等级以上锅炉省煤器出口的锅炉给水通常有欠热，增大清洗水比例将增加清洗过程蒸汽的冷凝量。此时若要保持一定的蒸汽负荷，就要增加上升管出口的蒸汽量，这样会加重一次分离装置的负担，降低分离效率。此外，由于清洗水层中含有大量气泡，实际清洗水层厚度要比上表中的厚度 30～50mm 大更多，由此减少了蒸汽空间的有效容积，导致蒸汽品质下降。

从清洗给水侧最小的给水含盐浓度 S_{gs} 到溢水门坎最大的溢水含盐浓度 S_{ys}（可通过热化学试验取得或采用有关资料推荐数据）是沿着清洗水流方向呈线性变化。据此，取蒸汽湿度 ω，则清洗水平均含盐浓度 S_{qxs} 与蒸汽机械携带的含盐浓度 S_q^s 可分别按下式计算：

$$S_{qxs} = (S_{gs} + S_{ys})/2 \tag{5-17}$$
$$S_q^s = \omega \cdot S_{qxs}/100 \tag{5-18}$$

5.2　对流受热面

5.2.1　对流受热面的基本概念

垃圾焚烧锅炉的对流受热面是接受烟气热量并传递给工质，以对流换热方式为主的受热面，包括布置在锅炉对流烟道中的过热器、蒸发器、再热器以及尾部对流烟道内的省煤器。实际上烟气中的 H_2O、SO_2、CO_2 三原子气体及悬浮颗粒物都有辐射作用，可以说对流受热面中总是同时存在对流与辐射换热过程，只是以对流换热为主。

为适应生活垃圾成分不稳定、受热面污染严重以及设计计算的不准确性的特点，垃圾焚烧锅炉对流受热面设计有着自己如下典型特点，一是要采用稀疏布置并留有一定空间，传热系数降低且不很强调强化传热；二是满足负荷变化的比率不小于 2，受热面面积需要增加且可视运行情况有调整空间。对流受热面的设计按烟气流向采用前置蒸发器（如有）—三级过热器—三级蒸发器—省煤器基本组合结构形式（图 5-15）。

烟气流经各对流受热面时要克服流动阻力，沿烟气流程烟道各点的负压是逐渐增大的。随着不同负荷时的烟气量变化，烟道各点负压也相应变化。在正常运行中，烟道各点负压与焚烧垃圾负荷保持一定的正变化规律，炉膛负压和各烟道的负压都有大致相同的变化范围。当某段受热面发生结渣、局部堵灰时，流速随着烟气流通断面减小而升高，其出入口的压差及出口负压值相应增大。当对流受热面发生泄漏时，温度、压力均会发生非正常变化。故通过监视烟道各点负压和烟气温度的变化，可及时发现各段受热面的积灰、结渣以及漏泄等缺陷，如在正常情况下发现数值上有不正常的变化时，要及时分析、查明原因、妥善处理，避免各种异常现象及一般事故发展成严重事故，保证炉的安全运行。

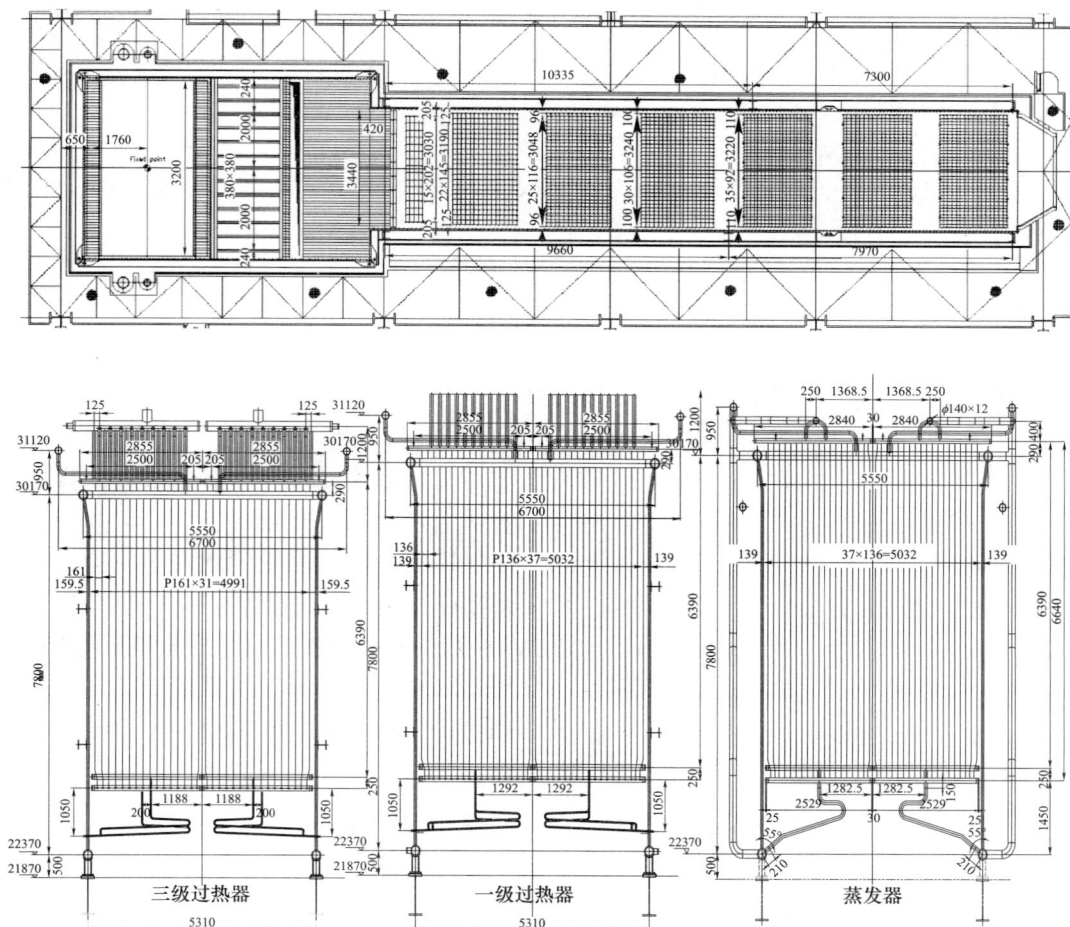

图 5-15 对流受热面俯视图（上图 400t/d 规模）与侧视图（下组图 500t/d 规模）

5.2.1.1 传热方程

对流受热面的传热计算通常有两种情况，一种是设计计算，是在受热面的管径、截距等结构确定，需要传递的热量已经确定条件下，求取受热面面积；另一种是校核计算，也就是受热面面积确定，求取传热量。用于传热的基本公式有传热方程，表示烟气对流放热量和工质侧吸收热量之间的热平衡方程等。其中：

$$Q_{h.t} = \beta \frac{3.6KH\Delta t}{B_{fs}} \qquad (5-19)$$

式中　$Q_{h.t}$——对应于 1kg 焚烧垃圾，受热面吸收的对流和辐射放热的热量，kJ/kg。

　　　β——修正系数，过热器取 1.0～1.3，其他受热面取 1；诸多锅炉厂根据长期经验，设计时过热器面积在理论计算基础上减少 20%～25%。经调整后，正好达到额定过热器温度，故此引入此修正系数。

　　　B_{fs}——焚烧垃圾量，kg/h。

　　　H——受热面积，m²。对过热器、蒸发器、省煤器取为管子烟气侧表面积，按管子外经计算。

195

K——传热系数，$\mathrm{W/m^2\,℃}$。通用计算公式为烟气侧热阻 α_1^{-1}、工质侧热阻 α_2^{-1}、管外灰污层热阻 $\delta_\mathrm{h}/\lambda_\mathrm{h}$、金属管壁热阻 $\delta_\mathrm{b}/\lambda_\mathrm{b}$ 与管内垢层热阻 $\delta_\mathrm{g}/\lambda_\mathrm{g}$ 之和的倒数。

$$K = (\alpha_1^{-1} + \alpha_2^{-1} + \delta_\mathrm{h}/\lambda_\mathrm{h} + \delta_\mathrm{b}/\lambda_\mathrm{b} + \delta_\mathrm{g}/\lambda_\mathrm{g})^{-1} 。 \tag{5-20}$$

考虑受热面积灰、冲刷等负面的影响因素，用于焚烧垃圾，横向冲刷顺流布置过热器的通用计算公式为：

$$K = \psi(\alpha_1^{-1} + \alpha_2^{-1})^{-1} = \psi\alpha_1\alpha_2/(\alpha_1 + \alpha_2) \tag{5-21}$$

对蒸发受热面及钢管省煤器，α_2 远大于 α_1，可简化为：

$$K = \psi\alpha_1 \tag{5-22}$$

式（5-21）与式（5-22）中：ψ——热有效系数；

$\qquad\qquad\qquad\quad$ α_2——管壁对管内工质的放热系数，$\mathrm{W/(m^2 \cdot ℃)}$；

$\qquad\qquad\qquad\quad$ α_1——烟气对管壁的对流放热系数 α_con 与辐射放热系数 α_r 之和，同时考虑烟气冲刷管簇的影响因素 ω，即 $\alpha_1 = \omega(\alpha_\mathrm{con} + \alpha_\mathrm{r})$。烟气横流、混流冲刷管簇时分别取 $\omega = 1$、0.95。ψ、α_con 与 α_r 按工业锅炉设计计算方法求取。

$\qquad\qquad\qquad\quad$ Δt——温压，即参与换热的两种介质之间在整个受热面中的平均温差，℃；呈逆流或顺流时的温压等于对数平均温差，取同一端介质间温差的较大值 Δt_b，另一端介质间温差 Δt_sm，则：

$$\Delta t = \frac{\Delta t_\mathrm{b} - \Delta t_\mathrm{sm}}{2.3\lg \dfrac{\Delta t_\mathrm{b}}{\Delta t_\mathrm{sm}}} = \frac{\Delta t_\mathrm{b} - \Delta t_\mathrm{sm}}{\ln \dfrac{\Delta t_\mathrm{b}}{\Delta t_\mathrm{sm}}} \tag{5-23}$$

当 $\Delta t_\mathrm{b}/\Delta t_\mathrm{sm} \leqslant 1.7$ 时，可取 $\Delta t = (\Delta t_\mathrm{b} + \Delta t_\mathrm{sm})/2$。

图 5-16 所示的是顺流与逆流受热面的烟气与工质温差变化 Δt_b、Δt_sm 计算。图 5-17 所示带喷水减温的过热蒸汽的质量平衡与能量平衡。

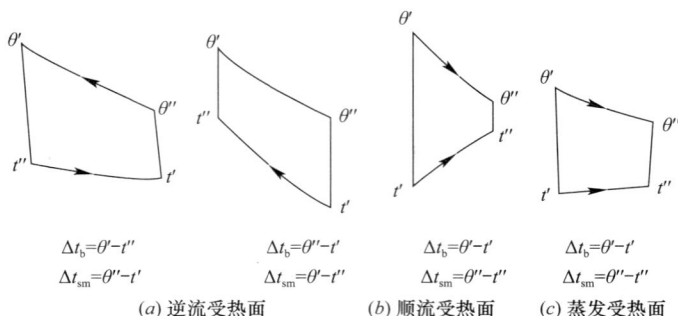

| (a) 逆流受热面 | (b) 顺流受热面 | (c) 蒸发受热面 |

图 5-16　顺流与逆流受热面的烟气与工质温差变化图　　图 5-17　带喷水减温的过热器参数

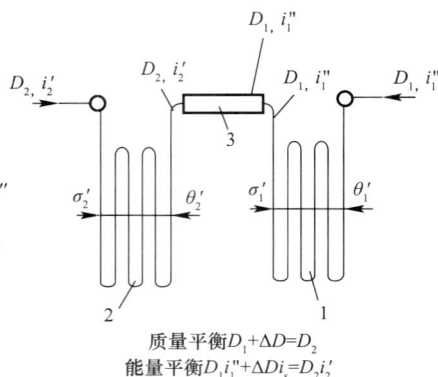

5.2.1.2　烟气对流放热量

烟气对流放热量按下式确定：

$$Q_\mathrm{h \cdot b} = \varphi(I' - I'' + \Delta\alpha I_\mathrm{lk}^0) \tag{5-24}$$

式中 $Q_{h.b}$——烟气对流放热量，kJ/kg；

φ——保热系数，$\varphi = 1 - q_5/(\eta + q_5)$；

I'、I''——受热面入口、出口焓，kJ/kg；

$\Delta\alpha$——漏风系数；

I_{lk}^0——理论漏风焓，即漏风温度下的理论空气焓，从焓温表查得，漏风温度等于冷空气温度，一般取20℃。对蒸汽空气加热器是热空气漏入烟气，漏风温度取该加热器进口与出口温度的平均值。

例：烟气对流放热计算

已知：生活垃圾化学元素成分：$C = 17.25\%$、$S = 0.13\%$、$H = 2.38\%$、$O = 13.8\%$、$N = 0.83\%$以及 $W = 48\%$；蒸发器烟气进、出口温度分别为：$\theta' = 360℃$ 与 $\theta'' = 300℃$。

求：烟气对流放热量 $Q_{h.b}$

解：1 查表，360℃：$(c\theta)_a = 26.48 kJ/m^3$、$(c\theta)_{RO_2} = 686.66 kJ/m^3$、$(c\theta)_{N_2} = 472.70 kJ/m^3$、$(c\theta)_{H_2O} = 560.80 kJ/m^3$；

300℃：$(c\theta)_a = 26.48 kJ/m^3$、$(c\theta)_{RO_2} = 558.80 kJ/m^3$、$(c\theta)_{N_2} = 392.00 kJ/m^3$、$(c\theta)_{H_2O} = 462.70 kJ/m^3$；

取过量空气系数 $\alpha = 1.85$；锅炉效率 $\eta = 0.82$。

2 由：$V_0 = 0.0889 \times (C + 0.375S) + 0.265H - 0.033O = 1.7132 m^3/kg$

则：$I_a^0 = V_0 \times (c\theta)_a = 1.7132 \times 26.48 = 45.3644 kJ/kg$

3 由：$V_{RO_2} = 0.01866 \times (C + 0.375S) = 0.01866 \times (17.25 + 0.375 \times 0.13) = 0.3228 m^3/kg$

$V_{N_2}^0 = 0.79V_0 + 0.008N = 0.79 \times 1.7132 + 0.008 \times 2.38 = 1.3600 m^3/kg$

$V_{H_2O}^0 = 0.111H + 0.0124W + 0.0161V_0 = 0.111 \times 2.38 + 0.0124 \times 48 + 0.0161 \times 1.7132 = 0.8870 m^3/kg$

则：$\theta' = 360℃$ 时

$I_{g1}^0 = V_{RO_2}(c\theta)_{RO_2} + V_{N_2}(c\theta)_{N_2} + V_{H_2O}(c\theta)_{H_2O} = 0.3228 \times 686.66 + 1.36 \times 472.70 + 0.8870 \times 560.80 = 1361.9472 kJ/kg$

$I' = I_{g1}^0 + (\alpha - 1)I_a^0 = 1361.9427 + (1.85 - 1) \times 45.3644 = 1400.5070 kJ/kg$

$\theta'' = 300℃$ 时

$I_{g2}^0 = V_{RO_2}(c\theta)_{RO_2} + V_{N_2}(c\theta)_{N_2} + V_{H_2O}(c\theta)_{H_2O} = 0.3228 \times 558.8 + 1.36 \times 392.0 + 0.8870 \times 462.7 = 1123.9088 kJ/kg$

$I'' = I_{g2}^0 + (\alpha - 1)I_a^0 = 1123.9088 + (1.85 - 1) \times 45.3644 = 1162.4686 kJ/kg$

4 按《工业锅炉设计计算方法》表 B3 取漏风系数 0.15，有漏风空气焓（20℃）$I_{lk}^0 = I_a^0 = 45.3644 kJ/kg$

按《工业锅炉设计计算方法》表 4-1 取锅炉散热损失 $q_5 = 0.009$，有保热系数

$$\varphi = 1 - q_5/(\eta + q_5) = 1 - 0.009/(0.82 + 0.009) = 0.9891$$

5 烟气对流放热量 $Q_{h.b} = \varphi(I' - I'' + \Delta\alpha I_{lk}^0) = 0.9891 \times (1400.5070 - 1162.4686 + 0.15 \times 45.3644) = 242.18 kJ/kg$

5.2.1.3 工质从烟气侧吸收的对流热量 Q

对布置在对流烟道中的过热器、省煤器的吸热量按下式计算：

$$Q = D(i'' - i')/B_{fs} \tag{5-25}$$

对受炉膛辐射以及从汽包抽取饱和蒸汽的过热器的吸热量为：

$$Q = D(i'' - i')/B_{fs} - Q_r \tag{5-26}$$

对有面式减温器的过热器的吸热量为：

$$Q = D(i'' - i' + \Delta i_{de})/B_{fs} - Q_r \tag{5-27}$$

197

蒸发器管内工质温度不变，上述 Q 公式不适用。

上述三式中　D——实际蒸发量，kg/h；

$\quad\quad\quad i''$、i'——受热面出口与进口处的工质焓，kJ/kg；

$\quad\quad\quad \Delta i_{de}$——减温器焓降，一般取 $\Delta i_{de}=63\sim84$kJ/kg；

$\quad\quad\quad Q_r$——来自炉膛的辐射热量，管排数 $\geqslant5$ 时可认为来自炉膛的辐射热量全部被吸收，<5 时按下式计算：

$$Q_r = 3.6 y_{e.o} q_r F_{e.o} x / B_{fs} \tag{5-28}$$

其中　$y_{e.o}$——辐射热流密度分配系数，垃圾焚烧锅炉炉膛出口烟窗设在整个一面炉墙的上部，与二、三烟道同取 $y_{e.o}=0.6$；

$\quad\quad\quad q_r$——炉膛辐射受热面平均热流密度，$q_r = B_{fs} Q_r / 3.6 H_r$；

$\quad\quad\quad F_{e.o}$——炉膛出口烟窗面积，m^2；

$\quad\quad\quad x$——烟窗处对流受热面的角系数，对膜式水冷壁取 $x=1$。

5.2.1.4　对流受热面的管壁厚度

对流受热面管壁厚度包括锅炉范围内管道，按《水管锅炉受压元件强度计算》GB/T 9222 确定，在此仅给出基本计算模型。其中，直管或直管道（弯管）的取用厚度 δ 应大于等于设计厚度 $\delta_s(\delta_{ws})$。$\delta_s(\delta_{ws})$ 为理论计算厚度 δ_L（弯管外侧理论计算厚度 δ_{wL}）与附加厚度 C 之和：$\delta_s = \delta_L + C(\delta_{ws} = \delta_{wL} + C)$。式中的 C 为设计计算考虑的腐蚀减薄 C_1、工艺减薄 C_2 与钢管或钢板厚度负偏差 C_3 的附加厚度，即 $C = C_1 + C_2 + C_3$。

直管或直管道的理论计算厚度 δ_L 按下式计算：

$$\delta_L = \frac{pD_w}{2\varphi_h[\sigma] + p} \tag{5-29}$$

弯管外侧理论计算厚度 δ_{ws} 按下式计算：

$$\delta_{ws} = K\delta_L \tag{5-30}$$

校核计算时，直管或直管道最高许用计算压力 $[p]$，弯管最高许用计算压力 $[p]_w$ 分别按下式计算：

$$[p] = \frac{2\varphi_h[\sigma]\delta_y}{D_w - \delta_y} \tag{5-31}$$

$$[p]_w = \frac{2\varphi_h[\sigma]\delta_{wy}}{KD_w - \delta_{wy}} \tag{5-32}$$

式（5-29）～式（5-32）中　p——计算压力，MPa；

$\quad\quad\quad D_w$——管子或管道外径，mm；

$\quad\quad\quad \varphi_h$——焊缝减弱系数；

$\quad\quad\quad K$——弯管形状系数；

$\quad\quad\quad [\sigma]$——许用应力，MPa；

$\quad\quad\quad \delta_{wy}$——弯管外侧有效厚度，mm；

$\quad\quad\quad [p]$、$[p]_w$——分别为直管或直管道、弯管校核计算最高允许压力，MPa。

5.2.1.5　核算热力计算的误差

在结束热力计算时，对自然循环锅炉可按下式核算热力计算的误差：

$$\Delta Q = Q_{in} \times (\eta/100) - (Q_{fur} + Q_{ba} + Q_{sh} + Q_{ec}) \times (1 - q_4/100) \tag{5-33}$$

式中 Q_{in}——锅炉输入热量，kJ/kg；

                η——锅炉效率，%；

                q_4——固体不完全燃烧热损失，%；

Q_{fur}、Q_{ba}、Q_{sh}、Q_{ec}——分别为炉膛、锅炉管束（含防渣管）、过热器、省煤器吸热量，
                kJ/kg，根据各受热面热平衡方程求得。

当满足下列条件时计算结束；否则重新调整参数进行各受热面热平衡方程的计算，直到符合下述要求。

$$\frac{|\Delta Q|}{Q_{in}} \times 100\% \leqslant 5\% \tag{5-34}$$

5.2.2 过热器

过热器是将饱和蒸汽加热到一定压力下一定过热温度的受热面，具有提高汽轮机的相对内效率和绝对内效率，减小汽轮机末级叶片的含湿量的作用。提高整个蒸汽动力装置的循环热效率的途径是提高蒸汽初参数且是随着蒸汽压力的提高，相应提高过热蒸汽温度。对应压力下的过热蒸汽温度的选择，取决于锅炉的压力、蒸发量、钢材的耐高温性能以及燃料与钢材的比价等因素。按我国锅炉蒸汽参数系列，对中压、次高压、高压电站锅炉的蒸汽温度分别推荐采用450℃、450～485℃、510℃或540℃。电站锅炉用煤燃料低位发热量不低于16.8MJ/kg，进入过热器的烟气温度控制在1000℃左右，根据传热方式有辐射式、半辐射式和对流式多种过热器结构形式。辐射或半辐射式过热器由多片管屏组成，布置在炉膛上部或出口窗处。其中辐射式过热器吸收炉膛火焰的辐射热，半辐射式过热器还吸收一部分对流热量。包墙式过热器用在大容量电站锅炉中构成炉顶和对流烟道的壁面，外面敷以绝热材料组成轻型炉墙。对额定蒸汽压力≥2.4MPa、温度≥400℃的锅炉，过热器系统需要设置减温器。

为了缓解提高蒸汽温度与过热器钢材高温强度性能的约束，进一步提高大型发电机组的循环热效率，对13.7MPa超高压（相应推荐的蒸汽温度510℃，给水温度240℃，机组功率200MW或额定蒸发量220t/h）及以上压力的锅炉设有再热器的中间再热循环系统。所谓再热器是指将汽轮机高压缸中做过功的一部分蒸汽返回炉内进行再加热升温，然后再送入汽轮机中压缸继续膨胀做功的锅炉对流受热面。当采用再热循环时，蒸汽在再热系统中的流动阻力每增加0.1MPa，循环热效率就会降低0.2%～0.3%。对此常用$\phi42～\phi60$管径和250～400kg/m²s或更低蒸汽质量流速，以控制再热器本体阻力不超过其进口蒸汽压力的5%～7%。再热器的实际应用可提高综合循环效率4%～5%，低于6%～8%的理论值。根据我国电站锅炉参数系列，对高压及以下压力等级采用非再热式机组，超高压及以上压力等级采用再热式机组。增加再热循环使机炉装置的热力系统、结构和运行调节都变得复杂，而且再热蒸汽的压力比主蒸汽的低，管内蒸汽对管壁的对流传热较差致使管壁金属温度较高，需要采用耐高温钢甚至铬镍奥氏体钢。故推荐200MW及以上的机组中才采用再热系统，而且通常只采用一次中间再热。

5.2.2.1 垃圾焚烧锅炉用对流式过热器的基本特征

焚烧处理生活垃圾的焚烧垃圾热值目前多在5～12MJ/kg，可用㶲处于低水平。同时为避开锅炉高温腐蚀活跃区，保证安全运行，要求正常运行时炉膛出口的烟气温度控制在

800～950℃，进入对流受热面时的烟气温度不大于 650℃，相应锅炉出口蒸汽温度采用400～450℃，远低于电站锅炉。这就意味着垃圾焚烧锅炉处在相对低温压换热状态，受热面要比同容量、同等参数普通锅炉多。基于这些因素，现代垃圾焚烧锅炉通常只设置对流式过热器，采用 4.0～6.29MPa 的中压、次高压非再热式锅炉。在缺乏可接受的安全可靠性能条件下，不推荐采用超高压再热式锅炉。

为防止垃圾焚烧锅炉过热器超温影响安全运行，欠温影响循环效率，要求过热器温度要保持稳定，波动范围在 ±(5～10)℃以内。实际运行中影响过热器温度稳定的负面因素较多，要维持蒸汽温度稳定，必须有良好的气温特性和足够的调温手段。过热器设计应使蒸汽流动阻力尽可能小，要求其中的压降不超过工作压力的 10%。

垃圾焚烧锅炉过热器采用蛇形管或是联箱结构形式，分三级布置在对流烟道按烟气流向 650～350℃区域内，按烟气流向顺序布置Ⅲ级（高温）、Ⅱ级（中温）、Ⅰ级（低温）过热器。两级过热器之间设置喷水减温器，各级间留充分以方便检修的空间。如图 5-18 所示，按蒸汽与烟气的相对流向可分为顺流、逆流（含双逆流）与混流三种基本形式。在顺流布置中，烟气流向与蒸汽总流向相同，传热的温压较低，耗材较多，同最高温度蒸汽接触的金属处于低烟温带，金属温度安全。在逆流布置中，烟气流向与蒸汽总流向相反，传热的温压较大，节省管材，与最高温度蒸汽接触的金属处于最高烟温带，过热器出口部分的温度高。双逆流布置对传热的温压、金属所处温度带有一定程度的缓和。在混流布置中，蒸汽的低温段为逆流、高温段为顺流，由此低温段有较大传热温压，高温段金属温度也不至过高。

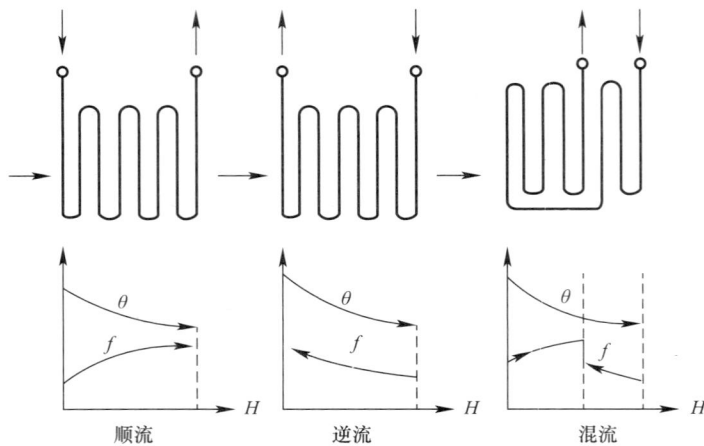

图 5-18 按烟气与蒸汽相对流动方向划分的过热器布置形式

对流式过热器的蛇形管可悬吊式布置也可水平式布置。悬吊式过热器用吊钩将蛇形管上弯头吊到锅炉钢梁上，吊架烧坏的可能性小，只是停炉时管内凝结水不易排出。水平式过热器的管束水平排列，疏水方便，但支吊有一定困难。当管子长度不大时采取如图 5-19 所示的支吊方式，如管子较长则中间要设悬吊管。

为避免堵灰，过热器管子常用顺列布置。与普通锅炉强化燃烧并抑制可能的污染物，强化传热并防止发生传热危机的设计理念的差别在于，生活垃圾焚烧锅炉受到焚烧垃圾不稳定特性约束，需要弱化传热，过热器稀疏布置。其过热器采用单排管排列而不用 2～3

根管并排，采用管径常取 $\phi 32\sim\phi 42$（外径 $38\sim 51$mm），壁厚 $4\sim 5$mm 的管子。过热器管的横向截距 S_1 通常设计为 S_1/d 大于等于 3，纵向截距 S_2 受单排管子曲率半径大于等于管外径 $1.5\sim 2.5$ 倍的约束，取 S_2/d 大于 2.5。为防止结渣，可将过热器烟气进口处几排管子的距离拉大，使 $S_1/d>4$、$S_2/d\geqslant 3$。例如某垃圾焚烧锅炉过热器外径 $d=38$mm，横向截距 $S_1=130$mm，纵向节距 $S_2=120$mm。

图 5-19　立置过热器管子支吊（左）实景图（中）与平置过热器管端支吊（右）

为避免或减轻飞灰粘壁，对额定负荷时流过热器的烟气速度一般要求不低于 $5\sim 6$m/s（一般锅炉过热器推荐 $8\sim 14$m/s），低负荷时不宜低于 3m/s。由于流速低，传热系数降低，需要注意核算雷诺数是否处于设计范围。

过热器管内蒸汽流速是根据管壁金属温度的要求选取的，增大蒸汽流速可改善金属的冷却以及并列管子中流量的均匀性，但也会增大蒸汽的压力损失。由于影响传热性能的不只是蒸汽流速 w，还有蒸汽密度 ρ。因此常用 ρw 即质量流速作为一个设计指标。对过热器额定负荷的质量流速 ρw，中压锅炉常取 $250\sim 400$kg/m^2s，高压锅炉低温段取 $400\sim 700$kg/m^2s，高温段取 $700\sim 1000$kg/m^2s。对热负荷很高或蒸汽温度很高的管道取高值。

为防止过热器管子过热以至爆管，设计时应尽量减少热偏差和水力偏差，应根据金属管壁温度和耐腐蚀性选择适当的管子材料，这也是目前对 Ⅱ、Ⅲ 级过热器选择 DIN 17175 标 15Mo3 结构钢、GB 标 15CrMoG 珠光体耐热钢，Ⅰ 级过热器选择 20/GB 3087 材料等的原因。

以下是某 400t/d、4MPa/400℃ 中压锅炉过热器布置的案例。过热器由高温、中温、低温三级过热器组成，布置在水平烟道内。两级喷水减温器分别布置在高中温过热器与中低温过热器之间，用以调节蒸汽温度，按设计焚烧垃圾负荷下两级喷水减温的调节幅度分别为 23℃ 和 51℃。268℃ 的饱和蒸汽由连接管引入低温过热器进口集箱，再进入低温过热器，蒸汽经过 Ⅰ 级喷水减温器使蒸汽温度从低温过热器出口的 308℃ 降到引入中温过热器进口集箱的 285℃，再进中温过热器。然后经过 Ⅱ 级喷水减温器使蒸汽温度从中温过热器出口的 356℃ 降到高温过热器进口集箱 305℃，最后进入过热器出口集箱。低温、终温过热器为逆流布置，高温过热器顺流布置。过热器管束通过侧壁上部集箱支撑的吊杆吊挂，下部可自由膨胀。

5.2.2.2　热偏差

（1）管壁金属温度

为使垃圾焚烧负荷在宽范围变化并保持蒸汽参数的稳定，通常要求负荷变化率不小于

2，因此需要特别注意过热器管壁金属温度工况。管壁金属温度需要考虑沿烟道断面和管子吸热量不均匀性（图 5-20）、流量不均匀性以及蛇形管结构不一致性等情况下，要求所有受热管壁温度应限制壁温波动，避免或减轻热应力及热疲劳。由此规定有管壁温度的安全极限指标，要求管壁温度的局部最大值低于安全极限，包括管壁平均温度 t_{wpj} 应满足钢材高温持久强度要求的极限允许温度，即反映金属管壁在高温下长期使用直至断裂时的强度和塑性性能的温度。该 t_{wpj} 值不是短期温度峰值，而是长期的统计值。还要求管外壁温度 t_{wb} 小于快速氧化温度，因为氧化速度主要取决于温度，在强度计算中用附加壁厚考虑。

管壁温度和工质温度、热流密度、管内壁放热系数、管材导热系数、管壁厚度及内外径比等因素有关。如图 5-21 所示，根据传热学原理，管内壁温度 t_{nb} 是管段内工质温度与管内壁对蒸汽放热系数 α_2 引起的温升 Δt_2 之和，管外壁最高温度 t_{wb} 为管内壁温度与管壁金属热阻 λ/δ_b 引起的温升 Δt_{gb} 之和，Δt_w 一般不超过 10℃。工程上包括过热器在内的对流受热面管外壁温度 t_{wb} 可按下式确定：

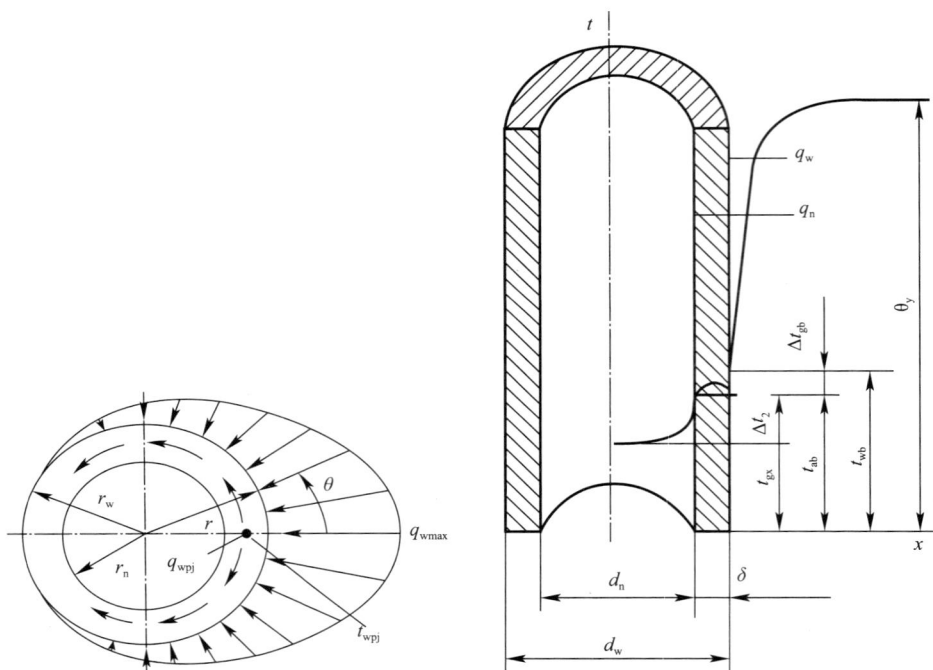

图 5-20　沿光管远走热负荷分布工况　　　　图 5-21　受热管壁温度变化

$$t_{wb} = t_{nb} + \Delta t_w = t_{med} + \Delta t_2 + \Delta t_{gb} = t_{med} + q_{med}\left(\frac{1}{\alpha_2} + \frac{\delta_s}{\lambda_s}\right) + \frac{q_{med}\delta}{\lambda} \qquad (5\text{-}35)$$

式中　　t_{med}——管段内工质平均温度，℃；

$\quad\quad q_{med}$——单位受热面热负荷，kW/m²［=860kcal/(h·m²)］；

$\quad\quad \alpha_2$——管内壁对工质放热系数，kW/(m²·℃)［=860kcal/(h·m²·℃)］；

$\quad\lambda$、λ_s——管壁、内壁垢层的导热系数，kW/(m·℃)［=860kcal/(m·h·℃)］；

$\quad\delta$、δ_s——管壁、内壁垢层的厚度，m。

式（5-35）示出，管内工质平均温度 t_{med} 和受热面热负荷 q_{med} 越高，金属管壁温度越高；放热系数 α_2 与工质的质量流速 ρw 有关，α_2 增大既可使管壁温度降低，又会增大压力损失。管内壁垢层是影响安全运行的重要因素而受到高度重视，但因其对管壁温度的影响很小，计算时可予以忽略。附带说明，式中 $1/\alpha_2$、δ/λ 的热力学含义为物体两端温度差与热源功率之间的比值，称为热阻，单位为 $m^2℃/kW$。

如按烟气侧热负荷 q_w 计算，取管外径 d_w 与内径 d_n 之比：$\beta=d_w/d_n$，可按下式计算：

$$t_{wb} = t_{med} + \beta q_w\left(\frac{1}{\alpha_2}+\frac{\delta_s}{\lambda_s}\right)+\beta q_w\frac{2\delta}{\lambda(\beta+1)} \tag{5-36}$$

一般中压参数的 α_2 远低于高压，中压锅炉过热器平均金属壁温比蒸汽温度高 $50\sim70℃$。如某垃圾焚烧锅炉额定负荷下的 α_2 为 $800\sim1300W/(m^2 \cdot ℃)$，低负荷时 $500W/(m^2 \cdot ℃)$；单级过热器的蒸汽焓增 $335\sim400kJ/kg$；则该级过热器出口平均金属壁温比蒸汽温度高 $60\sim70℃$。对实际运行状态分析，可按《锅炉机组热力计算标准方法》给出的管壁金属计算温度求解法。其中：

对烟温<650℃的过热器，管内工质流量与管组平均流量比即流量不均系数 $\eta_G \geqslant 0.95$ 时取：

$$t_{pj} = t_{med} + 50℃ \tag{5-37a}$$

此外，对自然循环锅炉与 $P<16MPa$，最大 $q_{med} \leqslant 407kW/m^2[350\times10^3 kcal/(m^2 \cdot h)]$ 的水冷壁管，最大吸热量取饱和温度 t_b，按如下管壁平均温度取：

$$t_{wpj} = t_b + 60℃ \tag{5-37b}$$

对非沸腾式省煤器取：

$$t_{pj} = t_{gmrd} + 30℃ \tag{5-37c}$$

实际应用示例见表 5-5。

中、高参数锅炉受热面壁温　　　　　　　　　　表 5-5

锅炉受热面区域		单位	4.0MPa/400℃	6.4MPa/450℃
水冷壁	介质温度	℃	258（4.5MPa 饱和温度）	287（7.1MPa 饱和温度）
高温区	管壁温度	℃	318（60℃附加壁温）	347（60℃附加壁温）
过热器	介质温度	℃	400（主蒸汽温度）	450（主蒸汽温度）
高温段	管壁温度	℃	450（50℃附加壁温）	500（50℃附加壁温）
省煤器	介质温度	℃	130（给水温度）	130（给水温度）
低温段	管壁温度	℃	160（30℃附加壁温）	160（30℃附加壁温）

例：过热器最高温度段管外壁温度计算示例

已知：如右图，管内过热蒸汽参数：$t_{med}=400℃$，$q_{med}=2.9255kW/m^2$，垢层的 $\delta_s \approx 0.0002m$，$\lambda_s \approx 4W/(m \cdot K)$；管壁厚度 $\delta=0.005m$，内壁对工质放热系数 $\alpha_2=0.4919kW/(m^2 \cdot K)$，管壁导热系数 $\lambda=0.04359kW/(m \cdot K)$

求：t_{wb}

解：$\Delta t_2 = q_{med}\times(1/\alpha_2+\delta_s/\lambda_s)=2.9255\times(1/0.4919+0.0002/4)=5.95K=5.95℃$

$\Delta t_{gb} = q_{med}\times\delta/\lambda = 2.9255\times0.005/0.04359 = 0.34K = 0.34℃$

即：$t_{wb}=t_{med}+\Delta t_2+\Delta t_{gb}=400+5.95+0.34=406.29℃$

（2）热偏差与热偏差系数

基于炉内传热规律的炉膛高温烟气辐射区与二、三烟道的任意断面，均表现为中间烟

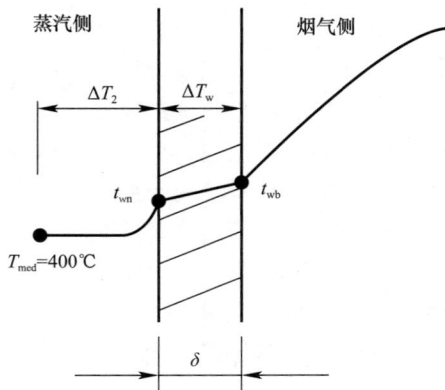

203

气温度高，距离水冷壁越近越低，而垃圾特性的不稳定性又会加重温度偏差的波动。这种烟温不均的状态会一直延续到对流烟道中，造成对流烟道内与过热器、蒸发器等对流受热面传热不均状态，使管内的工质吸热不均。另外，过热器及其他受热面是由诸多并列管子组成的，这些并列管子的结构尺寸会有一定的误差，管内工质的热负荷与流量也会有所差别，因此每根管子中蒸汽吸热状态也就不同。对这种管子内的工质焓增偏离其所在并列管组平均焓增的现象，称为热偏差。典型热偏差的负面作用是当过热器偏差管的壁温超过金属允许工作温度时，使管子蠕胀速度加快，甚至使发生爆管事故。

根据热偏差定义，偏差管单位焓增 Δi_p 与并列管组的平均单位焓增 Δi_0 分别表示为 $\Delta i_p = q_p H_p / G_p$ 与 $\Delta i_0 = q_0 H_0 / G_0$，管组中偏差管的热偏差用热偏差系数 φ 表示，记为：

$$\varphi = \frac{\Delta i_p}{\Delta i_0} = \frac{q_p H_p}{G_p} \bigg/ \frac{q_0 H_0}{G_0} = \frac{q_p}{q_0} \frac{H_p}{H_0} \frac{G_0}{G_p} = \frac{\eta_q \eta_H}{\eta_G} \leqslant \varphi_r \tag{5-38}$$

式中　　　　　　q_p、H_p、G_p——偏差管的单位面积吸热量、受热面面积与工质流量；

q_0、H_0、G_0——管组平均单位面积吸热量、平均每根管子的受热面面积与工质流量；

$\eta_q = q_p/q_0$、$\eta_H = H_p/H_0$、$\eta_G = G_p/G_0$——吸热不均系数、结构不均系数、流量不均系数。

当按上式的各种不均系数使 $\varphi > 1$ 时，介质的焓增和温度会超过平均值。式中的 φ_r 是使管壁金属温度达到允许值时的热偏差，定义为最大允许热偏差，记为 $\varphi_r = \Delta i_r / \Delta i_0$。其含义是指为保证安全运行，应使每根管子的热偏差系数小于等于最大允许值，即 $\varphi \leqslant \varphi_r$。

（3）影响热偏差的因素

受生活垃圾成分和热力特性不稳定影响，热偏差在垃圾焚烧锅炉中的表现比一般锅炉更突出。从我国垃圾焚烧厂的实际运行状态看，吸热不均、流量不均、结构不均等是导致一般锅炉热偏差的主要影响因素，也就对运行管理提出更高要求并需要引起高度重视。在大多数情况下，虽然过热器并列管子的受热面是相同的，但会受到受热面管道结构焊点、粗糙度等影响。当其对热阻 K 的差异影响很小时，热偏差就取决于吸热不均与流量不均。因此，影响过热器吸热不均的主要因素是其结构特点与运行工况两方面。

对处理规模 300t/d 以上的垃圾焚烧锅炉，是由两台或以上推料器将垃圾推入到炉内的炉排上，但根据炉内燃烧状态自动调整其运行速度与不同步程度尚有较大难度，会出现炉膛燃烧区发生偏烧现象造成温度场不均以及各水冷壁管的吸热不均，而炉膛内的热力不均也会引起对流受热面的吸热不均。典型的吸热不均现象，如烟道本身宽度方向烟温不均、烟道某些部位流通面积大导致速度场不均会发生烟气偏流，形成"烟气走廊"。再如受热面污染，结渣积灰较多的管子吸热量减少致使并列工作管子的热负荷不均。尤其是当对流烟道发生局部堵渣时，其余截面的烟气流速增大，吸热量增多。从沿对流烟道截面对过热器的影响来看，相对上部与下部的烟气温度与流量不均，沿宽度的烟气不均对过热器的影响要大得多。这是因为一般烟道中部热负荷最高，两侧较小（图 5-22）。一般大型锅炉的吸热不均系数 $\eta_q \approx 1.1 \sim 1.3$，垃圾焚烧锅炉受宽度所限，正常状态下通常不大于 1.2。

流量不均是指流经某根管子的单位蒸汽量与并联管组平均单位蒸汽量之比。流经每根

过热器管子的流量取决于该管子的流动阻力系数、进出口之间的压力差以及位能差。图 5-23
示出理论上的过热器进口联箱与出口联箱压力差，考虑进出口摩擦阻力损失 Δp_{11}、Δp_{21} 的
情况，实际进出口压差 Δp 为：

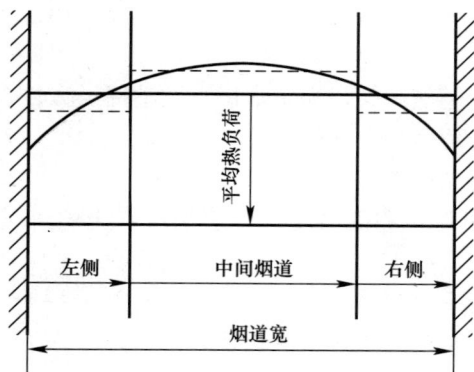

图 5-22　沿烟道宽度的热负荷分布　　图 5-23　过热器 Z 形（左）与 U 形（右）连接方式

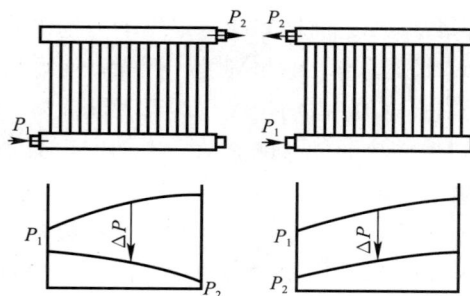

$$\Delta p = (p_1 + \Delta p_1) - (p_2 + \Delta p_2) \tag{5-39}$$

此压差用于克服管内的流动阻力和位能差，即：

$$\Delta p = \left(\sum \varsigma + \lambda \frac{l}{d}\right)\frac{w^2}{2\nu} + \frac{h}{\nu}g = RG^2\nu + \frac{h}{\nu}g \tag{5-40}$$

其中：$\quad R = \left(\sum \varsigma + \lambda \frac{l}{d}\right)\frac{1}{2f^2} \tag{5-41}$

由式（5-39）与（5-40）得：$\quad p_1 - p_2 = RG^2\nu - (\Delta p_1 - \Delta p_2) + \frac{h}{\nu}g \tag{5-42}$

以上三式中　ς、λ——管子的局部阻力系数与摩擦阻力系数；

　　　　　　d、f、l——管子的内径、流通截面与长度；

　　　　　　G、ν、w——管内蒸汽流量、平均比容与平均流速；

　　　　　　h——进出口联箱高度差。

式（5-42）对过热器并联管组中的任一管子都适用，也就表明其中的任何两管间都具
有平衡关系。从流动阻力来看，进出口联箱直径较大，相应蒸汽流速较低，流动阻力差
$\Delta p_1 - \Delta p_2$ 可予忽略。而其中的位能差 $\rho g h$ 相对蒸汽来说很小，亦可忽略。在此条件下可
得到流量不均系数：

$$\eta_G = \frac{G_p}{G_0} = \sqrt{\frac{R_0}{R_p} \times \frac{\nu_0}{\nu_p}} \tag{5-43}$$

由于蒸发管的工质侧参数变化对吸热不均的影响小，但位能差及流动阻力差对流量不
均的影响大，因此上述流量不均系数对蒸发管并联管组不适用。

应在垃圾焚烧烧锅炉的设计、制造、安装和运行管理全过程，根据吸热不均、流量不
均与结构不均等的影响因素采取适宜、有效的控制措施。控制热偏差的理论研究和工程经
验值得借鉴，如：

1）设计上，将受热面分级并进行级间混合，以控制每一级的焓增，并减少受热面出
口汽温的偏差；

2）蒸汽引入、引出联箱时，采用静压分布均匀的连接方式，合理的连接直径，减小

流量偏差；

　　3）控制低温过热器较小的焓增（如电站锅炉不超过 200kJ/kg）；

　　4）适当均衡并列受热面管子的长度和吸热量；

　　5）尽可能减小安装偏差及焊接规范。

运行管理上的控制措施主要有：

　　1）设备投运前做好冷态空气动力场试验和燃烧调整试验，为正常运行调整提供数据；

　　2）通过适当堆酵与翻堆、倒垛，使垃圾池内的垃圾热力性能尽可能均匀；

　　3）进入炉膛内的垃圾与运行工况保持一致，避免或减轻偏烧现象；

　　4）使受热面烟气侧流动阻力均匀，减小炉膛出口左右侧烟温与烟速偏差，避免或减少"烟气走廊"；

　　5）采取合适的定期吹灰时间与吹灰方式，保持受热面清洁；

　　6）对结构不均匀性大的受热面，让管内工质流量与其吸热量成正比。

5.2.2.3　垃圾焚烧锅炉的蒸汽参数

　　应用垃圾焚烧处理技术，当具备如焚烧垃圾热值≥5000kJ/kg、处理规模宜≥150t/d 的焚烧热能回收利用条件时，通常要采用垃圾焚烧锅炉来回收焚烧热能。与采用一般锅炉取得经济效益观念的差别，在于这种回收利用热能的方法首先是基于环境问题的解决方案，也就是说焚烧垃圾的经济效益观必须是以保证垃圾焚烧处理与减排，实现对污染物综合预防和控制为基本前提。取得良好的经济效益即提高循环效率又是促进垃圾焚烧处理良性循环的保证，需要把握垃圾焚烧过程中的环境效益与循环效率跨界关系的差别性、融合性和可持续性。

　　提高垃圾焚烧厂热力循环效率的理论途径主要是合理控制排烟温度、减小系统设备热量损失和同步提高主蒸汽压力与温度。随着锅炉技术和工程材料技术的发展，减少热量损失的应用研究已经达到较高水平，适应不同蒸汽压力的材料已经得到普遍应用，只是在高温与腐蚀的严酷环境下的锅炉蒸汽温度受到不同程度的约束。垃圾焚烧锅炉技术正是随着相关理论研究与实践而得到发展，并于 20 世纪 70 年代采用 2.45MPa/300℃次中压参数成功地实现利用焚烧垃圾的热能发电，到 20 世纪 90 年代中后期提高到至今普遍采用的 4.0MPa/400℃中压参数，在此期间也进行了如 6.4MPa 次高压及更高压力等级的应用研究与有益的尝试（图 5-24）。

　　制约蒸汽参数提高的主要障碍是高温腐蚀与材料性能。如图 5-25 所示（图中横坐标为烟气温度，纵坐标为管壁温度），当按管内蒸汽温度加 50℃计的过热器的管壁温度为 450℃，烟气温度为 580~710℃时，高温过热器管道处于低腐蚀到高腐蚀之间的腐蚀过渡区。如将蒸汽温度提高到 450℃使管壁温度达到约 500℃，若仍保持进入高温过热器的烟温，则管道接近高腐蚀区，成为提高蒸汽参数的瓶颈。这也是生活垃圾焚烧厂普遍采用中压蒸汽参数的主要原因。

　　理论上，主蒸汽参数越高，热效率从而发电效率越高。表 5-6 给出在给水焓 546.28kJ/kg 与汽轮机排汽焓 2335kJ/kg 条件下，从中压等级的 4.0MPa/400℃提高到次高压等级的 6.4MPa/450℃，全厂理论热效率提高 6.06%。另以焚烧垃圾 1200t/d 为例的计算发电功率可提高 4.86%，热耗率降低约 0.8%。

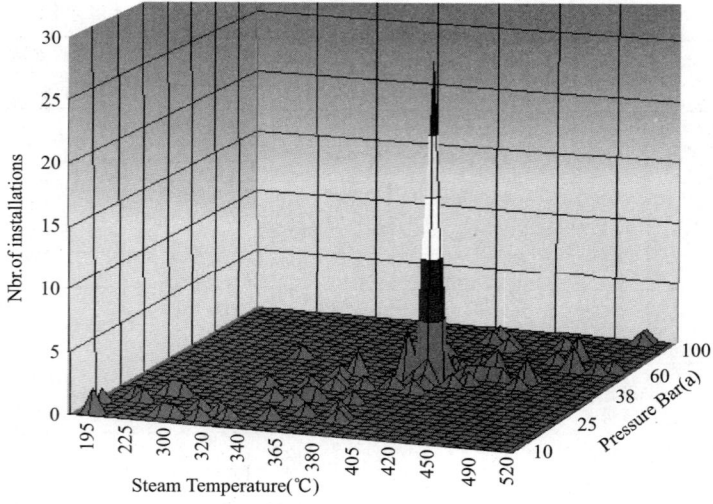

图 5-24 垃圾焚烧锅炉蒸汽参数的应用统计

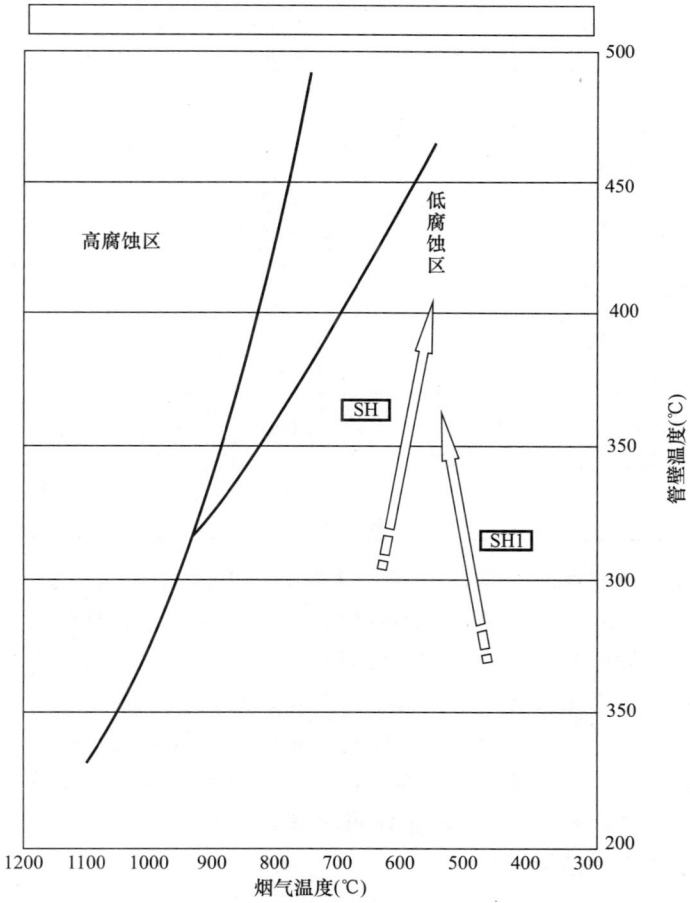

图 5-25 过热器烟温、壁温与高温腐蚀关系

中压与次高压锅炉的理论热效率、发电功率与热耗率计算示例　　表 5-6

项目	单位	两种工况的蒸汽参数		排汽参数	给水参数
		P_{11}/t_{11}	P_{12}/t_{12}	P_2	$t_4=130℃$
锅炉蒸汽参数	MPa/℃	4.0/400	6.4/450		
汽机进口参数	MPa/℃	3.8/395	6.2/445		
汽机进汽焓 h_1	kJ/kg	3207	3288		
汽机排汽焓 h_2	kJ/kg			2335	
锅炉给水焓 h_4	kJ/kg				546.28
$\eta_t=(h_1-h_2)/(h_1-h_4)$	%	32.7733	34.7594		
$\Delta\eta=(\eta_{t2}-\eta_{t1})/h_{t1}$	%	6.06			

不同蒸汽参数的发电功率与热耗率计算

序号	比较项目		单位	估算结果①	估算结果②
1	焚烧垃圾处理量	Q	kg/h	50000	50000
2	过热蒸汽压力/温度	P/t	MPa/℃	3.92/400	6.27/450
3	过热蒸汽焓	h''	kJ/kg	3215	3296
4	汽包压力	P_{qb}	MPa	4.60	7.30
5	汽包压力下饱和水焓	h'	kJ/kg	1128	1282
6	焚烧垃圾热值	LHV	kJ/kg	6688	6688
7	单位熵值	S	kJ/(kg·K)	6.7733	6.6786
8	过热蒸汽量	D	t/h	100.0	97.0
9	汽机进汽压力/温度	P_0/t_0	MPa/℃	3.8/395	5.9/435
10	汽机进汽焓/排气焓	h_1/h_2	kJ/kg	3207/2335	3267/2335
11	给水温度/给水焓	t_{gs}/h_4	℃/(kJ·kg)	130/546.28	
12	发电能力	N	MW	23.23	24.36
13	发电量提高	ΔN	%	$[(24.36-23.23)/23.23]\times100\%=4.86$	
14	机组额定负荷	W	MW	24	24
15	锅炉效率	η	%	80	80
16	发电热耗 $q=D\times(h_1-h_4)/\eta/W$	q	kJ/kW	$100\times(3207-546.28)/0.8/24=13852.8$	$97\times(3267-546.28)/0.8/24=13745.3$
17	发电热耗差	Δq	%	$[(13852.8-13745.3)/13852.8]\times100\%\approx0.8\%$	

影响提高蒸汽参数的负面因素，首先是实际热利用效率总是要低于理论计算值。其次，这种经济效益的提高与垃圾焚烧处理规模正相关。再次，随着蒸汽参数提高，锅炉压力部件与热力系统的管道、阀件的技术等级以及运行的安全风险等级都要提高，而且厂用电率与检修时间会增加，设备使用率会降低。针对提高焚烧热能利用效率与增加腐蚀与安全性等的利弊关系，普遍接受追求高效率应有一定限度，否则高效率要付出昂贵代价甚至会将更多问题留给垃圾焚烧厂的理念。在垃圾焚烧普及率搞得欧洲及日本等的实践中，普遍采取中压等级的 4.0MPa/400℃ 自然循环蒸汽锅炉的折中方案。

（1）参数变化对锅炉结构影响

从朗肯循环可知，在锅炉省煤器、水冷壁及蒸发器内完成从锅炉给水加热为饱和水状态阶段，在汽包内完成饱和水蒸发为饱和蒸汽状态阶段，在过热器内完成饱和蒸汽过热到过热蒸汽状态阶段。表 5-7 给出各阶段不同压力等级、不同蒸汽温度的理论吸热比例。从表中可见，当蒸汽参数从 4.0MPa/400℃ 提高到 6.4MPa/450℃ 时，蒸发受热面要减少 7.96％，加热受热面与过热受热面则分别增加 4.78％与 3.18％。工质在加热、蒸发、过热过程的吸热量分配比例，以及在对应受热面中的热力参数选择决定了受热面的布置。

余热锅炉工质吸热量比例 表 5-7

蒸汽压力（MPa）	蒸汽温度（℃）	给水温度（℃）	给水焓（kJ/kg）	饱和水焓（kJ/kg）	饱和蒸汽焓（kJ/kg）	过热蒸汽焓（kJ/kg）	总焓增（kJ/kg）	吸热量比例%		
								加热	蒸发	过热
4.00	400	130	546	1087	2800	3215	2669	20.27	64.18	15.55
6.40	450	130	546	1235	2781	3296	2750	25.05	56.22	18.73

（2）材质选择

垃圾焚烧锅炉的焚烧烟气不但温度高而且有多种腐蚀性气体，工作环境十分恶劣。实际运行经验显示，与高温烟气直接接触的炉膛烟气出口区和中压等级的高温过热器、次高压等级的中温过热器腐蚀情况尤为严重。对过热器使用材料的分析显示，使用 SUS 301 材质，在 4.0MPa/400℃ 与 5.3MPa/450℃ 工况的材料腐蚀速度分别为 1.2mm/a 与 2.5mm/a，推算正常使用寿命均为 3 年。使用碳钢材质时的材料腐蚀速度分别为 0.3mm/a 与 1.0mm/a，正常使用寿命分别不足 2 年与 1 年。因此蒸汽温度的提高需要充分考虑锅炉承压部件金属材料的材质，特别是高温过热器材质的防腐蚀性能。关于锅炉承压管子的温度与使用寿命的关系参见图 5-26，金属材料的腐蚀速度计算方法将在后面章节讨论。

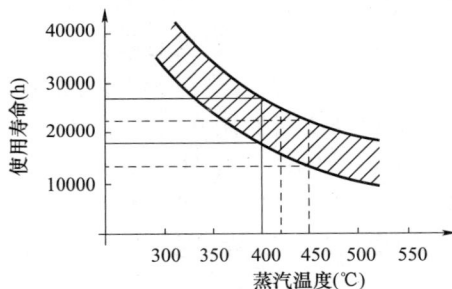
图 5-26 蒸汽温度-受热面管子使用寿命关系

垃圾焚烧锅炉的不同承压部件需要根据腐蚀情况与压力等级采用不同材质，表 5-8 是以单台垃圾焚烧锅炉规模 750t/d、垃圾热值 7120kJ/kg 为例，采用两种蒸汽参数的锅炉材质比较。其中中压等级锅炉的 Ⅱ、Ⅲ 级过热器需要采用如 15Mo3 等低合金钢或是 SUS301、TP310S 等奥氏体不锈钢。次高压锅炉在材质相同的情况下，需要增加改善基体材料表面耐磨、耐蚀、耐热、抗氧化特性等的表面金属涂层的措施，包括从早先的金属喷涂发展到堆焊，以及激光熔覆的提高涂层性能的工艺措施。

不同蒸汽参数 750t/d 锅炉材质比较 表 5-8

序号	项目	4MPa/400℃		6.4MPa/450℃	
		材质类型	单台质量（t）	材质类型	单台质量（t）
1	汽包	16Mng	40	19Mn6	60
2	水冷壁/省煤器等	20g	380	20g	410
3	Ⅰ级过热器	20g	80	20g 和 15CrMog	120
4	Ⅱ、Ⅲ级过热器	15Mo3、TP310S、SUS301 等	40	15Mo3、TP310S、SUS301 等并采用金属涂层	40
5	非受压件（钢架/平台扶梯/护板/吊挂/灰斗等）	碳素结构钢	950	碳素结构钢	970
	合计		1490		1600

从材料视角，蒸汽温度 450℃ 是锅炉的重要温度节点。按《火力发电厂金属技术监督规程》DL/T 438 规定，工作温度大于 450℃ 的主蒸汽管道和高温导气管的安装焊缝应采取氩弧焊打底，焊缝在热处理后或焊后（不需热处理）应进行 100% 无损探伤，管道焊缝超声波探伤按 DL/T 820 进行，射线探伤按 DL/T 821，质量评定按 DL/T 869 执行。在实施细则中又规定，工作温度大于和等于 450℃ 的碳钢、钼钢蒸汽管道，当运行时间达到或超过 $10×10^4$h 时，应及时进行石墨化普查，以后的检查周期约 $5×10^4$h；超过设计使用期限工作温度大于 450℃ 的主蒸汽管道的弯头、弯管、三通、阀门和焊缝等，应全面进行外观和无损探伤检查；直管、弯管进行壁厚测量和金相检验，弯管不圆度测量；监察段进行硬度、金相、碳化物检查；运行时间达 $20×10^4$h，工作温度大于 450℃ 的主蒸汽管道，除按规定项目对管件进行复查外，应增加硬度检验项目。

5.2.2.4　运行中影响过热蒸汽温度的因素与调节方法

（1）运行中的蒸汽参数与影响过热蒸汽温度的因素

在垃圾焚烧锅炉运行中，要禁止超压运行，但允许在一定范围内降压运行，并应保持蒸汽压力的稳定。过热蒸汽温度降低会使循环效率降低，如在蒸汽初压 12～25MPa 时，过热蒸汽温度温度每降低 10℃ 会使循环效率降低约 0.5%，但发生超温会影响到过热器与汽轮机的安全运行，因此要求中压、次高压锅炉额定蒸汽温度偏差控制在 +10/-5℃，高压锅控制在 +5/-10℃。当焚烧垃圾热值 LHV 在 70%～110% 设计点热值（LHV）范围内变化时，蒸汽负荷随 LHV 的变化而变化；当 LHV 小于 70% 额定热值时，基于环境保护要求，往往需要添加辅助燃料；当 LHV 大于 110% 额定热值时，为保证锅炉安全运行的要求而需要减少焚烧垃圾量，以控制蒸汽负荷最大变化范围在 70%～110%。

对自然循环锅炉，蒸发量的稳定和过热蒸汽压力的控制可通过调整焚烧垃圾量达到。而过热蒸汽温度的影响因素很多，且可能会是几个因素同时发生（表 5-9）。因垃圾特性和焚烧过程，采用炉型与运行管理等不同影响因素难以作出量化统计，因此仅给出室燃炉影响因素的大致数据，供参考。

运行中影响过热蒸汽温度的因素　　　　　　　　　　　　　　表 5-9

序号	影响因素	影响过热蒸汽变化的说明	各因素对过热蒸汽温度影响
1	焚烧垃圾量与传热方式	当焚烧垃圾量增加时，炉膛最高温度变化不大但出口温度增加。说明炉膛单位焚烧垃圾辐射换热百分比率降低；相反，烟气温度和流速在对流烟道增加，单位焚烧垃圾对流换热百分比率增加。也就是垃圾焚烧锅炉具有蒸汽温度随锅炉负荷正变化的对流气温特性（蒸汽温度变化记为 $\Delta t''$）	燃烧负荷 $±10\%$ $\Delta t''±10℃$
2	过量空气系数	过量空气系数 α 增大，燃烧生成的烟气量增多、流速增大，对流传热加强，导致过热汽温升高。相应排烟热损失增加	$\alpha±10\%$ $\Delta t''±10～20℃$
3	给水温度	给水温度 t_{gs} 提高，产生同等蒸汽量所需焚烧热能降低。由于焚烧垃圾量不变，或是蒸汽量增加蒸汽温度稳定，或是炉膛出口烟温增加蒸汽温度提高。实际运行按前者进行控制	$t_{gs}+10\%$ $\Delta t''-4～5℃$
4	受热面污染状态	炉膛受热面积灰、结渣使辐射传热量减少，对流烟道烟气温度提高而使蒸汽温度增加。过热器本身积灰、结渣将导致蒸汽温度下降	
5	饱和蒸汽用汽量	当抽取汽包饱和蒸汽用于蒸汽吹灰、燃烧空气加热等用途时，为供应饱和蒸汽而焚烧垃圾量不变，则供应的燃烧热能相对过热蒸汽减少。当饱和蒸汽用量增多就会使蒸汽温度明显降低	

序号	影响因素	影响过热蒸汽变化的说明	各因素对过热蒸汽温度影响
6	锅炉排污	锅炉排污对蒸汽温度有影响，只是排污水的焓值低，影响不很明显	
7	燃烧器	燃烧器投入会影响炉膛温度分布及炉膛出口烟温，因而也将会影响过热蒸汽温度	
8	垃圾特性	垃圾灰分、含水率以及颗粒度都会影响蒸汽温度变化。按热平衡分析，一般灰分变化±10%，蒸汽温度变化±5℃左右；水分变化±10%左右，蒸汽温度变化±1.5℃左右	

（2）运行中蒸汽温度的调节方法

维持过热蒸汽温度在规定范围内是垃圾焚烧锅炉安全、经济运行的必要条件。汽温过高会使受热面管子的金属许用应力下降，汽温降低则会影响机组的循环热效率，从而需要有适当的调节温度措施，包括结构上的调整和运行过程的温度控制。对过热蒸汽温度的调节的总体要求是要调节灵敏，汽温偏差小，运行可靠，结构简单，不影响锅炉及热力系统效率，在70%～110%锅炉负荷范围内能维持垃圾焚烧锅炉额定蒸汽温度，如400^{+5}_{-10}℃。

过热蒸汽调节分为蒸汽侧调节与烟气侧调节两类。烟气侧调节是指通过改变锅炉辐射受热面与蒸发受热面吸热量比例或改变蒸汽温度调节的方法，这种方法适用于再热器汽温的调节。对非再热式的垃圾焚烧锅炉的蒸汽温度调节是采用蒸汽侧调节的方法。

蒸汽侧调节是指通过改变蒸汽焓来调节蒸汽温度的方法。针对垃圾焚烧锅炉应用的对流过热器系统，一般采用调温能力大，调节灵活，反应迅速的喷水式减温器又称混合式减温器调节汽温的方法，该系统如图5-27所示。整个过热器系统设置有二级减温器，分别布置在Ⅰ、Ⅱ级过热器与Ⅱ、Ⅲ级过热器之间，减温水最小可调量一般为额定量的20%。喷水减温器的工作原理是由给水泵出口引入的锅炉给水作为减温水，通过喷嘴雾化后的雾滴直接与过热蒸汽混合。其热力平衡关系为：

$$(D+D_{jw})\Delta i_{gr} = D(i''_{gr}-i''_{bh}) + D_{jw}(i''_{bh}-i'_{jw}) \tag{5-44}$$

式中　D、D_{jw}——过热蒸汽量与减温水量，kg/h；

Δi_{gr}——减温器后的蒸汽焓降，kJ/kg；

i''_{gr}、i''_{bh}、i'_{jw}——减温器前的过热蒸汽、饱和蒸汽与减温水的焓，kJ/kg。

过热器设计时，通常按锅炉额定蒸发量下喷水减温器内对蒸汽的吸热约84kJ/kg（20kcal/kg）进行计算。因喷水减温方法只能降温，考虑过热器吸热量（图5-29），设计要略大些。减温部分的管道与管件按喷水量的1.5～2倍设计。由于喷入的减温水直接与蒸汽混合，为防止蒸汽被污染，要求给水的含盐量小于0.3mg/kg。如给水品质达不到要求，就要采取如图5-28所示的自制凝结水减温系统等其他方法。

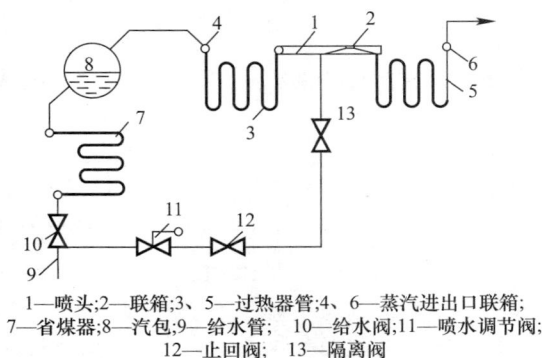

1—喷头；2—联箱；3、5—过热器管；4、6—蒸汽进出口联箱；7—省煤器；8—汽包；9—给水管；10—给水阀；11—喷水调节阀；12—止回阀；13—隔离阀

图5-27　锅炉给水的减温水系统

1—汽包;2、4—过热器;3—喷水减温器;5—冷凝器;
6—储水器;7—喷水调节阀;8—溢流管;9—水封;
10—饱和蒸汽;11、12—省煤器

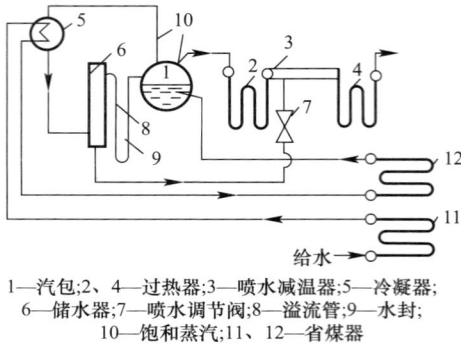

图 5-28 自制凝结水减温系统

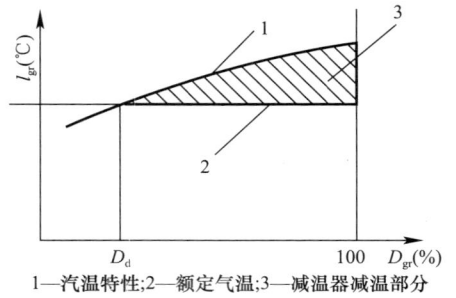

1—汽温特性;2—额定气温;3—减温器减温部分

图 5-29 喷水减温器调节气温原理

常用喷水减温器的结构形式主要有多孔喷管式、旋涡式与文丘里式三种，其基本特点参见表 5-10。

三种喷水减温器特征 表 5-10

多孔喷管式减温器	旋涡式喷水减温器	文丘里式喷水减温器
 1—外壳;2—保护套管; 3—多孔喷管;4—端盖;5—加强片	 1—旋涡式喷嘴;2—减温水管; 3—支撑钢碗;4—蒸汽管道; 5—文丘里管;6—混合管	
喷管外径 50～76mm，减温水从其上开有的若干 5～7mm 喷水孔以 3～5m/s 流速喷出。保护套管长 4～5m，保证水滴在套管内完全蒸发	多布置在两级过热器之间的连接管道上，减温水在喷嘴内强烈旋转，在文丘里管喉部与高速蒸汽混合，水滴快速汽化与过热，无需较长的套管	文丘里管喉部蒸汽流速 70～120m/s，形成局部负压；喉口外侧为环形水室，喉口壁上开有若干 3mm 喷水孔，流速 1m/s。锅炉给水做减温水有较大温差
具有应用广泛，结构简单，制造安装方便，调温效果较好的特点	具有减温幅度大，雾化质量好，可适应减温水频繁变化；压力损失较大	结构较为复杂，变截面多，喷水量频繁变化会产生较大的温差热应力

5.2.2.5 过热器积灰与超温

（1）灰熔点与积灰

烟气流经锅炉各受热面时，携带的颗粒物沉积到受热面管壁上形成积灰。严格意义上的锅炉受热面积灰是指炉墙或水冷壁等辐射受热面上粘结的熔渣，简称结渣也叫结焦。由于积灰与结渣的物理性质有很大差别，相应处理方法有所不同，实际应用中是分别采用积灰和结渣的概念。其中，将过热器等高温对流受热面上烧结的积灰叫作结渣或结焦，将过热器、蒸发器与省煤器等受热面上的松散积灰称为积灰。积灰与结渣的情况主要取决于焚烧垃圾的特性，烟气流速，流动方式以及颗粒物粒径与成分，并与锅炉结构设计和运行管理状态有关系。

对飞灰特性的研究表明，对于同样来源飞灰的灰熔点也不尽相同，主要取决于 SiO_2 含量并与之成近似正比关系。关于酸性氧化物总量 $SiO_2+Al_2O_3$ 对灰熔点的影响有不同认识，岑可法院士指出 SiO_2 容易和 Al_2O_3 形成低熔点共熔体，$SiO_2+Al_2O_3$ 含量高导致软化温度高的规律。也有研究认为酸性氧化物升高会导致流动温度降低。锅炉结构形式对灰熔点影响的研究认为，层燃型垃圾焚烧锅炉焚烧灰的灰熔点比流化型炉要低，有数据显示低约 150℃。CaO 对飞灰熔融特性的研究显示，随着 CaO 量的增加，变形温度 DT、软化温度 ST 和熔化温度 FT 三个特征温度都呈现先下降后上升，然后再下降再上升的波浪式趋势。但三个特征温度之间温差不是很有规律（图 5-30）。分析认为，因 CaO 是低熔点共晶体的重要组分，含量的增加可使低熔点共晶体组分比例上升，所以 CaO 量为飞灰量的 15％ 之前，灰熔点随 CaO 增加而下降，直到 15％ 时达到最低，说明此时混合灰中低熔点共晶体的比例达到最大值。随着 CaO 量继续增加，灰熔点反而上升，主要

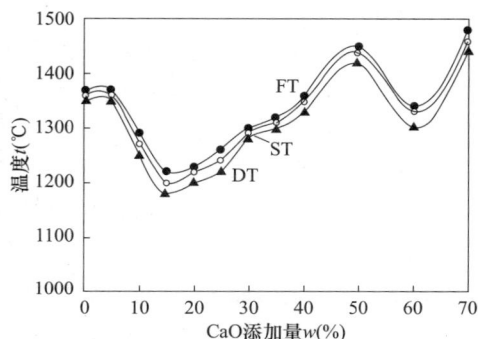

图 5-30 CaO 添加量与 DT/ST/FR 关系

因为多余的 CaO 成为相对游离的成分，而 CaO 的熔点很高，导致混合物熔点升高。在 CaO 量占到 50％ 时的灰熔点达到最高值，此后随着 CaO 的增加灰熔点又有所降低，在 60％ 时达到一个极小值，此后随 CaO 增加灰熔点快速升高，说明添加 CaO 实现助熔是有条件的。

对流受热面积灰、结渣会使烟气通道变窄或阻塞，烟气流通阻力增大并引起热偏差。造成金属壁面腐蚀大多发生在金属温度最高的蒸汽出口部分的高合金钢管上的积灰与结渣，这种情况表现为颗粒直径细微，内层灰紧密，与管壁粘结牢固而很难清除，外层灰松散容易清除。究其原因在于垃圾焚烧飞灰的主要元素成分有 O、C、Cl、Ca、Si、Al，其质量分数之和达到 80％ 以上。烟气携带的飞灰中含有熔点在 700～850℃ 的 NaCl、$CaCl_2$、$MgCl_2$、Na_2SO_4、$Al_2(SO_4)_3$ 等氯化物、硫化物低熔点飞灰，简称低熔灰；熔点在 900～1100℃ 的 FeS、Na_2SiO_3、K_2SO_4 等中熔灰；熔点在 1600～2800℃ 的 SiO_2、MgO、CaO、Fe_2O_3 等纯氧化物组成的高熔灰。通常中熔灰与高熔灰是焚烧飞灰的主要成分。实际上高强度的积灰是大量的，但是如不及时清除而任其烧结反应，则积灰的强度会逐渐增加，使积灰越加严重，清除就更加困难。研究发现，烟气携带的飞灰量越多，这种积灰越快而且在烟道挡板附近和烟气发生涡流地方的局部积灰较多。是否发生严重积灰与飞灰的烧结强度有关，而与灰熔点的关系不大。灰中的 Na_2O、K_2O 等碱性成分越多，烧结强度越大。

锅炉运行工况对积灰也有影响。垃圾焚烧锅炉的过热器中，设计在 100％ 焚烧负荷下的高温过热器入口烟气温度多在 620～650℃。在这种运行状态下通常可缓解内层紧密积灰的形成。但是，如果燃烧空气量偏少会使炉内形成还原性气体，使飞灰中某些成分的熔点

降低，就会引起炉内结渣。

（2）过热器损坏

由锅炉本体引起的停炉事故除堵灰与严重结渣外，再就是受压部件尤其是过热器的失效。这种失效大体上可分为应力损坏、塑性破坏、疲劳和腐蚀疲劳三种失效类型（对这类失效分析见第 7 章）。

应力损坏是在高温与同样应力工作环境下，当过热器管子受到腐蚀时，管壁减薄，应力增加以至发生蠕变，管径涨大，形成应力损坏。钢材发生的蠕变和应力损坏具有工作温度越高寿命越短的规律。

塑性破坏是发生在蠕变范围以下的一种应力损坏。腐蚀和侵蚀使管壁减薄的损坏属于塑形破坏。

疲劳和腐蚀疲劳是指周期性形变引起金属的疲劳损害。即使是如过热器振打清灰产生周期性的应力，以至更小频次的更小形变也会引起疲劳失效。腐蚀和氧化也会加速这种失效。

（3）过热器超温

在垃圾焚烧锅炉正常运行时，需要稳定过热蒸汽压力，从而过热器内的蒸汽压力变动很小，管壁承受的应力几乎恒定。其使用寿命主要取决于管壁的金属平均温度，换言之，避免发生超温是提高过热器使用寿命的有效途径。发生超温的原因无非是蒸汽侧的冷却不足或是烟气侧的对流放热过强。在蒸汽侧冷却过程中，当个别过热器管子被污染致使蒸汽吸热量过小或是局部阻力或沿程阻力过大致使蒸汽流量太小时，在高温烟气对流放热环境下会造成管壁不同程度超温。

减少过热器内的蒸汽流量必然会使管壁温度增高。当锅炉运行工况严重偏离设计条件时，就会发生蒸汽温度过高现象。尽管通过喷水减温能维持额定蒸汽温度，但减温器前的过热器管可能会超温。对中压等级及以上的锅炉，压力下降则饱和蒸汽焓增性对较大，也就是在一定燃烧率下的过热蒸汽量减少。与此同时，蒸汽压力越低传热性能越差。这些因素都会使管壁对蒸汽的放热系数减小，导致管壁温度升高。

在烟气侧发热过程中，在其他条件相同的条件下，产生 1kg 蒸汽所需的垃圾量增加或是锅炉漏风时，会使过热器进口烟气温度升高、烟气量增加。无论是烟温升高还是烟量增加，都会增加整个或局部过热器的吸热量，从而管壁温度升高。因此锅炉给水温度降低以及锅炉漏风与积灰等工况都会导致过热器超温。严重积灰会使整个过热器吸热量减少，但可能会使某些局部过热器管超温。

锅炉是作为一个整体运行的，相邻部套之间的运行状态有密切相关性。因此判断过热器是否处于超温的工作状态，可通过某些其他运行状态参数作为参考值。例如减温器的进、出口温差 Δt 可反映减温水量多少，Δt 在一定负荷下偏离正常值过大，说明过热器吸热量改变很多。出现这种情况的原因可能有管壁积灰、垃圾超烧等现象，需要及时查明情况，防患于未然。类似参数还有过剩空气量、通风阻力等。

5.2.3　省煤器

5.2.3.1　省煤器

省煤器是锅炉给水吸收低温烟气的热量，降低排烟温度，提高焚烧热能利用率的受热面。按省煤器出口工质的状态有如下两种形式，即出口水温低于饱和温度的非沸腾式省煤器和出口水温达到饱和温度并有部分蒸汽产生的沸腾式省煤器。垃圾焚烧锅炉的省煤器是将锅炉给水加热成汽包压力下的饱和水的受热面，属于沸腾式省煤器。该省煤器布置在蒸发器之后的尾部烟道内，省煤器烟气侧出口即是锅炉烟气出口。由于锅炉给水进入汽包之前先经省煤器加热，设计时可以用省煤器来代替部分蒸发受热面。另外，由于进入汽包时的锅炉给水温度提高了，减小了汽包壁温差也就减小了热应力。有利于延长汽包使用寿命。

按省煤器材质分为铸铁式省煤器与钢管式省煤器两类（图 5-31），铸铁式省煤器属于非沸腾式省煤器，由性脆的铸铁肋管和铸铁弯头组构成，通常采用卧式串联布置。铸铁式省煤器用于压力 2.5MPa 及以下的锅炉，出口水温要低于工作压力对应的饱和温度30℃，以防止因蒸汽骤凝发生水击致破裂。钢管省煤器用于大于 2.5MPa 的锅炉，由并联蛇形管组与联箱组成，不受压力限制，有沸腾式或是非沸腾式之分。沸腾式省煤器出口为汽化水量应不大于锅炉给水量的 20％汽水混合物，温度等于汽包压力下的饱和温度。

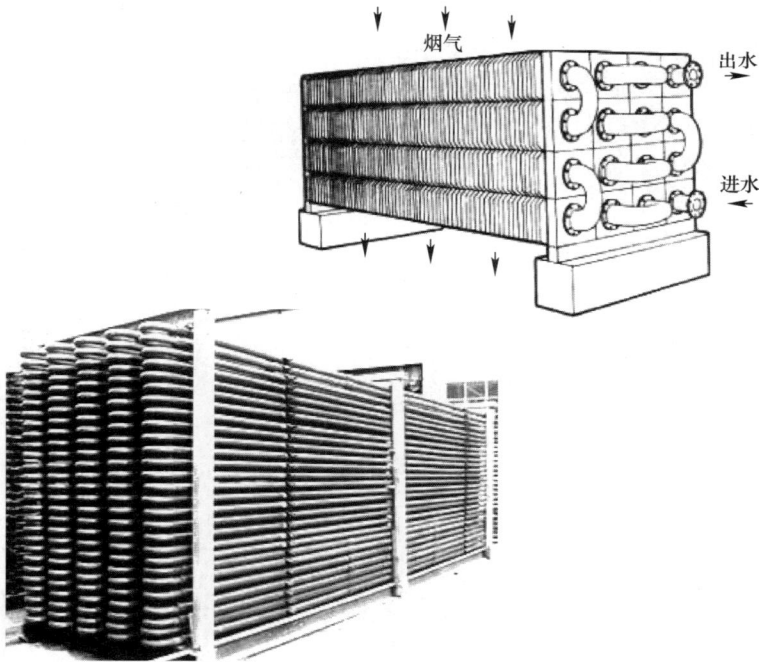

图 5-31 铸铁式（上）与钢管式（下）省煤器的形式

垃圾焚烧锅炉采用碳素钢光管、外径 42～51mm 的钢管式省煤器。设计为单列连续回路的结构，蛇形管两端分别与进水联箱与出水联箱焊接相连。采用竖向也叫立式顺列布置（图 5-33）或是横向错列/顺列布置。如图 5-32 所示的横向布置省煤器，其管子固定在支架上，支架支撑在与锅炉钢架相接的横梁上。横梁位于烟道内，受到烟气冲刷。为避免横梁过热，多将其制作成空心，外部用绝热材料包裹。

省煤器设计的总管根数 n 根据水流速，按下式计算：

$$n = \frac{D_{ec}v}{0.7854d_n^2 w}　　　　　　(5\text{-}45)$$

式中　D_{ec}——进省煤器给水量，kg/h；

$\quad\quad d_n$——省煤器管内径（m）；

$\quad v，w$——分别为省煤器内水的比容（m^3/kg），平均流速（m/s）。

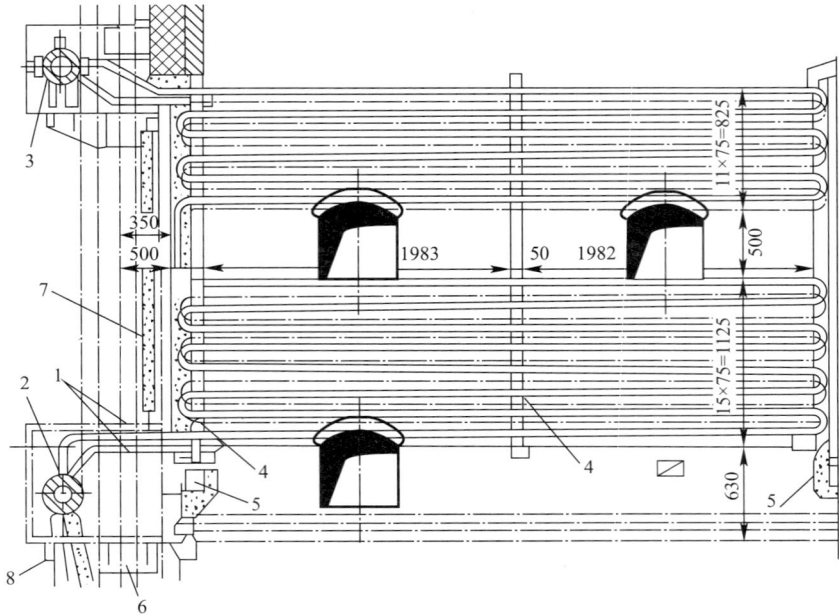

图 5-32　横向布置的钢管式省煤器结构

1—蛇形管；2—进口联箱；3—出口联箱；4—支架；5—支撑架；6—锅炉钢架；7—炉墙；8—进水管

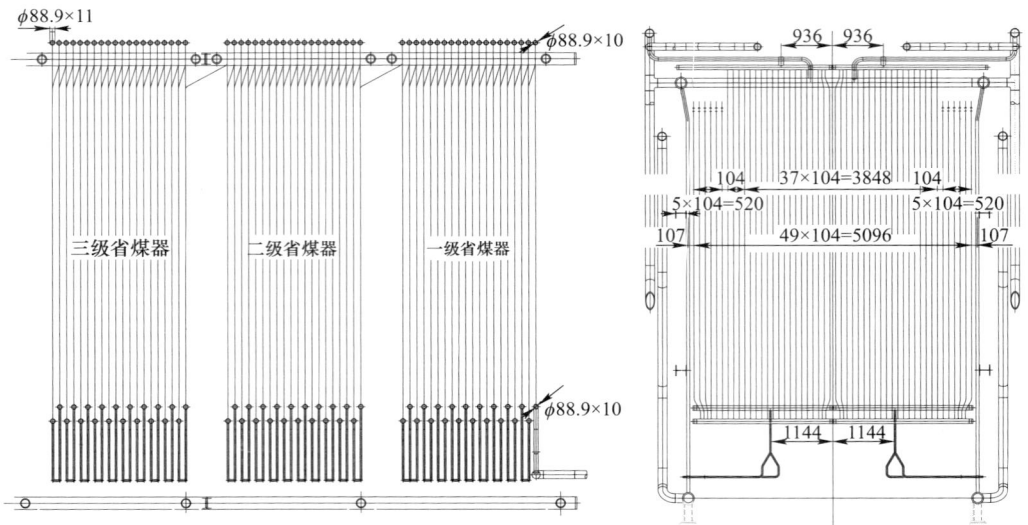

图 5-33　竖向（立式）布置的省煤器主视图（左）与侧视图（右）

省煤器受热面较多且采取稀疏排列，通常设计成 3 组，每组管排数不超过 8～10 排，组间距离在 2.0m 左右，其中横向布置通常在 1.0m～1.5m；两组之间用于检修的空间宽度 0.6～0.8m。取管子之间的横向截距 S_1 与管径 d 之比约为 2.5，纵向截距 S_2 与 d 之比不小于 2。管束都是无缝结构，可以进行部分或全部组件更换。设置有足够的排污、排气接口，考虑断水与超压保护措施，配制有测量锅炉给水的流量、温度和压力仪表等。

任何负荷下的垃圾焚烧锅炉省煤器出口的给水都是按汽包压力下的饱和温度进入汽包。省煤器蛇形管中水的流速受到传热与管内壁金属腐蚀影响，设计质量流速 $\rho w = 600 \sim 800 kg/(m^2 \cdot s)$，工质流速为非沸腾部分不小于 0.3m/s，沸腾部分大于 1m/s。省煤器入口给水温度采用 130℃ 或 140℃。中压锅炉省煤器水阻力要不大于汽包压力的 8%，高压锅炉不大于 5%。省煤器管外侧烟气流速需要考虑传热、磨损与积灰的影响，就钢管式省煤器而言，要求运行 8000h 时的出口烟气温度不大于 240℃。针对烟气流速降到 2.5～3m/s 时容易发生堵灰现象，设计省煤器的烟气流速时要考虑低负荷工况下的流速低于 2.5m/s。烟气流速也不应过高，如横向冲刷管束时不应大于 6m/s，竖向冲刷时不应大于 9m/s，以避免受热面严重磨损。

当进行锅炉水压试验时，省煤器和锅炉是作为整体进行打压的，试验压力为锅炉压力的 1.25 倍。当省煤器需要单独进行水压试验时，因锅炉给水泵的压力为锅炉压力的 1.5 倍，故应按照给水泵工作压力进行。

在垃圾焚烧锅炉启动之初的汽水循环尚没有建立，以至锅炉给水处于停滞状态，省煤器内的水处于不流动的状态。随着燃烧的加强，烟气温度的提高，省煤器内的水容易发生汽化，致使局部处于超温状态。为了控制汽水循环和避免发生汽化的工况，可从汽包的集中下水管再接一管道到省煤器的入口，作为省煤器再循环管道，使省煤器内的水处于流动状态。

对层燃型垃圾焚烧锅炉省煤器的吸热量 Q_{ec}^w 可从锅炉水侧热平衡计算：

$$Q_{ec}^w = Q_1 - (Q_r + Q_{ba} + Q_{gr} + Q_{zf}) \tag{5-46}$$

式中　Q_1——锅炉输出热量，kJ/kg；

　　Q_r——炉膛辐射受热面吸热量，kJ/kg；

　　Q_{ba}——锅炉管束（包含防渣管）从烟道烟气吸热量，kJ/kg；

Q_{gr}、Q_{zf}——分别为过热器、蒸发器从烟道烟气吸热量，kJ/kg。

锅炉给水经省煤器的出口汽水混合物焓 i_{ec}'' 按下式计算：

$$i_{ec}'' = i_{ec}' + \frac{Q_{ec}^y B_{fs}}{D_{ec}} \tag{5-47}$$

式中　i_{ec}'——省煤器进口水焓，kJ/kg；

　　Q_{ec}^y——省煤器烟气侧放热量，kJ/kg；

　　B_{fs}——焚烧垃圾量，kg/h；

　　D_{ec}——进省煤器给水量，kg/h。

在省煤器计算中，D_{ec} 是考虑省煤器排污量和减温水量（减温器与省煤器并联时）的实际水量。当通过减温器的水又全部返回到省煤器时，省煤器入口水焓会高于给水焓 i_{fw}'，取返回省煤器入口时的吸热量 Δi_{de}，kJ/kg；过热蒸汽流量 D_{gr}，kg/h；则：

$$i_{ec}' = i_{fw}' + \Delta i_{de} \frac{D_{gr}}{D_{ec}} \tag{5-48}$$

取沸点的水焓 i_{bc}，蒸发潜热 r，则省煤器出口水的沸腾百分数 x 按下式计算：

$$x = \frac{i''_{de} - i_{bs}}{r} \times 100\% \qquad (5\text{-}49)$$

省煤器受热面计算完毕后，按热平衡公式与传热公式计算的吸热量，二者允许误差在 2% 以内。

以下是某 400t/d、4MPa/400℃ 中压锅炉省煤器布置的案例。省煤器分三组布置，每组由 48 排管子组成。两组省煤器间各留有 880mm 检修空间，省煤器为逆流布置，两侧设置有膜式壁结构，但此部分水冷壁仅作为支撑用，不参与汽水循环（省煤器也有采用从侧壁上部集箱用吊杆吊挂的结构）。本省煤器给水的流向采用从上到下、再从下到上的反复循环方式。其作用是即使在省煤器内部发生蒸发，为了推动管内气泡的流动，使从上往下的流速比从下往上的流速快。

5.2.3.2　省煤器出口烟气温度

省煤器出口烟气温度就是锅炉排烟温度，也是排烟热损失的表征参数。锅炉排烟热损失是锅炉各项热损失中最大的一项，往往占锅炉总热损失的一半以上。排烟热损失按第三章中锅炉机组的热平衡的排烟热损失计算公式确定。

影响排烟温度的各种因素，即可单独作用也有一定的交互作用。典型因素有：

（1）垃圾特性变化。

（2）在相同负荷及其他条件不变的情况下，炉膛温度与排烟温度成正比。

（3）过量空气系数增加使烟气量增加，对流受热面烟气温度降幅变弱而造成排烟温度的上升。

（4）由于燃烧调整方式不当引起炉膛燃烧工况恶化，炉膛出口温度升高导致排烟温度升高。

（5）对流受热面及尾部受热面的管子内壁结垢，以及锅炉吹灰不及时，不但影响传热效率，而且会导致排烟温度上升。

控制锅炉排烟温度高的技术措施主要有：

（1）减少炉膛漏风。

（2）合理降低一次风率。

（3）投用烟气再循环。

（4）合理增加低温受热面。

（5）完善受热面的吹灰等。

焚烧烟气中的飞灰量很大，在清灰后与运行 8000h 后的受热面积灰有很大差别。因此，一般按受热面清洁时的锅炉排烟温度控制在 180～190℃，运行 8000h 后的正常排烟温度控制在 220℃ 以内，最高不大于 240℃。

5.2.3.3　省煤器积灰与磨损

日常运行中需要注意其出口排烟温度和进出水温差，如果进、出口的水温差大于设计温差或是排烟温度过高，则表明管束积灰太多，需要及时吹灰。运行过程中还要注意省煤器区域的负压不能太高，否则会加快磨损。此外如锅炉给水除氧不完善，进入省煤器后流速降低时，会使氧附着在管壁上造成氧腐蚀。对沸腾式省煤器，蛇形管后段的汽水混合物易出现汽水分层导致管壁温度上升，出现超温而引起金属疲劳破裂。

大容量锅炉省煤器的故障主要是蛇形管泄漏。其中绝大部分泄漏是由管壁磨损、焊接质量不良、内壁腐蚀等原因造成的。也有如管子材质不良，焊缝热影响区管壁裂纹等其他原因所致，只是这种情况发生的概率较小。检修工作应以消除这些因素为目标，掌握内在规律，采取预防措施。针对蛇形省煤器管弯头处的截面收缩，管壁减薄的不利于安全运行的因素，一般在设计时不使用弯曲半径小于 1.5～2 倍的管子。

（1）省煤器积灰

省煤器上的积灰可分为两种情况：因烟气中携带粒径≤30μm 的细灰颗粒受气流扰动，使大多为 10μm 以下的灰颗粒沉积到管壁上形成松散积灰；因水蒸气或酸蒸气在管壁上凝结使灰颗粒粘聚成积灰。在沉积过程的分子间引力和静电力作用下，颗粒物在受热面上最初的沉积增加迅速并很快达到动态平衡。此后仍会有细灰的沉积，还有烟气流中的大颗粒又把沉积的细颗粒剥落下来。影响这种积灰的因素主要有受热面温度、烟气流速及其流动方式、灰颗粒的粒径和成分等。受热面积灰的负面影响在于影响烟气流通和弱化传热性能，严重时会造成阻塞烟气流通的通道事故。

烟气流自上而下或是水平方向横向冲刷省煤器管，烟气流正面到达管壁迎风面时，形成绕流并在管侧面中部既是与烟气流成 90°角的地方离开管子表面，继而<30μm 的颗粒物在管子背面形成漩涡流。如图 5-34 所示，流体质点由 D 到 E 是流体压能向动能转变的加速过程，不发生边界分层。从 E 到 F 是动能损耗、速度减小很快的减速过程，在 S 点出现黏滞，因压力升高发生回流导致边界层分离并形成涡流。这时由于较大的颗粒冲刷不到管子，以至细颗粒大量沉积在这里。

从省煤器管束布置情况看，错列比顺列的积灰轻。这是因为错列布置的管束不仅迎风面受到烟气冲刷，背面也会受到气流的冲刷作用，使管壁积灰少。而在顺列管束中，除第一排管束外，烟气冲刷不到管子正面和背面而只能冲刷到侧面，使管子正面和背面容易发生赌灰。颗粒物在省煤器管上的沉积与烟气流速的关系表现为烟气流速越高，颗粒物动能越大，冲击作用越强，积灰程度越轻；反之则相反。如图 5-35 所示，当烟气流速 w_3 大于 8～10m/s 时，背风面积灰轻，迎风面基本无积灰；图中的 w_2 表示随着流速减小，背风面积灰增多；当烟气流速 w_1 小于 2.5～3m/s 时，背风面积灰严重，迎风面也会积灰，严重时还会发生赌灰。另外，当省煤器温度太低时，使烟气中的水蒸气或酸蒸气在管壁上发生凝结，也会将灰颗粒粘结到受热面上。

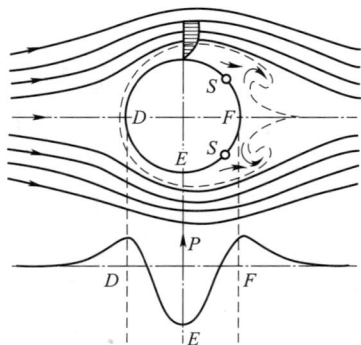

图 5-34 气体绕管子流动示意图

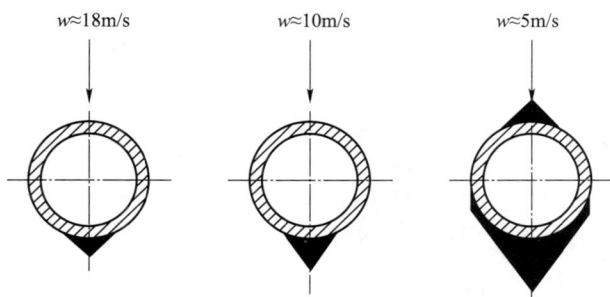

图 5-35 烟气流速对积灰的影响

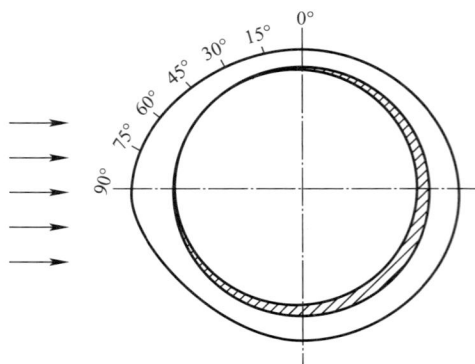

图 5-36　管子的飞灰磨损

（2）省煤器磨损

高速烟气携带的固体颗粒物对受热面的每次撞击都会削去金属表层极其微小的金属屑，这就是飞灰对包括省煤器在内的锅炉受热面的磨损现象。烟气携带颗粒物对受热面撞击的力可按力学原理分为法向力与切向力，法向力即垂直于管子方向引起撞击形成的磨损，切向力引起摩擦形成的磨损。当颗粒物斜向撞击受热面时，两种磨损都存在，大小取决于撞击的角度。如图 5-36 所示对碳钢管子的试验显示，在撞击角等于 30～50° 时的磨损最为严重。

建立磨损的模型是基于固体力学机理的分析方法所取得的经验公式，考虑的主要边界条件即影响因素有颗粒物特性 C、撞击次数 ε、烟气流速 w、烟气携带颗粒物的浓度 u、持续时间 τ 以及其他工程变量。其中金属壁面磨损正比于颗粒物的动能 $0.5mw^2$ 和撞击次数 ε，而 $\varepsilon \propto w$，故而管壁金属磨损与 w^3 成正比，也就是说磨损率正比于 $0.5C\varepsilon uw^3\tau$。实际运行状态显示，有锐利棱角颗粒物对金属壁面磨损比球状的更严重；靠近弯头部分 w 较高以及气流转弯飞灰被抛向后墙等处时的 u 较大的地方，受热面磨损严重；由于收缩与膨胀等原因使气流不稳定造成 ε 增加，导致磨损加重。

为避免或减少磨损，需要针对传热与磨损的利弊选择适宜的烟气流速，一般省煤器烟气侧流速不大于 9m/s。另外，尽管选取的烟气流速并不大，但由于结构或流动分布不当造成局部严重腐蚀的，可采取局部防磨保护装置等措施。

5.3　垃圾焚烧锅炉的整体设计

5.3.1　影响垃圾焚烧锅炉布置的因素

垃圾焚烧锅炉的炉膛、对流烟道与各受热面等的整体设计布置，不但要考虑蒸汽参数，包括水汽烟风管道合理布局在内的全厂整体布局的合理性，安装与维护检修工艺方案要求等方面常规锅炉的因素；更要充分考虑生活垃圾的燃烧特征，这甚至是影响生活垃圾焚烧锅炉能否稳定运行的关键因素。

5.3.1.1　蒸汽参数对锅炉受热面的影响因素

从朗肯循环可知，垃圾焚烧锅炉给水进入锅炉后，以汽包为中心，通过省煤器进行锅炉给水的吸热过程，通过水冷壁、蒸发器进行水汽转换与蒸发过程。由汽包内产生的饱和蒸汽通过过热器进行过热吸热过程，最终产生出来所需要的过热蒸汽。由表 3-1 可知，加热、蒸发与过热三个热力过程，在汽水介质的一定压力、温度条件下，具有固定的吸热比例。由蒸汽性质可知，当蒸汽压力升高时，加热吸热与过热吸热量增加，蒸发吸热量减少，达到临界压力时，蒸发吸热为零。由于不同蒸汽参数锅炉的不同受热面面积不同，以至受热面布置必然有所不同。

基于焚烧垃圾热值较低的状态，为保证汽水循环的安全性，对中压等级垃圾焚烧锅炉选择采用单汽包的汽水循环系统,炉膛的高温烟气辐射换热区只布置复合式水冷壁,而不像低压锅炉布置大量对流受热面。由此单纯靠炉膛辐射受热面的吸热量不能满足蒸发吸热的要求。为此,除可使省煤器部分沸腾外,还要在过热器之后布置一定的蒸发器。为保护过热器,也有在高温过热器前布置少量稀疏蒸发管束的做法。

对高压锅炉,由于炉壁面的增加跟不上容量增大,对加热与蒸发受热面的布置,采用的热力系统类似于中压锅炉。只是因过热吸热量增加,需要在第三通道增加过热器受热面,或是在辐射烟道增加半辐射过热器。

表 5-11 是某焚烧规模 600t/d、蒸汽参数 4.0MPa/400℃、设计垃圾热值 7118kJ/kg、热值范围 4187~9211kJ/kg、额定蒸发量 41.2t/h、额定热效率 83％的中压垃圾焚烧锅炉的热力计算汇总表。表 5-12 是某焚烧规模 400t/d、设计垃圾热值 6700kJ/kg、热值范围 4187~8372kJ/kg、蒸汽参数 4.0MPa/400℃、额定蒸发量 34.3t/h、额定热效率 80.1％的中压垃圾焚烧锅炉的热力计算汇总表。两表都是遵循我国锅炉设计计算方法,结合设计垃圾热值变化特点并考虑烟气对受热面的腐蚀、结渣等负面因素的额定工况计算结果。总体布置上,炉膛出口区域与高温烟气辐射换热区均涂覆有耐火浇注料;对流烟道水平布置,内设高温、中温、低温三级过热器,以及低温-中温过热器之间的一级减温器,中温-高温过热器之间的二级减温器。还布置有两级蒸发器与省煤器;炉膛与对流烟道之间布置两级辐射烟道。

某 600t/d 中压垃圾焚烧锅炉热力计算汇总表案例　　　　表 5-11

名称	单位	辐射受热面 1	辐射受热面 2	辐射受热面 3	蒸发器 1	高温过热器	中温过热器	低温过热器	蒸发器 2	省煤器
管子规格	mm	—	—	—	$\phi42\times5$	$\phi42\times5$	$\phi42\times5$	$\phi42\times5$	$\phi42\times5$	$\phi38\times4.5$
受热面积	m²	80	193	186	186.7	373.2	417.2	417.2	966	2193.8
烟气进口温度	℃	950	844.2	696.9	614.5	561.8	510.6	455.2	406	322
烟气出口温度	℃	844.2	696.9	614.5	561.8	510.6	455.2	406	322	191.3
烟气进口焓	kJ/Nm³	350.9	308.8	250.9	219.2	199.5	180.6	160.2	142.2	111.8
烟气出口焓	kJ/Nm³	308.8	250.9	219.2	199.5	180.6	160.2	142.2	111.8	65.9
工质进口温度	℃	258.7	258.7	258.7	258.7	339	290.5	258.7	258.7	130
工质出口温度	℃	258.7	258.7	258.7	258.7	400	350.7	301.5	258.7	231
工质进口焓	kJ/Nm³	269.6	269.5	269.5	269.5	731	697.3	668.1	269.5	131.2
工质出口焓	kJ/Nm³	269.6	269.5	269.5	269.5	767.3	737.5	704.3	269.6	237.7
烟气平均速度	m/s	—	—	—	3.8	3.5	3.5	3.3	3.2	3.1
工质平均速度	m/s	—	—	—	13.9	20.9	17.3	—	0.4	

注:本表摘自南通万达锅炉有限公司的某项目供货计算书。

某 400t/d 中压垃圾焚烧锅炉热力计算汇总表案例　　　　表 5-12

名称	受热面积（m²）	烟气出口温度（℃）	工质进口温度（℃）	工质出口温度（℃）	烟气平均速度（m/s）	工质平均速度（m/s）
燃烧室	—	950	—	—	—	—
炉膛	305	867	268	268	2.6	—
辐射烟道Ⅰ	191	748	268	268	2.8	—
辐射烟道Ⅱ	140	683	268	268	2.6	—

续表

名称	受热面积（m²）	烟气出口温度（℃）	工质进口温度（℃）	工质出口温度（℃）	烟气平均速度（m/s）	工质平均速度（m/s）
前段蒸发受热面	94.5	634	268	268	2.6	—
高温过热器 SH3	336	548	305	400	2.9	22.0
中温过热器 SH2	313	482	285	356*	2.6	20.6
低温过热器 SH1	313	429	261	308*	2.4	15.3
后段蒸发器 1	554.7	362	268	268	2.5	—
后段蒸发器 2	554.7	323	268	268	2.3	—
后段蒸发器 3	554.7	301	268	268	2.2	—
省煤器 3	554.7	258	175	204	2.0	—
省煤器 2	554.7	222	151	175	1.9	—
省煤器 1	554.7	192	130	151	1.8	—

注：* 减温前的温度，减温水量分别为一级 1t/h，二级 1.7t/h。本表摘自唐国勇等《400t/d 垃圾焚烧锅炉的设计与应用》。

　　锅炉的热力系统体现了锅炉各受热面沿烟气流程布置的区域与热量分配的关系。以图 5-37 锅炉设计点的烟气温度与蒸汽温度关系为例。该热力计算显示，加热受热面占 43.76%，蒸发受热面占 32.15%，过热受热面占 24.09%。炉膛辐射区平均温度可近似看做烟气绝热温度，该设计取 950℃，此后的烟气温度降分别为：炉膛出口 844.2℃、前置蒸发器入口 614.5℃、高温过热器入口 561.8℃、省煤器出口 191.3℃。相对沿工质流程的设计工质温度分别是：进入锅炉的给水温度 130℃、省煤器出口 231℃，通过蒸发器、水冷壁等蒸发受热面温度 258.7℃，高温过热器出口 400℃；一级、二级减温器的温降分别为 11℃、11.7℃，喷水减温水量分别为 0.5t/h、0.44t/h。

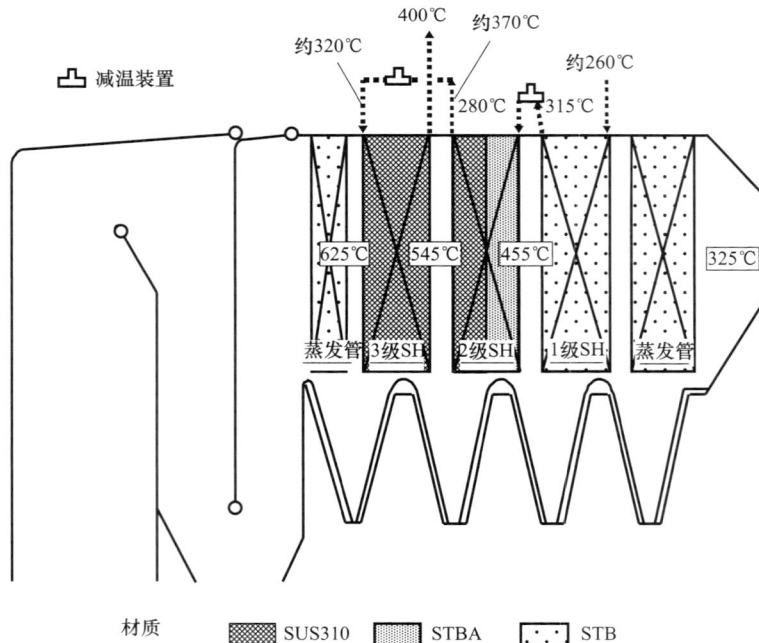

图 5-37　设计点的垃圾焚烧锅炉烟气温度与蒸汽温度的关系

对一般锅炉来说，一旦锅炉参数确定之后，各受热面的吸热量也就随之而确定了，从而在受热面设计布置时形成了各自固定的温度区间，即是设计选择各受热面边界温度的余地局限在很小范围内。但对垃圾焚烧锅炉而言，即要充分考虑垃圾特性变化的特征并预测垃圾热值变化趋势，确定设计点垃圾计热值；又要考虑近期实际垃圾热值低于设计点热值时的热量分配的关系。如图 5-38 所示 100％负荷与 70％负荷下的设计热力过程的结果，以及如图 5-39 所示不同运行时间段受热面污染情况对热力过程的影响。这组计算热力过程均出自某德国锅炉专家对原欧洲某中压垃圾焚烧锅炉的概念设计。对比 100％负荷与 70％负荷时可见，进入高温过热器时的烟气温度为 618℃降低为 488℃，省煤器工质出口温度从 255℃降到 237℃，水冷壁与蒸发器的工质温度从 255℃降到 253℃。

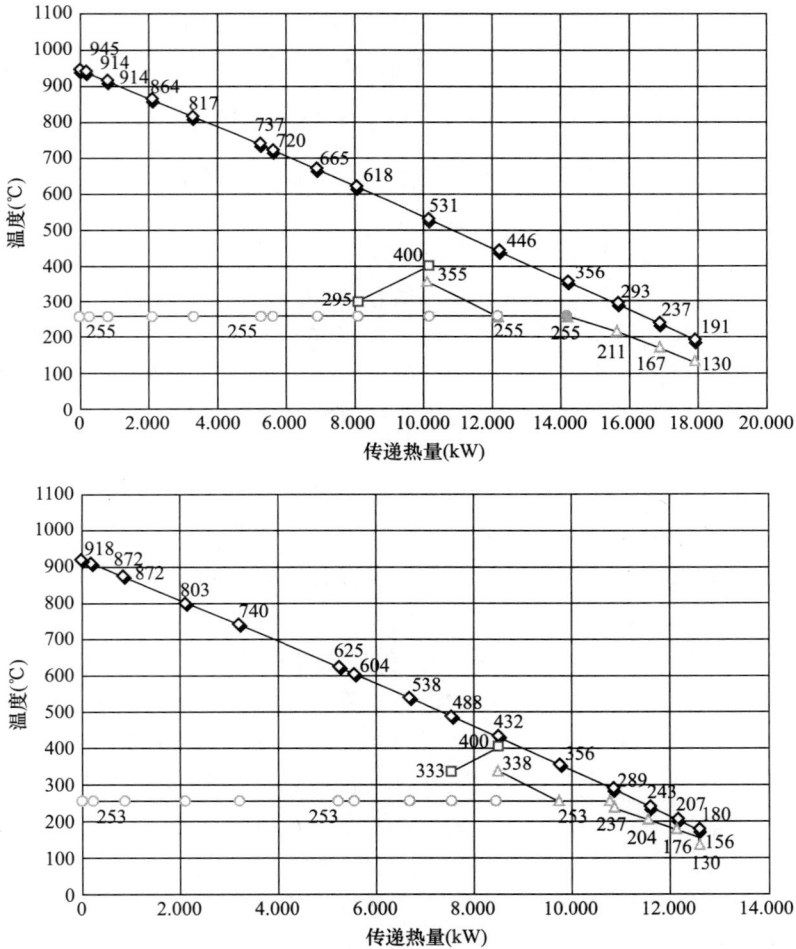

图 5-38 某 400t/d 中压等级垃圾焚烧锅炉 100％（上图）、70％（下图）负荷的设计热力计算结果（二）

针对生活垃圾的挥发分高，容易着火的特征，需控制过量空气系数不宜过大，以利于保持在适宜的燃烧温度。焚烧垃圾水分增多也就意味着垃圾热值降低，将引起炉内燃烧温度降低，辐射吸热量减少。对此需要增加对流受热面的吸热量，同时要提高燃烧空气温度。焚烧垃圾灰分较高，会引起对流受热面的强磨损，在灰熔点较低时，还容易引起炉膛结渣。

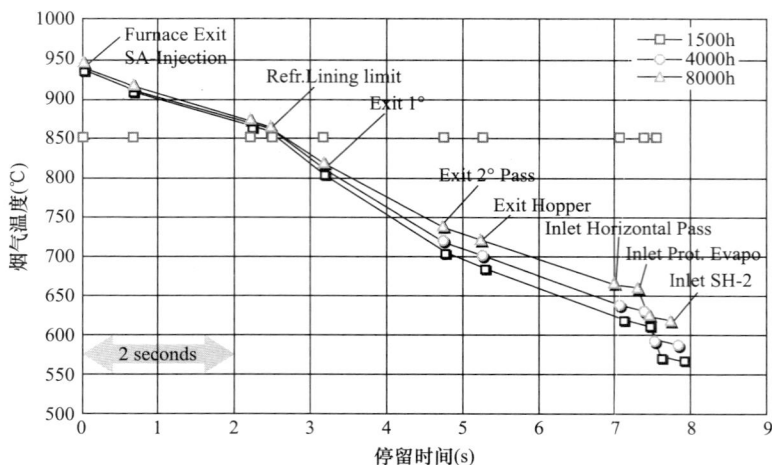

图 5-39　设计热值 5653kJ/kg100％负荷时不同运行时间段的烟气温度工况

烟气流经各对流受热面时，要克服流动阻力，故沿烟气流程的烟道各点负压是逐渐增大的。在不同负荷时的烟气量变化，烟道各点负压也相应变化，如负荷升高烟道各点负压相应增大。当某段受热面发生积灰、结渣和堵灰时，会使烟气流通断面减小、流速升高、阻力增大，于是其出入口的压差及出口负压值相应增大。通过监视烟道各点负压，可及时发现各段受热面的积灰、堵灰、漏泄等缺陷。在正常情况下，炉膛负压和各烟道的负压都有大致相同的变化范围。运行中，如发现数值上有不正常的变化时，应及时进行分析，查明原因，及时处理，避免各种异常及事故生，保证炉的安全运行。

5.3.1.2　垃圾焚烧锅炉的布置

锅炉设计原则是基于传热过程与锅炉结垢与沉淀物腐蚀控制所积累的经验与长期验证而形成的，如采用低烟气流速、热偏差要小；炉膛及辐射烟道横截面要足够宽，以为维持低烟气流速；炉膛内不设置半辐射过热器等受热面，而且要有足够高度；对流过热器应安装在低于飞灰软化温度的环境下，并且管子截距要以控制飞灰堵塞，安装受热面清灰装置为原则。此外，常常要预留有对流受热面的空间，以便根据运行情况看是否需要增加。

相对实际运行工况，垃圾焚烧锅炉的设计计算准确性比燃煤锅炉低。而且锅炉的结构设计受到有别于一般锅炉的传热量、流动阻力、飞灰对受热面的磨损与腐蚀、受热面结渣程度等负面因素的约束。针对这些负面因素，通常采取受热面稀疏布置，如过热器横向截距 $S_1/d=5\sim6$，纵向截距 $S_2/d=3\sim3.5$；设计较低的烟气流速，如炉膛高温烟气辐射换热区的烟气流速取 2.5～3m/s，烟气冲刷对流受热面的速度取 3.0m/s 左右；对流受热面设计理念不过于强调强化传热，而是更强调受热面布置满足负荷变化率的要求；负荷率 q 按最大负荷率 q_{max} 与最小负荷率 q_{min} 之比确定，如取 $q_{max}=1.15\sim1.2$，$q_{min}=0.70$，则 q 取 1.65～1.72。垃圾焚烧锅炉规模越小，所取的 q 值越大，如瑞士冯诺尔公司针对我国当时垃圾特性，对 200t/d 垃圾焚烧锅炉受热面布置需要满足 $q\geqslant2$。

焚烧产生的颗粒物粘结性很强，使积灰成为垃圾锅炉中一个相当头痛的问题。尽管历经多年研究出了各种清灰方法，收到了不同实际效果，但仍未能达到人们所期望的最佳结果。另外，为尽量减少以及更容易清除受热面的积灰，其对流受热面无论是水平布置还是垂直布置一般多采取顺列布置结构。

一般锅炉的炉膛以水冷壁作为辐射受热面，不仅具有防止火焰与炉壁直接接触，降低炉壁温度的功能；而且具有较大吸热功能，可充分利用辐射热强度高于对流热强度的特点。但为解决生活垃圾具有较强的腐蚀作用、垃圾热值明显偏低且波动等特征，垃圾焚烧锅炉炉膛高温烟气辐射换热区需要采用复合式水冷壁，以降低吸热功能换取运行可靠性。减少的吸热量通过增加蒸发受热面面积得以平衡。

垃圾焚烧锅炉的省煤器通常采用顺列多级布置。此时第一级省煤器的工质出口端温度应比水沸点低 40~50℃，保证进入第二级省煤器时不发生汽化以防止发生流量不均现象。由于焚烧垃圾热值低，一般不在省煤器后设置空气预热器，而是采用蒸汽加热方式对一、二次空气加热。

垃圾焚烧锅炉的支撑钢架、平台及楼梯等钢结构，在设计及制造中均需考虑较严格的防腐措施，以保证其安全性和稳固性。

5.3.1.3 垃圾焚烧锅炉布置示例

（1）基本结构

图 5-40 所示垃圾焚烧锅炉的规模 600t/d，设计蒸发量 58.39t/h，主蒸汽压力/温度 4MPa/400℃，汽包压力 4.9MPa，锅炉给水温度 140℃。省煤器烟气进口处管壁温度高于露点温度；汽包内装设有锅炉给水加热器作为旁路。这是一种由竖向布置的炉膛 1、辐射烟道 2、对流烟道 3 与尾部对流烟道 4 组成的平衡通风单锅筒自然循环垃圾焚烧锅炉。炉膛高温烟气辐射换热区与炉膛出口区域采用复合式水冷壁炉墙。其中，辐射烟道 2 为膜式水冷壁

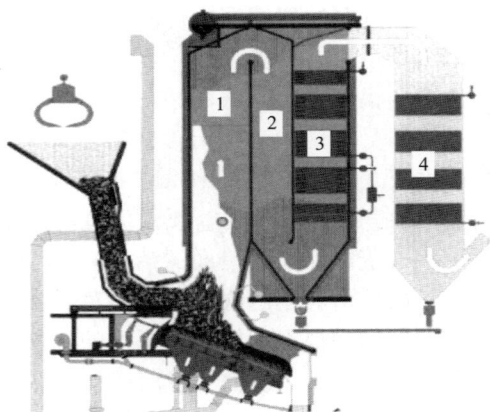

图 5-40 立式布置垃圾焚烧锅炉基本结构形式

结构，烟道内不再设置对流受热面。炉膛和辐射烟道的水冷壁管上下两端分别与供给集箱和汇集集箱相接。对流烟道 3 的炉墙为膜式水冷壁结构，烟道内设置有过热器和蒸发器管束。对流烟道 4 为护板结构，内部装有省煤器管束。炉膛的后墙也是辐射烟道的前墙，而辐射烟道的后墙也是对流烟道的前墙。与大气接触的炉墙外表面采用岩棉板保温，保温板外包覆平铝板。锅炉外部包覆一层由彩色波形镀锌钢板组成的外护板，壁厚 0.7mm。外护板通过刚性梁、加强筋和固定外护板的连接件固定，两个面之间的连接都能保证外护板的自由膨胀。位于辐射烟道和对流烟道下的灰斗以及尾部对流烟道下的灰斗均为非水冷式，内部衬有耐火材料。锅炉为炉顶支吊结构，用于室内布置。

锅炉给水由给水泵加压，通过省煤器进入汽包后称为炉水。一部分炉水通过布置在烟道外不受热的下降管分配至水冷壁的下联箱，之后进入水冷壁与烟气进行辐射换热，形成的汽水混合物汇集到水冷壁上集箱后再引入汽包进行汽水分离，形成自然循环系统。另有一部分炉水是通过布置在对流烟道内的蒸发器经对流换热后返回汽包内。炉水通过吸热、汽化后，经过汽包内的汽水分离装置产生蒸汽。锅炉蒸汽负荷在 80%~100% 时，汽包出口的蒸汽的干度可达到 99.95%。炉膛与辐射烟道的结构尺寸能够使到达过热器进口的烟温不超过 650℃。

第一级蒸发器布置在对流烟道 3 的进口，通常要由合金钢管束组成，上下带有集箱并

与侧面集箱相接,由于它位于高温过热器之前,可起到保护高温过热器的作用,称为前置蒸发器。第二级蒸发器布置在对流烟道 3 的出口之前,以弥补蒸发受热面的不足。

高温过热器由与进、出口集箱相连的低合金管屏组成。顺序排列的中温、低温过热器位于高温过热器之后,由与进口、出口集箱相连碳钢管屏组成(若采用次高压及以上参数时,需要考虑中温过热器的材质)。低温过热器与中温过热器、中温过热器与高温过热器之间有喷水减温装置。

在尾部对流烟道 4 内布置了四级省煤器,均由碳钢管组成。省煤器设有进口和出口集箱,在出口集箱和汽包之间有连接管,进口集箱前有混合给水装置。

汽包为水平横向布置,由厚钢板弯制焊接而成。汽包上装有所有必须的管接头,如:蒸汽引出管、安全阀、进水管、水位计、排污、取样点和压力表等。在汽包的两端各有一个人孔。汽包内设有给水分配系统,装有用来控制锅炉出口的烟气温度的给水加热管系。这个加热管系装置根据锅炉的清洁程度,将出口烟气温度维持在一个理想的水平以满足尾部烟气处理工艺的要求。

(2)锅炉受热面吹灰

锅炉受热面吹灰是指对过热器、蒸发器与省煤器管束外壁的清扫,以清除其表面的灰垢。由于灰垢的热阻是钢材的 40 倍,受热面管壁积灰会使受热面的传热效率下降,严重时会导致锅炉出力不足、排烟温度升高而增加排烟热损失、降低锅炉热效率。因此需要通过定期吹灰以保证受热面清洁。

目前较多应用的吹灰方式是蒸汽吹灰、振打清灰与燃气脉冲吹灰。本示例采用燃气脉冲吹灰形式。根据垃圾焚烧锅炉的运行经验,每日需要定期对受热面进行吹灰。根据金属壁温及排烟温度工况需要及时进行吹灰,尤其是正常停炉前需要吹灰,正常运行时省煤器出口烟气温度高于正常运行温度 16℃时需要进行吹灰。

(3)锅炉主要部件规范

锅炉汽包主要规范:汽包内径×壁厚＝1300mm×46mm,筒身长度≥13500mm,壁厚 46mm,封头为椭球形式,汽包材料为 20g。外护板材料为镀锌板,壁厚 0.8mm。烟气通道主要规范见表 5-13,对流受热面主要规范见表 5-14。

烟气通道主要规范　　　　　　　　　　　　　　　　表 5-13

项目	单位	炉膛	辐射烟道	对流烟道 1
断面尺寸	m	3.9×13.1	2.2×13.1	3.0×13.1
内表面积	m²	521	500＋220(屏)	550
平均烟气速度	m/s	3.0	4.3	2.8
炉膛出口烟气温度	℃	791	630	385
水冷壁管子规格	mm	60×5	60×5	60×5(后墙57×5)
管子材料		20G	20G	20G
膜式壁节距	mm	100	100	100(后墙110)
鳍片规格	mm	6×40	6×40	6×40(高过6×53)
鳍片材料	根	Q235-A	Q235-A	Q235-A

对流受热面主要规范 表 5-14

项目		单位	一级蒸发器	二级蒸发器	低温过热器	高温过热器	省煤器
布置形式			水平、顺列	倾斜、顺列	水平、顺列	水平、顺列	水平、顺列
管束数量		—	—	—	2	2	5
管束间距		mm	—	—	700	700	800
换热面积		m²	293	688	1353	801	2652
烟气速度	1500h	m/s	3.4	2.8	3.2	3.4	4.8
	8000h		3.6	2.9	3.35	3.55	4.9
烟气进/出口温度	1500h	℃	599/554	407/371	497/407	554/497	371/210
	8000h		647/599	435/395	531/435	599/531	395/210
管子规格		mm	38×5	51×5	51×5	51×6	38×4
管子材料			20G	20G	20G	15CrMoG	20G
横向节距		mm	220	220	220	220	103
纵向节距		mm	52	68	68	68	76
管子数量		根	59	59	3186	1888	6732

5.3.2 主要设计参数选择

5.3.2.1 垃圾焚烧锅炉的炉膛容积热负荷

基于焚烧和传热过程对炉膛的限制，设计时采用炉膛热负荷数据作为评价炉内燃烧和传热与炉膛几何尺寸关系的参数。针对采用层燃技术的垃圾焚烧锅炉炉膛结构特征，取 $1m^3$ 炉膛容积每小时焚烧垃圾释放的热量，即炉膛容积热负荷 q_V 作为评价参数，计算模型见式 4-12。

对确定垃圾焚烧炉的炉膛容积热负荷的基数即炉膛容积 V_1 范围有不同的解释，在此是指直接接触水冷壁之前的全部体积，也就是取 V_l 为炉膛燃烧区、二次空气紊流区与高温烟气辐射换热区之和，不包括炉膛出口区的炉膛容积。

由式 4-12 可知，炉膛容积热负荷 q_V 与垃圾处理规模、垃圾热值与炉膛容积等参数相关。在焚烧垃圾量与垃圾热值确定后，q_V 与 V_1 成反比。若 q_V 过大即是 V_1 过小，则炉膛温度过高，不但会导致结渣与加速对炉墙的损害，而且会减小烟气在炉膛的停留时间，导致 CO 等燃烧气体向后漂移，燃烧不完全。反之，若 q_V 过小即 V_1 过大，则会使炉内的温度降低，可能会引起燃烧不稳定，炉渣热灼减率提高。一般根据焚烧垃圾热值，q_V 取值范围较多在 93~233W/（m³·h）。对设计垃圾热值在 （6300±500） kJ/kg 时，多取 q_V 范围较多在 117~153W/（m³·h），最大 175W/（m³·h）。

5.3.2.2 炉膛出口、对流烟道入口烟气温度与排烟温度

炉膛出口烟温 ϑ_l 控制的目的是实现锅炉的安全、环保运行，包括要使炉膛主控温度不低于850℃，后续对流受热面不结渣；避免过热器管壁超温；达到汽水系统的最佳吸热量分配等。

ϑ_l 要不高于灰分的变形温度 t_1 并留有一定富余度。对中压垃圾焚烧锅炉，ϑ_l 可稍低于灰分变形温度 t_1，如灰分软化温度 t_2 与变形温度 t_1 之差小于100℃，则 ϑ_l 应不大于 t_2 — 100℃，且控制在不大于1050℃。实际经验显示 ϑ_l 多在 800~950℃。

为防控过热器高温腐蚀和管壁超温问题，进入对流受热面的烟气温度 ϑ_{dl} 要控制在不

大于 650℃。实际运行经验表明控制在 620℃左右是实现锅炉常态化可靠性运行的较好的选择。

排烟温度 ϑ_{py} 越高，排烟热损失越大，热效率越低，而排烟热损失是影响锅炉热效率的最大因子。但并不意味 ϑ_{py} 可以任意降低，在选择排烟温度时，首先要考虑的是省煤器管壁温度必须要高于烟气露点，避免或减少腐蚀。在此基础上，根据给水温度、垃圾特性与钢材价格等所达到的平衡点来确定最经济的排烟温度。

一般地，垃圾焚烧锅炉的排烟温度在受热面处于清洁状态时（通常是指锅炉检修后冷态启动到运行 1500h 的状态）一般在 180～190℃，处于污染状态时（指锅炉达到计划检修前已运行 4000h 以上的状态）在 220℃以内，任何工况下的最高温度不应大于 260℃。

焚烧烟气含水率越高，需要排烟温度越高，因此，根据我国当前垃圾含水率普遍存在大于 50%的情况，实践经验表明，最佳焚烧烟气含水率是控制在 15%以内，且任何工况下不宜大于 20%。

当锅炉给水温度提高时，为保证锅炉尾部受热面的温压，排烟温度要同步提高。在锅炉参数与给水温度不变条件下，降低排烟温度，各受热面的温压都会有所降低，其中尾部受热面温压降低幅度最大，也就是说在垃圾焚烧锅炉设计时需要适当增加尾部受热面积。总的来说，给水温度高，以及烟气含水量高，就需要采用较高的排烟温度。

5.3.2.3　对流受热面工质质量流速与烟气流速

蒸汽和炉水的质量流速 $\rho w (kg/m^2 s)$ 按下式计算：

$$\rho w = \frac{D}{F} \tag{5-50}$$

烟气流速 $w_y (m/s)$ 按下式计算：

$$w_y = \frac{B_j V_y}{F_y} \frac{273 + \vartheta_{pj}}{273} \tag{5-51}$$

上两式中　D、B_j——分别为工质流量与计算焚烧垃圾量，kg/s；

F、F_y——分别为工质、烟气的流通截面积，m^2；

V_y——标准状态下的烟气量，Nm^3/kg；

ϑ_{pj}——烟气平均温度，℃。

对流受热面烟气流速大小主要基于安全性与经济性的考虑，下限受积灰条件的限制，上限受磨损条件限制。这是因为管壁磨损速度与烟气流速的三次方成正比，尤其是在较低烟温时的飞灰磨蚀性强，因此在这种工作环境条件下要采用低烟气流速。

在进入对流烟道高温过热器时的烟气温度不大于 650℃的条件下，对流受热面烟气流速要充分考虑不同垃圾状态、处理量变化与积灰等条件，设计几种工况的流速。针对目前的条件，对流受热面烟气流速最大不应超过 7m/s。实际运行在 3.0～4.0m/s，其中通过过热器的流速一般不大于 4.5m/s。

对过热器的工质侧流速选择，通常要使工质侧的传热系数 α_2 大于烟气侧的传热系数 α_1，以避免管内壁发生超温现象。因为 α_2 随着流速降低而降低，从而导致管内壁温度升高。另外，要考虑管内流动阻力的适宜性，因为流动阻力是随着流速增加而增加，就要增加厂用电的消耗。

一般锅炉省煤器水侧流速要求氧腐蚀在允许范围内，其质量流速通常按大于 400～

$500kg/(m^2 \cdot s)$ 选取,对沸腾式省煤器要大于 $600kg/(m^2 \cdot s)$。垃圾焚烧锅炉省煤器工质侧流速要低于一般锅炉省煤器的流速,但不应低于 $0.3m/s$。如针对应用于我国的垃圾焚烧锅炉,某锅炉厂取 $350\sim400kg/(m^2 \cdot s)$,瑞士冯诺尔按流速取 $2.0\sim2.1m/s$。

5.3.2.4 垃圾焚烧锅炉出口烟气污染物浓度

截至目前,对垃圾焚烧锅炉排烟的原始污染物浓度没有限制性检测规定,故而较少有在省煤器出口的烟气管道上设置原始烟气检测装置,从而缺乏原始污染物浓度统计资料。据此,根据实际运行数据的统计结果,以及相应烟气净化设备的一般污染物去除效率,推算现行层燃型垃圾焚烧锅炉的焚烧烟气污染物原始浓度范围(表 5-15),供参考。

当前烟气污染物原始浓度参考范围   表 5-15

序号	烟气量与污染物名称	单位	早期烟气原始浓度估算范围	当前烟气原始浓度	
				推算范围	设计参考范围
1	烟气量	$Nm^3/t_{垃圾}$	$3500\sim4500$	$3500\sim4500$	
2	颗粒物	mg/Nm^3	$1000\sim6000$	$2500\sim4000$	$3000\sim6000$
3	氯化氢	mg/Nm^3	$200\sim1600$	$400\sim800$	$800\sim1200$
4	硫氧化物	mg/Nm^3	$20\sim800$	$100\sim300$	$300\sim500$
5	氮氧化物	mg/Nm^3	$90\sim500$	$200\sim350$	$90\sim450$
6	一氧化碳	mg/Nm^3	$10\sim200$	$10\sim100$	$100\sim120$

注:重金属和二噁英类等污染物的统计值与早期估算值偏差较小,暂可参考早期估算值。

5.3.2.5 过量空气系数

过量空气系数 α 是影响排烟热损失 q_2、气体不完全燃烧热损失 q_3、固体不完全燃烧热损失 q_4 的主要因素。α 增大会使 q_2 增加,但在一定条件下可以使 q_3、q_4 减少。如果 q_2 增加大于 q_3 和 q_4 的减少,则热效率降低;反之,热效率提高。因此选择 α 的原则是在保证稳定燃烧基础上尽可能减少排烟热损失。

垃圾特性、燃烧方式、锅炉形式与运行管理水平是影响 α 选择的主要因素。由于生活垃圾着火与燃烬相对燃料煤要容易的多,其 q_4 可控制在较低水平,表现为炉渣热灼减率可小于 3%,也就会使 q_4 小于 q_2。对连续焚烧方式的层燃型垃圾焚烧锅炉,早期确定以 $\alpha<2$ 即烟气含氧量 10.5% 为适宜。由于可燃物成分较低的垃圾通气性较差,燃烧空气难以均匀分布,因此焚烧垃圾热值越低,需要取 α 值越高。反之,当燃烧可燃物较多的垃圾时,垃圾层阻力较小,空隙较大,可取较低的 α 值。随着燃烧自动控制系统的完善,在采用连续焚烧方式的层燃技术条件下,垃圾热值在 $6270\sim7520kJ/kg$ 时,垃圾焚烧锅炉的一般取 $1.40\sim1.62$ 即烟气含氧量 $6\%\sim8\%$。如前所述,随着如低氧燃烧、烟气回流等燃烧技术的发展,α 值已可达到 1.25 即烟气含氧量 4.2% 甚至更低。欧洲早期立法曾有最小含氧量为 6% 的规定,但通过运行实践和研究,发现较低的烟气含氧量以及较低的炉膛温度与较短的停留时间,在一定情况下仍然能够实现完全燃烧,并全面改善环境质量。因此后来欧盟委员会关于焚烧的指令废除了含氧量不低于 6% 的规定。但同时也指出,低含氧量的负面影响是可能增加腐蚀性的危险,需对材料进行特殊的保护。

5.3.2.6 燃烧空气温度

对一般锅炉来说,燃烧空气(也叫热空气)温度的选择取决于燃烧物质的着火性能。着火性能好,可选择低一些;反之要高些,生活垃圾焚烧同样遵循这一原则。生活垃圾是以挥发分燃烧为主，其着火性能好，可采用较低的燃烧空气温度。但是综合其焚烧垃圾热值远低于燃料煤的因素，应按 4.2.1 节生活垃圾焚烧的 3T 原则中的热空气温度与垃圾热值关系选择热空气温度，且考虑焚烧垃圾热值处于变化状态，不再设置空气预热器，而是牺牲一些主蒸汽或汽包饱和蒸汽来加热燃烧空气。

5.3.3　锅炉用金属材料

5.3.3.1　垃圾焚烧锅炉用金属材料

我国锅炉受热面用钢体系特点显示，典型汽包用钢采用 20g、19Mn6、BHW35；水冷壁采用 20G、SA210C、SA213T2、15CrMo 等；蛇形管采用 20G（SA210C、ST45.8）12CrMo（SA213T2、SA209T1a、15Mo3）15CrMo（SA213T12、SA213T11）12Cr1MOV（SA213T22）12Cr2MoWVTiB（简称 G102）、SA213T91、18Cr8NiTi（SA213TP304H、SA213TP347H）；集箱及管道采用 20G(SA106C、WB 36)、12Cr1MOV 等。

根据《锅炉安全技术监察规程》TSGG0001，锅炉受压元件金属材料及其焊接材料在使用条件下应具有足够的强度、塑性、韧性以及良好的抗疲劳和抗腐蚀的性能。对受压元件的性能，要求使用钢材在室温下的比冲击吸收能量 $KV_2 \geqslant 27J$；使用钢板的室温断后伸长率 $A \geqslant 18\%$；受压元件和与受压元件焊接的承载构件钢材应是镇静钢。如表 5-16 所示，垃圾焚烧锅炉的钢管、钢板、锻件与铸钢件材料，除过热器管需要采用更高抗腐蚀性的材质外，均按不低于该规程关于材料的规定选用。

余热锅炉主要材料汇总表　　表 5-16

名称	材料	500t/d垃圾焚烧锅炉管径×壁厚示例（mm）
锅炉钢板	Q235-A	
汽包	16Mn9/Q245R	1700（外径）×50
水冷壁及其上联箱、下联箱、排污管	20G-GB 5310	水冷壁：60×5
鳍片	Q235-A	厚度：5
高温、中温过热器管及其联箱与疏水器	15CrMo/15Mo3	过热器：48×5
低温过热器及其联箱、疏水管、入口管、出口管，喷水减温器	20G-GB 5310	
省煤器管及其排污管、上部连接管、下部连接管	20G-GB 5310	省煤器：38×4.5
蒸发器管、给水管、上部集汽管、上部出口连接管、下部集汽管	20G-GB 5310	蒸发器：51×5
连接管	20G-GB 5310	
垃圾焚烧锅炉砌筑铁件	1Cr18Ni9Ti	

锅炉钢板主要是指用于制造锅炉汽包、集箱端盖、支吊架等重要部件的专用碳素钢和低合金耐热钢中的厚钢板。基于在热力过程的恶劣工作环境，锅炉钢板既要承受较高温度和压力，又要受到冲击与疲劳载荷以及水汽和烟气腐蚀的作用。因此要求锅炉钢板必须在一定的温度范围内，具有较高的屈服强度性能；具有较小的应变时效敏感性；具有足够的韧性与良好的焊接性，不发生脆性破坏的性能；具有较低的缺口敏感性，以预防钢材在焊接、开孔、局部应力集中区域产生裂纹；具有良好的显微组织，不允许有白点和裂纹存在等。

从使用环境看，可分为室温及中温承压部件钢板与高温承压部件钢板两大类。室温及中温即蠕变温度以下使用的锅炉钢板，主要用于制造锅炉的汽包、中温以下集箱端盖等承压部件。要求具有较高的室温强度；良好的冲击韧性和较低的缺口敏感性；良好的低倍组织。由于汽包等部件在加工时需要大量的冷变形，还要具有良好的时效韧性、加工工艺性和焊接性能。这类锅炉钢板多采用碳素钢，即《锅炉和压力容器用钢板》GB 713—2014中的 Q245R、Q345R，以及《中高温压力容器用碳钢板》ASME SA-515/SA-515M、《压力容器用碳锰硅钢板》SA-299/SA-299M 等。

蠕变温度以上的高温用锅炉钢板要求其具有足够的高温持久强度和持久塑性；良好的高温组织稳定性；良好的高温耐热性、抗氧化性；良好的冷弯变形和可焊接性等冷热加工工艺性等。一般采用低合金耐热钢用于制造高温集箱封头端盖、蒸汽管道堵板等高温承压部件等。例如 GB 713—2014 锅炉用钢板中的 15CrMoR、12Cr1MoVR 以及美国 ASME SA-387/SA387 M 压力容器用铬-钼合金钢板中的 Gr22、Gr91 和 ASME SA1017/SA1017M 压力容器用铬-钼-钨合金钢板中的 Gr23、Gr911、Gr122 钢等。

金属材料的室温机械性能主要有弹性、塑性与强度。金属在外力作用下发生变形，去掉外力后变形恢复的性能称为弹性，变形不恢复的性能称为塑性。相应随外力而消失的变形称为弹性变形，外力消失而不能恢复的变形称为塑性变形。金属在外力作用下抵抗变形和断裂的性能可分为抗拉强度、抗压强度、抗剪强度与抗扭强度。主要强度性能指标是抗拉强度 σ_b 与屈服极限 σ_s。金属材料在实际工作下的抗拉强度大于 σ_b 时会引起断裂破坏，在实际工作下的屈服极限大于 σ_s 时会发生塑性变形。

金属材料抵抗硬物体压陷其表面的能力称为硬度。常用硬度按试验方法分为布氏硬度（HB）、洛氏硬度（HRC）、维氏硬度（HV）以及显微硬度和高温硬度等。对于管材常用布氏硬度 HB 指标，布氏硬度是用试验力除以压痕球形表面积所得的商，单位为 N/mm^2（MPa）。压痕球形表面用一定直径的钢球或硬质合金球，以规定的试验力压入式样表面，经规定保持时间后卸除试验力，测量试样表面的压痕直径。金属材料抵抗瞬间冲击载荷的能量称为冲击韧性，一般用摆锤弯曲冲击试验确定。

长期承受交变载荷作用的金属材料，发生断裂时的应力远低于材料的屈服强度的现象叫作疲劳损坏。金属材料在无数次交变载荷下不会引起断裂的最大应力叫作疲劳强度。

5.3.3.2 锅炉钢管尺寸的允许偏差与力学性能指标的含义

锅炉钢管尺寸允许偏差见表 5-17。

锅炉钢管尺寸允许偏差　　　　　　　　　　　　　　　　　表 5-17

偏差等级	D1	D2	D3	D4
标准化外径允许偏差	±1.5% 最小±0.75mm	±1.0% 最小±0.50mm	±0.75% 最小±0.30mm	±0.50% 最小±0.10mm

常用钢管的力学性能指标有抗拉强度、屈服极限、断后伸长率、断面收缩率等。抗拉强度（σ_b）是指金属材料在拉力作用下抵抗破坏的最大能力。为试样在拉伸过程中，在拉断时所承受的最大力，除以试样原横截面积所得的应力，单位为 N/mm^2（MPa）。屈服极限（σ_s）是指金属材料试样在拉伸力保持恒定时仍能继续伸长时的应力，单位为 N/mm^2（MPa）有上、下屈服点之分。上屈服点（σ_{su}）为试样发生屈服而力首次下降前的最大应力；下屈服点（σ_{sl}）为不计初始瞬时效应时，屈服阶段中的最小应力。断后伸长率（σ）、

断面收缩率（ψ）分别指在拉伸试验中，试样拉断后，其标距所增加的长度与原标距长度的百分比，或是其缩径处横截面积的最大缩减量与原始横截面积的百分比，单位为％。

对锅炉管道用钢在整个工作期内，要求：①有足够高的温度强度，包括允许累积的蠕变变形量，例如，规定允许总变形量 1％，按工作期 1×10^5h 计，相当允许比那行速率为 10^{-5}％/h；有良好的持久塑性，一般希望延伸率不小于 3％～5％；通常以持久强度作为锅炉管道高温轻度计算的依据。②要有高抗氧化性能和耐腐蚀性能，一般要求锅炉管道在工作温度下的氧化深度小于 0.1mm/a。③有良好的组织稳定性，要求其在高温下长期使用过程中，碳化物析出、聚集、球化及石墨化等使干的性能在允许范围内。

5.3.3.3　金属材料监督

金属材料监督是监督垃圾焚烧设备金属构件安全运行的技术和管理工作。金属材料监督是通过对受监金属构件的检测与诊断，掌握设备金属部件的材料质量与焊接质量情况和健康状态，防止因选材不当、材质不佳、焊接缺陷、运行工况不良、应力状态不当等因素引起的各类事故，减少非计划停运频次，提高设备运行的可靠性，延长设备使用寿命。掌握金属构件在服役过程中金属组织变化、性能变化及缺陷萌生与发展情况，及时采取防断、防裂、防暴露措施，使之在失效前及时更换或修补恢复。

金属材料监督的范围包括工作压力大于等于 3.82MPa 的汽包；工作压力大于等于 5.88MPa 的水冷壁管、省煤气管、联箱、主给水管道等承压汽水管道和金属部件；工作温度大于等于 450℃的主蒸汽管道、过热器、联箱、阀壳和三通等承压金属部件。对重要部件与易多发故障部件应加强监督，特别是对汽包、炉膛顶部水冷壁转弯部位、高温/中温过热器、省煤器水侧出口部位、重点锅炉支吊部位等。

目前除执行《锅炉安全技术监察规程》TSG G0001 外，尚未建立垃圾焚烧领域的金属监督相关规定。对此，可参照电厂锅炉的相关规定，如《火力发电厂金属技术监督规程》DL/T 438、《火力发电厂锅炉受热面管监督技术导则》DL/T 939、《在役电站锅炉汽包的检验及评定规程》DL/T 440、《电力工业锅炉压力容器检验规程》DL 647、《火力发电厂高温高压蒸汽管道蠕变监督导则》DL/T 441、《火力发电厂蒸汽管道寿命评估技术导则》DL/T 940、《火力发电厂高温紧固件技术导则》DL/T 439、《电力钢结构焊接通用技术条件》DL/T 678、《火力发电厂焊接技术规程》DL/T 869、《火力发电厂锅炉汽包焊接修复技术导则》DL/T 734、《火电厂金相检验与评定技术导则》DL/T 884 等。

在受热面管子到货后，要根据装箱单和图纸进行全面清点，核对制造厂出具的出厂说明书和质量保证书，包括技术条件编号、化学成分、力学性能、供货状态及合同约定项目的全部检测结果，清点完毕后纳入锅炉台账归档。

在受热面管子安装前应对管子质量和制造厂焊口进行如下检验：①检查管子外表面有无裂纹、折叠、龟裂、压扁、砂眼、分层等缺陷；当管子外表面缺陷深度超过规定壁厚 10％以上，或咬边深度大于 0.5mm 时应采取措施。②对受热面管子外径和壁厚，使用游标卡尺等测量工具随机抽查。对装配好的管排壁厚的测量不少于组装件根数的 5％，且每根至少测量两个截面，每个截面至少测量两点。测量结果均应符合有关标准规定。③受热面管子的弯管按 10％进行抽检。其拉伸实测壁厚不得小于计算壁厚，压缩面不应有明显皱纹，不圆度符合有关标准要求。④对制造厂的焊口质量按 DL/T 5047 规定进行抽检，用于受热面的合金钢及其手工焊焊缝应进行 100％的光谱和硬度检查。

在受热面检修时应进行如下检查：①外观检查并做好记录，是否存在刮伤、磨损、腐蚀、鼓包、变形（含蠕变变形）、氧化及表面裂纹等安全隐患。②对垢下腐蚀严重的水冷壁定期进行腐蚀深度测量。③大修时，可在高温过热器最高壁温处进行割管检查。④为了解壁温大于 $450℃$ 的过热器管材质性能变化规律，可选择具有代表性的垃圾焚烧锅炉，在壁温最高处设监察管。按取样周期 $10000\sim20000h$，监督壁厚、管径、组织、碳化物成分和结构、脱碳层，以及力学性能的变化。

垃圾焚烧锅炉的高、中温过热器处于高温应力作用的工作环境，过热器管子要在承受高温高压，并在高温与酸腐蚀等环境下服役。由此造成的主要失效是蠕变、疲劳与腐蚀，要求过热器管具有足够的蠕变强度、持久强度和持久塑性。在长期高温环境下运行要求具有良好的组织稳定性、工艺性能、抗氧化与氯腐蚀的性能。对高、中温过热器的监督，主要检测管子外表面的氧化、腐蚀、起包、胀粗及裂纹，还要测量管壁外径与壁厚。在高温过热器某些温度较高的管排区域，可结合化学取样进行管内壁蒸汽侧氧化、硬度、金相组织的检查。

对过热器的安全寿命评估的研究认为，通过向火侧内壁氧化层厚度来估算管子金属温度，进而可估算其寿命。该方法也可用于估算不同管排及同一根管子不同部位的金属温度分布，为确定高温过热器重点监督区段提供技术支持。

垃圾焚烧锅炉水冷壁管和蒸发管是在高压力和管内介质温度不大于 $400℃$ 下工作，管内壁可能会因炉水的水质较差而产生垢蚀。由于炉膛高温烟气辐射区域采用复合式水冷壁，大大减轻了其承受高温烟气中酸性污染物腐蚀与颗粒物磨蚀的侵蚀作用。只是在炉膛出口区域的水冷壁部位暴露在高温烟气环境下时，这种侵蚀作用是不可避免的，表现在因燃烧过程的不稳定导致此区域水冷壁发生疲劳失效。因此要求水冷壁管材满足一定强度、抗腐蚀、耐磨蚀要求，具有良好的冷弯、焊接等工艺性能。与此同时，需注意对此区域发生烟气涡流部位的检测，主要检测管子外表面的腐蚀与裂纹等情况，鳍片焊缝裂纹、咬边等缺陷，进行管壁厚度测量，必要时可进行割管微观金相组织、拉伸性能的监督性检测。

用于垃圾焚烧锅炉的省煤器管外壁在服役条件下主要承受飞灰的磨损减薄。当管内沸腾率达到一定程度时，其出口部分蛇形管易发生脉动疲劳失效。因此省煤器管要具有良好的强度、抗腐蚀性、热疲劳性能与工艺性能。对省煤器管主要监督检测管外壁的磨损、管壁厚度测量及表面裂纹等情况。

集箱的结构复杂，所用材料基本与同参数的蒸汽管道一致。蒸汽管道是在高温应力与产生蠕变的条件下工作。集箱与蒸汽管道一旦发生爆漏事故，将会对人体及设备造成重大危害，故而对其材料允许最高金属温度比过热器管低 $30\sim50℃$。要求集箱和蒸汽管道具有足够高的蠕变强度、持久强度和持久塑性。在长期运行中具有良好组织稳定性、工艺性能、抗氧化性能。

第6章　垃圾焚烧锅炉运行状态分析

6.1　垃圾焚烧锅炉的启动和停运

6.1.1　垃圾焚烧锅炉启停方式概述

　　垃圾焚烧锅炉运行的任务是焚烧处理规定的垃圾量，条件是在有效减少垃圾体积和危害的同时，必须要实现对污染的综合预防与控制，最大化有效利用焚烧能量、矿物质及化学物质，提高经济效益。根据现行国家相关规定，在电网容量允许的情况下电网管理部门应允许就近上网并收购全部上网电量，项目法人应取得与电网管理部门的并网及售电协议。也就是说利用焚烧垃圾热能发电不存在调峰运行问题，从而保证了垃圾焚烧锅炉可根据合约规定的服务区垃圾量进行长周期运行，有效减轻了频繁启动与停运过程较难控制的烟气污染物排放等问题。

　　基于垃圾特性在不同时期不同季节波动大的特点，要求在垃圾特性相对稳定条件下，垃圾焚烧锅炉正常运行时，蒸汽参数的静态特性稳定在额定值的允许范围内。所谓相对稳定，是指在 $80\% \sim 100\%$ 额定焚烧垃圾负荷，短期超负荷即每天允许有 4 小时在 110% 额定焚烧垃圾负荷，在 70% 低负荷额定焚烧垃圾负荷的范围内变化条件下，保持蒸汽负荷的相对稳定。

　　垃圾焚烧锅炉由运行状态转变为停止状态的过程称为锅炉停运。锅炉停运是以停止向炉膛投入垃圾为标志，直至炉内垃圾完全燃烬或完全排出到停止运行的过程。垃圾焚烧锅炉由停运状态转变为启动到运行状态的过程称为锅炉启动。锅炉启动是以点火为标志，包括投入生活垃圾，对锅炉介质升压、加热与汽化，直至向蒸汽母管并汽或是对单元机组向汽轮机供汽，带规定负荷的过程。

　　垃圾焚烧锅炉启动方式，根据机组的状态分为冷态启动和热态启动，在常温常压下的启动称为冷态启动，在具有一定温度、压力情况下的启动称为热态启动。按一般大型锅炉的热态启动，根据不同温度、压力条件等，又分为温态启动、热态启动与极热态启动。各种状态下的启动划分如下：

　　（1）冷态启动——停炉 72h 以上，无水，压力小于 0.5MPa，炉水温度小于 150℃状态。

　　（2）温态启动——停炉 10～72h，压力大于额定压力 1/3（原规定 2MPa），炉水温度大于 200℃状态。

　　（3）热态启动——停炉 10h 以内，压力大于额定压力 2/3（原规定 4MPa），炉水温度大于 250℃状态。

　　（4）极热态启动——停炉 1h 以内，压力大于额定压力的 3/4（原规定 6MPa）状态。

　　冷态启动一般是焚烧厂在完工验收后进入试运行或是转入正式运行的过程，更多是停炉检修后转入运行状态的过程。冷态启动的典型特征是停运 72h 以上,启动之初的各部温度都接近或等于自然环境温度,所有汽水系统没有压力,各膨胀指示在原始状态。单元机组的冷态启动过程可分为以锅炉点火、汽机冲转、发电并网和机组升负荷为主要特征的四个阶段。在这几个阶段中,汽机冲转和发电并网中的锅炉操作较少,另两个阶段主要是锅炉的操作。按自然循环汽包锅炉在机组启动过程中的主要操作,可分为锅炉上水、炉膛吹扫、锅炉点火、锅炉升温/升压/并机组/冲转/并网、锅炉升负荷至额定值等五个阶段。

锅炉热态启动基本都是源于运行过程中的临时停运,具有点火前整个汽水系统已经有压力和温度,启动时升压升温变化幅度较小等的典型特点。故而点火后升压、升温速度可适当加快,并允许变化率较大。特别地,当停运时间在 1h 以内,启动时的过热器壁温很高时,应合理使用对空排汽门和旁路系统,防止温度较低的蒸汽进入过热器,从而产生较大热应力而损坏过热器。热态启动条件和启动初期升温升压过程可参照冷态启动进行。

根据锅炉与汽轮机的启动顺序或启动时的蒸汽参数,可分为恒参数启动(又称顺序启动)和滑参数启动(又称联合启动)。恒参数启动常用于母管制系统,是指先启动锅炉,待锅炉蒸汽参数达到或接近额定参数时再启动汽轮机。滑参数启动是在锅炉启动同时启动汽轮机,汽轮机在蒸汽参数逐渐提高的情况下,完成暖管、冲转、暖机、升速及带负荷。单元制机组基本都是采用滑参数启动方式。

垃圾焚烧锅炉与后续烟气净化系统构成的焚烧线不考虑备用,也就不存在锅炉备用停运问题。根据垃圾焚烧锅炉转入锅炉停运的要求,通常分为正常停运与故障停运或事故停运。下述停运属于正常停运:机组运行一定时间后需要按计划停运以进行维护与检修,恢复或提高其运行性能,防止事故发生。另当进厂垃圾较大幅度减少,为维持机组至少在低负荷范围内运行和保证烟气污染物达标排放,可能要求其中的一条焚烧线停运或几条线交替运行。故障停运或事故停运发生在因机组外部或内部原因发生可能危及人员及设备安全运行故障或事故,必须停止锅炉运行的情况。

从汽轮机运行视角的正常停运,根据降负荷时汽轮机前的蒸汽参数可分为额定参数停运与滑参数停运。额定参数停运是机组在停运过程中,汽轮机前的蒸汽温度与压力不变或基本不变的停运。这种停运一般在设备和系统有小缺陷需要短期停运时采用,它要求机组停运后,机炉的金属温度保持较高水平,以适应热态启动并缩短启动时间。通常做法是关小调速汽阀使流量减少,进而逐渐减负荷停机,而主汽阀前的蒸汽参数保持不变。因为关小调速汽阀,进入汽缸的蒸汽温度下降只是调速汽阀节流降温,不会使汽缸金属温度有大幅度的下降,从而可避免产生较大的热应力。

滑参数停运是锅炉负荷和蒸汽参数的降低按照汽轮机的要求进行。通常做法是维持汽机调门全开,锅炉逐渐减负荷与降低蒸汽参数,使机炉金属温度平稳下降,直至机组完全停下来的停运方式。采用滑参数停运可利用温度逐渐降低的蒸汽,使汽轮机部件得到比较均匀和较快的冷却。

6.1.2 垃圾焚烧锅炉启动与停运过程

任何锅炉的启动与停运过程都是不稳定的变化过程。在锅炉启动与停运过程中,各部件的工作温度与压力处于动态变化且加热不均匀的状态,以至存在温差而产生热应力。启动初期的垃圾投入量较少时,燃烧过程不易控制,会引起炉膛热负荷不均。启动过程的各受热面工质流动尚不正常，可能会引起局部超温。锅炉启动、停运是锅炉运行的重要阶段，此时的热力系统是缓慢升温升压或缓慢降温降压过程，因此要求在整个启动或停运过程中，必须严格按锅炉启停曲线进行并严密监视。

垃圾焚烧锅炉的启动系统包括锅炉汽水系统与疏水系统，汽机旁路系统等。其中的汽轮机旁路系统是在主蒸汽出口设置一根带有减温减压器的旁路管道，使主蒸汽经减温减压后排入凝汽器。启动系统的主要作用是在机组启动以及停运状态下，平衡锅炉与汽轮机之间的蒸汽量，起到调节和保护作用。

垃圾焚烧锅炉的冷态启动过程包括启动前的准备、锅炉点火、升温升压，以及汽轮机暖机、冲转升速、并网及带初负荷、机组升负荷至额定状态等几个阶段。垃圾焚烧锅炉的热态启动过程与冷态启动过程基本相同。但热态启动时，汽包内存有炉水，只需少量锅炉补水来调整水位；蒸汽管道与汽包内都有一定温度与压力，暖管与升温升压在此基础上进行也就更快。热态启动过程需要充分注意协调好锅炉蒸汽温度与汽轮机的金属温度，尽量避免热偏差，减少汽轮机的寿命损耗。

作为示例，图 6-1～图 6-3 分别是源自引进日本一种形式垃圾焚烧锅炉的冷态启动、热态启动与停运过程的时间、烟气温度、主汽压力控制与操作曲线。图 6-1、图 6-2 冷态、热态启动曲线显示，冷态启动时间较长，需要通过燃烧器喷油暖炉，喷油并投入垃圾，退出燃烧器、垃圾自行燃烧三个阶段。图 6-3 的停运过程中，由于过热汽温降低较快，主要通过投入辅助燃料来控制过热汽温。图 6-4、图 6-5 分别是源自欧洲一种形式的垃圾焚烧锅炉启动、停运过程的设计烟气流速与烟气温度的控制要求。

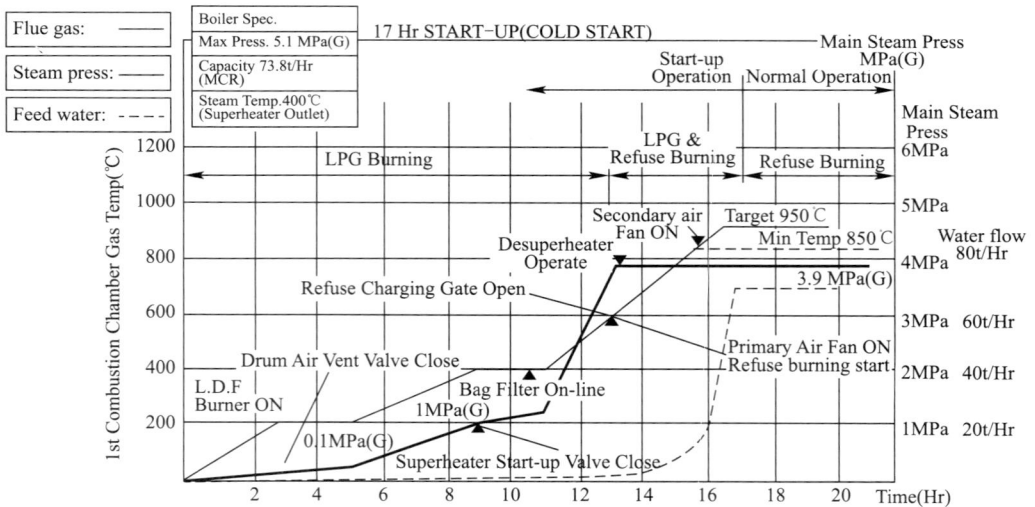

图 6-1 垃圾焚烧锅炉冷态启动过程（17h）的时间-烟气温度-主蒸汽压力控制曲线

6.1.3 垃圾焚烧锅炉启动、停运过程的注意事项

6.1.3.1 启动过程注意事项

在锅炉启动、停运与变负荷时，汽包壁温度在不断变化。在启动过程中，某些受热面内的工质流量还很少，在某段时间内工质处于静止状态甚至可能没有工质，也就是各锅炉

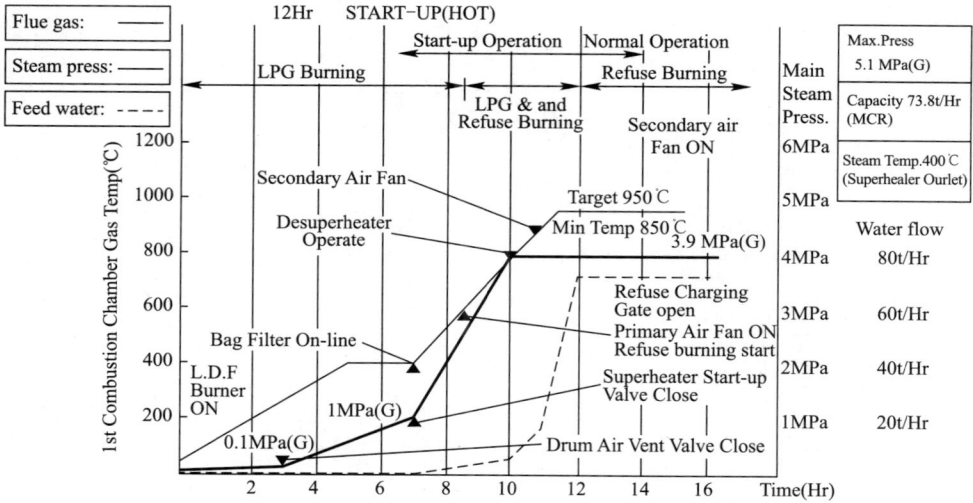

图 6-2　垃圾焚烧锅炉热态启动过程（12h）的时间-烟气温度-主蒸汽压力控制曲线

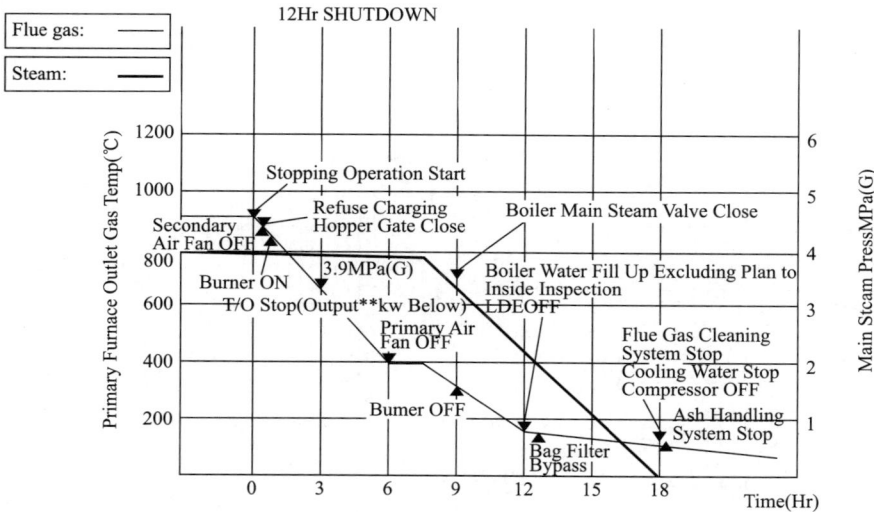

图 6-3　垃圾焚烧锅炉停运过程（12h）的时间-烟气温度-主蒸汽压力控制线

受热面内的工质尚处于不正常流动状态，从而使受热面管壁得不到正常的冷却，可能造成管壁超温。如点火初期的省煤器只是间断进水时，其内的水温将发生波动。停止进水时，省煤器内不流动的水温度升高，特别是靠近水侧出口端可能发生汽化。其进水时又会使水温又降低。这样使其管壁金属产生交变热应力，影响金属及焊口的强度，日久产生裂纹损坏。省煤器出口处汽化时，会引起汽包水位大幅度波动与发生进水困难，此时应加大给水量将汽塞冲入汽包，待汽包水位正常后，尽量保持连续进水或在停止进水的情况下开启省煤器再循环系统。

　　锅炉点火时炉膛内温度很低，在点火后较长一段时间内，为控制锅炉部件加热速率和防止受热面金属管壁超温与厚壁部件产生过大的温度应力，需要缓慢投入启动用燃料量。由于此时的炉内温度不高，需要注意燃料的着火性能，防止发生灭火事故。另外，在锅炉

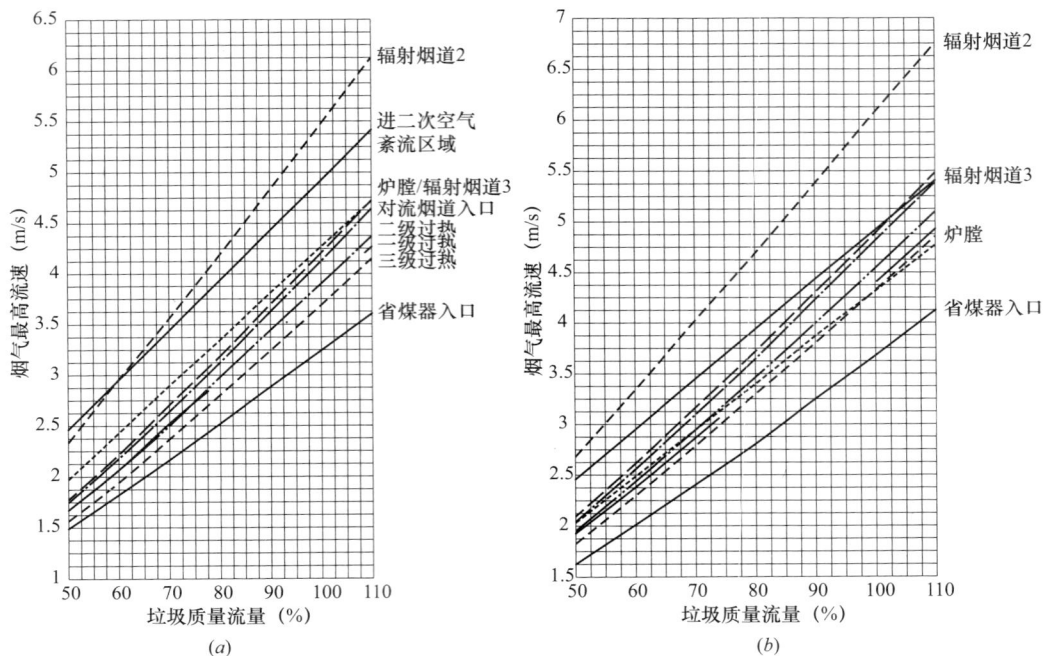

图 6-4　某炉型启动（左）停运（右）过程的烟气流速控制

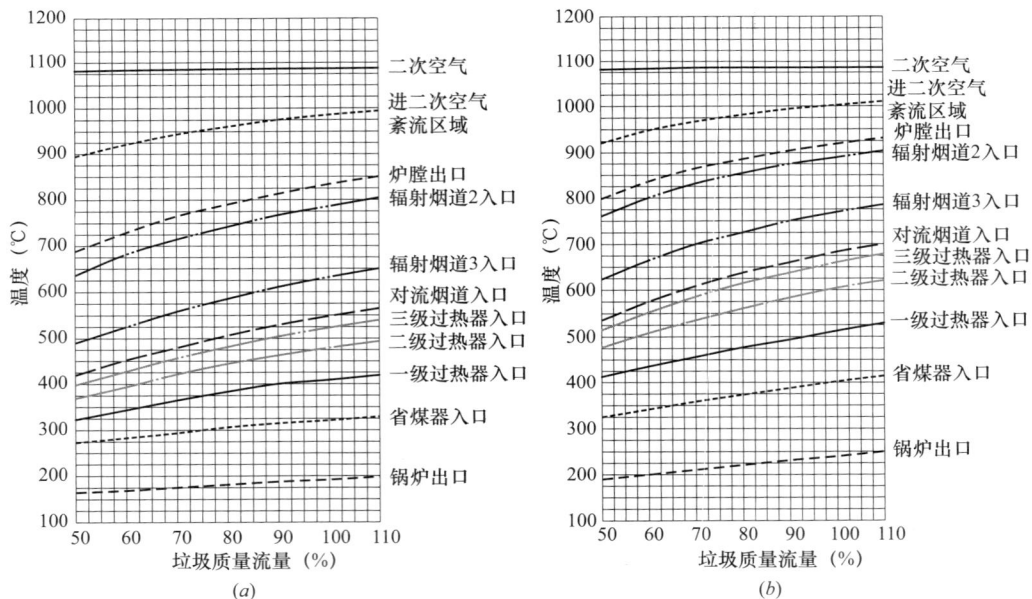

图 6-5　某炉型启动（左）停运（右）过程的烟气温度控制

　　启动初期应不投或少投减温水，这是因为此时的蒸汽流量较小，汽温较低。若此时投减温水，很可能会引起减温水与蒸汽混合不良，以至在某些蒸汽流速较低的蛇形管圈内积水，造成水塞，导致超温过热。

　　以下是垃圾焚烧锅炉启动过程的一些实践经验，可供参考：

（1）禁止垃圾焚烧锅炉启动的条件

1）影响锅炉启动的设备和系统检修工作未结束、工作票未注销，检修工作已结束但验收不合格，新安装或大修后的锅炉未进行水压试验或试验不合格。

2）主蒸汽温度及压力、炉膛压力、汽包水位等锅炉主要仪表缺少或不正常且无其他监视手段，锅炉电磁阀，安全门和燃气、燃油速断阀经试验动作不正常。

3）锅炉连锁及保护装置故障或有缺陷不能保证可靠动作，主要远操机构和机械部分有缺陷造成卡涩、拒动、失调时，炉膛安全监控系统，安全保护系统经试验不合格。

4）主要汽水管道保温不完整，主要设备、管道的支吊架松脱或损坏，有坠落危险。

（2）垃圾焚烧锅炉启动过程的基本要求

1）严格按冷态或热态的启动曲线进行，期间汽包壁任意两点间温差要不超过40℃并定期记录各部分膨胀指示。否则应及时调整燃烧、加强排污、降低升压速度方可继续升压。当温差过大时，要停止升压、分析原因、及时处理。

2）控制好冲转前的炉膛出口烟气温度（如不超过538℃），升温升压过程中各受热面管壁温度不得超过允许值。

3）一般要求炉水升温率≤110℃/h，汽轮机冲转时的过热汽温应有50℃以上的过热度，主蒸汽升温速率不超过1.5℃/min，主蒸汽管道蒸汽温度之差不超过17℃。

4）严格监视和控制汽包水位并及时调整不得大开、大关、间断进水。合理使用减温水来防止各受热面的金属壁温超限。给水及减温水自动投入后，要保证调节性能良好，被调参数稳定，否则改为手动调节。监视并记录各部膨胀，监视并及时调整汽温。

5）注意压力与温度的协调控制。在启动过程中，要通过各种手段调节汽温与汽压一致，实现协调控制。

6）加强对炉水及蒸汽品质的监督。在启动初期进行定期排污，排出汽水循环回路底部的部分水。这不但是保证锅炉品质，而且使受热较弱部分的循环回路换热加强，防止局部水循环停滞，使水循环系统各部件金属受热膨胀均匀的重要手段。

7）启动期间如机、电有稳定或试验要求，按其要求进行。投油燃烧时加强巡检，以防油泄漏，当油枪退出时油系统应随时处于热备用状态。如采用静电除尘器，燃油时严禁其运行。

8）锅炉热态启动前的检查、试验，点火前的炉膛吹扫及点火操作程序与冷态启动的要求基本相同。点火前需要核查汽包水位与上部空气门，各部疏水门、底部加热门均应关闭；点火至汽机冲转期间的升压速率≤0.3MPa/min、升温速率≤1.5℃/min；以点火时的参数为起点进行合理调整燃烧，在热态恢复时尽量避免锅炉压力下降。当主蒸汽温度与高温过热器入口汽温之差小于30℃时，全开高温过热器集汽联箱疏水门。高低压旁路系统投入后，关小或关闭上述疏水门。

6.1.3.2 启动过程的保护与监控

（1）锅炉启动过程的汽包保护与监控

汽包是采用单向受热的厚壁筒体和封头，在锅炉启停与变负荷过程产生的应力主要涉及到机械应力、热应力、附加应力与峰值应力。机械应力是指由汽包压力引起，且与汽包压力成正比的拉应力。启动热应力是由汽包上下壁及内外壁温度不均，导致其体积变化受到限制所产生的应力，且是在加热过程产生对安全运行有突出影响的热应力。附加应力是指汽包与其内部介质质量引起的应力，此应力远小于上述两种应力。峰值应力是指上述三种应力叠加后的总应力中的最大局部应力。峰值应力在稳定压力下对强度无害，但在交变压力作用下，会产生疲劳裂纹，致使蒸汽泄漏。基于各种应力对锅炉汽包安全运行的影响，在锅炉启停过程需要严格控制、有效监督汽包内的压力变化。

汽包金属壁在远低于其抗拉强度的循环应力作用下，经过一定循环次数后会产生疲劳裂纹以至破裂的现象称为低周疲劳失效。达到低周疲劳失效的循环次数称为寿命。应力循环次数占寿命的百分比称为寿命损耗。一般是要在启动过程持续监控汽包上下壁和内外壁的温差以有效控制峰值应力幅值减小汽包启动过程的低周疲劳寿命损耗，减小汽包的寿命损耗。在监控温差时，由于汽包内壁温度不可测量，通常是采取以饱和蒸汽引出管外壁温度替代汽包上部内壁温度，以集中下降管外壁温度替代汽包下部内壁温度。因此汽包上壁最大内外壁温差为最大引出管外壁温度与汽包上壁最小温度之差；汽包下壁最大内外壁温差为最大集中下降管外壁温度与汽包下壁最小温度之差。一般要求启动过程中的汽包上下壁温差不应大于 $50℃$、内外壁温差不应大于 $40℃$。实际操作中以控制压力的变化率作为控制汽包壁温差的基本手段。同时要严格控制进水参数，尽快建立正常水循环，初投垃圾量不可过小以保持炉内燃烧及传热均匀。

（2）垃圾焚烧锅炉过热器与省煤器的保护与监控

在垃圾焚烧锅炉水平对流烟道内立式布置的过热器底部在停炉时会留有积水，在锅炉冷态启动后会蒸发，进而在产生与升压到一定程度的介质压力作用下，部分积水会被蒸汽流排除。在全部蒸发或排除前，某些管内没有蒸汽流过，管壁温度可能接近烟气温度而发生金属超温现象。故而规定蒸发量小于 10% 额定值时，需要通过限制燃烧率以限制过热器烟侧进口温度。

省煤器的保护可通过保持连续进水方法加以保护。连续进水法一般采用小流量连续给水通过省煤器进入汽包，同时通过连续排污与定期排污来保持汽包水位。还可采用省煤器再循环法，将汽包内部分炉水返回省煤器。此法的主要缺点是压头相对较低。

6.1.3.3　停运注意事项

垃圾焚烧锅炉的停运分为计划停运与非计划停运，按停运方式有额定参数停运、滑参数停运与故障停运。其中，额定参数停运方式只在锅炉热备时采用，故障停运也叫事故停运属于非计划停运。额定参数停运时，要逐渐减少焚烧垃圾量并降低燃烧空气量、减少各种热损失，同时维持较高的蒸汽压力、温度参数在正常范围内。减负荷过程中需要逐渐关小汽轮机调节汽门，以保持主蒸汽压力不变；主汽温随着焚烧垃圾负荷的降低而逐渐下降，但应保持汽温过热度在规定范围内，否则应适当降低主蒸汽压力。当汽轮机负荷减到最低时，发电机解列，随后汽轮机停运，锅炉熄火。熄火后按规定对炉膛、烟道进行通风清吹扫，最后停运送风机，直至锅炉出口烟气温度低于规定值以后再停运引风机。

锅炉计划停运前需要进行一次全面检查，统计缺陷以便停炉后消除。停运过程要严密监视锅炉各受热面壁温，防止出现超温现象；要严密监视水位、汽压、汽温的变化，保证规定的降压、降温速率，保持水位计最高可见水位。在锅炉未全部失去压力前，要持续监视水位、压力、排烟温度等。

滑参数停运需要严格按滑停曲线进行，控制降压速度 $\leqslant0.05MPa/min$，降温速度 $\leqslant1.0℃/min$，控制汽包壁上下任两点之间的温差 $\leqslant40℃$。滑参数停运过程需要与汽轮机工况协调，避免各参数大幅度波动。锅炉停运后在汽包内炉水温度降到 200℃ 之前需要维持汽包水位（如在 +200mm）。汽包压力降到规定值（如 0.3MPa），可带压将炉水放尽。

故障停运分为一般故障停运和紧急事故停运。设备故障需要及时停运检修。一般故障停运可采用额定参数停运方式。如发生重大事故，危及人身安全与严重损害设备时，应采取紧急事故停运。紧急事故停运需要停止投放垃圾进炉、切断送引风机、关闭主汽阀与开启旁路。若发生锅炉爆管事故则需要保持引风机运行，若是发生锅炉满水事故则需要关闭给水阀、停止给水泵和禁止锅炉进水。

以下是垃圾焚烧锅炉停运过程的一些实践经验，可供参考：

（1）申请停运的条件：锅炉汽水法兰、管道、阀门等承压部件泄漏且无法恢复、消除或隔离时；过热器管壁等受热面金属超温且经降低负荷等多方调整无效时；锅炉严重结焦、堵灰无法维持正常运行时；给水、炉水、蒸汽品质严重低于标准且经多方调整无法恢复正常时；水位计、安全门不能全部投入时；其他严重影响安全、环保运行时。

（2）手动紧急停运的条件：给水管道、蒸汽管道破裂，水冷壁管、过热器管、省煤器管爆管不能维持正常运行或危及人身设备安全；锅炉压力不正常升至安全阀动作压力，以及安全阀拒动作；所有水位计损坏；主蒸汽压力表、主蒸汽温度表、氧量表、给水流量表、炉膛压力表等主要仪表一起失灵；锅炉范围管道在锅炉调试、运行过程中发生泄漏、爆破等影响锅炉安全运行情况；停运后不允许进行带压堵漏或采取其他临时措施。

（3）滑参数停运注意事项：对新蒸汽的滑降有一定规定，一般高压机组新蒸汽滑降时的平均降压速率为 20~30kPa/min，平均降温速率为 1.2~1.5℃/min。在较低参数时，降温、降压速率可以慢一些。新蒸汽应保持 50℃ 过热度，以保证蒸汽不带水。

6.1.3.4　停运保养

停运保养是在锅炉停运期间，为防止锅炉内部金属表面发生锈蚀所采取的保护措施。由于氧气会与锅内潮湿的金属表面发生氧腐蚀，受热面烟气侧粘附的灰粒等在潮湿环境下也会加剧对金属的腐蚀。这种停运期间的腐蚀不仅直接引起金属的损坏而且腐蚀产物代替了金属保护膜，在锅炉再次投运时会恶化水质，反过来又会加速金属腐蚀，因此在锅炉停运期间必须要采取保养措施。停运保养的方法主要有压力保养、湿法保养、干法保养和充气保养等。湿法保养和干法保养是目前应用最广泛的方法。

当停炉时间不超过一周时，可采用压力保养。压力保养是在停炉过程终止之前使汽水系统灌满水以阻止空气进入锅炉内，通常维持余压在 0.05~0.1MPa，炉水温度 100℃ 以上。

当锅炉停用时间不超过一个月时，可采用湿法保养。湿法保养是使锅炉汽水系统中充满含有碱液的除盐水，不留汽空间。有适当碱度的水溶液会与金属表面形成一层稳定的氧化膜，从而防止腐蚀继续进行。在湿法保养过程中，需定期通过微火烘炉以保持受热面外部干燥；定期开泵使水循环流动；定期化验水的碱度，如碱度降低则应适当补加碱液。湿法保养多用于短期停用的小型锅炉。

当锅炉停用时间在一个月以上时可采用干法保养。干法保养是指在清除受热面水垢后，短时间手动启动加热设备使受热面干燥，然后在汽包内及炉膛内放置干燥剂进行防护的方法。具体做法是：停炉后将炉水放净后再利用炉膛余温将锅炉烘干，及时清除锅内垢渣，然后将装有干燥剂的托盘放入汽包内及炉排上，最后关闭所有阀门和人孔、手孔门。

放入干燥剂半月后检查保养情况，及时更换失效的干燥剂。以后每隔 1～2 个月检查一次。干燥剂用量按锅炉汽水侧部件内的容积计算，一般用 CaO（生石灰）时为 2.0～3.0kg/m³，采用 CaCl₂（工业无水氯化钙）时为 1.0～2.0kg/m³。失效氯化钙可在加热到 105～110℃ 烘干后，重复利用。

充气保养效果较好，可用于长期停炉保养。锅炉停炉后，要求锅炉汽水系统具有好的严密性，使水位保持在高水位线上，采取措施使锅炉脱氧，然后通入氮气或氨气将炉水与外界隔绝，使充气后的压力维持在 0.2～0.3MPa。这是因为氮与氨都是很好的防腐剂。主要依据是氮能与氧生成氧化氮，使氧不能与钢板接触的规律，以及氨溶于水后使水呈碱性，能有效地防止氧腐蚀。

6.1.3.5　启动评价指标

垃圾焚烧锅炉的启动评价可采用《发电设备可靠性评价规程》DL/T 793 的启动可靠度（SR）与平均启动间隔小时（MTTS）两项指标。所谓设备可靠性是指设备在规定条件下、规定时间内，完成规定功能的能力。

（1）启动可靠度评价指标：$SR = \dfrac{\text{启动成功次数}}{\text{启动成功次数}+\text{启动失败次数}} \times 100\%$

（2）平均启动间隔小时评价指标：$MTTS = \dfrac{\text{运行小时}}{\text{启动成功次数}}$

6.2　垃圾焚烧锅炉运行特性和运行调节

生活垃圾来自社会活动，一方面垃圾特性总是在变化的，在焚烧过程必然会影响污染物的排放；另一方面焚烧垃圾必然会受到社会活动过程与法规性的约束，如生活垃圾不可选择性、必须达到炉渣热灼减率、炉膛主控温度的要求。对这种来自外界的影响、干预、干扰定义为外扰。在整个焚烧过程，运行工况总会受到如漏风、积灰、结渣、腐蚀等负面影响。对这种由设备自身运行状态引起的干扰定义为内扰。垃圾焚烧锅炉的运行工况经常由于外扰或内扰的影响而发生变动。任何工况的变动都会不同程度地影响运行指标和参数的变化。

蒸汽锅炉是以其蒸汽负荷、杂质含量为评价指标的蒸汽品质，以压力和温度为评价指标的蒸汽参数来衡量的。垃圾焚烧锅炉是按设定的压力与温度参数可变负荷运行的，也就是要根据传热规则，通过运行调节，使蒸汽负荷适应垃圾特性与垃圾热值的变化。垃圾焚烧锅炉和一般汽包型锅炉的运行控制基本要素相同，都是流量或流速、温度、压力，故而其运行调节有共同之处。垃圾焚烧锅炉运行监视与调节的目的是通过给水量、送风量、引风量及必要的减温水量来保持主蒸汽压力与温度、汽包水位、过量空气系数、炉膛负压、各受热面管壁温度等稳定在额定值与允许变化范围内，保证锅炉运行的安全性与经济性。

由于不同形式锅炉运行的动态特性有较大差别，如层燃型垃圾焚烧锅炉的火焰燃烧过程基本在炉膛二次风紊流区结束，此后为高温烟气辐射换热区；流化型垃圾焚烧锅炉是按密相区与稀相区在炉膛内的流化燃烧过程；室燃炉则是以粉状、雾状或气态燃料随同空气喷入炉膛进行悬浮燃烧过程。因此不同形式锅炉的调节方式有很大区别。无论哪种形式的锅炉都要随时进行调节，了解运行特性是正确调节的必要条件，而调节的目标和方法，又与锅炉形式和运行方式有关。

6.2.1 垃圾焚烧锅炉传热特性

垃圾焚烧锅炉受热面是按额定负荷与设定垃圾热值、给水温度、过量空气系数及各种热损失等工况条件设计的。实际运行总是在一定范围内偏离设计工况条件下进行的，这种偏离范围要远大于应用燃料煤等资源性燃料的锅炉。任何运行工况偏离都会引起锅炉参数和运行指标的相应变化，这些变化的方向和变化幅度可由锅炉的运行特性反映出来，对设计和运行具有重要的指导作用。

锅炉的运行特性分为静态特性和动态特性。稳定工况是指具有确定状态参数的工况，当锅炉在不同稳定工况下，参数之间的变化关系称为锅炉的静态特性。如可燃物燃烧量与热效率、工质温度、炉内传热之间的关系。当锅炉从一稳定工况转变到另一稳定工况的过程中，参数变量与时间的关系称为动态特性。进行锅炉静态特性研究的目的是确定锅炉的最佳工况以作为运行调节的依据，进行锅炉动态特性研究的目的是为整定自动调节系统及设备提供条件。

6.2.1.1 垃圾焚烧锅炉的静态特性

（1）焚烧垃圾负荷变动

受减少垃圾体积与危害，环境质量等外扰的目的性约束，正常焚烧垃圾负荷需要稳定在 $80\%\sim100\%$ 下运行，并允许每日 2 次每次 2 小时超 10% 运行，以及不低于 70% 的低负荷运行。当实际焚烧垃圾热值超过设计点热值或是因各种因素导致焚烧垃圾量不足时，需要按照垃圾特性进行垃圾负荷调节。

1）焚烧垃圾量变化与锅炉效率

根据式（3-58）与式（3-59），且忽略锅炉排污与自用饱和蒸汽时，焚烧垃圾量 B 与锅炉蒸汽负荷 D 有如下热平衡关系：

$$B = \frac{D(h''_{gr} - h_{gs})}{\eta_{gl} Q_r} \tag{6-1}$$

当 h''_{gr}、h_{gs}、Q_r 和 η_{gl} 不变时，则焚烧垃圾量与蒸汽负荷成正比关系，即 $B_2/B_1 = D_2/D_1$ 或 $\Delta B/B = \Delta D/D$ 或 $B/D =$ 常数。因此，可认为分析锅炉运行特性用焚烧垃圾量与蒸汽负荷作自变量是等价的。

图 6-6 是一般锅炉的效率—负荷曲线，反映出如下基本规律：在较低蒸汽负荷下，锅炉热效率 η（即上式中的 η_{gl}）随焚烧垃圾量增加而提高并有一最大值，此时的负荷称为经济负荷。其广义定义为在一定条件下，设备的负荷在技术上可能达到的，经济上有利的利用率。垃圾焚烧锅炉的经济负荷一般为额定负荷的 $80\%\sim100\%$。超过经济负荷后，η 随蒸汽负荷增加而有所降低。垃圾焚烧锅炉在低负荷时，q_5 基本不变，q_2 随焚烧垃圾量的增加而略有增加，q_3 通常远小于 q_4，合并为 $q_3 + q_4$，且随着焚烧垃圾量增加而下降。

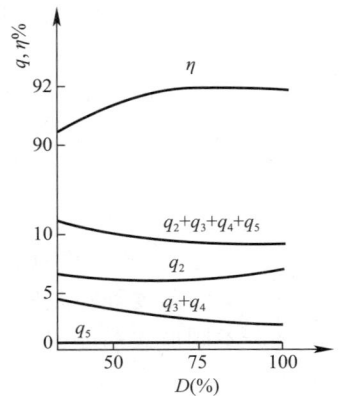

图 6-6 锅炉效率-负荷曲线

综合看，低负荷时，$q_3 + q_4 + q_5$ 与辐射和传导的热损失之和的降低幅度会大于 q_2 增加的幅度，故 η 提高。达到经济负荷时，q_4 趋于稳定，辐射和传导热损失达到极小值，锅炉热效率最高。超过经济负荷以后，q_2 继续增加，其他热损失与辐射和传导热损失之和的降低幅度会小于 q_2 增加的幅度，故此时的锅炉热效率略有降低。

2）焚烧垃圾量变化与辐射传热特性

当焚烧垃圾量改变 ΔB 时，炉膛出口烟温 T_1''（为方便分析，在此用 T_1'' 替代 θ_1''）的改变 $\Delta T_1''$ 为：

$$\frac{\Delta T_1''}{T_1''} = 0.6\left(\frac{T_a - T_1''}{T_a}\right)\frac{\Delta B}{B} = C_B \frac{\Delta B}{B} \tag{6-2}$$

式中，$C_B = 0.6(T_a - T_1'')/T_a$ 是焚烧垃圾变量对炉膛出口烟气温度的系数，与理论燃烧温度 T_a 和炉膛出口烟温 T_1'' 的变量 $\Delta T_1''$ 相关，估算时可取工况变化前的 T_1'' 数值并将它当作常数。应说明的是从炉膛出口烟气温度计算公式（4-24）知，在焚烧垃圾量改变时还有几个参数也要改变，这将造成式（6-2）的计算误差，一般用该式估算结果比实际炉膛出口烟温要低一些。

由炉内辐射放热量 Q_f、辐射放热量变化与焚烧垃圾量变化推导出如下关系：

$$\frac{\Delta Q_f}{Q_f} = -0.6 \frac{T_1''}{T_a} \cdot \frac{\Delta B}{B} \tag{6-3}$$

由此，又可得出单位时间炉内总辐射热量的计算公式：

$$\frac{\Delta B Q_f}{B Q_f} = \frac{B \Delta Q_f + Q_f \Delta B}{B Q_f} = \frac{\Delta B}{B} + \frac{\Delta Q_f}{Q_f} = \left(1 - 0.6 \frac{T_1''}{T_a}\right)\frac{\Delta B}{B} \tag{6-4}$$

从上述三式可反映出炉内辐射总量随着焚烧垃圾量的增减而增减，但由于此时的理论燃烧温度与焚烧垃圾量无关，对应于单位焚烧垃圾量的辐射放热量则反而减少，这就是通常所说的炉内辐射传热特性。其中炉膛出口烟温相对变量 $\Delta T_1''/T_1''$、炉内辐射放热量相对变量 $\Delta Q_f/Q_f$ 与焚烧垃圾相对变量 $\Delta B Q_f/B Q_f$ 的关系取决于理论燃烧温度 T_a 与炉膛出口烟温 T_1'' 的相对大小。T_a 与 T_1'' 可用来衡量随同单位焚烧垃圾量进入炉膛与离开炉膛热量的相对大小，因此式（6-2）中的 $(T_a - T_1'')/T_a$ 能反映炉内辐射放热量占垃圾焚烧总放热量的比例，此比例越大表明 $\Delta B/B$ 对 $\Delta T_1''/T_1''$ 的影响越大，进而可推知对 $\Delta Q_f/Q_f$ 的影响越大。

由于垃圾焚烧锅炉需要采用辅助燃烧方法严格控制炉膛主控温度，故而单位焚烧垃圾量的炉内辐射放热量 Q_f 需要增加辅助燃料的放热量 Q_{fr}，从而在按式（4-24）计算出炉膛出口烟温后，用下式评估总辐射放热量：

$$Q_f + Q_{fr} = \varphi \cdot (Q_l - I_1'') \tag{6-5}$$

式中　φ——保热系数，即炉墙对外界散热引起的校正系数，$\varphi = 1 - q_5/(\eta_{gl} + q_5)$；

　　　Q_l——折算到 1kg 焚烧垃圾的送入炉内的总热量，即是 1kg 折算焚烧垃圾产生的烟气在理论燃烧温度下具有的焓值，kJ/kg；

　　　I_1''——炉膛出口烟气焓，kJ/kg。

3）焚烧垃圾量变化与对流传热特性

当焚烧垃圾量 B 的改变 ΔB，进入对流烟道的烟气流速 w、烟气平均温压 θ（受热面进、出口平均温度 ϑ 与工质平均温度 t 的差：$\theta = \vartheta - t$）以及和各受热面吸热比例与工况均会有所改变，在此以 ΔQ、ΔK、$\Delta \theta$、ΔB 等表示各参量在工况改变后的变量。分析的基本依据是对流传热公式（5-19），为便于分析，将该公式简化为 $Q = KH\theta/B$，再通过对该式及其相关参变量计算公式取对数求微分（具体分析过程见西安交通大学编著的 77 级用《锅炉原理》教科书），得到如下一组相对变量的关系式：

$$\frac{\Delta Q}{Q} = \frac{\Delta K}{K} + \frac{\Delta\theta}{\theta} - \frac{\Delta B}{B} \quad \frac{\Delta K}{K} = \frac{\Delta\alpha_d + \Delta\alpha_f}{\alpha_d + \alpha_f} \quad \frac{\Delta w}{w} = \frac{\Delta B}{B} + \frac{\Delta T}{T} \quad \frac{\Delta\theta}{\theta} \approx \frac{\Delta T}{T} \quad \frac{\Delta\alpha_d}{\alpha_d} = 0.65\frac{\Delta w}{w} \quad \frac{\Delta\alpha_f}{\alpha_f} = 3\frac{\Delta T}{T}$$

通过工程理论分析可知，蒸发受热面中各处工质温度变量 Δt 远小于烟气温压变量 $\Delta\theta$（$=\Delta T$）。过热器因进出口分别为饱和温度与额定汽温，中间有喷水减温，故工况变动后的各处汽温变化都较小。省煤器进口为 130℃ 或 140℃ 且比热较大的锅炉给水，水温的变量也比烟气温度变量小得多。

根据上面一组相对变量的关系式以及相关参变量的计算公式，并忽略漏风的影响，可变换为：

$$\frac{\Delta Q}{Q} = \frac{\Delta T' - \Delta T''}{T' - T''} = \left(0.65 + 2.35f + \frac{T}{\theta}\right)\frac{\Delta T}{T} - (0.35 + 0.65f)\frac{\Delta B}{B} \tag{6-6}$$

式中的 $f = \alpha_f/(\alpha_d + \alpha_f)$，表示放热系数中辐射放热系数的份额；$T$、$\theta$ 在此可用工况变动前的初始平均烟温与温压 Δt 替代，$\Delta t = (\Delta t_D - \Delta t_X)/\ln(\Delta t_D/\Delta t_X) = (\Delta t_D - \Delta t_X)/[2.3\lg(\Delta t_D/\Delta t_X)]$。假定 $\Delta B/B > 0$，则由上式知：

① 任何受热面在任何工况下，两个括号内的值总是大于零的，且可分别作为 $\Delta T/T$ 与 $\Delta B/B$ 的系数。这两个系数的物理意义在于，温度变量 ΔT 增加使对应单位焚烧垃圾量的传热量 ΔQ 增大，而焚烧垃圾变量 ΔB 增加会使 ΔQ 减小。两种相反作用的 ΔT 与 ΔB 相比较的结果决定 ΔQ 是正还是负的转变。

② 对任何一个或一小段受热面来说，ΔT 可视为介于 $\Delta T'$ 与 $\Delta T''$ 之间的一个温度变量。若 $\Delta T/T$ 较大而使等号右侧大于零，则 $\Delta Q > 0$，表示工况变动后的单位焚烧垃圾的传热量较初始工况大。另有 $\Delta T'' < \Delta T'$，表示工况变动后的烟温下降幅度 ΔT 比初始工况大（图 6-7a），而且 $\Delta T/T$ 从进口到出口呈现减小的变化趋势。反之，若 $\Delta T/T$ 较小或为负值使等号右侧小于零，则 $\Delta Q < 0$。$\Delta Q < 0$ 表示工况变动后的单位焚烧垃圾的传热量较初始工况小；$\Delta T'' > \Delta T'$ 表示工况变动后的烟温下降幅度 ΔT 比初始工况小（图 6-7b）；而且 $\Delta T/T$ 从进口到出口呈现增大的变化趋势。由此得出如下规律：从传热区的入口到出口，$\Delta T/T$ 变化趋势总是使 ΔQ 趋于零。也就是满足如下关系：

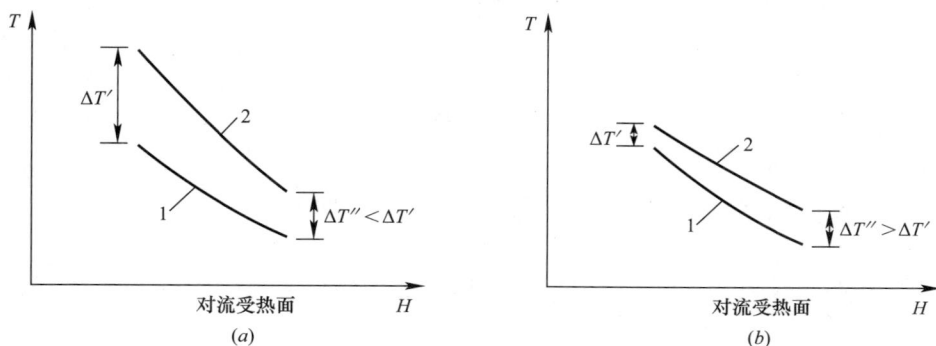

图 6-7　对流传热区内从初始工况 1 到变工况 2 后某区段平均烟压 ΔT 变化示意图

$$\left(0.65 + 2.35f + \frac{T}{\theta}\right)\frac{\Delta T}{T} - (0.35 + 0.65f)\frac{\Delta B}{B} = \frac{\Delta Q}{Q} = 0 \tag{6-7-1}$$

$$或\qquad \frac{\Delta T}{T}\Big/\frac{\Delta B}{B}=\frac{0.35+0.65f}{0.65+2.35f+\dfrac{T}{\theta}}=C_{\mathrm{d}} \tag{6-7-2}$$

③ 对于一个受热面，辐射放热系数的份额 f、平均烟气绝对温度 T 与温压 θ 沿烟气流程总是在变化之中，而且从过热器到蒸发器时将有跃变。上式中的 C_{d} 为一不连续的变数，即使在同一地点不同工况的 C_{d} 也不相同。沿着烟气流向存在 θ 降低比 T 降低更快，表现为 C_{d} 高温区值较大，低温区较小，也即 C_{d} 值从高温区到低温区总是呈现由大变小的规律。

④ 当焚烧垃圾量增加，高温烟气放热量增加，烟气热容量增大，使炉膛出口烟气温度升高。焚烧垃圾量变化使锅炉辐射传热形式与对流传热形式的传热量份额与工质焓增相应发生变化。传热量份额分配决定于炉膛出口分界面处的烟气温度 $\theta_1''(℃)$ 和烟气容积 $V_{\mathrm{y}}(\mathrm{m}^3/\mathrm{kg})$。当 θ_1'' 升高时，辐射传热形式的传热量份额减少，对流传热形式的传热份额增加。

4）焚烧垃圾量变化与烟气温度

垃圾焚烧锅炉在无添加辅助燃料且垃圾热值无明显变动的运行时，焚烧垃圾量增加，理论燃烧温度 ϑ_{a}（即 T_{a}）不变，炉膛出口烟温 ϑ_1'' 增量 $\Delta T_1''$ 要大于排烟温度 ϑ_{py} 增量 ΔT_{py}。再从式（6-6）可知，（$\Delta T'-\Delta T''$）>0 时，$\Delta Q>0$。因此，当（$\Delta T_1''-\Delta T_{\mathrm{py}}$）$>0$ 时，烟气对流区的单位放热量将增大。只是沿着烟气流向的烟气温度增加值逐渐减小，到排烟温度 ϑ_{py} 的增加值最小。这就是通常所说的锅炉对流传热特性。综合焚烧垃圾负荷、辐射传热与对流传热的关系，可得到如图 6-8

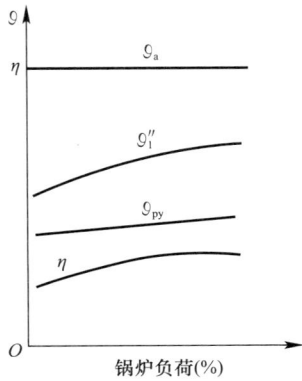

图 6-8　负荷变化特性曲线

所示的负荷变化特性曲线。图中 η 是锅炉热效率。

5）焚烧垃圾量变化与蒸汽参数

过热器出口蒸汽的压力与温度分别叫作主蒸汽压力与主蒸汽温度。中压、次高压等级锅炉的主蒸汽温度允许波动范围 $+10℃/-5℃$，高压及以上压力等级为 $+5℃/-10℃$。蒸汽温度超限，会使受热面、联箱、阀门等金属温度超过许用温度，使材料的机械强度下降，高温腐蚀与蠕变速度加快。

过热器近邻炉膛出口后的辐射烟道的结构形式，决定了焚烧垃圾量 B 增加必然会导致辐射换热量、对流换热量和工质状态参数改变。决定锅炉辐射与对流传热形式的传热份额的因素是分界面的烟气温度 $\theta_1''(℃)$ 与烟气容积 $V_{\mathrm{y}}(\mathrm{m}^3/\mathrm{kg})$。在焚烧垃圾特性不变与理论燃烧温度不变的情况下，结合单位工质加热、蒸发与过热吸热量比例的关系，则 θ_1'' 升高，辐射传热形式的传热量份额减少，对流传热形式的传热量份额增加。另按对流烟道一般布置，过热器吸热量所占份额比其他对流受热面要大，焚烧垃圾负荷增加时的吸热量比例还要增加。

垃圾焚烧锅炉采用定压运行，相应主蒸汽温度 t 与焓 h 是单一函数关系：$h=c_{\mathrm{p}}t$。过热蒸汽焓 h_{gr} 与焚烧垃圾及蒸汽负荷 B 及 D，以及过热换热量 Q_{gr}、减温水负荷 G_{jw}、饱和蒸汽及减温水焓 h_{b}、h_{jw} 的关系表示为：

$$\Delta h_{\mathrm{gr}}=h_{\mathrm{gr}}-h_{\mathrm{b}}=\frac{B}{D}Q_{\mathrm{gr}}-(h_{\mathrm{b}}-h_{\mathrm{jw}})\frac{G_{\mathrm{jw}}}{D} \tag{6-8}$$

由上式显示 D 不变时，通过向过热器喷入低焓值减温水会使 h_{gr} 下降，另 h_{jw} 下降或 G_{jw} 上升也都会使 h_{gr} 下降。汽包压力随蒸汽负荷增加而上升，根据 h_{b} 与压力的关系，h_{b}

随压力升高而下降。另外，水冷壁结渣造成 D 下降时，炉膛出口温度提高，会导致 h_{gr} 提高；进而主蒸汽温度及排烟温度都将提高。

（2）炉膛出口过量空气系数对传热量的影响

从锅炉热效率视角提出最佳过量空气系数的概念，即通过燃烧调整试验确定的，使燃烧过程的 $q_2+q_3+q_4$ 之和达到最小的炉膛出口过量空气系数称为最佳过量空气系数，其变化关系可参考图6-6。其意义在于，当实际运行的炉膛出口过量空气系数 α_1'' 与最佳过量空气系数有较大偏差时，不但锅炉效率会显著降低，而且辐射与对流产热量以及相应锅炉各部位的烟气温度也会明显变动。

根据炉膛出口温度、理论燃烧温度、理论烟气容积等计算公式且忽略影响因素小的项，可推导出如下炉膛出口温度变量 $\Delta T_1''$ 与过量空气系数变量 $\Delta \alpha_1$ 之间的关系式：

$$\frac{\Delta T_1''}{T_1''} = \left[0.6\left(\frac{T_a - T_1''}{T_a}\right) - \left(1.8\frac{T_1''}{T_a} - 0.8\right)\left(1 - \frac{273 + \frac{c_k}{c_y}t_k}{T_a}\right)\right]\frac{\Delta \alpha_1}{\alpha_1} \qquad (6-9)$$

式（6-9）方括号内的第一项与式（6-2）中的 C_B 等同，说明过量空气系数的增加（减少）与焚烧垃圾量的增加（减少）一样，都会使炉内烟气流量按比例增加（减少），T_1'' 升高（降低）；而通过炉膛出口烟气温度变量的热平衡推导结果证明单位焚烧垃圾量的辐射放热量 BQ_f 减少（增多）。方括号内的第二项通常为正值，反映出当 α_1 增大（减小），则 T_a 随 T_1'' 降低（升高）。因进入对流受热面的烟气流速提高，传热系数增大，从而使对流传热量 BQ_d 增大。由于 BQ_d 增大幅度小于 V_y 增大幅度，故烟气温度沿烟道流程下降速度要低于 α_1 增大前的下降速度。

式（6-9）中的空气比热与烟气比热之比 c_k/c_y 通常在0.9左右。若以一般锅炉的计算数据带入上式，则方括号内两项数值很相近。由此反映出 $\Delta \alpha_1$ 导致改变烟气容积与理论燃烧温度，其对 T_1'' 的影响可认为互相抵消。因此保持垃圾特性基本稳定与焚烧垃圾量不变，只是改变炉内过量空气系数时，对 T_1'' 的影响，可能升高也可能降低，但大多情况下近似不变。通过以上分析说明：

① 增加送风量使炉内过量空气系数增大，将增大烟气流量，降低理论燃烧温度；炉膛出口温度可能略有升降但改变不大；排烟温度相对过量空气较小时的水平有所提高。

② 根据烟气容积与过量空气系数近似正比关系且忽略漏风变化和温度的变化，则排烟损失 q_2 与炉内过量空气系数呈近似正比的关系。

③ 从最佳过量空气系数考虑，适当调整过量空气系数，如图6-9所示，可使排烟热损失 q_2 与未燃尽热损失 q_3、q_4 之和达到最小，提高锅炉效率。

④ 加大炉内过量空气系数，可减少炉内单位辐射传热量、增大对流传热量。在减温水量不变的情况下，以对流传热为主的过热器出口蒸汽温度将会升高。

（3）其他工作条件的改变

1）生活垃圾特性

生活垃圾成分的复杂性对锅炉工作有多种多样的影响，例如，垃圾的挥发分高使着火

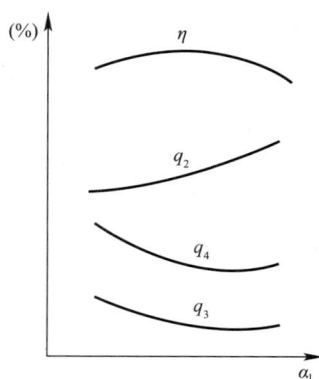

图6-9 α_1 对热损失和锅炉效率的影响

容易；最高温度区在炉膛下部的炉膛燃烧区；炉膛出口温度相对一般锅炉要低一些而单位辐射热量要大一些；理论燃烧温度降低；不完全燃烧损失增加等。

垃圾热值随焚烧垃圾水分增加、可燃元素相对减少而降低，统计显示垃圾热值在 $5500\sim6000kJ/kg$ 时，水分降低 1%，热值增加约 $115\pm15kJ/kg$。焚烧垃圾水分与炉内过量空气系数对烟温、传热量及排烟热损失等影响的性质相似，都是增大单位焚烧垃圾量的烟气容积和降低炉膛理论燃烧温度，增加排烟损失。但是，焚烧垃圾含水量很高时，会使着火热增加即着火推迟，而且这种影响比过量空气增加时严重得多，由其引起炉内辐射传热量份额减少和对流传热量份额增加的影响也要大得多。

焚烧垃圾灰分与可燃物是焚烧垃圾不可分割的两种物理成分，其灰分增大则可燃物相对减少、焚烧垃圾热值降低、焚烧烟气量减少，从而导致炉内总放热量减少，对流吸热量减少，进而炉膛出口烟气温度下降。当炉内总放热量不足以支持炉膛主控温度时，需要投入燃料油/气等辅助燃料。灰分增加还会使 q_4 增大，同时会加剧水冷壁与对流受热面的积灰与磨损，导致传热性能降低，安全隐患增加。

2）给水温度

垃圾焚烧锅炉正常工况下是要保持焚烧垃圾量 B 不变，相应焚烧垃圾放热量 Q_r 相对稳定。由式（6-1）的变换表达式 $B\eta_{gl}Q_r=D(h''_{gr}-h'_{gs})$ 可知，在锅炉热效率 η_{gl} 与过热蒸汽温度即是过热蒸汽焓 h''_{gr} 不变的情况下，如给水温度亦即给水焓 h'_{gs} 低于规定值，则蒸发量 D 减少而 B/D 增大，单位工质在锅炉内辐射吸热与对流吸热的比例变化情况与增加焚烧垃圾量时相当。也就是在对流受热面内的单位工质吸热量 BQ_d/D 将增大，必要时需加大蒸汽侧的减温水量。另外，给水温度降低会使省煤器的传热温差加大从而增加省煤器的吸热量，降低排烟温度，减少 q_2 损失。但从锅炉汽水系统安全运行角度，给水温度只能是在有限范围内降低，这对排烟温度降低的影响可以忽略。

3）锅炉漏风

在漏风量及其他条件不变时，增大（减少）送风量也就意味着增大（减少）炉膛出口过量空气系数 α_l，由此会导致理论燃烧温度下降，排烟温度升高，而炉膛出口烟温 T''_l 的改变较小。

在送风量不变状态下，烟道漏风对 BQ_d、θ 的影响取决于漏风点的位置。如漏风点在炉膛下部，则燃烧温度降低，炉内传热减少更多；若漏风量过大可能严重影响着火与稳定燃烧并使 T''_l 降低。如漏风点在炉膛上部，则只是对 T''_l 影响较大，对着火与燃烧、辐射传热的影响较小。如漏风点在辐射烟道末端处，则该处的 θ 降低，BQ_d 减少，但随着烟气流程 θ 逐渐接近、直到可能超过原来值，BQ_d 也随之增大。如漏风点在对流烟道，则会降低当地及以后的烟温、减小温压，从而 BQ_d 减少，锅炉效率降低。此外，漏风对锅炉受热面壁温的影响不大。

4）几种工作条件同时改变

在锅炉运行中受到几种工作条件同时改变的影响，可按各种影响的叠加考虑。例如，焚烧垃圾量降低与炉内过量空气系数增加通常是同时发生的，若这是估算炉膛出口烟温的变化，可将式（6-2）与式（6-9）迭加得出式（6-10）。该式显示在等式右侧第一项内迭加，表示有部分抵消作用。

$$\frac{\Delta T_1''}{T_1''} = 0.6\left(\frac{T_a - T_1''}{T_a}\right)\left(\frac{\Delta \alpha_1}{\alpha_1} + \frac{\Delta B}{B}\right) - \left(1.8\frac{T_1''}{T_a} - 0.8\right)\left[1 - \frac{273 + \frac{c_k}{c_y}t_k}{T_a}\right]\frac{\Delta \alpha_1}{\alpha_1} \quad (6\text{-}10)$$

6.2.1.2 垃圾焚烧锅炉的动态特性

压力、温度及汽包水位等蒸汽参数是带压锅炉安全、经济运行的重要指标，一般根据不同压力等级锅炉的允许压力波动范围在±（0.05～0.1）MPa。要保持垃圾焚烧锅炉稳定的主蒸汽压力与温度，也就意味着要随时保持锅炉内部能量和物质的平衡。但发生的外扰和内扰会破坏锅炉本身及内部贮存能量状态的稳定，并通过某些参量的变动反映出来。这些参量的变动速度也就是参量与时间的函数关系就是锅炉的动态特性。

（1）汽压动态特性

垃圾焚烧机组运行采用汽轮机跟锅炉的汽压调节方式。这种调节方式是把稳定锅炉运行放在第一位，具有负荷响应较慢的特点。相对垃圾可燃物的变动，由于汽包锅炉有较大的蓄热能力，也就是热惯性较大致使汽压变化较慢。为保持锅炉汽压的平稳，一旦汽压变动超出允许范围，就要及时进行调整而不能等压力超出规定的上下限时再进行调整。另当锅炉发生内扰时，可用调节汽轮机调速器门的方法稳定汽压。作为汽包型的垃圾焚烧锅炉，维持主蒸汽压力稳定主要是通过维持汽包压力的稳定来实现的，汽包压力通过自然循环系统输入与输出热量的平衡来确定。在某一稳定工况下，锅炉内部存有一定量的工质且工质和有关金属部套均处于一定的温度水平，当发生外扰或内扰，使输入热量大于（小于）输出热量时，系统内部能量增大（减小），汽压升高（下降）。能量变化程度越大则压力变动速度越大，如汽压急剧下降，自然循环系统中的下降管内可能发生汽化；反之，汽压急剧上升，系统上升管内产生的汽量会减少，从而引起水循环恶化。因此，锅炉运行中不但要限制蒸汽压力偏差的幅度，还要限定允许压力变动速率。

锅炉蒸发过程的输入热量主要是来自水冷壁、蒸发器吸热量和汽包进水热量，输出热量主要是离开汽包的蒸汽热量和连续排污的热量。另外，蒸发系统设备内存汽水处于饱和状态，当其压力、温度变化时，汽包、水冷壁与蒸发器等金属壁温将随之改变。因此随着垃圾焚烧锅炉汽压的工况变化过程，工质和设备金属同时参与吸收或释放过程。对这种压力降低引起饱和水蒸发而释放显热，以及温度降低而释放金属显热的附加蒸发量大小称为锅炉的蓄热能力，其值为蓄热量，记为 ΔQ_{xr}。由工况 1 变化到工况 2 的 ΔQ_{xr} 按下式计算：

$$\Delta Q_{xr} = \sum\left[(G_{js}c_{js})t_2 + (G_g h_g)_2\right] - \sum\left[(G_{js}c_{js})t_1 + (G_g h_g)_1\right] \quad (6\text{-}11)$$

式中　G_{js}、c_{js}——金属的质量与比热；

　　　G_g、h_g——工质的质量与焓。

压力 p 随时间 τ 的变化速度 $dp/d\tau$ 按下式计算。式中等号右边的分子表示为单位时间内蒸发区热量收支不平衡量，分母为每变动单位压力时蒸发区蓄热量的增减。

$$\frac{dp}{d\tau} = \frac{\Delta Q_{zf} + \left[\left(\frac{r\rho''}{\rho' - \rho''}\right) - i_q\right]\Delta D_{sm} - \left(\frac{r\rho'}{\rho' - \rho''}\right)\Delta D_{bq}}{\left(\rho'\frac{\partial i'}{\partial p} + \frac{r\rho''}{\rho' - \rho''}\frac{\partial \rho'}{\partial p}\right)V' + \left(\rho''\frac{\partial i''}{\partial p} + \frac{r\rho'}{\rho' - \rho''}\frac{\partial \rho''}{\partial p}\right)V'' + \frac{\partial t_b}{\partial p}G_{js}c_{js}} \quad (6\text{-}12)$$

式中　　Q_{zf}——蒸发管单位时间吸热量；r——汽化潜热；ρ'、ρ''——分别为饱和水及饱和蒸汽密度；

　　　　D_{sm}——由省煤器进入汽包的给水流量；D_{bq}——由汽包引出蒸汽流量；i'、i''——

饱和水及饱和蒸汽焓;

V'、V''——分别为蒸发区内的水容积与汽容积(包括水面以上和以下的汽容积),$V'+V''=V=$常数;

G_{js}、c_{js}、t_{js}——分别为蒸发区有效金属质量、比热及温度;t_b——饱和温度,且 $t_b \approx t_{js}$。

蒸发区的蓄热能力越大,发生扰动时的汽包压力变动的速度越小,热量收支不平衡的程度越大。表 6-1 给出不同参数等级锅炉的每一项蓄热能力所占份额的近似值,表 6-2 为自然循环锅炉额定工况下的蓄热能力和压力最大变动速度的近似值,可供参考。

不同压力等级锅炉的每一项蓄热能力所占份额的近似值　　表 6-1

参数	水蓄热能力(%)	汽蓄热能力(%)	有效金属蓄热能力(%)
高压和超高压	60	10	30
中压	80	5	15
低压	85	3	12

自然循环锅炉的蓄热能力和压力最大变动速度的近似值　　表 6-2

汽包压力 MPa	蓄热能力 $\Delta G/D_n$	压力变动最大速度 $(dp/d\tau)_{max}$	压力变动最大相对速度 $[dp/(p_0 d\tau)]_{max}$
	(kg/MPa)/(t/h)	MPa/s	1/s
1.4	70	0.003	0.002
4.4	11	0.025	0.0055
11	4.5~5	0.05	0.0045

注:以上两表来源西安交大 1977 年版的锅炉原理教材。

图 6-10 是可供垃圾焚烧锅炉分析用的可燃物内扰与汽轮机调速门外扰影响汽包压力的动态特性。其中,图 6-10a 显示出可燃物量减少,使水冷壁及蒸发器吸热量少,以致输入热量小于输出热量,造成汽压下降随之蒸汽流量下降,但因汽包等金属向工质释放部分热量而使汽压下降速度减小。同时,汽轮机前的汽压下降,在调速汽门开度不变的情况下,进汽量减少也起到减小汽压下降速度的作用。图 6-10b 则显示出减小汽轮机调速汽门开度,使蒸汽流量减小,汽压上升,再使进汽流量有所增加。

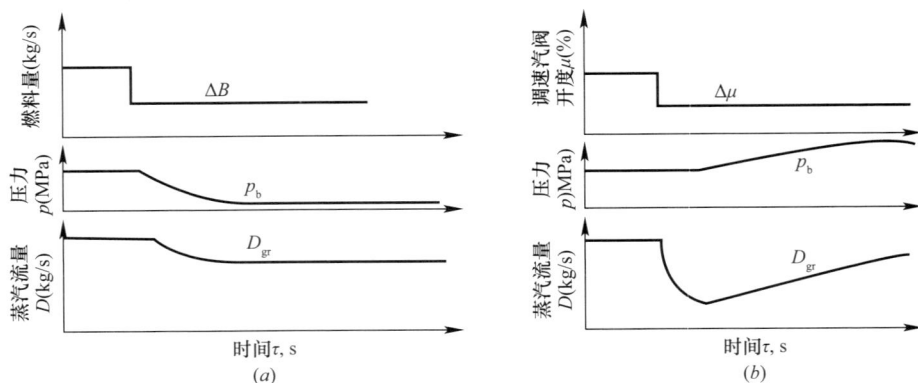

图 6-10　汽压动态特性(来源:上海交大版《电厂锅炉原理》)

(a)燃料扰动 ΔB;(b)汽轮机调速门关小 $\Delta \mu$

D_{gr}——主蒸汽流量

（2）水位动态特性

汽包水位可间接反映锅炉负荷与给水量的物质平衡关系，如表 6-3 分为正常水位、报警水位与保护动作水位。正常水位也叫零水位，通常在汽包中心线以下 50～100mm，正常运行情况下是在零水位线附近波动，波动范围±50mm。汽包水位偏离零水位过高会使蒸汽带水，过低可能使下降管带汽以至破坏自然循环过程。当锅炉给水量与锅炉负荷不相适应时，会在短时间内发生汽包缺水或满水，进而引起蒸汽品质恶化、相应的承压管子过热或发生水击或被烧坏等安全事故。这也是为什么必须设置水位保护的原因。若汽包水位达到报警水位，就要采取紧急措施以恢复到正常水位；如达到标记为高低位跳闸值的保护动作水位，则保护动作自动降低锅炉负荷，直至停炉。

汽包水位与水位分级报警值　　　　　　　表 6-3

水位与水位分级报警	水位值（mm）	运行措施
正常水位	50	位于汽包中心线以下
高位报警值 1	+100	校对水位计，减少给水
高位报警值 2	+150	开启紧急放水阀至水位正常
高位跳闸值（紧急停炉）	+200	紧急停炉，自控装置延时 2s
低位报警值 1	-100	增大给水，校对水位计，停止排污
低位报警值 2	-150	检查给水系统，省煤器，水冷壁系统运行正常与否
低位跳闸值（紧急停炉）	-200	紧急停炉，自控装置延时 2s

注：报警值、跳闸值均以正常水位为基准。

锅炉运行中，引起汽包水位变化的主要原因是蒸发区内的质量平衡被破坏，压力变换引起工质比容等状态改变，以及水循环工况引起汽包内水侧蒸汽含量的改变。如图 6-11 水位变化曲线 1 表示汽包蒸发区内的炉水量小于锅炉负荷时的水位变动趋势。在质量平衡条件下，汽压或锅炉负荷有较大波动时也会引起水位变动趋势。水位变化曲线 2 表示汽包内的汽压突变时，由于水侧内的蒸汽容积增大使水位涨起而发生水位变动。由于此时的水位并非由炉水量增加引起，而且和后来的水位相反，故称为虚假水位。水位变化曲线

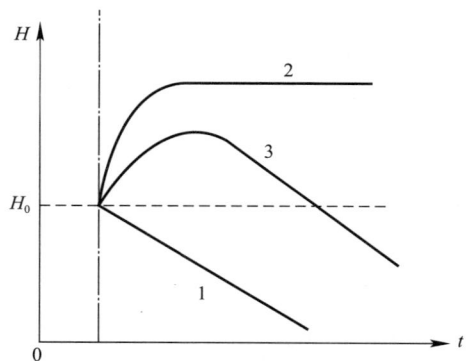

图 6-11　水位变化示意图

3 则表示锅炉负荷突增使汽包压力快速降低，不调节进水量时的水位变动趋势。水位变化曲线 3 是水位变化曲线 1 与 2 叠加结果。

汽包水位 H 随时间 τ 的变动 $dH/d\tau$ 是根据质量平衡及汽包汽侧与水侧蒸汽容积等因素，按下式估算。式中的 V''_x 为汽包水容积内的汽容积，F 为汽包零水位处水面面积，其他参数含义与式（6-12）相同。

$$\frac{dH}{d\tau} = \frac{\Delta D_{sm} - \Delta D_{bq}}{(\rho' - \rho'')F} - \frac{V'\frac{\partial \rho'}{\partial p} + (V-V')\frac{\partial \rho''}{\partial p}}{(\rho' - \rho'')F}\frac{dp}{d\tau} + \frac{1}{F}\frac{dV''_x}{d\tau} \tag{6-13}$$

式（6-13）等号右边三项中，第一项表示由于质量不平衡引起与不平衡程度成正比的水

位变化速度。第二项表示由于压力变化引起工质密度（或比容）的改变引起与水位和压力变化方向相反的水位变化速度。第三项表示由于水循环工况变动引起水面以下蒸汽容积的改变。

若能求得 $\mathrm{d}V_x''/\mathrm{d}\tau$，则上式中唯一的未知量 $\mathrm{d}H/\mathrm{d}\tau$ 即可算出。需说明的是，由于水循环对水位的影响，使水位变动的计算十分复杂，故而按上式计算结果的准确性不高。

（3）过热蒸汽温度动态特性

过热蒸汽温度是指过热器出口的蒸汽温度。垃圾焚烧锅炉的过热器是由低、中、高不同温段的低温过热器、中温过热器和高温过热器组成的对流型过热器，各段金属温度都有规定限制。因此对汽温有严格要求，一般根据压力等级规定的偏差在 $\pm(5\sim10)\,^{\circ}\mathrm{C}$ 不等。气温过高将会导致受热面金属超温，危及设备安全；过低将会导致机组循环效率下降，以及汽轮机排汽湿度增大，危及机组的运行安全。

任一级过热蒸汽出口的焓 $i''=i'+BQ/D-i_{\mathrm{jw}}$。由此可知引起蒸汽温度变动的因素主要是进入过热器时的饱和蒸汽焓 i'、减温水焓 i_{jw}、焚烧垃圾量 B、单位焚烧垃圾量的传热量 Q 及蒸汽流量 D。其中，i'、i_{jw} 与 B/D 变化对 i'' 的影响并不复杂也容易理解。单位传热量 Q 的影响因素要复杂些，例如炉膛出口温度升高、炉内过量空气系数增大、垃圾水分增加等特性变化都将导致 Q 增大，促使过热器出口汽温升高。而由于过热器表面积灰致使 Q 减少，虽然会使锅炉效率降低与 B/D 增加，但明显的是 Q 减少的影响大于 B/D 增加的影响，故仍将使出口汽温下降。

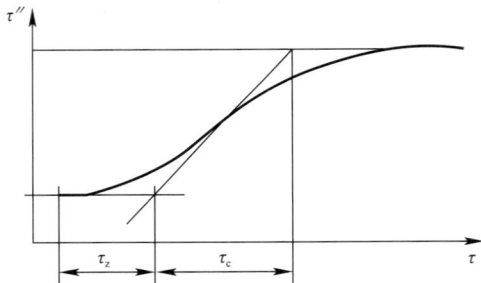

图 6-12　过热器出口过渡过程的汽温动态特性

运行过程中无论产生什么影响气温因素的扰动，过热蒸汽温度和过热蒸汽压力一样，都不是立即变化，而是如图 6-12 所示，从初值到到终值按照从慢到快，再转向慢的规律，最后稳定在新状态下的温度水平。该曲线的拐点是气温变化速度最快的点，通过该点做一切线，与汽温初值和终值的水平线相交，两交点之间的时间称为时间常数 τ_{c}，从扰动发生点到 τ_{c} 起始点之间的时间称为延滞时间 τ_{z}。造成延缓温度升高的原因是当扰动因素促使温度升高时，过热器金属温度也将上升，因而要吸收一部分热量而延缓了汽温的升高。同样，当扰动因素促使温度下降时，过热器金属要释放一部分热量而延缓了汽温的下降。

过热汽温变化时的延滞时间与扰动方式有关。其中，烟气侧与蒸汽侧的流量扰动通常在几秒甚至瞬间内就使整个过热器受到影响，此时对汽温变化的延滞较小。进口蒸汽焓或减温水量对出口汽温的影响则要缓慢一些，这时的出口汽温变化的延滞时间与进出口之间流程的距离成正比，与蒸汽流速成反比。如下经验值可供参考：一般高压锅炉的过热器进口端发生如蒸汽焓变化或减温等扰动时，$\tau_{\mathrm{z}}\approx50\sim100\mathrm{s}$，$\tau_{\mathrm{c}}\approx150\sim200\mathrm{s}$；在过热器高温段进口发生扰动时，该段的 τ_{z}、τ_{c} 大约分别是上述时间 $1/2$。中压锅炉的 τ_{z}、τ_{c} 大约是高压锅炉相应时间的 $2/3$。

扰动时汽温变化的延滞时间 τ_{z} 可用如下经验式估算：

$$\tau_{\mathrm{z}}=2.36\frac{l_{\mathrm{gr}}}{w_{\mathrm{q}}}\sqrt{1+\frac{d_{\mathrm{w}}}{d_{\mathrm{n}}}\frac{\rho_{\mathrm{js}}c_{\mathrm{js}}}{\rho_{\mathrm{q}}c_{\mathrm{q}}}} \tag{6-14}$$

式中 l_{gr}——过热器管长度；$\bar{w}_q$——过热器平均流速；

d_w、d_n——过热器管外径与内径；

ρ_{js}、c_{js}——金属的密度与比热；

ρ_q、c_q——蒸汽的密度与平均定压比热。

设过热器某段与进口距离 x 某截面处蒸汽焓初值 $i_1=i'+q_0x/(fw\rho)$ 与终值 $i_2=i'+\mu q_0x/(fw\rho)$，可按下式估算时间常数 τ_c：

$$\tau_c = \frac{(i_2-i_1)(f\rho c_p+mc_{js})}{c_p(\mu-1)q_0}\tag{6-15}$$

式中 i'——饱和蒸汽焓；

q_0——单位管长初始稳态热负荷；

f——过热器总截面积；

w、ρ——蒸汽流速和密度；

m——单位管长的金属质量；

μ——单位管长的初始稳态热负荷 q_0 跃变到 q 时的比，即 $\mu=q/q_0$。

需说明的是，过热器是涉及很多变量的复杂系统，并具有各种非线性因素，因此对动态过程中汽温变化的数学描述时必须进行必要的近似和简化，再利用质量与能量平衡以及传热的数学模型等进行估算，但估算结果会与实际情况有一定偏差。

6.2.1.3 垃圾焚烧锅炉的动态特性影响与基于环保性指标的监控途径

（1）有效控制垃圾不稳定特性与不完全燃烧的基本控制指标是炉渣热灼减率，要求不大于3%。

（2）可按"垃圾热值×垃圾量≈炉膛热负荷"的估算方法对炉温变化程序进行监控。

（3）观察火焰锋面与颜色，判断燃烧温度等的监控方法。

（4）垃圾下限热值是保证正常炉温的锅炉设计的基础，设置辅助燃烧器是满足炉膛主控温度区的辅助手段。其中，包括辅助燃烧器与启动燃烧器在内的燃烧器总功率按下述方法确定：

1）燃烧器总功率＝锅炉处理规模(t/h)×设计垃圾热值(kJ/kg)÷3600≥60%。

2）辅助燃烧器功率为启动燃烧器功率的2倍。

3）各项计算结果的允许偏差按±5%计。

（5）当实际焚烧垃圾热值大于MCR点时，需降负荷运行，可按设计点焚烧垃圾热值与额定焚烧垃圾量乘积，再除以实际焚烧垃圾热值，确定实际焚烧垃圾量。针对焚烧垃圾热值超过设计点热值的状态，需要加强对焚烧垃圾热值的分析，合理确定焚烧垃圾量，避免过度焚烧垃圾致使炉膛烟气温度过高，主控温度区过度上移现象。

（6）正常焚烧垃圾负荷变化范围为80%～100%，在100%～110%额定焚烧垃圾负荷范围属于超负荷运行，一般要求控制在每天超负荷运行不超过4h。否则会带来锅炉运行的安全隐患，烟气污染物超标风险。在70%～80%额定焚烧垃圾负荷限范围属于低负荷运行。当低于70%负荷运行时的风险表现为燃烧稳定性差，排烟温度低，致使低温腐蚀的可能性增大，自然循环锅炉水循环的不安全因素增加。为此，在锅炉低负荷运行时，需要增减负荷的速度应缓慢；维持一次风压的稳定与及时调整风量；采用混合式减温器的，尽量少用减温水但也不宜将减温水门关死。此外，经常性吹灰打焦保持受热面清洁，不但有利于对流受热面与水冷壁的安全、经济运行，而且有利于汽温的调整和管壁温度的控制。

（7）运行故障与排除分为可预见状态与不可预见状态。可通过提高 ACC 投入率辅以人工干预相结合的运行控制方法，加强设备维护，提升运行管理水平，避免或减少故障率以及对烟气温度与污染物波动的影响。

6.2.2　垃圾焚烧锅炉的状态参数调节

6.2.2.1　锅炉给水调节

锅炉给水调节的任务是要与锅炉蒸发量相适应，并维持汽包水位在允许变化的范围。垃圾焚烧锅炉目前基本都是采用如图 6-13 所示的三冲量自动调节系统。所谓冲量是指调节器接收的被调量信号。汽包水位三冲量自动调节系统是以汽包水位、蒸汽流量与给水流量三个信号作为被调量，作用于调节器。其中汽包水位信号 H 作为主信号，水位变化，调节器输出变化继而改变给水流量，使水位恢复到给定值。蒸汽流量信号 D 作为前馈信号，防止虚假水位导致调节器发生误动。给水流量信号 G 作为反馈信号，使调节器在水位尚未变化时就可根据前馈信号消除内扰，使调节过程稳定而起到稳定给水流量作用。通过 D 与 G 配合可消除系统的静态偏差。这种调节综合考虑了蒸发量与给水量等量原则和水位偏差，从而既能补偿虚假水位的反应，又能纠正给水量的扰动。实际操作时，在异常情况下也可通过手动控制阀来保证水位。水位计及管柱中的杂质对水位信号的输出和监视会造成不良的影响，必须对其进行定期冲洗排污操作。

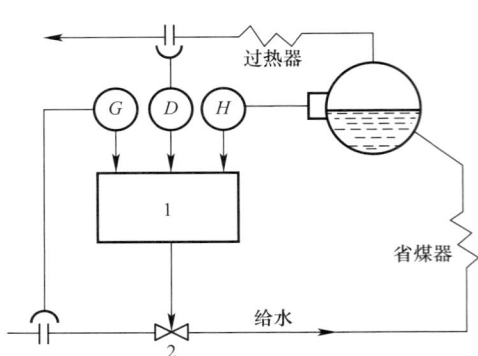

图 6-13　给水三冲量条件原则性系统

6.2.2.2　垃圾焚烧锅炉的烟气流动阻力

在垃圾焚烧锅炉中，燃烧空气及烟气流动需要克服包括炉排与垃圾料层阻力、辐射烟道阻力与对流烟道阻力，以及保持炉膛负压等。按燃烧空气及烟气流动的动力来源，分为自然通风与强制通风。

自然通风是指单纯依靠烟囱的通风力（俗称抽力）进行通风的方式。自然通风方式适用于无尾部受热面的小型锅炉。强制通风是依靠通风机械进行通风的方式，分为负压通风、正压通风和平衡通风三种。负压通风是仅利用引风机克服烟风道阻力，使烟气和空气都处于抽吸状态，炉膛和烟道、风道都是在负压下工作。负压通风方式一般用于烟风阻力不大的小型锅炉。正压通风是仅利用送风机压头克服烟、风通道的全部阻力，使风道、炉膛、烟道都在正压下工作。正压通风方式一般用于小型燃油燃气锅炉以强化燃烧。平衡通风是在锅炉通风系统中同时装设送风机和引风机，利用送风机克服风道、蒸汽-空气加热器、炉排与物料层的阻力，把燃烧空气送入炉内，使送风通道在正压下工作；利用引风机克服余热锅炉辐射烟道、对流烟道、省煤器、烟气净化设备及其烟道阻力，使炉膛及后续烟气通道均在负压下工作。平衡通风是包括垃圾焚烧锅炉在内的锅炉普遍采用的通风方式。

（1）炉膛负压

采用平衡通风方式的炉膛负压是反映燃烧工况稳定的重要状态参数，是运行控制和监视的重要指标之一。炉内的燃烧工况一旦发生变化，炉膛负压随即发生变化。也就是说当燃烧处于不稳定状态时，就会造成炉膛负压波动。当燃烧系统发生异常时，也是最先反映在炉膛负压上，其次才是火检、火焰的变化，再次是温度的变化。因此，需要将炉膛负压作为燃烧调整和锅炉保护的重要参数，监视和控制炉膛负压对于分析燃烧工况、烟气通道运行工况、某些事故的原因，保证炉内燃烧工况的稳定，燃烧系统的安全性与经济性均有重要的意义。

所谓火检是指利用辐射光能原理，采用光敏原件和光导纤维等检测火焰的脉动频率与强度是否在规定的范围内，以此判断燃烧工况正常与否的火焰检测方法（图 6-14）。主要影响因素包括可燃物特性、风量与风速等。火检是目前电力行业普遍采用的安全运行措施但在垃圾焚烧行业尚未普遍应用。

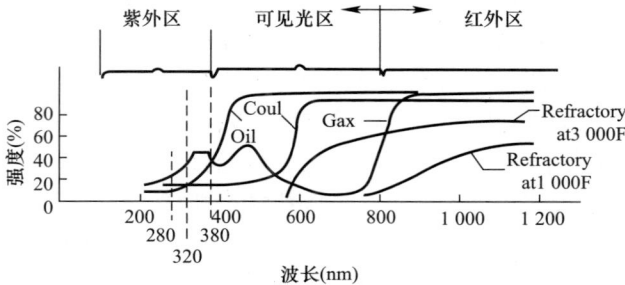

图 6-14　燃料的火焰脉动特性图

炉膛负压的实质是炉膛测点的绝对压力与该测点标高处的大气压力的差值，决定因素是炉外冷空气柱与炉内高温烟气柱的重度差，因烟气流速低，阻力甚微，故而流动阻力可忽略。炉膛负压与测点的位置有很大关系，表现为炉膛下部负压一般大于上部负压。如炉膛顶部温度 950℃ 时的烟气重度为 $0.26 \sim 0.32 kg/m^3$，相应冷空气的重度为 $1.15 \sim 1.25 kg/m^3$。若测点位置在炉顶下方 10m 处，则冷、热气柱间的压差约有 98Pa，也就是说只有保持此部位有 $-98Pa$ 时，炉膛顶部负压为 0。若要保持此处 $-50Pa$ 负压，则炉顶处将出现约 48Pa 正压，也就可能会导致炉膛上部和顶部冒烟漏灰。因此，炉膛负压应是指炉膛顶部的烟气压力，只有保持炉顶部位的负压才能保证炉膛上下都呈现负压状态。有研究单位对各种炉型的炉膛压力控制策略进行研究和实际调试，认为将压力变送器取样装置的取样点设置在炉顶下 $1 \sim 2m$ 处是适宜的，能保持整个炉膛处于负压状态。对炉膛负压测点设计在侧墙较低位置的锅炉可按下式进行计算校正：

$$\Delta p' = -9.81 H(\gamma' - \gamma'') - 50 \tag{6-16}$$

式中　$\Delta p'$——现有测点处需保持的负压值，式中的 -50 保持炉顶下 $1 \sim 2m$ 处的负压，Pa；

　　　H——现有测点距离炉顶下 1m 的标高差，m；

　　　γ'——空气比重，取 $11.28 \sim 11.77 N/m^3 \approx 1.15 \sim 1.20 kg/m^3$；

　　　γ''——炉膛上部烟气比重，取 $0.26 \sim 0.32 kg/m^3$。

根据工程热力学状态参数的基本理论，炉膛负压过大，会使烟气的流速提高而滞留时间缩短，炉膛出口烟温升高，进而会引起蒸汽温度升高、过热器结渣。实践经验表明，炉膛负压过大还会使炉膛人孔门及开孔位置的漏风率提高，过量冷空气漏入炉膛会降低炉膛温度，燃烧不稳定，增大未完全燃烧损失和排烟热损失而降低燃烧效率，增大引风机负荷。另外，锅炉水冷壁内的汽水混合物是有压力的，如果炉膛负压过大，将使得水冷壁内外的压差加大，增加管道爆管的事故概率。如炉膛负压过小甚至变为正压，则可能会使锅炉灰从炉膛不严密处冒出，恶化工作环境甚至危及人身及设备安全。为保持整个炉膛在运行过程中处于适宜的负压状态，一般要求室燃型锅炉的炉膛负压控制在 $-30 \sim -20$Pa，流化型锅炉在 $-50 \sim 0$Pa。对垃圾焚烧锅炉来说，由于生活垃圾的不稳定性与不可选择性，导致炉膛负压波动较大，根据实践经验，炉膛负压控制在 $-100 \sim -50$Pa 左右是适宜的。

当垃圾的燃烧特性变动时，一、二次风量将相应发生改变，燃烧过程产生的烟气也将随之改变。在送、引风机运行工况不变的情况下，燃烧工况也总会因焚烧垃圾特性变化而有一定幅度的变化，相应炉膛负压会在一定范围内波动。实际上，正常工况下的炉膛负压和各烟道的负压都有大致相同的变化范围。为了保证炉膛内的正常负压，需要按负压变化范围对引风量进行相应的调节，保证焚烧垃圾稳定燃烧。当燃烧不稳定时，炉膛负压则会做出超变化范围的波动。当炉膛压力发生剧烈脉动时，往往是灭火的前兆，则必须加强监视和检查炉内燃烧工况、分析原因并及时做出运行调整。

垃圾焚烧锅炉停运过程，首先是停止供应焚烧垃圾量，其次停运一、二次风机，而引风机继续运行。在停运过程中存在有不安全因素，表现在烟气体积随着炉膛温度快速降低而相应缩小，烟气流动阻力同时降低，原来送、引风机间的平衡关系被破坏，从而会导致炉膛负压突然增大。因此，停炉过程中要投入燃烧器，按设计的锅炉降温曲线将炉膛温度缓慢降下来。

在垃圾焚烧锅炉运行过程中，二次风紊流区域可能会处于正压状态。由于热烟气上升和炉膛自拔作用，可能会使炉膛下部负压大于炉膛出口的负压，从第二辐射通道到过热器（或前置蒸发器）之间的这种现象更常见（图 6-15）。

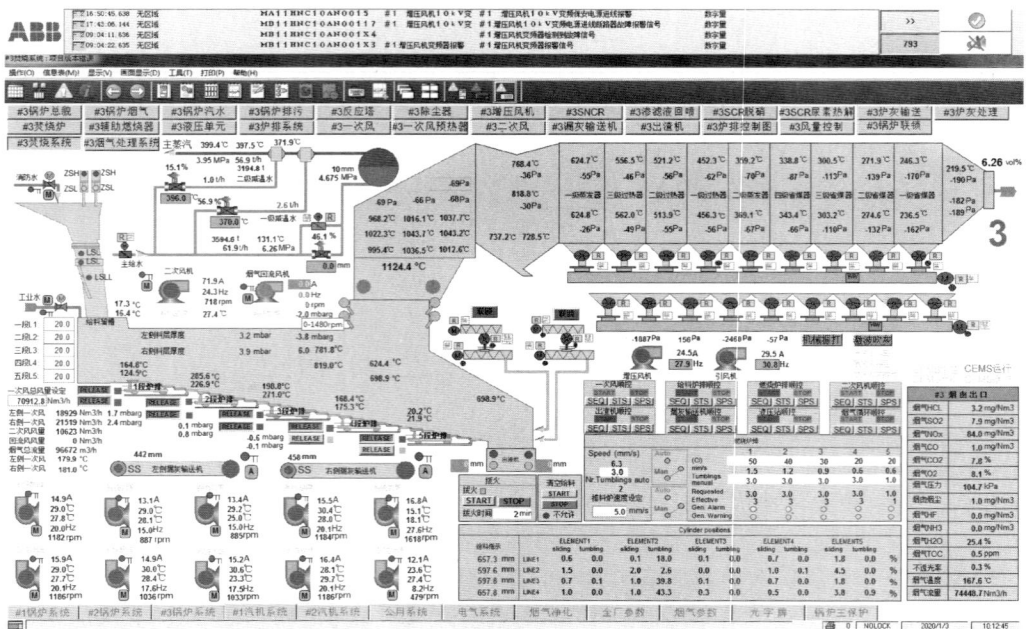

图 6-15　垃圾焚烧锅炉运行状态现场截图（图源：北京朝阳清洁焚烧中心）

引起炉膛负压波动的因素比较复杂，如垃圾成分变化过大，不但会使炉内燃烧时强时弱，而且产生的烟气量相应波动；炉膛内的大块结渣突然掉下时的冲击作用使炉内气体产生冲击波导致烟气压力有较大的波动；引风机或送风机调节挡板在原位小范围摆动时，风量忽大忽小；吹灰时突然有大量蒸汽或空气喷入炉内等，也都会引起炉膛负压不稳定，造成炉膛负压波动。这也是在锅炉吹灰时预先适当提高炉膛负压的原因。

炉膛负压向正方向增大的原因，如引风机故障或挡板关闭，送风机仍在运行；压力变送器零点漂移或冬季保温不良、冻结；锅炉发生泄漏、爆管；烟道密封面、观察孔、清灰门、除尘器、引风机腐蚀穿孔造成大量冷空气进入等。如遇不明原因炉膛突然产生正压，可根据实践经验先检查水冷壁、省煤器等受热面是否破损以防事态扩大。

炉膛负压向负方向增大的原因如炉膛内局部或整体灭火，燃烧强度减弱；引风机风量增大或一、二次风机风量减少；风机调速指令与现场不一致；风机调速或风门执行机构故障，未发指令而瞬时现场自行调整开度；压力变送器零点漂移、受潮、进水或其他故障等。

（2）炉膛设计压力

为了保障锅炉安全运行，《锅炉安全技术监察规程》TSG G0001 要求炉膛与烟道的结构必须有足够的承载力。垃圾焚烧锅炉的设计是参照执行大型汽包锅炉的炉膛设计压力与炉膛设计瞬态压力两项指标。所谓炉膛设计压力是指设计炉膛壁面时所规定的结构强度计算压力，该指标值是由炉膛防内爆设计瞬态压力除以一个安全系数得到的，一般取 ± 5.8 kPa。其中的安全系数是按材料屈服极限确定基本许用应力时的安全系数，有规定引进型锅炉一般取 1.67，传统型锅炉取 1.50。炉膛设计瞬态压力也叫炉膛防爆压力，是指炉膛结构能承受非正常工况出现的瞬态压力，在未考虑烟气脱硫系统和脱氮系统的设置时，按不低于 ± 8.7 kPa 选取。在此压力下，炉膛不得因任何支撑部件发生弯曲或屈服而导致永久变形。从送风机出口至烟囱之间，凡与炉膛相连通的烟风道都必须考虑炉膛瞬态压力的影响，这是因为烟气系统设备、烟道设计压力及炉膛设计压力均与引风机压头有关。此外，随着烟气净化设施的增加带来系统总阻力增加，需要注意当炉膛设计瞬态压力与引风机设计选型点或性能校核点（test block）压头不匹配时，需要考虑烟道设计压力各种工况的合理选取。但无论是什么原因使引风机选型点的能力超过 -8.7 kPa，炉膛设计瞬态压力都应予以增加。当然，炉膛设计瞬态压力的提高不但会导致如刚性梁重量与间距改变，提高了设备造价，而且会受到锅炉结构设计的限制。

（3）对流烟道的烟气负压

烟气流经对流烟道时要克服流动阻力，沿烟气流程烟道各点的负压逐渐增大。正常运行时，烟道各点负压与负荷保持一定的变化规律，如烟道各点负压随负荷升高而增大，反之减小。通过监视烟道各点负压及烟气温度的变化，可及时发现各段受热面积灰、堵灰、泄漏等缺陷或故障。这是因为当某段受热面发生积灰或局部堵灰时，烟气流通断面减小，流速升高，阻力增大，造成其出入口压差增大。

（4）炉排系统的空气阻力

一次空气流经炉排系统的阻力发生在一次风道、蒸汽-空气加热器、挡板门、炉排下灰斗、炉排通风孔道等的沿程阻力与局部阻力。对层燃型垃圾焚烧锅炉还应包括不确定数值的料层阻力，影响料层阻力的因素有如垃圾物理成分及其颗粒度，料层的厚度，灰分的结渣性以及焦炭的粘结性等。此外，这类设备常使气流发生额外的局部扰动，但这种扰动一般会很快消除。由于这些影响因素的数值总是在变化中，故而料层阻力大小是个动态值。目前被普遍认同的规律是通风阻力与流速的二次方成正比。

定义炉排的通风孔隙面积之和与炉排总面积之比为炉排通风截面比，记为 ω。早先采用自然通风的层燃技术时，为降低炉排通风阻力，曾取 ω 为 20%～25%，但是料层阻力大大超过炉排阻力，很容易出现空洞干烧现象并使过量空气系数增大。随着炉排结构与通风孔（如圆柱形改为锥形）等技术改进，近代层燃型炉排的 ω 降到 6%～10%。对焚烧垃圾炉排的 ω 则降低到不大于 2%，以减少垃圾漏渣率，避免或减少空洞干烧的现象，只是需要采用较高压力的风机。

一次空气通过垃圾料层的流动状况是一种相当复杂的现象。进入料层的空气流分解成众多小股气流，沿着物料块之间极其复杂的孔道流动。曾经有研究设想料层的结构是形状不规则、流通间隙会改变的孔道系统，以液体通过多孔填充物时的过滤理论与其在粗糙管中流动时的流动理论为基础，引入料层阻力系数是雷诺数的函数 $\lambda_{lc} = f(Re_{lc})$。按此理论进行试验研究，但未能取得令人满意的结果。此后又引入线流理论的孔道宽窄突变设想，采用气流收缩部分中的收缩系数 ε，形成 $Eu = f(Re, \varepsilon)$ 准则。据此，对块状颗粒层的阻力取得如下计算公式：

$$\Delta p_{lc} = \frac{\rho w_{gl}^2}{m^{4.2}} \cdot \frac{H}{\delta} \left(\frac{25}{Re_{gl}} + \frac{2.5}{Re_{gl}^{0.7}} + 0.25 \right) \tag{6-17}$$

式中　Δp_{lc}——垃圾料层阻力，Pa；

ρ——流体密度，kg/m³；

δ——颗粒平均粒径，m；

H——料层高度，m；

w_{gl}——过滤速度，m/s；w_{gl} 可按下式换算成实际平均速度 w_{sj}：$w_{sj} = w_{gl}/m$；

ν——流过物料层的动力黏性系数；

m——空隙系数即料层总容积中的空隙空间占比，是受到各种因素制约的变数，仅具有理论意义。

Re_{gl}——过滤速度 w_{gl} 状态下射流的雷诺数，按下式计算：

$$Re_{gl} = \frac{0.45}{(1-m)m^{0.5}} \cdot \frac{w_{gl}\delta}{\nu} \tag{6-18}$$

按式（6-17）计算的结果与实际情况仍存在有较大偏差，甚至出现料层阻力与过滤速度平方规律不符合的情况也是正常的，因为有许多难以估计的因素，如燃烧实际过程存在不稳定性、实际热力过程并不是等温过程、料层结构处于相对变化之中以及积灰结焦现象等。在此给出上式的意义在于提供一种分析思路，实际运行是以现场检测值为准。

6.2.2.3　锅炉汽温调整

在垃圾焚烧锅炉运行过程中，影响汽温变化的因素主要有垃圾特性、焚烧垃圾量、总风量、烟气含氧量及风温、减温水量、受热面管内外的清洁程度、蒸汽的流量及压力、给水温度等。正常运行情况下，是通过燃烧调整、风量调整等手段，控制管壁不超温、汽温不超限、热偏差及热力不均在允许范围，使蒸汽压力/温度、炉膛负压等参数稳定，燃烧工况达到最佳状态。

过热器、蒸发器等受热面是由许多并列工作的管子组成的，严格讲每根管子的结构尺寸、内部阻力系数、热负荷等都不可避免地存在一定差异，造成每根管子中蒸汽的焓增不相同，这种现象称为热偏差。产生热偏差的外部原因主要是受热面的污染，炉内温度场和热流不均导致的管子吸热不均，以及联箱连接方式的不同，并行管子间重位压头的不同和管径及长度的差异导致的流量不均。

热力不均是指同一受热面管组中，热负荷不均的现象。热力不均可能由结构、材质等自身原因引起，也可能由运行工况外部原因引起。如沿烟道宽度烟温分布不均和烟速不均的现象；受热面的蛇形管平面不平或间距不均造成烟气走廊；受热面的积灰结渣、炉膛火焰中心偏斜；运行操作调整不良使火焰偏斜、下移、抬高等，都将造成热力不均。

蒸汽温度有延滞和惯性较大的动态特性，这给工况调节带来一定困难。对一般中、高压等级的锅炉，在调节机构动作后，蒸汽温度的延滞时间 τ_z 为 30~60s，时间常数 τ_c 为 40~100s。采用烟气侧调温时，τ_z 在 10~20s，τ_c 约在 80~120s。要把蒸汽温度控制在较小范围，除以主蒸汽温度作为主调节信号外，还要用减温后的蒸汽温度或蒸汽温度变化率作为反馈信号。这一点的蒸汽温度对喷水量变化的反映时间在 5~7s。如果该点蒸汽温度（即该段过热器进口）保持一定，则出口温度可基本稳定。

汽温调节的方法可分为具有调节惯性大的燃烧状态及烟气侧调节，相对比较灵敏的蒸汽侧的喷水减温调节。燃烧状态及烟气侧调节，正常情况下是通过燃烧调整、风量调整、合理安排燃烧器运行方式等手段，使炉内达到最佳燃烧状态，表现为锅炉汽压、汽温、炉膛压力等参数稳定，管壁不超温，汽温不超限。喷水减温调节，是通过布置两级减温器，通过改变喷水量的大小来直接调节过热蒸汽温度的一种有效方法。使用喷水减温调节汽温要使减温水喷入量完全汽化，以防止水塞造成爆管或是水冲击造成管道振动等异常发生。尤其是在蒸汽与减温水温差小，喷水量过大时，极有可能出现减温水不能被完全汽化的情况。喷水减温调节一般只是作为锅炉燃烧工况出现较大扰动时，防止汽温突变的一种辅助控制手段，不是汽温调节的唯一手段。

6.2.2.4　水塞与水冲击现象

所谓水塞，通常是指蒸汽阀门关闭后管道内残留蒸汽相变成凝结水并滞留在管内，使再次送汽的高速蒸汽流受到凝结水阻滞的现象。所谓水冲击也叫水锤，水锤是指在密闭压力管路系统（包括泵）中的蒸汽或水，因流量急剧变化，突然产生冲击力而引起压力显著、反复、迅速的变化，使承载其流动的管道或容器发生震动和声响的现象。水塞被高速蒸汽推动会发生水冲击现象，严重时会损坏相关设备。主要预防措施除完善疏水系统，避免管内积水外，还要关注二级减温水后蒸汽温度变化趋势和速率，控制减温水的流量和调整幅度，保证其有一定的过热度；更要判断燃烧工况对汽温变化趋势的影响，结合其他方法进行调整，尽量避免减温水量大幅度波动。这是因为减温水量的大幅度波动会影响到汽包水位、主蒸汽压力的波动。例如，当减温水量突然增加时，由于减温水的汽化蒸汽流量增加，在负荷不变即汽机调节门开度不变时，必然造成主汽压力升高。而主蒸汽压力的波动又影响焚烧垃圾量的变化，如此反复变化就会进入一个恶性循环，最终导致整个锅炉燃烧、参数都不稳定。实际操作的基本原则是尽量少投减温水，当需要进行喷水减温调节时，应超前、缓慢、小幅度调节。

6.3　垃圾焚烧锅炉运行调节与控制的应用示例

6.3.1　生产运行管理的基本要求

生活垃圾焚烧过程，需要对各种约束条件和负面因素通过控制系统与必要的人工操作相结合的办法，通过设置的炉墙观察孔、监视用摄像机、光学或红外线测量等用于取得与优化燃烧状态、燃烧空气分布、运行参数等的辅助条件，对工艺信息进行有效控制和干预。其中的主要工艺信息有包括炉排、炉膛、辐射烟道、对流受热面等不同位置的温度分布与压力分布；炉排上垃圾料层厚度，火焰燃烧的长度和状态；省煤器出口与焚烧相关物质的排放数据；炉内不同位置的 CO、CO_2、O_2、H_2O；汽包水位；蒸汽产生量与温度、压力参数等。

生产运行管理一般包括交接班检查、运行操作、运行监盘、巡回检查、设备定期试验与轮换、事故处理、生产例会、运行分析以及运行记录等管理制度。其中，交接班检查要求交接班前后对系统与设备进行全面检查，查阅当班记录、了解运行方式、发生的重大操作及影响安全的缺陷。运行操作要求需要切换系统运行方式或隔离系统进行检修的，必须执行操作票制度；现场执行检修工作时，必须执行工作票制度，同时要做好系统和设备的隔离、恢复措施及试运验收工作。运行监盘要求分析仪表指示的准确性，随时根据参数变化进行调整；对照仪表指示并结合巡回检查，判断和掌握设备运行状况，及时发现缺陷，根据缺陷程度按运行规程及有关规定处理，消除事故隐患。设备定期试验与轮换是要确保设备长期运行的安全性和可靠性；有严重缺陷或异常情况的设备应在缺陷或异常消除后立即进行轮换、试验。生产例会与运行分析要求通过定期召开生产早会、运行分析会和专项会议等，分析各项生产指标和设备运行状况，研究生产运行中存在的问题，提出各类改进措施，提高运行管理水平。

6.3.2　焚烧垃圾负荷的控制

为实现垃圾焚烧锅炉常态化安全、可靠、环保运行目的，需要在锅炉设计垃圾热值条件下，尽量保持垃圾焚烧锅炉在额定焚烧负荷的 80%～100% 的正常焚烧负荷下运行。也就是要求在正常运行条件下不应存在过度超烧或是超低负荷运行的现象，包括控制不在低于 70% 额定焚烧负荷的低焚烧负荷下运行，每日不超过 4h 在 110% 额定负荷的超焚烧负荷下运行。

当垃圾热值超过设计点热值时，因炉膛总容积热负荷不变，焚烧垃圾量需要相应减少。当垃圾热值低于设计点热值时，即使在设计焚烧垃圾负荷范围，也会使水冷壁辐射吸热量以及蒸发器对流吸热减少，而且加热与蒸发吸热量约占锅炉全部吸热量的 80% 以上，因此会导致锅炉蒸汽负荷降低。在这种情况下，需要注意从烟气量与垃圾量成正比的关系，以及焚烧垃圾含水率与腐蚀的角度出发，防止因焚烧烟气量及其含水率过大而加重金属的腐蚀和影响后续二级减排的效果。因此，即使垃圾热值低于设计点热值时，也不允许过度超烧垃圾量。

低负荷运行时可能会影响到燃烧过程的稳定性与汽水循环的安全性，甚至可能发生灭火事故或是炉膛内爆事故。应对锅炉在低负荷运行时的措施主要有：

（1）低负荷发生燃烧不稳时，应投入辅助燃烧器，稳定燃烧及防止个别部位水循环不正常。

（2）增减负荷的速度应缓慢，并及时调整风量。注意维持一次风压的稳定，一次风量不宜过大。燃烧器的投入与停用操作应缓慢。

（3）防止大量冷空气漏入炉内。

（4）采用混合式减温器时，尽量少用减温水，但也不宜将减温水门关死。

（5）因低负荷时的排烟温度往往较低，而增大低温腐蚀的风险。为此，应投入蒸汽—空气加热器。

6.3.3 燃烧调整控制

燃烧调整控制是在起动后的炉温控制转为稳定蒸发量的调整控制。蒸发量的控制首先是稳定燃烧，而稳定燃烧的关键是保持炉排上焚烧垃圾料层均匀，厚度适当，在适宜过剩空气系数下处于稳定燃烧状态。保持良好的垃圾燃烧状态，一方面是要将垃圾池内的垃圾保持适宜的暂存周期，通过堆醇进行均质化。之后再均匀撒播入料斗，保持料斗中垃圾堆放高度一致。另一方面是要掌握好燃烧条件，为此给出如下一些实际燃烧状态良好的调整案例：运行中给料速度调整范围在 $0 \sim 30\%$，速度加大则垃圾层加厚，反之垃圾层变薄；给料行程调整范围在 $200 \sim 400$mm，垃圾含水率高时取下限，反之取上限；炉排速度的变化控制在 $0 \sim 25\%$，一般情况下炉排速度增加垃圾层变薄，火床拉长，反之效果相反。根据排渣量与对设备磨损程度确定出渣机的适宜动作间隔时间，如控制在 15s 左右。

当炉排上的垃圾料层过厚，干燥热分解段垃圾料层阻力增加时，会改变正常燃烧过程。实际操作中难以通过炉膛火焰监视摄像头发现这种情况，但可利用多点测量得到的一次风进风总管压力与干燥段风室压力差得到的料层阻力平均值 Δp_{lc} 为判断垃圾层厚度的特征值。Δp_{lc} 同实际运行与设计设定的料层阻力（dP、dP_0）和一次风量（Q、Q_0）的平均值有如下关系，式中的 C、n 为由试验确定的常数。

$$\Delta p_{lc} = C \frac{(dP/dP_0)}{(Q/Q_0)^n} \tag{6-19}$$

垃圾焚烧过程是过氧燃烧过程，燃烧调整依据锅炉出口的烟气中的含氧量，按锅炉设计氧量值进行控制。一次空气通过对蒸汽量补偿计算来调整一次空气量，根据计算的一次空气补偿值调节给料速度。实际运行采取自动调节辅以手动调节的方式，其中自动调节时，烟气含氧量低则开大入口挡板，反之关小入口挡板。手动调节时，一次空气的挡板开度的经验值约在 60%，二次空气的挡板开度约在 $30\% \sim 50\%$，运行中根据燃烧状况进一步调整并根据垃圾特性调整二次空气温度。

运行中的炉膛温度与炉膛负压通过调整工艺参数控制垃圾燃烧在最佳状态，避免炉膛负压急剧升高而可能发生炉膛爆燃事故。炉膛出口区域负压宜按 $-100 \sim -50$Pa 控制，炉膛出口温度按 $800 \sim 950$℃ 控制，锅炉省煤器出口排烟温度根据汽水受热面污染程度控制在 $190 \sim 220$℃，最高不大于 250℃。此外，为清除对流受热面的积灰，需要定期吹灰，正常运行时可每班进行一次操作。

6.3.4　锅炉汽温调节思路

由于影响汽温的因素多，影响过程复杂多变，调节过程惯性大，这就需要加强对汽温的监视，分析影响因素与变化的关系，树立超前调节的意识。

由于过热器的对流特性，增加燃烧空气量会使蒸汽温度升高，反之使汽温降低，也就是说调整总燃烧空气量可以起到调节蒸汽温度的作用。在用燃烧空气量调整蒸汽温度时，需要注意风量不能太大。这是因为燃烧空气量调整会引起燃烧的变化，故而采用燃烧空气量调整时，首先要使氧量在正常范围内运行以保证稳定燃烧的工况。在额定燃烧负荷工况下运行时，主蒸汽温度一般都可以达到正常值，此时按正常的氧量曲线配风即可。在低燃烧负荷运行时，需要维持小风量以确保燃烧安全。在其他燃烧工况下，需要根据不同燃烧条件适当调整燃烧空气量以控制汽水温度，如在夏天环境温度高时有可能出现风量不足现象，可适当增加总风量。

6.3.4.1　正常运行的汽温调节

正常运行过程中通常要保持减温器的开度大于 7%。当减温器已经处在开度很小甚至关闭状态时的汽温仍偏低，就可采取包括适当加大风量进行燃烧调整等办法，使汽温回升。当减温器开度大于 60% 时，也要从燃烧侧进行调整以关小减温器开度，使其具有足够的调节余量。在吹灰过程中出现汽温低时要停止吹灰，使汽温回升稳定后再继续吹灰。

对机组滑参数启动过程中的汽温调节时，①最好在锅炉吹扫完毕后立即点火，以减小炉膛热损失；保持较高的氧量值以使汽温尽快达到机组冲转参数。②水压试验后，过热器及主蒸汽管中会存有积水，为了保持汽温与汽压相匹配的关系，在点火前可全开过热器和主汽管上的疏水门，点火后及时开启旁路阀，排走过热器中的积水。③在机组启动初期低蒸汽负荷下投入减温水时，需要注意一级减温器后的温度以及事故喷水后的温度应高于对应过热汽压力下的饱和温度，以防过热器因积水发生振动。

对机组滑参数停运过程的汽温调节时，机组滑停前可对锅炉进行一次全面吹灰以关小减温器，使汽温在下滑过程中能较好控制。滑停过程需要喷油控制，以防汽温下降速度过大。滑停过程中尽量靠减弱燃烧来使汽温下滑，不宜采取开大减温水的方法，如汽温下降速度较慢或居高不下时，可适当开大二次风挡板的方法使汽温下滑。正常情况下滑停至减温器到全关状态，若是仍在开启状态压制汽温时，应考虑暂缓减蒸汽负荷。可通过燃烧侧调整或利用炉膛蓄热量随时间延续减少来达到降低汽温。在停运过程需要切换操作时，应先关闭减温水以防止切换时给水压力突增导致减温水流量突增，使汽温产生突降。这是因为低负荷下蒸汽流量很小，减温水量稍增就可能造成汽温突降。

6.3.4.2　变工况时汽温的调节

变工况时的蒸汽温度波动大的影响因素较多，需要在操作过程中分清主次因素以提前预防，必要时采取过调手段处理。变工况时的汽温变化主要是锅炉燃烧负荷与汽轮机机械负荷不匹配所致。当锅炉的热负荷大于汽轮机的热负荷时，汽温为上升趋势，差值越大汽温上升速度越快。

正常增加负荷时，燃烧加强后，蒸汽侧的蒸发量要滞后于燃烧侧的热负荷的加强，对于过热器来说，由于蒸发量的逐渐增加，对汽温有一定的补偿能力，但对再热器没有补偿能力。因此如果设置有再热器时，可采取开大汽轮机进汽阀或适当开大减温水的办法调节汽温。减负荷过程的做法反。

快速减负荷是指某种原因使汽轮机调门迅速关小的状态。此时过热汽温上升，可采取开大减温水的办法或用开启向空排汽的办法来控制汽温。向环境排汽时应注意水位变化。

6.4　蒸汽净化

6.4.1　汽水分离的基本原理

汽水混合物从上升管以一定速度进入锅炉汽包水容积后，其中具有一定动能的蒸汽会穿出水容积与汽空间之间的蒸发面。当蒸汽流在汽空间撞击到分离装置以及撞击水位面时，都可能在蒸汽空间形成向不同方向飞溅的水滴。其中质量较大的水滴动能较大，飞溅的高度也就较大。当蒸汽空间不够高，就可能被蒸汽携带而流出，使蒸汽带水较多。细小水滴的动能小，飞溅不高，但因质量轻，仍可被汽流携带。在汽流升力与水滴在蒸汽中重力达到平衡时，有如下关系。其中，等号左边项表示汽流升力，右边项表示水滴在蒸汽中的重力。

$$\left[\xi(\pi d_{\max}^2/4)(w^2\rho''/2)\right] = \left[(\pi d_{\max}^3/6)(\rho'-\rho'')g\right] \tag{6-20}$$

通过对该平衡关系式进行简单变换，即可反映出能被一定汽流速度 w（单位 m/s）携带的最大水滴直径 $d_{\max}$（单位 m）的如下关系：

$$d_{\max} = \frac{3}{4}\frac{\rho''}{\rho'-\rho''}\frac{\xi \cdot w^2}{g} \tag{6-21-1}$$

当水滴直径 d 一定时，携带水滴的蒸汽最小流速 $w_{\min}$ 可由上式变换为：

$$w_{\min} = \sqrt{\frac{4gd(\rho'-\rho'')}{3\xi\rho''}} = 1.155\sqrt{\frac{gd}{\xi}\cdot\left(\frac{\rho'}{\rho''}-1\right)} \tag{6-21-2}$$

上两式中　ρ'、ρ''——饱和水与饱和蒸汽密度，kg/m³；

　　　　　　ξ——球形水滴在汽流中的阻力系数。

由式（6-21-1）可知，影响水滴直径的主要因素是汽水密度、蒸汽流速以及压力等。当蒸汽压力提高，由于蒸气密度的增大要大于水密度，致使汽水密度差减小，从而水滴直径增大且在同样蒸汽流速下携带的水滴数量增加。式（6-21-2）则反映出水滴直径越大，蒸汽压力越低，携带水滴的最小汽流速度越大。

另有研究揭露出，气泡从水中逸出时形成的水滴直径 d_s（单位：m）可按下式确定：

$$d_s = C\left(\frac{\sigma \cdot d_q}{\rho'g}\right)^{\frac{1}{3}} \tag{6-22}$$

还揭露出机械碰撞形成的水滴直径与液流平均动能成反比的关系，其最小水滴直径 $d_{s\min}$ 可按下式确定：

$$d_{s\min} = \frac{6\sigma}{\frac{w^2}{2}\rho'} \tag{6-23}$$

上述两式中　d_q——汽泡直径，m；

σ——水表面张力系数，N/m；

C——系数。

$\bar{w}$——相遇液流均方根速度，m/s。

上两式示出水滴直径与水的表面张力系数成正比，与水的密度成反比。当压力增大，饱和水密度减小但小于表面张力系数减小，所以形成的水滴直径减小。

6.4.2　蒸汽品质和蒸汽污染的原因

6.4.2.1　蒸汽品质及要求

垃圾焚烧锅炉的蒸汽质量的涵义包括蒸汽参数和蒸汽品质，故而对蒸汽质量的评价主要是以蒸汽压力、温度为主要评价指标的蒸汽参数和以蒸汽含有的杂质为评价指标的蒸汽品质。对垃圾焚烧锅炉蒸汽参数的要求必须要使其压力和温度稳定在许可偏离范围内，这也是焚烧垃圾热能利用要求所决定的。与对一般锅炉的要求一样，垃圾焚烧锅炉的蒸汽品质必须要符合严格的规定，这是安全、经济运行所必需的。

蒸汽杂质主要有 O_2、N_2、CO_2、NH_3 等气态杂质，包括钠盐、SiO_2 等多种盐类以及铁、铜等在内的非气态杂质之分，其中的非气态杂质也统称蒸汽含盐。除 CO_2 外的气态杂质，不直接参与沉淀过程，但对金属有腐蚀作用。来自汽包的饱和蒸汽含盐可能有一部分沉积到蒸发器与过热器等管内壁上，不但影响蒸汽的流动和传热而且会提高管壁温度。蒸汽含盐还会沉积到管道、阀门以及汽轮机叶片上，造成阀门动作失灵、叶片型线改变，严重影响设备的安全运行。

为保证垃圾焚烧锅炉安全、可靠运行，蒸汽的品质需要参照《火力发电机组及蒸汽动力设备水汽质量标准》GB/T 12145 中相应压力等级的蒸汽指标执行，表 6-4 是该标准 2016 年版中对汽包锅炉部分的规定。锅炉机组整套启动前的化学清洗及冷态、热态冲洗，压力等级 12.7MPa 及以上的汽包锅炉整套启动试运时的蒸汽质量标准以及水汽质量劣化处理参照《火力发电厂水汽化学监督导则》DL/T 561 的相关规定执行。

影响蒸汽品质的盐类主要是钠盐，而在压力超过 6.0MPa 时的蒸汽就能溶解硅酸，而且是溶解度最高的杂质。对此，可通过监测蒸汽中钠含量来监督蒸汽含盐量。另外，当硅酸在过热器等部位沉积下来后就形成很难清除的二氧化硅，若是在汽轮机叶片上沉积，更是会形成安全隐患。对蒸汽中的铁、铜金属氧化物的沉积，也会导致安全隐患。故而如表 6-4 所示的 GB/T 12145 标准给出监督汽包型锅炉蒸汽品质的项目主要是钠盐、硅盐及铁、铜。该标准还对炉水中的硅盐做出监督规定，这是因为当炉水含硅量增加到一定程度时，在汽包的水容积与蒸汽空间的界面即蒸发面会形成泡沫层，使机械携带明显增加，蒸汽品质降低。另一方面，炉水黏度会随着含硅量增加而逐渐变大，使小汽泡不易合并成大汽泡，致使汽包水容积充斥大量小汽泡，结果使水位膨胀加剧并使汽空间减少而导致蒸汽含硅量增加。为控制锅炉汽水侧的腐蚀，与此同时，为控制蒸汽品质，还要对炉水的腐蚀性因子氯、磷酸根与 pH 做出了必要必需的规定；对锅炉给水、减温水以及凝汽器、除氧器的疏水质量提出必要的控制要求。

从表 6-4 还知，蒸汽压力等级越高，对蒸汽品质的要求就越高。这是因为蒸汽压力越高，其相对体积越小，通流截面积越小，从而盐类杂质沉积造成的危害性，以至破坏性也就越大。

汽包型锅炉的蒸汽质量标准   表 6-4

过热蒸汽 压力[2)] MPa	钠 (μg/kg)		25℃的氢电导率 (μS/cm)		二氧化硅 (μg/kg)		铁 (μg/kg)		铜 (μg/kg)	
	标准值	期望值	标准值	期望值	标准值	期望值	标准值	期望值	标准值	期望值
3.8~5.8	≤15	—	≤0.3	—	≤20	—	≤20	—	≤5	—
5.9~15.6	≤5	≤2	≤0.15[a]	—	≤15	≤10	≤15	≤10	≤3	≤2

不同压力等级的蒸汽质量

[a] 表面式凝汽器、无凝结水精除盐的机组，蒸汽的脱气氢电导率标准值不大于 0.15μS/cm、期望值不大于 0.1μS/cm。无凝结水精除盐的直接空冷机组，蒸汽的脱气氢电导率标准值不大于 0.3μS/cm，期望值不大于 0.15μS/cm。

注：≤13.7MPa 机组的主蒸汽应配备在线电导率表，>13.7MPa 机组的主蒸汽应配备在线钠表、硅表、电导率表。

6.4.2.2 蒸汽污染原因

（1）饱和蒸汽的机械携带

蒸汽中的杂质来源于锅炉给水，尽管经过除盐处理，仍不可避免地含有一定盐分，从而在锅炉内汽水侧的热力过程中形成炉水含盐。炉水逐渐生成饱和蒸汽，从汽包进入过热器前的饱和蒸汽携带有炉水时，造成的蒸汽污染称之为机械携带。这也是中、低压锅炉蒸汽含盐的主要原因。机械携带的蒸汽含盐量 S_q^s 取决于蒸汽带出炉水含盐浓度 S_{ls} 与用饱和蒸汽湿度 ω 表示的炉水量，即：

$$S_q^s = \omega \times S_{ls} (\text{mg/kg}) \tag{6-24}$$

影响汽包饱和蒸汽带水的主要因素有炉水含盐量、蒸汽负荷、工作压力及蒸汽空间高度等。

1）炉水含盐量的影响

炉水含盐绝大部分溶于水，少量形成沉渣悬浮于炉水中。炉水含盐影响到水的表面张力和动力黏度，也就会影响到蒸汽品质。炉水含盐浓度越大，水分子结合力越强，小汽泡越不易合并成大汽泡。对此可解释为，随着炉水含盐浓度增大，汽泡间液体粘度以及沿汽泡表面水层流动摩擦阻力都要增大，使浮到水面的汽泡不易破裂而是要延迟到水膜减薄后破裂，这就在水面形成泡沫层。随着炉水含盐浓度增大，生成的汽泡变小且相对水的速度减慢，使汽包水容积的含汽量增多。这两种情况的结果都会促使汽包水位胀起，蒸汽空间高度减小以至蒸汽带出炉水量增加。另有解释为，汽泡直径越小，内部过剩压力越大，破裂时抛出的水滴增多；液膜越薄破裂时生成的水滴越细微，也就更容易被蒸汽携带。

汽包内的泡沫层形成和水位胀起不仅和炉水含盐量有关，还与含盐的成分有关。如有机物因其表面活性，可形成更稳定的泡沫层；苛性钠和油脂物因其皂化作用，可增加泡沫的稳定性；磷酸盐水渣因其细小分散的悬浮物黏附于汽泡液膜上，可增大液膜强度。需说明的是，尽管磷酸盐有这种负面作用，但在实际运行中作为防止 Ca^{2+} 生成水垢的一种补救性措施，仍需要向炉水添加适量磷酸三钠等特定盐类，在一定 pH 值控制条件下，使 Ca^{2+} 与 PO_4^{3-} 生成碱式磷酸钙水渣，随炉水排污排出炉外。

图 6-16 中，D_1、D_2 线表示不同工况的锅炉蒸发量且 $D_1 > D_2$，表明蒸汽含盐量 S_q^s 随锅炉负荷增加而提高。图中揭示出 S_q^s 与炉水含盐量 S_{ls} 关系：初期呈直线关系，表明蒸汽带水量不变，只随 S_{ls} 的增多而增多。S_{ls} 增大到某一值时 S_q^s 突增，此后随着 S_{ls} 的增加而呈非线性快速提高，其中将 S_{ls} 突增时的拐点称为炉水临界含盐量 S_{ls}^{lj}。不同负荷的 S_{ls}^{lj} 不同，

需要通过热化学试验确定。一般估算时可按许可含盐量约为 S_{ls} 的 70% 计。这时汽包蒸汽空间高度显著减小，蒸汽空间内的为小水滴增多。

2）蒸汽负荷的影响

在锅炉运行中，蒸汽湿度随着蒸汽负荷的增加而增加。原因一是蒸汽负荷增加则产生汽泡数量增多，汽泡从汽包水容积中逸出时，水膜破裂及波峰断裂都会形成水滴，且汽泡越多形成的水滴就越多。二是在汽包汽空间不变的情况下，蒸汽流速随着蒸汽负荷的增加而增大，也就使飞升水滴的直径增大，蒸汽携带水滴数量增多，表现为蒸汽湿度增大。在炉水含盐量与蒸发面一定条件下，蒸汽湿度 ω 与蒸汽量 D 有关系 $\omega = AD^n$，式中的 A 是压力和汽水分离装置有关的系数，n 是随负荷范围而变化的指数。这一关系也可用图 6-17 划分的区域来表示。其中，Ⅰ区指数 $n = 0.5 \sim 1.5$，$\omega \leqslant 0.03\%$，表现为蒸汽只带出可卷吸走的细微水滴；Ⅱ区指数 $n = 3 \sim 4$，$\omega = 0.03\% \sim 0.2\%$，表现为蒸汽速度增大，带出可卷吸走的细微水滴与一些较大水滴；Ⅲ区指数 $n = 7 \sim 20$，$\omega > 0.2\%$，表现为蒸汽带出可卷吸走的细微水滴和飞溅水滴。

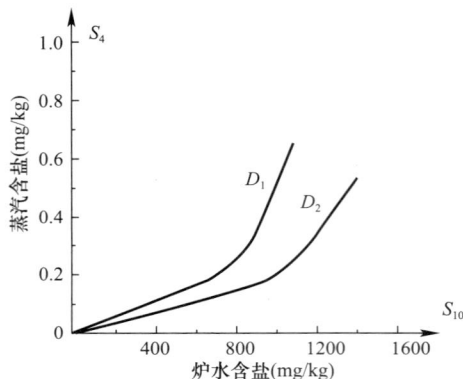

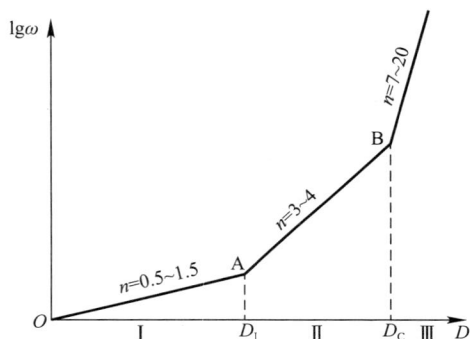

图 6-16　S_q^s 与 S_{ls} 的关系　　　　图 6-17　蒸汽湿度与锅炉负荷的关系

汽包型锅炉的蒸汽湿度一般要求不大于 0.1%，对应的锅炉工作在图示Ⅱ区的前段。将图中 B 点对应的负荷称为临界负荷，用 D_c 表示。实际运行的最大允许负荷 D_{max} 要小于 D_c。D_c 与 D_{max} 可通过下述热化学试验方法测定：首先调节锅炉在中间水位和允许炉水含盐量下运行，逐渐增大负荷使含盐量随之增大，含盐量突然剧增时对应的负荷即是 D_c，逐渐降低负荷到含盐量合乎标准时的负荷就是 D_{max}。

汽包内的蒸汽流速不但与蒸汽负荷有关，而且与汽包结构有关。对此，在锅炉汽包结构及内部装置的合理设计时，采用蒸发面负荷 R_m 和蒸汽空间负荷 R_k 两个评价指标。其中：

$$R_m = Dv''/F \quad (m^3/m^2 h) \tag{6-25}$$

$$R_k = Dv''/V \quad (m^3/m^3 h) \tag{6-26}$$

式中　D——锅炉蒸发量，kg/h；

　　　v''——饱和蒸汽比容，m^3/kg；

　　　F——汽包蒸发面面积，m^2；

　　　V——汽包蒸汽空间容积，m^3。

R_m 在一定程度上代表在汽包蒸汽空间的蒸汽平均上升速度，也代表蒸汽携带水滴的能力。R_k 表示蒸汽在汽包蒸汽空间逗留时间的倒数。R_k 越大，表示蒸汽逗留时间越短，蒸汽中的水滴来不及分离而被蒸汽携带；反之 R_k 越小，蒸汽逗留时间越长，蒸汽中的水滴会有更多机会重新落回到汽包水容积中。

实际设计时，由于不同条件的约束，R_m 和 R_k 的限制并非常数，可用表 6-5 的 R_k 值作为参考值。

汽包蒸汽空间负荷 R_k 设计参考值 表 6-5

汽包压力	MPa	4.0	10.8	15.2
蒸汽空间负荷 R_k	$m^3/(m^3 \cdot h)$	510～1050	350～400	250～300

3) 工作压力的影响

从前面汽水分离的原理知，随着蒸汽压力提高，蒸汽与水的密度差减小并分离困难，饱和温度提高并使水分子间的引力以及表面张力系数降低，从而在同样蒸汽流速下，蒸汽更容易带水。在中低压锅炉中蒸汽溶解盐量很少，主要工作是解决汽水分离问题。在高压锅炉中，同时有炉水含盐与蒸汽溶解硅酸盐等；而在超高压锅炉中，蒸汽除溶解硅酸盐外还会溶解氯化钠等盐分。此时需要同时解决汽水分离、蒸汽机械携带与选择性携带问题。采用适宜的汽水分离装置是减少饱和蒸汽带水的有效方法。减少蒸汽溶盐的措施，一是提高处理工艺以降低锅炉给水的含盐量并增大排污量，二是在汽包内采用分段蒸发与蒸汽清洗等。

主蒸汽压力剧烈波动也会影响蒸汽带水。例如蒸汽负荷突增而与燃烧放热变化严重偏离时，会使蒸汽压力急剧下降，这是因为蒸汽压力降低，饱和蒸汽温度同时降低，会导致汽包和蒸发系统存水处于过饱和状态，因而放出热量产生附加蒸汽。与此同时，受热面金属也会随温度降低而放热并产生附加蒸汽，水容积和蒸发系统的含汽量增加使汽包水容积膨胀，而且穿过蒸发面的蒸汽量增多，结果会造成蒸汽大量带水，这种造成蒸汽品质恶化的现象也叫汽水共腾。

4) 蒸汽空间高度的影响

汽包蒸汽空间高度对蒸汽带水即蒸汽湿度的影响参见图 6-18。图中显示当蒸汽空间高度很小时，蒸汽携带细小水滴和飞溅出来的大水滴使蒸汽带水很多，表现为蒸汽湿度 ω 很大。当蒸汽空间高度超过较大水滴飞溅高度时，较大水滴在未达到蒸汽引出管时即在重力作用下回落到蒸发面，表现为蒸汽湿度 ω 减小。有研究认为，当蒸汽空间高度在 0.6m 以上时，蒸汽携带的细小水滴不受蒸汽空间高度影响，故而 ω 变化趋于平缓，达到 1.0～1.2m 以上时 ω 就不再变化。

保证汽包内的一定蒸汽空间高度是通过监控汽包水位实现的，汽包水位用水位表来显示。水位表通过汽连通管和水连通管与汽包水位保持重量平衡。如图 6-19 所示，汽包水位高低影响蒸汽空间高度，也就会影响到蒸汽带水。

因为散热作用会使水位表中水的温度略低于饱和温度，同时汽包水容积内含有蒸汽，所以在正常工况下，水位表指示的水位稍低于汽包实际水位。汽包水位反映了给水量与蒸发量之间的动态平衡。在稳定工况下，当给水量等于蒸发量（包括连续排污、汽水损失）时的水位不变，大于蒸发量时的水位升高，反之水位下降。不符合此规律而出现的不真实的水位，称为虚假水位。例如锅炉负荷突然增加，在给水量和燃烧工况未能调节之前，因

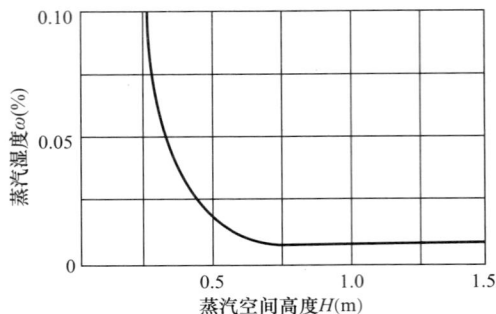

图 6-18　蒸汽湿度 ω 与汽包汽空间高度 H 的关系　　图 6-19　汽包水位与水位指示表

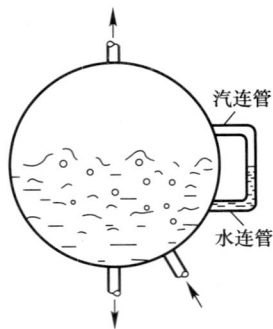

饱和温度降低，使蒸发管金属和炉水放出部分热量，生成更多的蒸汽，导致汽水容积膨胀，促使水位迅速上升而形成"虚假水位"。虚假水位的产生只是暂时的，因为随着锅炉负荷增加而锅炉水消耗量增加，但这时的给水量并没有随负荷的增加而增加，随着饱和温度降低、汽压将很快下降，汽包水位随之逐渐降低。

对汽包蒸发面发生汽水共同升起、产生大量泡沫并上下波动翻腾的现象称为"汽水共腾"。发生汽水共腾时，会造成炉水含盐量严重超标而降低蒸汽品质，蒸发面模糊不清并会出现泡沫，过热蒸汽出口温度下降，水位表内的水位急剧波动。严重时还会造成蒸汽管道内结垢，甚至发生影响用汽设备的安全运行的水冲击。造成汽水共腾的主要原因，一是给水品质过差，排污不当等造成炉水含盐量过高。继而在负荷增加、汽化加剧时，大量汽泡被粘阻在汽包蒸发面层附近来不及分离出去，形成大量上下翻腾的泡沫。二是水位过高，负荷增加过快、压力降低过速，水面汽化加剧，造成水面波动及蒸汽带水。因此，加强水质管理，严格控制炉水品质，控制连续排污，以及新锅炉投运前要煮炉等，是防治汽水共腾的基本措施。发生汽水共腾时，应减弱燃烧，降低负荷，关小主汽阀；加强蒸汽管道和过热器的疏水；全开连续排污阀并打开定期排污阀放水，同时上水以改善炉水品质。

（2）饱和蒸汽的选择性携带

随着蒸汽压力提高，蒸汽会有选择性地溶解一些盐分，称为选择性携带也叫溶解性携带。蒸汽选择性携带具有如下特点：凡能溶解于饱和蒸汽中的盐也能溶解于过热蒸汽；蒸汽对不同盐类的溶解有选择性；随着压力提高，选择性携带能力增大。

对某物质选择性携带的蒸汽含盐量 S_q^R 取决于带出炉水的含盐浓度 S_{ls} 与分配系数 a 表示的溶解量，表示为：

$$S_q^R = a \times S_{ls}(\mathrm{mg/kg}) \tag{6-27}$$

分配系数 a 是溶解于蒸汽中的某物质与该物质在炉水中含量之比。a 与水汽密度有如下关系：

$$a = (\rho''/\rho')^n \tag{6-28}$$

指数 n 为某种盐类的溶解常数，如表 6-6 所示，n 值取决于物质本身特性。图 6-20 是根据试验数据绘制的不同物质分配系数与压力之间的关系。

按蒸汽对盐分的选择溶解性，可将常见的盐分分为三类：

炉水中不同盐类的溶解常数　　　　　　　　　　　　　　　　　　表 6-6

盐类名称	SiO_2	NaOH	NaCl	$CaCl_2$	Na_2SO_4	$CaSO_4$
溶解常数 n	1.9	4.1	4.4	5.5	8.4	8.5

第一类盐分：硅酸（SiO_2、H_2SiO_3 等），其分配系数最大。SiO_2 在过热器中的溶解度参见图 6-21。表 6-7 是不同压力下的硅酸分配系数 a^{SiO_3}，如压力在 6MPa 以上的蒸汽能溶解一些硅酸，更高压力时还可溶解一些钠盐。在 8MPa 时是机械携带的 20～30 倍，显然是蒸汽污染的主要原因。

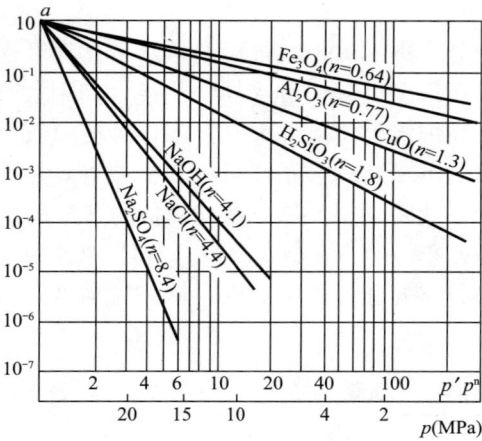

图 6-20　不同物质分配系数与压力的关系

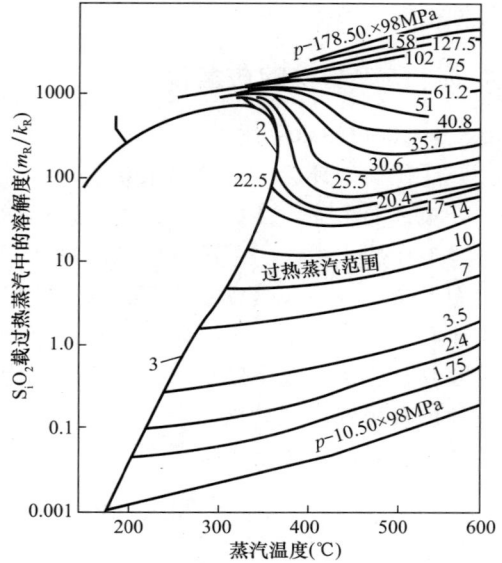

图 6-21　SiO_2 在过热器中的溶解度
1—饱和水线；2—临界压力点；3—饱和蒸汽线

不同压力下硅酸的分配系数　　　　　　　　　　　　　　　　　表 6-7

工作压力（MPa）		4	6	8	10	11	14	15
a^{SiO_3}（%）	pH=7 时			0.5～0.6	0.8	1.0	2.8	
	pH=10 时	0.033	0.07	0.16	0.6	0.92	2.2	2.8

第二类盐分：NaOH、NaCl、$CaCl_2$，它们的 n 值基本相同，在蒸汽中的溶解度远小于第一类。从 NaCl 分配系数 a^{NaCl} 看，11MPa 时 $a^{NaCl}=0.0006\%$，可以忽略，但在 15MPa 时是 $a^{NaCl}=0.06\%$，相当于机械携带的 1～5 倍。

第三类盐分：Na_2SO_4、Na_2SiO_3、Na_3PO_4、$CaSO_4$、$MgSO_4$ 等难溶于蒸汽的物质。在 20MPa 时可以忽略它们的选择性携带问题。

对垃圾焚烧锅炉来说，最需要关注的是硅酸。炉水中同时存在有硅酸和 Na_2SiO_3、$Na_2Si_2O_5$ 等硅酸盐，硅酸属于溶解于蒸汽中的含盐量 S_q^R 最大的第一类，硅酸盐则属于难溶于蒸汽的第三类，它们在蒸汽中的溶解量差别很大。在不同条件下，炉水中的硅酸可与强碱作用生成硅酸盐，而硅酸盐又可以水解成硅酸。其化学平衡式为：

$$Na_2SiO_3 + 2H_2O \longleftrightarrow 2NaOH + H_2SiO_3$$

$$Na_2Si_2O_5 + 3H_2O \Longleftrightarrow 2NaOH + 2H_2SiO_3$$

可见提高炉水碱度也即是增大 pH 值，有利于硅酸转化为难溶的硅酸盐，从而减少蒸汽中的硅酸，提高蒸汽品质。pH 值一般控制在 9～10 且不能过大，否则不仅会使炉水泡沫增多，蒸汽带水增加，还会引起碱腐蚀。

当蒸汽即携带炉水又溶解盐时，取携带系数 $K = \omega + a$，蒸汽中的总含盐量为：

$$S_q = S_q^S + S_q^R = (\omega + a)S_{ls} = K \cdot S_{ls} \tag{6-29}$$

由以上分析知，对高压以下的蒸汽，机械携带是蒸汽污染的主要原因。通常可不考虑蒸汽溶盐 a，K 就等于蒸汽湿度：$K = \omega$。对高压及以上的蒸汽，需要同时考虑机械携带和选择性携带，则 $K = \omega + a$。

6.4.3　锅炉炉水的质量控制

6.4.3.1　锅炉炉水品质

经过化学处理后的锅炉给水总会含有一些盐分，进入锅炉汽包后的汽水自然循环过程中不断被蒸发浓缩，使炉水的含盐量逐渐增加以至远超过锅炉给水的含盐量。其中大部分盐分溶解在炉水中，另一部分以结晶形式存在。当炉水含盐量过大时，不仅会使蒸汽品质恶化而且会使汽包和蒸发受热面结水垢或形成水渣沉积到汽水循环系统的低点处，从而影响传热和汽水循环，甚至会造成受热面金属腐蚀，威胁到相关热力系统设备的安全运行。

因此，要按《火力发电机组及蒸汽动力设备水汽质量标准》GB/T 12145 中相应压力等级的炉水指标，对炉水品质进行严格的化学监督与处理。其中对汽包锅炉用磷酸盐处理时的炉水品质规定见表 6-8。

表 6-8

不同压力等级的汽包炉炉水质量

锅炉汽包压力c MPa	处理方式	二氧化硅 mg/L	氯离子 mg/L	电导率（25℃）μS/cm	磷酸根 mg/L 标准值	pH（25℃）标准值	pH（25℃）期望值
3.8～5.8	炉水固体碱化剂处理	—	—	—	5～15	9～11.0	—
5.9～10.0		≤2a	—	≤50	2～10	9～10.5	9.5～10.0
10.1～12.6		≤2a	—	≤30	2～6	9～10.0	9.5～9.7
12.7～15.6		≤0.45a	≤0.15	≤20	≤3b	9～9.7	9.3～9.7

a　汽包内有清洗装置时，控制指标可适当放宽。炉水 SiO_2 浓度指标应保证蒸汽 SiO_2 浓度符合标准。
b　控制炉水无硬度。
c　大于等于 9.6MPa 机组的炉水应配备在线电导率表、pH 表。

6.4.3.2　炉水处理

对炉水中含有结垢性的钙、镁盐等物质富集后在金属壁面结垢而危及安全运行，需要加入 Na_3PO_4 等磷酸盐到碱性炉水中进行炉水加药校正，将结垢性物质转化为不沉淀的轻质渣，再通过锅炉排污系统排出。这种磷酸盐的碱性工况可由如下化学反应式表示：

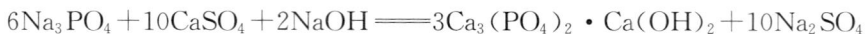

$$6Na_3PO_4 + 10CaSO_4 + 2NaOH = 3Ca_3(PO_4)_2 \cdot Ca(OH)_2 + 10Na_2SO_4$$

反应式等号右边第一项为不沉淀轻质渣，第二项为易溶于水的硫酸盐。为保证结垢性钙镁盐的去除，需要在运行中维持一定过量的磷酸盐，按表 6-8 规定去监督和控制炉水中的磷酸盐。

图 6-22 是锅炉加药系统，来自加药箱稀释后的磷酸三钠，由加药泵连续送入汽包内，再通过钻有许多小孔的管子均匀分配到炉水中。实际上，提高锅炉给水质量，减少漏入热

力系统的低品质水，可少用或不用磷酸盐处理系统。通常对亚临界压力及以上的锅炉，不建议用磷酸盐处理。

6.4.3.3 锅炉排污

为获得符合标准的蒸汽品质，就需要将炉水含盐浓度以及碱度维持在容许范围内。通常是采取连续排污和定期排污做法来减少炉水含盐量、含碱量、含硅酸量和处于悬浮状态的水渣量，统称含盐量。连续排污也叫表面排污，是从汽包炉水盐碱浓度最高部位即汽包正常蒸发面以下 80～100mm 处，沿汽包长度布置的排污管将部分高含盐量的炉水连续排出锅炉体外，代之以锅炉给水补充。定期排污也叫间断排污，是定期从水冷壁下联箱即自然循环系统最低点短时间间断排出炉水中的沉渣、磷酸盐

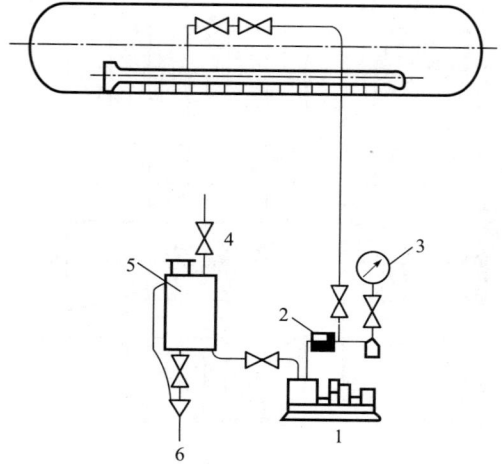

图 6-22　炉水加药系统
1—加药泵；2—止回阀；3—压力表；4—软化水管；
5—加药箱；6—排水管

处理后的软质沉淀物以及铁锈等沉积物，这种排污原则上是选择在锅炉高水位、低负荷或压火状态时进行排污，多按每 8h 定期排污进行一次。

在锅炉连续排污管入口管上装开有斜切口的立管或在入口管上钻有小孔，立管的切口或入口的小孔应朝向锅炉水浓度较大的一侧，不应靠近给水管或加药管。连续排污水是汽包压力下的饱和水，为回收工质和热量，将其排入连续排污扩容器。排污水引入扩容器后，由于容积增加，压力下降，对应的饱和温度下降，就会使一部分排污水自行汽化为二次蒸汽，此二次蒸汽可以回收到入除氧器等的热力系统中。扩容器内未经汽化的水，由于含盐量高，一般是先让它经过生水的水—水热交换器，回收其热量后再排出去。中压锅炉由于压力和温度较低，通常采用单级排污扩容器。对高压锅炉，为提高回收效果，常采用两级排污扩容器。超高压锅炉以上由于给水质量要求高，排污量不大，为简化系统也采用单级排污扩容器。

采用排污的方法是稳定炉水含盐量的有效手段。根据物质平衡，流进汽包的是锅炉给水 D_{gs} 及其含盐量 S_{gs}，流出的是饱和蒸汽 D_q 及其含盐量 S_q，排污水 D_{pw} 及其含盐量 S_{pws}。由此形成汽水质量平衡 $D_{gs}=D_q+D_{pw}$ 与总含盐量平衡 $D_{gs}S_{gs}=D_{pws}S_g+D_qS_q$。将排污量与锅炉蒸发量的百分比称为排污率，用 p 表示为 $p=D_{pw}/D_q$。锅炉排污会造成工质与热量的损失。因此除通过排污扩容器等措施尽量回收排污损失外，需控制排污量，为此对凝汽机组的垃圾焚烧发电厂多取 $p=1\%\sim2\%$。

取锅炉蒸发量 1，则锅炉给水量为 （1＋p）；将排污水杂质视为炉水杂质：$S_{pws}=S_{ls}$（单位为 mg/kg）则有平衡关系：$(1+p)\cdot S_{gs}=S_q+p\cdot S_{ls}$。由此可得到如下排污率 p 计算公式：

$$p=\frac{D_{pw}}{D}=\frac{S_{gs}-S_q}{S_{ls}-S_{gs}}\times100\% \qquad (6-30)$$

将平衡关系式两边乘以 $1/[(1+p)S_{gs}]$，推导得出：

$$\frac{S_q}{S_{gs}}\cdot\frac{1}{1+p}+\frac{S_{pws}}{S_{gs}}\cdot\frac{p}{1+p}=\frac{K}{K+p}+\frac{p}{K+p}=1 \qquad (6-31)$$

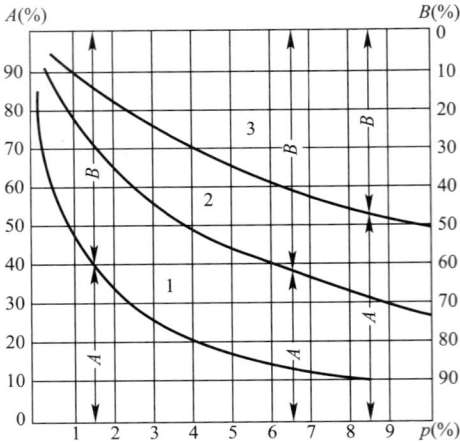

图 6-23　A、B 与 p、K 关系

此式的物理意义在于，若将随给水进入锅炉的杂质量设定为 1，则右边第一项表示由饱和蒸汽带出杂质的相对量，记为 A；第二项表示由排污水带出杂质的相对量，记为 B。则有如下规律：A、B 均是携带系数 K 和排污率 p 的函数；在任何排污率条件下，A+B=1。

随蒸汽与排污带出的杂质量 A、B 与携带系数 K 和排污率 p 的关系可用图 6-23 来说明。图中的曲线 1、2、3 分别代表 K 等于 1%、4%、10%。在一定排污率 p 下，A 值随 K 值增大而增大，B 值随 K 值增大而减小。这在考虑锅炉硅酸平衡是非常重要的。对高压锅炉，K≈1%；超高压与亚临界锅炉，K≈4%。对中压锅炉，当蒸汽携带盐量 A 可忽略时，排污水相对带盐量 B=1。此时式（6-31）转化为：

$$S_{pws} = \frac{1+p}{p} S_{gs} \tag{6-32}$$

由此可知炉水的含盐量远大于给水的含盐量。由式（6-32）还知，当炉水含盐率确定时，给水含盐率增加就要提高排污率，限定排污率也就限定了给水应达到的品质。换言之，强化锅炉给水处理，适当提高、严格控制锅炉给水品质，是提升运行安全性与经济性的保证。

以上讨论的是产生蒸汽的一部分炉水就是排污水的情况。这时的炉水浓度与排污水浓度相等，即 $S_{ls}=S_{pws}$。在这种情况下，为提高蒸汽品质就要尽量降低炉水含盐浓度，而在一定排污率下，为排出尽可能多的炉水杂质则应提高排污水的浓度，或是在一定排污水浓度下提高排污率。显然，在提高蒸汽品质与减少排污率之间存在矛盾，解决这一矛盾的方法是采用两段蒸发系统。其基本思路是使蒸汽在杂质浓度较低的炉水中产生，而排污水从杂质浓度高的炉水中引出去。这种方法在我国 1950 年代得到广泛应用。此后随着水处理技术的发展，适宜技术的应用与规范化运行管理，可使锅炉给水的水质条件大为改善，使炉水含盐量不再是影响蒸汽品质的主要因素，也就没有必要采用两段蒸发系统了。

6.5　垃圾焚烧过程初级减排的综合指标控制

生活垃圾焚烧是以安全处理垃圾、保证规定的环境质量和在此基础上充分利用焚烧热能的宗旨，建立起垃圾焚烧过程初级减排与焚烧烟气污染物控制二级减排的综合污染预防和控制的总体框架。在此框架内的焚烧过程，初级减排是基于复杂多变的垃圾组成与特性所形成特有的垃圾燃烧规律，通过运行指标的综合控制，不利因素的操作调整和稳定燃烧的系统管理，达到垃圾焚烧过程在时间上的稳定性，空间上的均一性，实现常态化应对污染控制综合方法。例如通过综合调整控制过量空气系数、焚烧垃圾量与燃烧空气量比例、燃烧空气在炉内分布、炉排运动速率等，达到互相关联的炉渣热灼减率，飞灰减量，改善能量利用效率，减少 CO、NO$_x$ 等产生量等预定的指标。也就是说，各项指标之间会有一定关联关系，某一项指标最优，可能会干扰另一项指标的优化。因此实现初级减排的目标，是需要通过多项指标综合协调来取得综合最优化的综合控制效果。

6.5.1 一些垃圾焚烧锅炉指标的关联关系

6.5.1.1 影响炉膛热负荷的综合因素

在垃圾焚烧锅炉运行过程中，从式（4-12）可知，影响炉膛容积热负荷的因素很多。在此以图 6-24 为例，对实际焚烧垃圾热值 Q 与焚烧垃圾量 B 同设计焚烧垃圾热值 Q_0（AB 线）、设计下限焚烧垃圾热值 Q_{min}（FE 线）与设计焚烧垃圾量 B_0（图示 B 点）之间的关系，以图 6-24 为例分析如下。

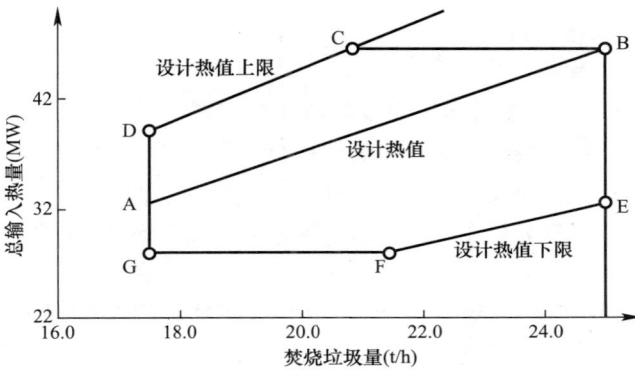

图 6-24　输入热量 BQ 与 Q、B 的关系

图中的 CB 线表示在垃圾焚烧锅炉设备确定后，炉膛容积热负荷也就确定了，对应的热平衡关系为 $B \times Q \leqslant B_0 \times Q_0 = C$（常量）。其中仅当 $Q = Q_0$，$B = B_0$ 时，$B \times Q = B_0 \times Q_0 = C$。当 $Q > Q_0$ 时（位于沿 AB 线的 B 点延长线上），就需要降低焚烧垃圾量使 $B < B_0$，以保持 $B \times Q = B_0 \times Q_0 = C$。当 $Q < Q_{min}$ 时（位于 FE 线下方），受到炉排机械负荷即炉排面积的限制，也就是要保持规定的焚烧处理垃圾量，使 $B \leqslant B_0$。此时为保证必需的炉膛容积热负荷，就要投入辅助燃烧器。当 $Q_{min} < Q < Q_0$ 时（位于 FE 线与 AB 线之间），理论上可以增加焚烧垃圾量 B。实际上，B 值一方面是要满足焚烧处理垃圾量的基本要求，另一方面又受到以炉排上的垃圾层厚度、炉渣热灼减率等为控制指标的垃圾焚烧过程初级减排约束，还受到燃烧空气量及其温度等因素的制衡。取过量空气系数 α（$\alpha > 1$），若 α 过低会导致燃烧不完全与燃烧效率降低，过高则使烟气量增加与燃烧热损失增加，燃烧效率降低。而且当 α 过大，产生的烟气量过大时，受后续烟气净化系统处理能力的限制，也会降低烟气污染物处理效果。因此，最佳的运行状态是按 $0.8B_0Q_0 < BQ < B_0Q_0$ 正常负荷工况进行运行控制。另根据此前所述垃圾焚烧锅炉的适应范围，在 $Q = Q_0$ 条件下，允许按 $B \geqslant 0.7B_0$ 低焚烧负荷状态，以及 $B \leqslant 1.1B_0$ 的短期超负荷工况下运行。

为综合反映上述焚烧状态，采用以焚烧垃圾量 B 与燃烧空气量 A 之比为基础参数的当量比 ϕ 作为运行控制的参数，定义为实际燃空比 B/A 与理论燃空比 B_0/A_0 的比值，即：

$$\phi = \frac{B/A}{B_0/A_0} = \frac{B}{\alpha B_0} \tag{6-33}$$

由上式可见，当量比 ϕ 值越高，过量空气系数越小，反之越大。表 6-9 为部分厂商曾经针对我国较低垃圾热值时，所推荐的过量空气系数 α 与当量比值 ϕ。

部分厂商曾经推荐的过量空气系数 α 与当量比值 ϕ 　　　　　表 6-9

厂商	MT	VR	VL	WH
过量空气系数 $\alpha(\%)$	90	80	90	50
当量比 ϕ	0.53	0.56	0.53	0.67

根据当量比定义，垃圾焚烧锅炉采用过量空气燃烧方式时，等值比总是<1。Tillmam 等根据这一特性，针对美国的大型焚烧厂推导出如下理论燃烧温度 T_f（℉）的回归方程：

$$T_f = 0.108Q_g + 3467\phi - 4.544W + 0.59(t_{air} - 77) - 287 \qquad (6-34)$$

式中　Q_g——焚烧垃圾高位发热量，Btu/lbm；

　　　W——焚烧垃圾含水量，%；

　　　t_{air}——燃烧空气预热温度，℉。

6.5.1.2　炉排燃烧速率与焚烧垃圾热值及炉渣热灼减率的关系

如第四章所述，炉排燃烧速率 m_G 即炉排机械负荷，是对垃圾特性变化的适应性，对热应力引起变形等破坏性的适应性，实现垃圾完全燃烧的重要参数。m_G 值可按式（4-5）的系数法确定，由该式可知，影响 m_G 的主要因素有焚烧垃圾规模、焚烧垃圾热值、燃烧空气温度、炉渣热灼减率以及 NO_x 排放值等。图 6-25 则显示出在垃圾焚烧锅炉启动、运行、停运阶段 m_G 的变化情况（图中用 G 表示）。由此可知，通常所说的 m_G 指标是指正常运行阶段的值，不包含启动与停运阶段的指标。为了维持规定的处理规模，一般是按设计下限焚烧垃圾热值确定系数 K_1 值。从炉排结构考虑，焚烧垃圾热值被限定在 900～1200kcal/kg，相应 K_1 值在 0.95～1.1。从燃烧过程减排 NO_x 的方法之一是降低过量空气系数，使之处于低氧燃烧状态（如目前我国多按锅炉出口过量空气系数 1.3～1.6，即烟气含氧量 6%～8% 控制）。但此时可能会导致垃圾的燃烧速度降低，故此在过量空气设计时，应适当降低 m_G 值以取得足够的炉排面积。

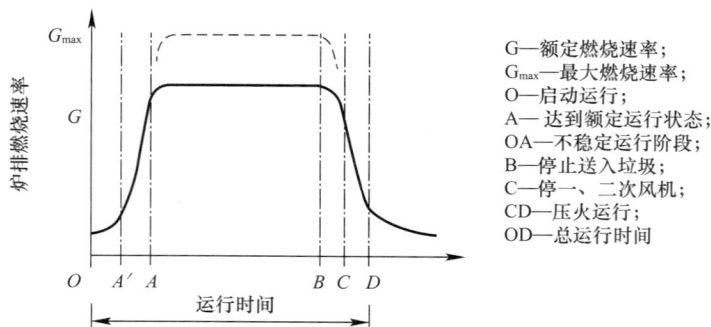

图 6-25　焚烧炉启动、运行、停炉阶段的 m_G 变化示意图

m_G 值与设计垃圾下限热值呈正比关系，按炉渣热灼减率 3%～7%，对应垃圾热值 4180kJ/kg 的理论分析，m_G 值在 165～230kg/m²h，垃圾热值 6280kJ/kg 时，为 235～310kg/m²h。图 6-26 是垃圾热值 6280kJ/kg，炉渣热灼减率 3%～7% 时的炉排燃烧速率与处理规模经验性关系。

m_G 越小表明相应炉排面积越大。这种炉排面积的增大体现在炉排长度的增加，这是因为炉渣热灼减率越低也就意味着在炉排上的固相燃烧越完全，这是通过增加停留时间与增加炉排长度实现的。

广义的炉渣热灼减率是指垃圾焚烧炉残渣含有的可燃物质占焚烧残渣的重量百分比，其中的残渣是垃圾中的无机物与可燃物焚烧产生的残余物之和，残渣热灼减率是指炉渣与飞灰热灼减率总和。如前 3.4.2.4 节所述以及根据检测方法，相应残渣热灼减率侧重的是炉渣中

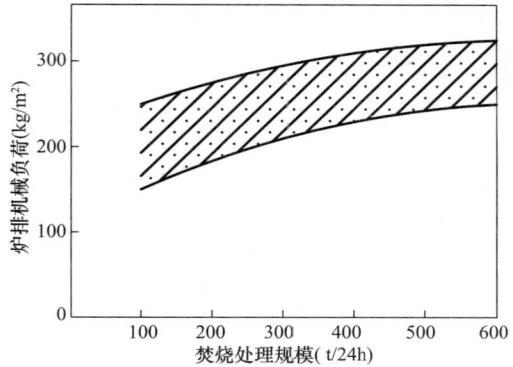

图 6-26　炉排 m_G 与焚烧规模的关系

可燃成分的热灼减率，也就是以狭义的炉渣热灼减率统计指标。之所以采用此狭义的指标，是为将其作为判断垃圾焚烧完全程度的指标，以及定性确定炉排燃烧速率的因子。至于目前较少提及飞灰热灼减率指标的原因在于，一是飞灰在我国已经被列入属于危险废物，必须要单独处理。二是飞灰的安全、经济利用途径至今仍处在探讨的背景下，工程上采取以填埋为主的处置方式，相应主要关注的是有效避免对生态环境负面影响。针对我国目前的生活垃圾物理特性和焚烧垃圾含水率在 $45\%\sim55\%$ 的情况，以焚烧垃圾量为基数的炉渣与飞灰产生量统计值分别是（20 ± 5）% 与（2.5 ± 0.5）%，统计的干炉渣产生率大约是干飞灰产生率的 10 倍。

炉渣热灼减率不但影响炉排燃烧速率，又与垃圾焚烧锅炉的形式、规模相关，更与燃烧过程各项状态参数，运行管理水平有很大关系。这也是提高焚烧炉渣质量的途径。从垃圾焚烧工程技术发展视角，推荐至少当前可按焚烧规模 200t/d 及以下按 5% 控制，200t/d 以上按 3% 控制。

炉渣热灼减率的检测会因试样的加热温度、加热时间不同，不仅会使未完全燃烧物质减量，而且还会受到如 $CaCO_3$、Na_2CO_3 等碳酸盐以及硫酸盐、氯化物等无机物分解造成减量的干扰，为此规定有 $600℃\pm25℃$ 温度下灼烧 3h 的检测要求。

6.5.1.3　炉膛出口温度与炉膛容积热负荷

炉膛出口温度 ϑ''_l 的选择一般按低于灰熔点 100℃ 且最高不大于 1050℃ 确定。如 ϑ''_l 过低，即使烟气停留时间足够长也无法将硫化氢、氨、甲醛、甲硫醇等恶臭物质完全热分解，而分解这些恶臭物质的温度应不低于 700℃，停留时间应大于 0.5s。如 ϑ''_l 过高，就会大大增加管壁尤其是炉膛内暴露在高温烟气侧金属管壁的化学腐蚀，一旦达到灰软化温度就很容易造成炉膛严重结渣。

基于焚烧和传热过程对炉膛的限制，设计时采用炉膛容积热负荷 q_V 这一大尺寸的统计数据作为评价炉内燃烧和传热与炉膛几何尺寸关系的参数。若 q_V 过大，表明炉膛容积过小，则炉膛出口烟气温度 ϑ''_l 偏高。反之，ϑ''_l 偏低。另从式（4-24）知，炉膛出口烟气温度 ϑ''_l 的影响因素主要有焚烧垃圾量、炉膛理论温度、炉膛结构特征参数等，从式（4-12）知，炉膛容积热负荷 q_V 的影响因素主要有焚烧垃圾量、焚烧垃圾热值、炉膛容积等。显然二者存在一定的关联性。

对式（4-24），用绝对温度 T''_l 替代 ϑ''_l+273，调整等式右边项后，忽略 $1/T_a$，取分母为 X，则：

$$\vartheta_1'' + 273 = T_1'' = \cfrac{B_j^{0.6}}{M\left(\cfrac{\sigma_0 \psi_{pj} F_1 \alpha_1 \ T_a^{4/3}}{\varphi V c_{pj}}\right)^{0.6} + \cfrac{1}{T_a}} = \cfrac{B_j^{0.6}}{X} \qquad (6\text{-}35\text{-}1)$$

即
$$B_j = (X T_1'')^{5/3} \qquad (6\text{-}35\text{-}2)$$

对式（4-12），忽略辅助燃料项 FQ_F，括号内的参数调整到分母，取调整后的分母为 Y，则：

$$q_V = \frac{B_j[Q_j + AC_a(t_a - t_0)] + FQ_F}{3600 V_1} \approx \frac{B_j}{\cfrac{3600 V_1}{Q_j + AC_a(t_a - t_0)}} = \frac{B_j}{Y} \qquad (6\text{-}36\text{-}1)$$

即
$$B_j = Y q_V \qquad (6\text{-}36\text{-}2)$$

合并式（6-35-1）与式（6-36-1）并变换为

$$T_1'' = (Y^{0.6}/X) q_V^{0.6} = A q_V^{0.6} \qquad (6\text{-}37)$$

式（6-37）表明，当垃圾特性、炉膛容积与结构特性确定后，炉膛出口绝对烟气温度与炉膛容积热负荷的 0.6 次方成比例。

6.5.1.4　垃圾焚烧锅炉的年运行时间与年利用小时

垃圾焚烧锅炉要按规定规模焚烧处理其服务区每日产生的垃圾，就要基于保护生态环境和安全经济运行要求，协调好设备维修与每日处理垃圾的关系，合理控制每年计划检修时间，降低因锅炉系统故障造成的非计划停运系数。为此，我国焚烧厂以年运行时间不低于 8000h/年，作为评价以锅炉为代表的最低限度的运行指标。这个指标也是垃圾焚烧需求与垃圾焚烧锅炉检修维护需求的平衡结果。一方面我国城市生活垃圾是按日产日清管理，从而要求作为垃圾处理末端设施的垃圾焚烧厂整体上要按年每日运行。另一方面包括垃圾焚烧锅炉在内，被国际上冠以"特定危险设备"的锅炉是在高温、结垢、腐蚀的恶劣环境下运行的，对其汽水循环与辐射、对流换热过程的安全运行，金属部件发生蠕变、疲劳侵蚀和腐蚀、磨损等失效的安全控制，以及焚烧过程的初级减排都会产生很大负面作用。因而每年需要对锅炉设备及附属设施进行预防性维修与保养，恢复性修理，故障与安全隐患处理等的检修工作，更要按《锅炉安全技术监察规程》TSG G0001 对垃圾焚烧锅炉定期进行外检和内检。

垃圾焚烧厂设备的维护、检修可根据《生活垃圾焚烧厂检修规程》CJJ 231 确定检修等级和停运时间。也有按机械设备的分类习惯将设备维修工作分为大修、中修和小修，其大、中、小修内容与检修周期在划分上不完全相同。但从其基本规定看，可以视为大修相当于 A、B 类检修，中修相当于 C 类检修，小修相当于 D 类检修。检修周期具有随着设备使用年限的增长，检修工作量也会增加的特点。根据设备检修程序，设备使用年限、运行和我国垃圾焚烧厂实际运行管理经验，可按年度计划检修 2 次（指 A、B、C 修）、非计划检修不超过 3 次（D 修）控制。由此可控制年度计划停运系数不超过 8.6%，设备运行系数控制在 91%～94% 范围内。实际上，为尽可能减少停运期间的垃圾转存问题，以及我国焚烧厂实施的专业化检修的效率较高，年度检修总时间根据大修周期多控制在 15～25d。根据我国相关技术进步对延长锅炉系统正常寿命期的影响和实际运行经验，以垃圾焚烧锅炉为代表的焚烧线年累计运行时间控制在 8100～8400h 是适宜的。但也必须强调，要从提高焚烧设备寿命期，避免或减少设备的疲劳损伤事故等的安全运行考虑，不应过度拼设备，不应追求过高指标。

年度运行时间可作为金属部件发生蠕变、疲劳侵蚀的一项具体控制指标，但从控制初级减排水平角度看还是有所不足的。因此，还要引进以垃圾焚烧锅炉为代表的年利用小时，作为评价垃圾焚烧锅炉的运行状态指标。所谓锅炉年利用小时是指年焚烧垃圾量（t/a）与锅炉总处理规模（按 t/h）之比。也可按每条焚烧线年焚烧垃圾量与该锅炉处理规模之比，评价每台炉的运行状态。考虑允许焚烧炉每日 4 小时超负荷 10% 运行，以及统计数据误差等因素，当年利用小时数大于年实际运行小时数 10% 时，可评价为超负荷运行；小于年实际运行小时数 10% 时，可评价为低负荷运行。

6.5.1.5 炉膛负压与烟、风量平衡的控制

针对我国当前焚烧垃圾物理成分与含水率波动大，月平均焚烧垃圾热值在 6200 ± 700 kJ/kg 范围动态变化的特征，实践证明炉膛顶部负压控制在 $-100\sim-50$ Pa，是防止出现炉膛正压，创造生态文明环境的适宜选择。当垃圾特性相对稳定时，方有可能将炉膛顶部负压维持到 -30 Pa 左右。

为使炉膛出口设定位置的负压稳定在规定范围内，需要保持垃圾焚烧锅炉一、二次风机及回流烟气等的输入量与烟气输出量的平衡。维持层燃型垃圾焚烧锅炉烟风量平衡的措施，一是要根据垃圾特性变化，调整炉排运动速度；实现送、引风机的变频调节，以及调整炉排下送风机与引风机挡板开度；二是要防止锅炉本体、送风管道系统及后续烟气净化系统的泄漏，严格要求系统管件所有结合处及检查口、表计插入口等处的密封；还要加强对易发生锈蚀部分的保养，防止因腐蚀、龟裂等产生的泄漏。

由一次风机送入的空气量，通过按燃烧功能组合排列的炉排下灰斗分别送至炉排干燥段、燃烧段与燃烬段，以分配燃烧空气的流量和控制压力。为避免燃烧不均及炉排片过热现象，在炉排片背面设计有肋片形成的回路，以延长一次空气进入炉内时间，起到冷却炉排和调剂进入炉内压力作用。

从燃烧空气量与垃圾热值的理论计算公式可知，它们都是随着 C、H、S 元素的增加而提高，也就是说燃烧空气量与垃圾热值成正比关系。从安全运行角度，为避免因垃圾热值升高导致炉膛各段温度过高，一般情况下采取逐渐降低预热空气温度直到环境温度；必要时增加二次空气量以维持炉膛出口温度正常不高于 950℃，最大不高于 1050℃，但此时的过量空气系数也会增加。

6.5.2 垃圾焚烧过程的烟气排放统计值

表 6-10 是近年我国垃圾焚烧锅炉省煤器出口按干烟气含氧量 11% 计的原始烟气排放浓度及单位焚烧垃圾烟气量、烟气含水率等参考范围。其中典型范围数值是对我国运行管理规范、运行状态正常焚烧厂的烟气污染物排放值的反推数据，并与设有原始浓度检测设施焚烧厂的烟气污染物原始浓度检测值进行对比分析的结果。通过对我国垃圾焚烧厂此前烟气污染物排放数据的分析与统计，发现大多原始浓度值要低于早前的推荐值，显然这是与我国垃圾物理成分特点与近十年显著变化以及焚烧厂运行管理水平的提高有直接关系。当然，也不排除早前统计值有较大偏差的因素，毕竟当时我国在这方面的运行经验不足。

锅炉省煤器出口按干烟气含氧量 11% 计的原烟气排放浓度参考范围　　表 6-10

排放物	颗粒物	CO	无机氯化物（HCl）	SO_x（SO_2 计）	NO_x（NO_2 计）	CO_2
单位	mg/Nm³	mg/Nm³	mg/Nm³	mg/Nm³	mg/Nm³	mg/Nm³
统计值范围	500~5000*	5~120	130~2000*	20~800*	90~450*	5~18
典型值	3000~4000	10~100	400~800	100~300	200~350	5~10*
我国案例值	3500	50	600	260	300	8.5
日本参考值	1~500***	1~1250	8~650	29~343	103~411	

排放物	Hg	Cd+Ti	Pb, Sb, As, Cr, Co, Cu, Ni, V, Sn, Mn	二噁英类	水蒸气（H_2O）	单位焚烧垃圾烟气量
单位	mg/Nm³	mg/Nm³*	mg/Nm³*	ng-TEQ/Nm³*	%	Nm³/t垃圾
统计值范围	0.05~50*	<3*	<50*	0.5~10*	12~25	
典型值	0.05~5	0.05~2.5	15~25	0.5~5	16~23	3200~4100**
我国案例	2.0	缺	缺	2.0~3.0	20.79	
日本参考值	0.05~0.5	0.01~0.1（Cd）	—	—		

注：＊统计值与欧盟委员会发布德国新建焚烧厂统计值相同。

　　＊＊根据烟气净化后排放烟气量（3500~4500）Nm³/t垃圾 推算值。

　　＊＊＊各项参考范围均摘自新井男主编《燃烧生成物的发生与抑制技术》。

6.5.3　设备运行状态管理指标

生活垃圾焚烧厂的设备分为主系统设备和辅助系统设备，主系统设备包括垃圾焚烧锅炉、烟气净化系统、垃圾抓斗起重机、汽轮发电机组、主变压器、分散控制系统（DCS）等能够完成焚烧厂基本功能的系统设备及其附属设备。辅助系统设备是指主设备以外的系统设备。以下论述的设备状态管理指标均适用于垃圾焚烧锅炉及其附属设备设备。

运行状态通常是指主系统设备的运行状态，包括正常运行状态、维修状态、启动状态、停运状态以及备用停运状态等。所谓垃圾焚烧系统设备的备用停运状态是指因垃圾量供应不足（厂内管理原因除外）或厂外供水系统、电力接网系统故障及自然灾害等外部原因造成停运的状态。系统设备的维修状态是指为保持、恢复以及提升设备技术状态进行的活动，包括保持设备良好技术状态的维护、设备劣化或发生故障后恢复其功能而进行的修理以及提升设备技术状态进行的技术活动。

设备故障是指设备在其寿命周期内，由于磨损或使用等原因，使设备暂时丧失其规定功能的现象，是设备失效的一种形态。故障与失效二者的差别在于失效强调的是设备功能处于不正常的状态，故障则强调的是失去功能的可以修复性，也可以说故障是可以修复的失效。设备故障分为突发故障与劣化故障。突发故障是指发生时间具有随机性与突发性，设备使用功能丧失的故障。劣化是设备在使用过程中，由于零部件磨损、疲劳或环境造成的变形、腐蚀、老化等，使原有性能逐渐降低的现象。故而劣化故障是由于设备性能的逐渐劣化所引起的，具有发生速度慢，有规律可循，局部功能丧失特点的故障。

设备故障采用单位时间内故障发生的比率即设备故障率为评价指标。可维修设备的故障率随时间的推移呈图 6-27 所示曲线，这就是著名的"浴盆曲线"。按设备寿命期内的故障率特征，可分如下三个时期：

（1）初始故障期也称早期失效期，是设备磨合期，表现为开始的故障率很高，但随时间的推移，故障率迅速下降。造成这一时期故障的主要原因是材料缺陷、设计制造缺陷、装配失误、操作不熟练造成使用不当等。

（2）偶发故障期也称偶然失效期，是最佳工作期，表现为故障发生是随机的，故障率低且基本处于稳定状态。造成这一时期故障的主要原因是设计与使用不当、维修不力或操作失误。

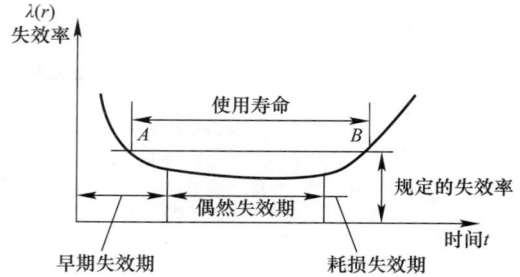

图 6-27　设备各类失效期的浴盆曲线图

（3）耗损故障期也称耗损失效期，是设备使用后期或称有效寿命结束期，表现为故障率不断上升。造成这一时期故障的主要原因是设备零部件的磨损、疲劳、老化、腐蚀等。

对主设备的状态管理，如在耗损故障期开始时进行大修，可经济而有效地降低故障率，是安全、可靠、环保运行的基本保证；也是提高设备利用率和使用寿命，有效制订生产计划，物资供应管理，检修费用控制等的重要保证。

6.5.3.1　设备状态类别

包括垃圾焚烧锅炉在内的生活垃圾焚烧厂的机械动力设备状态可按一、二、三类划分，见表 6-11。热工仪表，热工自动调节装置，保护、连锁信号及报警装置的等级参照《火力发电厂热工仪表及控制装置技术监督规定》附录 D 的规定。对一类设备的判别标准见表 6-12；对二类设备，需要根据缺陷等级评估进行维护或检修；三类设备需要根据缺陷等级评估进行降级使用或停机处理，对不能保证安全运行的设备要及时更换。

生活垃圾焚烧厂的机械动力设备状态分类　　　表 6-11

序号	设备分类	划分标准
1	一类设备	经过运行考验，技术状况良好，能保证安全、可靠、长周期运行的完好设备
2	二类设备	个别部件有一般性缺陷，但能实现满负荷处理垃圾，效率能保持在一般水平的基本完好设备
3	三类设备	不能保证安全运行，出力降低，效率很差或泄漏严重的有重大缺陷设备

一类机械动力设备的判别标准　　　表 6-12

序号	判别项	判别标准
1	功能性	设备运转正常，能持续达到铭牌出力。机械设备性能满足焚烧工艺要求，动力设备达到设计规定标准，辅助设备技术、运行状况能保证主设备安全运行、出力和效率要求。系统热效率达到设计水平或国内同类设备的优良水平。泵与风机尽可能保持在最佳效率点附近运行或采取变频方式运行
2	结构性	基础、机座稳固可靠，地脚螺栓和各部螺栓连接紧固、齐整，符合技术要求。容器的人孔、检查孔和阀门关闭严密。设备照明充足，平台扶梯完好、基本无锈蚀。所有阀门、挡板开关灵活，无卡涩现象，位置指示正确。事故按钮完好并加盖。标志、标识符合标准化要求
3	安全性	安全防护装置与零部件齐全，无影响安全运行的缺陷。磨损、腐蚀度不超过规定的标准，防腐、保温、防冻设施完整有效。设备外观完整，基本无锈蚀、无涂料剥落部件
4	可靠性	运转正常无超温超压等现象。温度、压力、转速、流量、电流等主要运行指标及参数符合设计与有关规范规定。振动值不超允许范围。传动系统的变速齐全，滑动部分灵敏，油路系统畅通，润滑系统正常。原材料、燃料、润滑油等消耗正常

序号	判别项	判别标准
5	电气系统设备	控制和保护装置齐全，性能灵敏，动作可靠，管线布置完整。电动机各部、地脚螺栓、联轴器螺栓、保护罩等连接状态满足安全运行要求，运行无撞击、摩擦等异常声。电流表指示不超过额定值，旋转方向正确。电缆头及接线、接地线完好，连接牢固，轴承及电机测温装置完好并正确投入
6	自控系统设备	自动燃烧控制装置能正常投入使用，仪表精度符合要求，系统动作灵敏可靠。测量及保护装置、工业电视监控装置、自动调节、信号及指标仪表、记录仪表等齐全并投入运行，指示正确，动作正常
7	运行管理	设备内外清洁，无漏油、漏水、漏气（汽）、漏电现象。设备周围环境清洁，无积油、积水、积尘及其他杂物。标志、标识符合安全生产与设施标准化要求

6.5.3.2 设备完好率

设备完好率是指完好和基本完好的焚烧设备在全部焚烧设备中的比重，是反映设备技术状态和评价设备管理工作水平的一个重要指标，按下式进行评价。式中的生产设备总台数包括在用、停用、封存的设备。一般按主设备、辅助机械设备、电气设备、热控设备分类计算完好率。

$$设备完好率 = \frac{一类设备数 + 二类设备数}{生产设备总台数} \times 100\% \qquad (6-38)$$

生活垃圾焚烧锅炉及其辅助设备的完好率要求：锅炉与烟气净化系统设备组成的焚烧线≥96%，其中的液压系统为100%；影响焚烧线功能的辅助设备≥96%，一般辅助设备≥80%。

6.5.3.3 热工仪表及控制装置"三率"

热控装置是指保障垃圾焚烧系统、热能利用系统、烟气净化系统等处于安全、可靠、经济运行状态的监视表计与调节、控制和保护装置。垃圾焚烧锅炉及其附属设备的主要自动控制系统包括燃烧自动控制，汽包水位控制，主汽参数控制，减温减压器温度与流量控制，一、二次风机与引风机的压力、温度、流量控制等；主要热工保护如垃圾焚烧锅炉的点火燃烧器压力、流量调节，炉膛压力保护，饱和蒸汽压力保护，过热蒸汽压力保护，汽包水位保护等。锅炉辅机的跳闸连锁保护，送、引风机连锁保护等以及送、引风系统，锅炉疏水放气系统顺序控制。其中对垃圾焚烧锅炉的检测点众多，包括但不限于进料斗及溜管料位，溜管壁温；炉排运动速度，炉排片温度，炉排上垃圾料层厚度，液压站油压系统压力、温度、流量；一、二次风机及引风机轴承温度；空气加热器进出口温度、压力；炉膛出口负压，炉膛各监测点温度、压力；对流受热面各段烟气侧温度、压力、流速汽包水位，饱和蒸汽压力，主蒸汽压力、温度、流量，给水压力、温度、流量；压力管道管壁温度；省煤器烟侧出口温度及含氧量、一氧化碳浓度等。

对热工仪表及控制装置运行状态的评价包括完好率、合格率与投入率，可按下式进行计算。

（1）完好率

$$自动装置完好率 = \frac{一类、二类自动装置总数}{全厂自动装置总数} \times 100\% \qquad (6-39)$$

$$保护装置完好率 = \frac{一类、二类保护装置总数}{全厂保护装置总数} \times 100\% \qquad (6-40)$$

（2）合格率

$$主要仪表送检校验合格率 = \frac{主要仪表送检校验合格总数}{主要仪表送检总数} \times 100\% \qquad (6-41)$$

$$计算机数据采集系统测点合格率 = \frac{抽检合格总数}{抽检点总数} \times 100\% \qquad (6-42)$$

（3）投入率

$$热工自动控制系统投入率 = \frac{一类、二类设备总数}{全厂自动控制系统总数} \times 100\% \qquad (6-43)$$

$$保护装置投入率 = \frac{保护装置投入总数}{全厂保护系统总数} \times 100\% \qquad (6-44)$$

$$计算机采集系统投入率 = \frac{实际使用数据采集系统测点数}{设计数据采集系统测点数} \times 100\% \qquad (6-45)$$

就垃圾焚烧锅炉系统部分的热控系统应满足：数字采集系统（DAS）的设计功能全部实现；顺序控制系统（SCS）全部投运且符合生产流程操作要求；自动燃烧控制系统（ACC）投运且动作无误。

整套启动试运或大修后，热控系统要实现对包括垃圾焚烧锅炉在内的全厂监控。其中，对全厂控制系统要求 DCS 系统的完好率 99.9%；模拟量控制系统的完好率≥90%；数据采集系统（DAS）测点完好率≥99%。对仪器仪表要求全年标准仪器送检率 100%；主要仪表校前合格率≥96%；主要热工检测参数现场抽检合格率≥98%；仪表准确率 100%；保护投入率 100%；自动调节系统投入率不低于 95%。对计算机要求测点投入99%，合格率 99%。

6.5.3.4　设备新旧程度判别标准

设备新旧程度完损程度判别标准见表 6-13。

设备新旧程度判断标准参考表　　　　　　　　　　　表 6-13

实际状况	实际具有条件	成新率
全新	未启封，启封后未安装，安装好未使用	95%～100%
尚新	已经使用，运转正常，不必更换配件，无须修理	85%～94%
良好	稍作修理或更换一些简单零配件后可达到"尚新"程度	65%～84%
一般	明显陈旧，应更换多一些零配件方可达到"良好"程度	40%～64%
能用	能够使用，但需要更新许多零配件	20%～39%
很差	不能使用，需经大修理更新零件后方可使用	10%～19%
废品	技术上难以修复，经济修复效益不佳，按残值计	9%以下

6.5.3.5　设备缺陷等级

设备缺陷是指设备存在影响安全性、可靠性、经济性运行及污染环境的设备状况和异常现象，表现为设备性能、系统部件及运行消耗偏离设计或规定要求。其中，对必须在设备停用后才能消除的缺陷或没有消缺必须备品备件的缺陷或需要进一步观察、分析才能确认的缺陷，且暂时不会对设备、系统或人身安全构成立即的危害，也不会给运行经济性带来严重损失的设备缺陷，称为"暂不能消除缺陷"，对暂不能消除缺陷外的其他设备缺陷称为"可消缺陷"。

出现下列情况之一的，应确认为设备发生了缺陷：

（1）设备或部件的损坏造成系统设备被迫停运或安全可靠性降低。

（2）设备或系统的部件失效，造成汽、水、气、油等的渗漏。

（3）运行参数长期偏离正常值，接近报警值或频繁报警。

（4）操作性能下降，动作迟缓甚至操作不动。

（5）系统设备的状态指示、参数指示与实际不一致。

（6）由于设备本身或保护装置引起的误报警、误跳闸或不报警、保护拒动；控制系统连锁失去、无原因起动或拒绝起动。

（7）对设备进行定期试验时发现卡涩、动作值偏离整定值。

（8）对设备进行检验性试验时，设备整体或局部状态的指标超标或有非正常急剧变化。

（9）设备运转时存在非暂时性的异常声响、振动和发热现象。

设备缺陷按对安全性危害程度分为一般缺陷、重要缺陷与紧急缺陷三个等级，见表 6-14。

系统设备缺陷分级标准　　　　　表 6-14

缺陷等级	缺陷对安全性危害程度	使用状态	使用条件
一般缺陷	不造成危害，在运行中可以处理的缺陷	允许继续使用	
	不造成危害，但会进一步扩展的缺陷。对安全经济运行及文明生产有一定影响	在监控下使用	进行寿命预测
重要缺陷	影响安全经济运行及文明生产，结构降级使用可以保证安全可靠性	降级使用	
紧急缺陷	对安全可靠性构成威胁，必须停机处理的缺陷	返修或停用	

设备存在缺陷要及时消除，以防缺陷蔓延或扩大。应建立各专业具体的缺陷状态档案，制订监控措施，做好事故应急预案。对带有明显危及人身及设备安全缺陷的设备，应立即停止运行。

6.5.4　可靠性分析指标

垃圾焚烧设备的可靠性是指设备在规定条件下、规定时间内，完成规定功能的能力。实施可靠性管理是生活垃圾焚烧厂全过程安全管理和全面质量管理的重要组成部分，贯穿于规划设计、设备制造、安装调试、启动试运、安全运行和维护检修各个环节。

可靠性评价的系统设备范围包括垃圾焚烧锅炉、烟气净化系统、垃圾抓斗起重机、汽轮发电机组、主变压器（包括高压出线套管）和控制系统以及其他辅助设备。评价原则是针对垃圾焚烧锅炉特点，并参考《发电设备可靠性评价规程》DL/T 793。评价内容包括设备状态、状态转变时间界线和时间记录，以及可靠性评价指标。

6.5.4.1　设备状态

设备状态是包含锅炉在内的所有动力设备的一个重要概念，是对设备使用状态评价的基本依据，对垃圾焚烧锅炉的运行管理有重要指导意义。设备状态是根据使用情况划分的，可在进行具体划分工作时就会发现可以划分出太多类别。对此，参照我国电力系统做法，首先是将其划分为使用状态与停用状态两大类并逐层细分出 5 个层次，包括可用与不可用状态、运行与备用、计划停运与非计划停运状态以及细分类别等，构成如表 6-15 的设备状态基本分类的层状结构。

282

设备状态分类　　　　　　　　　　　　　　　　表 6-15

设备状态	使用状态	可用状态	运行状态	全出力运行			
				降低出力运行	计划降低出力运行		
					非计划降低出力运行	第 1 类：立即降低出力	
						第 2 类：6h 内降低出力	
						第 3 类：72h 内降低出力	
						第 4 类：下次计划停运前降低出力	
			备用状态	全出力备用			
				降低出力备用	计划降低处理备用		
					非计划降低处理备用	第 1 类非计划降低出力备用	
						第 2 类非计划降低出力备用	
						第 3 类非计划降低出力备用	
						第 4 类非计划降低出力备用	
		不可用状态	计划停运状态		机组	A 级检修	
						B 级检修	
						C 级检修	
						D 级检修	
					辅助设备	大修	
						小修	
						定期维修	
			非计划停运状态		机组	第 1 类：立即停运	强迫停运
						第 2 类：6h 内停运	
						第 3 类：72h 内停运	
						第 4 类：下次计划停运前	
						第 5 类：超计划停运的延长停运	
					辅助设备		
	停用状态	机组处于停用状态的时间不参加统计评价					

　　设备状态按使用情况分为在使用状态与停用状态。停用状态是指机组按国家关政策，经主管部门批准停用或进行长时间改造而停止使用的状态，简称停用状态。机组处于停用状态的时间不参加统计评价。在使用状态指设备处于进行统计评价的状态，分为可用状态和不可用状态。

　　可用状态是设备处于能够执行预定功能的状态，而不论其是否在运行，能够提供多少出力。可用状态分为运行状态和备用状态二类。其中：

　　运行状态，是指将垃圾投入焚烧炉进行焚烧处理时的各设备状态，可以是全出力运行状态或非计划降低出力运行状态。对于机组的运行状态，是指发电机在电气上处于连接到电力系统工作（包括试运行）的状态。对于辅助设备，主要指给水泵、送风机、引风机等正在全出力或降低出力为机组工作。

　　备用状态，是指设备处于可以使用但不在运行状态，包括有全出力备用与降低出力备用。层燃型垃圾焚烧锅炉通常不设置备用锅炉，故而不考虑设计规模以外的备用。机组降低出力按紧迫程度分为如下 4 类：第 1 类需要立即降低出力者；第 2 类需在 6h 内降低出力者；第 3 类可延至 6h 以后，但需在 72h 时内降低出力者；第 4 类可延至 72h 以后，但需在下次计划停运前降低出力者。

不可用状态是指设备不论其由于什么原因处于不能运行或备用的状态。不可用状态分为计划停运和非计划停运的状态，其中：

计划停运状态是指机组或辅助设备在停运检修期内，按事前安排的进度和期限进行检查、维护、检修、试验、技术改造时的停运状态。机组计划停运分为 A、B、C、D 四级检修。辅助设备计划停运分为大修、小修和定期维护三种。

非计划停运状态是指计划停运期以外的停运状态，在 72h 内的非计划停运又称强迫停运。非计划停运，指设备处于不可用而又不是计划停运的状态。对于机组，根据停运的紧迫程度分为 5 类非计划停运：第 1 类需立即停运或被迫不能按规定立即投入运行的状态，如启动失败；第 2 类需在 6h 以内停运的状态；第 3 类可延迟至 6h 以后，72h 以内停运的状态；第 4 类可延迟至 72h 以后，但需在下次计划停运前停运的状态；第 5 类超过计划停运期限的延长停运状态。其中，将第 1、2、3 类非计划停运又称为强迫停运。

6.5.4.2　设备状态延续时间、状态转变时间界线与时间记录的规定

设备状态的延续时间一般用该状态的延续小时定义，例如设备处于在使用状态的小时数称为在使用小时，可用或不可用状态的小时数分别称为可用小时或不可用小时，运行或备用或降低出力状态的小时数分别称为运行小时或备用小时或降低出力小时，处于计划停运状态的小时数称为计划停运小时，根据停运紧迫程度分类中的 1～3 类非计划强迫停运状态称为强迫停运小时，等等。

状态转变时间的界线划分如下：

(1) 运行转为计划停运或 1～4 类非计划停运以发电机与电网解列时间为界。

(2) 计划停运或 1～4 类非计划停运转为运行以发电机并网时间为界。

(3) 计划停运或第 5 类非计划停运转为运行，以报复役前的最近一次并网时间为界。

(4) 计划停运转为第 5 类非计划停运，以开工前主管部门批准的计划检修工期为界。

(5) 1～4 类非计划停运转为计划停运，以主管部门批准的时间为界。

(6) 备用或计划停运或 1～5 类非计划停运转为第 1 类非计划停运，以超过现场规程规定的启动时限或调度命令的并网时间为界，并计启动失败一次；在试运行和试验中发生影响运行的设备损坏时，以设备损坏发生时间为界。

(7) 备用转为第 4 类非计划停运，以批准检修工作开始时间为界。

(8) 辅机状态的转换时间以运行日志记录为准。

时间记录的规定如下：

(1) 设备状态的时间记录采用 24h 制；起止时间为每天 00：00～24：00。

(2) 设备状态变化起止时间，以各级调度部门记录为准。

(3) 机组非计划停运转为计划停运只限于该机组临近计划检修且距原计划开工时间，即大修在 60d 以内小修在 30d 以内，经申请且征得主管部门同意和调度批准，方可转为计划停运。

(4) 自停运至调度批准前记作非计划停运；从调度批准时起至机组交付调度（运行或备用）止，为计划停运。也是填报的基本规定。

(5) 新建机组可靠性统计评价从首次并网开始。

6.5.4.3　可靠性评价指标

与垃圾焚烧锅炉相关的于生活垃圾焚烧厂的评价指标参见表 6-16。

可靠性评价指标 表 6-16

可靠性指标	代码	单位	计算模型		控制指标
焚烧设备年利用小时数	UTH	h	$UTH=\dfrac{年焚烧垃圾量(t/a)}{焚烧炉总处理规模(t/h)}\times100\%$		8100～8800
主设备利用率（运行系数）	SF	%	$SF=\dfrac{运行小时}{统计期间小时}\times100\%$		91～95
主设备平均负荷率	ALR	%	$ALR=\dfrac{焚烧垃圾量(t/a)\times24(h)}{总处理规模(t/d)\times年运行小时(h)}\times100\%$		$\geqslant80$
计划停运间隔时间	$MPOD$	h	$MPOD=\dfrac{计划停运小时}{计划停运次数}$		$\leqslant233$
计划停运系数	POF	%	$POF=\dfrac{计划停运小时}{统计期间小时}\times100\%$		6～8
非计划停运间隔时间	$MUOD$	h	$MUOD=\dfrac{非计划停运小时}{非计划停运次数}$		90
非计划停运系数	UOF	%	$UOF=\dfrac{非计划停运小时}{统计期间小时}\times100\%$		1～2
非计划停运率	UOR	%	$UOR=\dfrac{非计划停运小时}{非计划停运小时+运行小时}\times100\%$		
机组降低出力系数	UDF	%	$UDF=\dfrac{降低出力等效停运小时}{统计期间小时}\times100\%$		
控制系统平均无故障运行小时	$MTBF$	h	$MTBF=\dfrac{运行小时}{非计划停运次数}$	整套系统	8700
				单个装置	17000
单元机组一次检修费	RC	元	$RC=材料费+设备费+配件费+人工费$		

6.5.5　锅炉巡检与定期检验

6.5.5.1　锅炉巡检

在业界流行的"点检"是日语直译过来的词语，源于日本全员参与的生产维修的工程管理模式中的"点检定修"，根据日本的《废弃物用语事典》，点检的英语表示为 check，定修为 regular repair，就是指我国的定期检查和计划检修。对装置的检查如同巡逻，故我国电力行业也将点检称作巡回检查，简称巡检。所谓的巡检就是安排专人，利用人的五感和简单仪表工具，按照一定周期和标准对设备的部位进行检查，确定是否正常，发现隐患，掌握故障初期信息，将故障消灭在萌芽状态的管理方法。包括有操作人员为主的日常巡检，专职巡检员的专业巡检，技术人员的精密巡检，维修人员的特护巡检以及管理人员的管理者巡检等。在没有专业巡检员岗位时，将维修人员完成的检查称为专业巡检。

对巡检范围可延伸到他机类比巡检，即对于巡检中反馈的具有共性的问题，延伸到类似机械、电子结构的检查，发现规律性的问题，找出设备设计、制造、安装、调试、运行及原材料缺陷等固有故障，达到立足于根除故障、维修预防目标的隐患管理。这里所说的隐患是指对处于萌芽状态的潜在故障发展到功能故障，存在一定渐变间隔期的事故隐患，如日益增高的压力、温度，日益加大的振动值、噪声等性能劣化趋势。隐患管理是不一定要发现后及时处理，但要在恰当时候处理的管理状态。

锅炉的很多运行监视参数都是相互关联、相互影响的，例如蒸汽温度变化，不能仅靠减温水调节，而是要综合其他参数分析温度变化的原因采取不同的处理方式，这样可以避免造成温度反复波动。一般情况下，垃圾成分发生改变时，运行参数是缓慢变化的，需要对各个参数变化的影响因素心中有数，对所监视的参数要有敏感性，做到知其然且知其所以然，采取适宜的应变措施。如果运行参数突然变化很大，表明燃烧工况有很大变化，十有八九是事故发生，需及时检查、分析、处理，进行动态管理。

设备运行动态管理是指通过一定的手段，使各级维护与管理人员掌握设备的运行状态，依据设备运行的状况制订相应措施。其中来源于实践经验的巡检是保证锅炉安全运行的有效手段之一。针对锅炉的巡检目的是及时发现现场设备、管道、仪表、控制点等系统设备的异常现象，按照巡检制度规范排除事故隐患，保证锅炉系统可靠运行。任何设备事故的发生都要经历从设备正常、事故隐患出现再到事故发生这三个阶段。例如高压管道爆漏必定有个泄漏、变形的过程，表现为漏汽逐渐增大、外形改变、振动，同时发出异常声响，进而管壁变薄、鼓包直至爆漏。

通过工程实践将巡检纳入全方位监控不可或缺的方法并形成以严格遵守安全运行规程为准则的巡检制度。切实做好巡检的基本条件是要熟悉和掌握系统关联性、工艺指标变动的敏感性、设备运行的静态特性、动态特性与状态调节特性等。巡检中要对关键设备、有缺陷设备、带病运行设备、需要检修的设备进行重点检查。以锅炉为例，巡检的重点有水位、汽压在规定范围内；三大安全附件、保护装置和仪表灵敏可靠性；受压部件可见部位无鼓包现象；炉墙、炉拱无破损、炉门看火门完整牢固；管道、阀门无渗漏，阀门开关灵活；炉排及转动机械无摩擦和异常响声，油位正常；锅炉局部照明、事故照明正常；机组轴承座，设备联轴器与底角等设备连接部分正常；现场仪表的压力、温度、流量、振动、油位等状态参数正常；润滑油位与老化程度正常；电机无异常声音等。

巡检过程采取"望闻问切"的方法，这是源于我国中医经典著作《黄帝八十一难经》中的"望而知之谓之神，闻而知之谓之圣，问而知之谓之工，切脉而知之谓之巧"的诊病方法。通过巡检过程的"望闻问切"，对运行设备的外观、位置、颜色、气味、声音、温度、震动等方面进行全方位监控，从其各方面的变化发现异常现象，做出正确判断。所谓望，是从设备的外观发现跑冒滴漏，通过设备甚至零部件的位置、颜色的变化，发现设备是否处在正常状态。闻，是发现设备的气味变化，声音是否正常，找出异常状态下的设备。问，一是多问自己几个为什么，二是在交接班过程中，对前班工作和未能完成的工作进行详细的了解。切，是在许可范围内，通过专用工具来感觉设备运行中的温度变化、震动情况。切忌乱摸乱碰，引起误操作。

6.5.5.2　定期检验周期、检验方法与检验内容

由于锅炉是以汽水为介质，在高温、高压、复杂、恶劣的环境下运行，极易出现变形、腐蚀、泄漏等事故，长期使用后存在出现如暴露等设备安全和危及人身安全的重大隐患。长期运行积累的经验教训促使我们必须需要加强对锅炉的检验检测，使锅炉始终在安全、可靠、环保的环境下运行。

锅炉检验是依据《中华人民共和国特种设备安全法》《锅炉安全技术监察规程》等法

律、法规、技术规范，由国家质量监督检验检疫总局核准的特种设备检验检测机构，对锅炉制造、安装、改造、重大维修过程进行的监督检验，以及对在用锅炉定期进行的检验。锅炉定期检验是根据现行的《锅炉定期检验规则》TSG G7002，对在用锅炉设备安全与节能状况进行符合性验证的活动，包括运行状态下进行的外部检验，停运状态下进行的内部检验和水压试验。凡未经监督检验或者监督检验不合格的锅炉，不得出厂或者交付使用。这些对一般锅炉的监督性和定期检验活动全部适用于垃圾焚烧锅炉。

一般按照设备状态划分的检查有运行检查、停机检查与解体检查之分。定期检查的准备工作有：①定点—确定检查的部位；②定项—确定检查项目和内容；③定法—确定检查的方法；④定标—确定判断正常与否的标准；⑤定期—设定检查的间隔时间；⑥定人—确定检查项目的实施人员；⑦定表—确定表单格式和记录要求；⑧定流程—确定巡检与维修的接口和工作流程；⑨成闭环—要设计好巡检信息与维修的接口。要求异常的巡检信息必须传递下去，与保养或者维修接口，有保养和处理动作和结果，做到步步工作落实，形成闭环管理。

其中定点的涉及面很广，如设备的参数显示仪表（含温度、压力、速度、真空、流量、电参数、液面高度等），冷却系统（空冷、水冷等）、传动系统（链条传动、齿轮传动、皮带传动等），电气系统（传感器及相关伺服机构），液压系统（阀门、气缸等），润滑系统（加油孔、油路、油杯等），安全报警和安全防护部位，密封和易泄漏部位，易腐蚀、磨损、冲击疲劳、热疲劳部位，以及接触、连接、焊接、紧固、滤芯部位，产品质量相关部位等。锅炉检查的准备工作还包括正确判断锅炉水质化检记录是否达标，运行过程是否存在异常；和锅炉安全相关的安装工艺、修理及改造等技术数据与现实锅炉状态是否一致；锅炉设备以往存在的问题是否整改，对存在的问题做重点查阅。

针对锅炉检验工作的内容多而复杂，需要制定科学的检测方案，通过对锅炉设备严格细致的专业化检测，形成安全性、环保性判断。需要按使用单位义务、检测单位与检测人员的职责规定，做足各项准备工作，同时要配合与安全监护工作。锅炉检查过程中，需要重点查看承压部件裂纹、起槽、变形、过热、腐蚀及泄漏等问题。对出现的部件缺陷，要及时按规定程序解决，保证锅炉安全运行。

按锅炉定期检验周期的规定，每年要进行一次外部检验，每两年进行一次内部检验且首次内部检验在锅炉投入运行一年后进行。对移装锅炉投运前与锅炉停运一年及以上恢复运行前，也应进行内部检验。由于垃圾焚烧锅炉的积灰结渣与腐蚀的严重性，需要缩短内部检验的规定，不宜执行电站锅炉"结合检修同期进行，一般每3～6年进行一次"的规定。当检验人员或锅炉使用单位对锅炉安全状况有怀疑时，应进行水压试验；锅炉因结构原因无法进行内部检验时，应每3年进行一次水压试验。

（1）内部检验

锅炉内部检验是在停运状态下，对锅炉设备安全状况和性能进行的检验。内部检验一般采用壁厚测量，几何尺寸测量，无损检测，理化检测，垢样分析，强度校核等方法进行锅炉内部检查或抽查。

内部检验内容包括，审查上次检验存在问题的整改情况；以验证当前状态与安全技术规范符合性为原则，检查汽包、水冷壁管与其联箱、省煤器与其联箱、过热器与其联箱、减温器等各部位；抽查锅炉范围内管道、工作温度≥450℃的阀门、炉墙和保温、燃烧设备及吹灰器等辅助设备；抽查主要承载、支吊、固定件；抽查膨胀情况、密封情况、绝热情况等。对直接影响安全运行的锅炉本体，需重点检验：水渣、水垢是否存在及存在的集中部位，介质的化学性能；内部构件焊接点是否牢固，相应连接的接管端是否出现严重的腐蚀、裂纹和松动现象；锅炉内部拉撑板管、杆是否存在腐蚀、裂纹和断裂问题；汽包部位及高温辐射部位有没有出现严重的变形与移位等。

此外，还需要对给水设备、出渣装置、外烟道等锅炉辅机与附件进行检测和/或确认其安全性，以保证锅炉整体安全。检测时，①要看是否存在腐蚀的问题；②要检测各部件的压力表是否正常，使用年限是否符合要求，有无超标准工作的情况；③要检查外部烟道、烟筒、风道是否存在腐蚀；④要检查安全阀，询问使用人员并检查记录，查看是否出现过安全阀泄漏的问题，有无线路粘结影响启动现象，相关连接的疏水管、排气管状态是否良好、满足运行标准；⑤要检查相关排污装置是否连接良好。

内部检验存在下述缺陷的，应对相关部件及时安排进行更换：

① 管子减薄量超过允许值。

② 碳钢受热面胀粗＞公称直径 3.5％、低合金钢＞2.5％、奥氏体不锈钢＞4.5％、9％～12％Cr 钢＞1.2％、集箱与管道＞1％。

③ 高温过热器与再热器表面氧化皮厚度＞0.6mm 而且晶界氧化裂纹深度大于 3～5 个晶粒。

④ 受热面管子力学性能低于相关标准。

⑤ 管子、集箱腐蚀点深度＞管壁厚度 30％。

⑥ 碳钢、钼钢的石墨化程度≥4 级。

⑦ 已产生蠕变裂纹或疲劳裂纹等。

对缺陷处理按照适合于使用原则对缺陷进行分析，明确缺陷性质、存在位置以及对锅炉安全环保经济运行的危害程度，确定是否需要对缺陷进行消除处理。对于重大缺陷的处理，企业运营主体需要组织进行安全评定或者专业论证，以确定缺陷的处理方式。其中对裂纹或者开裂、变形、过烧组织、腐蚀或者磨损减薄、渗漏、结垢的处理要求见《锅炉定期检验规则》TSG G7002—2015 第 2.6.3 节规定。

（2）外部检验

外部检验是在锅炉运行状态下，对锅炉使用管理过程中安全技术规范落实状况的检验，一般采用资料核查，宏观检查或抽查，见证功能试验等方法。

垃圾焚烧锅炉的外部检验，主要体现在锅炉技术管理、设备管理与运行管理方面。外部检验主要内容包括，审查上次检验存在问题的整改情况；核查锅炉使用登记及作业人员的资质；抽查锅炉安全管理制度及执行见证的资料；审查锅炉事故应急预案；排查锅炉本体及附属设备运行情况，如锅炉安置环境和承重装置，锅炉本体和锅炉范围内管道，安全附件、仪表和安全保护装置，辅助系统设备等。必要时也可增加炉墙和保温，膨胀系统，除渣设备及吹灰器等检测项目。具体检验要求见《锅炉定期检验规则》TSG G7002—2015 第 3 章的相关规定。

（3）内外部检验结论

内部与外部检验结论分为：符合要求——未发现影响锅炉安全运行的问题或是对上次问题整改合格；基本符合要求——发现存在影响锅炉安全运行的问题，采取降低参数运行、缩短检验周期或者对主要问题加强监控等有效措施；不符合要求——发现存在影响锅炉安全运行的问题，未对问题整改合格或未采取有效措施。

6.5.5.3 水压试验

锅炉水压试验是指以不可压缩的水为载体，在锅炉内检后，按规定的压力和规定的保持时间，将外界施加的压力传递给锅炉受压部件的一种压力试验。水压试验的目的是验证锅炉承压部件以变形现象为主要标志的强度、刚度以及以泄漏为主要标志的严密性。

水压试验分为工作压力试验与超压试验两种。一般在如部分阀门、锅炉管子、联箱等承压部件更换检修与锅炉中、小修后需要进行工作压力试验。新安装的锅炉、大修后的锅炉及大面积更换受热面管子的锅炉，需要进行超压试验。对汽包压力大于 1.6MPa 的垃圾焚烧锅炉的汽包、过热器、钢管式省煤器的超压试验压力采用 1.25 倍汽包压力；对设置有再热器装置的，其试验压力应采用 1.5 倍再热器工作压力；采用铸铁式省煤器的需要按 1.25 倍汽包压力再加 0.49MPa 进行试验。

水压试验步骤包括准备—升压—保压—泄压过程。水压试验前的准备工作包括提供最近一次内部、外部检验或修理、改造后的检验记录和报告等技术资料，编制水压试验方案；采取安全阀、水位表、可能泄漏的阀件及不参加水压试验部件以及与其他锅炉系统连接管道可靠隔断的措施；检查参加水压试验的管道、支吊架的安装牢固，清除受压部件表面的污染物；准备工作电源与安全照明与其他安全防护设施，搭设必要的脚手架、平台、护栏；装设两只量程为试验压力 1.5～3 倍（建议为 2 倍）、精度等级不低于 1.6 级、表盘直径不小于 100mm 的合格的压力表；受压元件上各种开孔不允许使用临时性的封闭装置，管接头上的堵板要有足够强度和严密性；调试确保升压速率的试压泵；保持参加试验各部件在升压前充满试验介质，无残留气体。

进行水压试验的环境气温需要高于 5℃，否则必须有防冻措施；要选用清洁水源，要求不高时可用工业用水代替，水温要高于周围露点以防锅炉表面结露，但亦不宜过高，一般为 20～70℃。

在锅炉进水后的水压试验的升降压过程中（图 6-28），首先谨慎升压到 10% 工作压力后，初步检查有无泄漏等异常现象。再按升压速率不大于 0.5MPa/min 升压到工作压力后，暂停升压检查有否泄漏或异常现象，此后再按升压速率不大于 0.2MPa/min 升压至试验压力并注意防止超过试验压力，在试验压力且无加压维持下保持 20min，之后按降压速率不大于 0.5MPa/min 降至工作压力，全面检查受压部件表面、焊缝、胀口等处和管道、阀门、仪表连接处有无泄漏、变形，之后缓慢泄压并检查有无残余变形。在保压期间，对不能进行内部检验的锅炉，不得有压力下降现象；对高压及以上等级锅炉允许压力降 ≤0.6MPa，次高压及以下等级锅炉允许压力降 ≤0.4MPa。

水压试验需要符合《锅炉水压试验技术条件》JB/T 1612 的基本要求：在受压元件金属壁和焊缝上无水珠和雾水；当降到工作压力后胀口处不滴水珠；水压试验后无明显残余变形。

6.5.6 设备与设施的寿命

6.5.6.1 设备寿命

垃圾焚烧锅炉技术经济评价工作目的是在保证焚烧炉安全运行的前提下，对运行中的

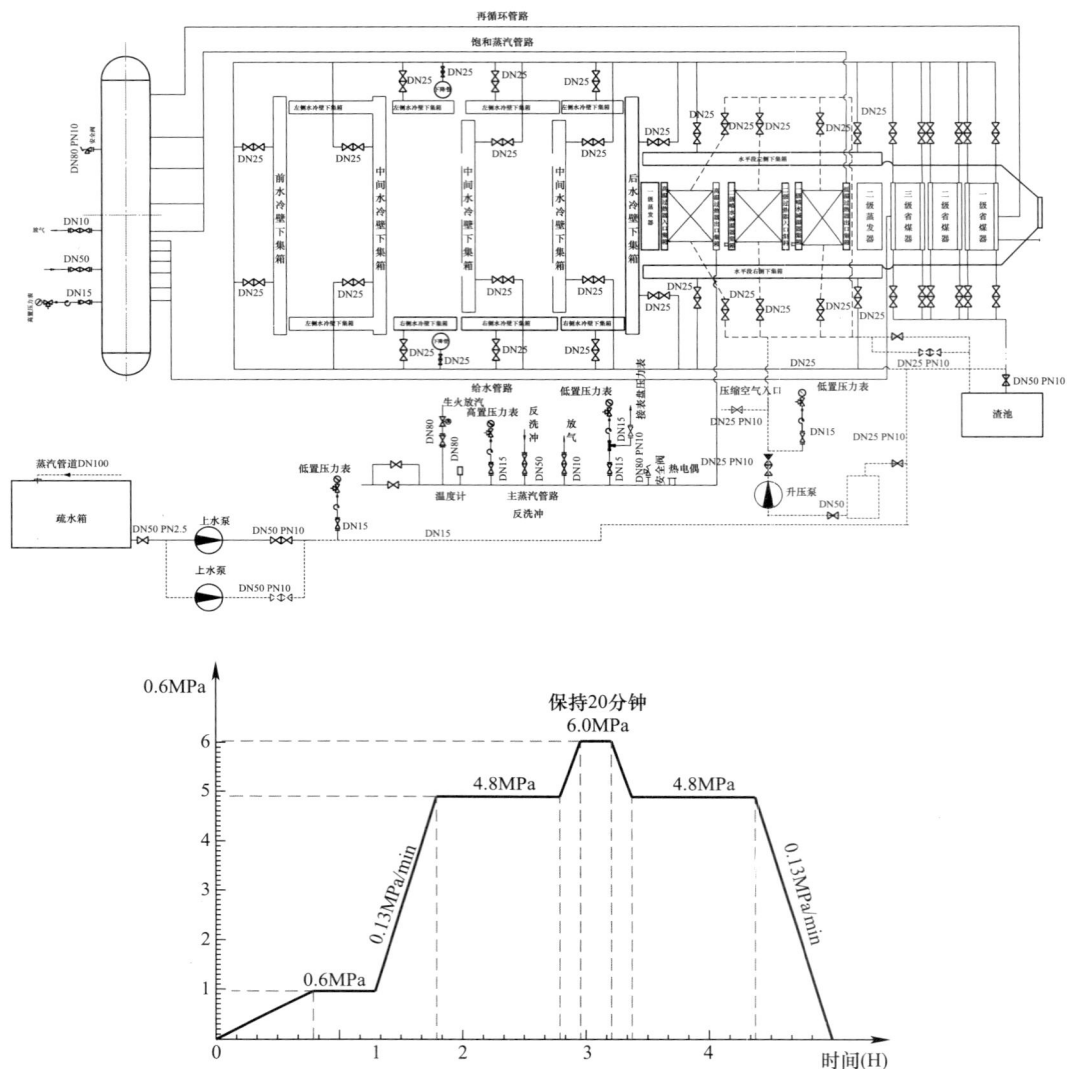

图 6-28　水压试验系统图和升降压曲线图（图片来源：天津泰达环保有限公司）

垃圾焚烧量、完全燃烧、燃烧空气等各主要参数偏离设计值对机组性造成的影响进行分析，使垃圾焚烧锅炉在经济的状况下运行。主要涉及以下三个方面：首先，确认垃圾焚烧锅炉系统的真实运行状况，包括了解锅炉系统的现场运行状况；查阅日报表和月统计报表，分析锅炉系统年度运行状况；对垃圾焚烧锅炉进行热力性能测试。其次，对锅炉系统运行状况做出评价。再次，找出锅炉系统经济运行中存在问题并提出改进措施。

　　设备与设施的寿命分为物质寿命、使用寿命、技术寿命和经济寿命。物质寿命又称自然寿命，是指设备从全新状态投入使用，直到其不再具有正常功能，必须报废为止所经历的时间。物质寿命是由设备的有形磨损决定的，不能成为设备更新的估算依据。使用寿命又称安全运行寿命，是指设备在服役条件下可安全运行的实际时间或疲劳循环次数。使用寿命与累计运行时间的差称为剩余寿命。技术寿命又称有效寿命，是指设备从投入使用到因技术落后而被淘汰所延续的时间，也是设备在市场上维持其价值的时间。

技术寿命主要是由设备的无形磨损决定的，一般比物质寿命短。经济寿命是指设备与设施从开始使用到因继续使用在经济上不合理而被更新所经历的时间。经济寿命是由年运行成本（维护费用）提高和使用价值（资产消耗成本）降低的经济观点确定设备更新的最佳时刻（图6-29）。

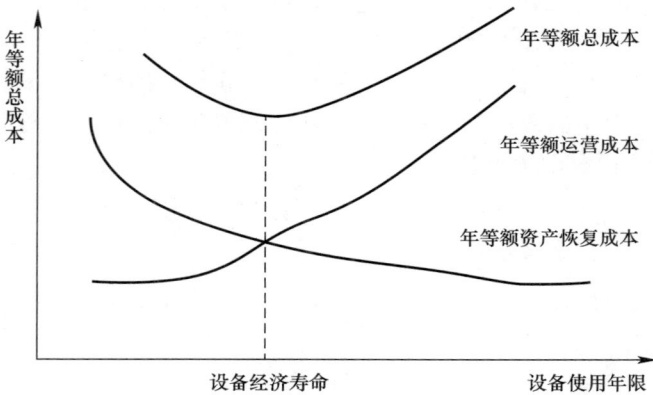

图 6-29　确定经济寿命的示意图

　　一般以物质寿命、使用寿命及技术寿命作为采购设备时的判断依据之一，以经济寿命作为设备更新的判别依据。影响设备寿命期限的因素主要有：设备的技术构成、设备质量成本、加工对象、生产类型、工作班次、维护质量、操作水平以及环境要求等。

　　垃圾焚烧锅炉设备寿命评估步骤、程序可参考《火电机组寿命评估技术导则》DL/T 654—2009、《火力发电厂蒸汽管道寿命评估技术导则》DL/T 940—2005 进行。应用 DL/T 654—2009 进行评估时，按第 11 章规定对承受疲劳－蠕变交互作用部件寿命评估，按第 15 章规定对含缺陷部件的疲劳扩展寿命估算。

6.5.6.2　应用垃圾焚烧锅炉的经济性评价

　　设备经济寿命的确定方法有静态模式与动态模式。

　　静态模式下的设备经济寿命是指不考虑资金的时间价值情况的经济寿命，按低劣化值法计算。所谓低劣化值法是指设备使用时间越长，设备的有形磨损和无形磨损越加剧，从而导致设备的维护费用越增加，这种逐年递增的费用 λ 称为设备的低劣化。用如下低劣化数值表示设备损耗的方法：

$$N_0 = \sqrt{\frac{2 \times (P - L_n)}{\lambda}} \tag{6-46}$$

式中　N_0——经济寿命（年）；

　　　P、L_n——分别为设备购置费与预计净残值；

　　　λ——设备的低劣化值即每年维修费递增幅度。

　　例：已知：某设备目前实际价值 88000 元预计净残值 8000 元每年维修费递增 10000 元。则经济寿命为：

$$N_0 = \sqrt{\frac{2 \times (88000 - 8000)}{10000}} = 4(年)$$

动态模式下设备经济寿命是考虑资金的时间价值的情况下，计算设备的净年值 NAV

或年成本 AC，通过比较年平均效益或年平均费用来确定设备的经济寿命 N_0 的确定方法。用净年值估算设备的经济寿命时，找出平均年成本的最小值 NAV_{min}（以支出为主时）或平均年赢利的最大值 AV_{max}（以收入为主时）及其所对应的年限，进而确定设备的经济寿命。

设备平均寿命期满前所必需的维修费用总额可能是很可观的数字，有时可能超过设备原值的若干倍。同时这个费用总额又随规定的平均寿命期而变化，平均寿命期规定的越长，维修费用越高。因此，为了更合理地使用设备，我们必须研究维修的经济性。由于日常维护，中小修理所发生的费用相对较少，因此应该把注意力放在大修理上。适宜的大修经济性界限值可参考下述计算公式：

$$R_{fi} < R_{gi} = SK_{ii}K_{pi} - \Delta E_i T_{oi} + (S_v - S_i) \tag{6-47}$$

式中　R_{fi}——预计第 i 次大修理的费用；

$\qquad R_{gi}$——第 i 次大修理的经济性界限值（修理预算费用）；

$\qquad\quad S$——同期该型号新设备的价格；

$\qquad K_{ii}$——大修周期缩短系数，$K_{ii} = T_{oi}/TH$

其中　T_{oi}——旧设备第 i 次大修后的大修周期，

$\qquad TH$——新设备从使用到第一次大修理的时间；

$\qquad K_{pi}$——生产率修正系数；$K_{pi} = P_{oi}/PH$

其中　P_{oi}——旧设备第 i 次大修后的生产率；

$\qquad PH$——新设备的生产率，

$\qquad \Delta E_i$——第 i 次大修后，每年维修费用比新设备增加的数量；

$\qquad S_v$——设备折旧后的余值；

$\qquad S_i$——设备报废时的残值（或转售价值）。

如果该次大修理费用超过同种设备的重置价值，十分明显，这样的大修理在经济上是不合理的。我们把这一标准看作是大修理在经济上具有合理性的起码条件，或称最低经济界限。即：

$$K_r \leqslant K_n - V_{ol} \tag{6-48}$$

式中　K_r——该次大修理费用；

$\qquad K_n$——同种设备的重置价值（即同一种新设备在大修理时的市场价格）；

$\qquad V_{ol}$——旧设备被替换时的残值。

符合这个条件的设备大修是必要的，但不是充分的。充分的条件是在任何情况下，单位产品成本都不超过用相同新设备生产的单位产品成本。所以，这里引出另一个条件，即如果用大修过的旧设备生产单位产品成本高于采用相同用途的新设备生产单位产品成本，则这种大修理是不经济的。

对迅速发生无形磨损的设备来说，很可能是用现代化的新设备生产单位产品的成本更低，在这种情况下，即使满足第一个条件即大修理费用没有超过新设备的重置价值，这种大修理也是不合理的。

6.5.6.3　指标控制实操案例

表 6-17 是一些针对实际运行过程中碰到的问题与解决方法与途径，可供参考。

指标控制实操案例

表 6-17

序号	控制指标	单位	主要负面影响因素	实操过程的解决途径
1	锅炉热效率	%	排烟温度高，吹灰器投入率低；灰渣可燃物大；锅炉氧量过大或过小；散热损失大；空气预热器漏风率大；汽水品质差；设备存在缺陷，被迫降参数运行	降低排烟温度；及时消除吹灰器缺陷，提高吹灰器投入率；降低飞灰与炉渣中的可燃成分；控制烟气含氧量；降低散热损失；降低空气预热器漏风率；提高汽水品质
2	锅炉排烟温度	℃	锅炉本体漏风，炉膛出口过剩空气系数大；送风温度高；烟气露点温度高；吹灰设备投入不正常；受热面积灰结焦；水质控制不严，受热面内部结垢；给水温度低	机组负荷变化时及时调整风量，保持合适的烟气流速及炉内过剩空气系数；提高给水温度；及时调整炉底水封槽进水阀，保证水封槽合适的水位；定期进行受热面吹灰和除渣；减少尾部受热面积灰
3	炉渣热灼减率	%	过剩空气系数偏小，燃烧不完全；一、二次风速及风量配比不当	合理调整一、二次风配比，保持最佳燃烧空气量；每天取样化验分析炉渣热灼减率，发现异常及时分析调整
4	烟气含氧量	%	锅炉本体漏风，增大了炉膛出口过剩空气系数；最佳锅炉氧量值确定不准确；氧量测量不准确	确保看火门关闭严密；控制好炉膛负压，减少炉膛漏风量；随锅炉负荷变化调整一、二风量，保持最佳燃烧空气量；进行烟道风压严密性试验；锅炉检修前后的漏风试验；定期标定氧量测量装置，保证测量的准确性
5	散热损失	%	保温材料理化性能指标或施工工艺或检修不符合技术要求；保温材料膨胀缝处理不当	根据使用部位和材料性能指标要求选用合格的保温材料；每年进行保温测试以保持保温质量；有脱落、松动的保温层及时修补；加强热力设备、管件保温的监督和维护
6	主蒸汽压力	MPa	炉膛大面积塌焦；人为控制调整不当或自动控制失灵致使汽压升高。一次风管堵塞；锅炉燃烧不佳；水冷壁、过热器泄漏；水冷壁积焦致使汽压降低	提高主蒸汽压力自动投入率及自动调节品质；适时对炉膛受热面清焦，对烟风道清灰；消除水冷壁、过热器漏泄；开展炉管寿命管理，对达到使用年限的炉管进行更换
7	主蒸汽温度	℃	炉膛出口温度升高；过剩空气量增加；减温水自动控制调整不当；给水温度偏低等致使主蒸汽温度升高。过热器积灰、结渣、内部结垢；汽包汽水分离效果差；减温水阀内漏；自动调整不当，减温水量过大；炉水水质严重恶化或发生汽水共腾；给水温度升高等致使主蒸汽温度降低	正常投入主蒸汽温度自动控制；加强监视过热器各段汽温，做到勤调细调，减少喷水减温水量，消除内漏现象；清理受热面积灰结焦；处理烟道漏风；进行燃烧调整试验，确定与合理调整锅炉最佳燃烧空气量、运行方式和控制参数；对水冷壁、省煤器、过热器进行割管，检验内部腐蚀结垢情况。检查清理汽包内汽水分离装置，及时消除缺陷
8	送风机耗电率	%	风道漏风；过剩空气系数过大；风机效率低；机组负荷率低或频繁启停；进风温度高	根据燃烧调整试验结果控制过剩空气系数；进行风机特性试验，确定最佳工作点及高效工作区；检查处理风道严密性，风门挡板缺陷；严格按照规定调整风机动静间隙、动叶开度；清理送风机内部及进口消音器杂物；风机效率低于75%时进行节能改造
9	引风机耗电率	%	烟道及除尘器积灰造成烟道阻力增加；烟道、尾部受热面以及除尘器漏灰；炉内过剩空气系数过大；机组负荷低或频繁启停；引风机叶片磨损严重，运行效率低	根据优化燃烧试验结果控制适当的过剩空气系数；调整炉膛负压，减少炉膛及烟道漏风；进行引风机特性试验，确定最佳工作点及高效工作区；进行系统漏风检查与处理；严格按照规定调整风机动静间隙；风机效率低于75%时进行节能改造
10	过热器减温水量	t/h	主蒸汽温度过高；减温水阀门内漏	进行燃烧调整试验，确定最佳氧量值，合理调节氧量；加强监视过热器各段汽温，汽温调整做到勤调、细调，减少喷水减温水量，控制主蒸汽温度；合理进行受热面吹灰；提高减温水自动调节品质

6.5.7　综合改进设备管理

设备管理的本质是以可靠性为基础的设备状态监测、设备状态检修和设备寿命期管理。通过最佳可行的设备状态监测技术得以实现设备的预测性检修；通过掌握设备寿命管理理念和方法得以延长关键部件的寿命；通过以可靠性为基础的设备状态检修得以确定各设备及其部件的风险与防范措施。我国一些火电厂积累了成效显著的精密点检、预测性检修、设备寿命管理、设备状态检修等经验。

（1）建立以点检定修方法为基础的设备管理体系，例如制订设备评级管理制度、设备点检定修管理制度、设备维护保养管理制度、设备维修技术管理制度、设备检修管理制度、设备异常状态管理制度以及月度专业分析会制度等。

（2）形成设备状态监测与故障诊断的有机整体，并以状态监测为预测性检修和状态检修的基础。最佳可用的状态监测技术有振动监测、红外成像监测、油液监测、声振监测、化学监测、电机监测、全厂性能监测等。其中振动监测是发现设备异常，提供预知检修最常见的方法和手段。

（3）实施延长设备寿命为目标的寿命管理技术，有针对性地制定延长寿命措施。例如，利用锅炉寿命管理系统分析结构的合理性、运行工况特点、环境因素以及维护保养等。

（4）开展好以可靠性为根本的设备状态检修。在日常工作实践中学习相关工程技术理论，建立包括送风机及电机、引风机及电机、给水泵及电机，以及锅炉四管故障模式、效应及危害度等的分析系统，开展系统功能分解、功能及功能故障分析、效应及后果分析以及基于模糊的故障模式危害度定量评价模式。

（5）以优化管理为理念，系统、全面分析和评估设备管理情况，实施全员全过程的优化检修管理。利用先进的管理思想和实施方法推进设备管理水平提升。推进优化检修管理的关键是建立一种科学的评价体系，要能够评价出设备管理的投入产出比。例如开展状态监测点、内容、方法和周期的优化、状态评价标准优化、重要转机故障诊断系统优化、设备定期检查维护保养优化、检修项目的优化等。

设备状态检修管理工作的目标就是谋求用最少的费用，达到最高的设备综合效率。凡参加生产过程的生产方（A）、维修方（B）、技术方（C）与各级管理方（D）要共同关心和参与设备维修管理工作，也叫全员维修管理。在全员维修管理中各自地位中所占的比率可用下述关系式说明：$[(A+B) \cdot C]^D$。

按各方各自地位等值，但必须 >1.5 为约束条件，假设 A=B=C=D=2。

则：A+B=4，即 A+B 的地位为 4；

$(A+B) \cdot C=8$，即 C 的地位与 A+B 等同；

$[(A+B) \cdot C]^D=64$，即 D 的地位为 56，是 $(A+B) \cdot C$ 的 7 倍。

结论：管理方在检修中占据最重要的地位，其次为技术方，再次为生产方和维修方。

第 7 章　垃圾焚烧锅炉失效分析

7.1　锅炉失效基本概念

7.1.1　锅炉失效机制

　　垃圾焚烧锅炉的水冷壁、蒸发器、过热器和省煤器等受热面都是进行热量传递的部件，其共同的特点是内部汽水工质在规定压力、温度条件下，外部在高温、腐蚀和磨蚀的恶劣环境下工作，很容易发生泄漏和失效。

　　泄漏，通常是指锅炉管子的泄漏，表现为锅炉给水量不正常地增加。不同部位的泄漏有着不同的表现形式，如水冷壁泄漏时的表现特征主要有燃烧明显扰动，炉膛负压正负波动，对流烟道烟温与排烟温度明显升高。这是因为水冷壁泄漏大量水而迅速汽化为过热蒸汽，增强了对流换热所致。过热器泄漏时的表现特征主要有炉膛负压先正后负，水位先涨后降，主汽压力降低明显，过热器管壁温度偏高。省煤器泄漏时的表现特征主要有烟侧进、出口温差增大，排烟温度降低，两侧排烟温度偏差增大，对燃烧过程的影响不大。

　　失效，不仅是指锅炉受热面，而是锅炉所有金属部件在运行过程中，使其功能衰退甚至丧失全部功能的表现形式。换句话说，失效是锅炉部件发生故障、损伤、损坏与事故的统称。金属固有特性、部件加工质量与工作环境决定了锅炉不同金属部件功能的衰退、老化、劣化程度。运行过程的温度、压力、应力、腐蚀、磨损等工况变化和金属部件存在原始缺陷以及脆性断裂、塑性断裂等，都会加剧损伤程度导致提前失效。

　　锅炉、压力容器与管道的失效模式主要有断裂、变形、表面损伤、材料性能退化以及爆炸和泄漏六大类。爆炸和断裂失效模式的后果会是灾难性的。垃圾焚烧锅炉的工作环境特点决定了其失效机理与一般锅炉相同，主要是变形失效、疲劳失效、蠕变失效、蠕变-疲劳失效、侵蚀失效、腐蚀失效和磨损失效。表 7-1 是美国 EPRI（电力研究院）归纳的锅炉各部件的失效和损伤机理，对全面了解锅炉失效具有参考价值。

锅炉各部件的主要失效机理　　　　　　　　　　　　　　　表 7-1

序号	部件名称	蠕变	疲劳	蠕变-疲劳	侵蚀	腐蚀	磨损
1	汽包		√		√		
2	高温过热器集箱	√	√	√		√	
3	集气集箱	√	√	√		√	
4	水冷壁集箱		√				
5	省煤器集箱					√	
6	下降管		√			√	
7	主蒸汽管道	√	√	√			

续表

序号	部件名称	蠕变	疲劳	蠕变-疲劳	侵蚀	腐蚀	磨损
8	过热器管	√	√	√	√	√	√
9	水冷壁管		√	√	√	√	√
10	省煤器管	√	√	√	√	√	√
11	钢结构					√	
12	凝汽器				√	√	
13	给水加热器				√	√	

注：表中未单独给出再热器的失效机理，可按高温再热器集箱同高温过热器集箱，高温再热器管道同主蒸汽管道，再热器管同过热器管处理。

判断失效的三种条件，一是完全不能工作或使用；二是严重损伤，不能继续安全可靠运行，需要修补或更换；三是不能完成规定的功能。

上述失效的定义、模式、机理、判断标准以及分析、对策与预防等共同构成锅炉失效机制。由此，锅炉失效机制也被定义为锅炉部件失效的特征、过程、模式及其与部件构造、功能的相互关系。失效机制的研究是利用各种手段进行失效机理分析，研究查明失效原因，提出对策和预防措施。失效机理分析对保证部件正常运行，全厂安全生产具有重要现实意义。

7.1.2　垃圾焚烧锅炉失效机理

在此首先对垃圾焚烧锅炉的主要失效类型做一简要分析。

过量变形失效，是部件承载的负荷大到一定程度，使变形量超过设计极限值，造成部件失去原有功能的失效。过量变形失效分为过量弹性变形失效与过量塑性变形失效。常见的过量变形失效现象有扭曲、拉长、高低温下的蠕变以及弹性元件永久变形等。造成过量变形失效的因素主要有：因温度骤升、骤降产生热应力而发生的热冲击；有残余应力的大型部件在高温下运行时，应力平衡因残余应力发生变化而被破坏；因部件自重发生的永久变形以及异常工况影响、材料的屈服强度下降、设计安全系数不足等。

示例：钢的线胀系数约为 $12 \times 10^{-6}\text{℃}^{-1}$，是青铜的一半。若采用12Cr13不锈钢作轴，青铜做轴瓦，则当工作环境温度很低时，会因轴的收缩远小于轴瓦而发生抱轴现象。当工作载荷或温度使零件产生弹性变形量大于零件匹配所允许的数值时，就会导致弹性变形失效。

疲劳失效，是在部件内部交变应力的作用下发生断裂现象。这种交变应力是由交变载荷或循环载荷所引起的，存在交变载荷是疲劳失效的基本特征。按疲劳失效机理分为载荷疲劳、载荷交变疲劳以及腐蚀疲劳、应力疲劳、高温疲劳、热疲劳、微震疲劳、接触疲劳等。引起疲劳断裂的交变载荷最大值通常小于材料的屈服强度，以至疲劳断裂部件无明显塑性变形。疲劳断裂是一个较长的过程，可分为具有一定循环周次的断裂萌生、扩展与最终的瞬时断裂三个阶段。从金鉴实验室科技有限公司公开发表用扫描电镜观察疲劳宏观断口，可明显看到类似贝壳状或海滩状的疲劳特征裂纹（图7-1）。部件表面或内部凡是造成应力集中的部位都有可能成为疲劳源，如部件截面突变部位、加工形成的微裂纹、腐蚀裂纹诱导的疲劳裂纹、运输安装碰撞处、化学成分的微区偏析处、表面处理缺陷等。

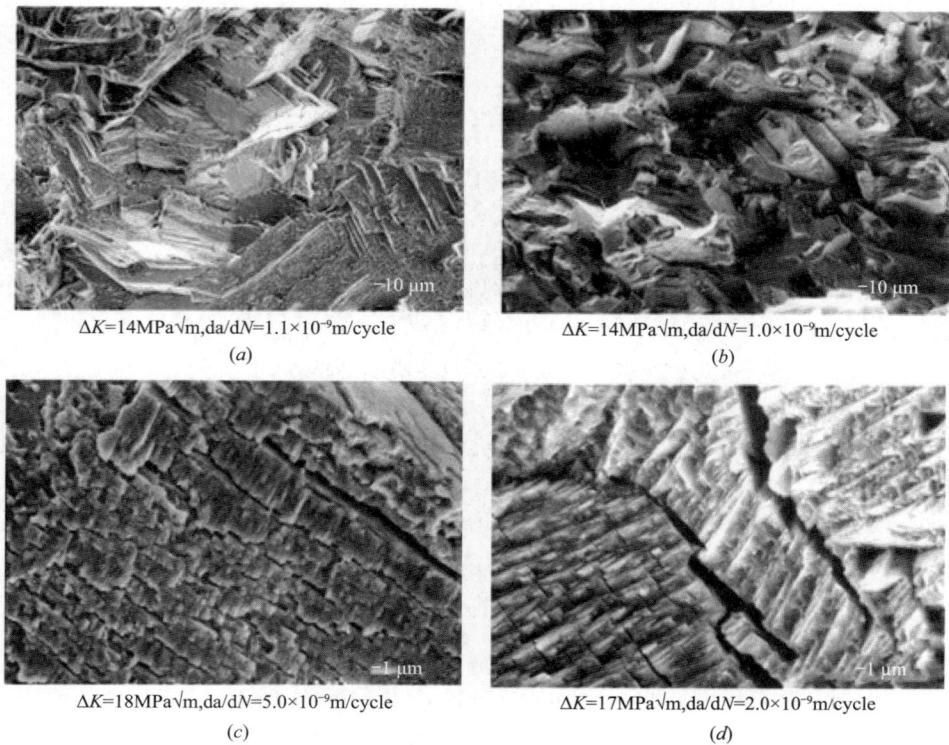

$\Delta K=14MPa\sqrt{m},da/dN=1.1\times10^{-9}m/cycle$
(a)

$\Delta K=14MPa\sqrt{m},da/dN=1.0\times10^{-9}m/cycle$
(b)

$\Delta K=18MPa\sqrt{m},da/dN=5.0\times10^{-9}m/cycle$
(c)

$\Delta K=17MPa\sqrt{m},da/dN=2.0\times10^{-9}m/cycle$
(d)

图 7-1　疲劳断裂形态（扫描电镜 SEM）

腐蚀失效，是指金属材料受环境介质的化学与电化学作用所引起的失效，主要表现为失重、破坏材料表面完好状态与产生裂纹。腐蚀失效根据腐蚀机理分为化学腐蚀与电化学腐蚀。另按腐蚀形貌分为分布于整个金属部件的全面腐蚀（约占 10%）与腐蚀过程在很小区域内有选择的发生的局部腐蚀（约占 90%）。其中常见的局部腐蚀类型如点蚀、缝隙腐蚀、晶间腐蚀、应力腐蚀、垢下腐蚀、磨损腐蚀、氢腐蚀等。

有研究显示：榫槽腐蚀失效的底部树枝状条纹微观特征是沿晶分布的细小裂口，其余特征为麻点状的细小剥落，且呈沿晶特征，晶粒表面密布微坑，呈晶间腐蚀特征，与颗粒状剥落区基本相同。

蠕变失效，是指固体材料在保持应力不变的条件下，应变随时间延长而增加的现象（图 7-2）。蠕变随时间的延续大致分三个阶段：初始蠕变阶段，表现为应变随时间延续而增加，但增加的速度逐渐减慢；稳态蠕变阶段，表现为应变随时间延续而匀速增加，此阶段需要较长时间；加速蠕变阶段，表现为应变随时间延续而加速，直达破裂点。一般应力越大，蠕变的总时间越短；应力越小，蠕变的总时间越长。每种材料都有一个最小应力值，实际发生的应力低于该值时，不论经历多长时间也不破裂或者说蠕变时间无限长，这个应力值称为该材料的长期强度。

蠕变机制有扩散和滑移两种。在外力作用下，质点穿过晶体内部空穴扩散而产生的蠕变称为纳巴罗—赫林蠕变；质点沿晶体边界扩散而产生的蠕变称为柯勃尔蠕变。由晶内滑移或者由位错促进滑移引起的蠕变称为滑移蠕变也叫魏特曼蠕变。在维持恒定变形的材料中，应力会随时间的增长而减小的现象叫作应力松弛，可将其理解为一种广义蠕变。蠕变在低温下也会发生，但只有达到一定温度时才能变得显著，称该温度为蠕变温度。各种金属材料的蠕变热力学温度约为熔化温度的 0.3 倍。通常碳素钢超过 300～350℃，合金钢在 400～450℃以上时才有蠕变行为，而铅、锡等低熔点金属在室温下就会发生蠕变。

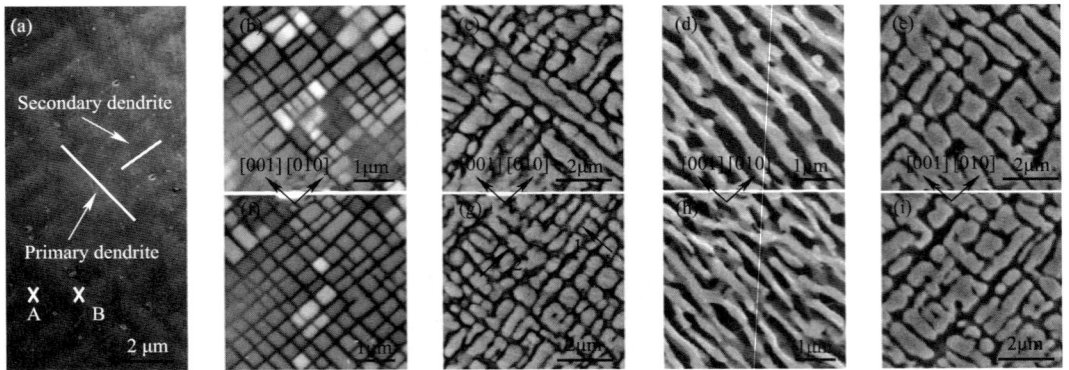

图 7-2　不同状态 [011] 取向镍基单晶高温合金内枝晶间和枝晶干区域的微观组织
（图片来源：苏勇等，《横向预压缩对 [011] 取向镍基单晶高温合金蠕变行为的影响》）

磨损失效，是指因摩擦或使用而造成零部件的损耗，使几何尺寸减小，失去原有设计规定功能的现象。例如，焚烧烟气流通过程中，携带的颗粒物会对受热面形成冲击磨损和摩擦磨损，且随着颗粒物浓度增大，流速提高而加速磨损。且因气流转弯处的浓度和流速不均而加剧局部受热的磨损。长时间受热磨损会使管壁变薄，强度降低，以至管子泄漏。

造成磨损的因素主要有：零部件处于运动学或动力学状态、表面的几何形貌和转配质量状态；零部件使用工况与所处环境状态；零部件的材质状态，摩擦副材料匹配情况以及材料在磨损过程中的变化情况等。磨损失效按破坏机理可分为冲蚀磨损、腐蚀磨损等。按表面破坏机理特征分为磨粒磨损、黏着磨损、表面疲劳磨损三种基本类型以及只在某些特定条件下才会发生腐蚀磨损和微动磨损等。影响磨损的因素主要有材料的性能与硬度、表面粗糙度、摩擦力、润滑等。

断裂失效，是指零件完全断裂而且在工作中丧失或达不到预期功能的失效。断裂失效是机械产品最主要和最具危险性的失效，可分为脆性断裂失效与塑性断裂失效。脆性断裂失效一般按光滑拉伸试样的延伸率<5%，即是在很少或不出现宏观塑性变形情况下发生的断裂。因其断裂应力低于材料的屈服强度又叫低应力断裂。脆性断裂大都没有事先预兆，具有突发性，会对设备及人身安全造成极其严重后果。塑性断裂失效是指零部件在交变应力作用下，经一定循环周次后发生的断裂。疲劳断裂按断裂前宏观塑性变形的大小分类属脆性断裂范畴。但由于疲劳断裂出现的比例高，危害性大且是在交变载荷作用下出现的断裂，因此工程界均将其单独作为一种断裂形式加以重点分析研究。

垃圾焚烧锅炉的主要失效机理与分类表现，及其影响因素等参见表 7-2。

垃圾焚烧锅炉的主要失效机理与分类

表 7-2

失效名称	破坏机理	基本含义	机理表现	分类	分类表现	影响因素	易发部位
过量变形失效	过量弹性变形	载荷增大→变形；超限→功能失效	部件承受载荷大到一定程度，变形量超过设计极限值	扭曲/拉长/高低温塑变；弹性元件永久大变形	常见失效形式	热冲击；部件自重；残余应力；异常工况；设计安全系数低；材料问题	汽机转子弹簧；门弹簧
	过量塑性变形						
疲劳失效	载荷疲劳			拉伸/拉压/弯曲/扭转/混合			
	载荷交变频率疲劳			高周疲劳（低应力）$\sigma < \sigma_s$ 循环次数 $N > 10^5$	寿命较长；金相试样裂纹呈波动状，尖端失锐；疲劳条纹间距小，裂纹中无腐蚀介质与产物		
				低周疲劳（高应力）$\sigma \geqslant \sigma_s$ 循环次数 $N = 10^2 \sim 10^5$	寿命较短；断口粗糙、断口周围有残余宏观变形		
	应力疲劳	交变荷载或循环荷载→交变应力→发生断裂	无明显塑性变形；断口由萌生裂口/扩展区/瞬时断裂三部分组成，具有典型贝壳状或海滩状条纹	高应力疲劳/低应力疲劳		存在交变载荷；高周疲劳的交变应力小于屈服应力	
	腐蚀疲劳			腐蚀和循环应力作用结果	断口类同高周疲劳并有腐蚀介质浸蚀；裂纹源有腐蚀坑与带分支的微裂纹		
	高温疲劳			应力作用为主的为一般疲劳，平均应力疲劳为主的为高温变形断口，断口表面氧化明显	应力幅度起主要作用的断口类同高周疲劳，平均应力类起主要作用的断裂纹中充满氧化物，裂纹走向表现为穿晶相试样裂纹尖端较钝，裂纹走向表现为穿晶		
	热疲劳			交变热应力作用结果	断口呈疲劳断口，有时呈纤维状断口；疲劳扩展区断面粗糙，裂纹穿晶型走向		
	微震疲劳			微动应力引起	宏观裂源处有磨损；微观断口类似高周疲劳		
	接触疲劳	也叫点蚀		接触压应力长期反复作用	接触表面出现针孔或齿状凹坑，深凹坑呈贝壳状，有疲劳裂纹发展痕迹存在		

299

续表

失效名称	破坏机理	基本含义	机理表现	分类	分类表现	影响因素	易发部位
腐蚀失效	化学腐蚀	化学反应		金属表面直接与非电解质直接化学反应	在化学反应中部产生电流。腐蚀产物形成连续膜，减缓腐蚀速率		
	电化学腐蚀			金属表面与电解质作用，阳极发生溶解	阳极过程 $Me \rightarrow Me^2 + nH_2O + 2e$ 阴极过程 $O_2 + H_2O + 4e^- \rightarrow 4OH^-$		
				高温氧化反应 $2Me + O_2 \rightarrow 2MeO$	铁氧化物 ＜570℃时为 Fe_2O_3，Fe_3O_4 ≥570℃时为 FeO	温度上升，介质通过氧化膜扩散上升；反应温度上升，外加负荷＞临界应力会促进晶界与氧化膜破裂，加速反应	
				低熔点氧化物高温腐蚀	低熔点的氧化物，又会与金属氧化物反应生成结构松散的矾酸盐	主要低熔点氧化物如 V_2O_5，Na_2O，SO_3	
	常见腐蚀失效类型			烟气腐蚀	含 SO_3/HCl 等烟气＜烟气结水酸露点，与部件表面碱性结合成酸性物，导致低温腐蚀		省煤器
		应力腐蚀的金属表面存在钝化膜或保护膜		应力腐蚀（断裂中最广泛，最严重的破坏形式）	腐蚀断裂发生在钝化膜不完整的电位范围；断口呈脆性形貌；裂纹起源于部件表面腐蚀孔，宏观走向与拉应力垂直	材料局部腐蚀环境中，在静态拉应力作用下产生腐蚀裂，压应力阻止腐蚀发生	
		金属表面有孔坑或密集斑点的腐蚀		点蚀或孔蚀	孔径 20μm～30μm，点蚀核长大＞3μm 时出现可见蚀孔；点蚀只在局部出现，有局部性；密集性及蚀孔不规则性；中度全面腐蚀会将点蚀孔遮盖	由小阳极大阴极腐蚀电池引起的阳极区高度集中的局部腐蚀形式	
				晶间腐蚀。腐蚀难于发现，一旦发现，失效危险	腐蚀只沿晶粒边界及其邻近区域狭窄部位无规则取向进展，晶粒本身几乎不被腐蚀且会因晶界腐蚀而脱落		不锈钢易发生

300

续表

失效名称	破坏机理	基本含义	机理表现	分类	分类表现	影响因素	易发部位
腐蚀失效	常见腐蚀失效类型	水中溶解氧浓度差引起腐蚀		黄铜脱锌腐蚀（结果在脱锌的黄铜表面形成多孔铜层）	阴极反应中的Zn、Cu同时溶解；阴极反应形成的溶液中与O_2与Cu^{2+}还原再沉积	存在阳极反应和阴极反应	
				氧浓度差电池腐蚀	氧浓度高的地方为阴极、低的地方为阳极；阳极发生腐蚀	水线处易出现腐蚀	
				垢下腐蚀	炉水中杂质在高温区水冷壁管沉积形成盐垢，导致此处壁温升高，炉水在沉积物母体中蒸发，使非挥发成分变浓，使垢下金属材料成为浓差电池和温差电池的阳极，形成垢下腐蚀	锅炉给水水质不佳是主因；管内沉积物含Fe_3O_4/CuO是条件。受热面局部热负荷过高或汽水循环不良加速垢形成	
				氢腐蚀（使金属产生脆性腐蚀，即氢脆）	氢反应不可逆： $4H+C=CH_4$ $2H_2+C=CH_4$ $2H_2+Fe_3C\rightarrow3Fe+CH_4$ 当微隙中聚集大量氢和甲烷分子，形成数千MPa局部高压而产生细裂纹	提高温度氢腐蚀，温度上升，H_2离解为H^+浓度高，渗入钢中H^+多，氢/碳在钢中扩散速度快，加速氢蚀	
蠕变失效		材料在恒应力长期作用下发生塑性变形现象	晶内和晶界都参与变形，高温下形变不均，滑移较集中，利于形成亚结构及新相析出	基本型蠕变断裂（M型蠕变断裂）	大应力、短时间发生蠕变断裂；断裂裂前微观机体形变，穿晶型断裂，断裂部位颈缩，断口微观观察呈韧窝状		
			晶界滑动是沿晶界断裂主因之一，高温下持续应力作用加速形核和长大	楔型裂纹蠕变断裂（W型蠕变断裂）	高温晶界呈糟糕性，晶界下晶界滑动，晶粒交界处应力集中，应力集中达到界处产生楔型裂纹		
				孔洞型蠕变断裂（R型蠕变断裂）	在形变速率小，温度较高的低应力蠕变中，晶界上形成孔洞，在应力作用下长/长大/聚合，连续裂纹发生宏观裂纹直至断裂		
过热失效				长期过热	长时间应力和超温（超温幅度不大）导致失效	温度与应力作用的失效结果	过热器
				短期过热	短时间内，超温裂纹（高于相变点）导致失效		水冷壁

301

续表

失效名称	破坏机理	基本含义	机理表现	分类	分类表现	影响因素	易发部位
磨损失效	冲蚀磨损	介质向金属表面撞击产生的磨损	脆性冲蚀与延性冲蚀	冲蚀磨损、磨蚀磨损、腐蚀磨损、表面疲劳磨损、表面波劳磨损	脆性冲蚀：撞击产生的应力大于钢材弹性极限时方可形成表面损伤；延性冲蚀：粒子切削作用与粒子撞击作用下，包括颗粒的冲蚀磨损现象。含一连串气泡生的液体反复冲击作用下，引起固体表面局部变形和被磨去的现象（称汽蚀）		
	腐蚀磨损	机械作用和环境介质腐蚀作用结果			第一阶段腐蚀产物，表面形成腐蚀产物被磨掉，露出新鲜金属表面；在复循环腐蚀形成磨损。第二阶段腐蚀，露出新鲜腐蚀形成循环性磨损		
断裂失效	脆性断裂失效	韧性急剧下降，其他力学性能变化不大	塑变形一般≤1%	从断裂路径看，有穿晶断裂和沿晶断裂	断裂过程极快、吸收能量极低；缺口效应；应力集中，三维拉应力，形变约束变速度	材料韧性低、温度降低，变形速度高、残余应力高，零件尺寸增大等会增大脆性断裂敏感性	缺口效应
	塑性断裂失效	部件承受的应力大于屈服强度时发生塑性断裂	断裂前变形大	从断裂路径看，仅有穿晶断裂	损坏特征与拉伸/冲击/扭转类同；断口微观为韧窝形貌；断口与部件呈45°有剪切唇；端口表面粗糙、色泽灰暗，呈纤维状	一般发生在静力过载或大能量冲击的恶劣工况	

7.1.3　失效分析方法

失效分析是一门从分析失败到寻求成功的永无止境的边缘性科学，涉及如材料力学、结构力学、电化学、金相学、断裂力学、断口学、痕迹学、摩擦学、显微学以及无损检测等广泛的知识，同时会涉及众多相关专业术语。对这些失效的分析超出本书研究涉及范围，故而在此将只作一些应用性解读，深入研究时可研读相关专业著作。引用的专业术语也不再一一说明，可参见《金属材料 力学性能试验术语》GB/T 10623。

失效分析的方法主要有宏观分析与金相分析，断口宏观分析，断口微观分析以及金相显微镜、电子显微镜、X射线衍射仪分析等分析方法。其中，宏观分析，是将金属的表面或纵断面或横断面磨制，必要时可再进行酸浸，之后用肉眼或在放大镜下观察的方法。宏观分析可以发现气孔、裂纹、缩孔、收缩等金属缺陷；硫、磷等的区域性偏析等金属化学成分不均匀度；未焊透、气孔、夹杂、裂纹等焊接质量；氮化层、渗碳层等化学热处理深度；铸件中的树状晶体及晶粒大小、晶粒均匀度；锻件中的纤维状组织及其中的裂纹、夹层等。

金相分析，主要用于研究金属和合金的组织与缺陷，确定其性能变化原因。在垃圾焚烧发电厂可用在制造、安装中检验金属部件及焊缝的组织和质量，确定热处理工艺的合理性；在运行和事故分析中检验金属的组织变化，根据组织变化分析事故原因。

断口宏观分析，主要用于寻找断裂源及裂纹发展路径，判断断裂失效类型以及引起部件失效的受力状态等。如表7-2，按裂纹扩展路径可分为穿晶断裂和沿晶断裂，裂纹的路径取决于断裂条件下材料内部晶界和晶内的强度。断口的常见形式有静载拉伸断口、冲击断口、疲劳断口、解理断口和晶间断口等。这些常见断口的具体特征与分析方法需要研习相关专业著作。产生沿晶断裂的条件有断裂时的环境温度高于等强温度，晶界的夹杂，低熔点物质偏聚，脆性相析出等降低晶界的结合力，晶界有选择性腐蚀等。

断口微观分析，包括韧窝、撕裂、滑移、解理、准解理、疲劳断口、沿晶断口等。实际失效断口一般不会是单一断裂过程，而是包括如韧窝＋解理、解理＋撕裂、疲劳条纹＋沿晶断裂、沿晶断裂＋韧窝等多种断裂机理的交互作用。

7.1.4　金属材料的一般力学性能和失效

7.1.4.1　金属材料的常规力学性能指标

金属材料的常规力学性能是指其在各种载荷（外力）作用下所表现出来的抵抗能力。常用的力学性能指标有强度、塑性、刚度、硬度、韧性与疲劳强度等。

（1）强度

强度是指材料在外力作用下，抵抗塑性变形和断裂的能力，用应力来表示，其值等于单位面积的作用力。金属部件可能受到的应力类型主要有单向外力作用下的拉伸应力与压缩应力；剪切力作用下的切应力；以及扭转力、弯曲力引起的应力。

材料试样拉断时所承受的最大力 F_b 除以试样原横截面积 S_0 所得的应力，称为强度极限 σ_b，即 $\sigma_b = F_b/S_0$。σ_b 代表实际机件在静拉伸条件下的最大承载能力，因其易于测定，重现性好，所以广泛用于产品许用应力判断依据或是质量控制，成为工程上金属材料的重要力学性能指标。

这种承载能力仅限于光滑试样单向拉伸的受载条件，如果材料承受复杂的应力状态，则 σ_b 就不代表材料的实际有用强度。对脆性金属材料而言，一旦拉伸力达到最大值，材料便迅速断裂，所以 σ_b 应是脆性材料的断裂强度。但对韧性金属材料来说，σ_b 对应的应变远非实际使用中所要达到的，也就不能作为韧性材料的设计参数。

（2）疲劳强度

金属材料试样在不增加载荷（保持恒定）情况下，仍继续发生塑性变形的现象称为屈服。产生明显屈服现象时的最小应力值称为屈服点 σ_s。金属材料各点随时间作周期性变化的应力称为交变应力，也叫循环应力。金属材料在低于 σ_s 的交变应力反复作用下，产生裂纹或突发断裂的现象称为疲劳，这一失效过程称为疲劳失效。据统计，在机械零件失效中大约有80％以上属于疲劳失效，而且疲劳失效前没有明显的变形，以至疲劳失效经常造成重大事故。

材料在规定次数的应力循环后仍不产生断裂时的最大应力称为疲劳强度。一般试验时规定黑色金属材料循环次数的基数 $N_0 = 10^7$ 次、有色金属材料 $N_0 = 10^8$。当施加的交变应力是对称循环应力时的疲劳强度用 σ_{-1} 表示。疲劳强度的理论计算方法及计算结果的有效性有着很强的专业性，需要时可学习如徐灏教授专著《疲劳强度》。

取应力循环次数为 N；材料屈服极限 σ_s 对应的循环数 N_s，且 $N_s \approx 10^5$；另取应力循环基数 N_e，且钢材的 $N_e \approx 10^7$。在上述条件下，对金属部件的疲劳强度计算准则为：

1）应力循环次数 $N \leqslant N_s$，零件受静强度条件控制，不需作疲劳强度计算。

2）应力循环次数 $N_s < N < N_e$，根据零件对应的疲劳强度 σ_{rk} 对零件进行有限寿命疲劳计算。

3）应力循环次数 $N \geqslant N_e$，根据疲劳极限 σ_{-1} 对零件进行无限寿命疲劳计算。

工作级别为 M1～M3 的机构，由于应力循环数少，不做疲劳计算。工作级别 M4、M5 的机构根据应力循环数 N 决定是否需要进行疲劳计算。工作级别 M5 以上的机构，其机构零件和金属结构都需要作疲劳计算。非工作机构可不做疲劳计算。沿海地区、台湾省、海南省及内陆山口地区采用自身高度大的起重机时，如果金属结构自振频率小于4Hz，由于风振作用，在自重载荷和风载荷作用下，金属结构有可能发生疲劳失效。此时不论起重机的工作级别如何，都要进行疲劳计算。

（3）塑性

塑性是指金属材料断裂前发生永久变形的能力。材料在外力作用下产生永久不可恢复的变形称为塑性变形。采用试样拉断后的断后延伸率 δ 与断面收缩率 ψ 指标。其中：

δ 为标距伸长 L_1 与原始标距 L_0 的百分比，即：

$$\delta = (L_1 / L_0 - 1) \times 100\% \tag{7-1}$$

ψ 为劲缩处横截面积缩减量 $A_0 - A_1$ 与原始横截面积 A_0 的百分比，即：

$$\psi = (1 - A_1 / A_0) \times 100\% \tag{7-2}$$

（4）硬度

硬度是指材料表面局部塑性变形的能力。固体对外界物体入侵的局部抵抗能力，是比较各种材料软硬的指标。根据不同的测试方法有不同的硬度标准。布氏硬度（HB）、洛氏硬度（HRC）、维氏硬度（HV）是按压力分类的常用硬度表示方法（图 7-3）。各种硬度标准的力学含义不同，相互不能直接换算，需要通过换算表进行换算，常见硬度换算表有 ISO 18265、ASTM E140、GB/T 1172—1999。

实验	压头	压头形状		硬度计算公式	备注
		侧视图	顶视图		
布氏硬度	10mm钢球或碳化钨球	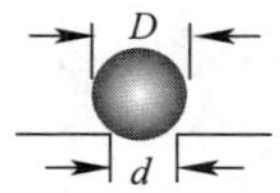	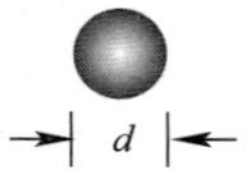	$HB=\dfrac{2P}{\pi D(D-\sqrt{D^2-d^2})}$ (P为载荷)	$0.25D<d<0.6D$有效
维氏(显微)硬度	金钢石棱锥		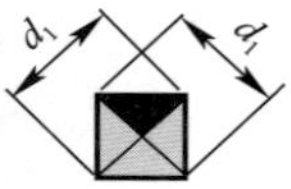	$HV=1.854P/d_1^2$ (P为载荷)	维氏硬度与显微硬度所用载荷不同
洛氏硬度	金钢石圆锥直径 $\dfrac{1}{15},\dfrac{1}{8},\dfrac{1}{4},\dfrac{1}{2}$ in (HRA或HRC)	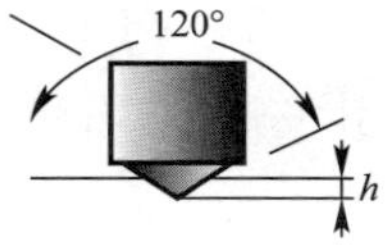		$HR=\dfrac{K-h}{0.002}$ (K为常数)	应用范围 HRA 70~85 HRB 25~100 HRC 20~67
	钢球(HRB)	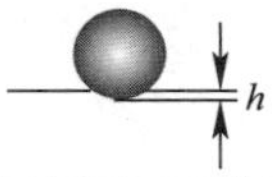			

图 7-3 不同硬度测试方法

布氏硬度是用 HBS、HBW 表示材料硬度的一种标准,其中 HBS 表示压头为淬硬钢球,用于测定布氏硬度值 450 以下的材料。HBW 表示压头为硬质合金球,用于测定布氏硬度值范围为 8～650 的材料。HBW 硬度的试验载荷 9.807N～29.42kN(1kgf～3000kgf),载荷保持的时间,一般黑色金属为 10～15s;有色金属为 30s;布氏硬度值小于 35 时为 60s。对于某些金属材料来说,可以根据布氏硬度值粗略地确定其抗拉强度值。

示例:540HBW5/750 表示用直径 5mm 的硬质合金球,在 7355N(750kgf)试验载荷作用下保持 10s～15s,测得的布氏硬度值为 540。

170HBS10/1000/30 表示用直径 10mm 的淬硬钢球,在 9807N(1000kgf)试验载荷作用下保持 30s,测得的布氏硬度值为 170。

布氏硬度值(HB)为载荷 P 与压痕表面积 $A_凹$ 的比值,单位为 N/mm² (kgf/mm²)。做法是用一定载荷 P 把直径为 D 的淬硬钢球或硬质合金球压入被测金属材料表面,保持一段时间后卸除载荷。根据实验结果按下式计算:

$$HB=\frac{0.102P}{A_凹}=\frac{0.102P}{\pi Dh}=\frac{0.204P}{\pi D(D-\sqrt{D^2-d^2})} \tag{7-3}$$

式中 D——淬火钢球直径,mm;

  d、h——分别为压痕直径与压痕深度,mm;

    P——试验压力,N。

材料的强度极限 σ_b(kg/mm²)与 HB 之间有如下经验关系,可供参考:

非淬火钢:$HB>175$ 时,$\sigma_b=0.362HB$;$HB<175$ 时,$\sigma_b=0.345HB$

碳钢: $HRC<10$ 时,$\sigma_b=51.32\times10^4/(100-HRC)^2$

铸钢: $\sigma_b=(0.3-0.4)HB$;$HRC>40$ 时,$\sigma_b=8.61\times10^3/(100-HRC)$

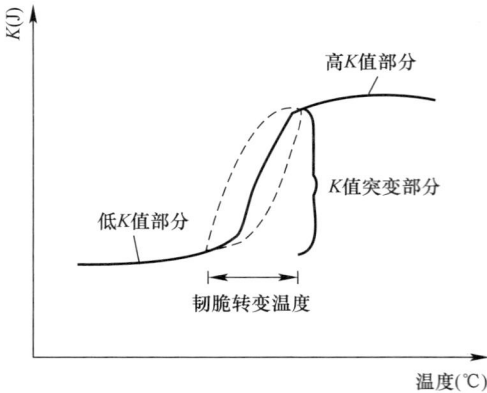

图 7-4　冲击吸收能量-温度曲线示意图

（5）冲击韧性

韧性是指金属材料在拉应力的作用下，在发生断裂前有一定塑性变形的特性。金、铝、铜是韧性材料，它们很容易被拉成导线。冲击韧性 a_k 是指在冲击载荷作用下，金属材料抵抗变形和断裂的能力，一般把 a_k 值低的材料称为脆性材料，a_k 值高的材料称为韧性材料（图 7-4）。工程上常用一次摆锤冲击弯曲试验来测定材料冲击载荷试样被折断而消耗的冲击功 A_k（冲击试验时的摆锤冲击试样前后的势能差，单位 J），另取试样缺口处的截面积 F，则材料的冲击韧性 $a_k = A_k / F$（kJ/m^2 或 J/cm^2）。

a_k 值的大小取决于材料及其状态，试样的形状、尺寸等。不同类型和尺寸的试样的 a_k 或 A_k 值不能直接比较，因为如夹杂物、偏析、气泡、内部裂纹、晶粒粗化等材料内部结构缺陷以及显微组织的变化都会使 a_k 值明显降低；同种材料试样的缺口越深越尖锐，缺口处应力集中程度越大，A_k 越小，表现为材料的脆性越高。

材料的 a_k 值随温度的降低而减小，并在某一温度范围内发生急剧降低，这种现象称为冷脆，此温度范围称为韧脆转变温度，记为 T_k。对此可解释为当温度较高时，冲击吸收功随温度缓慢变化（称为上平台区）；当温度降低至某一很窄的温度范围内，冲击吸收功随温度降低而剧烈降低（此时的温度即 T_k）；当温度进一步降低时，冲击吸收功又随温度缓慢变化（称为下平台区）。在上述韧脆转变过程中，相应的试样断口形貌也随之变化，由纤维断口向晶状或解理断口转变。《固体物理学大辞典》根据冲击吸收功和断口形貌随温度的变化定义了各种韧脆转变温度，主要有下列三种：$NBTT$——无脆性转变温度，相应于断口形貌由 100% 纤维断口到开始出现晶状或解理断口所对应的温度；$FATT$——断裂形貌转变温度，相应于断口形貌为 50% 纤维断口和 50% 晶状或解理断口所对应的温度；$NDTT$——无延性转变温度，相应于断口形貌由纤维状和晶状（或解理）混合断口转变为 100% 晶状或解理断口所对应的温度。

（6）断裂韧性

断裂力学用应力强度因子 $K_1 = Y\sigma(a)^{0.5}$ 来描述裂纹尖端附近应力场强度的指标，式中 Y 是裂纹的形状因子，表示不同几何形状的裂纹尖端前的应力分布的不同特征，σ 是外界施加的名义应力，a 是裂纹长度。当 σ 确定时，K_1 随着裂纹 a 的增加而增加。把裂纹扩展至突然断裂的裂纹长度叫作临界裂纹长度，取 a_c 为临界裂纹半长，与 a_c 对应的临界应力强度因子就叫作断裂韧性，记作 K_{IC}，另取 σ_c 为断裂应力，则有 $K_{IC} = Y\sigma_c(a_c)^{0.5}$。它是一个材料常数，对于某种特定材料在一定条件下有确定的值。据此有如下判断：

当 $K_1 < K_{IC}$ 时，材料中裂纹不扩展或扩展缓慢；

当 $K_1 \geqslant K_{IC}$ 时，材料发生裂纹失稳扩展而脆断。

（7）其他力学性能指标

弹性：金属材料在外力消失时，能使材料恢复原先尺寸的一种特性。钢材在到达弹性极限前是弹性的。

延展性：材料在拉应力或压应力的作用下，材料断裂前承受一定塑性变形的特性。钢材既是塑性的也是具有延展性的。塑性材料一般使用轧制和锻造工艺。

刚性：金属材料承受较高应力而没有发生很大应变的特性。刚性的大小通过测量材料的弹性模量 E 来评价。

屈服点或屈服应力：是指金属的应力水平，用 MPa 度量。在屈服点以上，当外来载荷撤除后，金属的变形仍然存在，则金属材料发生了塑性变形。

脆性：是指材料在损坏之前没有发生塑性变形的一种特性。它与韧性和塑性相反。脆性材料没有屈服点，有断裂强度和极限强度且二者几乎相等。铸铁、陶瓷、混凝土及石头都是脆性材料。与其他许多工程材料相比，脆性材料在拉伸方面的性能较弱，对脆性材料通常采用压缩试验进行评定。

7.1.4.2　低碳钢拉伸曲线

以低碳钢金属材料为例的拉伸曲线参见图 7-5，图中横坐标表示绝对伸长量 Δl，单位 mm；纵坐标表示荷载 F，单位 N。图中显示出如下几个变形阶段：

（1）oe 段：弹性变形阶段，宏观上载荷与伸长量呈线性关系。e 点称为弹性极限点，表示材料做拉伸试验时，应力与应变将呈现近似线性函数关系。当应力达到 e 点时，表示材料在应力除去后不遗留永久变形的条件下能承受的最大应力，也就是材料由弹性形变过渡到塑性变形时的应力，称为弹性极限（σ_e），单位为 Pa（kg/cm^2）。e 点之前，材料承受的应力小于弹性极限，试样的变形完全是弹性的，也就是加载时产生变形，卸载后变形恢复原状。此阶段内可以测定材料的弹性模量 E。在实际测量应变时，往往采用小负荷而不用零负荷作为最终或最初的参考负荷。需注意的是，这种变形机理与高温状态下的变形机理是不同的。在高温加载时会产生蠕变，卸载后表现出不可逆性。

（2）es 段：屈服阶段，呈上升曲线形。此时的试样伸长量急剧增加，荷载读数却在很小范围内波动。这是材料在加载过程中，塑性变形量小但是不可恢复的屈服前的微塑性变形阶段。有从微观结构的分析认为是晶体材料处于应力集中的内部，低能量易动位错的运动。拉伸试验中的 s 点是产生明显屈服现象时的最小应力值，即屈服点 σ_s，单位为N/mm^2（MPa）。试样卸载后，其标距部分的残余伸长量达到试样标距长度 0.2% 时的应力记为 $\sigma_{0.2}$，$\sigma_{0.2}=F_{0.2}/A_0$。通常用 σ_s 与 $\sigma_{0.2}$ 作为零件选用与设计的依据。

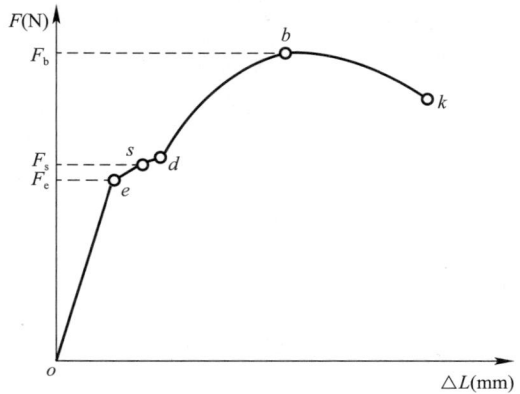
图 7-5　低碳钢材料的拉伸试验曲线

实际应用中，采用拉压试验屈服点对应的强度即屈服强度和抗拉强度指标。屈服强度按下式计算：$Re=F_e/S_o$，其中 Fe 取屈服时的恒定力，N；S_o 为试样原始横截面面积，mm^2。一般温度升高，材料屈服强度降低。工程上采用许用应力 $[\sigma]$ 作为指标，其含义是 $[\sigma]=$屈服强度/安全系数，式中的安全系数因场合不同可从 1.1 到 2 或更大。对脆性材料，以抗拉强度为标准，$[\sigma]=\sigma_b/n$，其中 n 一般取 6。实际应用时，是按《压力容器》GB 150.1 中的许用应力章节的规定选用。

（3）sd 段：明显塑性形变的屈服阶段，呈近似直线形，具有在作用力基本不变情况下，延续时间短，试样会连续伸长，也可能出现不连续屈服的特征。在超过屈服点 σ_s 后，金属体由弹性形变转化为不能完全恢复原状的塑性形变，即使外力消除后也不能完全恢复。塑性变形在金属体内的分布是不均匀的，荷载去除后的各部分弹性恢复也不完全一样，这就使金属体内各部分之间产生相互平衡的内应力，即残余应力。残余应力降低零件的尺寸稳定性，增大应力腐蚀的倾向。

下式给出影响变形力 P 的主要因素：

$$P = \alpha_1 \alpha_3 AY \tag{7-4}$$

式中的 Y 是与化学成分、温度、变形过程等有关的金属静载变形抗力，表现为低碳钢的静载变形抗力低，高合金钢要高；低温时的静载变形抗力高，高温时要低。金属在室温下的塑性变形，对金属的组织和性能影响很大，常会出现加工硬化、内应力和各向异性等现象。A 为锻件加力方向的横截面积，对 P 的影响很容易理解而无须解释。α_1 为应变速率系数，例如在慢速的液压机上锻压时，$\alpha_1 = 1 \sim 1.5$；在应变速率高的锻锤上锻压时，$\alpha_1 = 3$。α_2 为与变形方式有关的多余功系数，例如自由锻坯料侧表面不受约束时，$\alpha_2 = 1 \sim 2.5$；模锻和挤压金属的流动受模膛约束时，$\alpha_2 = 2.5 \sim 6$。

（4）db 段：屈服强化阶段，呈上升弧线状形。显示材料在塑性变形过程中不断强化，试样中抗力不断增长。应力即抗拉强度从 d 点不断上升，试样变形均匀、连续，应变硬化效应是由于位错密度增加引起的，此时需要不断施加载荷才能使位错继续滑移运动。达到一定程度后，金属材料开始发生力学上的失稳，表现在图中 b 点出现颈缩现象。b 点是最大受力点也称拉伸失稳点或塑性失稳点，是局部塑性变形开始点。此时变形不再均匀分布在整个工作长度上，而是开始集中在某一部分变细。在金属试样极大值 b 点之前塑性变形是均匀的，因为材料应变硬化使试样承载能力增加，可以补偿因试样截面减小使其承载力的下降。

（5）bk 段：缩颈段，呈现下降弧线状。荷载施加到 b 点时，试样的应变硬化与几何形状导致的软化达到平衡，此时载荷不再增加。此时，试样最薄弱的截面中心部分出现微小空洞，然后扩展成小裂纹，试样由二向受力状态转变为三向受力状态。在 b 点之后，由于应变跟不上塑性变形的发展，使变形集中于试样局部区域产生缩颈。表现为金属试样局部截面明显缩小，承载力降低，直至拉伸力达到最大值。颈缩是韧性金属材料在拉伸实验时变形集中于局部区域的特殊现象，它是应变硬化（物理因素）与截面减小（几何因素）共同作用的结果。此后试样伸长到一定程度后，荷载逐渐降低，变形量增大，到 k 点试样断裂。

从以上典型的低碳钢拉伸曲线可测定材料如下性能：①弹性极限（σ_e）：材料由弹性形变过渡到塑性变形时的应力；②屈服点（σ_s）：产生明显屈服现象时的最小应力值；③强度极限（σ_b）：材料拉断时所承受的最大力除以试样原横截面积所得的应力；④屈服强度（Re）：拉压试验屈服点对应的强度。此外，根据不同实验要求，还可测定材料的上屈服强度、下屈服强度、屈服点延伸率等性能。

7.1.4.3　金属的力学性能与失效形式——断裂失效

大量统计资料揭示出，不同力学性能改变会导致金属材料的不同类型的失效，图 7-6 反映出金属力学性能与失效形式的基本关系。从中可以看出，断裂失效是多种力学性能改变的综合结果，也是金属设备与部件最主要和最具危险性的失效。

断裂失效的基本特征是在工作中丧失或达不到预期功能。通常按断裂机理分为滑移分离、韧窝断裂、蠕变断裂、解理与准解理断裂、沿晶断裂和疲劳断裂。按断裂路径分为穿晶、沿晶和混晶断裂；按断裂性质分为塑性断裂、脆性断裂和疲劳断裂。

（1）塑性断裂失效

塑性断裂的主要特征是在金属断裂之前的断裂部位出现较为明显的塑性变形。在工程结构中表现

图 7-6　金属力学性能与失效形式的关系

为过载断裂，即零件危险截面处承受的实际应力超过了材料屈服强度或强度极限而发生的断裂。在工程设计中要根据使用要求的安全评估，对零件危险截面处的可靠性留有充分的裕量。正如工程上采用许用应力 $[\sigma]$（＝屈服强度/安全系数）将零件的实际应力控制在材料屈服强度以下的道理一样。如 NF 616 钢拉伸试验的 0.2% 屈服强度 $\sigma_{0.2} \leqslant 440\mathrm{MPa}$，而通过试验和 ASME 方法计算得到在 600℃的 $[\sigma]$ 平均值为 118MPa（来源上海锅炉厂徐沁等的"日本 NF 616 钢性能综述"）。但是，由于机械产品在设计、选材、加工制造、装配和使用维修的全过程中，存在着众多环节和各种复杂因素，以至在一些产品中，零件的塑性断裂失效至今仍难完全避免。

金属零件塑性断裂最显著特征是伴有大量的塑性变形，其机理主要是滑移分离和韧窝断裂。在金属塑性断裂前，晶体产生大量的滑移，过量的滑移变形会出现滑移分离。滑移分离的微观形貌有晶体材料的滑移面与晶体表面的交线即滑移线，滑移部分的晶体与晶体表面形成的滑移台阶以及蛇形花样和涟波等。通常将在电镜下分辨出来的这些滑移痕迹称为滑移带。滑移带中各滑移线之间的区域为宽度在 5～50nm 的滑移层。随着载荷的增加，不但滑移带宽度不断增加，而且在原有的滑移之间还会出现新的滑移带。

金属材料滑移的基本特征是：滑移通常在最密排的晶面上发生；滑移方向总是原子的最密排方向；滑移首先沿具有最大切应力的滑移系发生。晶体材料产生滑移的形式有一次滑移、二次滑移、多系滑移、交滑移、波状滑移、滑移碎化和滑移扭折等。滑移分离是在平面应力状态下进行的，其断面呈 45°角倾斜，断口附近有明显的塑性变形。

韧窝又称微孔或微坑等，是金属塑性断裂的微观特征。D. Broek 根据试验结果建立了如下韧窝形成模型：材料在微观区域内塑性变形产生的显微空洞，经成核、长大、聚集三个阶段，最后相互连接导致断裂并在断口表面留下痕迹。这个韧窝模型揭示了在拉应力作用下形成等轴韧窝、抛物线韧窝和夹杂物、第二相粒子在切应力作用下破碎而形成韧窝的现象。

韧窝的形状主要取决于所受的应力状态，有等轴韧窝、撕裂韧窝和剪切韧窝三种。等轴韧窝是在正应力作用下，显微空洞周边均匀增长，断裂之后形成近似圆形的韧窝；剪切韧窝通常出现在拉伸或冲击断口的剪切唇上，在切应力作用下形成的。其形状呈抛物线形，匹配断面上抛物线的凸向相反；撕裂韧窝常见于尖锐裂纹的前端及平面应变条件下低能撕裂断口上，在撕裂应力作用下形成的。其形状也呈抛物线形，但在匹配断口上不但形状相似，而且抛物线的凸向也相同。

实际断口上常常是等轴韧窝与拉长韧窝共存，或在拉长韧窝的周围有少量的等轴韧窝。韧窝的大小用平均直径和深度（断面到韧窝底部的距离）来衡量。主要影响因素有第

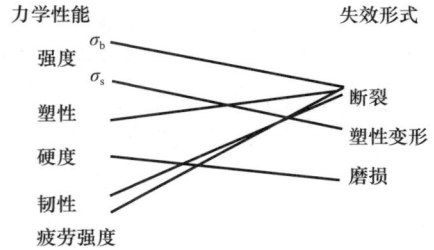

二相质点的大小与密度、基体塑性变形能力、硬化指数、应力的大小与状态及加载速度等。通常对于同一材料，当断裂条件相同时，韧窝尺寸愈大，表征材料的塑性愈好。

（2）脆性断裂失效

脆性断裂是工程部件很少发生或不出现宏观塑性变形的断裂，以光滑拉伸试样的 $\psi <$ 5％为判断指标。因其断裂应力低于材料的屈服强度又称为低应力断裂。脆性断裂大都没有预兆且具有突发性，会造成极其严重的安全后果。尽管各国都极为重视对脆性断裂的分析与预防研究，从工程部件的设计、制造到使用维护的全过程采取了种种措施，取得了很大成效。然而由于脆性断裂的复杂性，仍不能杜绝脆性断裂失效导致的灾难性事故。

金属的脆性断裂失效的表现形式主要有：因材料性质改变引起如过热或过烧致脆、不锈钢的 475℃脆和 σ 相脆的脆性断裂；由环境温度与介质引起如冷脆、氢脆、应力腐蚀致脆、液体金属致脆以及辐照致脆等脆性断裂；由加载速率与缺口效应引起如高速致脆、应力集中与三应力状态致脆等的脆性断裂。

（3）疲劳断裂失效

疲劳断裂是工程部件在交变应力作用下，经一定循环周次后发生的断裂。按断裂前宏观塑性变形大小分类，疲劳断裂属脆性断裂范畴。但由于疲劳断裂出现的频率高，危害大，且是在交变载荷作用下出现的断裂，因此将其作为一种单独的断裂形式进行分析研究。

疲劳断裂具有如下特点：①疲劳失效表现为突然断裂，断裂前无明显变形的偶发性事故，除定期检查外很难防范；②如传动齿轮、轴承、汽轮机轴、叶片等多数工程部件承受的是循环交变应力。据统计这些部件的失效，60％～80％属于疲劳断裂失效；③造成疲劳失效的循环交变应力一般低于材料的屈服极限，甚至低于弹性极限；④部件的疲劳断裂失效与材料的性能、质量、零件的形状、尺寸、表面状态、使用条件、外界环境等众多因素有关；⑤很大一部分工程部件承受弯曲或扭转载荷，其应力分布是表面最大，故如切口、刀痕、粗糙度、氧化、腐蚀及脱碳等表面状况对疲劳抗力有极大影响。

7.1.4.4　金属的力学性能与失效形式——磨损失效

磨损是部件失效的一种基本类型，其基本特征是两物体对偶表面之间摩擦产生相对运动的摩擦阻力，引起机械能量消耗并放热，使部件几何尺寸变小。磨损失效包括完全丧失原定功能或功能降低，以及有严重损伤或隐患，继续使用会失去可靠性和安全性。

按照表面破坏机理特征，磨损可以分为磨粒磨损、黏着磨损、表面疲劳磨损三种基本类型，以及只在某些特定条件下才会发生的腐蚀磨损和微动磨损等。其中：

① 磨粒磨损是指物体表面与硬质颗粒或硬质凸出物（包括硬金属）相互摩擦引起表面材料损失。

② 黏着磨损是指摩擦副相对运动时，由于对偶表面相互作用，造成接触面金属损耗。

③ 表面疲劳磨损是指两接触表面在交变接触压应力作用下，材料表面因疲劳产生的物质损失。

④ 腐蚀磨损是指部件表面在摩擦过程中，表面金属与周围介质发生化学或电化学反应所出现的物质损失。

⑤ 微动磨损是指两接触表面间没有宏观相对运动，但在外界变动负荷影响下，有小于 $100\mu m$ 的相对小振幅振动，从而接触表面间产生微小氧化物磨损粉末所造成的磨损。

表征零件磨损性能的一些常用参量见表 7-3。

表征零件磨损性能的一些常用参量　　　　　　　　　　　　　　表 7-3

序号	名称	符号	含义	计算公式
1	磨损量	Δl ΔV Δm	磨损引起材料长度 l、体积 V 或质量 m 的变化损失量，分别叫线磨损量、体积磨损量、质量磨损量	$\Delta l = \lvert l_0 - l_1 \rvert$　$\Delta V = \lvert V_0 - V_1 \rvert$　$\Delta m = \lvert m_0 - m_1 \rvert$
2	磨损率	G	用磨耗试验机在规定条件下进行试验测得的单位磨损面积的磨损量（g/cm²）	$G = dm/A$（dm——磨损量；A——磨损面积）
3	磨损度	E	单位滑移距离内材料的磨损量。	$E = dV/dL$（L——滑移距离）
4	耐磨性	$1/G$	材料抵抗磨损的性能，以规定摩擦条件下的磨损率倒数表示	耐磨性 $= 1/G$
5	相对耐磨性	ε_w	试验材料的耐磨性与标准材料在相同条件下的耐磨性之比（通常其中一种是 Pb-Sn 合金标准试样）	$\varepsilon_w = \varepsilon_{试样} / \varepsilon_{标样}$

（1）磨粒磨损

磨粒磨损也叫磨料磨损，是在摩擦过程中，由于硬颗粒或摩擦副表面的硬微凸体对固体表面挤压和沿表面运动所引起的磨损或材料流失。磨粒磨损是一种最常见、最普遍的机械磨损形式。如多瓣垃圾抓斗斗齿、炉渣抓斗颚板、滚筒筛衬板运行均会引起磨粒磨损。根据硬颗粒对摩擦副的一个表面还是两个对磨表面作用可分为两体和三体磨粒磨损。另根据硬颗粒是相对固定的还是松散的、相对摩擦副表面是滑动为主还是滚动兼滑动，又可分为固定磨粒磨损和松散磨粒磨损。

"摩擦副"是指两个直接接触并产生相对摩擦运动的物体所构成的体系。摩擦副几乎存在于人类社会活动的各个领域，按其运动形式分为滑动摩擦副和滚动摩擦副。滑动摩擦副的两个物体表面有相对滑动或相对滑动趋势。如机床中工作台和滑动导轨构成滑动摩擦副。滚动摩擦副的两个物体表面有相对滚动或相对滚动趋势，如滚动轴承。

从机理上看，磨粒磨损如下几种类型：①微切削，即硬质颗粒划过摩擦副固体表面或是尖锐的硬质磨粒切削柔软表面，造成表层材料产生磨屑并直接造成流失的现象；②微断裂，即硬质颗粒在材料表层引起微裂纹萌生、扩展和断裂的现象；③挤压剥落，即磨粒在载荷作用下压入摩擦表面而产生压痕，将塑性材料的表面挤压出层状或鳞片状的剥落碎屑现象；④微疲劳，即摩擦表面在磨料产生的循环接触应力作用下，使表面材料因疲劳而剥落。

磨粒磨损的影响因素主要有：

1）硬度。一般材料硬度越高，磨粒硬度越低，耐磨性越好。在材料硬度的 0.7～1.0 之间，不产生或只产生轻微磨粒磨损。

2）磨料几何特性。磨粒磨损与磨粒的形状、尖锐程度和颗粒大小等有关，磨损量与材料的颗粒大小成正比，但颗粒大到一定值以后，磨粒磨损量不再与颗粒大小有关。

3）载荷。线磨损度与表面压力成正比。当压力达到转折值时，线磨损度随压力的增加变得平缓，这是由于磨粒磨损形式转变的结果。各种材料的转折压力值不同。

4）重复摩擦次数。在磨损初期，由于磨合作用使线磨损度随摩擦次数增加而下降，同时表面粗糙度得到改善，随后磨损趋于平缓。

5）滑动速度。如果滑动速度不大，不至于使金属发生退火回火效应时，线磨损度将与滑动速度无关。

（2）黏着磨损

黏着磨损又称咬合磨损，是指滑动摩擦时摩擦副接触面局部发生金属黏着，在随后相对滑动中黏着处被破坏，有金属屑粒从零件表面被拉拽下来或零件表面被擦伤的一种磨损形式，例如滑动推料器的滑块与导轨面间的相对运动会产生黏着磨损。

部件的黏着磨损失效过程包括磨合磨损、稳定磨损和剧烈磨损三个阶段。

在磨合磨损阶段，因对偶材料（即与摩擦材料构成摩擦副的配偶材料）表面的表面粗糙度值较大，实际接触面积较小，接触点数少，而多数接触点的面积又较大，接触点黏着严重，因此磨损率较大。随着磨合的进行，表面微峰峰顶逐渐被磨去，表面粗糙度值降低，实际接触面积增大，接触点数增多，磨损率降低。磨合磨损阶段多在空载或低负荷下进行，以避免损坏摩擦副。也可采用含添加剂和固体润滑剂的润滑材料，在一定负荷和较高速度下进行磨合，以缩短磨合时间，磨合结束后应进行清洗并更换新的润滑材料。

稳定磨损阶段，是零部件磨损缓慢且稳定，磨损率基本恒定的正常工作阶段，这一阶段历经时间的长短，可作为评定材料耐磨性优劣的主要指标。

剧烈磨损阶段，是经过长时间的稳定磨损后，摩擦副对偶表面的间隙和表面形貌的改变以及表层的疲劳的阶段。表现为磨损率急剧增大，机械效率下降、精度降低甚至丧失、产生异常振动和噪声，摩擦副温度迅速升高，最终导致摩擦副完全失效。

不同部件的实际黏着磨损过程是有差别的。如滚动轴承在磨合磨损阶段与稳定磨损阶段无明显磨损，当表层达到疲劳极限后就会产生剧烈磨损。如刀具等特硬材料在磨合磨损阶段磨损较快，但当转入稳定磨损阶段后，在很长的一段时间内磨损甚微且无明显的剧烈磨损阶段。如阀门等某些摩擦副的磨损，从一开始就存在着逐渐加速磨损的现象。

（3）表面疲劳磨损

表面疲劳磨损也叫接触疲劳磨损，是摩擦副两对偶表面作滚动或滚滑复合运动时，因交变接触应力的作用，使表面材料疲劳断裂而形成点蚀或剥落的磨损形式。这种磨损通常是难以避免的。关于表面疲劳磨损的成因，目前按照疲劳裂纹产生的位置有如下两种解释：

源自裂纹从表面上产生的解释。由于摩擦副两对偶表面在接触过程中，受到法向应力和切应力的反复作用，引起表层材料塑性变形而导致表面硬化，最后在如切削痕、碰伤、腐蚀或其他磨损等表面的应力集中源出现初始裂纹，该裂纹源以与滚动方向小于 $45°$ 的倾角由表及里扩伸。润滑油楔入裂纹中后，若滚动体的运动方向与裂纹方向一致，当接触到裂口时，裂口封住，裂纹中的润滑油则被堵塞在裂纹内。因滚动使裂纹内的润滑油产生很大压力将裂纹扩展，经交变应力重复作用，裂纹发展到一定深度后，在油压作用下材料从根部断裂而在表面形成扇形的疲劳坑，造成表面疲劳磨损，这种磨损称为点蚀。点蚀主要发生在高质量钢材以滑动为主的摩擦副中，这种磨损的裂纹形成时间很长，但扩展速度十分迅速。

对源自裂纹从表层下产生的现象，可解释为两点（或线）接触的摩擦副对偶表面，最大压应力发生在表面，最大切应力发生在距表面 $0.786a$ 处（a 是点或线接触区宽度的一半）。在最大切应力处的塑性变形最剧烈且在交变应力作用下反复变形，使该处材料局部弱化而出现裂纹。裂纹首先顺滚动方向平行于表面扩展，然后分叉延伸到表面，使表面材料呈片状剥落而形成浅凹坑，造成表面疲劳磨损，这种磨损也称为鳞剥。若在表层下最大切应力处附近有非塑性夹杂物等缺陷，造成应力集中，则极易早期产生裂纹而引起疲劳磨损。这种表面疲劳磨损主要发生在以滚动为主的一般质量的钢制摩擦副中，其裂纹形成时间较短但裂纹扩展速度较慢。

滚动接触疲劳磨损要经过一定的应力循环次数之后才发生明显的磨损，并很快形成较大的磨屑，使摩擦副对偶表面出现凹坑而丧失其工作能力。在此之前磨损可以忽略不计。这与黏着磨损和磨粒磨损从一开始就发生磨损并逐渐增大的情况完全不同。因此，对滚动接触疲劳磨损来说，磨损度或磨损率似乎不是一个很有用的参数，更有意义的是表面出现凹坑前的应力循环次数。

（4）其他磨损

氧化磨损，表现为除金、铂等少数金属外，大多数金属表面都被氧化膜覆盖着，纯净金属瞬间即与空气中的氧起反应而生成单分子层的氧化膜且膜的厚度逐渐增长，增长速度随时间以指数规律减小。当形成的氧化膜被磨掉以后，又会很快形成新的氧化膜。一般情况下氧化膜能使金属表面免于黏着，氧化磨损一般要比黏着磨损缓慢，因而可以说氧化磨损能起到保护摩擦副的作用。

腐蚀磨损，是指摩擦副对偶表面在相对滑动过程中，表面材料与周围介质发生化学或电化学反应，并伴随机械作用而引起的材料磨损现象。常见的腐蚀磨损有氧化磨损和特殊介质腐蚀磨损。为了防止和减轻腐蚀磨损，可从表面处理工艺、润滑材料及添加剂的选择等方面采取措施。

特殊介质腐蚀磨损，是指在摩擦副与酸、碱、盐等特殊介质发生化学腐蚀的情况下而产生的磨损。其磨损机理与氧化磨损相似，但磨损率较大、磨损痕迹较深。金属表面也可能与某些特殊介质起作用而生成耐磨性较好的保护膜。

微动磨损，是指名义上相对静止的两个接触表面沿切向作微幅相对振动时所产生的磨损。当两接触表面受到法向载荷时，接触微峰产生塑性流动而发生黏着，在微幅相对振动作用下，黏着点被剪切而破坏并产生磨屑。磨屑和被剪切形成的新表面逐渐被氧化，在连续微幅相对振动中出现氧化磨损。由于表面紧密贴合，磨屑不易排出而在接触表面间起磨粒作用而引起磨粒磨损。如此循环即是微动磨损过程。当振动应力足够大时，微动磨损处会形成疲劳裂纹，裂纹的扩展会导致表面早期破坏。可见微动磨损是黏着磨损、腐蚀磨损、磨粒磨损以及疲劳、磨损复合并存的磨损形式，但起主要作用的是接触表面间黏着处因微幅相对振动而引起的剪切及其后氧化过程。

当零件与液体接触并作相对运动时，在接触面附近的局部压力低于相应温度液体的饱和蒸汽压时，液体就会加速汽化而产生大量气泡。同时，溶解于液体中的空气也都游离出来形成气泡。当气泡流到高压区时，因压力超过气泡压溃强度而使气泡溃灭，瞬间产生极大的冲击力和高温。气泡的形成和压溃的反复作用会使零件表面疲劳失效，产生麻点，随后扩展成海绵状空穴，这种磨损称为气蚀磨损。气蚀磨损严重时的扩展深度可达 20mm。

当小液滴以高速（如 1000m/s）冲击金属表面时会产生很高的应力，往往一次冲击就能造成塑性变形或破坏。如果应力较小而反复作用，则会造成点蚀，这种由液体束冲击固体表面所造成的磨损，称为冲蚀磨损。含有硬质颗粒的液体束冲击固体表面所造成的磨损，也属冲蚀磨损。

磨损过程是一复杂的过程，有许多实际表现出来的磨损现象不能简单地归为某一种基本磨损类型，而往往是基本类型的复合或派生，如气蚀磨损、冲蚀磨损和微动磨损等可以看成是疲劳磨损的派生形式。就本质上来说，它们都是由于机械力造成的表面疲劳失效，只是液体的化学和电化学作用加速了它们的破坏速度。

影响磨损的因素较多，下面仅就材料性能、硬度、表面粗糙度及润滑等加以说明。

钢材中含有如氮化物、氧化物、硅酸盐等非塑性夹杂物的冶金缺陷时，带棱角质点夹杂物的变形不能与基体协调而形成空隙，构成应力集中源，从而在交变应力作用下出现裂纹并扩展，导致疲劳磨损。一般情况下，材料抗疲劳磨损能力随表面硬度的增加而增强，但表面硬度一旦越过一定值，则情况相反。特别是钢材芯部硬度越高，产生疲劳裂纹的危险性就越小。此外，钢的硬化层太薄时，疲劳裂纹将出现在硬化层与基体的连接处而易形成表面剥落。因此，选择硬化层厚度时，应使疲劳裂纹产生在硬化层内，以提高抗疲劳磨损能力。

在接触应力一定的条件下，表面粗糙度值越小，抗疲劳磨损能力越高；但是表面粗糙度值小到一定值后，对抗疲劳磨损能力的影响会减小。如滚动轴承的表面粗糙度值为 $Ra=0.32$mm 时的轴承寿命比 $Ra=0.63$mm 时高 2～3 倍，$Ra=0.08$mm 比 $Ra=0.16$mm 高 0.4 倍，$Ra=0.08$mm 以下时的变化对疲劳磨损影响甚微。

一般润滑油的黏度越高以及随压力变化越大，抗疲劳磨损能力也越高。在润滑油中适当加入添加剂或固体润滑剂，也可提高抗疲劳磨损能力。润滑油量与其含水量、接触应力的大小、循环速度、表面处理工艺对抗疲劳磨损也有较大影响。

垃圾焚烧烟气流过受热面时，颗粒物对受热面管子产生磨损作用，包括飞灰颗粒垂直或相切于管子表面产生冲刷磨损，颗粒以一定运动速度正面撞击管子表面，产生微小塑性变形或显微裂缝，经过无数次反复撞击下，逐渐使塑性变形层脱落而形成撞击磨损。烟气对锅炉受热面磨损程度的影响因素主要有：

① 烟气流速。经验表明锅炉的飞灰磨损量同烟气流速的 3～3.5 次方成正比。由于结构和运行的束缚，局部流速过高往往是造成受热面磨损的主要原因。通常用流速不均匀系数 K_w 来反映烟道断面烟气速度不均匀性。当 K_w 由 1 增加到 1.25，磨损量将增加一倍以上，这同磨损量与速度具有相同的指数关系。

在锅炉对流受热面与炉墙间容易存在的烟气走廊，会使受热面管排间，烟气同受热面进行热交换而被冷却使烟温下降，进而在压力不变情况下，烟气体积减小，流速相应降低。而在烟气走廊内的烟速降低较小，烟气冷却降温效果明显低于与受热面进行热交换的结果，也就使烟气流速不均匀系数加大。另一方面，烟气走廊的阻力系数小于管排间的阻力系数，故在管排与烟气走廊间形成静压差，使部分烟气由管排间流向烟气走廊。所以烟气走廊内的烟气量同时来自走廊进口和管排间的横向流动，促使走廊中的烟气加速运动，这种速度增长率取决于横向运动，也是一般在烟气走廊的尾部受热面磨损比较严重的原因。要消除或最大化减少烟气走廊对磨损的影响，就需要改善烟气走廊进口条件，以及受热面结构，控制横向流动。

② 受热面结构和布置。在相同条件下，错列管排比顺列管排的磨损大 3～4 倍。无论错列布置还是顺列布置，第一排管子的磨损程度相差无几，顺列布置第 2 排管子几乎不受小颗粒的冲击，粒径 $d \geqslant 100 \mu m$ 的较大颗粒冲撞频率也很小，而错列布置的横向截距与管径比 $S_1/d=2$ 时，第 2 排管子受到的颗粒物冲击速度最大，磨损最严重。随着 S_1/d 增大，发生严重磨损的管排数后移。

横向节距越大，管排间烟气阻力越小，同时烟气走廊相对宽度也将减小，从而Kw将减小。另外，管径越小则曲率越大，颗粒物与管子的撞击概率越大。一般在同一流速下，飞灰的粒径越大磨损量越大。有试验表明，金属管材在有腐蚀性烟气中的磨损速度比在中性烟气中快4～5倍。

7.1.4.5 金属的力学性能与失效形式——疲劳失效

疲劳是在远低于材料强度极限甚至屈服极限的交变应力或应变反复作用下普遍发生的一种现象。所谓疲劳失效，是指经过一定的循环次数以后，在应力集中部位萌生裂纹，裂纹在一定条件下扩展，最终突然断裂的一种失效形式。通常将疲劳失效过程分为下述三个阶段：

① 微观裂纹阶段。由于物体的最高应力通常产生于表面或近表面区，在循环载荷作用下，存在的驻留滑移带、晶界和夹杂发展成为应力集中点并首先形成微观裂纹。此后，裂纹沿着与主应力约成45°角的最大剪应力方向扩展，裂纹长度约在0.05mm以内。

② 宏观裂纹扩展阶段。裂纹基本上沿着与主应力垂直的方向扩展。

③ 瞬时断裂阶段。当裂纹扩大到使物体残存截面不足以抵抗外载荷时，物体就会在某一次加载下突然断裂。

对应于疲劳失效的三个阶段，在疲劳宏观断口上呈现有疲劳源、疲劳裂纹扩展和瞬时断裂三个区，表现为疲劳源区面积很小，色泽光亮，是两个断裂面对磨造成的；疲劳裂纹扩展区比较平整，具有表征间隙加载、应力较大改变或裂纹扩展受阻等使裂纹扩展前沿相继位置的休止线或海滩花样；瞬断区具有静载断口的形貌，表面呈现较粗糙的颗粒状。疲劳失效的基本特征为：

① 受到随时间变化的应力即扰动应力作用，扰动应力来源于荷载，可以是应力、应变、位移。

② 疲劳载荷在一定确定时间间隔内呈现相等幅频的周期性交变特征，故而也叫循环载荷。将疲劳失效时所经历的应力、应变循环次数定义为疲劳寿命。

③ 疲劳失效是一个疲劳损伤逐步累积的过程，往往具有明显的局部性；往往出现在名义应力小于材料抗拉强度甚至屈服点的情况。

④ 疲劳失效的力学特征表现在循环应力远小于静强度极限的情况下破坏就可能发生，但要经历一段时间甚至很长的时间。

⑤ 引起疲劳断裂的应力常常低于材料的屈服点；疲劳断裂时一般没有明显的宏观塑性变形且断裂前没有预兆，宏观断口由疲劳裂纹的策源地及扩展区（光滑部分）和最后断裂区（粗糙部分）构成。

压力管道疲劳失效是管道长期受到反复加压与卸压交变载荷作用，出现的金属材料疲劳而产生的一种破坏形式。其疲劳失效时一般没有明显的塑性变形，但有如下一些特征：发生疲劳失效的部位一是结构的几何不连续处即应力集中部位，二是存在裂纹类原始缺陷的焊缝部位。失效的基本形式有爆破和泄漏两种。失效后的整体特征是泄漏或破坏，整体上属于脆性断裂，无塑性变形。其宏观形貌是断口有明显疲劳失效三阶段特征，可见到一种独特的疲劳辉纹微观特征。

结构细部构造、连接形式、应力循环次数、最大应力值和应力变化幅度即应力幅是影响结构疲劳失效的主要因素。

　　根据循环荷载的幅值和频率，可分为等幅疲劳、变幅疲劳和随机疲劳。根据应力循环次数以及疲劳荷载的应力水平，又可以分为高周疲劳、低周疲劳等。其中，低周疲劳指材料所受力较高，通常接近或超过屈服极限，断裂前的应力循环次数一般少于 $10^4 \sim 10^5$，每次循环过程中都发生塑性变形。低周疲劳失效就是塑性变形累积的结果。高周疲劳是指材料所受的交变应力远低于材料的屈服极限，断裂前的应力循环次数大于 10^5，通常用疲劳曲线（S-N 曲线）来描述该材料的疲劳特性。高周疲劳的寿命主要指的是裂纹萌生寿命。高周疲劳采用常规疲劳计算方法。

　　（1）循环应力

　　疲劳失效是在循环应力或循环应变作用下发生的，循环应力的每一个周期变化称作一

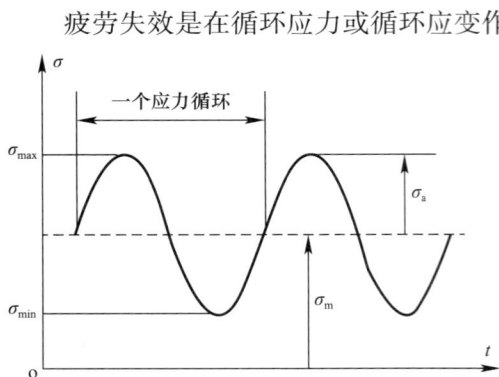

图 7-7　恒幅循环应力

个应力循环。为了便于研究和分析疲劳问题，国际上对循环应力表示法已做出统一规定。图 7-7 所示的恒幅循环应力由以下诸分量表示：

　　① 最大应力 $\sigma_{\max}$ 与最小应力 $\sigma_{\min}$，分别为应力循环中最大、最小代数值的应力，以拉应力为正，压应力为负。

　　② 平均应力 σ_{m}，最大应力和最小应力的代数平均值，即 $\sigma_{\mathrm{m}} = (\sigma_{\max} + \sigma_{\min})/2$。

　　③ 应力幅 σ_{a}，最大应力和最小应力的代数差的一半，即 $\sigma_{\mathrm{a}} = (\sigma_{\max} - \sigma_{\min})/2$。国际上有文献将 σ_a 称作交变应力，但在中国常用应力幅一词表示循环应力。

　　④ 应力变程又称应力范围 σ_{r}，是最大应力与最小应力差，为应力幅的两倍，即 $\sigma_{\mathrm{r}} = \sigma_{\max} - \sigma_{\min}$。

　　⑤ 循环特征又称应力比 R，是最小应力与最大应力的比值，即 $R = \sigma_{\min}/\sigma_{\max}$。其中，$R = -1$ 时，称为对称循环，此时的 $\sigma_{\max}$ 和 $\sigma_{\min}$ 绝对值相等，符号相反且平均应力为零；$R = 0$，即 $\sigma_{\min} = 0$ 时，称为脉动循环，其最小应力为零；R 介于 $-1 \sim +1$ 时，称为非对称循环。

　　应力循环可以看成两部分应力的组合，一部分是数值等于平均应力的静应力，另一部分是在平均应力上变化的动应力。产生疲劳失效所需的循环数取决于应力水平的高低，破坏循环数越大，表示施加的应力水平越低。

　　（2）疲劳性能

　　疲劳性能是指材料抵抗疲劳失效的能力。材料疲劳性能需通过试验测定，通常采用 $7 \sim 10$ 个标准件，在给定应力比 R 或平均应力 σ_{m} 的条件下进行。根据不同应力水平的试验结果，以最大应力 $\sigma_{\max}$ 或应力幅 σ_{a} 作用的应力范围 S 为纵坐标，疲劳寿命 N 的对数 $\lg N$ 为横坐标，表示一定循环特征下标准试件的疲劳强度与疲劳寿命之间关系的应力-寿命曲线既 S-N 曲线（图 7-8）。

　　S-N 曲线是按疲劳试验直到试样断裂得出的，对应于 S-N 曲线上某一应力水平的 N

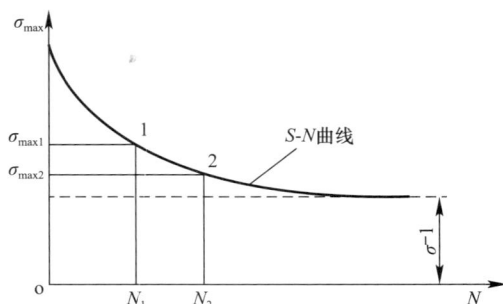

图 7-8　S-N 曲线示意图

是直到破坏时的寿命即是总寿命，定义为在给定应力比 R 和恒幅载荷作用下，到破坏的循环次数。不同的零件，因形状不同，加工精度和热处理工艺也不尽相同，其 $S\text{-}N$ 曲线也就不同。为了模拟实际构件缺口处的应力集中以及研究材料对应力集中的敏感性，常需测定不同应力集中系数下的 $S\text{-}N$ 曲线。

在 $S\text{-}N$ 曲线上，对应某一寿命值的最大应力 σ_{max} 或应力幅 σ_a 称为疲劳强度。疲劳强度也泛指与疲劳有关的强度问题。当循环应力中的最大应力 σ_{max} 小于某一极限值时，试件可经受无限次应力循环而不产生疲劳裂纹；当 σ_{max} 大于该极限值时，试件经有限次应力循环就会产生疲劳裂纹，该极限应力值称为疲劳极限。$S\text{-}N$ 曲线的水平线段对应的纵坐标就是疲劳极限。鉴于疲劳极限存在较大的分散性，按现代统计学观点定义疲劳极限为"指定循环基数下的中值（50%存活率，也称50%可靠度）疲劳强度"。对 $S\text{-}N$ 曲线有水平线段的材料，循环基数取 10^7；如铝合金等 $S\text{-}N$ 曲线无水平线段的材料，循环基数取 $10^7 \sim 10^8$。

根据各种应力比 R 或平均应力 σ_m 的 $S\text{-}N$ 曲线族，以应力幅 σ_z 为纵坐标，平均应力 σ_m 为横坐标，还可绘出等寿命图又称古特曼图。图 7-9 为钢材等寿命图。图中同一曲线上的各点表示具有相同寿命的 σ_z 和 σ_m 值。各曲线汇交于横坐标轴上一点，该点 σ_z 为零；σ_m 等于静强度极限 σ_{b0}。

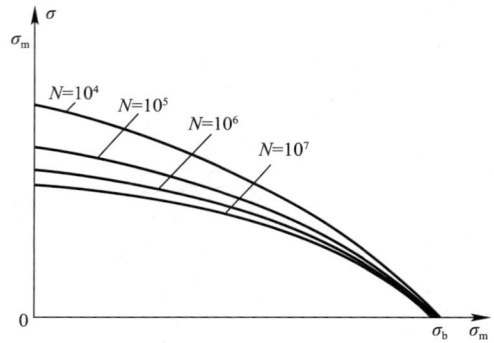

表征低循环疲劳裂纹形成阶段的疲劳曲线 $\varepsilon\text{-}N$ 即应变-寿命曲线和循环应力-应变曲线，都是通过控制恒定的应变幅的试验测定的，故低

图 7-9 钢材等寿命图

循环疲劳又称应变疲劳。试验采用无缺口光滑小试件，并保持拉应变和压应变绝对值相等且为一常量。由于材料处于塑性范围，所以在恒定应变幅 ε_a 循环下，应力幅 σ_a 不断发生变化。对于大多数材料，在达到疲劳寿命的一半之前，σ_a 即趋于稳定，最后可得到一闭合的迟滞回线（图 7-10）。对各个试件用不同的应变幅值进行试验，可得到不同大小的迟滞回线。将各回线上下端点用曲线连接起来就得到循环应力-应变曲线（图 7-11）。若将各试件一直试验到破坏并记录其疲劳寿命，以应变幅 ε_a 为纵坐标，疲劳寿命 N 为横坐标绘在双对数坐标纸上，则可得到 $\varepsilon\text{-}N$ 曲线（图 7-12）。总应变幅 ε_a 可分解为弹性应变分量和塑性应变分量，通常弹性应变-寿命关系和塑性应变—寿命关系在双对数坐标系中为两条直线。

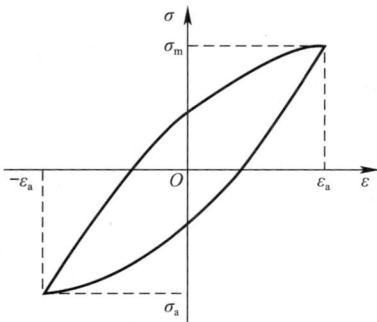

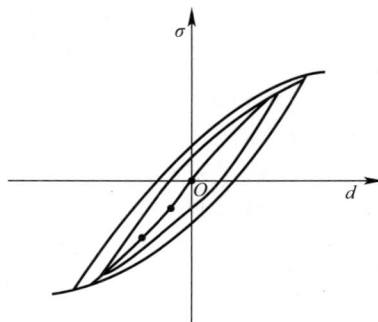

图 7-10 迟滞回线   图 7-11 循环应力-应变曲线

取 a 为裂纹长度，K_{max} 和 K_{min} 分别为对应 σ_{max} 和 σ_{min} 的应力强度因子，应力强度因子变程 $\Delta K = K_{max} - K_{min}$。高循环裂纹扩展试验结果揭示出每一应力循环的疲劳裂纹扩展率 da/dN 与 ΔK 的关系，反映在图 7-13 所示的双对数坐标系中。图中裂纹扩展分为三个阶段：对于阶段 I，当降低至某一极限值 ΔK_{tn} 时，裂纹基本不再扩展，该值称为疲劳门槛值。主要影响因素有平均应力、环境和材料的微观结构等。对于阶段 II，有如下帕里斯公式：$da/dN = C \cdot \Delta K^m$（$C$、$m$ 为材料常数）。帕里斯公式在双对数坐标系中为一直线，与阶段 II 的试验结果基本符合。阶段 III，机理比较复杂，在裂纹扩展寿命中所占比例甚小，研究也较少。

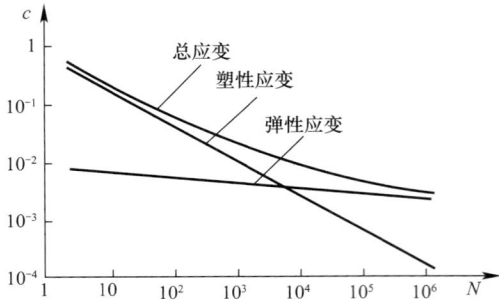

图 7-12　ε-N 曲线

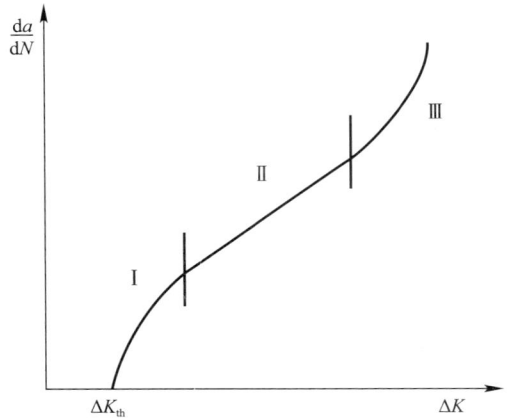

图 7-13　da/dN-ΔK 曲线

在变幅循环应力作用下，先行的高峰应力循环对后继低应力循环的裂纹形成和裂纹扩展的影响，称为过载效应。对于带有缺口或含裂纹的构件，在预先施加高峰拉应力后，在缺口处或裂纹尖端形成塑性区，产生有利的残余压应力，故可延长疲劳寿命。由此也提示出如下提高疲劳寿命的途径：尽可能提高工件光洁度和过渡圆滑；在应力处理上要求消除拉应力，预置压应力。

（3）疲劳损伤累积理论

疲劳损伤积累理论认为，当零件所受应力高于疲劳极限时，每一次载荷循环都对零件造成一定量的损伤，并且这种损伤是可以积累的。当损伤积累到临界值时，零件将发生疲劳失效。

累积损伤理论提供了在程序加载或变幅加载下构件寿命估算的方法和依据。应用最广的是如下线性累积损伤理论：设一个循环周期内含有 k 个应力水平 σ_1、$\sigma_2 \cdots \sigma_k$，各级应力水平的循环数分别为 n_1、n_2，$\cdots$，n_k。令 N_1、N_2，$\cdots$，N_k 分别表示在各级应力水平单独作用下的疲劳寿命（可由 S-N 曲线查得），以 T 表示周期数，疲劳损伤度可用相应的循环比即 n_1/N_1、n_2/N_2，$\cdots$，n_k/N_k 表示，则在整个工作期间各级应力水平对构件所造成的损伤度分别为 $T(n_1/N_1)$、$T(n_2/N_2)$，$\cdots$，$T(n_k/N_k)$。当损伤度总和累积至 100%，即达到 $T \sum_{i=1}^{n} n_i/N_i = 1$ 时，构件发生破坏。

这一理论未考虑应力水平先后次序及低于疲劳极限的应力、过载效应等影响，常常与试验结果相差很大，但计算公式简便、直观，故在估算寿命时仍被广泛采用。

对于裂纹形成寿命的估算，一般采用名义应力法和局部应力应变法。名义应力法在应用疲劳损伤累积理论时，依据构件的 $S\text{-}N$ 曲线或与构件应力集中系数相同材料的 $S\text{-}N$ 曲线计算损伤度。局部应力应变法是先对缺口根部进行应力应变分析，然后依据无缺口光滑小试件的曲线，计算每一循环的损伤并进行累积，进而给出寿命。估算裂纹扩展寿命，须先求出构件应力强度因子，再将帕里斯公式作适当修正后，利用数值积分法，求得由初始裂纹扩展至临界裂纹或断裂的寿命。

（4）疲劳寿命

疲劳寿命是在循环加载情况下，材料产生疲劳破坏所需循环应力或循环应变的循环次数，常以工作小时计。构件出现工程裂纹（宏观可见或可检的裂纹，长度 0.2～1.0mm）以前的疲劳寿命称为裂纹形成寿命。自工程裂纹出现并扩展至完全断裂的疲劳寿命称为裂纹扩展寿命。两者之和为疲劳总寿命。这与 $S\text{-}N$ 曲线上某一应力水平的疲劳寿命 N 是总寿命的含义一致。

在整个疲劳失效过程中，塑性应变与弹性应变同时存在。当循环加载的应力水平较低时，弹性应变起主导作用；当应力水平逐渐提高，塑性应变达到一定数值时，塑性应变成为疲劳失效的主导因素。从分析研究视角，常按破坏循环次数的高低将疲劳分为高、低两类疲劳循环。

高循环疲劳也叫高周疲劳，特点是作用于部件的应力水平较低，应力和应变呈线性关系。高循环疲劳的破坏循环次数一般大于 10^4～10^5，弹簧、传动轴等的疲劳属于此类。

低循环疲劳也叫低周疲劳，其特点是作用于部件的应力水平较高，材料处于塑性状态。破坏循环次数一般小于 10^4～10^5，如压力容器、燃气轮机零件等的疲劳属于此类。

实际上，更多实际构件在变幅循环应力作用下的疲劳既不是纯高循环疲劳也不是纯低循环疲劳，而是二者的综合。

鉴于工程裂纹长度远大于金属晶粒尺寸，可将裂纹视为物体边界，周围材料视作均匀连续介质，从而可应用断裂力学方法研究裂纹扩展规律。对应高、低循环疲劳相应分为高循环裂纹扩展和低循环裂纹扩展两类，其中高循环疲劳裂纹扩展规律利用线弹性断裂力学方法研究，低循环疲劳裂纹扩展规律应采用弹塑性断裂力学方法研究，不过由于问题十分复杂，尚待深入研究。

疲劳寿命 Np 分散性较大，对此采用具有存活率 p（如 95%、99%、99.9%）的疲劳寿命 Np 进行统计分析，其含义是总体中有 p 的个体的疲劳寿命大于 Np，而破坏概率等于（$1-p$）。常规疲劳试验得到的 $S\text{-}N$ 曲线是 $p=50\%$ 的曲线。对应于各存活率 p 的 $S\text{-}N$ 曲线称为 $p\text{-}S\text{-}N$ 曲线。

常规疲劳强度计算是以名义应力为基础的，可分为无限寿命计算和有限寿命计算。当部件应力循环数 N 大于循环基数 Ne，应进行无限寿命疲劳计算。$S\text{-}N$ 曲线的水平段说明，只要将零件部件或结构的工作应力限制在它们的疲劳极限以下，就可以使零件或结构的寿命无限长。疲劳强度计算一般在静强度计算之后进行，采用许用应力法或安全系数法。按照这种古老的无限寿命设计准则设计的部件比较保守，表现在一般尺寸较大，部件较重。这种计算方法通常用于地面工作、运转时间长的机械和设备。

有限寿命疲劳计算法是在确保零部件或结构规定寿命的条件下，依据 $S\text{-}N$ 曲线左段斜线部分，采用大于疲劳极限的设计应力的疲劳强度计算方法。有限寿命计算是当前对充分利用材料的承载能力，减轻重量有较高要求的机械产品，主要采用的设计疲劳计算方法。当整机需要较长寿命时，采用定期维修更换零件的办法让某些零件设计寿命较短而使重量更轻，因为减轻重量通常是提高产品性能水平的关键之一。

零件的疲劳寿命与零件的应力应变水平有关，其关系也用应力-寿命曲线和应变-寿命曲线表示，二者统称为 S-N 曲线。取应力循环数 N，材料常数 m、C，具有如下试验规律：$\sigma mN=C$。金属疲劳寿命预估侧重于力学方面，进行疲劳寿命的理论估算和试验，是以材料的疲劳性能作为理论计算的依据。由于疲劳寿命的长短取决于所承受的循环载荷大小，需要编制供理论分析和全尺寸疲劳试验用的载荷谱。由此根据材料的疲劳性能和载荷谱估算出疲劳寿命。

（5）环境影响

某些工程零、部件是在高于或低于室温下工作，或在腐蚀介质中工作或是受载方式不是拉压与弯曲而是接触滚动等，这些不同的环境影响因素，会使金属部件产生不同的疲劳失效。常见的有接触疲劳、高温疲劳、热疲劳和腐蚀疲劳，还有微动磨损疲劳和声疲劳等。

1）接触疲劳。是指如齿轮、滚动轴承、轮箍等部件，在法向载荷和切向载荷交变接触压应力的长期、反复作用下，引起局部接触表面产生小片或小块剥落现象。这种压应力称为接触应力，也叫赫兹应力。按接触面初始条件分为如齿轮的线接触与如滚珠轴承的点接触两类。

对滚动接触，不论是点接触还是线接触，均呈现接触面椭圆形，最大压应力发生在表面上的特征。取接触圆半径 b，则最大剪应力 τ_{max} 发生在距离表面 $0.786b$ 处。因滚动接触应力为交变应力，其亚表层受 $0 \sim \tau_{max}$ 重复循环应力作用，应力半幅为 $0.5\tau_{max}$，即是 $(0.15\sim0.16)\sigma_{max}$。在交变剪应力作用下，裂纹容易在 τ_{max} 处成核，并扩展到表面产生剥落，造成接触疲劳。

接触疲劳失效分为点蚀、剥落与分层三类。其中，点蚀也称表面磨损，一般是在较低接触应力作用下产生的。表现为在磨痕轨迹范围内出现深度在 $20\sim30\mu m$ 的针状或痘状凹坑，进而有疲劳裂纹发展线的痕迹存在。一般在刚出现少数麻点时尚能继续工作，但随着工作时间的延续，疲劳损伤加剧，表现为点蚀坑数量增多、密度变大，直到完全失效。

剥落失效是在较高接触应力作用下产生的，表现在滚动接触区域出现不规则形状，失效面积相比点蚀坑大，深度为 $50\sim80\mu m$ 的剥落坑。剥落失效可能发生于滚动接触区域内部，也可能超出滚动接触区域。目前对于剥落失效产生的机制还没有统一定论。

分层失效是在很高接触应力作用下产生的，主要有层内分层失效和界面分层失效形式。分层失效的宽度较宽，面积较大，深度一般在 $80\sim120\mu m$，远超出磨痕轨迹，并且有陡峭的呈梯度分布的边缘，底部比较平整。

针对这类部件的接触疲劳失效现象，在设计时必须考虑在接触应力作用下抵抗变形和断裂破坏的能力，定义为接触强度。接触强度是包括接触静强度和接触疲劳强度。

2）高温疲劳。是在高温环境下承受循环应力时所产生的疲劳。高温疲劳是当温度高于 $0.5T_m$（T_m 为以热力学温度表示的熔点）或在再结晶温度以上时，受到交变应力的作用出现蠕变与机械疲劳复合的疲劳现象。此时晶界弱化，有时晶界上产生蠕变空位，因此在考虑疲劳的同时必须考虑高温蠕变的影响。高温下金属的 S-N 曲线没有水平部分，一

般用 $10^7 \sim 10^8$ 次循环不出现断裂的最大应力作为高温疲劳极限。载荷频率对高温疲劳极限有明显影响，频率降低时，高温疲劳极限明显下降。

高温疲劳的一个明显特征是氧化和腐蚀环境能引起循环加载过程中表面滑移台阶的钝化，并通过下述机制促进蠕变损伤的发生，从而既加速了疲劳裂纹的萌生，也加速了疲劳裂纹的扩展：空洞表面吸附氧降低了表面能，因而减小了稳定空洞的临界尺寸；氧与晶界元素发生反应，形成的氧化物像楔子一样嵌入晶界，增大了作用在晶界上的拉应力；晶界上氧化物的形成降低了晶界聚合力，促进了晶界扩散，使形成晶界稳定空洞的临界频率增大；空气中，高温疲劳的晶界空洞还可能以另外的方式萌生。

如果氧与晶界元素的反应产物是气体，那么这些气体在晶界上以气泡形式存在。由于这些气泡具有很高的内压力，它们将成为稳定的空洞核心促进蠕变损伤的过程。

附带说明的是，若部件工作温度是有限度地高于室温时，疲劳设计只要考虑温度对疲劳极限的影响，仍可用室温下的疲劳设计方法。

3）热疲劳。是指金属材料由于温度梯度循环及变化频率，引起热应力-应变循环，导致逐渐畸变和开裂甚至断裂的疲劳失效现象。热疲劳常发生在锅炉过热器高热流区域的管子外表面。导致热疲劳的主要原因是金属部件在高温环境下工作时，工作环境温度并不恒定，甚至急剧反复变化造成膨胀和收缩，当受到约束时部件内部就会产生热应力也叫温差应力。需要注意，没有受到约束的自由膨胀或收缩，是不会产生热应力的。

热疲劳的典型特征表现在宏观断口呈灰色并为氧化物覆盖；表面疲劳裂纹呈龟裂状，裂纹一般源于表面且端部较尖锐，裂纹内有或充满氧化物；裂纹扩展深度与应力、时间及温差变化相对应；裂纹走向可以是沿晶型的，也可以是穿晶型的。

工作环境的温度梯度越大，变化越频繁，相应热应力随着加剧反复变化，也就越容易产生热疲劳。尤其是超温会使管材的疲劳强度严重下降。脆性材料抗热应变的能力差，热应力容易达到材料的断裂应力导致热疲劳。反之，塑性材料的抗热应变能力较强，不易发生热疲劳。热膨胀系数不同的材料组合，部件几何结构对金属膨胀和收缩的约束作用大，因而易出现热疲劳。另外晶粒粗大且不均匀的，也容易出现热疲劳。

4）腐蚀疲劳。是在交变载荷和腐蚀性介质交互作用下承受循环应力时所产生的疲劳，如船用螺旋桨、涡轮机叶片等常产生腐蚀疲劳。腐蚀介质在疲劳过程中能促进裂纹的形成和加快裂纹的扩展。腐蚀疲劳裂纹通常为穿晶型的，其典型特征表现如在断口表面变色；S-N 曲线无水平段；加载频率对腐蚀疲劳的影响很大；金属的腐蚀疲劳强度主要是由腐蚀环境的特性而定；腐蚀疲劳的最后断裂阶段是纯机械性的，与介质无关。

7.1.4.6 金属的力学性能与失效形式——腐蚀失效

（1）金属腐蚀概述

按 DIN 50900—2002 定义，腐蚀是指材料与其环境产生化学反应或电化学反应所造成的破坏。按腐蚀机理分为化学腐蚀、电化学腐蚀以及物理腐蚀。化学腐蚀是指反应前后没有电子转移，原子价数无变化，也就是反应过程没有电流产生。电化学腐蚀是在反应前后有电子转移，原子价数有增减。物理腐蚀则是指金属在介质中被溶解形成溶液而不是化学产物。凡是有金属使用的地方就有各种类型的腐蚀。有统计全世界每年因腐蚀造成的金属损失占金属总产量的 20%。腐蚀不但造成设备材料损失，还会对安全与环境造成很大危害，因而受到高度关注。

按腐蚀使构件损伤的情况可分为全面腐蚀与局部腐蚀。全面腐蚀也叫均匀腐蚀，表现为与腐蚀介质接触的整个金属表面以均匀腐蚀速率缓慢进行过程，如高压蒸汽管的高温氧化，大气腐蚀等。这类腐蚀可根据材料与腐蚀介质特性，测算出腐蚀速率继而在设计时留出相应腐蚀裕量，因而是容易预防的。局部腐蚀顾名思义是发生于局部区域，相邻区域不发生腐蚀或是腐蚀速率远低于腐蚀区域的腐蚀速率。局部腐蚀往往是在阳极面积较小、阴极面积较大的情况下进行的，腐蚀速率极快，甚至是在难以预料的情况下突然发生，因而是难以防范的。在金属的腐蚀事故中，局部腐蚀要大于全面腐蚀，也就是说，局部腐蚀的危害要大于全面腐蚀的危害。常见的局部腐蚀的失效形式有小孔腐蚀、晶间腐蚀、应力腐蚀、缝隙腐蚀、接触腐蚀、氢腐蚀等（表 7-4）。此外，按腐蚀环境分为化学介质腐蚀、大气腐蚀、海水腐蚀、土壤腐蚀等。

常见局部腐蚀的破坏形式　　　　　　　　表 7-4

序号	名称	含义	特征	示例
1	小孔腐蚀（点腐蚀）	金属局部区域出现向深处发展的小孔腐蚀，其他部位无腐蚀或轻微腐蚀	点腐蚀一旦形成就会向深处加速发展	有自钝化能力的不锈钢、钛、铝及其合金在含有氯离子的介质中易发生
2	应力腐蚀	金属材料在固定拉应力和特定介质作用下发生的局部腐蚀	在金属材料局部区域出现由表及里的裂纹，裂纹的形式有穿晶型、晶界型和混合型	在拉应力作用下，奥氏体不锈钢在氯化物溶液中易发生
3	晶间腐蚀	仅发生在金属晶粒边界或临近区域的局部腐蚀	使晶粒间结合力大大削弱，甚至在金属表面无明显变化下，其机械强度完全丧失。特有的金属声消失。危险性较大	奥氏体不锈钢在氧化性或弱氧化性介质中易发生。晶间腐蚀敏感性高的材料如镍基合金、铝合金
4	缝隙腐蚀	在金属与金属或非金属之间缝隙内发生的局部腐蚀	缝隙一般在 0.025～0.1mm。几乎所有金属材料都会发生	法兰接合面、螺母压紧面、焊缝气孔、锈蚀层等
5	电耦腐蚀接触腐蚀	同一介质中，两种不同腐蚀电位的金属互相接触所发生的局部腐蚀	在电位低的金属的接触部位发生局部腐蚀	碳钢和黄铜在海水中互相接触形成偶腐蚀电池。碳钢作为阳极而被腐蚀
6	氢腐蚀	化学或电化学反应产生原子态氢，扩散到金属内部形成局部腐蚀	形态①氢鼓泡：氢原子不能扩散时，在空穴内累积形成巨大内压，引起金属表面鼓泡。含硫、砷等杂质易发生；②氢脆：氢原子进入金属内部，使金属晶格高度变形，金属韧性、延展性降低，发生局部腐蚀；③氢蚀：高温高压下的氢原子进入金属内部，与金属一种组分或元素反应，引起局部腐蚀	
7	其他腐蚀	选择性腐蚀、空泡腐蚀、腐蚀疲劳等		

（2）金属腐蚀的基本原理与常用指标

金属腐蚀是指金属单质与腐蚀性介质在一定环境条件下发生化学或电化学反应，并转化为化合物的过程。通常的腐蚀性介质有形成析氢腐蚀的 H^+（包括各种酸）、氧腐蚀的 O_2、二氧化碳腐蚀的 CO_2、硫化氢腐蚀的 H_2S 以及微生物腐蚀的细菌 SRB。腐蚀过程中的 H_2O 是一种载体、Cl^- 是促进剂。腐蚀过程能否进行是腐蚀的热力学问题，进行的速度如何则是腐蚀的动力学问题。基于热力学观点的金属能否进行腐蚀，原因在于金属处于不稳定状态，有与周围介质反应转变为金属离子的倾向。这在化学热力学上，可以用能量的差异，也就是腐蚀时的自由能变 ΔG 衡量。如果化学反应是释放能量的过程，则意味着自由能降低，即 $\Delta G < 0$，说明金属变为化合物的反应过程能够自发进行。如铁腐蚀成为铁锈 Fe_2O_3，其腐蚀过程是释放能量的过程，随着腐蚀过程的进行，将导致腐蚀体系自由等减少，故而它是一个自发过程。

对非均匀腐蚀，工程上是使用腐蚀面积和腐蚀深度表示材料的腐蚀率。对均匀腐蚀，则常用重量指标、腐蚀深度指标与电流指标来表示材料的腐蚀率，其中：

重量指标 v_g：单位面积 s、单位时间 t 内的重量损失 $w_0 - w_1$。

$$v_g = \frac{w_0 - w_1}{s \cdot t} \quad (g/m^2h) \tag{7-5}$$

深度指标 v_L：单位时间、单位面积金属厚度年减少量。按我国相关标准，要求 $v_L \leqslant 0.0076mm/s$。取材料密度 ρ，单位 g/cm^3，则有：

$$v_L = \frac{v_g \times 24 \times 365}{10000 \cdot \rho} \times 10 = \frac{8.76v_g}{\rho} \leqslant 0.076 \quad (mm/a) \tag{7-6}$$

电流指标 i_a：金属电化学腐蚀过程的阳极电流密度。可用法拉第定律将 i_a 与 v_g 联系起来。

$$i_a = \frac{n}{M} \times v_g \times 26.8 \times 10^{-4} \quad (A/cm^2) \tag{7-7}$$

式中　n——离子电荷数；

　　　M——摩尔质量。

（3）一些影响腐蚀的因素的研究成果

1）温度与时间对锅炉受热面腐蚀的影响

当垃圾焚烧锅炉过热器前设置烟气-空气预热器时，则预热管一般暴露在 $600 \sim 650℃$ 高温条件下，受高温烟气的冲刷。管内空气温度在200℃左右，管壁温度 t_{js} 按下式计算：

$$t_{js} = \frac{0.8\alpha_y\theta_y + \alpha_k t_k}{0.95\alpha_y + \alpha_k} \tag{7-8}$$

式中　α_y、α_k——分别为烟气、空气放热系数；

　　　θ_y、t_k——分别为烟气、空气温度。

这时的烟气—空气预热器管处于高温腐蚀区环境下运行（图7-14），也就为高温腐蚀创造了先决条件，只是金属温度与腐蚀的关系尚未揭示出来。当管壁受到污染而形成的 $M_2S_2O_7$ 融盐后，腐蚀过程不可避免。此外高温腐蚀还与管壁温度高低有关，

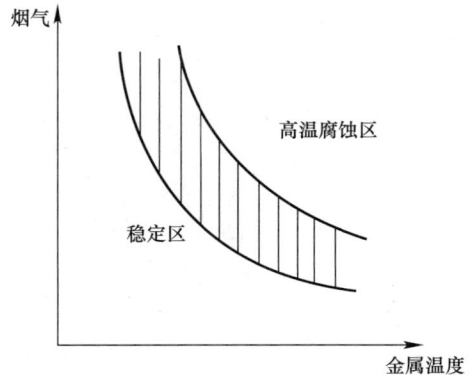

图7-14　烟气温度与金属温度关系

管外壁明显结渣，造成烟气流通横截面积减小，烟速增高，也会导致管壁温度超高。

对水冷壁管的研究表明，当壁温低于 300℃ 时，腐蚀速率很慢。当壁温升高时，腐蚀速率即迅速增高，如当壁温从 350℃ 提高到 400℃ 时，壁温提高 50℃，则腐蚀速率会增加1 倍。另对电站锅炉的研究认为，造成其高温腐蚀的主要原因是由于这些管件的外壁上积有复合硫酸盐 $K_3Fe(SO_4)_3$ 及 $Na_3Fe(SO_4)_3$。当壁温大于 550℃ 时，这些复合硫酸盐呈稳定的液态，而液态复合硫酸盐对管壁金属有强烈腐蚀作用。因此，这些管件的壁温如大于550℃，则会发生较为严重的烟气侧腐蚀。如壁温低于 550℃，这些复合硫酸盐呈固态，可使腐蚀速率大为减小。目前较为一致的研究证实，温度提高，对铁基材料的腐蚀急剧增加，且金属管壁与烟气之间的温度梯度大小对腐蚀速率有很大关系。

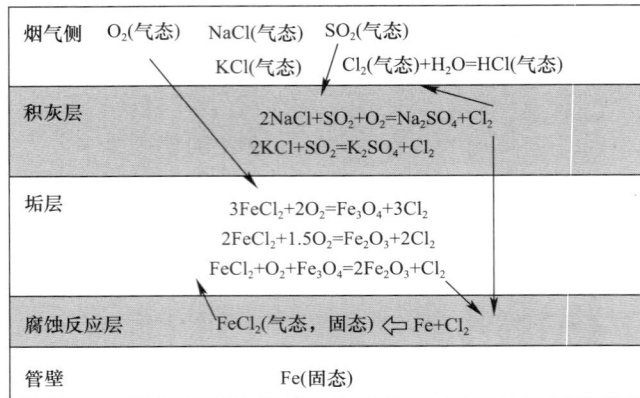

图 7-15　管壁腐蚀过程示意图

2）垃圾焚烧烟气成分对腐蚀的影响

垃圾焚烧烟气中带有如 SO_2、SO_3、H_2S，以及氯分子、氯化物等腐蚀性气体和 H_2O载体，从而对管壁产生腐蚀作用（图 7-15）。其中，水分在管壁表面的凝结，会产生氧而形成电化学腐蚀，通常是以点腐蚀为主。垃圾焚烧烟气中的氯和其他金属元素重新化合成对一般金属有较大腐蚀作用的金属氯化物及相关的共晶体混合物。氯含量随垃圾成分不同有较大变化，对燃烧过程中氯的析出机理和行为特性尚不十分清楚。有研究初步表明，无论是垃圾中如氯化钠等无机氯化物还是如聚氯乙烯等有机氯化物，焚烧后的主要产物都是HCl，且主要是有机氯化物的取代基脱除产生的。其总反应为：

$$aC_nH_mCl_p + bO_2 \longrightarrow xCO_2\uparrow + yCO\uparrow + zH_2O\uparrow + wHCl\uparrow$$

这些氯化物在 260～482℃ 的金属管壁温度下对金属管表面产生腐蚀。含氯离子介质、高温环境、静态拉应力或残余应力引起的热应力是产生应力腐蚀裂纹的三个基本条件。在湿空气的作用下，也会造成应力腐蚀裂纹。常发生在过热器的高温区管和取样管。爆口一般呈现穿晶应力腐蚀断口呈脆性形貌，爆口上可能会有腐蚀介质和腐蚀产物，裂纹具有树枝状的分叉特点，裂纹从蚀处产生，裂源较多。

此外，$FeCl_3$ 熔点为 282℃，较易挥发，对保护膜的破坏较为严重。除对 Fe、Fe_2O_3的侵蚀外，氯与氯化物还可在一定条件下对 Cr_2O_3 保护膜构成腐蚀。不锈钢和镍合金的应力腐蚀绝大多数是基于阳级溶解型机理，由氯化物引起的腐蚀。由于 Cl^- 的存在，可以有效降低金属表面能，穿破钝化膜，特别是通过孔和裂缝到达金属与氧化层交接面与合金反应生成氯化物，加速阳极溶解过程（图7-16）。奥氏体不锈钢的氯化物应力腐蚀一般是穿晶断裂，并有许多分叉。只有当材料组织处于敏化状态时，裂纹才是沿晶的。氯化物应力腐蚀的影响因素有：氯含量、氧含量、温度、应力水平和溶液的 pH 值。氧的存在是氯化物应力腐蚀的必要条件。

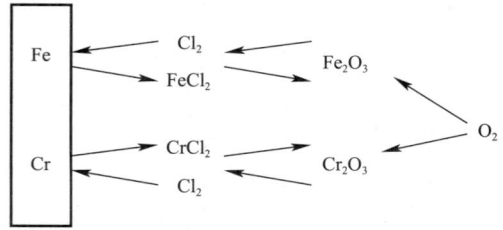

图 7-16 Cl_2（g）引起的腐蚀系统图

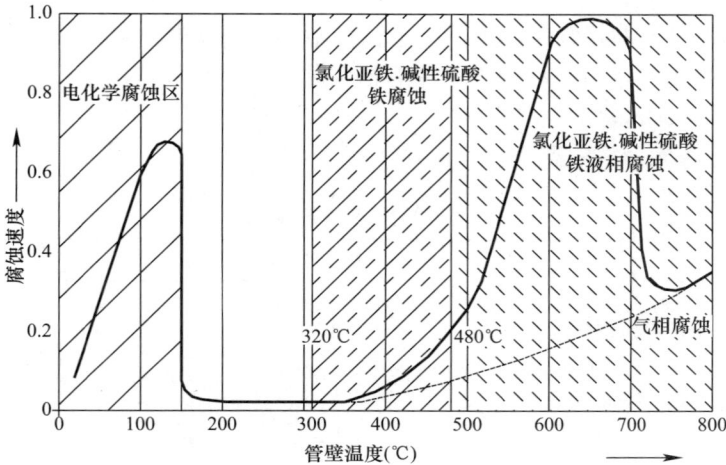

图 7-17 锅炉管壁温度与腐蚀速率关系

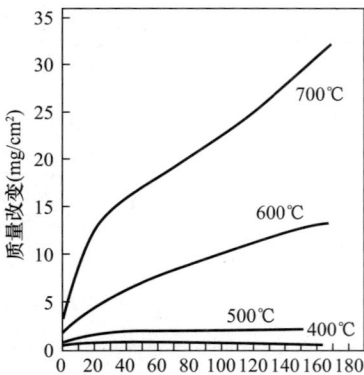

图 7-18 Fe 质量随时间变化

当氯、硫化合物共存时，借助于 H_2O 和 O_2 不仅可加速硫酸盐的生成，也有利于 HCl、Cl_2 的形成，进而加速高温腐蚀过程。因为受金属氯化物的挥发控制，腐蚀率取决于温度。由图 7-17 可见，当温度低于 750℃ 与 150℃ 时，腐蚀与温度有两个腐蚀高峰，均大致呈抛物线关系。在大于 800℃ 高温下，腐蚀率随时间呈线性关系。

Mayer 和 Manolescu 对如何改变保护性氧化层形态的研究认为，随 HCl 浓度含量的微小变化，腐蚀膜的形态有巨大改变。图 7-18 是 Armin. Zahs 等对铁铬及含 Ni 合金 A800、A825、A600 在 N_2-O_2-HCl 气氛下腐蚀实验研究结果。该图显示出在 5％N_2、814mg/$m^3$$O_2$ 及 2444mg/m^3 HCl 下，温度为 400℃、500℃、600℃、700℃ 时，腐蚀 168h 后的质量改变的结果。研究发现腐蚀量受温度影响很大，但 HCl 含量的变化对腐蚀量几乎没有影响。

3）氢腐蚀

李鹤林院士指出钢材的氢腐蚀原理是原子氢 H 进入钢材，与碳化物 Fe_3C 反应生成甲烷，其化学反应模型为：$Fe_3C+4H\longrightarrow 3Fe+CH_4$。该项研究认为，由于甲烷的分子尺寸大而不易扩散，会使甲烷在晶界或相界面等处聚集产生局部高压，形成微裂纹，进而材料

脆化；这种失效模式可能没有明显的腐蚀现象，但是材料性能严重退化，事故的隐患已经存在。氢腐蚀是蒸汽管道、锅炉管等高温部件中常见的失效模式，发生氢腐蚀的条件为蒸汽压力 3～19MPa、蒸汽温度 315～510℃，并且由腐蚀过程的阴极析氢及腐蚀过程所促进的如下"汽水反应"提供原子氢的来源：$3Fe + 4H_2O \longrightarrow Fe_3O_4 + 8H$。氢腐蚀的预防措施：

① 要尽量减少钢材的含碳量，提高抗氢腐蚀能力。

② 由于焊接热影响区是氢腐蚀的敏感区，需进行焊后热处理。

③ 要充分重视使用低合金铬（1％～3％）钼钢时，对在 370～540℃ 长期运行引起的回火脆性（韧—脆转化温度上升），引起回火脆性的元素有 Mn、Si、P、S、As、Sn、Sb 等。

④ 含 12％Cr 以上的合金钢、奥氏体不锈钢不存在氢腐蚀问题，可以作为内壁衬里或堆焊材料，但是应当从选材、堆焊工艺及运行工艺方面防止堆焊层与母材界面发生的氢剥离以及连多硫酸 SCC 问题。

4）一些锅炉防腐蚀的实践经验（表 7-5）。

一些锅炉的防腐蚀措施　　　　　　　　　　　　　　　　表 7-5

序号		防腐措施
1	氧量控制	采用低氧燃烧技术，降低烟气中的 SO_3 和 V_2O_5 含量，减少腐蚀。但如果过量空气系数过低，又会造成燃烧不完全，因而应使过量空气系数控制在一定范围内
2	温度控制	防止局部高温出现的关键是控制合理的炉膛出口烟温和布置好受热面，受热面布置要避免高温烟区和高温壁区同时出现
3	防护途径	采用防腐蚀性更好的材料，加防护套、高温喷涂、堆焊、防护等
4	防腐控制	注意去除管子的残余应力，以防止应力腐蚀裂纹；加强安装期的保护，注意停炉时的防腐；防止凝汽器泄漏，降低蒸汽中的氯离子和氧的含量
5	防热疲劳	改变交变应力集中区域的部件结构；改变运行参数以减少压力和温度梯度的变化幅度；设计时需要考虑间歇运行造成的热胀冷缩；避免运行时机械振动；调整管屏间的流量分配，减少热偏差和相邻管壁的温度；适当提高吹灰介质的温度，降低热冲击
6	防磨措施	根据受热面在寿命范围内的允许磨损量，宜采用较低的烟气流速
		加大横向节距 S1，降低烟气流速
		加装阻留板、隔离板及防磨瓦等措施，消除烟气走廊影响，降低速度不均匀系数
		加强管排定位，以免运行中发生变形、管排不齐、个别管突出而引起管距和流速不均，局部磨损加剧。选用定位材料和结构时，应保持可焊性、定位可靠性、抗氧化性
		经常检查磨损及防磨情况，发现新磨损部位和防磨板过度磨损，要在检修时及时更换或是采用补充措施

7.1.4.7　金属的力学性能与失效形式——蠕变失效

（1）蠕变概念

蠕变是指固体材料在保持应力不变的条件下，应变随时间延长而增加的现象。从蠕变的微观机制看，有研究认为原子晶间位错引起点阵的滑移以及晶间的滑移，是引起多晶体材料蠕变的原因，对不同材料的蠕变是不同的。

蠕变与塑性变形的差别在于，塑性变形通常是在应力超过弹性极限之后才出现，而蠕变只要应力的作用时间足够长，即使应力小于弹性极限时也能出现。在维持恒定变形的材料中，应力会随时间的增长而减小的现象叫作应力松弛，可将其理解为是一种广义的蠕变。

通常金属的变形抗力随温度升高而降低。可用下述约比温度作为界定是高温还是低温：

$$约比温度 = \frac{使用温度}{金属熔点} = \frac{T(K)}{T_m(K)} \begin{cases} \geqslant 0.5 & ——高温状态 \\ < 0.5 & ——低温状态 \end{cases} \tag{7-9}$$

蠕变在低温下也会发生，但只有达到一定的温度才能变得显著，称该温度为蠕变温度，对各种金属材料的蠕变温度约为 $0.3T_m$，T_m 为熔化温度（单位：K）。

不同金属材料，在相同约比温度下的蠕变行为以及力学性能的变化规律均是相似的。常温条件下主要研究应力—应变关系，高温条件下主要研究应力—应变＋温度＋时间的关系。通常碳素钢加热温度超过 $300\sim350℃$ 或是 $T/T_m > 0.3$ 时就要考虑蠕变；合金钢在 $400\sim450℃$ 以上时会有蠕变行为；对于一些低熔点金属如铅、锡等，在室温下就会发生蠕变。

（2）蠕变过程

如图 7-19 所示，典型蠕变过程随时间的延续大致分为三个阶段，第一阶段为减速蠕变阶段也叫过渡蠕变阶段，表现为应变随时间延续而增加但增加的速度逐渐减慢，主要是由加工硬化所致。第二阶段为稳态蠕变阶段也叫温态蠕变阶段，表现为应变随时间延续而匀速增加，延续时间较长，并且随着应力与温度的提高而缩短。主要影响因素是加工硬化＋回复等机制。第三阶段为加速蠕变阶段，此阶段的蠕变速率 $\varepsilon = d\varepsilon/dt$ 随温度升高而加快，也就是应变随时间延续而加速增加，表现为裂纹形成与扩展，直至断裂；应力越大，蠕变的总时间越短，应力越小，蠕变的总时间越长。每种材料都有一个最小应力值，应力低于该值时不论经历多长时间也不破裂，或者说蠕变时间无限长，这个应力值称为该材料的长期强度。

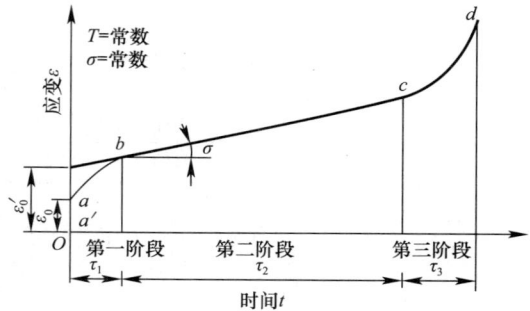

图 7-19 典型材料的蠕变曲线

在高温下，因外界提供热激活能而加剧原子扩散，根据金属位错攀移的多边化理论，形成位错滑移蠕变，在更高温度下形成扩散蠕变。从对晶界的结构、性质、晶界析出物与外加应力取向对蠕变断裂影响的研究，形成蠕变断裂机制。其中在高应力、较低温度下会形成楔形断裂，在较低应力、较高温下会形成晶界裂纹。

（3）蠕变指标

金属高温力学的性能指标用蠕变极限表示，是指在规定的时间和温度内，到达规定蠕变变形量或蠕变速率时能承受的最大应力。该指标反映在高温长期载荷作用下，材料抗塑性变形的能力。也有用持久强度极限来表示的，其含义是在规定温度下到达规定时间而不发生断裂的最大应力，反映材料抗高温断裂的能力。金属高温力学性能指标的蠕变极限表示方法见表 7-6。

金属高温力学的性能指标之蠕变极限表示方法　　　　　　　　　　表 7-6

符号	释义	示例	含义
σ_{ε}^{t}	给定温度 t 下，使试样在第二阶段产生规定蠕变速率 ε 的最大应力	$\sigma_{1\times10^{-5}}^{600} = 80MPa$	在 600℃ 下，试样在第二阶段产生蠕变速率 $1\times10^{-5}\%/h$ 的最大应力为 80MPa
$\sigma_{\delta/\tau}^{t}$	给定温度 t 和规定时间内，试样产生规定蠕变变形量 δ 的最大应力	$\sigma_{1\times10^{3}}^{700} = 30MPa$	在 700℃ 和 1000h 内，试样产生规定蠕变变形量 1% 的最大应力为 30MPa
σ_{τ}^{t}	给定温度 t 下，达到规定时间 τ 而不发生断裂的最大应力	$\sigma_{1/10^{5}}^{500} = 100MPa$	在 500℃ 下，100000h 的持久强度极限为 100MPa

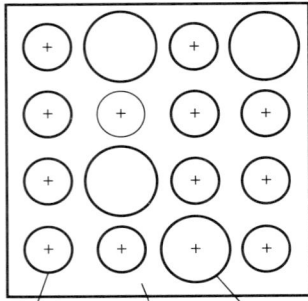

图 7-20　电子气充满期间示意图

金属材料的热力学性能与原子和自由电子的能量交换有密切关系。当材料受热膨胀时，原子平均振幅增加，宏观上用体积膨胀系数 β 与线膨胀系数 α 作为材料的热力学指标。大量金属原子聚集一起形成固体时，其中的大部分或全部原子会贡献出自己的价电子。这些价电子为全体原子共有。共有价电子在金属正离子之间自由运动，好像电子气充满其间（图 7-20），将金属正离子（包括有中性原子）沉浸其中，它们之间产生有强烈的静电引力，使金属原子相互结合起来。这种结合方式称为金属键。由金属键结合起来的晶体称为金属晶体，由于电子气呈球对称，所以金属键没有方向性和饱和性。但是，尽管金属和合金中的原子主要靠金属键结合，有时也不同程度地混有共价键。

（4）蠕变的影响因素

蠕变变形规律可用蠕变速度 $\bar{\varepsilon}=f(\sigma,\ T,\ \varepsilon,\ m_1,\ m_2)$ 表示，其中涉及的参量有应力 σ、绝对温度 T、蠕变变形 ε、结构特性 m_1 与组织因素 m_2。表 7-7 汇聚了材料的组织结构与蠕变存在关系，也就是影响金属材料高温力学性能的主要因素。

影响金属材料高温力学性能的主要因素　　　　表 7-7

序号	关系类别	组织结构与蠕变关系
1	温度影响	材料在高温下将发生蠕变，蠕变速率随温度升高增大，随应力增大而增大
2	晶体结构	随着共价键结构程度增加，原子扩散能力及位错运动降低。位错低的金属蠕变极限高。熔点越高，原子结合力越强，自扩散激活能力越大，扩散系数越小
3	晶粒度	由于晶界原子扩散能力大于晶内，故而晶粒粗大晶界减少，蠕变速度降低。晶粒与晶界强度相等时的温度称为等强温度，记为 T_s（参见右等强温度图）。当 $T<T_s$ 时发生穿晶断裂，$T>T_s$ 时发生沿晶断裂
4	晶界滑移	晶界滑移对蠕变变形的作用随应力增加而减少；超过一定温度后晶界滑移量不再增加
5	溶质原子	溶质原子越大，引起畸变越大，蠕变降低；溶质原子溶点越高，蠕变速度降低。通常高熔点、与基体金属原子尺寸相差较大的溶质原子可使蠕变极限提高
6	离散相	离散相弥散分布越多，材料强化效果越大，蠕变速度降低

对金属材料目前主要有老化理论、强化理论和蠕变后效理论等，但是至今还没有对所有材料都适用的统一的蠕变理论。以 $p=\varepsilon-\varepsilon_0$ 表示蠕变的应变（ε_0 为时间 $t=0$ 时的应变），p_ε 表示蠕变应变率，则对于单向受力情形，老化理论认为，在恒应力的条件下的蠕变应变 p 是时间 t 的函数，即 $p=f(\sigma,\ t)$。强化理论则认为，蠕变应变率 p_ε 主要取决于蠕变应变，即 $p_\varepsilon=g(\sigma,\ p)$；蠕变后效理论则认为，蠕变现象实质上是塑性后效，去除应力的后效应变是不可恢复的，若以塑性变形规律 $\sigma=\varphi(\varepsilon)$ 为基础，取在 τ 时刻的单位时间内，单位应力在此后时刻 t 引起的变形为影响函数 K，可将如下 $\varphi(\varepsilon)$ 公式分解为两部分，即等号右端第一项为基本部分，第二项为后效影响部分。

$$\varphi(\varepsilon) = \sigma(t) + \int_0^t K(t-\tau)\sigma(\tau)\mathrm{d}\tau \tag{7-10}$$

上述关系式可推广到三维应力状态，但都只在一定条件下近似反映出材料的蠕变性能。

（5）蠕变断裂

材料在恒定拉应力作用下，经过一定时间 t_r 后发生断裂的现象称为蠕变断裂。在给定温度下，使材料经过规定时间发生断裂的应力值称为持久强度。表示恒应力 σ 随断裂时间 t_r 的变化曲线称为持久强度曲线。在三维应力状态下，一般采用最大正应力或经考虑剪应力影响的修正，作为等效应力来绘制持久强度曲线。在恒定压应力下，构件中的位移经过一段时间后会急剧增大，这种现象称为蠕变曲屈，它是受压构件在蠕变条件下的一种失效形式。

金属材料在蠕变过程中可发生不同形式的断裂，根据断裂时塑性变形量大小的顺序，可将蠕变断裂分为如下类型：

沿晶蠕变断裂。沿晶蠕变断裂是在蠕变过程中，在高温、低应力较长时间作用下，晶界滑动和晶界扩散比较充分，促进了空洞、裂纹沿晶界形成和发展过程。是如耐热钢、高温合金等常用高温金属材料蠕变断裂的一种形式；

穿晶蠕变断裂。主要发生在高应力条件下的蠕变断裂。穿晶蠕变断裂机制与室温条件下的塑性断裂类似，是空洞在晶粒中夹杂物处形成并随蠕变进行而长大、汇合的过程；

延缩性断裂。其断裂过程总伴随着晶粒内不断产生细小新晶粒的动态再结晶。由于晶界面积不断增大，空位均匀分布而阻碍空洞的形成和长大，因此动态再结晶抑制沿晶断裂。晶粒大小与应变量成反比；延缩性断裂主要发生在 $T>0.6T_m$ 高温条件下。

（6）改善蠕变途径

可采取改善蠕变途径如高温工作的零件采用耐热钢等蠕变小的材料，对有蠕变的零件进行冷却或隔热，防止零件向可能损害设备功能或造成拆卸困难的方向蠕变等。

提高结构材料抗蠕变性能的途径如材料在其玻璃化温度 t_g 以下使用，使大分子产生交联，主链引入芳杂环或极性基团等。

表 7-8 汇集了一些以高温用钢为例的一些涉及锅炉用钢成分、使用条件与相关金属力学性能与失效的关系。

高温用钢的一些使用条件与材料力学性能的关系 表 7-8

序号	使用条件	特点
1	使用温度	当钢材使用温度>400℃时，许用应力基本由材料的高温持久强度所决定；随着使用温度提高，许用应力快速降低。使用温度在 600~800℃时，一般需选用组织抗蠕变能力大于铁素体的奥氏体钢。在 800~1000℃时，多选用镍基合金；在 1000~1050℃以上时，多选用钼基合金或陶瓷材料
2	添加元素	一般使用温度在 400~600℃的钢材都含有 Mo 或 Cr-Mo 元素。钢材中加入一定量 Mo 元素可显著提高高温持久强度；对铁素体有固溶强化，提高钢再结晶温度，提高铁素体抗蠕变能力的作用；可抑制渗碳体在 450~600℃的聚集，提高碳化物的稳定性。缺点是 Mo 具有石墨化倾向。钢材中加少量 Cr 元素可显著减缓石墨化过程，并提高钢的蠕变强度
		Si、Al、Cr、Mn 和 Ti 比 Fe 更容易氧化形成氧化物；N、Cu 等比 Fe 难以氧化，会作为金属富集在钢的表面
		Mn 在氧化皮中不会形成单独的氧化层。被氧化的 Mn 会在 FeO 中或 Fe_3O_4 中固溶，因此对钢的氧化速度影响小
		添加 Si 到钢内会同时生成 FeO 和 SiO_2，它们作为稳定相生成有阻碍离子层扩散、减缓氧化速度作用的复合氧化物——铁橄榄石（Fe_2SiO_4）。但当 Fe_2SiO_4 在 FeO/Fe_3O_4 共晶温度 1173℃以上时则会促进氧化。在添加 Al 的情况与此类同

续表

序号	使用条件	特点
3	锅炉钢板	室温及中温（蠕变温度以下）用锅炉钢板多采用碳素钢，包括碳钢、碳锰钢、碳锰硅钢等，即 GB/T 713—2014《锅炉和压力容器用钢板》中的 Q245R、Q345R（为 GB/T 713—1997 中的 20g、22Mng、16Mng、19Mng 钢）以及 ASME SA-515/SA-515M《中低温压力容器用碳钢板》、SA-299/SA-299M《压力容器用碳锰硅钢板》等。主要用于制造汽包、中温以下集箱端盖等承压部件。其共有特点：较高室温强度；良好冲击韧性和较低的缺口敏感性；适应汽包等部件在加工时需要大量的冷变形要求的良好的时效韧性、加工工艺性和焊接性能
		蠕变温度以上高温用锅炉钢板主要用于制造高温集箱封头端盖、蒸汽管道堵板等高温承压部件，一般采用低合金耐热钢，常用有铬钼钢、铬钼钒钢、铬钼钨钢等。如 GB 713—2014 推荐锅炉用 15CrMoR、12Cr1MoVR 钢板，美国 ASME SA-387/SA387 M 推荐压力容器用 Gr22、Gr91 铬-钼合金钢板，ASME SA1017/SA1017M 推荐压力容器用 Gr23、Gr911、Gr122 铬-钼-钨合金钢板等。其共有特点是具有足够的高温持久强度和持久塑性；良好的高温组织稳定性、高温抗氧化性即耐热性、加工工艺性（主要指弯变形和可焊接性）等
		锅炉钢板材料要具有如下主要特点：在一定温度范围内（中温及高温）具有较高的屈服强度性能；具有足够的韧性，在制造或使用中不会发生脆性破坏事故；具有较小的应变时效敏感性，特别在相应的工作温度区域内要保证一定值的时效冲击功；具有较低的缺口敏感性，可预防钢材在焊接、开孔、局部应力集中区域内产生裂纹；具有良好的焊接性能、显微组织，不允许有白点和裂纹存在
4	20 号钢的沉积作用	当 20♯钢的管内壁形成一层较厚的 Ca、Mg、Al 离子沉积物覆盖的情况下，一方面会提高腐蚀速率且倾向于危害性较大的局部腐蚀。另一方面使管壁导热能力下降，向火面温度升高（高于 470～480℃）从而发生高温蠕变。同时，钢中珠光体的碳化物球化导致钢的蠕变强度及持久强度降低，最终使钢管发生蠕变断裂。由于焚烧垃圾中含有 Cl、S 化合物，在燃烧过程中产生高温熔融盐，会加速基体铁的氧化腐蚀。腐蚀沉积物在含尘烟气的冲刷作用下剥落。这两个过程交互作用，最终使钢管发生减薄而穿孔

7.2　汽包主要失效方式及锅炉爆炸与炉膛内外爆

7.2.1　汽包主要失效方式

7.2.1.1　汽包壁温差与热应力

　　锅炉汽包的运行工况有冷态启动、热态启动、带压启动，以及稳定工况、压力波动、锅炉灭火、正常停炉、非正常停炉与快速放水等。锅炉运行中的汽包载荷可分为工质压力、温度应力、附加载荷与工艺应力。汽包承受的载荷主要有：①机械应力。包括正常运行状态的稳定压力，启停过程的压力升降，以及水压试验引起的应力；②热应力。包括正常运行工况时的汽包内外壁、上下壁温差产生的稳定热应力及汽包内部装置与汽包壁个别部位壁温波动引起频率较大的交变热应力等；③附加载荷。包括部件自身、内部汽水介质重力构成的均匀外载与支撑、悬吊引起的局部外载等；④其他应力。如加工工艺引起焊接残余应力，胀接残余应力，部件不圆度造成的弯曲应力等，统称为工艺应力。

　　附加载荷，工艺应力及其他应力均与加工质量、安装质量，焊接质量等因素有关，其数值较小且不随运行状态而改变，理论上也难以准确量化确定。因此，在材料寿命评估中，是将附加载荷与工艺应力归纳入疲劳曲线的安全系数中去考虑，从而对汽包的应力分析集中在工质压力和温度应力二种载荷，也就是说任意时刻实际承受的应力是由内压应力和温差引起的热应力所组成的复合交变应力。

　　汽包主要有压力引起的机械应力和温度变化引起的热应力。其中，压力产生的机械应力有切向、轴向和径向应力三种，计算公式如下：

$$切向 \quad \sigma_a^p = \frac{r_n^2}{r_w^2 - r_n^2} p \tag{7-11}$$

$$轴向 \quad \sigma_t^p = \frac{r_n^2}{r_w^2 - r_n^2}\left(1 + \frac{r_w^2}{r^2}\right) p \tag{7-12}$$

$$径向 \quad \sigma_r^p = \frac{r_n^2}{r_w^2 - r_n^2}\left(1 - \frac{r_w^2}{r^2}\right) p \tag{7-13}$$

以上三式中　p——汽包内压力，MPa；

　　r、r_n、r_w——汽包平均半径、内半径、外半径，m。

　　由上述三式可知，机械应力与其工作压力成正比，因此在设计中通过强度计算来确定汽包的壁厚、直径和选材等，运行中只要控制不超压运行，机械应力的最大值是稳定的。

　　工程上重点关注的是汽包内外壁温差与上下壁温差导致的汽包热应力。这种热应力是因汽包在启动、停运过程中，汽包壁内的温度场和传热条件处于不断变化形成的。

　　由于汽包壁厚较大，随温度变化形成沿汽包壁厚方向的内高外低温度差。在锅炉冷态启动之初，汽包下部先接受水加热，致使其下部温度高于上部。在锅炉开始产汽时，汽包上部接受凝结放热而使其温度高于下部。由于蒸汽的饱和温度在压力较低时对压力的变化率较大，在锅炉升压初期，压力升高很小的数值，将使蒸汽的饱和温度提高很多。另外，在锅炉启动初期的自然水循环尚不正常。此时汽包下部水的流速低或局部停滞，水对汽包放热为接触放热，放热系数很小，故汽包下部壁温升高不多。汽包上部是蒸汽对汽包金属壁的凝结放热，致使汽包上部金属温度较高，由此造成汽包壁温上高下低的现象。这种圆周方向温度不均导致的汽包上下壁温差以及沿长度方向温度不均形成的纵向温差。考虑汽包自由膨胀，一般忽略纵向温差。

　　在停炉过程中，因汽包保温层作用而使汽包壁散热较弱、冷却速度较慢，汽包的冷却主要靠水循环进行。水的导热系数比汽大，汽包下壁的蓄热量很快传给汽包下部的饱和水，使下壁温度接近于压力下降后的饱和水温度，而与蒸汽接触的汽包上壁对蒸汽的放热系数较小，传热效果较差而使温度下降较慢，因而造成了上、下壁温差扩大。

　　汽包内外壁温差的形成主要是在升温过程，汽包壁与介质对流换热而受单向加热，内壁升温较外壁快，造成内外壁温差，使内壁产生压缩应力，外壁产生拉伸应力。启动时，在准稳态下（内外壁温差达到最大），汽包内、外壁最大热应力 σ_{t1}、σ_{t2} 分别为：

$$\sigma_{t1} = -\frac{2}{3} \times \frac{\alpha_1 \cdot E}{1 - \mu} \Delta t \tag{7-14}$$

$$\sigma_{t2} = -\frac{1}{3} \times \frac{\alpha_1 \cdot E}{1 - \mu} \Delta t \tag{7-15}$$

式中　α_1——汽包材料线胀系数，$12 \times 10^{-6} \text{℃}^{-1}$；

　　E——材料弹性模量，$(2.0 \sim 2.1) \times 10^5 \text{MPa}$；

　　μ——泊桑系数，$0.25 \sim 0.33$；

　　Δt——内外壁温差，℃。根据不稳定导热理论，取金属比热容 c（J/kg℃），导热系数 λ（w/m℃），金属密度 ρ（kg/m³），汽包壁厚 δ（m），则有：

$$\Delta t = \frac{c\rho}{2\lambda} \frac{\partial t}{\partial \tau} \delta^2 \tag{7-16}$$

从以上应力计算公式可知，汽包内外壁温差越大，产生的热应力越大，且前者的绝对值是后者的 2 倍。汽包内、外壁温差产生的应力主要是大小相当的轴向热应力和切向热应力，控制这种热应力的关键是控制升温速度。

通过汽包热应力计算表明，汽包上下壁温差引起的热应力主要是轴向应力，切向应力与径向应力比轴向应力要低一个数量级，一般评估时忽略不计。取汽包上下壁温差 Δt，其产生的轴向应力 σ_t^a 可按下式近似计算：

$$\sigma_t^a = \frac{\alpha_1 E}{2} \Delta t \tag{7-17}$$

由上式可知，汽包上下壁温差越大，产生的轴向应力越大。有研究者对汽包温度的解析认为，汽包上下壁温差的形成是在锅炉启动过程中，汽包内上部汽侧介质温度为设计压力下的饱和温度，下部水侧介质温度低于饱和温度。在锅炉升温过程中，汽包壁金属温度低于介质温度，形成介质对汽包壁加热。而汽包下部汽水混合物对汽包壁对流放热，而凝结放热系数比对流放热系数大 3～4 倍，因此相对汽包下半部分来说，上半部温升速度快，形成上下汽包壁温差。如前所述，在锅炉启动初期的汽水循环很弱，汽包内水流缓慢，甚至在炉膛受热较弱的局部出现循环停滞区，使水温明显偏低。而汽包内的蒸汽侧传热相对较为均匀，则进一步加大了上下壁温差。另外，在升压过程中，饱和蒸汽温度随压力上升而上升，二者是单一对应关系，不存在欠热问题；下部水温上升是靠介质流动传热，上升缓慢。因此升压速度越快，汽包上下介质温差越大，致使汽包壁上下温差越大。在此升温升压过程中，相应下部金属膨胀量小于上部，也就造成上部金属膨胀受到限制而产生压缩应力，下部则产生拉伸应力。

汽包受内压时的切向应力最大，取汽包的平均直径 d_m，工作压力 p，壁厚 δ_b，由内压引起的公称切应力 σ_{mt} 可按下式计算：

$$\sigma_{mt} = \frac{d_m p}{2S_b} \tag{7-18}$$

由工质压力产生的机械应力，在内外汽包壁上均为拉应力。在升压过程，汽包内外壁应力体现为内壁受压缩，外壁受拉伸，合成机械应力、上下壁温差导致的应力。锅炉启动阶段的最大应力发生在汽包下侧外壁与上侧内壁，则下侧为两个拉伸应力的叠加，上侧为两个压缩应力的叠加。相反，停炉阶段的最大应力发生在汽包下侧内壁与上侧外壁，相应分别为两个压缩应力及两个拉伸应力叠加。因此应以这两处的计算总应力不超过材料在同样温度下的许用应力为准。考虑到汽包连接管道的应力集中系数都是大于 1 的情况，所以汽包上连接管道所在的纵向与横向平面是汽包重点监督部位。

汽包壁上开有许多非对称排列的孔洞，其合成应力 σ 分析通常是按相关规范进行分析。基本计算思路是，首先按受内压圆筒计算汽包壁内压应力 σ_p 与热应力 σ_r，再考虑各自应力集中系数 K_p 与 K_r 得到孔洞边或焊缝上的应力。其合成应力按下式计算：

$$\sigma = K_p \sigma_p + K_r \sigma_r \tag{7-19}$$

式中的应力集中系数可在相关规范取得，该计算结果会有较大偏差。目前更准确取得汽包各工况的合成应力的方法是采用三维有限元数值模型方法，常用的计算软件有 ADNA、ANSYS 等。

7.2.1.2　汽包温差的控制

在锅炉启动前，进水速度不宜过快，初期尤应缓慢，一般冬季不少于 4h，其他季节

2~3h。不论是冷态、温态还是热态启动锅炉时，进入汽包的给水温度与汽包壁温度的差值不大于40℃，否则应减缓进水速度。若经上述操作仍不能有效控制汽包上下壁温差，在接近或达到40℃时，应暂停升压，并进行定期排污以增强水循环，待温度差稳定且小于40℃再进行升压。

见表7-9，锅炉启动初期，由于水蒸气的饱和温度在压力较低时对压力的变化率较大，在升压初期，压力升高很小的数值将使汽水的饱和温度提高很多。因此，要严格控制升压速度，尤其是在0~0.981MPa阶段，需要控制升压速度≤0.014MPa/min，相应升温速率≤1.5~2℃/min。

汽水饱和温度压力变化率 表7-9

P(MPa)	0~0.098	0.098~0.196	0.196~0.294	0.882~0.98	3.822~3.98	3.92~9.80	9.8~17.0
$\Delta t/\Delta P$(℃/MPa)	990.9	205	130	45	15	1	5.7

锅炉启动后期，汽包内承受接近工作下的应力。此时汽包上下壁温差虽然逐渐减小，但由于汽包壁比较厚，内外壁温差仍很大甚至有增加的可能，仍要控制升压速率，防止汽包壁的应力增加。

停炉过程中的降压速率也不宜过快，要控制汽包壁温差在40℃以内，给水温度不得低于130℃；为防止锅炉急剧冷却，熄火后6~8h内关闭各风门以保持密闭。此后可按汽包温差不大于40℃的条件，开启引风挡板进行自然通风冷却，12~18h后方可启引风机进行通风。

保证锅炉安全运行维持汽包正常和稳定的水位，设置如双色水位计、可视监视器、电接点水位计等不同功能的水位监控表。也可通过连续排污膨胀器或定期排污膨胀器来控制汽包水位。定期排污膨胀器开启受汽压限制，若不能开启，则可通过调整燃烧率来控制。

7.2.1.3 汽包主要失效方式

一般地，垃圾焚烧锅炉汽包是处于380℃以下与高压状态下工作的，蠕变损伤可以忽略，主要失效方式是低周波疲劳。除承受较高内压力外，还受到冲击、疲劳载荷、热应力以及汽水介质的腐蚀作用。按照当今锅炉工质侧防腐控制的经验，腐蚀速率的大小与汽水侧介质的侵蚀性成正比；只要控制好汽包汽水侧腐蚀，其他受热面腐蚀基本能控制在许可范围内。汽包应力及其主要失效方式与典型位置参见表7-10。

汽包应力及其主要失效方式与典型位置 表7-10

序号	失效方式	说明及典型位置
1	低周波热疲劳	是指频繁起停、变负荷形成高温高压下的交变应力与厚汽包壁产生温差的现象。集中下降管与汽包承插焊接部位是最危险位置，还有如汽包内壁、人孔加强圈、内部构件、给水套管、加药孔管、安全阀管座等危险位置
2	应力腐蚀与氧腐蚀	是指汽包内壁长期受炉水浸渍，在水中氧去极化作用下发生电化学腐蚀现象，导致在钝化膜破裂处发生氧腐蚀。应力腐蚀包括应力腐蚀破裂与腐蚀疲劳，典型位置在汽包内壁、下降孔管、给水套管及管孔、加药孔管、安全阀管座等
3	苛性脆化	是指金属在拉应力区域内，受到高度浓缩的碱性溶液腐蚀作用的现象。炉水碱度过高及可能发生炉水浓缩的位置如汽包及蒸发管胀口处、焊口处，以及有裂纹、缝隙、凹陷等部位以及炉水长期渗漏部位

续表

序号	失效方式	说明及典型位置
4	鼓包变形开裂	水质不良与长时期运行至汽包底部沉积大量与钢板膨胀系数不同的垢渣，在加热于冷却过程中，二者接合面处产生较大应力导致鼓包。当超过钢板强度极限时，发生开裂现象。若汽包壁材料内部存在粗大夹杂物，会导致应力集中而成为裂纹源
5	膨胀不均	因汽包壁较厚，受热膨胀较慢，而连接在汽包壁上的管子壁较薄，膨胀较快。若进水温度过高或进水速度过快，将造成膨胀不均，使焊口发生裂缝，造成设备损坏
6	应力集中	是指因物体中应力局部增高，使物体产生疲劳裂纹，脆性材料制成的零件发生静载断裂的现象。一般出现在物体形状急剧变化的位置，如缺口、孔洞、沟槽以及有刚性约束处。在应力集中处，局部增高的应力随与峰值应力点的间距增加而迅速衰减。峰值应力往往超过屈服极限而造成应力的重新分配，故实际峰值应力常低于按弹性力学计算得到的理论峰值应力
7	附加应力	给水进入汽包时总是与汽包下壁接触，若给水温度与汽包壁温度差值过大，进水速度快，会使汽包上下壁，内外壁间产生较大的膨胀差，造成较大的汽包附加应力，引起汽包变形，严重时产生裂缝
8	屈服强度	屈服强度 R_{eL} 即抵抗微量塑性变形的应力，是金属材料发生屈服现象时的屈服极限，也是选择汽包材质的指标之一。对无明显屈服的金属材料规定产生残余变形 0.2% 的应力值为 R_{eL}，大于 R_{eL} 的外力作用会使零件永久失效。低碳钢的 R_{eL} 为 207MPa。根据汽包工作条件，16Mng 的 R_{eL} 为 350MPa 级的汽包用钢，15MnVg 的 R_{eL} 为 400MPa 级高压汽包用钢

7.2.2　关于锅炉汽包爆炸

7.2.2.1　汽包爆炸能量

　　爆炸分为物理爆炸和化学爆炸。物理爆炸是指物理原因（温度、压力）使容器或管道的工作应力超过极限强度，化学爆炸是指异常化学反应使压力急剧增加引起的工作应力超过极限强度。爆炸一般是由于可燃性气体与空气的混合达到了爆炸极限范围，或是放热化学反应失控引起的。

　　锅炉爆炸实际上是指汽包的爆炸，爆炸介质无化学性质变化，只是温度、压力、体积等状态参数发生突变，属物理爆炸。汽包爆炸是在瞬间发生，汽包内的饱和水与高压蒸汽介质来不及进行热量交换，可视为是绝热膨胀做功过程。发生爆炸时，汽包液面压力瞬间下降到环境压力，原工作压力下大于 100℃ 的饱和水变为极不稳定的过饱和水，其中一部分瞬时汽化，不同压力下的体积骤然膨胀到原来的数倍到数百倍（表 7-11），在容器周边形成爆炸。如表 7-12 所示，爆炸能量随着压力的升高而增大，单位容积炉水的爆炸能量比饱和蒸汽大，但随着压力的升高，两者的差别减少，达到临界压力时，两者相等。

汽包爆炸时的炉水与饱和蒸汽膨胀倍数　　　　　　表 7-11

绝对压力（MPa）		0.9	4.5	8.5	11.0	16.0	20.0	22.56
膨胀倍数	饱和水 C_w	201	345	391	406	408	384	283
	饱和汽 C_s	6.9	30.0	53.7	74.2	117	171	283

单位体积饱和水 C_w 与饱和汽 C_s 爆炸能量　　　　　表 7-12

绝对压力	MPa	0	0.9	4.5	8	11	16	20	21	22	22.56
爆炸能量	C_w　$\times 10^7$ kJ/m³	0	2.73	9.89	13.9	16.5	19.2	19.9	19.9	19.3	16.8
	C_s　$\times 10^7$ kJ/m³	0	0.17	1.41	2.9	4.40	7.39	10.8	12.0	13.7	16.8
	C_w/C_s	—	—	16.06	7.01	4.79	3.75	2.60	1.84	1.66	1.41	1

爆炸能量图	

锅炉爆炸能量图

爆炸介质向外释放能量在空气中的传播速度大于声速，形成以冲击波形式能量、碎片能量与汽包变形能量的形式表现出来。后两者消耗的能量大概占 3%~15%，大部分是以冲击波形式释放的。在离爆炸中心的一定距离处，空气压力会随时间发生迅速而悬殊变化。相对环境压力而言，开始时的压力突然升高，产生的最大正压力即是冲击波波降面上的超压 ΔP。冲击波的伤害、破坏作用大多是由 ΔP 引起的，其数值可达到数个甚至数十个大气压。

汽包内介质释放出的能量及产生的破坏力用对外释放能量作为评价指标。汽包爆炸产生能量 E 可按下式计算：

$$E = E_s + E_w = V_s C_s + V_w C_w \quad \text{(kJ)} \tag{7-20}$$

式中　E_s、E_w——分别为高压蒸汽、饱和水释放的能量，kJ；

V_s、V_w——分别为高压蒸汽、饱和水的容积，m³；

C_s、C_w——分别为高压蒸汽、饱和水的能量系数，kJ/m³。

爆炸能量 E 通常按 1kgTNT 爆炸能量 $q_{TNT}=4200$kJ/kg 折算为 TNT 当量爆炸量，用 q 表示为：

$$q = E/q_{TNT} = E/4200 \quad \text{(kg)} \tag{7-21}$$

假设汽包的汽水容积各为 10m³，当压力为 0.9MPa 时，按式（7-20）计算最高爆炸能量 29×10^7kJ，而当压力为 11MPa 时，爆炸能量高达 209×10^7kJ，按 TNT 炸药的爆炸能量 4200kJ/kg 计，最大可分别达到 69 吨、497.6 吨 TNT 当量爆炸量。中国地震台网记录到天津造成重大人员伤亡的爆炸事故，共有两次爆炸，通过分析波形记录测算出第二次震级更高，爆炸威力相当于 21 吨 TNT。由此可知，锅炉发生爆炸时，其破坏威力是非常大的，产生的后果是灾难性的，故而被列入《企业职工伤亡事故分类》GB 6441 中。关于爆炸对人体伤害程度通常是按照冲击波的超压准则计算，这是因为爆炸能量和冲击波强度并不成正比。对建筑物的破坏作用也有相应的计算准则，不再赘述。表 7-13 是按 TNT 当量爆炸量 215kg 条件下，锅炉汽包爆炸冲击波超压对人体的伤害与对建筑物的破坏作用。

TNT 当量爆炸能量 215kg 时的汽包爆炸冲击波超压对人体的伤害与对建筑物的破坏作用

表 7-13

超压 ΔP	人员伤害或建筑破坏程度	模拟爆炸相当试验距离 R_0（m）	距离爆炸中心破坏距离 R（m）
对人体伤害作用			
0.02～0.03	轻微损伤	≤55	≤33
0.03～0.05	听觉损伤，内脏轻微出血，骨折	≤42	≤25.2
0.05～0.10	内脏严重损伤，可引起死亡	≤33	≤19.8
＞0.1	大部分人员死亡	≤23	≤13.8
对建筑物破坏作用			
0.015～0.02	窗框损坏	≤68	≤40.8
0.02～0.03	墙裂缝	≤55	≤33
0.04～0.05	墙大裂缝，屋瓦掉落	≤37	≤22.2
0.06～0.07	木建筑房屋柱折断，屋架松动	≤29	≤17.4
0.07～0.10	砖墙倒塌	≤27	≤16.2
0.10～0.20	防震钢筋混凝土破坏，小房屋倒塌	≤23	≤13.8
0.20～0.30	大型钢架结构破坏	≤17	≤10.2

从表 7-13 可知，该计算条件下的锅炉爆炸时，距离爆炸中心 13.8m 以内是人员死亡区域，也是防震钢混凝土破坏并会导致大型钢架结构破坏的区域。这也是必须要从锅炉设计、制造、安装到使用全过程绝对保证汽包不发生爆炸事故的设计、控制的基础。

7.2.2.2　可能引发锅炉爆炸的事故与预防措施

锅炉缺水、满水、汽水共腾、水垢，还有超压等均可能会引发锅炉爆炸，也是锅炉运行中的常见事故。通常分为轻微事故与严重事故，如轻微缺水与严重缺水事故等。

（1）锅炉缺水事故

当出现下述现象时可能是轻微缺水事故，但不排除严重缺水的可能性：水位表虽看不到水位但汽包内水位尚未降到水连通管以下，发出低水位警报或信号，这时水位表中出现的是一种虚假水位现象。对此，可采取封闭水位表汽旋塞，使水位表内蒸汽冷凝，形成真空负压而将尚未降到水连通管以下的水吸引进水位表内的办法，称为"叫水"。如叫水操作后仍不见水位，说明水位已低于水连通管以下，发生严重缺水事故了。在上述现象出现的同时又出现下面几种现象时，即可认为是严重缺水事故：

1）蒸汽流量大于给水量，过热器蒸汽温度急剧上升。

2）汽包、炉膛、受热面管过热变形及发现爆管、胀口脱管。

3）省煤器上水时有异样冲击或省煤器四周烟道忽然漏水。

4）焚烧间内嗅到烧焦味。

5）烟囱冒白色汽水烟等。

严重缺水事故，轻者过热蒸汽温度过高，引起大面积受热面过热变形，胀口渗漏，炉膛顶墙、隔墙塌落损坏等；重者引起爆管，胀管脱落，大量汽水、火焰喷出伤人；最严重的是处理不当造成汽包爆炸事故。

如确认是轻微缺水事故时，可进水到正常水位。若是原因不清，经上水仍不见水位或给水设备有故障时，需要立即停炉。在未断定是轻微缺水以前和已确认是严重缺水以后，严禁向锅内进水。如判定是严重缺水，需要紧急停炉，并降负荷，封闭给水阀门。

发生严重缺水而停炉后，待炉体冷却到规定的温度以下时，再对炉膛和其他处受热面以及炉墙、钢架等进行检查，查明和消除事故的致因。如是过热较严重，引起胀口渗漏、管子严重变形、钢材严重过热烧损时，则须在检修合格后方可使用。

预防缺水事故的要点是严格按岗位责任制和运行规程操作，提升事故处理的技术水平，不宜执行超过 8h 大倒班制度；水位表安装位置必须正确，汽、水连管不能倾斜，以便真实反映炉内水位；专人检查校对和及时调整维护给水自动装置及水位报警、信号装置，防止堵塞、出现假水位；定期冲洗水位表及排污等。

（2）锅炉满水事故

锅炉发生满水事故后，会使蒸汽带水严重，蒸汽品质恶化，使过热器积盐垢以至过热烧损。严重满水事故会引起蒸汽管道水冲击，会使阀门、法兰和蒸汽管受到损坏；还会严重损坏汽轮机的叶轮和轴承，甚至使叶片断裂。

一般需通过对照检查水位指示装置确认是否发生满水事故。满水事故的表现有水位表玻璃板（管）内颜色发暗，水位线消失；水位警报装置发出高水位警报信号；给水流量明显大于蒸汽流量；过热器温度下降；蒸汽管道、汽机有异样的撞击与震动，法兰、轴封、阀门等向外冒汽水。

如蒸汽管道未发生水击，通常属一般满水事故，反之，可判定是严重满水事故。发生轻微满水事故，须立即停止给水，减弱燃烧，开启排污门放水。同时开启过热器和蒸汽管道上的疏水门及用汽部分疏水门，加强疏水。待水位正常，满水原因查清并消除后，再恢复运行。若是严重满水事故，则应紧急停炉，停止给水，迅速放水，降低负荷，加强疏水。待水位恢复正常，管道阀门等有关部件经检查可用，满水原因查清并消除隐患后，方可恢复运行。

满水事故的预防措施与缺水事故相同。

（3）汽水共腾事故

汽水共腾是指锅炉汽包蒸发面汽、水共同升起、产生大量泡沫并上下波动的现象。发生汽水共腾时，在水位表内也出现泡沫，水位急剧波动，汽水界限难于分清，过热蒸汽温度急剧下降，严重时蒸汽管道内发生水冲击的现象。汽水共腾与满水一样，会使蒸汽带水，降低蒸汽品质，造成过热器结垢及水击振动，损坏过热器，影响用汽设备的安全运行。

形成汽水共腾事故的原因，一是炉水品质很差及排污不当造成炉水中悬浮物或含盐量太高，碱度过高。由于汽水分离，一般在炉水蒸发面下方 100～200mm 水层含盐浓度高。当给水碱度大、杂质多以及未加强排污时，炉水表面层含盐量会很高，蒸发面泡沫越来越多，炉水黏度很大，汽泡上升阻力增大。在负荷增加、汽化加剧时，大量汽泡由于在炉水表面没有很快进行汽水分离而积聚在炉水表面，冲击蒸发面，搅动泡沫层，使水位上下剧烈波动和翻滚。二是负荷变动过快和压力降低过速，使水面汽化加剧，造成水面波动及蒸汽带水。在水位过高，主汽阀开启速度太快、负荷忽然增加时，由于蒸汽空间压力骤降，使汽化更加剧烈，蒸汽空间暂时的负压往往产生"吊水"现象，促使和加剧汽水共腾。

预防措施就是加强水质监视，严格控制炉水含盐量，适时排污；在炉水含盐量高、杂质多，开始出现泡沫层而未得到改善之前，要降低负荷，减弱燃烧，关小主汽阀。同时还要加强蒸汽管道和过热器的疏水，全开连续排污阀并打开定期排污阀放水，同时上水，以改善炉水品质。待水质改善、水位清晰时，可逐渐恢复正常运行。

（4）水垢事故

1）水垢、水渣与盐类隐藏现象

当锅炉炉水水质不良，经过一段时间运行后，在受热面与水接触的管壁上就会生成一些附着物的现象称为结垢，附着物叫作水垢。水垢的组分主要有方解石（结晶形碳酸钙）、硅灰石（$CaSiO_3$）、硬石膏（$CaSO_4$）、单硅钙石（$2CaO \cdot 2SiO_2 \cdot 3H_2O$）、硬硅钙石（$5CaO \cdot 5SiO_2 \cdot H_2O$）、磷钙土［$Ca_3(PO_4)_2 \cdot H_2O$，低碱度时产生］、锥辉土（$Na_2O \cdot Fe_2O_3 \cdot 4SiO_2$）、羟钙石（$Ca(OH)_2$）等。常见的水垢主要有 5 种：

① 主要成分是钙镁的碳酸盐并以碳酸钙为主的碳酸盐水垢，可能高达 50％以上。

② 主要要分为硫酸钙的硫酸盐水垢，常达 50％以上。

③ 主要成分是 $Ca_3(PO_4)_2$ 的磷酸盐水垢。

④ 主要成分是 SiO_2 的硅酸盐水垢，有时达 20％以上。

⑤ 各种水垢混合形成的混合水垢。

锅炉水垢是在高温高压下形成的，如碳酸氢盐等溶于水的某些钙、镁盐类受热分解，变成难溶物质而析出沉淀；硫酸钙、硅酸盐等盐类物质的溶解度随温度升高而降低，达到一定程度后析出沉淀；炉水中盐类物质的浓度将随蒸发浓缩而不断增大，当达到过饱和时会在受热面上析出沉淀。上述这些析出的沉淀物质黏结在锅炉受热面上就形成了水垢，温度越高的部位，越易形成坚硬的水垢。给水中溶解度较大的盐类，在运行中与其他盐类相互反应生成了难溶的沉淀物质。这种反应如果在受热面上发生，就会直接形成水垢。

另有一种被称为水渣的现象，是以松散的悬浮状存在于炉水中或是沉积在汽包底部、下联箱底部水流缓慢处的固体沉淀物，也会在炉水中析出。水渣的组分主要是碳酸钙、氢氧化镁、碱式碳酸镁、镁橄榄石、磷酸镁、碱式磷灰石［$Ca_{10}(OH)_2(PO_4)_6$］、蛇纹石（$3MgO \cdot 2SiO_2 \cdot 2H_2O$）、氢氧化铁、铁的氧化物（$Fe_2O_3$、$Fe_3O_4$）和铜的氧化物等。水渣中有些是具有黏性的，当未被及时排污除去时会转化成水垢。有些腐蚀产物附着在受热面上，也可能转化成金属氧化物水垢。

当汽包锅炉负荷增高时，炉水中的某些易溶性钠盐析出并沉积在炉管管壁上，使其在炉水中的浓度降低。而当锅炉负荷减小或停炉时，沉积在管壁上的钠盐又被溶解下来，使它们在炉水中的浓度重新增高，这种现象称为盐类暂时消失现象，也叫盐类隐藏现象。控制的方法主要是改善燃烧工况，使各部分炉管热负荷均匀；防止炉膛结渣，避免炉管上局部热负荷过高；改善锅炉加药处理，限制炉水中的磷酸根含量；提高炉管内的清洁程度，减少沉积物等。

2）水垢的负面作用与控制措施

水垢的负面作用是使炉管内流通面积减少，管内介质流动的摩擦力增大，使正常的自然汽水循环程序出现紊乱，进而排烟热损失增加与锅炉效率降低。锅炉结垢还会引起金属腐蚀，常见的有氧腐蚀和垢下腐蚀，从而危及锅炉安全运行。

由于水垢的导热系数大约是锅炉钢板的 $1/20 \sim 1/400$，故而锅炉受热面内壁形成的水垢越厚，传热性能越差。据估算锅炉受热面水垢厚度每增加 1mm，传热效率降低 5％以上。水垢厚度与金属壁温成正比关系，也就是说金属壁温越高形成的水垢会越厚。常用碳素钢的锅炉受热面管的长期使用最高壁温不大于 450℃，而当水垢厚度为 3mm 时，金属壁温会超过了许用最大温度，达到580℃。进而发生金属管壁脱碳或是筒体珠光体球化，抗拉强度也可能会由原来的3.93MPa下降到0.98MPa。由此，锅炉受压元件就会在内部压力的作用下汽包与水冷壁发生鼓包、变形，以及对流管束破裂事故，严重时会引起锅炉爆管甚至爆炸事故。

为避免或减少锅炉水垢生成，需要根据水源情况选择适用的锅炉给水处理方法与炉水处理方法并做好排污和清洗工作，通过水处理全过程的规范化管理达到锅炉给水水质指标的要求。对已经产生的水垢，可采用物理、化学的除垢方法。物理除垢是利用专门的清洗工具进行机械除垢，常用的方法是由电机驱动转轴上的软轴以及铣刀一起转动，铣刀与水垢接触，不仅沿管壁移动同时也随着软轴转动，将水垢研碎、研细直至剥落。这种除垢法多用于$\phi36\sim\phi100$的管内除垢。

化学除水垢一般分为酸洗法与碱洗法。酸洗是利用酸溶液清洁金属工质侧表面的一种方法，常用硫酸溶液或盐酸溶液作为清洗剂。碱洗法是在特定压力下将不同浓度、不同品种的碱液注入锅炉，然后进行煮炉的方法。

酸洗法对酸洗技术要求比较严格。对一般在40℃温度下的钢材，采用体积浓度5％～20％的硫酸溶液进行酸洗；当溶液中含铁量超过80g/L，硫酸亚铁超过215g/L时，更换酸洗液。常温下，用体积浓度20％～80％的盐酸溶液对钢材进行酸洗，不易发生过腐蚀和氢脆现象。由于酸洗除垢时，酸不但能清除锅炉受热面上的水垢也能与金属发生置换反应，久而久之会使锅炉受到酸腐蚀，严重时可能会穿孔，控制办法是在酸洗过程添加缓蚀剂。清洗后金属表面成银白色，同时钝化表面，提高钢材抗腐蚀能力。采用酸洗时一般要请具有相应酸洗资质的专业公司进行。

炉内加药方法是依据锅炉给水硬度和碱度大小，向炉水中投入适量的磷酸三钠或磷酸氢二钠或磷酸二氢钠等软水剂，使炉水中各种离子的比例达到平衡状态的炉水水质调节方法。加药量按经验用量计算。加入的磷酸三钠一般用来作水渣调解剂和消除残余硬度用，除了维持炉水中有一定量的过剩磷酸根外，还因其水解产生一定量的氢氧化钠，起到维持炉水的pH值作用。产生的结垢物质以泥垢形式进行排污。炉内加药一般不适用于高硬度水质，因为给水硬度过高时将形成大量水渣，加快传热面结垢速度。

向炉内加药需要注意，加药装置符合受压部件的要求；因垃圾焚烧锅炉省煤器水侧出口温度超过70～80℃，药剂需要直接加入汽包或省煤器出口的给水管道中，以防止水在省煤器中受热后结垢；加药后控制炉水碱度在10～20mmol/L，pH值在10～12范围内；锅炉不应经常处于高水位运行，以防止蒸汽带水时夹带药液；要严格执行排污制度，防止大量水渣沉积生成二次水垢；在保证除掉锅筒底部泥渣的前提下，尽量减少排污量，以免损失过多热量。

(5) 关于虚假水位

当汽包内的工质状态改变时，即使能保持物质平衡，水位仍可能发生变化。这种水位变化不是因汽包内存水量的变化造成的，而是由于汽包压力变动引起工质密度、饱和温度等状态的改变，造成汽包水体积膨胀或收缩，使得炉水比容和水容积中汽泡数量发生变化，从而引起水位暂时的变化，这种变化称为虚假水位。虚假水位不是水位虚假，而是汽包内某瞬间过程的，与其后的水位变化相反的真实水位。

下述工况时要注意虚假水位：蒸汽负荷突然升高或降低时；给水压力突然升高或降低

时；给水调节装置有缺陷时；锅炉安全阀动作时；锅炉定期排污时；炉水品质不合格，连续排污量不足时；锅炉机组发生故障或燃烧不稳定时；对空排汽开启时。

控制汽包水位的基本方法是以锅炉汽、水平衡为基础。首先是以给水流量为前馈信号、汽包水位为主变量、蒸汽流量为副变量的三冲量，通过 PID 演算来调节给水阀门开度，达到自动控制汽包水位的目的。从结构上看，三冲量调节是一个带前馈信号，液位控制器 LIC 与蒸汽流量控制器 FIC 构成串级控制系统。副变量的引入使系统对给水压力（流量）的波动有较强的克服能力。其次是要对不同负荷工况下的给水量（蒸汽量）大小，给水泵最大出力及其各种组合下能带多少负荷等，做到心中有数。再次是在运行操作中避免汽压、燃烧的过大扰动，减少虚假水位影响。在水位事故处理中需要燃烧控制与水位控制的良好配合，尽量避免在水位异常时再叠加一个同趋势的虚假水位。其四是要对实际操作中会出现的虚假水位及其程度有一定的了解，做到事先采取预防水位过度波动的措施，操作上要力求平稳，不可操之过急。如掌握得好，在处理中可利用虚假水位，在原水位偏离方向上叠加一个趋势相反的虚假水位来减缓水位的变化趋势。

7.2.3　炉膛内爆与外爆

在垃圾焚烧锅炉运行中发现可能会导致炉膛内爆与外爆事故隐患，例如炉膛严重结渣导致突然大面积掉焦，以及炉膛出口区发生水冷壁严重爆管事故等，使炉膛压力剧烈波动，形成外爆隐患。烟气净化系统复杂化，串联的流程过长以至系统阻力大大增加，导致必须采用更高压头引风机。一旦其中某个设备故障而形成系统短路事故时，就会存在炉膛负压突增引起锅炉内爆的隐患。因此，尽管发生炉膛爆炸的概率低于燃用煤粉的室燃炉，基于各方面的原因仍需给予足够重视。

实际运行时，炉膛不同位置的压力是不同的。垃圾焚烧锅炉炉膛负压的监控点通常是指设计确定的炉膛出口某一位置，正常运行的压力宜控制在 $-100\sim-50$Pa。因为送风量是炉膛压力最重要的扰动因素，所以一般取送风机风量作为引风量控制的前馈信号。当送风量变化时，比例改变引风量，再根据炉膛压力与设定值的偏差，由炉膛压力调节进行校正调节。

7.2.3.1　关于炉膛结构防爆的规定

我国历来对以煤粉炉为主的炉膛防爆问题十分重视，包括对受压元件的材料选择，锅炉使用寿命期内不失效的强度计算以及设计炉膛壁面结构强度计算压力，锅炉设备制造、安装、使用全过程的要求与质量检验，防止锅炉辅机对锅炉运行的负面影响控制等都有严格规定，这也是各国锅炉行业的共识。例如我国《火力发电厂烟风煤粉管道设计技术规程》DL/T 5121、《电站煤粉锅炉炉膛防爆规程》DL/T 435 等规定和美国国家防火协会的《锅炉及燃烧系统危险性规程》NFPA 85 都有对炉膛设计瞬态压力的规定。

DL/T 435—2004 版本的描述如下：

（1）炉膛结构应能承受非正常情况所出现的瞬态压力。在此压力下，炉膛不应由于任何支撑部件发生弯曲或屈服而导致永久变形。

（2）炉膛设计瞬态压力不应低于 ±8.7kPa。注：对容量（指锅炉蒸发量）400t/h 及以下的锅炉，其炉膛设计瞬态压力，绝对值可低于 8.7kPa，但不宜低于 6.7kPa。

（3）无论由于什么原因使引风机选型点的能力超过 -8.7kPa 时，炉膛设计瞬态负压都应考虑予以增加。

NFPA 85 2015 版本的描述如下：

（1）若环境温度下送风机的 T.B 点风压等于或高于 8.7kPa（35 inH$_2$O），则炉膛瞬态设计正压取值至少为 8.7kPa，且不必一定要超过此值。若环境温度下送风机的 T.B 点风压低于 8.7kPa，则炉膛瞬态设计正压取值至少为环境温度下送风机 T.B 点风压，且不必一定要超过此值。

（2）若环境温度下引风机的 T.B 点风压等于或高于 8.7kPa，则炉膛瞬态设计负压取值至少为－8.7kPa，且不必一定要超过此值。若环境温度下引风机的 T.B 点风压低于 8.7kPa，则炉膛瞬态设计负压取值至少为环境温度下引风机 T.B 点风压，且不必一定要超过此值。

DL/T 5121—2000 版本条文说明如下：

引进型锅炉炉膛防爆设计压力按《多燃烧器锅炉炉膛防外爆/内爆标准》NFPA 8052 规定应满足下列要求：

（1）瞬态正压按环境温度下送风机试验台风压确定，通常取但不必要求超过＋8.7kPa。

（2）瞬态负压按环境温度下引风机试验台风压确定，通常取但不必要求更低于－8.7kPa。

（3）当锅炉尾部采用的烟气净化设备阻力较大，环境温度下引风机试验台风压低于－8.7kPa（如－10kPa），必须考虑增大的设计负压。

7.2.3.2 炉膛外爆、内爆与主要诱发原因

炉膛外爆是指炉膛或与炉膛相连的后部烟道受限空间内，因发生爆燃等使烟气侧温度骤增，体积迅速膨胀，压力瞬间升高，使炉墙或烟道向外爆裂的现象。所谓爆燃，是指炉膛或烟道内聚集的可燃混合物被引燃，导致不可控的爆炸性急剧燃烧过程。发生炉膛爆燃的必要条件，一是炉膛内存有可燃性气体或可燃颗粒，二是炉内积存的可燃物和空气混合物的浓度在爆炸极限内，三是具有足够的点火能源。三者缺一不可，否则不会发生炉膛爆燃事故。由爆燃必要条件可知，垃圾焚烧锅炉点火、非正常灭火和运行过程的辅助燃烧均存在爆燃的可能性。

控制炉膛外爆的主要措施包括：防止点火操作不当导致启动点火前的可燃物漏入炉膛，使可燃混合物浓度达到发生爆燃条件；防止在低负荷状态运行时，可能造成可燃物积滞；防止因操作不当造成炉膛内大面积结渣，发生结渣突然掉落；防止燃烧器运行时突然中断，造成瞬间灭火但随即又恢复；防止锅炉停运过程中，燃油（气）泄漏入炉内导致达到爆燃浓度等。

炉膛内爆是指当炉膛负压过大使炉墙内、外产生的压差超过炉墙结构所承受的限度，导致炉墙会向内爆裂的现象。垃圾焚烧锅炉属于平衡通风锅炉，炉膛内气态空间的压力平衡是由气态物质平衡、温度等级、通过引风机的压力调节实现的平衡。正常燃烧时的气态物质包括一、二次空气流的输入，垃圾焚烧产生的高温烟气与炉膛出口烟气流的输出。还包括调整燃烧状态时，辅助燃烧产生的气态物质。当炉膛内的温度发生波动时，首先表现在压力的波动上。当炉膛内的平衡被破坏时，也是首先表现在炉膛压力不稳定。尽管垃圾焚烧锅炉发生内爆的风险远低于流化型、室燃型锅炉，但理论上仍存在炉膛负压非正常增大致使内外气体压差骤增，超过炉膛结构瞬态承压强度而造成向内爆破的因素。有研究

300MW 机组有、无加装 SCR 系统的内爆模拟显示，锅炉额定负荷时的炉膛内爆负压比未加装时仅增加 1kPa，相对 −10kPa 的炉膛负压，增强内爆强度的作用很有限。但是，如串联烟气净化设备配置过度长，会造成系统负压过大，引风机风负压过大。

防止运行过程中发生炉膛内爆的主要方法是要：充分注意控制烟气净化系统及引风机负压在适宜范围内，避免引风机压头过高；控制好炉膛灭火时的送风机调节挡板门或是风门开度，防止因其关闭造成炉膛负压过大；必要时设置消除异常工况与防止事故发生和扩大的机组保护系统，简称 PRO。

7.2.3.3　多组分可燃性气体混合物的爆炸极限

就垃圾焚烧锅炉而言，炉膛内可能存在的可燃物质是天然气、油雾和粉尘，爆炸产生的压力可达 0.3~1.0MPa。其中天然气的爆炸下限约为 5%，一些空气中粉尘的爆炸下限见表 7-14。

由于柴油是多种烃类混合物，并且各炼油厂调制出的 0 号柴油各种组分的比例不尽相同，很难有准确数据。一般说来，柴油中沸点较低的烃类先挥发，可以简化油气组分。知道该 0 号柴油油气混合物的浓度比，即根据理·查特里法则计算出可燃气体混合物爆炸极限近似值。

关于链烷烃及其他有机可燃气体在空气中的爆炸极限、多组分可燃性气体混合物的爆炸极限、混有惰性气体的多组分可燃气体混合物的爆炸极限的计算方法，见本书第 2 章的 2.4.3 节。

空气中粉尘爆炸下限表　　　　　　　　　表 7-14

粉尘种类	粉尘	爆炸下限（g/m³）	起火点（℃）	粉尘种类	粉尘	爆炸下限（g/m³）	起火点（℃）
金属	钼	35	645	热塑性塑料	缩乙醛	35	440
	锑	420	416		醇酸	155	500
	锌	500	680		乙基纤维素	20	340
	锆	40	常温		合成橡胶	30	320
	硅	160	775		醋酸纤维素	35	420
	钛	45	460		四氟乙烯	—	670
	铁	120	316		尼龙	30	500
	钒	220	500		丙酸纤维素	25	460
	硅铁合金	425	860		聚丙烯酰胺	40	410
	镁	20	520		聚丙烯腈	25	500
	镁铝合金	50	535		聚乙烯	20	410
	锰	210	450		聚对苯二甲酸乙酯	40	500
热固性塑料	绝缘胶木	30	460		聚氯乙烯		660
	环氧树脂	20	540		聚醋酸乙烯酯	40	550
	酚甲酰胺	25	500		聚苯乙烯	20	490
	酚糠醛	25	520		聚丙烯	20	420
其他	小麦/玉米及淀粉	60/45	470		聚乙烯醇	35	520
	砂糖	19	410		甲基纤维素	30	360
	花生壳	85	570		软木	35	470
	大豆	40	560	塑料填充剂	纤维素絮凝物	55	420
	煤炭（沥青）	35	610		棉花絮凝物	50	470
	煤粉	20~60			木屑	40	430

7.2.3.4 对炉膛爆燃的理论模型的应用分析

由于爆燃是在瞬间发生的且火焰传播速度可达到每秒数百以至数千米，火焰光波以球面波形式传播并在百分之几秒到几十分之几秒内完成燃烧过程，因此可假定爆燃过程为等容绝热过程，爆燃介质为理想介质，则有如下炉膛爆燃数学模型为：

$$P_2 = P_1 \times \left(1 + \frac{V_r}{V} \cdot \frac{Q_r}{C_V T_1}\right) \tag{7-22}$$

式中　P_1、P_2——爆燃前、后炉膛介质的压力；

$\quad\quad$ V_r、Q_r——积存可燃混合物容积与其单位容积发热量；

$\quad\quad\quad$ V——炉膛容积；

$\quad\quad$ $C_V T_1$——炉膛介质平均定容比热；

$\quad\quad\quad$ T_1——爆燃前炉膛介质绝对温度。

按上式计算的误差偏高，在此仅用以分析影响爆燃后压力 P_2 升高的主要因素：V_r/V、Q_r 与 T_1。其中，容积比 V_r/V 是一个相对值，仅当容积比较大时才会使爆燃压力升高。当大炉膛容积中积存少量的可燃混合物，即使爆燃也不会造成爆燃性破坏。

混合物 Q_r 值的大小同可燃物与燃烧空气的浓度有关，理论空气量下的 Q_r 值最高，此时的火焰传播速度也最快。当空气量大于理论量时，混合物 Q_r 值随空气量增加而降低，直至不可燃。若空气量小于理论量，则混合物浓度过高而氧气不足，也会导致不可燃。在实际运行中如因点火失败，炉膛和烟道中可能有未点燃的燃料积存，当空气扩散进入后可能会引起爆燃。

炉膛的绝对温度 T_1 越低，爆燃后压力 P_2 越大，这是因为容积和压力一定时，T_1 越低，介质的质量越多，这时爆燃的破坏力将会更严重。当炉膛温度超过可燃混合物的着火温度时，进入炉内混合物经干燥后立即点燃，故而其积存的概率很低。因矿物燃料的着火温度大多不超过 650℃，理论上当炉膛温度高于此值就不会有爆燃。由于燃烧器送入的混合物有一定流速，要求有更高些的温度才能迅速点燃，一般认为炉膛温度超过 750℃ 时发生炉膛爆燃可能性甚微。虽然从上述分析可知，垃圾焚烧锅炉炉膛发生爆燃的概率很低，但仍存在着潜在风险，需要引起必要的关注并纳入管理范围。

7.2.3.5 预防炉膛内爆、外爆的安全管理

运行人员操作程序不当，设备或控制系统设计不合理，或者是设备和控制系统出现故障，都可能发生大量可燃混合物在炉膛内积存的情况。最常见的炉膛爆燃原因有可燃气体爆燃，残存点火油（气）引起的爆燃，以及尾部积灰可燃物引起爆燃。当遇到符合发生可燃物料爆燃的启动点火能或运行中足够高的炉膛温度时，炉内积存的可燃物会突然被点燃，生成的烟气容积会突增以至来不及由炉膛及时排出，使得炉内压力骤增；一旦超过炉墙承受的最大压力时，便会造成炉膛外爆。可能引起垃圾焚烧锅炉炉膛爆燃的因素有炉膛灭火、锅炉辅机突然停运、炉内严重结焦掉渣、燃料性质突然改变、炉膛压力大幅波动、燃烧恶化等。

（1）防止灭火与安全措施

防止灭火的措施主要在于设施配置、运行操作与设备维护等方面的安全管理。在设施配置层面，由于我国目前尚无用于垃圾焚烧的 100MW 级机组的锅炉，按我国的相关规定可不用装设独立的锅炉灭火保护装置，但需要 DCS 系统具备炉膛吹扫、锅炉点火、炉膛

火焰监视和保护等功能。此外，一些必需的安全措施有：合理确定炉膛压力保护定值，综合考虑炉膛防爆能力、炉底密封承受能力和支持锅炉正常燃烧的自动燃烧控制系统 ACC；要求新机启动或机组检修后启动时进行炉膛压力保护带工质传动试验；做到火焰检测装置冷却用气源稳定可靠，防止发生火焰探头烧毁、污染失灵、炉膛负压管堵塞的应对措施等。

在运行操作层面，锅炉运行中严禁随意退出锅炉保护，严禁在锅炉保护装置退出情况下进行启动。因设备缺陷需退出部分锅炉保护时，应严格履行审批手续，事先做好安全措施。当炉膛已经局部灭火并濒临全部灭火以及灭火后，严禁投助燃油枪、等离子点火枪等稳燃设施。锅炉灭火后要立即停止油、燃气等辅助燃料供给，严禁用爆燃法恢复燃烧。重新点火前需要对锅炉进行充分吹扫以排除炉膛和烟道内的可燃物质。锅炉低于最低稳燃负荷运行时应投入辅助燃烧系统，并加强对焚烧垃圾稳定性管理。

在设备维护管理层面，重点解决炉膛漏风、一次风管不畅、送风不正常脉动、热控设备失灵等。与此同时，要加强点火系统的维护管理，消除泄漏，防止燃油、燃气漏入炉膛发生爆燃。对燃油（气）速断阀要定期试验，确保动作正确、关闭严密；定期对锅炉点火燃烧器进行清理和投入试验，确保动作可靠、雾化良好，能在锅炉低负荷或燃烧不稳时及时投油助燃。在停炉检修期间，需要检查确认燃油（气）系统阀门关闭严密；锅炉点火前应进行燃油（气）系统泄漏试验，合格后方可点火启动。

（2）防止锅炉内爆的安全措施

由炉膛气态平衡理论知，减小内爆发生或是降低内爆强度，首先要使炉膛承受足够的压力而不会损坏和不会产生永久变形条件，否则需采取加固炉墙的措施。其次，要有防止炉膛内爆和事故处理预案。需要注意采用的脱酸、脱硝等烟气净化串联系统越复杂，越要重视防止系统设备单元故障而需要退出时，瞬间产生过大炉膛负压及其对尾部烟道可能造成内爆的负面因素。需要加强引风机、脱硫增压风机等设备的检修维护工作，定期对入口调节装置进行试验，确保动作灵活可靠，防止机组运行中设备故障时或锅炉灭火后产生过大负压。

在垃圾焚烧运行实践中，人们积累了大量防止结渣的经验，包括对焚烧垃圾的管理、建立合理的燃烧工况、加强运行工况的检查与分析，加强吹灰器与除渣系统设备的运行与维护管理等。例如，锅炉点火前做到各项连锁保护试验合格，炉膛吹扫完成，风机投入运行，炉膛负压、总风量等仪表及火焰监视系统投入。其中每次点火前锅炉吹扫 10min 以上，点火试验后最少吹扫半小时以上。若是点火失败，按规定风量吹扫 5min 以上方可再次点火。要结合炉膛压力、就地观火孔检查油枪确已点燃，不能只通过 PLC 画面判断油枪运行情况，以免炉膛积油。

启动时要控制油枪油压正常、稳定，定期检查烟囱冒烟情况。如烟囱冒黑烟则表明油枪雾化差，要及时停运检查以防爆燃。锅炉启动期间，脱硝催化剂投入要防止尾部二次燃烧。如出现炉膛负压波动大等异常情况要及时分析，确因燃烧不稳且燃烧不能很快改善的，要果断停炉，防止延误造成锅炉爆燃或尾部二次燃烧。

锅炉运行期间要做好总风量、氧量等参数控制，禁止缺氧燃烧，以防燃烧不充分造成锅炉结焦、尾部二次燃烧等；要缓慢操作一次风机，以防一次风压大幅波动造成燃烧不稳；要做好二次风配风调整，以保证锅炉充分稳定燃烧；要定期进行锅炉吹灰并检查吹灰器运行正常；要重视炉渣取样和化验工作，如炉渣热灼减率异常增大，要及时查找原因并采取防止造成尾部二次燃烧等措施；锅炉低负荷或燃烧不稳，要及时投入辅助燃烧系统助燃。

锅炉正常停运，一般吹扫 15min 以上再停运送、引风机运行，停运后打开送风机风门通风。发生锅炉灭火事故时，严禁用爆燃法恢复燃烧，严禁跳过吹扫程序点火。需要按吹扫条件规定的顺序、风量、时间吹扫后方可进行下一步工作。锅炉非正常灭火时，应立即减小引风机出力或加大送风机出力，控制炉膛负压不剧烈波动。

7.3 锅炉受热面主要失效方式

7.3.1 锅炉积灰结渣

基于我国目前生活垃圾特性，焚烧过程产生的炉渣量为焚烧垃圾量的重量比统计值在 15%～22%，其中可燃物焚烧产生的炉渣占比约为 5%～7%，其余为焚烧后的重量比略有减少的无机物。炉渣的热灼减率在 2.0%～3.5%，含水率 14%～20%，容重 1.15～1.35t/m³，60%～75% 的粒径范围在 2～50mm。焚烧过程产生的干飞灰 2%～3%，干灰堆积密度 0.3～0.5t/m³，粒径频率分布 80% 以上在 43～175μm。造成锅炉积灰结渣的主要来源在于烟气中携带的颗粒物。

锅炉受热面积灰大致可分为三类：在炉墙或其他辐射受热面上的结渣；在高温过热器等对流受热面上的积灰、烧结积灰与结渣；在省煤器等低温受热面上的松散积灰与水泥化的灰。锅炉积灰结渣始终是困扰锅炉安全、可靠运行的障碍。曾有垃圾焚烧锅炉积灰、结焦严重，致使对流烟道入口负压达到最高限值，炉膛出现正压的事故现象。有炉膛结焦严重，炉膛喉部几乎被焦渣堵死，表现炉膛出口压差达到 950Pa，炉膛正压运行，引风机电流 10.379A 的异常现象。

当垃圾焚烧炉膛内的温度较高，如大于 1050℃ 时，产生的灰分会发生状态改变，大多数灰分会在较窄的温度区间呈现为软化状态或是熔化成液态。随着温度的降低，灰分又将从软化态或液态硬化成固态。如果软化或熔化状态下的灰分在接近水冷壁或炉墙前，已经因为温度降低而凝固后附着在受热面管壁上，将会形成一层疏松的灰即通常所称的积灰。如果软化态或熔化态灰分骤然冷却而直接硬化黏结在受热面上，就会形成坚硬的熔渣。松散积灰如不能及时清除，长时间暴露在烟侧温度环境下，会使其烧结强度提高并转化成很难清除的烧结积灰。

7.3.1.1 灰渣的烧结特性

灰分的烧结性质主要是指其影响炉内运行工况的熔化性和对流受热面积灰的烧结性能。灰分处于软化状态或熔化状态时具有黏性，如果遇到受热面管子，很容易粘接在上面形成结渣。实际应用上，用灰熔点 t_2 及灰成分中的钙酸比、硅铝比、铁钙比及硅值来判断其结渣倾向。用 t_2 作为判断灰分结渣性能的指标。可按下式估算：

$$t_2 = 19(Al_2O_3) + 15(SiO_2 + Fe_2O_3) + 10(CaO + MgO) + 6(Fe_2O_3 + Na_2O + K_2O)$$

$$(7-23)$$

混合物灰熔点通常比其中单一物质的最低熔点还要低。灰熔点越低，受热面越容易结渣。对燃煤锅炉研究与实践证明，当 $t_2>1350℃$ 时，炉内结渣的可能性不大。为避免炉膛出口处结渣，要求炉膛出口温度低于 $t_2-(50\sim100)℃$。实践证明，垃圾焚烧锅炉的炉膛出口温度不大于950℃具有减轻结渣的效果。由此，在工程应用缺少灰熔点的分析数据时，可采用 $t_2=1050℃$ 研究成果。

7.3.1.2　对锅炉积灰结渣基本分析

锅炉积灰、结渣是一涉及物料的燃烧、炉内传热传质，灰粒子性质、炉内运动状态以及与管壁间的黏附等因素的复杂物理、化学过程，至今尚无适用于定量描述结渣过程的数

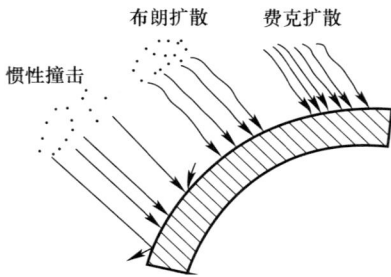
图 7-21　不同尺寸灰渣输运机理

学模型。对积灰结渣形成过程的定性解释，是基于费克扩散、小粒子布朗扩散和湍流旋涡扩散等原理（图 7-21），通过迁移形成初始沉积以及惯性撞击作用的结果。以炉膛结渣为例，由挥发性灰在水冷壁上冷凝沉积和细微颗粒迁移沉积的共同作用而形成初始沉积层。初始沉积层是具有高化学活性与一定黏性的细微颗粒薄灰层。此后较大颗粒在惯性力作用下冲击到管壁上，被初始沉积层捕获，使结渣层厚度迅速增加。

灰熔点是结渣的关键，由灰分的熔融特性可知，具有灰熔点越高越不容易结渣，越低越容易结渣的规律。灰熔点的高低灰取决于灰的化学成分以及各成分含量比例。垃圾灰分具有粒径小、灰熔点低、烟气含水量大、氯化物及碱金属含量高的特点，其灰熔点不但与下述灰分的化学成分、灰周围的介质及灰分浓度等因素有关，而且是各因素互相交织，使得问题更加复杂。

（1）成分因素：垃圾焚烧灰分来源于可燃物燃烧产物和垃圾本身存在的不可燃物两部分构成。灰分的化学成分通常用各种氧化物的百分含量来表示，包括 Na_2O、K_2O、SiO_2、FeO、Al_2O_3、Fe_2O_3、CaO、MgO、P_2O_5 等。除 Na_2O 和 K_2O 的熔点在 $800\sim1000℃$ 外，其他氧化物的熔点基本都在 $1600\sim2800℃$。灰熔点要低于除 Na_2O 和 K_2O 外的任一单一成分本身的熔点。灰分在加热中相互接触频繁，产生分解、化合、助熔等作用，使灰分中各种不同成分的物质含量及比例变化，从而导致灰熔点不同。尤其是灰分中 Al_2O_3、SiO_2 含量越高，灰熔点越高。

（2）环境介质因素：灰熔点与周边介质性质改变有关，如当灰分与 CO、H_2 等还原性气体相遇时，灰熔点降低大约200℃。这是因为还原性气体能使灰分中高熔点的 Fe_2O_3 还原成低熔点的 FeO，二者熔化温度相差 $200\sim300℃$。铁在弱还原性气氛中呈 FeO 状态，熔点1420℃，而在还原性介质中呈金属态，熔点1535℃。

（3）炉膛温度因素：在灰熔点一定情况下，炉膛的温度水平及其分布就成为是否发生结渣的重要因素（图 7-22）。当炉内温度较低时，灰粒呈熔化或软化状态的概率较小。当炉内温度水平较高，而受热面附近温度较低，且温度分布较缓时，灰粒子在碰撞受热面前可以得到较好的冷却而温度降低，使之与受热面碰撞时被捕捉的概率降低。温度对炉内结渣具有非常重要的影响，温度增高表明，结渣程度将按指数规律增长。垃圾焚烧飞灰的灰熔融特性显示其具有独特变形、软化、熔融特征温度，特别是当其灰熔点在1050℃左右时，较煤的灰熔点低约200℃。实践显示，垃圾焚烧灰的灰熔点是不稳定的，随着垃圾质

量的变化而变化的，且垃圾飞灰三个温度点差距很小或不明显。

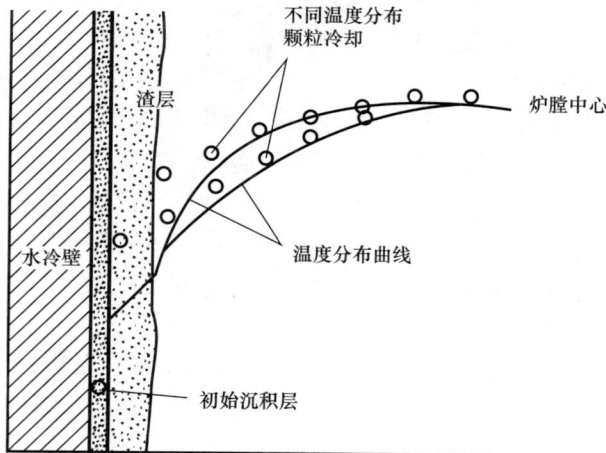

图 7-22 积灰结渣时的炉膛温度分布

（4）锅炉结垢因素：垃圾焚烧锅炉炉膛设计为复合式炉墙结构，其中的高温烟气辐射换热区为复合式水冷壁结构，对流通道内沿烟气流动方向依次布置高温过热器、中温过热器及低温过热器、后置蒸发器、省煤器（也有布置前置蒸发器的）。中压等级的垃圾焚烧锅炉积灰、结渣最严重的部位是炉膛前拱、后拱与高温过热器。炉膛容积热负荷是根据垃圾热值确定的，随着焚烧垃圾热值的提升，炉膛容积热负荷增大，炉膛各区段温度上升的同时，也加剧了炉膛结渣机会。当锅炉高温烟气流经高温过热器入口时，有一个迅速降温结渣的过程，而这些结渣并不像理论所说的会失去黏性迅速掉落。由于灰分会在其达到灰熔点后黏附在高温过热器管壁上形成结渣，长期运行会加速结渣过程。结渣后的管节距缩小，又会加剧飞灰可能在高温过热器搭桥而很快堵塞通道的过程。发生严重结渣、堵灰后，则会造成其后部的受热面烟气流速下降，形成严重的挂焦现象。这些结渣再经过高温的作用，就形成非常坚硬的物质。

（5）其他因素：若在燃烧过程中供风不足或与空气混合不良，可燃物未完全燃烧而产生还原性气体，可能会使灰熔点大大降低。灰熔点还与炉膛结构形式及运行管理有关，如设计炉膛容积热负荷过大致使炉膛温度过高，再如不适当超负荷运行时会使炉膛容积热负荷增加过大且炉膛温度过高，从而增加受热面结焦的概率。

7.3.1.3 防止积灰结渣的基本途径

有效控制锅炉积灰结渣的基本途径在于精细化运行管理，保持氧量、一氧化碳、风量、风温与风压等显示燃烧状态的设备动作正确与测量装置指示准确。当受热面及炉膛等部位严重结渣，影响锅炉安全运行时，需要立即停炉处理。下述防止积灰结渣的经验可供参考。

（1）为了防止垃圾焚烧锅炉的炉墙结渣，按熔融附着温度约 1000～1100℃ 设计空冷耐火砖炉墙冷却装置。将常温空气送到耐火砖的背面的空气室，根据传热原理使耐火砖的向火面温度冷却到 700～800℃，从而防止耐火炉墙结渣和提高耐火砖寿命。空气室保持微正压，以避免炉膛内的烟气漏进空气室，同时尽可能避免冷却空气漏进炉膛。被加热的冷却空气由冷却风机送入一次风系统，以提高热量利用率。

（2）保持垃圾焚烧锅炉内良好的空气动力场状态以减少炉膛漏风及维持风量平衡，是避免炉膛温度过高导致炉内形成整体或局部还原性气氛而加剧炉膛结渣的基本条件。具体措施如注重对炉排漏灰输送机密封和除渣机水位的控制；控制好一次风量、避免或减轻因风量变化致使空气动力场改变；通过巡检严密监视炉膛结焦情况，发现结焦及时处理。

（3）合理控制炉膛温度，防止炉膛温度过高，对抑制结渣生成具有重要的作用。研究表明，适宜的炉膛主控温度即是保证二噁英类高温分解的有效办法，也是有效抑制锅炉结渣的重要措施。操作要点如加强对焚烧垃圾热值的分析，当焚烧垃圾特性有明显改变时，需要进行燃烧调整；对各温度检测系统进行检查，及时更换损坏的温度传感器等取样装置，及时清理温度传感器挂焦挂灰，确保温测点数据准确。

（4）通过对二次空气的合理使用将氧量控制在适宜范围内，包括设计二次空气喷嘴的适宜喷射角度与控制好二次空气射流速率，对减轻炉膛前后拱区域的结渣具有积极作用。另外，一次风速的适当降低可减少主气流的动量，使其卷吸量减小、负压下降，从而增加二次空气射流透入主气流的射程。这对控制二次空气喷嘴附近的静压作用，避免或减轻因主气流对炉膛壁面的直接冲刷，从而减轻结渣有一定积极意义。

（5）锅炉受热面的积灰是影响锅炉安全与经济运行的主要因素之一，采用清灰系统并保持系统正常投入运行，能有效减轻锅炉受热面积灰，防止因积灰造成受热面超温，使受热面保持良好的传热效率。应该说伴随现代锅炉的应用，人们一直在探索更加理想的锅炉清灰方法，创造出了许多基于物理、化学、声学等原理的清灰技术。针对生活垃圾焚烧锅炉，较多采用的是蒸汽吹灰、机械振打与激波吹灰技术。其中机械振打方式仅适用于采用上下联箱结构形式的对流受热面管屏，蛇形管结构形式的对流受热面管束多采用蒸汽吹灰方式。由于这些清灰方式都是有一定效果但距离人们的期望总有差距，人们又在尝试采用蒸汽清灰＋激波清灰或振打清灰＋激波清灰等组合清灰方式。不管采用哪种方式，实际运行中需要保证吹灰时间间隔严格按规定执行，在锅炉升降负荷及炉膛吹灰时加强对炉膛负压的监视，以防止锅炉掉焦塌灰。

（6）需要加强对实际运行中积灰结渣事故分析和形成机理的研究，致力于解决造成这类爆管的根本原因，而不应局限在如美国电力研究所曾于 20 世纪 90 年代所说的"对于飞灰磨损，经常采用金属表面喷镀、管子防护罩改成堆焊等手段"。

7.3.2　垃圾焚烧锅炉对流受热面管子的积灰与结渣

7.3.2.1　垃圾焚烧锅炉受热面管子的爆漏机理

如前所述，垃圾焚烧锅炉受热面是指锅炉水冷壁辐射受热面与过热器、蒸发器和省煤器对流受热面。各受热面管子内部承受工质压力、温度和残余化学成分的作用，在管子外部则处于高温、侵蚀和磨损等的恶劣环境，在水与火之间进行能量传递，所以很容易发生爆裂泄漏，简称爆漏。

理论上，金属腐蚀是无所不在、无可避免的，实际应用中只要将其控制在可接受的范围内就可以了。这可通过选择合适的材质，通过正常的水化学监督，维持正常运行工况来实现。

有统计美国火电设备停运事故的 80％是由锅炉爆管造成的，而且是类似事故反复发生的背景下，美国电力研究院经过长期大量研究，于 1985 年公开发表的一本手册中，把锅炉爆管机理分成六大类共 22 种（表 7-15）。其中有 7 种受到循环化学剂的影响，12 种受到动力装置维护行为的影响。我国学者结合我国电站锅炉过热器爆管事故也做了大量研究，如表 7-16 所示，把电站锅炉过热器爆管归纳为九种不同的机理。这些富于实战经验的研究成果，可在垃圾焚烧锅炉应用研究中借鉴。

美国电力研究院提出的锅炉爆漏机理　　　　　　　　　　表 7-15

锅炉爆漏类别	爆漏种类
应力断裂	短期过热[+]、高温蠕变、异种钢焊接[+]
汽水侧腐蚀	苛性腐蚀[×]、氢腐蚀[×+]、点腐蚀[×+]、应力腐蚀裂纹[×]
烟气侧腐蚀	低温腐蚀、水冷壁腐蚀、煤灰腐蚀、油灰腐蚀
磨损	飞灰磨损[+]、落渣磨损、吹灰磨损[+]、煤粒磨损[+]
疲劳	振动疲劳、热疲劳[×+]、腐蚀疲劳[×+]
质量缺陷	维修损伤[+]、化学偏离[×]、材料缺陷[+]、焊接缺陷[+]

注：+为失效机理受维护行为的影响；×为失效机理受循环化学剂的影响。

我国学者提出的锅炉爆漏机理　　　　　　　　　　表 7-16

爆漏类别	失效机理	失效原因	故障位置	爆口特征	防治措施
长期过热	管壁温度长期处于设计温度以上而低于材料下临界温度，超温幅度大时间较长，锅炉管发生碳化物球化，管壁氧化减薄，持久强度下降，蠕变速度加快，使管径均匀胀粗，最后在管子最薄弱部位导致脆裂。长时超温爆管根据工作应力水平可分为高温蠕变形，应力氧化裂纹型，氧化减薄型	管内汽水流量分配不均；炉内局部热负荷偏高；管内结垢或是异物堵塞；错用材料；设计不合理	高温蠕变形和应力氧化裂纹型长时超温爆管，主要发生在高温过热器外圈向火面；氧化减薄型主要发生在再热器中，在不正常的情况下低温过热器也可能发生	具蠕变断裂的一般特性，管子爆口粗糙，呈脆性断口特征。边缘为不平整钝边，爆口处管壁厚度减薄不多。管壁发生蠕胀，管径胀粗与管子材料有关，碳钢管径胀粗较大。20 号钢高压炉低温过热器管破裂，最大胀粗值为管径 15% 12CrMoV 高温过热器管破裂胀粗约 5%[a]	高温蠕变形可改进受热面，使介质流量分配合理；改善炉内燃烧过程；进行化学清洗，去除异物，沉积物等方法预防。对应力氧化裂纹型因管子寿命已接近设计寿命，可将损坏的管子更换掉。对氧化减薄型应完善过热器的保护措施
短期过热	当管壁温度超过材料下临界温度时，材料强度明显下降，在内压力作用下，发生胀粗和爆管现象	过热器工质流量分配不均，严重结垢，炉内局部热负荷过高造成管壁超温；异物堵管；错用钢材；管内壁氧化垢剥落；低负荷运行；炉内烟温失常[b]	常发生在过热器向火面直接和火焰接触及直接受辐射热的受热面管子上	爆口较大，呈喇叭状，薄唇形，塑性变形大；管径胀粗，管壁减薄呈刀刃状；断口微观为韧窝；爆口周围管子材料硬度升高；短时超温爆管前的长期超温越严重，周围内外壁氧化皮越厚	改进受热面，使介质流量分配合理；稳定运行工况，改善炉内燃烧，防止燃烧中心偏离；进行化学清洗；去除异物，沉积物；防止错用钢材
磨损	包括飞灰，落渣，吹灰，硬颗粒等的磨损。其中飞灰磨损指飞灰中夹带 SiO_2、FeO_3、Al_2O_3 等硬颗粒高速冲刷管子表面使管壁减薄爆管	飞灰中夹带硬颗粒，烟速过高或管子局部烟速过高如积灰时烟气的通道变窄，流速增大；灰浓度分布不均，局部过高	常发生在过热器烟气入口处的弯头，出列管子和横向节距不均匀的管子上	断口处管壁减薄，呈刀刃状；磨损表面平滑，呈灰色；金相组织不变化，管径一般不胀粗	减少飞灰撞击管子的数量，速度或增加管子抗磨性，杜绝局部烟速过高；在易磨损管子表面加装防磨盖板

349

续表

爆漏类别	失效机理	失效原因	故障位置	爆口特征	防治措施
腐蚀疲劳或汽侧氧腐蚀	水中氧含量，pH值是影响腐蚀疲劳主要因素，管内介质因氧去极化作用发生电化学反应，在管内的钝化膜破裂处发生点蚀形成腐蚀介质，在腐蚀介质和循环应力（含启停和振动引起的内应力）作用下致腐蚀疲劳爆管	弯头的应力集中促使点蚀产生；弯头处受到热冲击，使其内壁中性区产生疲劳裂纹；下弯头停炉时积水；管内介质中含有少量碱或游离的 CO_2；装置启动及化学清洗次数过多	常发生在水侧，然后扩展到外表面．过热器的管弯头内壁产生点状或坑状腐蚀，主要在停炉时产生腐蚀疲劳	过热器管内壁产生贝壳状腐蚀；运行时腐蚀疲劳产物为黑色磁性氧化铁，与金属结合牢固；停炉时腐蚀疲劳产物为砖红色氧化铁；点状和坑状腐蚀区的金属组织无变化；腐蚀坑沿管轴方向发展，裂纹横断面开裂，相对宽而钝裂缝处有氧化皮	注意停炉保护；新炉起用时进行化学清洗，在内壁形成一层均匀的保护膜；水质符合标准，适当减小pH值或适当增加锅炉中氯化物和硫酸盐含量
应力腐蚀裂纹	在介质含氯离子和高温条件下，由于静态拉应力或残余应力作用产生的管子破裂现象	介质中含 Cl^-，高温环境，高拉应力是产生应力腐蚀裂纹三要素；在湿空气作用下造成应力腐蚀裂纹；启停炉时有含氯和氧的水团进入管内；加工和焊接残余应力引起热应力	常发生在过热器高温区管和取样管	爆口为脆性形貌，一般为穿晶应力腐蚀断口；爆口上可能有腐蚀介质和腐蚀产物；裂纹具有树枝状的分叉特点，裂纹从蚀处产生，裂源较多	去除管子残余应力；加强安装期保护，注意停炉时的防腐；防止凝汽器泄漏，降低蒸汽中的氯离子和氧的含量
热疲劳	炉管因锅炉启停引起热应力，汽膜的反复出现和消失引起热应力和由振动引起交变应力作用而发生的疲劳损坏	烟气中 S，Na，V，Cl 等物质促进腐蚀疲劳损坏；炉膛使用水吹灰，管壁温度急剧变化，产生热冲击；超温导致管材疲劳强度严重下降	常发生在过热器高热流区域的管子外表面		改变交变应力集中区域部件结构；改变运行参数以减少压力；改变温度梯度变化幅度；考虑间歇运行时的热胀冷缩；避免运行时机械振动；调整管屏间流量分配，减少热偏差和相邻管壁的温差；适当提高吹灰介质的温度，降低热冲击
高温腐蚀	V_2O_5 和 Na_2SO_4 等低熔点化合物破坏管子外表面的氧化保护层，与金属部件相互作用，在界面上生成新的松散结构的氧化物，使管壁减薄，导致爆管	燃料中含 V，Na，S 等低熔点化合物；局部烟温过高，腐蚀性的低熔点化合物黏附在金属表面，导致高温腐蚀；腐蚀区内的覆盖物，烟气中的还原性气体和烟气的直接冲刷，促进高温腐蚀产生	常发生在过热器及吊挂和定位零件的向火侧外表面	裂纹萌生于管子外壁，断口为脆性厚唇式；沿纵向开裂，在相当于时钟 10 点和 2 点处有浅沟槽腐蚀坑，呈鼠啃状；外壁有明显减薄但不均匀，无明显胀粗；外壁有呈鳄鱼皮花样的疏松氧化垢，垢中含黄，白，褐色产物，为熔融状沉积物，最内层氧化物呈黑灰色，硬而脆	控制局部烟温，防止低熔点腐蚀性化合物贴附在金属表面；使烟气流程合理，尽量减少热偏差；易发生高温腐蚀区域采用表面防护层或设置挡板；除去管子表面的附着物

续表

爆漏类别	失效机理	失效原因	故障位置	爆口特征	防治措施
异种金属焊接	焊接接头处因两种金属的蠕变强度不匹配以及焊缝界面附近的碳迁移,使异种金属焊接界面断裂失效.两种金属的蠕变强度相差极大是异种金属焊接早期失效的主要原因	常发生在过热器出口两种金属焊接接头处,当焊缝的蠕变强度相当于其中一种金属的蠕变强度时,断裂发生在另一种金属的焊缝界面上			稳定运行是减少异种金属焊接失效的关键;两种金属焊接时加入具有中间蠕变强度的过渡段减少焊缝界面两侧蠕变强度差值;在过渡两侧选用性质不同焊条,分别与两种金属的性质相匹配
质量控制失误	是在制造,安装,运行中由于外界失误因素造成损坏	质量控制失误的原因有维修损伤;化学清理损伤;管材金属不合格或错用管材等缺陷;焊接缺陷等			加强运行,检修及各种制度的管理是防止质量控制失误出现的有效手段

a 长期过热爆口特征:

1. 高温蠕变形:(1)管子蠕胀量超过金属监督规定值。(2)爆口边缘较钝,周围氧化皮有密集纵向裂纹,内外壁氧化皮比短时超温爆管厚,超温程度越低时间越长则氧化皮越厚,氧化皮的纵向裂纹分布的范围越广。(3)在爆口周围较大范围内存在蠕变空洞和微裂纹。(4)弯头处组织可能发生再结晶。(5)向火侧和背火侧的碳化物球化程度差别较大,一般向火侧的碳化物已完全球化。

2. 应力氧化裂纹型:(1)管子蠕胀量接近或低于金属监督规定值,爆口边缘较钝,呈典型厚唇状。(2)靠近爆口向火侧氧化层上存在多条纵向裂纹,分布范围可达整个向火侧。内外壁氧化皮比短时超温爆管的氧化皮厚。(3)纵向应力氧化裂纹从外壁向内壁扩展,裂纹尖端可能有少量空洞。(4)向火侧和背火侧均发生严重球化现象且管材的强度和硬度下降。(5)管子内壁和外壁的氧化皮发生分层。(6)燃烧产物中的 S、Cl、Mn、Ca 等元素在外壁氧化层沉积和富集。

3. 氧化减薄型:(1)管子向火侧、背火侧的内外壁均产生 $1.0 \sim 1.5 \text{mm}$ 厚的氧化皮。(2)管壁减薄为原壁厚的 $1/3 \sim 1/8$。(3)内外壁氧化皮均分层,为均匀氧化。内壁氧化皮内层呈环状纹。(4)向火侧组织完全球化,背火侧组织球化严重且强度和硬度下降。(5)燃烧产物中的 S、Cl、Mn、Ca 等元素在外壁氧化层沉积和富集,促进外壁氧化。

b 短期过热失效原因:

(1)过热器管内工质流量分配不均,在流量较小的管子内,工质对管壁的冷却能力较差,管壁温度升高,造成管壁超温。(2)炉内局部热负荷过高,使附近管壁温度超过设计允许值。(3)过热器管内严重结垢造成管壁超温。(4)异物堵管使过热器管不能有效冷却。(5)错用低级钢材,随温度升高,钢许用应力迅速降低,强度不足而使管子爆破。(6)管子内壁氧化垢剥落使下弯头处堵塞。(7)低负荷运行时,喷入过量减温水,致管内水塞,局部过热。(8)炉内烟温失常。

7.3.2.2 过热器失效

引起锅炉停炉事故的主要因素,一是严重堵灰与结渣,二是受热面失效,尤其是过热器失效。这种失效大致可分为应力失效与塑性失效,以及疲劳与腐蚀疲劳。

影响钢材寿命的因素主要是应力和温度。当过热器受到腐蚀及磨损时会使管壁减薄,应力增大以致引起蠕变,进而管径涨粗管壁进一步减薄,最终导致应力失效。在一定应力条件下,工作温度越高,不但钢材寿命期越短,而且会引起蠕变和应力失效。当应力增大但尚未达到蠕变范围时则会引起塑性变形失效。周期性变形可能引起金属疲劳失效,而腐蚀和氧化会加速疲劳失效。

正常运行过程中的过热蒸汽压力相对稳定,管壁应力几乎是固定的,此时影响该管壁寿命的主要因素是管壁平均温度。当过热器管壁蒸汽侧冷却不足或是烟气侧加热过强,均会使管壁超过金属许用温度,致使其寿命明显缩短。发生这种超温的原因主要有:个别过热器管内因局部阻力及沿程阻力过大使蒸汽流量减少；积水、异物堵塞等使流通截面减小或是被堵塞；过多取用饱和蒸汽使蒸汽量减少；锅炉运行工况严重偏离设计条件。中压及以上锅炉降压运行时，因饱和蒸汽量增加、传热性能下降导致过热蒸汽减小、流量减小，也会引起管壁金属超温。管内壁结垢对流量偏差的影响甚微，但因热阻增大，传热性变差，使管壁向蒸汽传热系数降低而引起结垢部分超温。

造成过热器烟气侧超温的原因主要是焚烧垃圾热值明显超过设计热值而焚烧垃圾减量不足致使二者乘积大于炉膛容积热负荷，或是过度超烧使炉膛容积热负荷过大。这两种情况都会增加管壁吸热量，造成整体或局部管壁超温。过热器局部严重积灰会减少整个过热器吸热量，但也会使局部过热器管吸热量增加，导致管壁温度增加。

7.3.2.3　锅炉受热面管子的金属监督

为了防止锅炉受热面管子爆漏，提高锅炉运行的可靠性，我国制订了一系列锅炉以及压力容器受监范围内的各种金属部件监督和定期检验规定，还对检验内容、方法、缺陷处理和水压试验等做出了明确规定。其中，《锅炉定期检验规则》TSG G7002 规定每年进行一次外部检验，每两年进行一次内部检验。对受监范围内的受热面管子有《防止火电厂锅炉四管爆漏技术导则》能源电〔1992〕1069 号文、《火力发电厂锅炉受热面管监督技术导则》DL/T 939、《火力发电厂金属技术监督规程》DL/T 438 等规定。生活垃圾焚烧锅炉需要参照这些规定，做好锅炉受热面管子的金属监督工作，确保焚烧厂长期安全、可靠运行。特别是对受监范围的锅炉受热面管子要从进厂、制造、安装、运行、检修等全过程，做好材料质量、焊接质量、部件质量监督及金属试验工作，做好锅炉服役过程中金属组织变化、性能变化和缺陷发展情况的监督、检查。

针对焚烧垃圾灰分较高的特点，锅炉对流受热面要布置足够的吹灰器，结构上避免存在烟气走廊。尾部受热面的烟气流速按管壁最大磨损速度小于 0.2mm/s 选取，也可选用顺列布置，管径宜采用不小于 $\phi42$ 的光管省煤器。结构设计要有利于防止受热面及烟道积灰，避免局部烟速过高造成受热面局部磨损。

针对水冷壁管屏的入孔、燃烧器等大型开孔外边缘管的高热负荷与管内工质流量减少且易波动等因素，需要核查其对水冷壁与蒸发器水动力循环的不利影响。对超高压及以上锅炉的水冷壁需要进行传热恶化验算，使传热恶化的临界热负荷与设计最大热负荷之比负荷相关规定。

针对焚烧飞灰相对较低的灰熔点和强结渣性，高温辐射受热面和对流受热面入口烟温 ϑ_{dl} 要小于灰熔点 t_2，控制指标为 $t_2 - \vartheta_{dl} > 100℃$。在无准确数据的一般分析时，可取 $t_2 = 1050℃$ 的研究成果。由此可计算出炉膛出口烟温 $<950℃$。相应通过辐射通道换热后，进入对流烟道时的温度要低于 650℃。

各级过热器需要进行水力偏差计算，合理选取偏差系数，据此计算管壁温度。选取的管材允许使用温度要大于计算管壁温度并留有适当裕度。垃圾焚烧锅炉过热器温度通常要采用二级喷水调节方式，减温器结构应保证进入减温器的蒸汽与减温水均匀混合。

锅炉受热面管要能够自由膨胀，互相不碰不磨。其中，对流受热面采用悬吊式的锅炉设计有锅炉膨胀中心（俗称死点）；采取的防晃装置不应限制锅炉受热面的自由膨胀；各联箱两端设置膨胀指示器。受热面上的管卡、吊杆、吊箍、悬吊管、管夹以及限位、支承、定位焊耳等连接件需布置合理，避免在热态下偏斜、拉环和管子相互碰撞。对管壁温差大与膨胀长度不同的管子之间以及受热管与其他部件之间的连接，要防止膨胀受阻或受刚性体的限制而发生爆管。

各受热面的各段设置进出口烟气温度测点和汽水进出口温度测点。一般在流烟道中的高、中温过热器各段管圈出口管外壁布置管壁温度测点，且是每隔 5～10 排布置一点。减温器出口汽温测点布置在汽水充分混合后反映其真实温度的位置。要按规定设置锅炉炉膛安全保护、汽包水位、安全阀等保护装置。

锅炉启动、停运严格按启停曲线进行，控制锅炉各参数及各受热面管壁温度在允许范围内并严密监视、及时调整，防止参数大起大落；启停过程中检查联箱、汽包、水冷壁等的膨胀指示器，分析膨胀情况是否正常。停运锅炉参照《火力发电厂停（备）用设备防锈蚀导则》进行防腐保护。锅炉运行，要严格执行相关汽水监督规程，保证进入锅炉的给水品质合格。当汽水品质恶化危及锅炉安全运行时要按管理程序采取紧急措施直至停炉。运行中严密监视蒸汽参数、蒸发量及汽包水位，防止发生超温、超压、满水、缺水事故；严格执行巡回检查制度，认真监盘；发现受热面泄漏时要尽快停炉，对可能危及人身安全，设备严重损坏等爆漏事故时要紧急停炉；定期进行锅炉吹灰，必要时可增加吹灰频次。

对受热面检查项目和周期可参照《防止火电厂锅炉四管爆漏技术导则》的附录，检查的重点部位有：锅炉受热面经常受机械磨损和飞灰磨损的部位，因膨胀不畅而容易拉裂的部位，吹灰器吹灰介质冲击的管子及水冷壁开孔装设吹灰器周围的管子，过热器有经常超温记录的管子等。

当发现受热面管有下述缺陷时，应及时更换：

（1）碳钢和合金钢管壁厚减薄大于 30% 或按下式计算的剩余寿命 RL 小于一个大修期间隔时间

$$RL = \frac{\delta(2\sigma_{VC}^t - P) - P(D - 2\delta_0)}{C(2\sigma_{VC}^t - P)} \quad (\text{h}) \tag{7-24}$$

式中　δ、δ_0——分别为最近一次测量的与原始的管壁厚，mm；

P——管内压力，MPa；

D——管子原始外径，mm；

σ_{VC}^t——钢材使用温度下最低蠕变强度极限，MPa；

C——壁厚减薄速度，$C = (\delta_1 - \delta)/h$，mm/h，其中：$\delta_1$ 为上一次测量的壁厚，mm；h 为测得 δ_1 与 δ 之间累计运行小时数。

（2）存在下述任何一种缺陷需要按规定进行修复或更换：合金钢管涨粗大于 2.5%，碳钢管大于 3.5%；腐蚀点深度大于 30%；碳钢及钼钢的石墨化达到四级；高温过热器外表面氧化皮厚度超过 0.6mm 且晶界氧化裂纹深度超过 3～5 个晶粒；管外表面有宏观裂纹，微观检查有蠕变裂纹，奥氏体不锈钢有应力腐蚀；常温机械性能低，运行一个小修间隔后的残余计算壁厚不能满足强度计算要求。另外，受热面管子整体或大面积更换时，应对钢管 100% 进行无损探伤检查。

7.3.3　对流受热面的高温腐蚀

7.3.3.1　对流受热面全面腐蚀的腐蚀速率

金属腐蚀是金属材料受周围介质作用而损坏的一种普遍现象。如铁制品生锈（$Fe_2O_3 \cdot xH_2O$）、铝制品表面出现白斑（Al_2O_3）、铜制品表面产生铜绿 $[Cu_2(OH)_2CO_3]$、银器表面变黑（Ag_2S、Ag_2O）等都属于金属腐蚀，尤以用量最大的钢铁制品的腐蚀最为常见。锅炉的金属腐蚀分为高温腐蚀和低温腐蚀。就锅炉而言，高温腐蚀的危害要比低温腐蚀更严重，主要出现于垃圾焚烧锅炉炉膛出口区的水冷壁和中压、次高压等级锅炉的对流通道入口区域的高温过热器，高压等级锅炉的中、高温过热器。炉膛出口区处于烟气温度高，存在 CO、HCl 等还原性气体，还可能存在 SNCR 雾化效果不佳、渗沥液回喷等不利影响的环境下，因此该区域的水冷壁被誉为第一风险区域。对流烟道进口区域则处于蒸汽介质温度较高，温度控制不佳和积灰严重会发生超温与高温腐蚀的环境下，故而该区域的高温过热器被誉为第二风险区域。附带说明的是，在此仅探讨金属腐蚀的工程问题，关于腐蚀的基础理论属于腐蚀学范畴，不在本讨论范围。

金属的腐蚀程度根据不同腐蚀形式有不同的判断方法。其中对局部腐蚀多用腐蚀深度与腐蚀面积表示，对全面腐蚀则采用平均腐蚀速率来判断。腐蚀速率常用失重法或增重法、深度法、电流密度法表示。

失重法是根据试件表面积 $S(m^2)$，腐蚀时间 $t(h)$，金属试件腐蚀前的质量 $m_0(g)$ 与腐蚀并清除腐蚀物后的质量 $m_1(g)$，用下式计算腐蚀速率 $v_{gi}(g/m^2h)$：

$$v_{g1} = (m_0 - m_1)/St \tag{7-25}$$

当腐蚀产物牢固附着在试件表面时，可取腐蚀后质量 m_2，按增重法计算：

$$v_{g2} = (m_2 - m_0)/St \tag{7-26}$$

深度法是取试件密度 $\rho(g/cm^3)$，按换算系数 8.76（$=24\times365\times10/10000$）并根据我国目前的部颁标准深度法的腐蚀速率 $v_L \leqslant 0.076mm/a$ 判别规定，将失重法的腐蚀速率 v_g 换算为 $v_L(mm/a)$：

$$v_L = 8.76v_g/\rho \leqslant 0.076 \tag{7-27}$$

电流密度法是根据法拉第定律，取摩尔质量 A、离子电荷数 n，将金属电化学腐蚀过程的阳极电流密度指标 i_a 与重量指标 v_g，按下式确定：

$$i_a = 26.8\times10^{-4}\times v_g \times (n/A) \tag{7-28}$$

通常是以深度法的腐蚀速率 v_L 大小界定金属材料腐蚀等级。对铝合金材料，腐蚀等级也有按失重法的 v_g 表示的。几种腐蚀等级与分类标准见表 7-17，表 7-18 为腐蚀速率换算表。

金属及铝合金的腐蚀等级与标准　　　　　　　　表 7-17

按腐蚀速率计的金属耐腐蚀等级及分类			耐蚀性三级标准			按失重率计的铝合金材料腐蚀等级	
腐蚀速率 v_L (mm/a)	腐蚀性分类	耐蚀性等级	分类	等级	v_L (mm/a)	腐蚀速率 v_g (g/m^2h)	腐蚀等级评价
<0.001	Ⅰ 完全耐蚀	1				<0.0003	很耐腐蚀铝合金
0.001~0.005 0.005~0.01	Ⅱ 很耐蚀	2 3	耐蚀	1	<0.1	0.0003~0.003	很耐腐蚀铝合金
0.01~0.05 0.05~0.1	Ⅲ 耐蚀	4 5				0.003~0.031	耐腐蚀铝合金
0.1~0.5 0.5~1.0	Ⅳ 尚耐蚀	6 7	可用	2	0.1~1.0	0.031~0.31	尚耐腐蚀铝合金
1.0~5.0 5.0~10.0	Ⅴ 欠耐蚀	8 9	不可用	3	>1.0	0.31~3.1	欠耐腐蚀铝合金
>10.0	Ⅵ 不耐蚀	10				>3.1	不耐腐蚀铝合金

腐蚀速率换算表   表 7-18

单位	$g/(m^2h)$	mm/a	$mg/(dm^2d)$	$\mu g/(dm^2d)$
$g/(m^2h)$	1	1.11	2.4×10^2	2.4×10^5
mm/a	$0.91(0.114\rho)$	1	$220(27.4\rho)$	220000
$mg/(dm^2d)$	0.0417	0.0463	1	1000
$\mu g/(dm^2d)$	4.17×10^{-6}	4.63×10^{-6}	0.001	1

注：非括号内数值指碳钢材质换算结果；ρ 为金属质量（g/cm^3）。

腐蚀裕量 C 是指考虑材料在使用期内受到包括大气在内的接触介质全面腐蚀而预先增加设计壁厚的富裕量。工程上为防止容器受压元件由于腐蚀、机械磨损而导致厚度削弱减薄，都要考虑腐蚀裕量。腐蚀裕量只对防止发生全面腐蚀破坏有意义，对应力腐蚀、氢脆和缝隙腐蚀等非均匀腐蚀，用此办法的防腐蚀效果不佳，需要从材料选择与防腐蚀处理方面加以控制。

C 值大小通常是根据钢材在介质中的平均腐蚀速率 v_L 和部件的设计寿命确定。v_L 可从腐蚀手册等有关资料查取或是根据"挂片"试验确定。容器寿命按 10 年，塔类、反应器等按 20 年考虑。由此可按如下原则来确定 C 值：$v_L < 0.05mm/a$ 时，$C = 0mm$；$v_L = 0.05 \sim 0.13mm/a$ 时，$C \geqslant 1mm$；$v_L = 0.13 \sim 0.25mm/a$ 时，$C \geqslant 2mm$；$v_L > 0.25mm/a$ 时，$C \geqslant 3mm$。

7.3.3.2 垃圾焚烧锅炉受热面高温腐蚀

高温腐蚀是指金属材料在高温环境下与工作环境介质反应所发生的破坏现象，由于高温环境的复杂多样性，高温腐蚀的机理、形态、速度及产物有所不同。按腐蚀学理论分为以化学腐蚀及电化学腐蚀为主的高温气态腐蚀，腐蚀介质有 F_2、Cl_2、H_2、O_2、N_2 等气态分子，H_2O、SO_x、HCl、H_2S、NH_4 等气态非金属分子，$NaCl$、Na_2SO_4 等气态金属盐类分子以及气态金属氧化物分子等。其他还有，以电化学腐蚀与物理溶解作用为主的高温液态腐蚀，以腐蚀和磨蚀在内的高温固态腐蚀，也叫高温磨蚀或冲蚀。在生活垃圾焚烧锅炉中，直接暴露于高温烟气的炉膛出口区的水冷壁以及对流烟道内的过热器、蒸发器等的烟气侧腐蚀属于高温腐蚀。高温腐蚀会使受热面管子的管壁变薄、强度下降，严重时会导致受热面管子在短时间内发生爆漏事故以至被迫停炉处理。高温腐蚀及爆漏事故发生频率占全厂汽水系统故障频发率第一位。

对高温腐蚀的研究认为，锅炉受热面管子在高温环境下，烟气侧和蒸汽侧均有发生腐蚀的可能性。烟气对管壁的高温腐蚀，主要是灰中的碱金属高温升华，与烟气中的 SO_3 生成复合硫酸盐，在 $550 \sim 710℃$ 范围内呈熔化或半熔化态凝结在管壁上，破坏管壁表面的氧化膜所至。另外，灰中的钒在高温下升华生成 V_2O_5，在 $550 \sim 660℃$ 时凝结在管壁上起催化作用，使烟气中的 SO_2 及 O_2 生成 Na_2SO_4 与原子氧，对管壁也有强烈的腐蚀作用。高温腐蚀是反复进行的，它将氧化膜破坏、生成、再破坏，管壁逐渐减薄，最后导致爆管。

垃圾焚烧锅炉的高温腐蚀有气相腐蚀和熔盐腐蚀。气相腐蚀主要是烟气中以 HCl、SO_x 为代表的腐蚀性成分与金属离子作用而形成硫化铁和氯化铁，使金属材料失去氧化保护层而发生的腐蚀。熔融盐腐蚀又称为析出腐蚀，是烟气中含有 HCl 和 SO_x 等腐蚀性气体与飞灰中的 Na_2O、K_2O 等金属氧化物反应产生氯化氢和硫酸盐，前者再与锅炉金属材料 Fe 反应成氯化铁所造成的腐蚀。此外，飞灰中的硫酸氢盐也可与铁反应形成硫化铁和碱性硫酸铁。由于垃圾焚烧锅炉特有的焚烧工况，烟气中腐蚀性介质含量高，以至其高温腐蚀速率要高于一般锅炉。

这种高温腐蚀主要表现为管外壁粘结有碱金属的紧密灰层与飞灰中铁、铝等成分以及松散外层灰随烟气扩散来的气态氧化硫等发生缓慢化学反应，生成如 $Na_3Fe(SO_4)_3$、$K_3Fe(SO_4)_3$ 等碱金属的复合硫酸盐。这种复合物的熔点在 $550\sim710℃$ 范围内熔化成液态，低于 $550℃$ 时呈固态，高于 $710℃$ 时会分解出 SO_3 成为硫酸盐。烧结性复合硫酸盐在熔化状态时对过热器有强腐蚀作用，在 $650\sim700℃$ 时最强。因此，碱金属中的 Na、K、S 是形成高温腐蚀的主要成分。从垃圾焚烧过程看，不但焚烧飞灰中含有源自垃圾的较高碱性成分，而且烟气中含有较高的水分也是腐蚀发生的条件。这些因素共同作用，使垃圾焚烧高温腐蚀现象更加严重，并呈现出腐蚀总是发生在强烧结的积灰中的特征。

从腐蚀发生的部位看，运行过程中的水冷壁向火侧正面腐蚀最严重、金属减薄量最多，爆管几乎全部在管子正面发生而侧面腐蚀减薄较少，背火侧一般不会发生腐蚀减薄。过热器的高温腐蚀总是发生在强烧结积灰层下面，松散积灰层时很少出现腐蚀现象。强烧结积灰同样多出现在管子迎风面上且大部分外层积灰的成分与烟气飞灰相同，呈现硬而脆，有孔隙，无腐蚀作用；而内层积灰厚度多在 $0.8\sim6mm$，呈半熔化状态，有强腐蚀作用且与金属壁结合牢固。

一般烟气温度在 $630℃$ 以上，对应管壁温度在大于 $450\sim700℃$ 时，高温腐蚀速率达到最大。（有温度对高温腐蚀的研究认为当烟气温度低于 $879℃$，金属温度低于 $370℃$ 时不发生高温腐蚀）。在对生活垃圾含水率 $50\%\sim60\%$ 条件下，统计的氯含量在 $0.25\%\sim0.85\%$，典型值 0.4%；硫为 $0.1\%\sim0.2\%$，典型值 0.13% 时，表明该腐蚀性介质的浓度较高。这正是垃圾焚烧锅炉炉膛出口区的水冷壁管和过热器的工作环境，故而成为最容易发生高温腐蚀部位的原因，以及影响锅炉安全运行的重要因素。清水河垃圾焚烧厂的实验研究证明，控制对流受热面入口烟温不大于 $630℃$ 时，对高温过热器采用 15CrMo 合金钢，蒸汽参数 $1.6MPa/350℃$ 的实际运行寿命可从早期的不足 $2000h$ 提高到 $35000h$。

分析发现在腐蚀区存在较多的氯，通过对腐蚀机理研究发现，氯元素在整个腐蚀过程中不但起到催化剂的作用，将铁或铬元素从金属管壁上持续不断地置换出来而导致管壁腐蚀；在一定温度等条件下也会直接发生反应。对比碱金属氯化物的熔融试验，高温过热器腐蚀的典型温度腐蚀区间与碱金属氯化物的熔融温度区间吻合，熔融态的碱金属氯化物对高温过热器腐蚀发生和发展起到决定性作用。由此得出发生腐蚀的条件与特点为：焚烧垃圾中含有碱金属和氯元素，其含量多少会影响腐蚀速率；管壁温度达到腐蚀温度区间，在高温烟气中氯、硫化合物共存条件下，借助于 H_2O 和 O_2 可加速硫酸盐的生成，也有利于 HCl、Cl_2 的形成，从而加速高温腐蚀过程。这种腐蚀一旦发生就会持续进行不会停止。

控制高温过热器管壁温度，是控高温腐蚀的一种途径。过热器管壁温度 t_{gb} 可通过管内蒸汽温度 t_{gr} 计算取得，二者之间有如下关系：

$$t_{gb} = t_{gr} + \frac{\alpha_1}{\alpha_1 + \alpha_2}(\vartheta_{gr} - t_{gr}) \quad (℃) \tag{7-29}$$

式中　ϑ_{gr}——过热器前的烟气温度，℃；

　　α_1、α_2——分别为烟气至管壁及管壁至过热蒸汽的放热系数，$kcal/m^2h℃$，一般估算可取 $\alpha_1/(\alpha_1 + \alpha_2) = 0.02\sim0.05$。

按目前合金钢材质主要还是对 400~450℃的应用研究成果与实际经验表明，控制蒸汽温度不大于 450℃是减轻高温腐蚀的途径。对于 4.0MPa/400℃中温中压蒸汽参数，采用铠甲的措施基本没有效果，而采用喷涂防腐措施的实际效果也不很理想，特别是对于 6.4MP/450℃次高压等级的喷涂防腐防磨周期短，易出现磨损爆管点。目前有采用防腐性能相对较好的镍基合金或钛基金属陶瓷等进行堆焊的防腐措施。应用的堆焊技术，是针对将蒸汽压力从中压等级提高到次高压、高压等级锅炉受热面的工程应用研究。堆焊工艺需要以低热量输入、高焊接速度、高熔敷率、极低稀释率为原则，同时具有对母材损伤小、变形量小等特点。目前初步估算的经济寿命周期是 5 年左右，尚缺乏应用效果的验证。

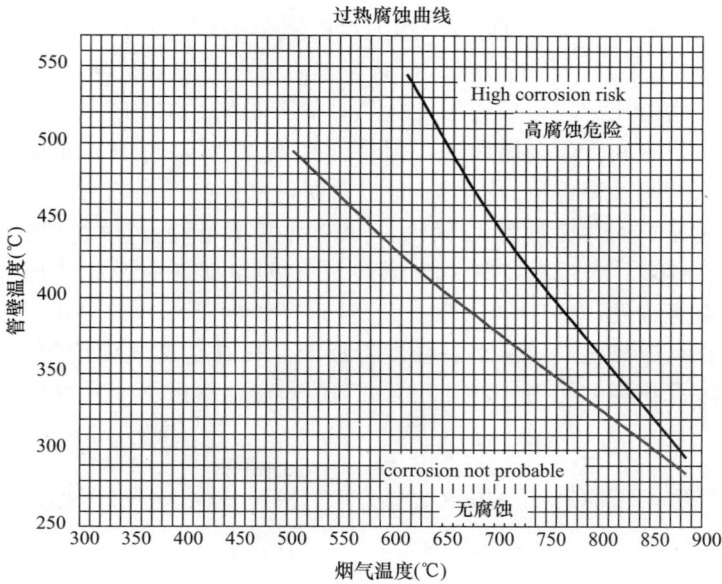

图 7-23　烟气温度、管壁温度与腐蚀速率关系

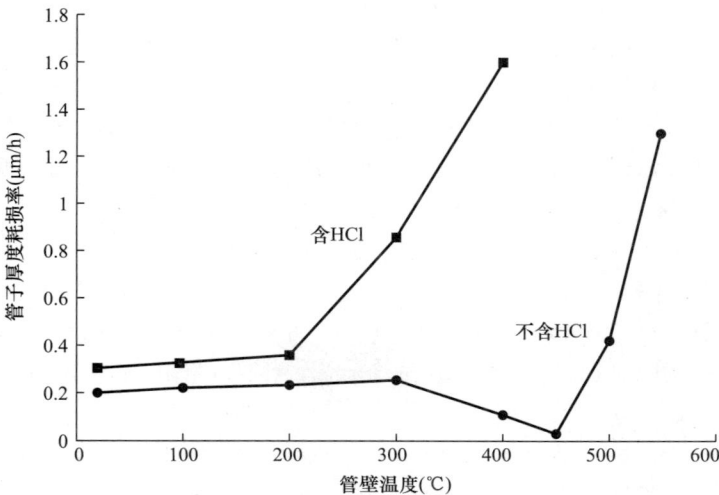

图 7-24　15CrMo 钢过热器管壁腐蚀曲线

图 7-23 揭示出锅炉管壁温度与腐蚀速率的关系：当烟气温度在 650℃时，管壁温度小于 420℃时的腐蚀速率轻微；大于 480℃时急剧增加；大于 500℃时，实际测量的腐蚀速率达到 1.5～2.0mm/a。由于高温过热器管壁与蒸汽温度差在 10～30℃，则当过热蒸汽温度大于 450℃时的腐蚀速率会急剧增加，这与上述研究结果吻合。图 7-24 是 15CrMo 材质的过热器管壁最大腐蚀速率与管壁温度关系曲线（图中 HCl 浓度指烟气 HCl 的浓度，其值约为 1200mg/Nm³），从中可以看出在管壁温度达到 200℃以后，烟气中有 HCl 存在的情况下，腐蚀速率随着温度的增加迅速增加；即使烟气中没有 HCl，管壁温度超过 450℃之后，腐蚀速率也急剧增加。这也符合腐蚀学的腐蚀速率与温度呈指数关系增加的规律。由于垃圾的特殊性，为了避免过热器的高温腐蚀，采用 15Mo、15CrMo、12Cr1MoVG 等材质时，过热蒸汽温度不宜大于 450℃（工程上以控制在 420℃为宜），以控制管壁温度小于480℃。

研究还表明，为避免炉内形成还原性气氛，需要控制适宜的过量空气系数。一方面，较高的过量空气系数有利于防高温腐蚀，但也存在增加 NO_x 与烟气体积从而增加烟气净化系统要求，降低能源效率等负面因素。另一方面，过量空气系数对低温腐蚀有明显负面影响。这是因为过量氧的存在是 SO_2 氧化为 SO_3 的基本条件，过量空气系数越大即过剩氧越多，SO_3 也就越多。当过量空气系数降到 1.05 时，烟气中 SO_3 生成量显著减少，其含量接近或小于危害浓度。

当钢材暴露在高温氧化性气氛下，会慢慢形成包裹在金属表面稳定的氧化物保护膜。研究认为氯有侵入保护膜的能力，HCl 和 Cl_2 气体对金属管道可能发生的腐蚀反应有：

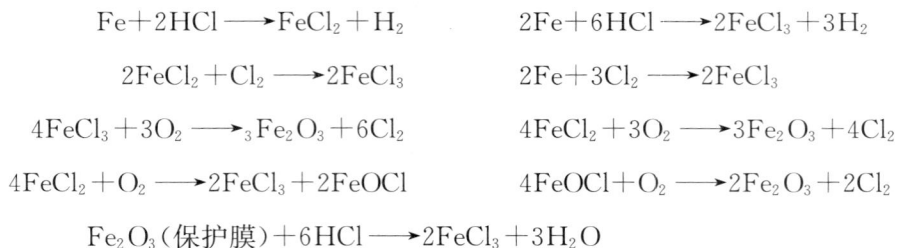

$$Fe+2HCl \longrightarrow FeCl_2+H_2 \qquad 2Fe+6HCl \longrightarrow 2FeCl_3+3H_2$$

$$2FeCl_2+Cl_2 \longrightarrow 2FeCl_3 \qquad 2Fe+3Cl_2 \longrightarrow 2FeCl_3$$

$$4FeCl_3+3O_2 \longrightarrow {}_3Fe_2O_3+6Cl_2 \qquad 4FeCl_2+3O_2 \longrightarrow 3Fe_2O_3+4Cl_2$$

$$4FeCl_2+O_2 \longrightarrow 2FeCl_3+2FeOCl \qquad 4FeOCl+O_2 \longrightarrow 2Fe_2O_3+2Cl_2$$

$$Fe_2O_3(保护膜)+6HCl \longrightarrow 2FeCl_3+3H_2O$$

下面的反应式随着离金属层越远，氧浓度增加，进一步引起氧化，金属氯化物转变为固相的金属氧化物，致使金属氧化物层疏松。

$$3MCl_2(g)+2O_2(g) \longrightarrow M_3O_4(s)+3Cl_2(g) \qquad 2MCl_2(g)+3/2O_2(g) \longrightarrow M_2O_3(s)+2Cl_2(g)$$

在还原性气氛下，HCl 对铁的腐蚀率因保护性的氧化膜消失而升高，发生如下反应：

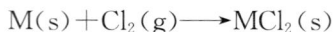

$$M(s)+Cl_2(g) \longrightarrow MCl_2(s)$$

除对 Fe、Fe_2O_3 的侵蚀外，氯与氯化物还可在一定条件下对 Cr_2O_3 保护膜构成腐蚀：

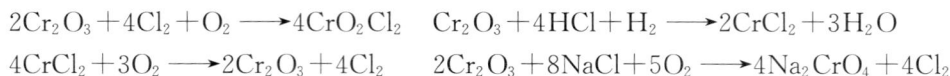

$$2Cr_2O_3+4Cl_2+O_2 \longrightarrow 4CrO_2Cl_2 \qquad Cr_2O_3+4HCl+H_2 \longrightarrow 2CrCl_2+3H_2O$$

$$4CrCl_2+3O_2 \longrightarrow 2Cr_2O_3+4Cl_2 \qquad 2Cr_2O_3+8NaCl+5O_2 \longrightarrow 4Na_2CrO_4+4Cl_2$$

当氯、硫化合物同时存在并在 H_2O 和 O_2 的作用下，有利于 HCl、Cl_2 的形成，进而加速硫酸盐的生成，也就是加速高温腐蚀过程。

$$2NaCl+SO_3+O_2 \longrightarrow Na_2SO_4+Cl_2 \qquad 2MCl+SO_3+H_2O \longrightarrow M_2SO_4+2HCl$$

当管壁周围为还原性气氛时，以游离态存在的 S 会与 Fe 急剧反应，生成 FeS 并进一步氧化成 Fe_2O_3，从而促进了管壁高温腐蚀。如果还原性气氛与氧化性气氛交替出现，会使氧化层变成疏松的海绵状，从而促进腐蚀的发生。硫酸腐蚀一般是以晶间腐蚀为主。

焦性硫酸盐和氯化物复合作用引起的高温腐蚀常见于过热器外壁。过热器外壁的沉积物和腐蚀产物中可以发现 $Na_2S_5O_{16}$ 和 $M_3Fe(SO_4)_3$ 以及较多的 $NaCl$、$CaCl_2$、KCl、$FeCl$ 等。在形成 $Na_2S_5O_{16}$ 过程中，SO_3 被渣中的 Na_2SO_4 吸收，而 $S_2O_7^-$ 离子则是钢材高温度腐蚀的主要腐蚀剂，能迅速破坏管子外表面的氧化保护层，将钢管表面转变成无保护性的氧化物，在界面上生成新的松散结构的氧化物，致使管壁减薄明显。另外 V_2O_5 等低熔点化合物也有同样的作用。

NaCl 气体在过热器金属管中的沉积影响导致合金中总的腐蚀深度在高于 550℃ 后快速增加；在 650~900℃ 时会加速腐蚀。浙江大学蒋旭光教授等对垃圾焚烧烟气中的氯化物对过热器高温腐蚀机理研究表明，当有 NaCl 时的高温腐蚀会增加 30~120 倍，图 7-25 示出了在 727℃ 环境下，过热器合金钢腐蚀的各种不同腐蚀产物的稳定性，即在 Cl_2 较低和中等 O_2 浓度下的金属各种氧化物很稳定，在 Cl_2 分压较高和氧浓度较低时的金属氯化物则较稳定。

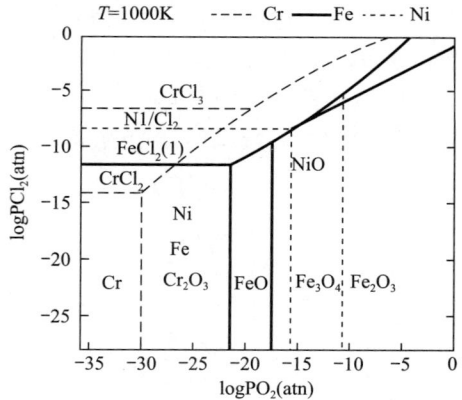

图 7-25 Cr/Fe/Ni-O-Cl 在 727℃ 时稳定性

7.3.3.3 防止或减缓高温腐蚀的工程措施

目前常用的防止或减缓高温腐蚀的工程措施有：控制高温过热器入口烟温低于 650℃，以降低管壁温度使其远离高温腐蚀区域；合理设计过热器受热面积，配置两级减温器，控制管内工质温度，避免蒸汽超温；高温过热器采用较大横向与纵向节距，并采用吹灰措施以避免结焦性腐蚀。

从实际运行情况分析，一般认为蒸汽温度 450℃ 是目前垃圾焚烧锅炉过热器选用材质的一条界线。锅炉设计一般采用 4.0MPa/400℃ 蒸汽参数，以将过热器管壁温度控制在一个较低的水平下，有效延长过热器管材使用寿命。当处理规模大于 2000t/d 且蒸发量较高时，在采取如堆焊等防腐措施条件下，蒸汽压力等级可适当提高，如提高到 6.4MPa。与此同时仍需要控制蒸汽温度不大于 450℃，严防高低温段过热器蒸汽出口端管壁超温。

工程上从控制灰熔点大约在 1050℃ 计，需要控制炉膛出口温度控制不大于 950℃。由此在炉膛高温烟气辐射区的水冷壁敷设浇注料，并在炉膛出口区采取适当的防腐措施。

在运行过程中，创造良好的燃烧条件，组织好燃烧，保证可燃物迅速着火，及时燃尽，避免管壁超温；根据垃圾组分变化合理配风，防止壁面附近出现还原气体，防止一次风冲刷炉墙；根据主蒸汽压力等级，严格控制锅炉给水品质。

过热器超温的监督的方法可采用热电偶通过蒸汽温度分布曲线图直接监督法，也可根据如过剩空气量、通风阻力、减温器温差等，与过热器运行状态的相关性参数变化判断过热器是否超温的间接监督法。对目前采用单台处理规模 800t/d 及以下的生活垃圾焚烧锅炉采用间接监督法应是可行的选择。

7.3.3.4 高温腐蚀评价

通过对受监部件高温腐蚀包括检验与诊断在内的评价，目的是主动掌握锅炉部件的质量状态，防止使用过程发生金属老化，性能下降、材料缺陷等引起的事故。同时也可防止设计、制造与安装过程中与金属材料相关的问题，提高运行可靠性。

（1）高温腐蚀程度的一些影响因素

垃圾焚烧锅炉高温腐蚀程度与烟气温度、管壁温度之间的关系参见图 7-26（图 7-24 的另一种表达形式）。图中将腐蚀区分为高腐蚀、低腐蚀区，两个腐蚀区的边界线相交。交点以上有一过渡区，以下无过渡区。三个区的共同特征都是随着烟气温度越高，金属管壁温度越低。此外，图中给出设计高温过热器、中温过热器与低温过热器（图中顺序标记为末级过热器、二级过热器与一级过热器）的烟气温度与管壁温度的传热工况。其中两级过热器之间通过减温器调节温度，使后级过热器的进口管壁温度低于前一级过热器出口壁温。

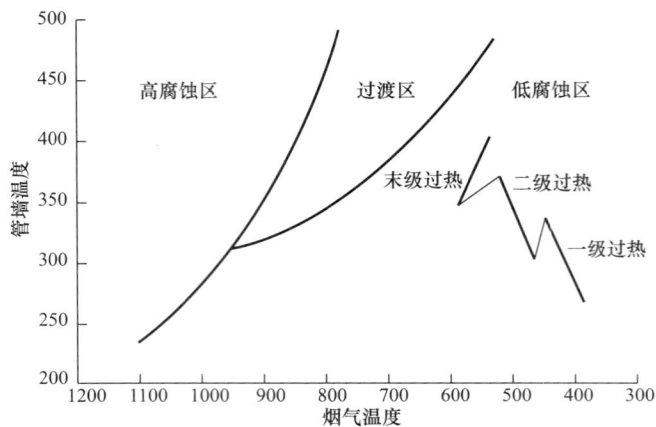

图 7-26　高温腐蚀与烟气温度、金属管壁温度关系

生活垃圾中的氯含量相对较高，是高温腐蚀的重要影响因素。通常金属管壁和烟气之间温度梯度的差别越高，腐蚀越强。理论上，HCl 对金属的高温腐蚀的催化作用主要发生在两个金属温度区域，即在 $300\sim480℃$ 的弱腐蚀区，主要生成氯化铁、碱性铁硫酸盐；在 $550\sim700℃$ 的强腐蚀区，主要发生氯化铁氧化、碱性铁硫酸盐分解反应。美国有研究在烟气温度 $732\sim760℃$ 的三座垃圾焚烧锅炉中用碳钢、低合金钢、不锈钢和高镍—铬合金管做试样的腐蚀研究的结果显示，碳钢、低合金钢的短期腐蚀速率随金属温度增加而增加，而不锈钢和高镍—铬合金钢随金属温度增加而出现先增后减的趋势，说明金属温度的影响与金属材料有较大关系。进一步研究显示，影响 HCl 高温腐蚀的因素主要有 HCl 与 Cl 浓度、烟气温度、金属壁温、金属材料、运行时间以及烟气其他成分、沉积盐等。此外，金属材料表面状态，热处理工艺，金属喷涂等也对高温腐蚀性有影响，而且是多种因素共同作用，甚至这些因素之间会有互相干扰或强化腐蚀作用。

锅炉用钢为 Fe 基合金，其中的化学元素主要有 C、Ni、Si、Mo 等。目前的研究认为，在一定环境下，元素与 HCl 反应生成的吉布斯自由能大小及腐蚀产物的高温稳定性决定腐蚀严重程度，吉布斯自由能越低，容易与 HCl 反应，其高温腐蚀产物越稳定，金属抗腐蚀性越强。

在此引入的吉布斯自由能 G (Gibbs free energy) 是在化学热力学中为判断过程进行的方向而引入的热力学函数，指的是在某一个热力学过程中，系统减少的内能中可以转化为对外做功的部分，定义为：
$G=U-TS+pV=H-TS$。其中 U—系统内能；T—绝对温度；S—熵；p—压强；V—体积；H—焓。

一般水冷壁管壁温低于 300℃ 时的腐蚀速率很低，当壁温增高时腐蚀速率迅速增高。例如管壁温度以 400℃ 为基准，若提高 50℃，则腐蚀速率可增加 1 倍。对流通道入口烟气温度以 650℃ 为基准，达到 700℃ 时，腐蚀速率增加 1 倍。锅炉受热面管壁温度 420℃（相对蒸汽 400℃）时的腐蚀速率比 520℃（相对蒸汽 500℃）低 6 倍。此外，炉内脱盐会导致 Cl 浓度增加。

（2）对垃圾焚烧锅炉对流受热面高温腐蚀的评价依据

对垃圾焚烧锅炉对流受热面管子材质的监督和寿命评估可参考《水管锅炉受压元件强度计算》GB/T 9222、《火力发电厂金属技术监督规程》DL/T 438、《火力发电厂锅炉受热面管监督技术导则》DL/T 939、《火电机组寿命评估技术导则》DL/T 654 等标准进行。标准对金属监督的范围、检验监督的项目、内容、判别依据和寿命评估做出了明确规定。例如对及时更换管段的条件规定有：管子外面有宏观裂纹和明显鼓包；高温过热器管和再热器管外面氧化皮厚度超过 0.6mm；低合金钢管外径蠕变应变大于 2.5%，碳素钢管外径蠕变应变大于 3.5%，T91，T122 类管子外径蠕变应变大于 1.2%；奥氏体不锈钢管子蠕变应变大于 4.5%；管子由于腐蚀减薄后的壁厚小于按 GB/T 9222—2008 计算的管子最小需要壁厚；金相组织检验发现晶界氧化裂纹深度超过 5 个晶粒或晶界出现蠕变裂纹；各类钢材达到石墨化或球化或组织老化级别；管材的拉伸性能低于相关标准的要求等。此外还规定对 450℃ 以上，运行 200000h 的主蒸汽管割管进行质量评价，若材质损伤严重则需要做寿命评估。对运行 5×10^4h 的过热器做金相组织老化和力学性能劣化检查，且运行 10×10^4h 后，每次大修都要做此项工作。根据不同型号锅炉在运行 $(5\sim10)\times10^4$h 期间，要对锅炉出口做外观质量和无损检验，此后每 5 年进行一次。

（3）高温腐蚀的腐蚀量估算

在过热器腐蚀研究方面，有众多垃圾焚烧锅炉生产厂家参加的日本东京都共同试验和 NEDO（新能源·产业技术综合开发机构）共同试验积累了大量的数据，对于垃圾焚烧锅炉高温腐蚀问题，提出如下受热面腐蚀量 W(mm) 的经验公式：

$$W = 10^{-43} \times \theta^{10} \times T^4 \times HCl^{0.6} \times Cl^{0.4} \times Cr^{-0.4} \times t \tag{7-30}$$

式中　θ——对流通道入口烟气温度；

　　　T——管壁温度，按大于管内蒸汽温度 10~30℃ 确定；

　　　Cl——氯浓度，变化范围 0.25%~0.90%，一般取 0.3%~0.45%；

　　　Cr——含铬的管子；

　　　t——运行时间；

　　HCl——氯化氢浓度，缺少数据时，可按 3445mg/m³ 计算；HCl 原始浓度可按下式计算：

$$HCl = \frac{B \times Cl/100 \times 10^6 \times 36.4609/35.453}{Q_d \times (21-x)/(21-11)} = \frac{102842.92 \times B \times Cl}{(21-x) \times Q_d} \tag{7-31}$$

其中：B——焚烧垃圾量，kg/h；Cl——燃烧性氯浓度；x——基准氧浓度，%；Q_d——干基烟气量，kg/h。

对日焚烧处理 400t 生活垃圾的某锅炉腐蚀量计算示例参见表 7-19。

某焚烧处理生活垃圾 400t/d 的锅炉腐蚀量计算示例 表 7-19

序号	项目	符号	单位	数值	备注		
1	垃圾焚烧量	B	kg/h	16670	400/24＝16.67		
2	干基烟气量	Q_d	kg/h	88122	114559/烟气密度 1.34		
3	燃烧性氯浓度	Cl	%	0.31	取值（炉内脱盐会导致 Cl 浓度增加）		
4	基准氧浓度	x	%	8	取值		
5	氯化氢浓度	HCl	mg/m³	463.921			
6	烟气温度	θ	℃	600	对流受热面入口 650℃，700℃时腐蚀加一倍		
7	蒸汽温度	t''	℃	450			
8	管壁温度	T	℃	470	按 T＝t''＋(10～30)℃确定		
9	含铬管的铬含量	Cr	%	0.01			
10	运行时间	t	h	1000	3000	8000	16000
11	腐蚀量	W	mm	0.1165	0.3495	0.9320	1.864

7.3.4 低温腐蚀

7.3.4.1 垃圾焚烧锅炉低温腐蚀

相对燃料煤而言，焚烧垃圾热值是很低的，故而垃圾焚烧锅炉尾部只布置省煤器，不再设置空气预热器。进入省煤器时的烟气温度大约降到 300℃±40℃，相应在承压受热面中的省煤器的金属温度最低，故称为低温受热面。烟气在省煤器进行热交换过程中，温度进一步降低，存在金属低温腐蚀、积灰和磨损的侵害。根据垃圾焚烧运行经验，当锅炉长期超过额定负荷运行的时候，由于引风机与一次机的风量、风压、流速增大，相应炉膛负压增大，烟气携带飞灰量增多，使省煤器积灰概率加重。

烟气中含有一定 HCl、SO_x 等酸性污染物是导致低温腐蚀的主要原因。除了混入生活垃圾中的废轮胎等特殊废物外，通常生活垃圾产生的 SO_x 一般是 HCl 发生量的 1/10 以下。其中，HCl 主要是通过聚氯乙烯或是 NaCl 与灰分中的 SiO_2、Al_2O_3 等共轭反应产生。在 200～300℃与水蒸气存在条件下，HCl 腐蚀轻微。在垃圾焚烧过程中，部分 S 以 FeS 或其他形式存在于灰分中。另有部分 S 与 O_2 生成 SO_2。生成的 SO_2 中有少部分会转化成 SO_3，转化率在 1%～4%（与煤粉燃烧的转化率为 0.5%～3%类似，但低于化工的 3.2%～8.7%，重有色冶金的 6%～10%）。

低温腐蚀发生在省煤器及其后的烟气流通部位。受热面低温腐蚀后往往伴随积灰的黏性增加和转化成烧结积灰。关于低温腐蚀，目前较多认同的 SO_3 转化机理，其一是与燃烧过程产生活泼的原子氧 [O] 按 $SO_2+[O]=SO_3$ 反应生成 SO_3；二是锅炉管子和烟道表面的积灰，在 500～800℃温度环境下，在铁锈（Fe_2O_3）及烟气中的 V_2O_5、Al_2O_3 等催化作用下，与过剩 O_2 按 $2SO_2+O_2=2SO_3$ 反应生成 SO_3。进而随着烟气流动，SO_3 在低温部位和水蒸气 H_2O 化合成硫酸。此外，SO_2 在烟气流动过程中也能够转化为 SO_3，且是过量的 O_2 会增大 SO_3 的生成。

为了防治低温腐蚀，需要尽可能优化烟气净化系统流程，减少烟道漏风；需要在保持充分燃烧以减少不完全燃烧损失前提下，合理控制过量空气系数。有经验表明，未燃碳粒、钙镁等氧化物以及 Fe_3O_4 等则能吸收或中和烟气中的 SO_2。另有研究，采用 SNCR 脱氮工艺时，烟气中逃逸的气态 NH_3 在 300℃ 以下有中和 H_2SO_4 而具有一定抑制低温腐蚀的作用，在 300℃ 以上会有选择性地中和 SO_3 而不与 SO_2 反应。但是喷入氨气地点要在600℃ 以下，否则氨会分解成硫酸铵而导致严重积灰。显然，这与控制 NOx 目的相矛盾。

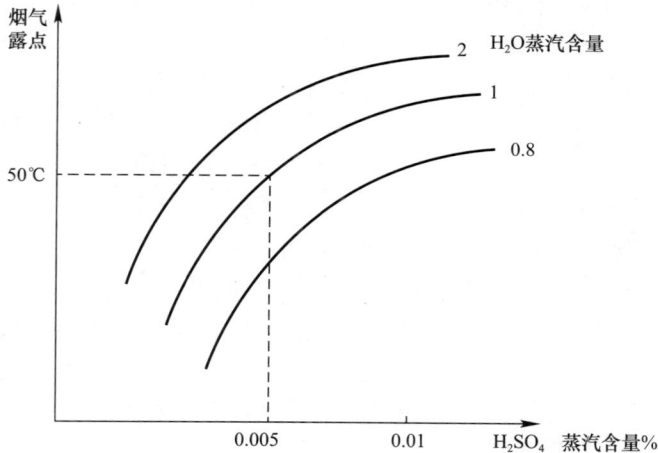

图 7-27　硫酸与水蒸气对烟气露点影响

图 7-27 示出，硫酸蒸气的存在使烟气露点显著升高。当低温受热面管壁温度低于硫酸露点时，H_2SO_4 蒸汽就会在金属表面凝结成酸液，使金属氧化膜被酸溶解，进而在金属和电解液相互作用下导致管壁酸腐蚀。液态酸还会与烟气中的 Fe、Na、Ca 反应，使飞灰量增加。这种积灰呈酸性、溶于水，可用水冲洗掉。但因焚烧烟气中 Ca 较多，以至生成不溶于水的 $CaSO_4$，在管壁上产生难以去除的结渣。

尽管 SO_3 只占硫分的百万分之几，但对烟气露点温度的影响确是很显著的。计算结果表明，SO_3 的浓度增加 1‰，露点就会增加 3℃，而且 SO_3 与 H_2O 的含量越多，烟气酸露点越高。

7.3.4.2　烟气露点及其影响因素

露点也称露点温度，广义定义为在保持气体气压一定，汽水含量不变的情况下，使气体冷却达到饱和时的温度。狭义的烟气露点指烟气中的 SO_3 与水蒸气相互作用生成硫酸蒸汽，当与硫酸蒸汽接触的管壁温度低于某一数值时，硫酸蒸汽就会在管壁上凝结并产生腐蚀，这一发生凝结的最高温度称为烟气露点。

控制排烟温度，除了是为避免排烟温度高而使垃圾焚烧锅炉热效率降低（一般烟气温度每提高 15～20℃，热效率降低约 1%），经济效益下降外，另一主要原因是避免排烟气温度过低，致使与烟气接触的管壁温低于烟气露点而引起低温腐蚀。低温腐蚀发生过程的基本特征参数是腐蚀速率，烟气露点则是预测腐蚀发生条件的特征参数和重要指标。

（1）气态 SO_2、SO_3 和 HCl 对烟气露点的影响

生活垃圾焚烧烟气中含有气态 HCl、SO_x 及水蒸气等影响烟气露点的物质。HCl 腐蚀属于析氢腐蚀，腐蚀条件是水膜呈酸性，这很容易实现。但无论是干燥 HCl 在低于 200℃

时，还是在水蒸气存在和 200～300℃ 温度条件下的 HCl 低温腐蚀作用，尤其是对非合金钢的低温腐蚀作用很弱以至可以忽略。有研究表明，尽管 SO_2 的分压 P_{SO_2} 远大于分压 $P_{H_2SO_4}$，但 $SO_2+H_2O=H_2SO_3$ 的溶解度极低，产生的亚硫酸蒸气分压 $P_{H_2SO_3}$ 接近于 0，因而不是改变烟气露点的因素，表现为 SO_2 在相当大的浓度范围内，烟气露点温度的波动不超过 1℃。而 $SO_3+H_2O=H_2SO_4$ 的反应过程极容易发生，产生的硫酸蒸气与 SO_3 的分压 $P_{H_2SO_4}=P_{SO_3}$，表现为有极少量的硫酸蒸气存在，露点就会提高到 100℃ 以上，如烟气含水率为 20%，SO_3 浓度 0.43mg/m³（0.12ppm）时的烟气露点温度为 106℃，但当硫酸蒸气浓度达到 10% 时，烟气露点温度可达到约 190℃。因而与高温腐蚀的影响因素不同，烟气露点与 SO_3 的含量密切相关，与 SO_2 的含量可忽略不计，也即在低温腐蚀条件下的稀硫酸腐蚀作用是不可忽视的。实际情况恰恰是虽然烟气中硫酸蒸气浓度很低，但凝结下来的液体中硫酸浓度却会很高，也就会使得烟气露点升高很多。另从对金属的腐蚀条件看，SO_3 腐蚀属于吸氧腐蚀，从露点高低看，HF 露点＜HCl 露点＜SO_3 露点。由此可知影响烟气露点的主要因素是气态 SO_3 和 H_2O，也是烟气露点按 SO_3 确定的主要原因。

实际上，因原子氧、三氧化硫触媒及飞灰的作用而变得十分复杂，致使烟气露点与燃烧物质的含硫量之间的边界条件，进而烟气露点与燃料含硫量之间的数量关系难以确定。故而众多对烟气露点模型的研究成果，均受到一定工程条件的限制，无论是按燃料中的折算含硫量为变量还是以 SO_3 为已知变量的计算模型，烟气露点计算结果均有较大差别。

（2）烟气含水率、过量空气系数对烟气露点的影响

烟气含水率愈高，水蒸气的分压力也愈大，相应烟气露点温度越高。在 250℃ 及以下低温状态下，烟气含水率趋近 0 时，酸腐蚀作用可以忽略。水蒸气对烟气露点的影响如图 7-28 所示。图 7-29 是燃煤锅炉的烟气温度（ϑ）、过量空气系数（α）对 SO_2 与 SO_3 之间平衡状态影响，但揭示的变化规律同样适用于垃圾焚烧，即烟气温度越低或是 O_2 含量越高，SO_2 与转化为 SO_3 之比例越高。

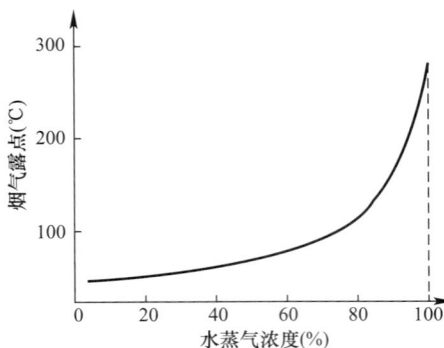

图 7-28 水蒸气浓度对烟气露点的影响　　图 7-29 ϑ 和 α 对 SO_3 转化的影响

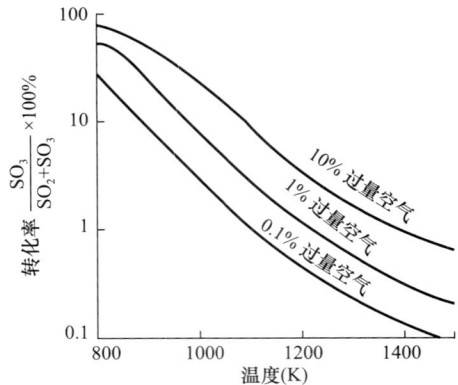

图 7-30 是日本学者综合 SO_x 等酸性气体浓度与烟气含水率分析的垃圾焚烧烟气露点温度。由图可知，当 SO_3 含量一定时，含水率越高露点温度越高；当含水率一定时，SO_3 的浓度越高酸露点温度越高，则酸露点腐蚀程度增大。当烟气含有 SO_3 时，烟气露点是综合酸露点和水蒸气露点的结果，且是在一定范围内变化的；当烟气中不含 SO_3 时，其露点

温度即水蒸气露点，一般在 35～50℃。

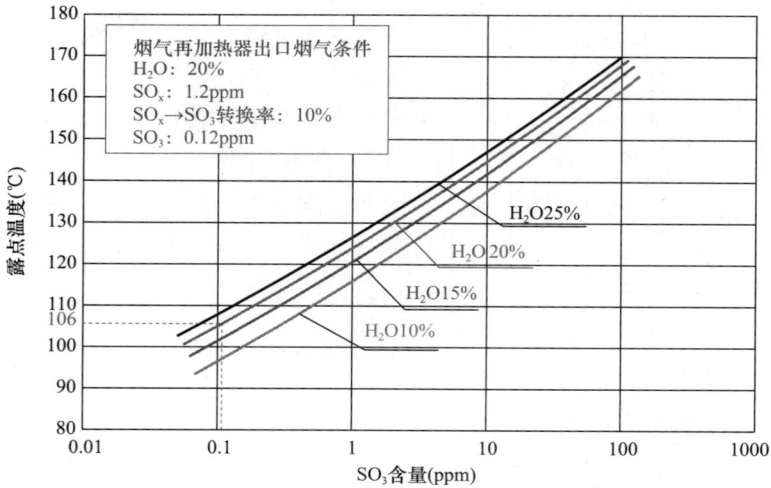

图 7-30 SO₃ 的浓度和不同的水分含量条件下露点温度的变化

当锅炉尾部受热面金属温度达到烟气露点时，受热面的腐蚀速度将同时受到金属壁温、硫酸凝结量及硫酸浓度等的共同作用。如图 7-31 所示，壁温越高化学反应越快，腐蚀速度越快且沿烟气流向的腐蚀速度变化比较复杂。图 7-32 揭示出碳钢的腐蚀速度随硫酸浓度增大而增加，当硫酸浓度达到 56% 时达到最大值，其后发生断崖式下降，以至腐蚀速度达到很低水平。图 7-33 则揭示出低温受热面壁温达到露点 A 时，硫酸蒸汽凝结且浓度高（达到 80%）、产酸量小，故而虽然管壁温度高，腐蚀速度却较低。

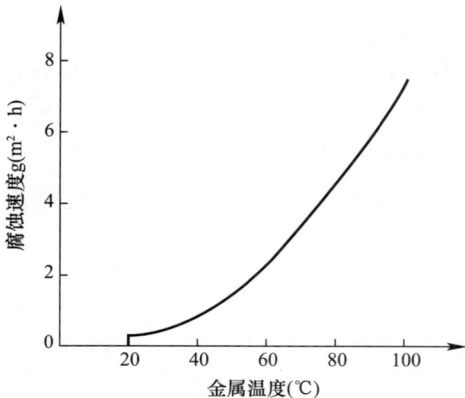

图 7-31 金属壁温对低温腐蚀的影响

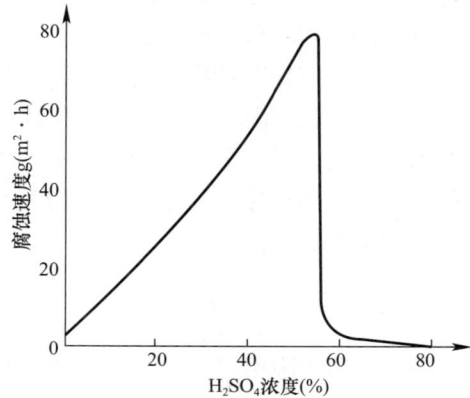

图 7-32 碳钢腐蚀速度与硫酸浓度关系

沿着烟气流向的管壁温降低，凝结酸量增加并超过壁温的影响，腐蚀速度迅速上升，直至 B 点达到最大值。以后壁温继续下降，凝结酸量减少，仍处于弱腐蚀硫酸浓度区，致使腐蚀速度下降，直到 C 点达到最小值。此后，管壁温降到更低，硫酸浓度降到接近 56%，腐蚀速度再次上升。至 D 点管壁温达到水蒸气露点，大量水蒸气凝结在管壁上并与 SO_2 生成 H_2SO_3 造成严重腐蚀。此时烟气中的 HCl 也会溶于水加重腐蚀，故而在 D 点后的腐蚀会急剧上升。

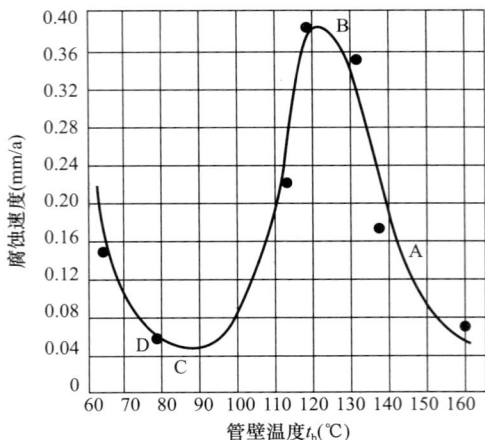

图 7-33 受热面腐蚀速度变化

7.3.4.3 常用的烟气露点估算模型

截至目前，我国生活垃圾焚烧厂正常运行状态下的焚烧烟气含水率在 $15\%\sim20\%$，还是比较高的。当进入省煤器的烟气达到露点时，水蒸气会凝结在管壁上造成氧腐蚀。烟气露点可在按下式计算水蒸气的分压力 p_{H_2O} 后，再由饱和蒸汽表查得饱和温度，这就是按烟气中水蒸气分压力计算的烟气露点 t_{sl}。

$$p_{H_2O} = p \times \frac{V_{H_2O}}{V_{gy}} \qquad (7-32)$$

式中 V_{H_2O}、V_{gy}——水蒸气与干烟气容积，m^3；

p——烟气绝对压力，kPa。

例：已知：烟气负压 0.265kPa，绝对压力为 $101.325-0.265=101.06$kPa；水蒸气容积为干烟气容积的 20%。

则：$p_{H_2O}=0.2\times101.06=20.212$kPa。查水蒸气表：$t_{sl}=60.3℃$。

计算证明，生活垃圾焚烧锅炉尾部受热面通常不会低于烟气露点，但具备低于硫酸露点的条件，也就需要结合经济效益的考虑，要求避开腐蚀速度高的区域。

影响烟气露点温度的因素很多，而且各因素又与实际操作条件有关，用理论方法进行准确估算是困难的。故众多烟气露点估算公式都是以烟气中 SO_3 及水蒸气含量两项要素作为基本变量，并考虑一些影响因素总结出的经验模型。通过对多种露点温度估算模型的分析研究，可分为下面三类露点温度估算方法。

1) 按燃料即焚烧垃圾中的折算硫分与折算灰分含量为基本变量的估算公式

烟气携带飞灰颗粒物中的钙镁和其他碱性氧化物以及磁性氧化铁，有吸收部分硫酸蒸汽而减小烟气中硫酸蒸汽的浓度，并使硫酸蒸汽分压力减小，烟气露点降低的作用。考虑上述约束的影响，可按下述常用的经验公式计算含硫烟气露点 t_l。该公式适用于固体和液体燃料的估算，出自原苏联全苏热工研究所，也是我国火电厂估算烟气露点温度的典型模型。计算示例见表 7-20。

$$t_l = t_{sl} + \frac{\beta \times \sqrt[3]{S_{ZS}}}{1.05^{\alpha_{fh}} A_{ZS}} \qquad (7-33)$$

式中 β——与炉膛出口过量空气系数 α 相关的系数，$\alpha=1.4\sim1.5$ 时，$\beta=129$；$\alpha=1.2$ 时，$\beta=121$；

α_{fh}——飞灰占总灰分份额，一般取 $\alpha_{fh}=0.15\sim0.25$；

t_{sl}——水蒸气露点温度，℃。

S_{ZS}、A_{ZS}——分别为燃料（在此指焚烧垃圾，下同）折算硫分与折算灰分，按下式确定：

$$S_{ZS}=\frac{4187\times S}{Q_d}\times100\% \qquad A_{ZS}=\frac{4187\times A}{Q_d}\times100\%；$$

其中 S、A——燃料收到基即湿基垃圾硫分与灰分，%；

Q_d——燃料收到基低位发热量即焚烧垃圾热值，kJ/kg；

有文献拟合出 $0\sim80℃$ 温度内水蒸气露点：$t_{sl}=42.4332P_{H_2O}^{0.13434}-100.35$，在此温度范围内，平均相对误差 0.23%，最大 0.67%。对大于 $80℃$ 的水蒸气露点，则通过饱和水蒸气分压力求取其露点的方法确定。

按全苏热工所公式的计算示例　　　　表 7-20

项目	符号	单位	数据来源	计算结果
炉膛出口过量空气系数	α			1.5
系数	β			129
飞灰占总灰分份额	α_{fh}	%	估算	20
垃圾湿基硫分	S	%	检测或计算值	0.2
垃圾湿基灰分	A	%	检测或计算值	19.3
焚烧垃圾热值	Q_d	kJ/kg	检测值	6699
垃圾折算硫分	S_{ZS}	%	$S_{ZS}=\dfrac{4187\times S}{Q_d}\times100\%$	0.1250
垃圾折算灰分	A_{ZS}	%	$A_{ZS}=\dfrac{4187\times A}{Q_d}\times100\%$	12.0629
炉膛出口（进对流受热面时）负压值	p	bar		0.0010
炉膛出口（进对流受热面时）压力	P_y	bar	标准大气压-负压值=1.0133-p	1.0123
烟气含水率	ΔV		$\Delta V=V_{H_2O}/(V_{gy}+V_{H_2O})$	0.2262
饱和蒸汽分压力	P_{H_2O}	bar	$P_{H_2O}=\Delta V\times P_y$	0.2290
水蒸气露点温度	t_{H_2O}	℃	查饱和蒸汽焓熵图	62.2000
烟气露点温度	t_1	℃	$t_1=t_{sl}+\dfrac{\beta\times\sqrt[3]{S_{ZS}}}{1.05^{\alpha_{fh}}A_{ZS}}$	127

类似的烟气露点估算模型还有许多，如：

$$t_1 = t_{sl} + [\beta \cdot (S_{ZS})^{1/3} / 4396 \cdot \alpha_{fh} \cdot A_{ZS}] \qquad (7\text{-}34)$$

式中　t_{sl}——烟气的水蒸气露点，℃；

α_{fh}——飞灰占总灰分的数额；

β——与过量空气系数有关的常数，当 $\alpha=1.4\sim15$ 时，$\beta=208$；$\alpha=1.2$ 时，$\beta=195$；

S_{ZS}、A_{ZS}——按垃圾湿基元素折算（每 1000kJ 的折算值）硫分及灰分，%。

2）以 SO_3 为已知变量的估算模型

$SO_2 \longrightarrow SO_3$ 转化率都是通过经验确定的，烟气中的 SO_3、SO_2 及 O_2 含量应满足下列平衡关系：

$$K_p = \frac{P_{SO_3}}{P_{SO_2} \cdot \sqrt{P_{O_2}}} \qquad (7\text{-}35)$$

对于反应平衡常数 K_p，取 $T^* = T/1000$，Müller 提出如下估算式（此式精确估算很烦琐）：

$$\ln K_P = (12.12/T^*)(1-0.942T^*)+0.0702T^{*2}-0.0108T^*\ln1000T^*-0.0031/T^*$$

已知 SO_3 浓度估算酸露点最典型的模型是 Mülle 曲线法，如图 7-34 所示。该曲线是 Müller 在 1959 年使用热力学关系式估算了含有很低浓度 H_2SO_4 蒸汽的烟气露点而得到，为许

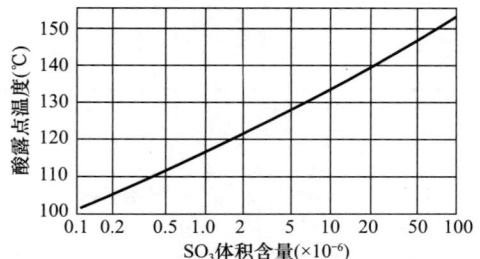

图 7-34　Mülle 酸露点曲线图

多研究实验所证实并作为评价各种酸露点测量方法的基础。采用该法，首先应测出烟气中的 SO_3 或 H_2SO_4 的体积含量，然后由 Mülle 曲线查出酸露点。下表是将 Müller 曲线图扫描至计算机中，采用 Adobe Photoshop5.0CS 软件读取曲线上一些点的数据，所对应的酸露点温度。

SO_3 体积百分含量$\times10^{-6}$	0.1	0.2	0.5	1	2	5	10	20	50	100
烟气露点温度（℃）	101.4	105.9	111.7	116.6	122.0	128.4	133.5	138.7	146.7	153.3

　　贾明生等用 Origin6.0 软件拟合表中数据，取 V_{SO_3} 为烟气中 SO_3 体积百万分率，回归出如下方程式。与计算机读取的烟气露点相比，该式估算的烟气露点平均相对误差 0.17%，最大 0.42%。按下述公式的计算示例见表 7-21。

$$t_l = 116.5515 + 16.06329 \lg V_{SO_3} + (1.05377 \lg V_{SO_3})^2 \tag{7-36}$$

贾明生拟合公式计算示例　　　　　　　　　　　　　表 7-21

项目	符号	单位	计算依据	计算结果
烟气温度	T	℃	测定值	230
标态烟气含水率	C_{H_2O}	vol%	按 11%O_2 干烟气	22.62
实际烟气含水率	$C_{H_2O实际}$	vol%	13.63；按温度修正并取整	15
标态烟气含氧量	C_{O_2}	vol%	按 11%O_2 干烟气	6.96
实际烟气含氧量	$C_{O_2实际}$	vol%	$C_{O_2\_实际} = \dfrac{C_{O_2}}{100 - C_{H_2O}} \times 100\%$	8.9946
标态额定工况 SO_x 浓度		mg/Nm³	测定值	490.0000
实际额定工况 SO_x 浓度		mg/m³	$C_{SOx\_实际} = C_{SO_{xl}} \times \dfrac{21 - C_{O_2\_实际}}{21 - 11} \times \dfrac{273.15}{273.15 + T}$	319.3577
烟气中额定硫氧化物含量	SO_x	ppm	$X(\text{mg/m}^3) = 0.04464 \times 64 \times Y(\text{ppm})$	111.7824
实际额定 SO_3	V_{SO_3}	ppm	按 $SO_2 - SO_3$ 比例 1%~4%	4.4713
露点温度	t_1	℃	贾明生拟合公式	127

　　与上述相近的烟气露点模型较多，但都要通过某些参数的测定、估算等过程，不能直观地监测出烟气酸露点温度。

　　3）大塚估算模型

　　日本大塚、中央研究所于 1986 年的技术研究所报告（化学 61001）提出下述烟气露点模型：

$$t_1 = 20 \cdot \lg V + a \tag{7-37}$$

式中　V——烟气中的 SO_3 浓度（$\times 10^{-4}$ ppm），$V = k \times O_2 \times SO_x / 10^6$；

　　　　a、k——分别为按 H_2O 体积含量、SO_x 浓度确定的常数，见下表：

H_2O 体积含量（%）	5	10	15	>15
a	184	194	201	按 Robert R. Pierce 公式
SO_x 浓度（ppm）	$SO_x \geqslant 500$		$200 \leqslant SO_x < 500$	$SO_x < 200$
k	1		0.4	0.2

　　其中的 Robert R. Pierce 公式为：

368

$$\frac{1000}{t_1} = 1.7842 + 0.0269\log P_{H_2O} - 0.1029\log P_{SO_3} + 0.0329\log P_{H_2O} \times \log P_{SO_3}$$

$$(7\text{-}38)$$

式中　t_1——烟气露点温度，K；P_{H_2O}——H_2O 分压比，mmHg；P_{SO_3}——SO_3 分压比，mmHg。

按上述大塚公式的计算示例参见表 7-22。

按大塚公式的计算示例

表 7-22

项目	符号	单位	计算公式	计算结果
烟气温度	T	℃	测定值	230
标态烟气含水率	C_{H_2O}	vol%		22.62
实际烟气含水率	$C_{H_2O实际}$	vol%	12.28	15
与烟气含水量相关的常数	a			201.0000
标态烟气含氧量	C_{O_2}	vol%		6.96
实际烟气含氧量	$C_{O_2实际}$	vol%	$C_{O_2\_实际} = \dfrac{C_{O_2}}{100 - C_{H_2O}} \times 100\%$	8.9946
标态额定工况 SO_x 浓度		mg/Nm³	测定值	490.0000
标态最大工况 SO_x 浓度		mg/Nm³	测定值	980.0000
实际额定工况 SO_x 浓度		mg/m³	$C_{SOx\_实际} = C_{SOxl} \times \dfrac{21 - C_{O_2\_实际}}{21 - 11} \times \dfrac{273.15}{273.15 + T}$	319.3577
实际最大工况 SO_x 浓度		mg/m³	$C_{SOx\_实际} = C_{SOxl} \times \dfrac{21 - C_{O_2\_实际}}{21 - 11} \times \dfrac{273.15}{273.15 + T}$	638.7155
烟气中额定硫氧化物含量	SOx	ppm	$X(mg/m^3) \div 0.04464 \div 64 = Y(ppm)$	0.0112
烟气中最大硫氧化物含量	SOx	ppm	$X(mg/m^3) \div 0.04464 \div 64 = Y(ppm)$	0.0224
实际额定 SO_3	V	ppm	按 SO_2-SO_3 比例 1%～4%	0.0004
实际最大 SO_3	V	ppm	按 SO_2-SO_3 比例 1%～4%	0.0009
额定露点温度	t_1	℃	$t_1 = 20 \cdot \lg V + a$	134
最大露点温度	t_1	℃	$t_1 = 20 \cdot \lg V + a$	140

通过对全苏热工所公式、贾明生拟合公式与大塚公式的计算示例反映出，以折算硫分、灰分为变量的全苏热工所公式与以 SO_3 为已知变量的贾明生拟合公式计算的烟气露点基本吻合，以 SO_3 为已知变量的大塚公式计算结果略高于前二式，偏差 5.51%。因此在实际应用中，可按全苏热工所公式、贾明生拟合公式与大塚公式分别计算，取其值高者作为垃圾焚烧烟气露点。

7.4 金属大气腐蚀

7.4.1 金属大气腐蚀概述

金属大气腐蚀也叫锈蚀，是指金属材料与环境或介质在金属的界面上发生化学或电化学多相反应使金属转入氧化状态，导致其物理与化学性质改变，功能受到损害的金属腐蚀现象。在此讨论的金属腐蚀特指生活垃圾焚烧厂的钢材锈蚀，也称钢材大气腐蚀。图 7-35

所示生活垃圾焚烧厂不同场合的八幅实景图中，上面四幅为防大气腐蚀措施比较好的情况，下面四幅则是对应上述同类场合钢结构锈蚀比较严重的情况。锈蚀主要发生在室内环境潮湿的除渣、飞灰、污水处理等场所的不保温设备、管件，平台扶梯及室外管道钢支架等部位。实践经验表明，金属锈蚀会显著降低金属材料的强度、塑性、韧性等力学性能，破坏金属构件的几何形状，增加零件间的磨损，降低电学和光学等物理性能，缩短设备的使用寿命。

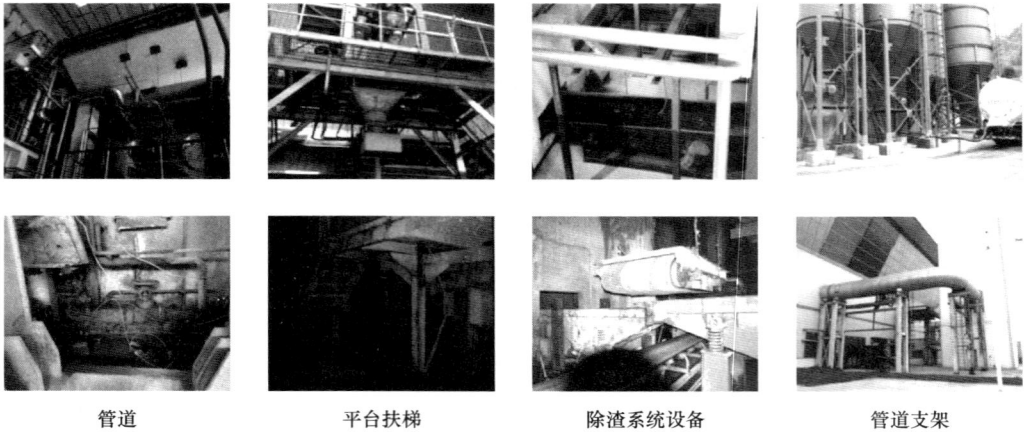

管道　　　　　　　平台扶梯　　　　　　除渣系统设备　　　　　　管道支架

图 7-35　设备、管道与钢架良好防腐蚀状态（上排）与金属锈蚀严重（下排）实景对比

　　钢材大气腐蚀速度与其所处的大气环境密切相关。根据污染物性质及程度，大气环境的类型可分为工业大气、海洋大气、海洋工业大气、城市大气和农村大气五大类。其中，工业大气中含有的腐蚀性成分主要是如 $(NH_4)_2SO_4$、$NaCO_3$、$NaNO_3$ 等盐类。

　　其中，海洋大气主要以含海盐粒子为特征，大气中的主要成分为 Na^+ 和 Cl^- 离子且随着与海洋距离增加而减少。这两种大气环境对钢材腐蚀速度的影响最大。钢材的大气腐蚀速率还与风速风向、气温、雨量、降露周期、太阳辐射、季节变换等因素有关。由于钢材占金属使用量的 95%，且 70% 是在易锈蚀的大气中使用，故钢材锈蚀是最普遍、损失最大的一种腐蚀现象。有统计，因大气腐蚀而耗损的金属占腐蚀金属总量的一半以上。全世界每年因腐蚀报废的钢构件和设备约为钢产量的 20% 以上。防止钢材锈蚀是保证安全生产，减少资源浪费不可忽视的工作，也是焚烧厂运行管理的主要任务之一。

　　钢材锈蚀分为无水存在的干腐蚀和有水存在的湿腐蚀两类。干腐蚀是高温氧化导致的腐蚀，表现为在高温气体中的钢材表面产生一层氧化膜。膜的生长规律决定钢材的耐腐蚀性，分为钢材失重随时间以恒速上升，其氧化呈最危险的直线规律；氧化速度随膜厚增长而下降，有良好耐大气氧化性的抛物线规律和对数规律。

　　湿腐蚀是在接触水的钢材表面发生电化学反应的结果。在阳极氧化反应过程中，钢材失去电子而成带正电的离子：

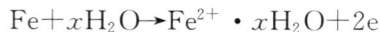

$$Fe + xH_2O \rightarrow Fe^{2+} \cdot xH_2O + 2e$$

在阴极（忽略氢气释放和钢材沉积等）的中和反应过程中得到电子。其中，不同介质的中和反应过程为：

$$中性或碱性介质：O_2＋2H_2O＋4e→4OH^-$$
$$酸性介质：\qquad O_2＋4H^+＋4e→2H_2O$$

大气中普遍含有水，因而湿腐蚀是更常见的钢材腐蚀，主要发生下述反应：

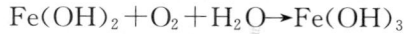

$$Fe^{2+}＋OH^-→Fe(OH)_2$$
$$Fe(OH)_2＋O_2＋H_2O→Fe(OH)_3$$

湿腐蚀速率的规律性表现为：①随极化而减缓。这里的极化是指阴极或阳极过程中，钢材表面生成保护性腐蚀产物膜受到阻滞而变慢的现象；②无防锈层比有防锈层快5倍；③室外为室内的4倍；④沿海或潮湿环境快；⑤重工业区是市区的2倍，是山区、田园的10倍。

湿腐蚀的形态分为均匀腐蚀和局部腐蚀两种。均匀腐蚀也称全面腐蚀，用材料厚度每年损失量即平均腐蚀率判别均匀腐蚀程度。局部腐蚀发生在钢材表面的局部，其危害性比均匀腐蚀严重得多，而且可能是突发性和灾难性的。

7.4.2 金属大气腐蚀评估

7.4.2.1 金属大气腐蚀性等级

我国对不同类金属规定有相应的金属表面锈蚀等级，其中黑色金属表面锈蚀等级按《涂装前钢材表面锈蚀等级和除锈等级》GB 8923 的钢材表面锈蚀等级评估标准，等级划分如图 7-36 所示。在 2011 修订版中，增加了不同磨料喷射清理所致钢材表观改变的典型样版照片。

(a) 大面积覆盖着氧化皮而几乎没有铁锈　(b) 已发生锈蚀，并且氧化皮已经开始剥落　(c) 氧化皮已因腐蚀而剥落或可刮除，并有少量点蚀　(d) 氧化皮已因锈蚀而全面剥离，并已普遍发生点蚀

图 7-36 钢材锈蚀等级

另外，铜表面锈蚀等级分为：

a 级、迹锈——表面有凸起的水温黑色或淡绿色的锈迹，去锈后表面平滑。

b 级、绿锈——表面有半点或层状深绿色凸起锈末，擦去后呈现麻坑。

铝、锌表面锈蚀等级分为：

a 级、轻白锈——表面有一层白色细粉末，擦去后成暗灰色锈印。

b 级、中白锈——有半点或水纹白锈，擦去后仍留白色锈迹，表面稍粗糙。

c 级、重白锈——有凸起白色锈蚀，擦去后呈现麻坑。

7.4.2.2 钢材大气腐蚀性评估方法

金属的表面潮湿由露水、雨水、融雪和高湿度等许多因素造成，其共同的规律是大气腐蚀速率与潮湿时间存在指数关系。

表 7-23 的潮湿时间用温度大于 0℃与相对湿度大于 80％的时间的计算方法。

气候特征选择与潮湿时间计算　　　　　　　表 7-23

气候类型	年最大值的平均值℃			潮湿时间与分类 (h/a) ($RH>80\%$, $\theta>0℃$)		基于 1971~2000 年气候标准值的初步分类分析
	低温	高温	最高温度 ($RH>95\%$)	时间 (h/a)	分类	
极冷	−65	+32	+20	0~≤10	τ_1	
				>10~100	τ_2	哈尔滨
冷	−50	+32	+20	150~≤250	τ_2	
				>250~2500	τ_3	大连
稍冷 温暖	−33 −20	+34 +35	+23 +25	2500~4200	τ_4	上海、贵阳
干热 很干热 非常干热	−20 −5 +3	+40 +40 +55	+27 +27 +28	10~≤250	τ_2	北京、兰州
				250~1600	τ_3	南京
湿热 非常湿热	+5 +13	+40 +35	+31 +33	4200~≤5500	τ_4	重庆、南宁
				5500~6000	τ_5	海口

表 7-24 是按《金属和合金的腐蚀　大气腐蚀性　第 1 部分：分类、测定和评估》GB/T 19292.1—2003 与《金属和合金的腐蚀　大气腐蚀性　第 2 部分　腐蚀等级的指导值》GB/T 19292.2—2003 制作的钢材大气腐蚀评估方法表，评估等级仅列出 C1~C5 五个等级。

该评价方法是以温度 θ 大于 0℃ 和相对湿度 RH 大于 80％ 条件下，影响大气腐蚀的大气潮湿时间 τ，以影响钢材大气腐蚀性的污染水平的关键因素，即空气中 SO_2 为代表的硫化物含量 P 和以氯化物为代表的盐含量 S，作为评价基础条件。

该表使用设计的路径，首先是在表中左上角给出不同腐蚀性等级的腐蚀速率与腐蚀等级的关系，其右侧的潮湿时间 τ_i 与表下面各组氯化物为代表的盐空气中盐类污染物等级 $S_{0~3}$ 对照使用。其次是按表下面的 SO_2 为代表的硫化污染物 P_i 分类与 τ_i—$S_{0~3}$ 对应确定以表中的数字 1~5 表示的腐蚀等级 C1~C5。

该评估方法忽略如下可能发挥腐蚀作用的因素：①氮氧化物，工业粉尘等其他类型的污染物以及 Cl_2、H_2S、有机酸或融冰盐等在微环境中的特殊作用和技术性的污染物。②产品设计和操作模式对耐蚀性的影响。

7.4.2.3　钢材大气腐蚀性监测

金属大气腐蚀是由温度、湿度与污染物的综合作用来控制的。确定大气腐蚀性的一个基本要求是环境中污染物的沉降率和浓度的标准化测量。测量方法要符合《金属和合金的腐蚀　大气腐蚀性　污染物的测量》GB/T 19292.3，该标准等同采用英文版国际标准 ISO 9225：1992。

钢材大气腐蚀性可采用腐蚀率监测仪监测，它是应用现代腐蚀电化学理论和计算机技术，实现观察腐蚀变化过程和趋势的功能。其测量范围 0~1.000mm/a；精度 0.0001mm/a；消耗功率 15W；具有自动连续测量、数据记录、绘制腐蚀曲线等功能。

大气腐蚀性测定和评估的不确定度，参照 GB/T 19292.1 的附录 A 判定。

钢材的大气腐蚀评价方法 表 7-24

不同腐蚀等级的腐蚀速率

腐蚀等级	r_{corr} 第一年（$\mu m/a$）弱腐蚀 C1、C2、中等腐蚀 C3、强腐蚀 C4、C5	r_{lin} 稳定状态指导值（$\mu m/a$）
C1	$r_{corr}\leq1.3$	$r_{lin}\leq0.1$
C2	$1.3<r_{corr}\leq25$	$0.1<r_{lin}\leq1.5$
C3	$25<r_{corr}\leq50$	$1.5<r_{lin}\leq6$
C4	$50<r_{corr}\leq80$	$6<r_{lin}\leq20$
C5	$80<r_{corr}\leq200$	$20<r_{lin}\leq90$

评估大气腐蚀性等级评估（腐蚀性等级分别用字 1～5 代替 C1～C5）

按《涂覆涂料前钢材表面处理》GB 8923 规定：C1 级腐蚀性很弱；C2 级腐蚀性弱；C3 级腐蚀性中等；C4 级腐蚀性强；C5 级腐蚀性很强

潮湿时间 τ（相对湿度 $RH>80\%$，温度 $\theta>0℃$）（h/a）

类别	范围	说明	环境举例
τ_1 类	$\tau\leq10$	金属表面形成液膜的可能性很小；几乎无冷凝作用	—
τ_2 类	$10<\tau\leq250$	—	室内；空气调节；不洁净表面腐蚀性提高。室内，无空气调节；有水蒸气时为 $\tau_3\sim\tau_5$
τ_3 类	$250<\tau\leq2500$ 包括冷凝和沉降	—	室外干燥、寒冷的气候；温带通风的工作间
τ_4 类	$2500<\tau\leq5500$ 包括冷凝和沉降	—	温带室外；无通风工作间，潮湿气候通风工作间
τ_5 类	$\tau>5500$ 包括冷凝和沉降	—	室外潮湿气候；潮湿、无通风工作间

氯化物为代表的盐类空气污染物等级（S）[按氯化物沉降率（$mg/(m^2\cdot d)$）确定]

分类	SO_2 浓度（P_c）（$\mu g/m^3$）	SO_2 沉降率（P_d）[$mg/(m^2\cdot d)$]	τ_2 类 S0（$S\leq3$）	S1（$3<S\leq60$）	S2（$60<S\leq300$）	S3（$300<S\leq1500$）	τ_3 类 S0（$S\leq3$）	S1（$3<S\leq60$）	S2（$60<S\leq300$）	S3（$300<S\leq1500$）	τ_4 类 S0（$S\leq3$）	S1（$3<S\leq60$）	S2（$60<S\leq300$）	S3（$300<S\leq1500$）	τ_5 类 S0（$S\leq3$）	S1（$3<S\leq60$）	S2（$60<S\leq300$）	S3（$300<S\leq1500$）
P0 / P1	$P_c\leq12$ / $12<P_c\leq40$	$P_d\leq10$ / $10<P_d\leq35$	1	1	1	1或2	1	1	2	3或4	3或4	3或4	3或4	4	3或4	4	4或5	5
P2	$40<P_c\leq90$	$35<P_d\leq80$	1	1	1	1或2	1或2	2或3	3	3或4	3或4	4	4	5	4或5	5	5	5
P3	$90<P_c\leq250$	$80<P_d\leq200$	1或2	1或2	2	2	2	3	3	4	4或5	5	5	5	5	5	5	5

注：该表指标部分摘自《钢材和合金的腐蚀 大气腐蚀性分类》GB/T 19292.1—2018 表 C。

7.4.3　钢材防大气腐蚀的措施

7.4.3.1　防腐涂层

通常认为，防腐涂层是将特定涂料涂敷在金属表面上，形成与周围介质隔离的屏蔽涂层，以阻止水和氧与金属表面接触，控制钢材腐蚀的一种方法。防腐涂层的涂料是指涂覆于物体表面，在一定的条件下能形成薄膜而起到绝缘、防锈、防霉、耐热等特殊保护功能，或是装饰、掩饰产品的缺陷等功能的一类液体或固体材料。因早期的涂料大多以植物油为主要原料，故又称作油漆。之后合成树脂已大部分或全部取代了植物油，故称为涂料。

以后的研究表明，涂层总有一定透气性和渗水性，涂料渗水和透气的速度往往高于裸露钢材表面腐蚀消耗水和氧的速度，故而不可能达到完全屏蔽作用，需要涂敷多层来实现一定防腐作用。对涂料防腐蚀作用与导电度关系的研究则显示，导电度高的涂料的防腐蚀能力不好，而低导电度涂料的导电率和防腐蚀性能并没有明确的关系，所以起重要防腐作用的原因被归结为涂料与钢铁表面的湿附着力。

工程上，金属表面涂层一般由底漆、中间漆和面漆顺序构成，配套使用。以达到涂料具有良好的电绝缘性和隔水性，与钢材表面有较强的附着力，具有抗化学破坏和一定机械强度的性能要求。按介质温度划分不同场合的防腐涂层一般规定参见表 7-25。

适用不同场合的防腐涂层一般规定

表 7-25

使用场合	防锈涂层要求示例
不保温设备和管道　温度 $t<100℃$	底漆：环氧有机硅耐热底漆 $1×80\mu m$；中间漆：842 环氧云铁浮锈漆 $1×60\mu m$；面漆：各色聚氨酯防腐漆 $2×30\mu m$
不保温设备和管道　$100℃≤$ 温度 $t<400℃$	底漆：无机锌底漆 $1×80\mu m$；中间漆：铁红色有机硅耐热底漆 $1×60\mu m$；面漆：各色有机硅耐热漆 $2×30\mu m$
保温设备和管道　温度 $t<200℃$	底漆：无机富锌底漆 $1×20\mu m$；中间漆：耐热漆（200℃）$1×40\mu m$
保温设备和管道　$200℃≤$ 温度 $t<400℃$	底漆：无机富锌底漆 $1×40\mu m$；中间漆：耐热漆（400℃）$1×40\mu m$
保冷设备和管道	底漆：冷底子油 $2×40\mu m$

对表面粗糙度 $R=3.2$ 以下的加工金属表面可采用涂层保护。对不涂层的加工金属表面，不采用干黄油和未加缓蚀剂的工业凡士林涂覆，而是涂覆检验合格的防锈油脂、硬膜防锈油、防锈纸等防锈材料，并按涂覆要求和加工工序进行防腐处理。防腐处理后，要按产品规定定期检查防锈油脂是否乳化、干涸变质、脱落流失或干裂；检查硬膜防锈油是否干裂、脱落；防锈纸是否失效。

防腐涂层的涂覆方法可采用浸涂、喷涂、刷涂等，具体参见石油化工行业相关标准。对非加工金属表面（不含高合金耐热耐酸不锈钢及铸铁件）应涂刷防锈漆。对下述情况应立即除去旧漆并进行补涂：涂层有大而深的裂纹或深至金属表面的细裂纹的；涂层表面有孔洞或起大泡的；涂层脱落面积或涂层粉化至金属表面的面积占整个面积 $10\%\sim50\%$ 的；点状或片状锈点占整个面积 $5\%\sim25\%$ 的。当涂层脱落面积、涂层粉化至金属表面的面积、点状或片状锈点面积超过前述上限值，以及漆层整个破坏时，应清除全部旧漆，重新涂装。

涂覆防腐涂料时，应待涂层表里完全干燥后方可涂下一层，每层涂覆漆膜厚度要均匀且符合规定要求。涂装环境温度应不低于 5℃，相对湿度不大于 85%。雨雪雾天气及风力大于 4 级时禁止在室外刷漆，被涂设备表面结露不得刷漆。

底层涂料对钢材表面除锈等级参见表 7-26。防腐涂层干膜厚度参见表 7-27，详见《石油化工设备和管道涂料防腐蚀设计规范》SH 3022—2011。

设备、管道外表面涂料的颜色应按照相关标准的要求进行，并应按相关规定进行如介质名称、颜色与色环、介质流向等标识。

底层涂料对钢材表面除锈等级的要求　　　　　　　　　　表 7-26

底层涂料种类	除锈等级			底层涂料种类	除锈等级		
	强腐蚀	中等腐蚀	弱腐蚀		强腐蚀	中等腐蚀	弱腐蚀
酚醛树脂底漆	Sa2.5	St3	St3	环氧树脂底漆	Sa2.5	Sa2.5	—
沥青底漆	Sa2 或 St3	St3	St3	聚氨酯防腐底漆	Sa2.5	Sa2.5	—
醇酸树脂底漆	Sa2.5	St3	St3	有机硅耐热底漆	—	Sa2.5	Sa2.5
过氯乙烯底漆	Sa2.5	Sa2.5	—	氯磺化聚乙烯底漆	Sa2.5	Sa2.5	
乙烯磷化底漆	Sa2.5	Sa2.5	—	氯化橡胶底漆	Sa2.5	Sa2.5	
环氧沥青底漆	Sa2.5	St3	St3	无机富锌底漆	Sa2.5	Sa2.5	

地上设备和管道防腐蚀涂层干膜总厚度参考表　　　　　　　　　　表 7-27

涂层干膜总厚度（μm）		重要部位或维修困难部位	耐高温涂层漆膜总厚度
室内	室外		
≥200	≥250		
≥150	≥200	增加涂装 1～2 道	40～60μm
≥100	≥120		

7.4.3.2　钢材涂装前的表面处理与除锈

钢材涂装前应进行表面预处理，包括清除毛刺、焊渣、飞溅物、积尘、氧化皮铁锈、涂层等。表面处理应根据加工表面的光洁度与配合公差，以及钢材表面锈蚀等级采取相应表面处理方法。根据涂层类型确定除锈等级（表 7-28）。

表面处理选择表　　　　　　　　　　表 7-28

表面处理	使用	完成状态	使用部件
喷砂处理	用压缩空气，自然沙，钢球等从喷嘴吹入，以去除钢铁的铁锈，轧屑	铁锈，轧屑完全去除，出现新的表面	
机器处理	用电动刷子去除浮起铁锈，用磁盘刮沙器等去除旧漆。用布等去除处理面的灰尘和杂物	铁锈，轧屑完全去除，出现新的表面，但会保留一些旧漆	一般设备
人工处理和机器处理相结合	用电动刷子去除浮起铁锈，旧漆。在现在条件下，可以一起使用人工处理如钢丝刷。用布等去除处理面的灰尘和杂物	一部分轧屑漆黑色，一部分铁锈褐色，但会留下旧漆	框架和横梁，风管，固定架
钢材除锈等级			
Sa1	表面无可见油脂、污垢，无附着不牢的氧化皮、铁锈及涂料涂层等附着物		
Sa2	表面无可见油脂、污垢，氧化皮、铁锈及涂料涂层等附着物基本清除，残留物是牢固可靠的		

续表

	钢材除锈等级		
Sa2.5	表面无可见油脂、污垢、氧化皮、铁锈及涂料涂层等附着物残留痕迹仅是点状或条文状轻微色斑		
Sa3	表面无可见油脂、污垢、氧化皮、铁锈及涂料涂层等附着物，表面显示均匀的金属色泽		
St2	表面无可见油脂、污垢，无附着不牢的氧化皮、铁锈及涂料涂层等附着物		
St3	表面无可见油脂、污垢，无附着不牢的氧化皮、铁锈及涂料涂层等附着物。除锈等级比 St2 更彻底，底材显露部分的表面应具有金属光泽		
	钢材表面最低除锈等级的确定		
底层涂料种类及其他	最低除锈等级		应符合标准
沥青底漆	St3 或 Sa2		GB 8923
醇酸树脂底漆、环氧沥青底漆	St3 或 Sa2		GB 8923
其他树脂类底漆	Sa2		GB 8923
各类富锌底漆，不易维修的重要部件	Sa2.5		GB 8923
钢材一般构件选用其他树脂类涂料时	St3		GB 8923

涂刷防腐涂料之前先要除锈去污，除锈方法参见表 7-29。要求与钢材表面外观最接近的样本照片所标示的除锈等级作为评定结果，样本照片见《涂覆涂料前钢材表面处理》GB 8923。

主要除锈方法与除锈等级标准 **表 7-29**

除锈方法		说明	除锈等级标准
喷射或抛射除锈	抛丸除锈	一定粒度的铸铁丸或钢丝切丸，通过抛丸机的离心力被抛出，与构件猛烈撞击而达到去除钢材表面锈蚀的除锈方法。铸铁丸是熔化的铁水在喷射并急速冷却而成，其表面圆整、粒度 2~3mm；成本较低但因撞击破碎而耐用性较差。钢丝切丸是用废钢丝绳的钢丝切成 2mm 小段而成，表面有尖角，除锈效果较好，使用寿命较长，但价格略高，抛丸表面更粗糙一些	Sa1（轻度）：钢材表面无可见油脂、污物、附着不牢的氧化皮、铁锈和涂料涂层等 Sa2（彻底）：钢材表面无可见油脂、污垢、氧化皮、铁锈等，残留物牢固附着。表面均匀布置抛射凹痕，抗滑移系数 0.35~0.45 Sa2.5（非常彻底）：钢材表面无可见油脂、污垢、氧化皮、铁锈和涂料涂层等，任何残留痕迹仅是点状或条状轻微色斑。钢材表面均匀布置抛射凹痕，抗滑移系数 0.45~0.5 Sa3（使钢材表观洁净）：钢材表面无可见油脂、污垢、氧化皮、铁锈和涂料等，显示均匀的钢材光泽
	喷丸除锈	利用高压空气带出钢丸喷射到构件表面的除锈方法	
	喷砂除锈	用高压空气将石英砂喷射到构件表面的除锈方法。石英砂可采用河砂、海砂及人造砂等。要求环境湿度小于 85%。成本低且来源广泛，除锈后的构件表面粗糙度小，不易达到摩擦系数要求。海砂在使用前应祛除其含盐分	
手工和动力除锈		工具简单施工方便，劳动强度大，除锈质量不易保证。只有在其他方法都不具备的条件下才能局部采用。比如个别构件的修整或安装工地的局部除锈处理等。其常用工具有：砂轮机、铲刀、钢丝刷、砂布等	St2（彻底除锈）钢材表面无可见油脂、污垢，无附着不牢氧化皮、铁锈和涂料涂层等。 St3（非常彻底）钢材表面无可见油脂、污垢，无附着不牢氧化皮、铁锈和涂料涂层等，底材显露部分的表面具有钢材光泽
火焰除锈		先铲掉基体表面锈层，再用火焰烘烤或加热及加热后使用动力钢丝刷清理加热表面的除锈方法。该方法适用于除掉旧的防腐层（漆膜）或油浸过的钢材表面，不适用于薄壁钢材设备、管道，也不用于退火钢和可淬硬钢除锈	F1：（仅一个等级）钢材表面无氧化皮、铁锈和涂料涂层等附着物，任何残留的痕迹应仅为表面变色（不同颜色的暗影）

7.4.3.3　涂料选择

对钢材防腐涂层的选择要根据当地环境条件，设备的设计寿命、可利用率与维护要求，以及涂料性能、防腐年限等确定。需要符合相关钢材大气腐蚀性分类与环境条件分类等的规定。设备与构件的金属表面有耐油、耐热、耐酸及绝缘等要求时，应分别采用耐油漆、耐热漆、耐酸漆及绝缘漆等涂覆，不得涂覆其他漆。防腐涂料的选择是以安全可靠，经济合理为原则，并要符合如下要求：

（1）涂料性能与《金属和合金的腐蚀　大气腐蚀性　分类》GB/T 19292.1 规定的腐蚀环境相适应。

（2）底漆应与钢材除锈等级相适应。

（3）未了解各种涂料的性能时不得混合使用。

（4）涂料干膜厚度与腐蚀环境、钢材表面预处理方法、除锈等级及其表面粗糙度相适应。

（5）需要加强的防腐部位与涂装困难部位需适当增加干膜厚度。

设备管道与附属钢结构的涂料选择可参考表 7-30。

设备管道与附属钢结构的涂料选择示例　　　　　表 7-30

项目	状态	涂料选择示例
室内布置的设备、管道与附属钢结构	不保温	醇酸涂料、环氧涂料等
室外布置的设备、管道与附属钢结构		高氯化聚乙烯涂料、聚氨酯涂料等
油管道和设备外壁		环氧涂料、聚氨酯涂料等
油罐外壁		耐候性热反射隔热涂料
油罐内壁		耐油导静电涂料
油箱内壁		环氧耐油涂料
管沟中的管道、循环水与工业水管道、工业水箱外壁		环氧沥青涂料
大直径循环水管道内壁		环氧沥青涂料、高固体分改性环氧涂料
排汽管道		聚氨酯耐热涂料、有机硅耐热涂料
烟气脱酸净烟道与需防腐原烟道内表面		玻璃鳞片树脂涂料
室内钢平台、钢梯、现场制作的支吊架		醇酸涂料、环氧涂料
室外钢平台、钢梯、现场制作的支吊架		高氯化聚乙烯涂料、聚氨酯涂料
保温的疏水箱、扩容器、低位水箱、生产回水箱内壁	保温	耐高温底漆 2 道
介质温度低于 120℃时，保温的设备管道表面		环氧富锌底漆 1~2 道

注：本表根据《火力发电厂保温油漆设计规程》DL/T 5072—2007 整理而成。

埋地管道可根据表 7-31 确定土壤腐蚀性等级和防腐等级。采取如环氧煤沥青涂料等防腐涂料进行防腐。与水工构筑物、铁路、公路相交，以及在杂散电流作用地区的埋地管道应按特强级防腐。埋地钢管外壁若采用 2 道高固体分改性环氧涂料，总干膜厚度应达到 $500\mu m$。

确定土壤腐蚀性等级和防腐等级　　　　　表 7-31

土壤腐蚀等级	土壤腐蚀性质					防腐蚀等级
	电阻率（Ωm）	含盐量质量比（%）	含水量质量比（%）	电流密度（mA/cm²）	pH 值	
强	<50	>0.75	>12	>0.3	<3.5	特强级
中	50~100	0.75~0.05	5~12	0.3~0.025	3.5~4.5	加强级
弱	>100	<0.05	<5	<0.025	4.5~5.5	普通级

注：1. 任何一项超过表列指标要求，防腐等级应提高一级。
　　2. 摘自《火力发电厂保温油漆设计规程》DL/T 5072—2007。

表 7-32 防腐涂料配套方案摘录于《石油化工设备和管道涂料防腐蚀设计规范》SH 3022—2011。

防腐涂料的配套方案　　　　　　　　　　　表 7-32

代号	适用温度（℃）	被涂漆表面材质	涂层构成	涂料名称	涂装道数	干膜厚度（μm）		用途
						每道最小	最小总厚度[a]	
A-1	−20～80	碳钢低合金钢	底漆	醇酸防锈底漆	2	40	120	弱腐蚀环境下，一般室外防腐
			面漆	醇酸磁漆	1	40		
A-2	−20～120		底漆	环氧磷酸锌底漆	1	50	130	弱腐蚀环境下，室外防腐
			面漆	脂肪族聚氨酯面漆	2			
B-1	−20～120	碳钢低合金钢	底漆	环氧磷酸锌底漆	1	50	190	中等腐蚀环境下，室外防腐涂装
			中间漆	环氧厚浆漆	1	100		
			面漆	脂肪族聚氨酯面漆	1	40		
B-2	−20～120		底漆	环氧富锌底漆	1	50	190	
			中间漆	环氧云铁漆	1	100		
			面漆	脂肪族聚氨酯面漆	1	40		
C-1	−20～120	碳钢低合金钢	底漆	环氧富锌底漆	2	50	280	强腐蚀环境下室外防腐涂装
			中间漆	环氧云铁漆	1	100		
			面漆	脂肪族聚氨酯面漆	2	40		
C-2	−20～120		底漆	环氧富锌或无机富锌底漆	1	50	280	
			中间漆	环氧云铁漆	1～2	150[b]		
			面漆	脂肪族聚氨酯面漆	2	40		
D-1	−20～120	碳钢低合金钢	防腐漆	环氧厚浆漆	3	100	300	水下部位防腐涂装。不适用长期露天设备的防腐
D-2	−20～90		防腐漆	环氧煤沥青	3	100	300	
E-1	−20～120		防腐漆	耐磨环氧漆	3	150	450	干湿交替部位防腐涂装。不适用长期露天设备防腐
E-2	−20～120		防腐漆	环氧玻璃鳞片漆	3	150	450	
F-1	−20～120	碳钢低合金钢	底漆	环氧富锌底漆	1	50	150	保温设备，管道防腐。双组分
			面漆	环氧厚浆漆或环氧云铁漆	1	100		
F-2	≤400		底漆	无机富锌底漆	1	50	90	保温/不保温设备、管道的防腐。保温层下防腐可仅涂底漆及中间漆，也可根据腐蚀环境仅涂底漆并适当增加厚度
			中间漆	400℃有机硅耐热漆	1	20		
			面漆	400℃有机硅耐热漆	1	20		
F-3	≤500		底漆	500℃有机硅铝粉耐热漆	2	20	60	
			面漆	500℃有机硅铝粉耐热漆	1	20		
F-4	≤600		底漆	600℃有机硅铝粉耐热漆	2	20		
			面漆	600℃有机硅铝粉耐热漆	1	20		
F-5	−50～230		底漆	环氧酚醛漆	1	100	200	冷热循环工况
			面漆	环氧酚醛漆	1	100		

续表

代号	适用温度（℃）	被涂漆表面材质	涂层构成	涂料名称	涂装道数	干膜厚度（μm）每道最小	最小总厚度[a]	用途
F-6	231～600	碳钢低合金钢	面漆	600℃有机硅铝粉耐热漆	1	20	60	热循环工况
			底漆	600℃有机硅铝粉耐热漆	2	20		
F-7	−29～550		底漆	冷喷铝	1	100	100	保温层下的冷热循环工况
F-8	−50～230		防腐漆	环氧酚醛漆	2	100	200	保冷设备，管道防腐
F-9	−100～20		防腐漆	聚氨酯防腐漆	2	40	80	保冷设备，管道防腐
F-10	−196～20		底漆	冷底子油	2	—	—	保冷设备，管道防腐
H-1	−20～120	不锈钢	底漆	环氧树脂底漆	1	40	180	氯化物、氯碱等强腐蚀环境下防腐涂装
			中间漆	环氧云铁漆	1	100		
			面漆	脂肪族聚氨酯面漆	1	40		
H-2	−20～120	不锈钢	底漆	环氧树脂底漆	2	40	180	保温设备、管道防腐（仅用于保温材料氯离子超标情况）
			中间漆	环氧云铁漆	1	100		
I-1	−20～80	碳钢低合金钢	底漆	醇酸防锈底漆	2	40	120	弱腐蚀环境下防腐（室内）
			面漆	醇酸磁漆	1	40		
I-2	−20～120		底漆	环氧磷酸锌底漆	2	50	150	
			面漆	环氧面漆	1	50		
J-1	−20～80		底漆	环氧磷酸锌底漆	2	50	160	中等腐蚀环境下防腐（室内）
			面漆	丙烯酸面漆	2	30		
J-2	−20～120		底漆	环氧磷酸锌底漆	2	50	200	
			面漆	环氧面漆	2	50		
K-1	−20～120	碳钢低合金钢	底漆	环氧磷酸锌底漆	1	50	200	强腐蚀环境下防腐（室内）
			中间漆	环氧云铁漆	1	100		
			面漆	环氧面漆	1	50		
K-2	−20～120		底漆	环氧富锌底漆	1	50	250	
			中间漆	环氧云铁漆	1	100		
			面漆	环氧面漆	2	50		
K-3	−20～120		底漆	无机富锌底漆	1	50	225	
			封闭漆	环氧封闭漆	1	25		
			中间漆	环氧云铁漆	1	100		
			面漆	环氧面漆	1	50		

a. 对局部环境腐蚀较严重或维修困难部位，可在规定厚度基础上适当增加涂装道数1～2道，提高漆膜总厚度。
b. 若一道达不到规定干膜厚度，需增加一道。

7.4.3.4　实际涂料消耗量计算方法与工程方案对比示例

钢材实际涂料消耗量按涂膜厚度（分为湿膜厚度、干膜厚度）、理论涂布率与涂料损耗系数计算。其中实际涂布率按下式计算：

$$M_2 = M_1(1-\xi) = \frac{10\phi}{\theta_2}(1-\xi) = \frac{10 \cdot \frac{100\theta_2}{\theta_1}}{\theta_2}(1-\xi) = \frac{1000}{\theta_1}(1-\xi) \quad (7-39)$$

式中　θ_1、θ_2——分别为湿膜厚度、干膜厚度，μm；

　　　M_1、M_2——分别为理论涂布率、实际涂布率，m^2/L；

　　　　ϕ——涂料的体积固体含量，%；

　　　　ξ——涂料损耗系数，根据刷涂、滚涂、空气喷涂、高压无气喷涂等施工方法与被涂底材结构类型确定，一般在 0.2 与 0.8 之间。

　　稀释剂按涂料厂家要求确定。平台扶梯与支吊架按吨钢材每道涂层面积 $38m^2$ 计算。

　　表 7-33 是对钢结构户外一般大气环境防腐涂装的条件下，以环氧富锌底漆、环氧云铁防锈中间漆及聚氨酯面漆为例的长效防腐体系和以醇酸漆为例的一般防腐体系的技术经济性对比。其中，方案 Ⅱ 的维修间隔为 10～15 年，取正常寿命期 10 年，总费用指数为 1，若采用方案 Ⅰ 低质量要求的材料，价格系数取为 0.56，寿命期为 2 年，折算 8 年的价格系数为（10÷2）×0.56＝2.8。在此未考虑可能造成的停产损失，潜在的安全成本等。

　　采用一般涂料，具有价格低的优势，但存在固有的性能缺陷，使用寿命一般在 2～3 年，造成维修费用及停工带来的损失等相对较高。按运行 10 年计，方案 Ⅰ 的单位费用 19.79×2.8＝55.41 元/m^2，为方案 Ⅱ 35.48 元/m^2 的 1.56 倍。随着各种长效高性能防腐涂料被开发，其固有性能的改进和提高，使用寿命可达 20～30 年，经济效益明显而逐步得到广泛认同。

两类涂料性能与涂装配套方案　　　　　　　　　　　　　　　表 7-33

两类涂料性能比较								
防腐体系	涂料名称	机械性能	耐化学、工业大气性	耐湿热性	耐盐雾性	耐候性	保光保色	固体含量	参考价（元/kg）
一般	醇酸底漆	初期好，中后期变差	差	一般	一般	差	/	中	10
	醇酸面漆						差		14
长效	环氧富锌底漆	优	好	优	优	/	/	高	20
	环氧云铁防锈漆	优	好	优	优	/	/	高	18
	聚氨酯面漆（脂肪族）	优	好	优	优	优，不泛黄	优	中	45
	聚氨酯面漆（芳香族）	优	好	优	优	好，户外泛黄		中	25

户外一般大气环境下钢结构涂装配套方案						
方案	体系	涂层类别	涂料名称	涂装道数	干膜厚度（μm）	理论用量（kg/m^2）	维修间隔（a）
Ⅰ	一般体系	底层	醇酸铁红防锈底漆	刷或喷 2 道	100	0.250	2～3
		面层	醇酸面漆	刷或喷 2 道	100	0.280	
Ⅱ	长效体系	底层	环氧富锌底漆	刷或喷 1 道	50	0.200	10～15
		中间层	环氧云铁防腐漆	喷涂 1 道	100	0.220	
		面层	聚氨酯面漆（脂肪族）	刷或喷 1 道	50	0.125	

两种方案的防腐工程费用比较					
方案	除锈费用（元/m^2）	涂料费（元/m^2）	人工费（元/m^2）	其他费用（元/m^2）	合计（元/m^2）
Ⅰ	3	（10×0.25＋14×0.28）×1.5＝9.63	0.8×4＝3.2	（3＋9.63＋3.2）×0.25＝3.96	19.79
Ⅱ	4	（20×0.2＋18×0.22＋45×0.125）×1.5＝20.38	1.0×4＝4.0	（4＋20.38＋4.0）×0.25＝7.10	35.48

第8章　垃圾焚烧锅炉的安全运行与评价

8.1　垃圾焚烧锅炉的事故分类

所谓事故,是在生产、生活活动中预期之外突然发生的,造成人身伤害或财产或经济损失的事件。对各类事故进行定义时,多以伯克霍夫(Berckhoff)的一般性定义为基准,即事故是人(个人或集体)在为实现某种意图而进行的活动过程中,突然发生的、违反人的意志的、迫使活动暂时或永久停止,或迫使之前存续的状态发生暂时或永久性改变的事件。基于此定义的锅炉事故,是指在锅炉运行中发生受压部件、附件或附属设备损害,甚至人员伤亡,致使被迫事故处理、停炉修理或降低负荷运行的事件。

一般按锅炉事故的严重程度分为爆炸事故、重大事故与一般事故。爆炸事故是指在锅炉运行中汽包、集箱等受压部件发生破裂,工作压力极速降至大气压力,能量瞬间释放且威力巨大的事故。重大事故是指在锅炉运行中发生爆破、爆管、泄漏、严重变形等受压部件严重损坏,以及炉膛塌陷、炉墙倒墙、钢架烧红等而被迫停止运行,进行修理的各类事故。一般事故则是指在锅炉运行中发生故障而被迫停炉,但损害不严重,能很快恢复运行的事故。

为方便分析锅炉事故的原因和后果,根据上述分类原则按事故危险性等级具体分为如表 8-1 所示的四类。

锅炉事故危险性等级　　　　　　　　　　　　　　　　　　　　　　表 8-1

类别	危险程度	可能导致的后果
Ⅰ类	安全的	不会造成人员伤亡和系统损坏
Ⅱ类	临界的	处于事故边缘状态,暂时不至于造成人员伤亡、系统损坏或系统性能降低,但应予排除或采取控制措施
Ⅲ类	危险的	会造成人员伤亡和系统损坏,要立即采取防范对策措施
Ⅳ类	灾难性的	造成人员重大伤亡和系统严重破坏的灾难性事故,必须果断排除并重点防范

由于生活垃圾燃烧是以挥发分燃烧为主且是在二次空气紊流区域基本结束,一般情况下不会存在如燃油锅炉、煤粉锅炉的尾部受热面附着未燃尽可燃物,发生二次燃烧的情况。故而垃圾焚烧锅炉常见的事故有水位异常(缺水、满水),汽水共腾与承压部件损坏(炉管爆漏、过热器管损坏、省煤气管损坏)等。表 8-2 是对垃圾焚烧锅炉常见事故的基本分析。

垃圾焚烧锅炉的常见事故基本分析　　　　　　表 8-2

危险		原因	主要后果	危险等级	预防措施
水位异常事故	缺水事故	汽包水位低于最低许可水位称为锅炉缺水，分轻微缺水和严重缺水。当锅内水位从玻璃管（板）水位计内消失后，用冲洗水位计和"叫水"方法，水位能重新出现的为轻微缺水。当用上述方法冲洗和"叫水"后，锅炉水位仍然不能在玻璃管（板）水位计内出现的称为严重缺水。严重缺水会造成水管爆破。如在炉管或汽包超温下错误上水会产生大量蒸汽，由于汽压突然猛增会酿成锅炉爆炸事故。因此在未断定是轻微缺水以前和已确认是严重缺水以后，严禁向炉内进水，采取紧急停炉措施			
		观察水位失实；水位计未依规冲洗；水连通管堵塞、未及时发现假水位；排污误操作、时间太长	轻者大面积受热面过热变形，胀口渗漏，炉膛墙塌落等；重者引起爆管，胀管脱落，大量汽水、火焰喷出伤人；最严重的是处理不当而可能造成爆炸事故	Ⅱ类	健全运管和培训制度与岗位责任制；增强运管人员责任感，提高处理事故的技术水平；一般不执行超过八小时的大倒班制度
		给水自动调节器和水位警报信号装置失灵；水源中断、给水设备损坏；受热面损坏		Ⅱ类	安排专人每班检查校对和调整维修此类装置；防止堵塞；监控给水压力、流量与蒸汽量相适应
		负荷聚变		Ⅲ类	注意监视锅炉工作状态
		炉水含盐量过高		Ⅱ类	监视汽水品质，控制炉水含盐
	满水事故	汽包水位超过最高许可水位称为满水，锅炉满水一般是操作人员疏忽大意，上水过量造成的。一般判断：如蒸汽管道未发生水击则可认为是一般满水事故；反之，是严重满水事故。处理原则：一般满水事故立即停止给水，减弱燃烧，开启排污阀放水，开启蒸汽管道上的疏水阀疏水。严重满水事故应紧急停炉，停止给水，迅速放水，降低负荷，加强疏水。待水位恢复正常，管道阀门等有关部件经检查可用，满水原因查清并消除隐患后，方可恢复运行			
		运行人员对水位监视不够	管道管件损坏甚至震裂；蒸汽品质恶化，过热器结垢以至过热烧损	Ⅱ类	健全安全制度，加强安全教育，提高处理事故的技术水平
		水位表堵塞造成假水位		Ⅲ类	加强水位计维护管理
		高水位警报信号装置、给水自动调节设备失灵		Ⅱ类	定期维护检修，及时消除缺陷
		锅炉负荷降低		Ⅲ类	及时调整锅炉运行工况
汽水共腾事故		汽水共腾是水位计内水面发生剧烈上下波动，炉水起泡沫，蒸汽中大量带水，严重时管道内发生水冲击的现象。一般情况下，炉水蒸发面下方 100～200mm 水层含盐浓度较高。当给水碱度大、杂质多以及排污不足时，炉水表面层含盐量非常高，蒸发面泡沫越来越多，锅水黏度很大，汽泡上升阻力增加。在负荷增加、汽化加剧时，大量汽泡由于在炉水表面没有很快汽水分离而积聚在炉水表面，冲击蒸发面，搅动泡沫层，使水位上下剧烈波动和翻腾			
		锅炉给水水质超标，炉水杂质过多	蒸汽带水急剧增加，蒸汽管道发生水击，过热蒸汽温度下降；过热器管内壁结垢，传热恶化甚至爆管	Ⅱ类	加强水质监督，严控炉水含盐量；认真排污，增加给水
		炉水含盐量过高		Ⅲ类	降低负荷，减弱燃烧，缓开主汽阀
		水位过高，主汽阀开启速度太快		Ⅱ类	规范操作，加强蒸汽管道和过热器疏水
		锅炉负荷突增，蒸汽压力骤降		Ⅲ类	降低负荷，减少蒸发量
锅炉爆炸事故		锅炉爆炸发生是由于汽包破裂，汽包内储存大量高压饱和水及饱和蒸汽瞬时蒸发而释放巨大能量的过程。不属于常见事故但有重大危害的事故。发生严重超压时应采取降压措施但严禁降压速度过快。事故处理后，要对锅炉进行内外部检验，消除超压造成的变形、渗漏等，检修不合格的安全附件			
		较长时间缺水，钢板被灼红、机械强度急骤降低情况下，违反操作规程向炉内进水引起爆炸	造成人员重大伤亡，设备报废，发生超压而危及安全运行。	Ⅳ类	发生严重缺水事故时，一定不能再进水，以免汽壁钢板遇水突然冷缩而脆裂
		汽包长期漏泄且炉水碱度较高，胀口处钢板苛性脆化以致爆炸		Ⅳ类	检修时注意防止因强度不足或裂纹扩展而突然撕裂；要全面细致检查，警惕汽包苛性脆化、严重腐蚀与变形及起槽裂纹失效
		严重超压		Ⅱ类	严控蒸汽压力，避免超压；控制锅炉正常水位与锅炉给水、排污关系；保持超压连锁保护正常

危险	原因	主要后果	危险等级	预防措施
锅炉爆炸事故	安全附件失灵、结构设计不合理、材质老化等	造成人员重大伤亡，设备报废，发生超压而危及安全运行	Ⅲ类	特别注意设计和制造符合规定；汽包所有部件的材料、强度、连接形式、焊接与冷加工组装合规
炉管爆破事故	主要指水冷壁爆管事故，属常见的危险性事故。炉管严重爆裂时，表现为大量汽水连同烟火从炉墙的门孔往外喷出，汽包水位、炉膛燃烧严重失常。发生严重爆管事故必须紧急停炉。炉管爆破不大时会导致汽压很高、燃烧旺盛，则燃烧恶化，表现为火焰颜色发暗且爆破处更明显，炉膛温度下降；炉膛内有异样蒸汽喷射声响；烟囱冒水蒸气白烟。比较严重时的水位明显不正常。若是汽压不高、燃烧较弱，表现为炉膛爆管处发黑，可见到炉管喷汽淌水。此时如能维持正常水位，则需要即刻减弱燃烧并做好停炉检修准备			
	管子结垢太厚，造成过热烧损而爆裂	汽水大量喷出，炉膛正压，连汽带火从炉门等处突然喷出，处理不当会同时引起缺水事故	Ⅲ类	加强水质管理，防止结垢，注意片状水垢掉落而造成堵管
	管子腐蚀、磨损减薄，承压能力降低		Ⅱ类	锅炉技术检验中注意检查炉管腐蚀、磨损减薄和出现裂口问题
	严重缺水引起管子过热，破坏正常水循环		Ⅲ类	运行中注意防止炉膛热偏差，保证可靠水循环
	排污不当、炉膛结焦、燃烧器运行操作不当		Ⅱ类	完善运行规程，加强清灰
	长期处于热胀不均、剧烈冷热变化或不能自由膨胀的运行状态，造成焊口开裂、胀口环形裂纹		Ⅱ类	加强运行管理，必要时调整锅炉设计，进行技改
过热器爆漏事故	发生过热器的事故主要是爆管。爆破时有显著声响，爆破后有喷汽声；还表现为水位迅速下降，汽压、给水压力、排烟温度均下降；火焰发暗，燃烧不稳定或被熄灭			
	炉水品质不良造成结垢或氧腐蚀；蒸汽带水过多，满水事故造成过热器积盐垢，严重缺水与严重结渣造成受热面管超温	高温受热面爆漏；锅炉损伤并危及人身安全	Ⅱ类	汽包内要有适宜的汽水分离装置以控制蒸汽品质，运行中尽量避免高水位运行，防止汽水共腾和满水事故
	过热蒸汽温度过高而烧坏过热器		Ⅲ类	注意控制和调整由各种因素引起的过热蒸汽温度过高
	过热器管材质用错，组装时焊接质量差（多系耐热合钢和全位置焊接，焊接要求较高）		Ⅱ类	要保证过热器的制造和安装质量
省煤器管排泄漏事故	省煤器的损坏主要是管子的破裂和裂纹、法兰接头损坏所引起的泄漏。表现为水位异常下降，给水量明显增加且过大于蒸发量，省煤器入口水压降低；排烟温度下降，省煤器出口水温升高；省煤器附近有异样声音；省煤器下部灰斗和炉墙处冒汽、潮湿甚至淌水			
	烟速过低；吹灰效果不佳	管子发生蠕胀现象，内壁结垢，外壁积灰、磨损、腐蚀，以至管子泄漏	Ⅱ类	合理控制、适当提高烟速，检修吹灰器使其正常工作
	管壁腐蚀，管子磨损；运行中严重超温使管子过热		Ⅱ类	避免烟气流速过高及管夹松动；严格运行操作，防止蒸汽超温
	汽水品质不合格造成内壁结垢		Ⅱ类	严格控制汽水品质，长期停炉时应做好充氮保护
	人孔门，看火孔关闭不严；尾部烟道漏风；内护板加装不合理		Ⅱ类	严格检修工艺；利用临修、小修对受热面进行仔细检查
	管材有缺陷，换管时管子不对，焊口有附加应力		Ⅱ类	换新管进行光谱分析与通球；不错用，不用有缺陷管子；校正已变形的管排

8.2　垃圾焚烧锅炉的安全评价

8.2.1　安全评价概念

广义的安全评价是指以安全为目的，应用安全系统工程原理和方法，辨识与分析工程、系统、生产经营活动中的危险、有害因素，预测发生事故或造成职业危害的可能性及严重程度，提出可行的安全、合理、可行的安全对策建议，做出评价结论的活动。

对锅炉、压力容器与压力管道的安全评价又称适用性（Fitness for Service）评价，是对含缺陷结构能否适合于继续使用的定量工程评价。适用性评价是在缺陷定量检测的基础上，通过严格的理论分析与计算，确定缺陷是否危及结构的安全可靠性，并基于缺陷的动力学发展规律，确定结构的安全服役寿命。安全性评价对应表 8-1 事故危险性等级的分类，按下述四种情况分别处理：Ⅰ类等级中，对安全生产不造成危害的缺陷允许存在；Ⅰ、Ⅱ类等级中，对不造成安全性危害但会进一步扩展的缺陷，要进行寿命预测并允许在监控下使用；Ⅱ类等级中，若含缺陷结构降级使用时可以保证安全可靠性，可降级使用；Ⅲ、Ⅳ类等级中，若含有对安全可靠性构成威胁的缺陷，应立即、果断采取措施，返修或停用。

与日常安全管理和安全监督监察工作不同，安全评价是从技术带来的负效应出发，分析、论证和评估由此产生的损失和伤害的可能性、影响范围、严重程度及应采取的对策措施等。其目的在于有效预防事故发生，防止对人员的伤害，减少财产损失。安全性评价需要通过收集材料力学性能、应力腐蚀开裂性能、氢致开裂性能和典型土壤环境中的腐蚀性能等，建立安全评价数据库，为安全性评价提供技术支撑。为方便对锅炉安全评价，在此引用李鹤林院士从压力容器与管道失效模式的视角，将各种失效模式的工程理论基础归纳成如图 8-1 所示的体系，供参考。

8.2.2　锅炉安全评价方法

安全评价包括剩余强度评价和剩余寿命预测两方面内容。所谓剩余强度评价是指在缺陷定量检测基础上，通过力学分析与计算，给出管道的最大允许工作压力（MAOP），为管道的升、降压操作及管道维修提供决策依据。剩余寿命预测则是指通过研究缺陷的动力学发展规律，给出管道的安全服役寿命，为管道检测周期（Inspection Interval）的制定提供科学依据。李鹤林院士在其报告中归纳出图 8-2 剩余强度与图 8-3 剩余寿命的安全评价对象类型和预测方法的路径。

工程结构在制造或服役过程中，经常会伴有裂纹或近似于裂纹的缺陷以及划痕的产生。因此工程结构的实际最大承载能力往往取决于剩余强度，而非设计强度。对于金属结构，剩余强度是结构因疲劳或应力腐蚀等原因而形成裂纹之后的强度，也就表征了含裂纹结构的最大承载能力。剩余强度一般取决于材料特性、初始裂纹长度和服役时间。

由于复合材料结构是脆性的，对即使微小损伤的存在也很敏感，因为这种损伤可能在表面不可见，但却引起结构的剩余强度下降。因此，剩余强度的定义也包括了存在低能冲击损伤或其他缺陷时的结构静强度。

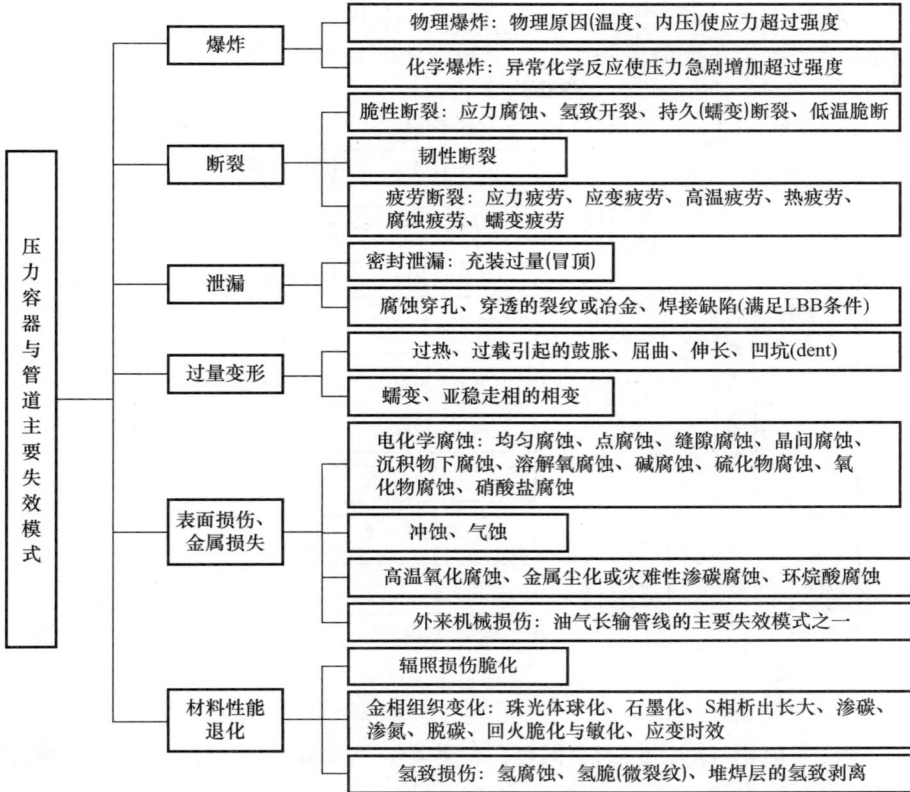

图 8-1　压力容器与管道失效模式

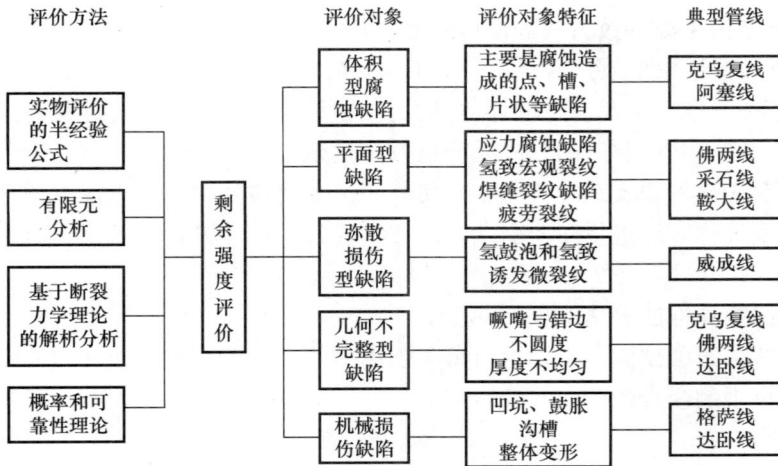

图 8-2　剩余强度评价的对象类型及评价方法

高能冲击可能导致层压板穿透并带有少量或无局部的分层，但低能冲击会导致纤维局部断裂、分层、脱粘或基体开裂等形式的损伤。这些缺陷可能呈现为小的表面勉强目视可见冲击损伤（BVID）。至今众多研究者已经广泛研究了包括低能冲击损伤在内的，冲击损伤对复合材料结构静强度和疲劳强度的影响，并已经证实了冲击损伤在压缩载荷下比在拉伸载荷下的影响更大，从而剩余强度试验一般在压缩载荷下进行。

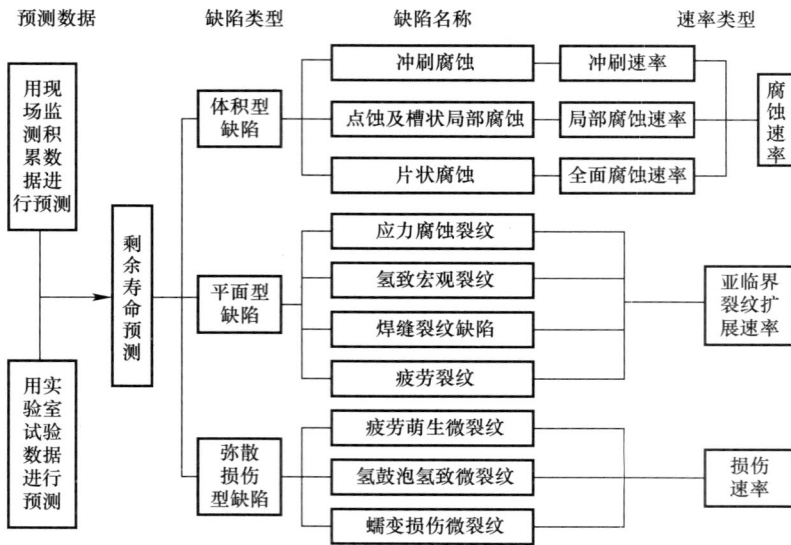

图 8-3　剩余寿命预测缺陷种类及预测方法

剩余强度许用值用 $[\sigma]_{rs}$ 表示，体现了带裂纹结构实际的承载能力，它随裂纹长度增加而降低。取剩余强度要求值 σ_{req}，则在整个设计服役目标寿命期内的剩余强度应满足下式规定：

$$[\sigma]_{rs} \geqslant \sigma_{req} \tag{8-1}$$

8.2.2.1　以蠕变为主要失效方式的部件寿命评估

目前已经研究取得有 ASME B31G-1984、ASME B31G-1991、DNV-RP-F101、PCORRC 及有限元等多种剩余强度评价方法。这些方法形成于不同时期，针对的管道强度等级也不尽相同。其中常用的有限元分析方法是基于概率和可靠性理论、断裂力学理论的解析分析以及大量工程实践经验积累的实物评价半经验公式。下面仅对适用于垃圾焚烧机组的剩余强度评价方法进行简要引荐，详细计算方法和计算程序见《火电机组寿命评估技术导则》DL/T 654。

（1）按等温线外推法评估

通过拉伸持久断裂试验，拟合材料持久强度曲线，确定引起蠕变损伤的最大应力 σ_{max} 后，按下式计算出剩余寿命 $t(\times 10^5 \mathrm{h})$：

$$\lg t = \frac{\lg \dfrac{\sigma_{10^5}^t}{n\sigma_{max}}}{\lg \dfrac{\sigma_{10^4}^t}{\sigma_{10^5}^t}} \tag{8-2}$$

式中　σ_{10^4}、σ_{10^5}——某一温度 t 下 $10^4\mathrm{h}$ 与 $10^5\mathrm{h}$ 的外推持久强度；

n——安全系数，由应力-破断时间关系曲线确定。

其后，按表 8-3 对蠕变孔洞进行蠕变孔洞评价。

蠕变孔洞评价表　　　　　　　　　　　　表 8-3

级别	组织特征	检查周期
Ⅰ	晶粒结构不断变化，珠光体分解，碳化物开始在晶界和晶内析出，但无微孔	5～6 年
Ⅱ	碳化物在晶界上析出呈链状且具方向性，个别单个微孔，无规则分布	3～4 年
Ⅲ	晶界孔洞数增加，且呈串链状分布和方向性排列，晶界分离	1～2 年
Ⅳ	出现微裂纹	停止使用，更换

（2）按 L-M 参数法评估

L-M 参数是时间与温度相结合的参数，用 $P(\sigma)$ 表示。该法需要通过多组温度下的拉伸持久试验，对试验数据进行多元线性回归处理求解出 C 值；根据拟合出的公式，绘制出 $P(\sigma)$-σ 曲线；由此确定工作条件下最大应力部位的最大应力 σ_{max}；再通过 $P(\sigma)$-σ 曲线确定部件的 $P(\sigma)$；最后由下式计算蠕变断裂寿命：

$$P(\sigma) = T(C + \lg t_r) \tag{8-3}$$

式中　T——试验温度，°K；

　　　C——材料常数；

　　　t_r——断裂时间，h。

（3）按蠕变孔洞评定法评估

该法主要依据材料的金相组织检查，对蠕变孔洞按其分布、大小和密度划分为不同级别，用一定性判断材料蠕变损伤的老化程度，作为蠕变寿命评估的必要辅助手段。按《低合金耐热钢蠕变孔洞检验技术工艺导则》DL/T 551 进行覆膜金相检查，再按蠕变孔洞评级规定进行评级并采取处理措施。

8.2.2.2　以疲劳为主要失效方式的部件寿命评估

对以低周疲劳破坏为主要失效特征的部件，需要进行疲劳寿命评估。评估程序为：

首先，根据《金属材料轴向等辐低循环疲劳试验方法》GB/T 15248—2008 对材料进行低循环疲劳试验；对试验取得的材料应变幅（即弹性应变幅 ε_e 与塑性应变幅 ε_p）、失效循环周次 N_f，由应力-应变滞后回线上确定的弹性应变分量与塑性应变分量按相应的数学模型（以下均忽略此节的计算公式）进行最小二乘法拟合，得到总应变幅 ε_a。

所谓滞后回线（hysteresis loop），是由于材料的滞后现象，在周期性形变期间产生的，一次连续应力-应变状态的闭合曲线。它表示在应变过程中，吸收能量与恢复时释放出的能量差，构成一个能量损耗圈。其间能量的损失，其大小等于回路所包围的面积。

其次，由前面的基础条件来确定材料的虚拟应力 S_{eq}，并进行平均应力修正 S_a'，并得到修正后的 S_a'-N_f（修正应力幅—寿命）设计疲劳寿命曲线。

再次，按部件受力状态分析对部件危险部位的应力、应变进行分析和计算。

最后，按计算的应力或应变，确定引起疲劳破坏的交变应力或应变幅，再由设计疲劳寿命曲线确定疲劳寿命。

8.2.2.3　部件疲劳—蠕变交互作用下的部件寿命评估

对承受疲劳—蠕变交互作用下的高温部件，采用线形累积损伤法则评估其损伤度 D。D 值与疲劳、蠕变损伤份额有关，按下式确定。

$$D = \sum_{i=1}^{n} \frac{n_i}{N_{fi}} + \sum_{i=1}^{n} \frac{t_i}{t_{ri}} \tag{8-4}$$

式中　N_{fi}、t_{ri}——分别为 i 工况下部件的低周波疲劳失效循环周次与蠕变持久破坏时间；

　　　n_i、t_i——分别为 i 工况下部件运行的循环周次与蠕变保持时间。

8.2.2.4　带缺陷部件的安全性评价与剩余寿命评估

（1）应力强度因子法

对制造加工周期长，更换安装困难的高强度大截面尺寸的机组大型部件，若存在超标缺陷或运行中出现裂纹，可按弹性断裂力学中应力强度因子为参量的裂纹扩展准则进行部件安全性评价。

按应力强度因子法的部件安全性判定方法：当 $K_I < 0.6K_{IC}$ 时，为可接受的缺陷。

K_I 是表征部件缺陷部位即弹性体裂纹尖端区域应力场强弱程度的参量，称为应力强度因子，下标 I 表示张开型（I 型）裂纹。影响 K_I 值的因子有构件几何特征 Y、无缺陷时的应力 σ、裂纹尺寸 a 以及外加载荷等，即 $K_I = f(Y, \sigma, a)$。K_I 越大，表示该点的应力越大。当 K_I 达到一个临界值时，裂纹就失稳扩展而后导致断裂。

K_{IC} 为材料的断裂韧性，按《金属材料平面应变断裂韧度 K_{IC} 试验方法》GB/T 4161 测定；或是按《金属材料延性断裂韧度 J_{IC} 试验方法》GB 2038 测定材料的延性断裂韧性 J_{IC} 值，再根据弹性模量 E 与材料泊松系数 υ 按下式换算：

$$K_{IC}^2 = [E/(1-\upsilon^2)] \cdot J_{IC} \tag{8-5}$$

（2）裂纹张开位移法（CTOD）

对中低强度钢或截面尺寸较小的部件，在裂纹尖端附近会出现大范围屈服或完全屈服时，不适用于线弹性断裂力学分析，而要用弹塑性断裂力学理论分析并评定部件的安全性。目前常用判定裂纹扩展的方法是裂纹张开位移法（Crack Tip Opening Displacement 缩写为 CTOD）。CTOD 法是指断裂力学中裂纹体受张开型载荷后，原始裂纹尖端处所张开的两表面的相对距离。尽管这一定义并不严谨，但已经反映在压力容器缺陷的评定标准中。这是因为 CTOD 不但比较简单、直观，而且反映了裂纹尖端的材料抵抗开裂的能力，可以解释断裂的开裂及止裂机制，能够反映残余应力、焊接接头几何尺寸约束等因素对韧性的影响。当裂纹尖端张开位移达到临界值时，不管含裂纹体的形状、几何尺寸、受力大小和方式如何，该裂纹即开始扩展。CTOD 值越大，表示裂纹尖端处材料的抗开裂性能即韧性越好。反之，CTOD 值越小，裂纹尖端处材料的抗开裂性能即韧性越差。

按裂纹张开位移法的部件安全性判定方法：当 $\bar{a} < \bar{a}_m$ 时，缺陷可以接受。

其中，$\bar{a}$ 是当量裂纹尺寸，对压力容器按照《压力容器缺陷评定规范》CVDA—84 进行评定。$\bar{a}_m$ 是缺陷部位允许裂纹尺寸，由缺陷部位最高工作温度下的应力 $e = \sigma/E$、材料屈服应变 $e_y = \sigma_y/E$，以及按《裂纹张开位移（COD）试验方法》GB 2358 测定材料的临界裂纹张开位移 δ_{cr}，按下式确定：

$$e/e_y \leqslant 1 \text{ 时}: \bar{a}_m = \delta_{cr}/(2\pi e^2/e_y)$$
$$e/e_y > 1 \text{ 时}: \bar{a}_m = \delta_{cr}/[\pi(e+e_y)] \tag{8-6}$$

（3）带缺陷部件的剩余寿命估算

对带缺陷部件的剩余寿命，按部件缺陷部位的应力强度范围 ΔK 与疲劳裂纹扩展门槛值 ΔK_{th}（由 DL/T 654 确定）的下述关系，判定裂纹是否扩展：

当 $\Delta K < \Delta K_{th}$ 时，不考虑裂纹扩展；

当 $\Delta K \geqslant \Delta K_{th}$ 时，用下式计算缺陷的疲劳裂纹扩展寿命 N_{rem} 即周次：

$$N_{\text{rem}} = \frac{a_0(a_N - a_0)}{B(\Delta K)^n a_N}$$ (8-7)

式中　a_0、a_N——分别为初始裂纹尺寸与临界裂纹尺寸，mm；

　　　　B、n——分别由试验确定的材料常数。

对计算的寿命取 20 倍安全系数的值，即是缺陷的疲劳裂纹扩展寿命。

8.3　垃圾焚烧锅炉运行状态评价

8.3.1　垃圾焚烧锅炉运行状态

垃圾焚烧锅炉系统的运行是由垃圾焚烧过程，焚烧烟气通过各类受热面与汽水热交换过程，以及汽水循环过程等诸多过程组成的。所有这些过程都是互相紧密关联，并影响以锅炉温度等级、烟风侧压力与汽水侧压力、蒸汽参数、机组出力等运行状态指标。

实际情况是，受垃圾特性与复杂的燃烧特性影响，锅炉的运行工况始终都是不很稳定的，各种各样的原因不断引起这种或那种原始条件与运行状态的变化，通过锅炉运行指标反映出来。对此，需要根据以往的经验教训与现有的技术手段采取安全、可的靠运行控制措施，并分析研究出现新的问题和持续改进措施。

根据国家现行政策，垃圾焚烧锅炉不存在焚烧厂外部负荷变化的负面影响，也就不存在由此引起的甩负荷事故。因而可根据垃圾焚烧的基本目的对垃圾焚烧锅炉采取定压调节的方式，并根据垃圾特性与季节性的较大变化调整蒸汽负荷的变化，根据短期相对稳定的条件实现相对稳定运行。进而可根据汽压的指示判断蒸发量是否与锅炉出力相适应，判断蒸发量同焚烧垃圾热值与焚烧垃圾量相对稳定关系。

对垃圾焚烧锅炉的外部负面影响主要是来自电网故障，也就需要根据电网运行要求，通过降负荷进行孤岛运行甚至全厂停运。对正常运行期间的垃圾焚烧锅炉负荷的负面影响主要是来自内部，如汽轮发电机组与主要辅助设备故障或事故的影响。

锅炉汽压的突变可能会造成汽水循环破坏，蒸汽品质恶化，严重影响锅炉安全运行。一旦发生这种情况，必须要采取紧急措施。投入自动保护装置是预防这种事故发生或将其限制在最小范围的有效技术手段，同时要具备自动保护不能胜任时切换到手动调节状态的手段。也就是要求运行人员必须经常以调整的方法来监督与校正其运行，保持正常参数和蒸汽品质的同时，加强对机组的维护，以保持机组处于常态化安全、可靠、环保运行状态。

8.3.2　垃圾焚烧锅炉常态化安全/可靠/环保运行的指标控制

垃圾焚烧锅炉及其辅助设备组成的垃圾焚烧锅炉系统（以下简称"锅炉系统"）作为热处理生活垃圾的关键设备，一般要求其服务期限在 25～30 年。根据我国的相关规定，锅炉受压元件的有效工作寿命不低于 200000h。

8.3.2.1　垃圾焚烧锅炉及其温度等级控制

垃圾焚烧锅炉是在高温高压、积灰结渣、腐蚀的严酷环境下动态运行的危险性较大的特种设备。必须要按规定进行内部检验、外部检验和超压试验，按计划维护维修和及时清灰，以及按两票三制等制度规范运行管理，以避免出现技术状况属于应修未修、过度超负荷运行的工况，使金属部件的高温、低温与大气腐蚀在许可运行指标的范围内，控制材料的力学性能与失效，确保锅炉系统常态化安全运行。

锅炉系统安全可靠运行与初级减排的关键之一，是对锅炉不同节点的烟气侧和汽水侧的温度系，以及与之不可分割的压力系的有效监控。该温度与压力系统称为温度等级，涵盖了炉膛不同特征温度与压力，辐射通道进出口温度与压力，对流通道各段受热面前后温度与压力等。其中正常运行时的炉膛主控温度，即烟气在炉膛高温烟气辐射区停留时间 2s 时的烟气温度不低于 850℃，只是锅炉系统烟气侧必须监控的主要节点温度之一。换言之，要从气相燃烧、固相燃烧，烟气辐射放热、对流放热，汽水循环的热力过程，以及锅炉金属材料失效与其寿命期等进行整体控制。

由于炉膛主控温度断面会随着焚烧状态变化，甚至可能瞬时超出或达不到设定的炉膛主控温度区域，对此需要进行动态运行管理。例如，在正常运行期间要在不超过设计垃圾热值并按此确定的炉膛容积热负荷条件下，控制日均焚烧垃圾负荷率在 80%～100%，在 70%低焚烧负荷要谨慎监盘，一旦达不到低焚烧负荷运行时，就要强制投入辅助燃烧系统来维持炉膛容积热负荷在设计范围内。在超过设计垃圾热值时，需要根据设计炉膛总热容量平衡降低焚烧垃圾量；还要控制短期焚烧垃圾负荷率不大于 110%，以防止受热面超温事故和后续烟气污染物的超标。此外，在保证适宜焚烧垃圾负荷的基本要求下，为实现垃圾正常焚烧过程，需要保持适宜的炉膛主控温度区域的烟气流速，控制炉膛出口的温度，按设计的炉膛出口区域位置测点压力在 -100～-50Pa 范围内运行，并建立防止超限运行的措施。此外为防止发生内爆、外爆事故，可按平衡通风锅炉炉膛压力报警值 ±0.4kPa 进行控制。

炉膛出口烟气经辐射烟气通道，要以不高于 650℃ 进入对流通道的高温过热器。按进对流受热面温度并考虑辐射通道吸热量确定炉膛出口烟气温度，通常在两次清灰之间的正常运行状态下根据不同运行时间将其控制在 800～950℃ 为宜，此时高温过热器前的烟气温度一般是在 620℃ 左右。炉膛出口烟气温度随运行时间延续而升高，受热面处于清洁状态时取下限值，反之取上限值且短期最高不应大于 1050℃。有运行 4000h 以上的经验显示，炉膛出口烟气温度超过 970℃ 时，进对流受热面时的温度会达到 670℃ 左右。

省煤器出口烟气温度即排烟温度，要求高于 HCl、SO_x 等酸性污染物中最高露点温度，且大修后 4000h 以内的排烟温度控制在 180～210℃，运行 8000h 时控制在不大于 240℃ 且最高 260℃，以保证后续烟气净化系统的正常运行。另汽包任两点间的壁温差在正常运行期间按小于等于 50℃ 控制，在启动、停运过程按 40℃ 控制。要保持承压部件管壁温度无超限运行。

锅炉系统的汽水侧温度控制包括锅炉给水温度，汽包饱和温度和各段过热器、蒸发器、省煤器进出口温度等。目前我国多采用主蒸汽 4.0MPa（a）中压等级或 6.4MPa（a）次高压等级的垃圾焚烧锅炉。相应主蒸汽温度取 400～450℃；给水温度一般取 130℃ 或 140℃。主蒸汽压力与温度确定后，必须在规定范围内运行并严格做到计量表计读数正常、定期校验；建立防超温超压措施。为控制过热蒸汽温度，两级过热器之间设喷水减温器，每台减温器能处理 110%MCR 的蒸汽流量，减温水最小可调量为额定蒸汽量 20%。

减温水量对锅炉计算效率没有直接影响，但对热力循环效率影响较大，也是评价锅炉经济性重要指标。根据燃煤电站锅炉的分析，减温水若在给水泵出口引出，每消耗 10t/h 约使发电标准煤耗升高 0.1g/(kW·h)，若在省煤器前或省煤器后引出，则对经济性影响不大。造成垃圾焚烧锅炉减温水量偏大的因素可能有过热器面积偏大、蒸发吸热与过热吸热比例失调、气温偏差或自动调节品质差、锅炉结渣导致蒸发吸热比例降低等。

8.3.2.2 处理规模与焚烧垃圾热值的关系

垃圾焚烧处理的对象是被誉为物质生命周期中最难处理的废物，即相对各种有热利用价值废物中热值最低的，物理成分最复杂且具有最不稳定特性的生活垃圾。也就要求垃圾焚烧锅炉需要具有宽范围的适应性与规范性运行，包括严格按照处理规模与运行管理制度运行，保障锅炉系统在设计点附近的良好运行性能。这里所说的"按照处理规模"是指正常焚烧规模的 80%~100% 最佳范围，以及 70% 低负荷范围，110% 短期超负荷范围，作为焚烧垃圾量的控制指标。若仅从保持垃圾自行持续燃烧视角，月均焚烧垃圾热值达到 3600kJ/kg 即可。但是从环境效益视角则要求月均焚烧垃圾热值不低于 5000kJ/kg 并以辅助燃烧作为保证措施，要求启动与辅助燃烧器的热功率之和为设计炉膛热负荷（折算为热功率计）的 60%，且辅助燃烧热功率为启动燃烧热功率的 2 倍。从经济效益视角，世界银行曾评估最低焚烧垃圾热值为 7000kJ/kg。根据我国当前的政策性规定，建设、运行管理状况与市场等外部环境等特定因素，预计焚烧垃圾的此种经济性热值需要达到 8000kJ/kg 以上。可按下述方法作为运行判别适宜垃圾热值的指标：

$$-0.3 < [实际焚烧垃圾热值/设计垃圾热值 - 1] \leqslant 0.08$$

其中的设计垃圾热值是指锅炉厂在锅炉设计时的额定热值。当低于 -0.3 时需要投入辅助燃烧，大于 0.08 时一般需要考虑降焚烧垃圾负荷运行。

根据我国当前生活垃圾特性，在月均焚烧垃圾热值不低于 5000kJ/kg 和正常负荷条件下，可实现锅炉系统连续、稳定运行并有效控制烟气污染物初级减排。为实现垃圾焚烧锅炉安全、环保运行，需要加强对焚烧垃圾特性分析，加强对垃圾池内垃圾的管理以改进垃圾均质性；需要依据垃圾焚烧 3T 原则进行焚烧过程控制，避免或降低偏烧现象，提高燃烧性能；需要根据炉膛容积热负荷合理控制焚烧垃圾量，避免因过度超烧以至炉膛出口温度过高所引起的受热面超温失效与烟气污染物超标排放的风险。对采用层燃型垃圾焚烧技术的控制指标，包括以月度焚烧垃圾负荷率作为超烧判别指标；按每日 2 次每次运行 2h 超额定处理量 10% 计，日焚烧垃圾量不宜超过处理规模的 1.08 倍，并按渗沥液产生量优化进厂垃圾量。

8.3.2.3 关于垃圾焚烧过程的初级减排

垃圾焚烧锅炉在运行过程中必须做到对污染的综合预防与控制，通过稳定火焰燃烧状态，发挥二次风稳定的紊流作用，保证炉渣热灼减率，减少炉膛漏风等运行管理措施，保持垃圾稳定、充分燃烧。控制指标主要有：炉渣热灼减率 $\leqslant 3\%$，省煤器烟侧出口 $CO \leqslant 40mg/Nm^3$，以及各焚烧厂根据服务范围的垃圾特性制定 NO_x 等烟气污染物浓度的初级减排目标。

根据欧盟委员会意见，取消早期垃圾焚烧要求省煤器出口烟气最小含氧量控制在 6%

及以上的限制性要求，但需要注意低含氧量可能会增加腐蚀性危险的因素，从而要求对材料进行特殊的保护。

为更好地发挥初级减排效果，需要尽可能降低烟气含水率。对现阶段我国焚烧厂运行数据统计值大多在 15%～20%，建议可按小于 15% 作为目前的控制目标。还要充分注意渗沥液回喷与炉膛容积热负荷即焚烧垃圾热值与焚烧垃圾量的关系，对烟气含水率的负面影响。当必须要回喷时，可按第 2 章第 2.3.3 节的方法进行评估。

8.3.2.4　对垃圾焚烧锅炉系统性能的基本要求

垃圾焚烧锅炉必须要按照我国锅炉的相关制造、准入、试验、安装、运行、维修、检验、监察、监督等规定以及垃圾焚烧锅炉特定安全、环保运行要求严格执行。

下面是归纳的部分基本要求：

要求焚烧炉排驱动轴无发生挠度超标；液压系统各部件能正常投入，不存在漏油现象；推料器及其控制系统运行正常，行程符合设计要求；推料器下方设置渗沥液收集装置，渗沥液有组织排放无泄漏；炉排表面温度小于 500℃，监测装置投入率 100% 并定期检测；炉排通风率不低于 90%。炉排漏渣率不大于 0.5%，最佳值小于 0.2%；对单台垃圾焚烧锅炉处理规模＞200t/d 的炉渣热灼减率小于 3%，≤200t/d 的可取 5%；除渣机不能存在影响锅炉稳定运行的严重缺陷；排出炉渣含水率以不沥出积存为准。

要求垃圾焚烧锅炉汽水循环正常，主蒸汽压力、温度在允许变化范围；根据焚烧垃圾的负荷与热值在规定范围内变化的炉膛主控温度（850℃/2s）在炉膛设计的监控范围内波动；汽包壁温差与热应力严格控制在许可范围内，汽包、联箱、下降管不存在尚未彻底消除的爆破隐患；受热面管子不存在大面积腐蚀、磨损、过热变形或严重结垢缺陷；不存在过热器管壁温度频繁超温事故；发生省煤器、水冷壁或过热器管爆漏事故时及时查明原因和落实应对措施；引风机出力满足燃烧自动调节装置投入的条件；连续排污和定期排污按规定严格执行；受热面清灰器正常投入。

要求锅炉系统安全附件齐全、完好，按压力容器有关规程定期检验；安全阀、水位表的设计、安装、运行符合规定；安全阀按要求定期进行校验与放汽试验；建立就地和远传水位表校对检查制度并认真执行；就地水位表的正常照明与事故照明良好，水位清晰可见。各类阀门［电动主汽门、给水调节阀、过热蒸汽和再热蒸汽的减温水调整阀门、燃油（燃气）速断阀、定期排污阀、连续排污阀、事故放水阀等］无开关失灵、电动操作失灵、漏流过大、开度指示器失灵或不准等缺陷。

要求锅炉系统各设备名称、编号及开关方向，管道涂色、色环、介质名称及流向标志，操作盘、仪表盘上控制开关、仪表、熔断器、二次回路连接片名称齐全清晰，仪表刻度盘额定值处划有红线。锅炉系统台账齐全，内容正确完整；设备大小修总结及时、完整，有关资料齐全。

表 8-4～表 8-6 是根据我国当前生活垃圾特性，按生活垃圾清洁焚烧三级基准值划分的锅炉系统部分的性能基本技术，可靠性以及运行管理主要技术指标的要求。其中的Ⅲ级基准值是以现行国家相关规定为基础，Ⅰ、Ⅱ级基准值是以我国先进运行管理水平和国际上的先进经验指标为基础的基准值，可用于对垃圾焚烧锅炉系统的建设运行管理与评价。这些指标会随着工程技术发展有所调整。

锅炉系统的性能基本技术要求 表 8-4

指标	单位	Ⅰ级基准值	Ⅱ级基准值	Ⅲ级基准值
处理规模		为规定焚烧垃圾量 1.0～1.1 倍；在焚烧垃圾负荷 80～100%（运行每日二次，每次 2h 在 110%负荷下运行）范围实现安全稳定长周期运行。经济负荷范围按 80～100%确定		
垃圾焚烧锅炉焚烧过程控制原则		具有良好的 3T（温度、时间、紊流）性能		
炉排机械负荷（推荐）	kg/(m² · h)	220～280		
炉膛容积热负荷（推荐）	×10⁴kJ/(m³ · h)	42～63		
垃圾焚烧锅炉总热效率	%	≥78		
垃圾焚烧锅炉设备完好率	%	≥96，其中的液压系统完好率 100%		
按 8760h 计设备利用率	%	91～95	91～95	＜91，＞95
辅助设备利用率	%	≥96	≥96	≥85
炉排漏渣率	%	0.1	0.2	0.5
紧急强迫停炉次数	次/年	0	0	1
安全阀运行期间起跳次数	次/年	0	0	1
炉膛过度结渣及内爆与外爆		无	无	无
随运行时间延续的炉排片更换率	h	8000	16000	24000	32000
	%	0～0.5	＜1.0	＜1.2	＜2.0
受压元件有效工作寿命	h	≥200000		
炉膛结构承压能力（瞬态承压能力）	Pa	500～－200（±6700）		

锅炉系统可靠性指标 表 8-5

指标		单位	Ⅰ级基准值	Ⅱ级基准值	Ⅲ级基准值
焚烧线年累计运行时间		h	8200～8400	＞8000～8200	≥8000
焚烧与发电设备年利用小时数		h	8340～8540	＞8130～8340	8130
主设备利用率（运行系数）		%	93～95	92～93	91
主设备平均负荷率		%	95	≥90	≥85
按 8760h 计	计划停运间隔时间	h	175	176～232	233
	计划停运系数	%	6	7	8
	非计划停运间隔时间	h	90		
	非计划停运系数	%	1	1～2	2
控制系统无故障运行小时	整套系统	h	8700		
	单个装置	h	17000		
疲劳性能			安装调整、使用保养、维护修理符合技术要求，特别是循环应力特性、环境介质、温度、部件表面状态、内部组织缺陷等影响如腐蚀、高温、磨损等疲劳断裂的敏感因素得以有效控制		
ACC 投入率		%	≥90	80～90	＜80
保护投入率		%	100		

锅炉系统运行管理主要技术指标　　　　　表 8-6

指标	单位	I 级基准值	II 级基准值	III 级基准值
焚烧垃圾负荷率	%	100	100	80
炉膛主控温度（温度/停留时间）	℃/s		850/2	
辅助燃烧空气温度	℃		20～240	
垃圾在焚烧炉排上停留时间	h		0.6～2.0	
炉排上的垃圾料层厚度	mm		500～1200	
进对流受热面烟气温度	℃	600～620	600～620	>620～650
排烟温度	℃	180～220	180～220	>220～240
省煤器出口烟气 CO 浓度	mg/Nm³	40	40	60
焚烧炉燃烧效率	%	98	97	95
余热锅炉热效率	%	83	82	82
垃圾焚烧锅炉热效率	%	82	80	78
运行工况炉膛负压（炉膛出口区域）	Pa		−100～−50	
炉渣热灼减率	%	<3	3	3
炉渣综合利用率	%	80	60	40

8.3.2.5　热控系统

垃圾焚烧系统设备运行故障与排除状态的现象分为可预见与不可预见现象，并表现出对烟气温度与污染物波动的影响。主要应对措施是加强设备维护，提高 ACC 投入率以避免或减少故障率。由于垃圾焚烧锅炉系统与焚烧厂全厂的热控系统是密不可分的，又是锅炉系统控制的重要手段，故而在此一并加以说明。

当垃圾焚烧厂信息系统被破坏时，不但会严重影响主要功能执行，还可能会带来复杂的法律问题、高昂的财产损失与较大的社会影响。故而生活垃圾焚烧厂信息系统的安全保护等级可按《信息安全技术信息系统安全等级保护定级指南》GB/T 22240 中的第三级确定。

这里所说的主要热工仪表及控制装置是指关系机组热力系统安全、经济运行状态的监视仪表、调节、控制和保护装置。对涉及锅炉的自动控制系统主要有燃烧自动控制，汽包水位控制，主汽温度控制，主汽压力控制，送风、引风控制，以及辅助燃烧控制，除氧器压力及水位控制。

热控系统设计是根据负荷宽范围变化和执行机构非线性特点，考虑被控对象动态特性改变对调节品质的影响，选用最佳使用控制策略。对系统的可靠性与协调控制，可参照《火力发电厂热工仪表及控制装置技术监督规定》国电安运（1998）483 号中的热控监督"三率"指标，即仪表准确率 100％，保护投入率 100％，自动调节系统投入率不低于95％；还要做到计算机测点投入率 99％，合格率 99％。

对不含再热系统参数的垃圾焚烧锅炉的主要检测参数有汽水侧的汽包水位，汽包饱和蒸汽压力，主蒸汽与给水的压力、温度、流量，各段对流受热面进出口蒸汽温度；烟风侧的炉膛压力、炉膛主控温度、炉膛出口温度及其他特征温度，进对流受热面及各段受热面进出口处的烟气温度、锅炉排烟温度、烟气氧量以及过热器管壁温度；炉排特征温度，汽包壁温度以及焚烧垃圾量等。对表征参数测量仪表精度与漂移的系统稳定性要符合焚烧厂运行要求。其中的仪表精度指其绝对误差与测量范围上下限之比的百分比，要求流量仪表精度等级严于1%，其他仪表与传感器精度等级严于0.1%；漂移是指保持仪表输入量不变时，输出测量值随时间和或温度改变而缓慢变化，分为时间漂移与温度漂移，又分为零点漂移与灵敏度漂移。一般按满量程（记为F.S）计，要求灵敏度漂移不大于0.2%F.S。

元器件在经过长期应用与环境条件的变化会都会引起特性参数发生变化，且降低额定值使用系数（简称降额系数）随温度的增加而降低。故在选用元器件时，除应考虑加到元器件上的电压应力性质及大小外，还应注意作用在极限环境条件下，元器件仍能正常工作的条件。对检测系统或仪表的部分性能评价指标见表8-7。热工仪表及控制装置评级标准可参照《火力发电厂热工仪表及控制装置技术监督规定》国电安运（1998）483号。

检测系统或仪表的部分性能评价指标

表8-7

类别		主要评价指标	备注
技术评价指标	量程	测量范围	在允许误差范围内的仪器仪表被测量值范围
		量程	指测量示值范围上、下限之差的模。温度测量值一般在仪表测量上限的1/2～2/3之间
		过载能力	不引起性能指标永久改变条件下，允许超过测量范围能力
		零位（点）	输入量为零时，输出量不为零的数值。应设法消除
		精度等级（q）	$q=\dfrac{\|\Delta X\|_{\max}}{X_{\max}-X_{\min}}\times100\%$　式中　ΔX——为绝对误差；$X_{\max}-X_{\min}$——为测量范围上、下限差即量程
			电工仪表精度等级（去掉百分号的精度值）为：0.005, 0.01, 0.02, 0.04, 0.05, 0.1, 0.2, 0.4, 0.5, 1.0, 1.5, 2.5, 4.0, 5.0, 6.0……
	稳定性	稳定度	δ＝精密度/时间　　如1.2mV
		影响系数	β＝精密度/工作条件变化
		漂移	保持系统或仪表输入量不变时，输出测量值随时间或温度改变而缓慢变化。包括零点漂移与灵敏度漂移，又分时间漂移与温度漂移
	灵敏度	灵敏度	指测量系统在稳态下输出量的增量与输入量的增量之比。若检测系统由多个独立环节组成时，系统总灵敏度＝各还击灵敏度乘积
		分辨率	指仪器在规定量程范围内有效辨别最小可测出的输入变量。数字显示器的检测系统的分辨率为最小有效数字加一位数时，测量值的改变量
	静态特性	线性度（非线性误差）	指检测系统输入输出曲线与理想直线的偏离程度。是在全量程范围内实际特性曲线与拟合直线间最大偏差值与满量程输出值的比
		迟滞（变差、滞环）	指传感器在输入量由小到大（正行程）及输入量由大到小变化期间，其输入输出特性曲线不重合的程度。迟滞误差＝正反行程最大迟滞误差/满量程输出值
		分辨率	能够检测出的被测量的最小变化量，用能检测的最小被测量的变换量相对于满量程的百分比表示，如0.1%、0.02%。具有数字显示的检测系统为最小有效数字增加一位数时，相应测量值的改变量
		重复性	指输入量多次连续输入时，特性曲线不一致程度。按正行程及反行程两个最大偏差的大者÷满量程输出值计
		稳定度	传感器输出与起始标定输出的差异，可用相对误差或绝对误差表示
	可靠性	平均无故障时间	平均故障率λ＝运行时间内的故障次数÷运行时间 平均无故障时间MTBF（mean time between failures）＝$1/\lambda$
		包括过载保护、疲劳性能、绝缘电阻、耐压等可靠性评价指标	

我国对仪表准确度等级指数规定，应从 1-2-5 序列及其十进倍数和小数中选择，如 0.05、0.1、0.2、0.5、1.0、1.5、2.0 等。表 8-8 是对不同仪表准确度等级的规定。

测量和控制仪表本身的准确度等级，参比条件，允许偏差值达不到规定要求，都会影响全厂的安全性、可靠性与环保性，严重时可能导致全厂设备失效。另外，仪表的技术性能指标只反映可靠性的一个方面，还应包括制造公差，安装工艺的可靠性（安装位置不当、屏蔽、接地系统不当导致信号漂移，各种干扰问题等），环境条件变化（环境温度、湿度、振动、冲击、强磁场、电压等）与仪表失效的物理、化学过程的关系。这种失效有突然失效、参数逐渐变差、性能逐渐降低导致的退化失效，以及由退化失效导致的系统局部功能失效即局部失效，或因突然失效而使整个系统失效的全部失效等。

仪表准确度等级　　　　　　　　　表 8-8

仪表名称	准确度等级[a]																
	0.02	0.05	0.1	0.15	0.2	0.3	0.5	1.0	1.5	2.0	2.5	3.0	3.5	5	10	20	30
直接作用模拟指示电测量仪表精度等级																	
电流表/电压表		√	√		√	√	√	√	√	√	√	√	√				
功率表/无功功率表		√	√		√	√	√	√	√	√			√				
指针式/振簧系频率表		√	√	√	√	√	√	√	√			√					
相位表/功率因数表/同步指示器			√		√	√	√	√	√	√		√					
电阻表（阻抗表）/电导表		√	√		√	√	√	√	√			√	√				
可互换和有限互换附件[b]	√	√	√		√	√	√	√	√			√	√				
安装式数字显示点测量仪表																	
电流表/电压表	√	√	√		√	√	√	√									
功率表/无功功率表	√	√	√		√	√	√	√									
频率表	√	√	√														
相位表和功率因数表			√		√	√	√	√									
绝缘电阻			√		√	√	√	√				√	√	√	√		

a. 仪表分类按 GB/T 676.1—1998 第 2.2 节。
b. 2.0、5.0、10 级仅适用于高电压串联电阻器和阻抗器。
不可互换附件没有自身的准确度等级，与其相连仪表的准确度等级适用于仪表和附件的组合。

仪表最大允许误差是将带有正负号的以百分数表示的等级指数作为误差限值，如等级指数 0.05，基本误差限值为基准值的 ±0.05%。安装式数字显示仪表基本误差不应超过下述公式表示的测量值绝对误差（Δ）。

$$\Delta = \pm(a\%U_x + b\%U_m) \tag{8-8}$$

式中　U_x、U_m——被测量读数值、满度值；
　　　a、b——分别为与读数值、满度值有关的误差系数，并应满足 $a \geqslant 4b$。

规定的允许仪表示值基本误差和回程误差、工业热电偶允许误差与工业热电阻允许误差分别见表 8-9～表 8-11。

仪表示值基本误差和回程误差 表 8-9

准确度等级		0.3	0.5	1.0
允许基本误差	示值	$0.3\%(A_{max}-A_{min})$	$0.5\%(A_{max}-A_{min})$	$1.0\%(A_{max}-A_{min})$
	记录	$0.5\%(A_{max}-A_{min})$	$1.0\%(A_{max}-A_{min})$	$1.5\%(A_{max}-A_{min})$
允许回程基本误差	示值 Ω mA ≥5mV	$0.15\%(A_{max}-A_{min})$	$0.25\%(A_{max}-A_{min})$	$0.5\%(A_{max}-A_{min})$
	示值 <5mV	$0.15\%(A_{max}-A_{min})+0.5\mu V$	$0.25\%(A_{max}-A_{min})+0.5\mu V$	$0.5\%(A_{max}-A_{min})+0.5\mu V$
	记录	$0.3\%(A_{max}-A_{min})$	$0.5\%(A_{max}-A_{min})$	$1.0\%(A_{max}-A_{min})$

注：A_{max}、A_{min} 分别为仪表上、下限的电量值。

工业热电偶允许误差 表 8-10

热电偶名称	分度号	Ⅰ级		Ⅱ级		Ⅲ级	
		温度范围（℃）	允许误差	温度范围（℃）	允许误差	温度范围（℃）	允许误差
铂铑-铂	LB-3	—	—	600～1700	$\pm0.25\%t$	600～1700	$\pm4℃$ 或 $\pm0.25\%t$
	R、S	0～1600	$\pm1℃$ 或 $\pm1+0.3\%\times(t-1100)$	0～1600	$\pm1.5℃$ 或 $\pm0.75\%t$	—	—
镍铬-镍硅（铝）	K、N	−40～1000	$\pm1.5℃$ 或 $\pm0.4\%t$	−40～1300	$\pm2.5℃$ 或 $\pm0.75\%t$	−200～167	$\pm2.5℃$ 或 $\pm1.5\%t$
镍铬-铜镍	E	−40～800	$\pm1.5℃$ 或 $\pm0.4\%t$	−40～900	$\pm2.5℃$ 或 $\pm0.75\%t$	−167～167	$\pm2.5℃$ 或 $\pm1.5\%t$
铁-铜镍	J	−40～750	$\pm1.5℃$ 或 $\pm0.4\%t$	−40～900	$\pm2.5℃$ 或 $\pm0.75\%t$	—	—
铜-康铜	T	−40～350	$\pm0.5℃$ 或 $\pm0.4\%t$	−40～350	$\pm1.0℃$ 或 $\pm0.75\%t$	−200～40	$\pm1.0℃$ 或 $\pm1.5\%t$

注：t 为测量端温度；表中允许误差两个值中取大者。

工业热电阻允许误差 表 8-11

分度号	R0 标称电阻值（Ω）	电阻比 R100/R0	测量范围（℃）	允许误差（℃）
Pt10	10.00	1.3851±0.05%	−200～500	$\pm(0.15+0.2\%\vert t\vert)$
Pt100	100.00	1.3851±0.05%		
Pt10	10.00	1.3851±0.05%	−200～500	$\pm(0.30+0.5\%\vert t\vert)$
Pt100	100.00	1.3851±0.05%		
Cu50	50	1.428±0.2%	−50～150	$\pm(0.30+0.6\%\vert t\vert)$
Cu100	100	1.428±0.2%		

注：$\vert t\vert$ 为绝对温度值；Ⅰ级允许误差不适用于采用二线制的铂热电阻。

8.4 垃圾焚烧锅炉运行的实践经验

8.4.1 锅炉受热面结渣事故的控制

锅炉机组受热面管外壁上的沉积物按其特性分为松散积灰和结渣，及其中间状态的水泥化的灰。松散积灰主要发生在低温对流受热面上，具有相对疏松，密实度较小、颗粒物尺寸≤100μm 的粉状颗粒物形态沉积在管子上。水泥化的灰主要形成于尾部省煤器上，具有多孔性、密实度较大的形态。是由于烟气灰分中含有粘性颗粒物，当水分落在沉积物中时，通过化学反应生成。结渣则主要形成在炉膛水冷壁炉墙和过热器的高温区域，具有坚硬紧密、整块状、吸水量小的形态。通常情况下，尽管锅炉炉膛高温辐射区敷设有耐火浇注料，仍具有较强的冷却能力，可使高温烟气在炉膛高温腐蚀区以较快速度降低到灰熔点以下，避免或减轻在受热面结渣。需要注意的是，如果炉膛本身的冷却能力不够好，将会出现偏烧，可能会导致水冷壁附近的烟温过高，熔灰不能够及时凝结而在炉墙上结渣。

控制积灰、结渣的基本原则是对垃圾焚烧锅炉的温度下等级进行有效控制，避免或减轻结渣的温度环境，保证炉膛烟气温度分布和汽水温度保持在合理的范围；对炉内过多还原性气体的生成情况进行有效控制和防止，对炉膛的空气动力场进行良好地设置和控制，使其保持在合理的范围之内；使焚烧垃圾成分尽可能均匀，以尽可能保持稳定的燃烧状态等。

对产生的灰渣要根据运行状态及时清除，清除积灰的基本方法是吹扫清灰，目前较多采用的有蒸汽、振打、乙炔爆破等单独或组合式清灰方法。对水泥化的灰通常要用机械清灰方式。

8.4.2 省煤器再循环

在锅炉启动阶段，启动点火前将锅炉给水上到水位计最低可见水位，点火后随着炉水温度提高，体积膨胀使水位上升。随着炉水温度进一步提高，水冷壁内开始产生蒸汽，使汽包水位进一步上升。也就是说在点火启动的较长一段时间内无须再将给水送入汽包，从而省煤器内会发生水滞留现象。为防止省煤器管内的水停滞汽化造成省煤气管过热损坏，在汽包下部省煤器进口设置一包括阀门管件在内的再循环管系，使炉水在省煤器—汽包—再循环管系—省煤器进口联箱—省煤器之间形成省煤器再循环回路。在启动点火停止进水期间，开启再循环阀门，汽包内的炉水在此循环压头的驱动下，形成省煤器再循环。另外，在冷态启动初期可以开启再循环门来加快上水速度。

由于再循环管的阻力比省煤器管道阻力小，在正常运行时禁止开启再循环阀门，以避免大部分给水通过阻力小的再循环管进入汽包。这是因为此时汽包温度很高，被相对温度很低的给水冷却，会产生很大的热应力，造成管子与焊缝损坏。

8.4.3 关于锅炉汽包的虚假水位

作为包括垃圾焚烧锅炉在内的单汽包自然循环的锅炉是靠连续监督汽包水位控制锅炉给水过程。对受热面热负荷较高的大、中型汽包型蒸汽锅炉，用锅炉容纳的水容积 $V(\text{m}^3)$ 或水重量 $G(\text{t})$ 与锅炉小时蒸发量 $D(\text{t/h})$ 之比表征锅炉结构特性的指标，称为相对含水量。即：

$$容积相对含水量 \quad v = V/D \quad (\text{m}^3/\text{t/h}) \text{ 或}$$
$$重量相对含水量 \quad q = G/D \quad (\text{t/t/h})$$

(8-9)

对大、中型蒸汽锅炉通常取较小的容积相对含水量，如 $0.24\sim0.33\text{m}^3/\text{t/h}$（早期的锅炉在 $0.6\sim1.3\text{m}^3/\text{t/h}$），这就对给水工况提出了较高的要求。按照汽包条件，汽包正常水位基准通常定在汽包中心线下 50～100mm 之间，对应水位计 0 点位置，以此为基准规定允许炉水波动的上下水位。因此，汽包内水的工作储备决定于水位计允许的上下限。例如，某锅炉汽包内径 1300mm，筒体部分长度 11400mm，允许波动范围 400mm；计算的炉水具有储备能力大约是 4.3～6m³，在不考虑给水完全中断的情况下，当蒸汽量超过给水量 10％时，此储备可维持 10min。

在锅炉给水质量合格的前提下，汽包水位发生变化总是出现在锅炉负荷和压力波动时，这些参量偏离额定值的时间可能只发生在很短的数秒之内，但变化幅度可能会很大，因此水位波动也就很大。导致汽包水位变化的主要因素是锅炉蒸发量与给水量的平衡被破坏，锅炉压力变化导致水和蒸汽的重度变化，焚烧垃圾负荷及其热值变化导致蒸发量变化等。

由于汽包水侧内含有汽泡使炉水的密度减小、体积膨胀。当炉水含盐量增加时，汽包水容积内的汽泡上升缓慢，体积膨胀增大。因此与水位计内的水有重度差，导致汽包的实际水位要高于水位计水位。

当汽包压力突降时，炉水温度下降到压力较低的饱和温度。由此通过蒸发等大量放热，炉水内的汽泡增加以至汽水混合物体积膨胀，促使水位上升，形成一种虚假水位。当汽包压力突升时，则相应的饱和温度提高。由此一部分热量被用于加热炉水，而用来蒸发炉水的热量则减少。其结果是炉水中汽泡量减少，使汽水混合物的体积收缩，促使水位很快下降，形成另一种虚假水位。此外，当锅炉内热负荷增加或骤减时，水的比容将增大或减小，也会形成虚假水位。还有锅炉负荷突变、安全门动作、燃烧不稳定、水位计堵塞、水位计泄漏（汽侧泄漏水位偏高，水侧泄漏水位偏低）时，也都会产生虚假水位。

从产生虚假水位的原因看，首先需要通过给水处理确保锅炉给水的水质符合相应标准，并根据炉水水质进行连续排污与适宜的定期排污，降低炉水的含盐浓度并及时补充锅炉给水。其次，当锅炉出现虚假水位时，需要做到准确判断和及时处理。例如，若是负荷急剧增加出现虚假水位，此时的水位上升多属于暂时现象，需要在水位开始下降时及时增加给水量，使其与蒸汽量相适应，恢复正常水位；若是负荷上升幅度大引起的虚假水位，此时若控制不当就会引起汽包满水事故，一般需要先适当减少给水量，恢复蒸汽压力。

为弥补人工控制水位的不足，采用由汽包水位 H、蒸发量 D 与给水量 W 构成的三冲量给水自动调节系统。此后又在这种单级三冲量的基础上增加一个调节器，形成串级控制方式，从而大大提高了给水调节的质量。按照《防止电力生产事故的二十五项重点要求》，锅炉应至少配置两个彼此独立的就地汽包水位计和两支远传汽包水位计，并应采用两种以上工作原理共存的配置方式，以保证在任何运行工况下锅炉汽包水位的正确监视。

8.4.4 水锤与防止措施

如前所述，水锤是汽液流量急剧变化引起压力变化而造成振动的现象。水锤多发生在启停炉期间阀门启闭太快以及突然停电时，由于压力水流的惯性而产生的水流冲击波；或是在蒸汽主管上由于辐射散热可能会产生冷凝水，随蒸汽在管道内高速的流动从而带动冷凝水一起流动，逐渐形成一定的规模而发生撞击所致。再有，当蒸汽损失热量全部或大部分转变为冷凝水时，其体积会比蒸汽小约 1000 倍。由此，体积在极短时间内发生巨大变化引起设备与管道振动，而且当冷凝水的温度略低于蒸汽温度时会对水锤的形成造成最大的影响。

水锤有在打开的阀门突然关闭时发生的正水锤和在关闭的阀门突然打开时发生的负水锤之分，正水锤产生破坏力要大于负水锤。正水锤时，水流对阀门及管壁会产生一个压力，继而后续水流在惯性的作用下，使压力迅速达到最大。正水锤产生的瞬时压强可超过管中正常压力的几十倍以至几百倍，使管壁产生很大的交变应力，引起管道和设备强烈振动并造成管道、管件和设备的损坏。负水锤时，管道中的压力降低，应力交替变化，引起管道和设备振动。如压力降得过低，还可能使管中产生不利的真空，在外界大气压力的作用下将管道挤扁。

水锤冲击力是周期性衰减的变化过程，其破坏力与当时的水动量有关，计算很复杂。不会受到降压顺行波影响的最大的直接水锤可用流体力学的冲量定理求得，即：

作用在阀门或管道上的压力 F × 作用时间 t = 水的质量 m × 水的流速 V。

水锤波的传播速度 α(m/s) 与管径、壁厚、材质以及支承方式、水的弹性模量等有关。钢管中的 α 可参考水力学的基本理论，按下式估算：

$$\alpha = \frac{\sqrt{\dfrac{Kg}{\gamma}}}{\sqrt{1+\dfrac{DK}{\delta E}}} \tag{8-10}$$

式中　K——水的体积弹性模量，一般取 2.06×10^3MPa；

　　　D、δ——管子内径与壁厚，mm；

　　　E——管壁纵向弹性模量，钢材为 2.06×10^5MPa，铸铁 0.98×10^5MPa，混凝土 2.06×10^4MPa。

式中的 $(Kg/\gamma)^{0.5}$ 为声波在水中的传播速度，随温度和压力的升高而加大，一般取 1435m/s。

取压力钢管长度 L（单位：m）与水锤波的传播速度 α(m/s)，则水锤波在水管中传播往复一次所需要的时间 t_r（单位：s）按下式计算：

$$t_r = 2L/\alpha \tag{8-11}$$

为了防止水锤现象的发生，应正确设计管道系统流速（一般小于 3m/s）。还可采取延长阀门的开启、闭合时间，尽量缩短管道的长度，以及管道上装设安全阀门或空气室，以限制压力突然升高的数值或压力降得太低等措施。

在蒸汽管道内积存冷凝水且液位接近管道的 80% 的状态下初次提供蒸汽时，以及蒸汽突然冷凝时，都容易形成水锤。通常针对前者，可采取缓慢关闭阀门的办法消除形成的水锤，但这种方法对蒸汽突然冷凝所造成的水锤的效果不大。有效解决蒸汽管道内发生水锤的方法是排除冷凝水，基本原则是在蒸汽管道低点安装蒸汽疏水阀；蒸汽主管按每隔 30～50m 设一个疏水点，并设置完善的输水系统。

8.4.5　并汽与并汽参数

母管制系统的锅炉启动时，将蒸汽参数符合规定的蒸汽送入母管的过程称为并汽。并汽要具备如下基本条件：机组状态正常，燃烧稳定；各水位计核对正常，高、低水位报警良好；并汽前的锅炉汽包水位维持在 -50mm，以免在并汽时发生蒸汽带水现象；蒸汽品质合格；主蒸汽压力和温度适当低于主蒸汽母管压力。

若锅炉压力高于母管，并汽后立即有大量蒸汽流入母管，将会使锅炉压力突然降低，造成饱和蒸汽带水。若锅炉压力低于母管压力太多，并汽后母管中的蒸汽将会反流入锅炉，使系统压力下降而锅炉压力突然升高，这对热力系统及锅炉的安全性、经济性都是不利的。并汽时要求锅炉压力略低于母管压力，一般中压锅炉低 $0.1\sim0.2MPa$，高压锅炉低 $0.2\sim0.3MPa$。锅炉出口汽温一般比母管汽温低 $30\sim60℃$，以避免并汽后因燃烧加强，而使汽温超过额定值。但锅炉出口汽温也不能太低，否则在并汽后会引起系统温度下降，严重时锅炉还可能发生蒸汽带水现象。

并汽操作之前，包括值长与监盘、巡检等人员都要明确锅炉已具备并炉条件，按操作票准备与进行并炉操作。开始并汽时，需缓慢开启锅炉主蒸汽阀的旁路阀门，待主蒸汽阀前后汽压趋于平衡时再逐渐开大该阀，以适应汽压、汽温的变化。在操作过程中要密切注意燃烧情况，保持汽压、汽温、水位稳定；如引起汽温急剧下降或蒸汽管道有水击时，应立即停止并汽，加强疏水，待恢复正常后重新并汽。并汽结束后，待主蒸汽温度在规定的工作温度下保持稳定时，关闭各疏水门。按操作程序规定关闭向空排汽阀并将其设在自动位置。

8.4.6 漏风系数与漏风率对锅炉运行的负面影响

不同部位的漏风对锅炉运行的负面影响有所不同，但都会导致漏风点附近及以后的使烟气体积增大，烟气温度下降，排烟热损失及引风机电耗增加。漏风还会使烟气含氧量非控制性改变，影响以氧为修正参数的计算结果，尤其是对二噁英超痕量排放值偏离的影响。

随着锅炉容量增大，密封性能增强，炉膛漏风量一般较小。但通过对炉膛与烟气辐射通道及对流通道的分析，炉膛漏风及越靠近炉膛的漏风对排烟损失的影响越大。垃圾焚烧锅炉炉膛下部及燃烧器附近漏风可能影响燃料的着火与燃烧。由于炉膛温度下降，炉内辐射传热量减小，并降低炉膛出口烟温。炉膛上部漏风，虽然对燃烧和炉内传热影响不大，但是炉膛出口烟温下降，对漏风点以后的受热面的传热量减少。有研究显示炉膛漏风系数增加 0.1，实际排烟热损失增加 0.5%。一般情况下的炉膛漏风要比烟道漏风危害大，烟道漏风的部位越靠前，其危害越大。

漏风系数（$\Delta\alpha$）通常是指空气通道进出口处空气量差值与理论空气量之比，或是锅炉受热面所在烟道漏入烟气的空气量与理论空气量之比，亦即该烟道出口与进口处烟气中过量空气系数之差。垃圾焚烧锅炉的漏风主要是指炉膛漏风和辐射烟道、对流烟道与尾部烟道漏风。在额定负荷下，根据《工业锅炉设计计算方法》，带有砖砌或耐火涂料层膜式水冷壁的炉膛漏风系数取 $\Delta\alpha_1=0$，采用光管式水冷壁时 $\Delta\alpha_1=0.1$；采用膜式水冷壁的辐射烟道与过热器所在烟道 $\Delta\alpha_2=0$，否则过热器所在烟道取 $\Delta\alpha_2=0.03\sim0.05$；多级锅炉管束合并计算时，取 $\Delta\alpha_3=0.15$；钢管式省煤器取 $\Delta\alpha_4=0.02\sim0.1$。在锅炉机组安装结束和大修后，各部漏风系数要符合技术操作规程的规定。附带说明的是漏风率多指漏入空气预热器烟气侧的空气量与烟气量的百分比，即 $\Delta\alpha_{ky}/\alpha''$，不在此讨论范围。

烟道漏风系数的计算是在额定负荷下完全燃烧时，测得垃圾焚烧锅炉受热面所在对流烟道进、出口烟气含氧量分别为 O_2'、O_2''，相应过量空气系数为 α'、α''，则此段受热面漏风系数按下式计算：

$$\Delta\alpha = \alpha'' - \alpha' = \frac{21}{21-O_2''} - \frac{21}{21-O_2'} \tag{8-12}$$

其中，在锅炉机组烟气流程中的任一断面的过量空气系数，可用炉膛过量空气系数与该断面到炉膛出口之间的烟道范围内的过量空气系数之和确定。

在低负荷 D_d 下的锅炉机组漏风系数 $\Delta\alpha_d$ 与额定负荷 D 的漏风系数 $\Delta\alpha$，有如下关系：

$$\Delta\alpha_d = \Delta\alpha\sqrt{\frac{D}{D_d}} \tag{8-13}$$

8.4.7 烘炉与煮炉的基本要求

8.4.7.1 烘炉的基本要求

对新装、移装、改装，以及大修、改造与长期停运的锅炉，在启动运行前需要进行烘炉。目的是排出砖墙、浇注料等耐火材料中的水分。这是因为常压，100℃时的饱和蒸汽比容是饱和水的 167 倍，一旦点火加热后，水分急剧蒸发，体积迅速膨胀，极易造成炉墙裂缝变形甚至倒塌损坏。与此同时，烘炉可以加速炉墙材料的物理、化学变化，趋于稳定的过程，以利于今后锅炉在高温状态下长期可靠的工作。

烘炉的方法有燃料烘炉、热风烘炉及蒸汽烘炉三种。垃圾焚烧锅炉通常采用轻柴油或天然气的燃料烘炉。用液体燃料烘炉时的调节升温与炉体纵/横向温度均匀性、高度方向温度分布的主要手段，是靠调节油量和风量的风油比，改善油的雾化程度等操作来完成。油燃烧时的雾化风量以保持喷嘴不滴油为宜，而且要求能保证连续燃烧。

烘炉前要做好所有准备工作，如检查锅炉内外部、给水、风烟管系，以及安全附件、保护装置及仪表电器等应具备的条件。在烘炉过程中，要严格执行烘炉规程和烘炉升温计划。垃圾焚烧锅炉多采用耐火砖与耐火浇注料的混合式炉墙，通常要求按不同耐火材料的养护期满后，方可烘炉。

烘炉过程一般分为低温、中温与高温三个阶段。低温阶段主要是排出施工结合水即游离水，并提高不定性材料强度等物理性能的过程。有案例显示最初升温速率控制在 $10\sim20$℃/h，100℃后则控制在 $5\sim10$℃/h，到 150℃时要按规定恒温一段时间，总用时长根据实际情况调整，通常在 6 天左右。中温阶段主要是脱去材料中结晶水并达到使用条件的过程。此时的升温速率控制在 $15\sim25$℃/h，在（350 ± 30）℃下按规定恒温一段时间。在高温阶段，耐火、耐磨材料的高温固化强度得到进一步提高，并使其陶瓷性结合而达到耐火、耐磨、高强度、抗热震稳定性等最佳物理性能的过程。此阶段为均热阶段，控制升温速率在 10℃/h 左右，并在 550℃下按规定恒温一段时间。表 8-12、表 8-13 是某 $300T/D$ 垃圾焚烧锅炉的烘炉案例。

低温烘炉温升速率控制　　　　　　　　　　　表 8-12

温度	升温或恒温时间（h）	升温速率（℃/h）
环境温度～110℃±30℃	7	10～15
110℃±30℃	24	恒温
110℃±30℃～250℃±30℃	12	10～15
250℃±30℃	48	恒温
250±30～350℃±30℃	7	10～15
350℃±30℃～开始降温	9	≤30
冷却降温至常温检查		
合计（升温＋恒温）	143	

中高温烘炉温升速率控制　　　　　　　表 8-13

温度	升温或恒温时间（h）	升温速率（℃/h）
环境温度～250℃±30℃	7	15～20
250℃±30℃	4	恒温
250℃±30℃～350℃±30℃	8	15～20
350℃±30℃	4	恒温
350℃±30℃～550℃±50℃	7	15～20
550℃±50℃	24	恒温
550℃±50℃～800℃±50℃	8	＜30
800℃±50℃	8	恒温
800℃±50℃～250℃±50℃	11	＜50
250℃±50℃	4	恒温
250℃±50℃～停炉		＜50
从上至下开启炉门自然冷却至常温	80℃以下方可开炉门	
合计（升温＋恒温）	85	

采用测温法判断烘炉合格的方法是在燃烧室两侧墙中部、炉排上方 1.5～2m 或是在燃烧器上方 1～1.5m 处，测定炉墙外表面向内 100mm 处的温度应达到 50℃，并继续保持 48h；或测定过热器两侧墙黏土砖与绝热层接合处的温度应达到 100℃，并继续保持 48h。

8.4.7.2 煮炉的基本要求

煮炉是指在锅炉炉水中加入碱溶液，和炉内油垢起皂化作用而脱离金属壁，生成沉渣后经排污排出的过程。煮炉是对新装、移装、改装或大修后的锅炉，在投入运行前清除制造、修理和安装过程中带入锅炉内部的铁锈、油脂和污垢，防蒸汽品质恶化，避免受热面过热烧坏所采取对锅炉进行加热清洗的必需措施。煮炉一般安排在烘炉的后期，炉墙外红砖灰浆含水率降到 10% 时或者符合《电力建设施工及验收技术规范（锅炉机组篇）》的相关要求时进行。

按纯度 100% 计，每吨炉水加入磷酸三钠（Na_3PO_4）2～3kg；铁锈较薄时加入烧碱（NaOH）2～3kg，铁锈较厚时为 3～4kg。无磷酸三钠时可用碳酸钠代替，用量为磷酸三钠的 1.5 倍。单独使用碳酸钠煮炉时，每立方米水中加入量 6kg。需要注意，必须将药剂先配成浓度为 20% 左右的溶液，锅炉水位保持在水位表最低水位指示处后，将药液加入。

图 8-4 是某 500t/d 垃圾焚烧锅炉煮炉过程的汽包压力相对煮炉时间的控制曲线。通常煮炉时间控制在 48～72h，且煮炉的最后 24h 宜使压力保持在额定工作压力的 75%。当在较低压力下煮炉时，应适当地延长煮炉时间。

煮炉至取样炉水的水质变清澈时结束。煮炉期间，锅炉水位控制在最高水位，水位降低时应及时补充给水；要密切注意避免煮炉溶液进入过热器；应定期从锅筒和水冷壁下集箱取水样进行水质分析，当炉水碱度低于 45mol/L 时应补充加药。为了保证煮炉的效果，可每隔 3～4h 从汽包及各集箱排污处进行取水样，分析锅炉水的碱度和磷酸根的含量，如果样品与实际要求相差太大可用排水的办法进行调整。

锅炉煮炉应符合下列要求：汽包和集箱内壁无油垢；擦去汽包和集箱内壁的附着物后金属表面无锈斑。有经验显示，当磷酸三钠的含量趋于稳定时，说明锅水中的化学药品与锅炉内表面的水锈、水垢等的化学反应基本结束，煮炉即可结束。

403

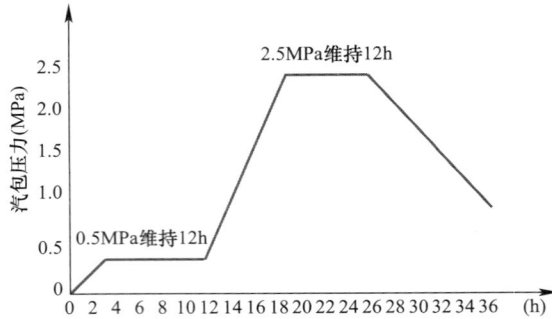

图 8-4　某 500t/d 垃圾焚烧锅炉的煮炉控制曲线

煮炉结束后，应交替进行上水和排污，并应在水质达到运行标准后停炉排水，冲洗汽包内部和曾与药液接触过的阀门、清除汽包及集箱内的沉积物，排污阀无堵塞现象。

8.4.8　垃圾焚烧锅炉运行管理与检修

8.4.8.1　垃圾焚烧锅炉的运行管理

垃圾焚烧锅炉系统运行是焚烧厂运行控制的核心部分，要按照国家安全、环保、节能、减排、能效等法规，根据垃圾焚烧锅炉检修和运行规程，建立并完善包括控制指标、运行维护与检修制度、设备台账、操作程序、文明生产、危险源分析与应急预案等的全厂运营管理体系。

在垃圾焚烧锅炉系统启动前后都要进行全面检查，确认系统设备、安全附件处于可用状态。检查内容以及操作要求等按相关锅炉系统的运行规程、规范，并应符合《锅炉安全技术监察规程》TSG G0001、《火力发电机组及蒸汽动力设备水汽质量》GB/T 12145 等的相关规定。

垃圾焚烧锅炉系统正常冷态启动程序案例为：投引风机→投一次风机→炉膛吹扫→投二次风机→调整一、二次风机参数到规定炉膛负压→投冷却风机与密封风机→投启动燃烧器→按启动升温曲线升温→投垃圾→视炉膛主控温度投辅助燃烧器→出现炉渣后调整炉排速度（表现为调整垃圾层厚度）→投省煤器与汽包之间的再循环系统→正常进水后退出再循环系统→监视各承压部件的膨胀情况→打开过热器疏水阀、对空排汽阀及并汽阀前的所有疏水阀（避免过热器超温）→关闭过热器疏水阀→热紧法兰螺栓等→锅炉升压→下联箱排污→投蒸汽-空气加热器→达到额定蒸汽负荷 10％及高温过热器出口蒸汽温度达到设定值时，投减温水系统→清洗水位计→汽包压力达到工作压力 50％以上时，全面巡检锅炉系统→达到 60％锅炉额定负荷时，启动锅炉给水控制回路，控制排烟温度至规定值→安全阀调整试验→蒸汽管道暖管→并汽→锅炉系统全面巡检。

运行过程是以反复强调的垃圾焚烧处理目标为原则，实现垃圾焚烧锅炉常态化安全、可靠、环保运行的监控，结合实际运行状态进行失效事故的预防控制、调整与故障处理。监控项目至少包括：垃圾进料口料位，火焰燃烧状态，二次风口附近温度、炉膛主控温度、炉膛出口以及对流受热面入口、省煤器出口的烟气温度和负压，省煤器出口烟气 CO、O_2、CO_2、NO_x 等的浓度，主蒸汽参数，各段受热面烟气侧、汽水侧的温度、压力以及各断面运行参数的偏差，一二次风温、风压、风量配比。

锅炉系统运行的状态是各种不同因素的综合反映，运行调整是以状态调整为主，同时进行负面因素控制的综合调整。这种综合调整体现在焚烧过程各个方面，例如对锅炉焚烧系统的调节控制，既要根据垃圾特性调整推料器行程、炉排速度暨料层厚度等，控制料层横向均匀性和火焰燃烧状态，控制炉排机械负荷和炉膛容积热负荷在最佳范围内，实现垃圾充分燃烧；又要结合焚烧工况的一二次风温、风压、风量配比调整，控制炉膛负压、省煤器出口一氧化碳浓度及含氧量；还要结合除渣机运行工况，控制炉渣热灼减率。再如对锅炉汽水系统控制，需要根据焚烧垃圾量、焚烧垃圾热值情况，结合燃烧状态控制，锅炉受热面积灰结渣控制以及减温水量控制，稳定主蒸汽压力和温度在允许变化范围，调整锅炉蒸发量；同时要结合锅炉给水质量控制，连续排污与定期排污控制等，保证蒸汽的品质合格。

为保证垃圾焚烧锅炉全过程安全、环保运行，在运行中需要借鉴我国电厂长期积累的经验，采取巡回检查、设备定期试验、交接班制度、工作票与操作票、设备维护与缺陷等级等行之有效的管理制度体系。

其中，锅炉系统的巡回检查可参照《生活垃圾焚烧厂运行维护与安全技术规程》，参考《火力发电厂热工自动化系统检修运行维护规程》等执行。设备定期试验包括内检、外检和水压试验，应符合《锅炉定期检验规则》TSG G7002 等的规定。

垃圾焚烧锅炉维护保养是以保障安全、可靠运行，提高预防事故能力为主要目的。在锅炉停用时，为防止受热面腐蚀，应根据停炉时间采取维护保养措施。为此，需建立垃圾焚烧系统设备与设施的状态监测和诊断制度，对安全性、可靠性和经济性影响大的系统设备及其附属设施实施计划检修。从现行的计划检修发展到状态检修，以提升检修管理水平。

这里所说的状态检修是指根据状态监测和诊断技术提供的系统设备状态信息，判断系统设备异常、预知设备故障即设备的健康状态，进而根据系统设备的健康状态安排检修计划，实施设备检修的工程规则。为此，需要建立一整套的管理体制、方法机制、技术手段、保障系统等规范设备的状态检修体系。其中的方法机制与技术手段的内容包括研究设备故障模式与状态检修管理模式，确立设备特征量及状态量的定义、状态量的采集方法、存储方法及检测方法，建立状态检修评估方法、评价模型与诊断方法以及状态检修评估管理流程等。众所周知，计划检修是指以检修间隔期为基础、编制检修计划、对设备进行分级、按不同周期进行预防性修理的体系。故而以实际状态为依据的状态检修体系，是对以运行时间为依据的计划检修体系的传承与更高层次的发展阶段。相对技术密集型的垃圾焚烧发电企业来讲，主要体现为对一系列的试验、评价、技术、检修工艺等工程经验总结的传承与提升，对及时处理发现潜在故障，延长设备寿命期，保障安全、可靠、环保、经济运行的传承与提升。

8.4.8.2 垃圾焚烧系统的检修要求

当前的垃圾焚烧系统设备及附属设施的检修维护分为日常维护、计划检修和非计划检修。日常维护是指按设备日常维护管理手册，做好设备的缺陷治理、维护保养、现场监督、异动报告和台账记录归档等工作。计划检修是根据设备的运行状态，检修间隔、生产技术指标以及当地季节气候特点和垃圾处理任务等因素，按照分级检修规定（表 8-14）合理安排检修时间。非计划检修是对不在计划内的突发故障或事故，临时采取的检修措施。

焚烧厂检修等级及推荐的垃圾焚烧锅炉检修周期　　　　　　　　　　表 8-14

检修等级	检修内容	主设备检修停用时间[a]	推荐的垃圾焚烧锅炉检修周期[a]
A 级	对主辅设备进行全面解体检查和修理，以保持、恢复或提高设备性能	15～25d	一般 2～4 年；按锅炉类型与状态确定
B 级	重点对存在问题的主、辅助设备进行解体检查和修理	10～18d	两次 A 级检修之间[b]
C 级	根据设备磨损、老化的规律，有重点地进行检查、评估、修理、清扫	7～15d	每年
D 级	主设备运行状况正常，只对其附属设备进行集中性消缺	3～6d	3～6 个月

a. 可根据垃圾焚烧锅炉的处理规模、监控参数、技术监督项目及设备评估结果调整各主设备具体的检修时间计检修周期。当分级检修中含有施工量大、工期较长的项目或检修过程中发现重大缺陷，可调整检修天数和等级。
b. 在两次 A 级检修之间根据实际情况可安排 1 次 B 级检修，未安排 A、B 级检修的年度宜每年安排 1 次 C 级检修，并根据运行情况增加 1～2 次 D 级检修。

设备检修的一般程序为：停运—降温—拆解—评估—检修—复装—后评估—启动—试运。具体实施时，可根据不同检修级别对该程序进行调整。检修全过程都需要按照《锅炉安全技术监察规程》TSG G0001、《生活垃圾焚烧厂检修规程》等规定的具体技术条件、操作程序等规定进行。根据检修程序，锅炉检修全过程管理可分为：

准备阶段——在分级检修前根据主辅设备运行情况、技术监督数据和历次检修情况，做好主辅设备性能试验和技术鉴定工作，并根据试验及技术鉴定情况补充优化检修项目。按照制订计划、检修准备。

实施阶段——包括必须要按工作票与操作票制度实施检修过程，检修完成后的质量验收和启动试运。

后评估阶段——检修后评估等环节做好持续改进工作。

焚烧厂检修按检修规模和停用时间分为如表 8-14 所示的四级检修等级的不同检修周期。各级检修均应按国家及行业的相关法规和标准、设备制造厂的技术文件、同类型设备的检修经验及设备历史故障规律、设备状态评估结果等，合理安排系统设备及设施的检修用工质。需要针对垃圾焚烧烟气成分复杂并含有酸性气体等因素，合理安排各检修项目，确定检修主线与检修工期，统筹考虑技术改造项目及反事故措施和安全技术、劳动保护措施项目的实施，在规定的工期内完成既定的检修工作，达到质量目标。

锅炉受热面检查发现有变形、鼓包、胀粗等情况的受热管，需要立即更换；因冲刷、磨损、高温腐蚀致使壁厚减薄量超过设计壁厚 30% 的受热管需要更换。A 级检修时，应进行主蒸汽管道、受监压力管道金属监督检查工作，锅炉受热面需割管送检。割管作业应采用机械切割，检修焊口应 100% 的无损检测。锅炉承压部件经 A、B 级检修或改造后，应进行水压试验并合格后方可投入运行，必要时进行冲管。对防止垃圾焚烧锅炉受热面管爆漏的大修检查和质量标准要求参见表 8-15，锅炉 A 级（大修）检修内容和质量标准参见表 8-16，小项目检查要求参见表 8-17。对受热面管的监督检验可参考《火力发电厂锅炉受热面管监督检验技术导则》DL/T 939 规定，

防止锅炉受热面管爆漏检查表（大修） 表 8-15

序号	项目	检查方法	质量标准
一	联箱		
1	联箱内部污垢检查处理	目视、内窥镜	内部无杂物和腐蚀产物
2	喷水减温器联箱内部状态检查	目视、内窥镜超声波探伤	内壁、内衬套、喷嘴无裂纹、磨损、腐蚀等缺陷
3	面式减温器抽芯检查	着色探伤	符合《电力工业锅炉压力容器检验规程》要求
4	联箱胀口检查	目视外观检查	无裂纹、重皮和损伤
5	联箱支、吊架检查	目视外观检查	支吊架牢固、正确、受力均匀，弹簧无卡涩现象；支座无杂物堵塞
6	膨胀指示器校对零位及膨胀量检查	宏观检查	位置正确，安装合理牢固，指示清晰
7	联箱内部隔板必要时抽查	内窥镜	符合《电力工业锅炉压力容器检验规程》要求
8	联箱各种管座焊口检查	目视外观检查、着色探伤	接管座焊口、角焊缝，联箱环焊缝，吊耳与联箱的焊缝，均无裂纹、严重咬边、缺陷
二	水冷壁及下降管		
1	炉膛开孔周围水冷壁管磨损、腐蚀检查	目视外观检查、着色探伤、超声波测厚	无磨损、腐蚀、机械损伤、表面裂纹、变形（含蠕变变形）、鼓包等；鳍片与管子的焊缝应无开裂、严重咬边、漏焊、虚焊等情况
2	对流受热面管下弯头检查	目视外观检查、超声波测厚	机械损伤、磨损减薄量小于壁厚的30%
3	凝渣管检查	目视外观检查	无疲劳裂纹、过热、胀粗、鼓包和磨损减薄等缺陷
4	水冷壁管超温、结渣、腐蚀、磨损检查	目视外观检查	无垢下过热、腐蚀、胀粗、磨损超标缺陷
5	水冷壁监视段割管检查，大修前的一次小修进行	化学分析	分析结果符合DL 794—2001的要求
6	水冷壁高温区定点测厚	超声波测厚	壁厚减薄量小于壁厚的30%
7	水冷壁被掉焦砸伤、砸扁检查	目视外观检查	无碰撞损伤、腐蚀、和磨损等情况，壁厚减薄量小于壁厚的30%
8	下降管弯头壁厚、椭圆度抽查	超声波测厚、无损探伤	结果应符合DL/T 438—2000的要求
9	水冷壁支吊架、挂钩检查	目视外观检查	无损坏、松脱、变形；吊架螺帽无松动
10	全炉防震档检查及调整	目视外观检查	符合检修规程要求
11	与燃烧器相连处水冷壁管拉伤情况检查	目视外观检查、着色探伤	无裂纹、机械损伤等缺陷
三	过热器		
1	管排磨损及蠕变胀粗、鼓包情况检查	目视外观检查、游标卡尺测量、	合金管胀粗<2.5%D；碳钢管胀粗<3.5%D；磨损减薄量不超过壁厚的30%
2	管外壁宏观检查	目视外观检查、手摸	管子无磨损、腐蚀、氧化、机械损伤、表面裂纹、变形（含蠕变变形）、鼓包等
3	过热器穿墙管碰磨情况检查	目视外观检查	无机械损伤磨损、膨胀不畅
4	被吹灰器吹损情况检查	目视外观检查、超声波测厚	无吹损减薄

序号	项目	检查方法	质量标准
5	过热器顶棚管、包覆管的墙角部位拉伤情况检查（如有）	目视外观检查	顶棚管、包墙管鳍片焊缝无严重咬边和表面气孔缺陷
6	过热器吊卡及固定卡检查与调整	目视外观检查	管卡及管排固定装置无烧损、松脱，管子无晃动，管卡附近管子无磨损现象
7	过热器膨胀间隙检查	目测	符合《电力建设施工及验收技术规范（锅炉机组篇）》的要求
8	高温过热器监视段割管检查	化学分析	分析结果符合 DL 794—2001 的要求
9	过热器管壁温度测点	执行检修工艺卡	符合检修规程要求
四	省煤器		
1	防磨装置检查和整理	目视外观检查	防磨装置完好，安装正确，无烧损、松脱、磨穿、变形等缺陷
2	磨损情况检查	目视外观检查超声波测厚	磨损减薄量小于壁厚的 30%
3	管排及其间距变形情况检查及整理	目视外观检查	管排平整、间距均匀，不存在烟气走廊及杂物
4	省煤器入、出口联箱管座焊口抽查	目视外观检查无损探伤	管座角焊缝无裂纹；联箱吊耳完好，与联箱连接焊缝表面无裂纹
5	省煤器入口受热面管割管检查	化学分析	分析结果符合 DL 794 的要求
五	管道及附件		
1	疏水、排污、放水、加热、空气、取样等管的管座，管道抽查	目视外观检查、着色探伤	弯头外表面应无裂纹、严重腐蚀等缺陷，小口径管外表面，均应无严重磨损、机械损伤、宏观、微观表面裂纹、严重腐蚀等缺陷
2	过热器出口联箱向空排汽管、安全门、导汽管根部焊口及弯头抽查	目视外观检查、着色探伤	符合 DL/T 438 要求
3	主蒸汽、再热汽出口管道定点蠕胀测量	蠕胀测量	符合 DL/T 438 要求
4	主蒸汽出口管弯头、焊口抽查（尚未抽查者运行 10 万小时后要普查）	宏观检查、超声波测厚、无损探伤、金相检查	符合 DL/T 438 要求
5	主蒸汽管监视段定期割管检查	金相检查	符合 DL/T 438 要求
6	主蒸汽、再热汽、给水等管道支吊架检查与处理	目视外观检查	支吊架完好，安装正确，受力状态正常，弹簧无变形或断裂，吊架螺帽无松动
7	减温喷水管及给水管道内壁腐蚀/冲刷情况抽查，必要时测厚	宏观检查、超声波测厚	符合《电力工业锅炉压力容器检验规程》要求
8	主蒸汽、给水管道三通抽查	宏观检查、超声波测厚、无损探伤、金相检查	符合 DL/T 438 要求
9	检查消声器焊缝、通流面积	宏观检查、着色探伤	符合《电力工业锅炉压力容器监察规程》要求
10	锅炉启动、定排、连排、疏水扩容器及焊缝、封头、导向板等检查	宏观检查、超声波测厚、无损探伤、金相检查	表面无明显汽水冲刷减薄和腐蚀；测量减薄和腐蚀处的深度及面积符合《电力工业锅炉压力容器检验规程》要求

续表

序号	项目	检查方法	质量标准
六		锅炉保护装置	
1	安全门检修后或锅炉大、小修后校验安全门	在线冷热态校验,实际压力校验	动作灵活、准确,起座、回座压力整定值符合规程要求,提升高度符合有关技术文件
2	安全门定期做放汽试验	手动操作	每年不少于1次,动作灵活、准确
3	炉膛安全保护装置检查整定	执行试验方案	符合《电力工业锅炉压力容器监察规程》要求
七		锅炉水压试验	
1	锅炉额定压力试验	执行试验方案	停止上水后(在给水门不漏条件下)5min 压力下降值:主蒸汽系统≤0.5MPa,再热蒸汽系统≤0.25MPa;承压部件无漏水及湿润现象,无残余变形
2	锅炉大面积更换受热面后做超压试验	执行试验方案	金属壁和焊缝没有任何水珠和水雾的泄漏痕迹;金属材料无明显的残余变形
八	受热面材质与焊接材料检验		
1	更换材料的质量证明书	查验	符合 JB 3375—91 要求
2	外观检查	目视宏观检查	1. 表面无裂纹、折叠、龟裂、压扁、砂眼、分层等缺陷 2. 外径、壁厚符合 JB 3375
3	光谱确认材质	光谱仪	
4	直管涡流探伤、拉伸试验、压扁试验、扩口试验	按相应标准	无超标缺陷,机械性能符合规程要求
5	弯头外观检查	磁粉探伤	无裂纹
6	入库前组装成屏或圈的管子	目视宏观检查、光谱仪、通球试验	符合规程要求
7	入库前焊条、焊丝、钨棒、氩气、氧气、乙炔气的质量合格证书,光谱确认	查验、光谱仪	质量应符合国家标准、行业标准或有关专业标准

锅炉 A 级(大修)标准检修内容   表 8-16

分项名称	标准检修项目内容	主要质量指标
汽包	1. 拆汽包堵板。2. 检查汽包内水垢沉积物及腐蚀情况。3. 检查修理汽水分离、排污装置、分段蒸发隔板加药取样装置、给水集管等。4. 人孔门研修。5. 检查并调整膨胀指示器、检查活动支吊架。6. 验收及密封人孔门	汽水分离清洗装置正确、固定牢固,焊缝无开裂;内部管畅通;锅筒焊缝、管孔等按监督要求合格;清扫无异物;人孔门结合面光洁,试关间隙偏差<0.2mm;吊杆受力均匀
水冷壁联箱冷灰斗	1. 搭拆炉膛脚手架。2. 清理管子外壁积灰结渣。3. 检查管子外壁的磨损、胀粗、变形和损伤。4. 检查修理管子支吊架、拉钩及联箱支座、检查膨胀间隙。5. 割管取样检查。6. 更换或修复已变形排管、水冷壁等。7. 检查下降管及支吊架。8. 检查联箱,打开手孔或联头检查积垢。9. 膜式水冷壁管焊缝及拼缝检查。10. 检修水冷壁下联箱冷灰斗水封或干式密封结构	管子表面无积灰结渣;管面平整拼缝无裂,鳍片无裂纹;管子无裂纹、鼓包无严重变形,各部件磨损减薄和腐蚀凹坑小于壁厚 1/3,变形凹坑小于壁厚;割管位置正确,换管工艺合规,焊口检验合格;联箱内无结垢、无腐蚀和裂纹,膨胀不受阻;蒸汽加热管、放水管无变形,腐蚀、减薄不超标;支吊架符合技术要求
过热器减温器	1. 搭拆脚手架。2. 检查清扫管子外部积灰。3. 检查管子的腐蚀、磨损、胀粗变形情况。4. 更换少量损坏了的管子。5. 检查修理吊架卡子、防磨损坏的附件。6. 检查减温器喷头及套筒。7. 配合热工测点检修、膨胀指示器检查修理。8. 局部检查联箱蠕胀。9. 矫正严重变形管子	无结焦积灰;管卡无脱落固定牢固,排面无明显变形;管子磨损、球化、胀粗小于允许值,鳍片无裂纹;联箱耳焊缝无开裂,减温器水室无堵塞,内套筒无位移

续表

分项名称	标准检修项目内容	主要质量指标
省煤器	1. 清理积灰、割管取样检查。2. 检查管子的腐蚀、磨损、胀粗变形情况。3. 更换少量磨损的管段及弯头。4. 矫正变形管调整管排间隙。5. 检查联箱，手孔、支吊架与支撑梁。6. 检查更换防磨部件。7. 检查膨胀指示器及腐蚀指示器	无明显积灰；管子凸出排面≤3mm，管排膨胀不受阻，节距偏差≤2mm；管子无损伤，磨损减薄小于壁厚30%；防磨装置位置正确；换管符合工艺要求，焊口探伤合格
暖风器及管道	1. 暖风器检查、清除积灰。2. 暖风器检修。3. 暖风器水压试验。4. 管道及阀门检修	不得有漏泄；通流面积不小于90%；1.25倍工作压力试验合格
油点火设备	1. 炉前油系统管道阀门检修。2. 点火油枪及金属软管检修、更换。3. 油枪枪执行机构及密封套检查检修。4. 油系统吹扫管道阀门检修	阀门开关灵活严密无渗漏；执行机构工作正常；油枪雾化良好。空气系统严密不漏、无缺陷，喷嘴不变形、无裂纹、不漏风、不漏灰
一二次离心式风机引风机	1. 联轴器检修。2. 叶轮、集流器检修。3. 主轴检测。4. 轴组件及轴承检查更换。5. 机壳检修。6. 叶片检查、更换。7. 叶轮更换。8. 转子回装校正中心。9. 调节挡板及机构检查、检修。10. 试运行找动平衡及严密性检查	叶轮焊缝及调节挡板着色检查无裂纹；叶片磨损小于厚度1/3；主轴弯曲≤0.05mm/m；集流器与叶轮配合间隙均匀符合规程；叶轮轴向摆动≤4mm 径向≤3mm；轴承垂直振动≤0.03mm 水平≤0.05mm；轴承温度≤70℃；找静平衡的不平衡度符合相关的平衡精度规定
安全阀水位计	1. 安全阀检查、检修。2. 安全阀液压调整。3. 取样阀、疏水阀检修、取样管检查。4. 排汽管、支架、放水管检修。5. 现场热态校验水位计，水位计检修。6. 水位计阀门、放水管检查检修	安全阀弹簧无裂纹、无锈蚀和变形，弹性良好，与弹簧座吻合良好；密封面粗糙度、径向吻合度合格；阀体、阀杆螺栓等部件无裂纹和变形；阀瓣跳起高度符合设计规定；校验起跳压力允许误差±0.6%，回座压力为起座压力的93%～96%，最低不低于90%；回座后无泄漏
阀门及管道	1. 阀门：①解体检修的阀门，包括阀体/阀座/阀盖/阀瓣/支架/垫圈的检查修理、阀门组装、开关试验、校对阀位、更换新阀。②其他汽水阀检查、更换盘根。③更换口径100mm 以下的阀门。④检修阀门传动装置。⑤检修主汽、主给水及减温水系统截止、调节阀。⑥检修省煤器循环、放水、事故排水、过热器疏水、向空排汽、定期排污、加药截止阀与逆止阀。⑦解体检修各系统放水阀、空气阀、压力表及已有缺陷的阀门。 2. 管道：①检查调整管道膨胀指示器。②定点测量管道的蠕胀。③主蒸汽、给水、减温水、排污放水管道定点检查焊口及测厚。④检查更换疏水、放水、排污管道。⑤检查调整管道支架。⑥检查检修流量孔板。	阀门允许工作参数与安装系统介质参数匹配；水压试验无内外泄漏；开关方向指示明显正确；开关灵活无卡涩和虚行程；阀位指示与实际相符；阀门标识齐全正确；各部件材质合格，阀体无砂眼、裂纹，阀杆无裂纹、点蚀深度与不圆度合格，阀座、阀瓣无裂纹划痕，密封面光洁度合格。 汽水管道的技术状况符合 DL 348 和 DL 612 规定；金属检验无裂纹、无变形、无损伤、无腐蚀、蠕变不超标；高温高压管道按规定时间进行定期检验；吊架各部件无松动、裂纹、脱焊、弯曲、偏斜、损伤；弹簧无歪斜、失效；导向支座和活动支座无卡涩、无断裂、支承面接触均匀。具体应符合 DL/T 5031 要求

锅炉汽包及受热面管检查表（小修）　　　　　　表 8-17

序号	项目	检查方法	质量标准
一	汽包		
1	校正就地水位计零值，就地水位计大修	目视外观检查	水位计零位指示正确，刻度准确，观察窗清晰
2	汽包活动支架、吊架检查	目视外观检查	支吊架牢固，受力均匀
3	汽水分离、蒸汽清洗装置复位，焊缝开裂修复；加药管检查；内部清扫	目视外观检查、着色探伤	旋风子牢固，汽包内部清洁

续表

序号	项目	检查方法	质量标准
二		联箱	
1	联箱支、吊架检查	目视外观检查	支吊架牢固，受力均匀
2	膨胀指示器校对零位及膨胀量检查	按检修工艺卡执行	符合检修工艺规程要求
3	联箱各种管座焊口检查	目视外观检查、着色探伤	接管座焊口、角焊缝，联箱环焊缝，吊耳与联箱的焊缝，均无裂纹、无严重咬边等缺陷
三		水冷壁及下降管	
1	炉膛开孔周围水冷壁管磨损、腐蚀检查	目视外观检查、着色探伤、超声波测厚	无磨损、腐蚀、机械损伤、表面裂纹、变形（含蠕变变形）、鼓包等；鳍片与管子的焊缝应无开裂、严重咬边、漏焊、虚焊
2	对流受热面管下弯头检查	目视外观检查、超声波测厚	机械损伤、磨损减薄量小于壁厚的30%
3	凝渣管检查（如有）	目视外观检查	无裂纹、过热、胀粗、鼓包和磨损减薄等缺陷
4	水冷壁管结渣、腐蚀、超温、磨损检查	目视外观检查	无垢下腐蚀、过热、胀粗、磨损超标缺陷
5	水冷壁监视段割管检查，大修前的一次小修进行	化学分析	符合DL 794要求
6	水冷壁高温区定点测厚	超声波测厚	壁厚减薄量小于壁厚的30%
7	水冷壁被掉焦砸伤、砸扁检查	目视外观检查	无碰撞损伤、腐蚀、和磨损等情况，壁厚减薄量小于壁厚的30%
8	下降管弯头壁厚、椭圆度抽查	超声波测厚、无损探伤	符合DL/T 438要求
9	水冷壁支吊架、挂钩检查	目视外观检查	无松脱、变形等
10	全炉防震档检查及调整	目视外观检查	符合检修规程要求
11	炉膛四角及与燃烧器相联处水冷壁管拉伤情况检查	目视外观检查、着色探伤	无裂纹、机械损伤等缺陷
四		过热器	
1	管排磨损及蠕变胀粗、鼓包情况检查	目视外观检查、游标卡尺测量、	合金管胀粗＜2.5%D；碳钢管胀粗＜3.5%D；磨损减薄量不超过壁厚的30%
2	管外壁宏观检查	目视外观检查、手摸	管子无磨损、腐蚀、机械损伤、表面裂纹、变形（含蠕变变形）、鼓包等
3	过热器穿墙管碰磨情况检查	目视外观检查	无机械损伤磨损、膨胀不畅
4	被吹灰器吹损情况检查	目视外观检查、超声波测厚	无吹损减薄
5	过热器顶棚管、包覆管的墙角部位管子拉伤情况检查（如有）	目视外观检查	顶棚管、包墙管鳍片焊缝无严重咬边和表面气孔缺陷
6	过热器吊卡及固定卡检查与调整	目视外观检查	管卡及管排固定装置无烧损、松脱，管子无晃动，管卡附近管子无磨损现象
7	过热器膨胀间隙检查	目测	符合《电力建设施工及验收技术规范（锅炉机组篇）》要求
8	高温过热器监视段割管检查	化学分析	符合DL 794要求
9	过热器管壁温度测点检查校验	执行检修工艺卡	符合检修规程要求

411

续表

序号	项目	检查方法	质量标准
五	省煤器		
1	防磨装置检查和整理	目视外观检查	防磨装置完好，安装正确，无烧损、松脱、磨穿、变形等缺陷
2	磨损情况检查	目视外观检查	磨损减薄量小于壁厚的 30%
3	管排及其间距变形情况检查及整理	目视外观检查	管排应平整、间距均匀，不存在烟气走廊及杂物
4	省煤器入出口联箱管座焊口抽查	目视外观检查无损探伤	管座角焊缝应无裂纹；联箱吊耳完好，与联箱连接焊缝表面应无裂纹
5	省煤器入口受热面管割管检查	化学分析	符合 DL 794 要求
六	管道及附件		
1	疏水、排污、放水、加热、空气、取样管的管座及管道抽查	目视外观检查、着色探伤	弯头外表面无裂纹、严重腐蚀等缺陷，小口径管外表面无严重磨损、机械损伤、宏观、微观表面裂纹、严重腐蚀等缺陷
2	过热器出口联箱向空排汽管、安全门、导汽管根部焊口及弯头抽查	目视外观检查、着色探伤	符合 DL/T 438 要求
3	主蒸汽、给水等管道支吊架检查与处理	目视外观检查	支吊架完好，安装正确，受力状态正常，弹簧无变形或断裂，吊架螺帽无松动
4	锅炉启动、定排、连排、疏水扩容器及焊缝、封头、导向板等检查	宏观检查、超声波测厚、无损探伤、金相检查	表面无明显汽水冲刷减薄和腐蚀；测量减薄和腐蚀处的深度及面积符合《电力工业锅炉压力容器检验规程》要求
七	锅炉保护装置		
1	安全门检修后或锅炉大、小修后校验安全门	在线校验仪分冷、热态校验，实际压力校验	动作灵活、准确，起座、回座压力整定值符合规程要求，提升高度符合有关技术文件
2	安全门定期做放汽试验	手动操作	每年不少于 1 次
3	炉膛安全保护装置检查整定	执行试验方案	符合《电力工业锅炉压力容器监察规程》要求
八	锅炉水压试验		
1	锅炉额定压力试验	执行试验方案	金属壁和焊缝没有任何水珠和水雾的泄漏痕迹；金属材料无明显残余变形
九	入库前受热面材质更换检验		
1	更换材料的质量证明书	查验	符合 JB 3375 要求
2	新使用管子外观检查	目视宏观检查	表面应无裂纹、折叠、龟裂、压扁、砂眼、分层等缺陷；外径、壁厚符合 JB 3375
3	光谱确认材质	光谱仪	100% 检查合格
4	直管涡流探伤、拉伸试验、压扁试验、扩口试验	涡流探伤仪，拉伸试及压力试验机	无超标缺陷，机械性能符合规程要求
5	弯头外观检查	磁粉探伤	无裂纹
6	组装成屏或圈的管子	目视检查，光谱仪、通球试验	符合规程要求
十	焊接材料		
1	入库前焊条、焊丝、钨棒、氩气、氧气、乙炔气质量合格证书，光谱确认	查验、光谱仪	质量符合国家标准、行业标准或有关专业标准

8.4.9 垃圾焚烧锅炉系统若干反事故措施

8.4.9.1 油罐区及锅炉油系统防火

（1）严格油罐区管理制度。消防系统按规定定期检验，油罐区内明火作业时必须办理动火工作票并有可靠的安全措施。

（2）需要加热油罐和油箱时，加热蒸汽温度应低于油品的自燃点。

（3）油罐区、输卸油管道应有可靠的防静电接地装置，并定期测试接地电阻值。

（4）油罐区禁止存放易燃物品，拆除易着火的临时建筑。

（5）燃油系统的软管要定期检查更换。

（6）严格控制供油温度不大于 50℃。

8.4.9.2 防止大容量锅炉承压部件爆漏事故

（1）严防锅炉缺水和超温超压运行，严禁在能正确指示水位的水位表数量不足，严禁在安全阀解列的状态下运行。

（2）严格按规程进行锅炉水压试验和安全阀整定。

（3）锅炉在超水压试验和热态安全阀整定时，严禁非试验人员进入试验现场。

8.4.9.3 防止设备大面积腐蚀

（1）严格执行化学监督工作。

（2）品质不合格的给水严禁进入垃圾焚烧锅炉，品质不合格的蒸汽严禁并汽。

（3）水冷壁结垢超过规定指标时，要及时进行酸洗，防止发生垢下腐蚀及氢脆。

（4）加强锅炉燃烧调整，改善贴壁气氛，避免高温腐蚀。

（5）安装或更新凝汽器管前，要对铜管子全面进行探伤检查。

（6）参照《火力发电厂停（备）用热力设备防锈蚀导则》DL/T 956—2017 进行锅炉停用保护，防止炉管停用腐蚀。

8.4.9.4 防止炉外管道爆破

（1）加强对炉外管道的巡检，对管系振动、水击等现象应分析原因，及时采取措施。当炉外管道有漏气、漏水现象时，必须立即查明原因、采取措施，若不能与系统隔离进行处理时，应立即停炉。

（2）定期对导汽管、汽连络管、水连络管、炉外布置的下降管（如有）等炉外管道以及弯管、弯头、联箱封头等进行检查，发现如表面裂纹、冲刷减薄或材质缺陷时要及时采取措施。

（3）加强对汽水系统中的高中压疏水、排污，减温水等小径管的管座焊缝、内壁冲刷和外表腐蚀现象的检查，发现问题及时更换。

（4）参照《火力发电厂金属技术监督规程》DL/T 438，对汽包、集中下降管、联箱、主蒸汽管道、弯管、弯头、阀门、三通等大口径部件及其相关焊缝进行定期检查。

（5）参照《火力发电厂汽水管道与支吊架维修调整导则》DL/T 616 要求，对支吊架进行定期检查。运行 100000h 的主蒸汽管道支吊架应进行全面检查和调整，必要时进行应力核算。

（6）对于易引起汽水两相流的疏水等管道，应重点检查其与母管相连的角焊缝、母管开孔的内孔周围、弯头等部位，其管道、弯头、三通和阀门运行 100000h 后，宜结合检修全部更换。

（7）认真进行锅炉安全性能检验和竣工验收的检验工作。

（8）完善焊接工艺质量的评定。焊接工艺、质量、热处理及焊接检验暂按《电力建设施工及验收技术规范（火力发电厂焊接篇）》DL 5007 有关规定执行。

（9）检修中，应重点检查可能因膨胀和机械原因引起承压部件爆漏的缺陷。

（10）定期对喷水减温器检查，防止减温器喷头及套筒断裂造成过热器联箱裂纹。

（11）锅炉第一次投入使用前必须按锅炉安全监察等规定进行注册登记办理使用证。

8.4.9.5　防止锅炉受热面管漏泄

（1）过热器、蒸发器、省煤器管发生爆漏时要及时停运，防止扩大冲刷损坏其他管段。在有条件的情况下，推荐采用漏泄监测装置。

（2）定期检查水冷壁刚性梁四角连接及燃烧器悬吊机构，发现问题及时处理。防止因水冷壁晃动或燃烧器与水冷壁鳍片处焊缝受力过载而拉裂，造成水冷壁泄漏。

（3）达到设计使用年限的设备，必须按规定对主设备特别是承压管路进行全面检查和试验，进行全面安全性评估，按相关行政程序规定办理继续投入使用手续后，方可投入使用。

（4）参照《电力行业锅炉压力容器安全监督规程》DL/T 612 要求，司炉工需要经模拟机培训并考试合格后，持证上岗。

8.4.9.6　防止压力容器爆破事故

为防止压力容爆破事故的发生，应严格执行《固定式压力容器安全技术监察规程》TSG 21—2016 以及其他有关规定。重点要求如下：

（1）根据设备特点和系统实际情况，制订包括操作规程中应明确异常工况的紧急处理方法，确保在任何工况下不超压、不超温运行等内容的压力容器操作规程。

（2）锅炉与压力容器的安全阀应定期校验和排放试验。

（3）运行中的压力容器及其安全阀、排污阀、监视表计、连锁、自动装置等安全附件，应处于正常工作状态。设有自动调整和保护装置的压力容器，其保护装置的退出应按规定程序批准。保护装置退出后，实行远控操作并加强监视，且应限期恢复。

（4）严禁压力容器带压进行修理或紧固工作。

（5）压力容器上的压力表应列为计量强制检验表计，按规定周期进行检验。

（6）结合压力容器定期检验或检修，每两个检验周期至少进行一次耐压试验。

（7）检查进入除氧器、排污扩容器的高压汽源，采取消除除氧器、排污扩容器超压隐患措施。

（8）单元制的给水系统，除氧器上应配备不少于两只全启式安全阀，完善除氧器的自动调压和报警装置。

（9）除氧器和其他压力容器安全阀的总排放能力，应能满足其在最大进汽工况下不超压。

8.4.9.7　防止锅炉炉膛爆燃事故重点要求

（1）加强点火油系统的维护管理，消除泄漏，防止燃油漏入炉膛发生爆燃。应对燃油速断阀定期试验，确保动作正确、关闭严密。

（2）当炉膛已经灭火或濒临全部灭火时，严禁投助燃油枪。锅炉灭火后，要立即停止垃圾、燃油、燃气供给，严禁用爆燃法恢复燃烧。重新点火前必须对垃圾焚烧锅炉进行充分通风吹扫，排除炉膛和烟道内的可燃物质。

（3）加强点火油系统的维护管理，消除泄漏，防止燃油漏入炉膛发生爆燃。对燃油或燃气速断阀要定期试验，确保动作正确、关闭严密。

（4）严禁随意退出连锁装置，因设备缺陷需退出时，应经不低于厂级责任人的批准，并事先做好安全措施。

8.4.9.8 防止严重结焦

（1）运行人员应经常从看火孔监视炉膛结焦情况，一旦发现大块结焦要及时处理。

（2）防止炉膛沾污结渣造成超温。当受热面及炉底等部位严重结渣，影响锅炉安全运行时，应立即停炉处理。

（3）当焚烧垃圾特性发生较大变化影响燃烧工况时，应进行燃烧调整，以确定一、二次风量、风速、合理的过剩空气量及不投油最低稳燃负荷等。

（4）加强设备检修管理，重点解决炉膛漏风、一次风管不畅、送风不正常脉动和热控设备失灵等缺陷。

8.4.9.9 防止锅炉汽包满水和缺水事故

（1）汽包锅炉应至少配置两只彼此独立的就地水位计和两只远传水位计。水位计应采用两种以上工作原理共存的配置方式，以保证在任何运行工况下汽包水位的正确监视。

（2）汽包水位计的安装

1）取样管应穿过汽包内壁隔层，管口尽量避开安全阀排汽口、汽包进水口、下降管口、汽水分离器水槽处等汽包内汽水工况不稳定区，否则应在汽包内取样管口加装稳流装置。

2）汽包水位计水侧取样管孔位置应低于汽包水位停炉保护动作值，要有足够的裕量。

3）水位计、水位平衡容器或变送器同汽包连接的取样管，一般至少有 $1:100$ 的斜度，汽侧取样管应向上向汽包方向倾斜，水侧取样管应向下向汽包方向倾斜。

4）新安装机组要核实汽包水位取样孔的位置、结构及水位计平衡容器安装尺寸均符合要求。

5）差压式水位计严禁采用将汽水取样管引到一个平衡容器，再在平衡容器中段引出差压水位计的汽水侧取样的方法。

6）差压水位计（变送器）应采用压力补偿。汽包水位测量应充分考虑平衡容器的温度变化造成的影响，必要时采用补偿措施。

（3）汽包水位测量系统，应采取正确的保温、伴热及防冻措施，以保证汽包水位测量系统的正常运行及正确性。

（4）汽包就地水位计的零位以制造厂提供的数据为准并进行核对、标定。随着锅炉压力的升高，就地水位计指示值将低于汽包真实水位。

（5）按规程要求对汽包水位计进行零位校验。当各水位计偏差大于 30mm 时，应立即查明原因予以消除。当不能保证两种类型水位计正常运行时，必须停炉处理。

（6）严格按照运行规程及各项制度，对水位计及其测量系统进行检查及维护。机组启动调试时应有汽包水位计安装、调试及试运专项报告，并将其列入验收主要项目之一。

（7）当一套水位测量装置因故障退出运行时，应填写包括故障原因、处理方案、危险因素预告注意事项等处理故障的工作票，一般应在 8h 内恢复。若不能完成，应制定措施，经厂级或以上责任人批准，允许延长工期，但最多不能超过 24h，并报上级主管部门备案。

（8）锅炉高、低水位保护

1）锅炉汽包水位高、低保护应采用独立测量的三取二的逻辑方式。当有一点因某种原因需退出运行时，应自动转为二取一的逻辑方式，并办理审批手续，限期在 8h 内恢复；当有二点因某种原因须退出运行时，应自动转为一取一的逻辑方式，应制定相应的安全运行措施，经规定的责任人批准，限期在 8h 内恢复，如逾期不能恢复，应立即停止锅炉运行。

2）锅炉汽包水位保护在锅炉启动前和停炉前应进行传动校检。用上水方法进行高水位保护试验、用排污阀放水方法进行低水位保护试验，严禁用信号短接方法进行模拟传动替代。

3）在确认水位保护定值时，充分考虑因温度不同而造成的实际水位与水位计（变送器）中水位差值的影响。

4）锅炉水位保护的停退，必须严格执行审批制度。

5）汽包锅炉水位保护是锅炉启动的必备条件之一，水位保护不完整严禁启动。

（9）运行中无法判断汽包确实水位时，应紧急停炉。

（10）给水系统中各备用设备应处于正常备用状态，按规程定期切换。当失去备用时，应制订安全运行措施，限期恢复投入备用。

（11）建立锅炉汽包水位测量系统的维修和设备缺陷台账，对各类设备缺陷进行定期分析，找出原因及处理对策，并实施消缺。

（12）运行人员必须严格遵守值班纪律，监盘思想集中，经常分析各运行参数的变化，准确判断及处理事故。加强运行人员的培训，提高其事故判断能力及操作技能。

8.4.9.10　防止仪表设备失效

（1）数据库设计合理或者修改恰当，逻辑的设计思想满足工艺要求。保持如仪表设备的输出和反馈信号的输入，回路断开或者开路等的逻辑状态特性正常。

（2）采用的仪表设备符合温度、湿度、振动、量程、雷电、腐蚀等环境条件，并符合工艺质量、元器件质量、安装质量要求。建立包括使用年限在内的仪表设备台账，避免超使用年限以及超负荷使用，以防元器件老化和质量不良现象。

（3）防止发生如电源线或地线开路、接线错误与接触不良现象；防止仪表设备或电路板的自身电源组件的输入电压超过允许偏差；防止电源组件自身电路故障造成电压异常升高或者降低等电源故障。

（4）避免插件松动，虚焊脱焊，接点表面氧化，端子接线不牢固，接触簧片弹性退化等接触不良现象。防止电阻器端帽松脱造成开路，电阻值变化等可能造成逻辑值模糊的故障。防止电容器断路或者开路，电容值变化可能引起去耦不良、振荡器频率变化等故障。

（5）防止一条线上的信号因感应而耦合到另一条线上，形成干扰波形。避免因电路板接触不良而导致绝缘不良。防止因屏蔽不良而使产生信号畸变或者失真等相关故障。

（6）保持温度自动化仪表用变压器放大器正常、导线无断线等，以防温度仪表指示出现突然变到最大值或最小值现象；控制参数 PID 调整到位，以防仪表指示出现快速振荡现象；防止因工艺操作发生变化或是仪表设备自身发生故障，导致出现大幅度缓慢波动现象。

（7）保持测量系统工作正常，无引压导管系统堵塞、压力变送器故障等，避免压力仪表的数值在工艺操作变化时未出现任何变化；保持 PID 参数在正常范围内调整，避免在工艺操作未发生变化时，仪表指示出现快速振荡波动故障。

（8）保持工艺操作、仪表本身或是 PID 参数设置正常，防止流量指示值减小或是不能恢复正常；保持流量仪表设备本身和信号传输系统、测量引压系统正常，防止指示值拒动；保持流量调节装置正常并避免管道堵塞、物料结晶或是压力不足，避免流量仪表指示值突然降至最低。

（9）若液位仪表指示值在最大或是最小，现场仪表指示值正常时，可将自动化仪表系统从自动控制调到手动控制。此时，若液位可以在某个范围内保持稳定，则是仪表出现故障，若是无法保持稳定，则是工艺操作原因引起的故障。

（10）推行自动化仪表设备自动诊断技术，并可借助自动诊断信息，为制订维护和检修计划提供依据。

8.4.9.11　设备标志标识与技术资料

（1）阀门编号及开关方向标志齐全清晰。

（2）管道涂色或色环、介质名称及流向标志齐全清晰。

（3）主设备及主要辅助设备名称、编号、转动方向标志齐全清晰。

（4）操作盘、仪表盘上控制开关、仪表、熔断器、二次回路连接片名称齐全清晰，仪表刻度盘额定值处划有红线。

（5）锅炉技术登记簿是否齐全，内容正确完整。

（6）设备大小修总结及时、完整，有关资料齐全。

8.4.10　系统安全分析与评价

8.4.10.1　系统安全分析

系统安全分析是从安全角度对危险源进行识别，分析导致系统设备失效的因素及其相互关系。有教科书[40]将这种调查分析归纳为如下六方面内容：

（1）调查分析可能出现的初始、诱发及直接引起事故的各种危险源及其相互关系。

（2）调查分析对系统有关的环境条件、设备、人员及其他有关因素。

（3）调查分析可利用适宜规程、工艺、设备、材料控制或消除某类特殊危险源的措施。

（4）调查分析可能出现的危险源的控制措施及实施这些措施的最佳途径。

（5）调查分析不能根除的危险源失去或减少控制的可能出现的后果。

（6）调查分析危险源一旦失控的防止伤害和损害的安全防护措施。

系统安全分析需要根据不同系统与不同系统阶段采取不同的析的方法。这些方法可按分析过程的相对时间进行分类，可按分析对象、内容进行分类。另外，按数理方法可分为定性分析与定量分析，按逻辑方法可分为归纳分析与演绎分析。

美国职业与健康管理局于 1992 颁布工艺安全管理（PSM）标准，从中可得到安全的设计和运行。与常见的职业安全管理体系、应急处理体系不同，工艺安全管理专注于如火灾，爆炸，有毒化学品泄漏等重大事故预防。通过对工艺设施整个生命周期中各个环节的管理来减少或消除事故隐患，提高工艺设施的安全。工艺安全管理包含如下 14 个互相关联的要素：

工艺安全信息；　　工艺危害分析；　　操作程序和安全惯例；

技术变更管理；　　质量保证；　　　　承包商管理；

开工前安全检查；　设备完整性；　　　事故调查；

设备变更的管理；　人员变更管理；　　培训及表现；

应急计划及响应；　审核。

在此需要特别申明的是，PSM 不是一个由管理层下达到其职工和承包商的管理程序，而是一个涉及每个人的管理程序，所有管理人员，职工和承包商都为 PSM 的成功实施负有责任。管理层必须组织和领导 PSM 体系初期的启动，但职工必须在实施和改进上充分参与进来，因为他们是最了解工艺如何运行的人，必须由他们来执行建议和变动。内部职能部门和外部顾问这样的专家组可以针对特定领域提供帮助，但 PSM 从本质上来说是生产管理部门的职责。

8.4.10.2　危险源辨识与评级

危险源辨识的方法很多，基本方法有询问交谈、现场观察、查阅有关记录、获取外部信息、工作任务分析、安全检查表、危险与可操作性研究、事件树分析、故障树分析。这几种方法都有各自的适用范围或局限性，辨识危险源过程中使用一种方法往往还不能全面地识别其所存在的危险源，通常是要综合运用两种或两种以上方法。例如，"三、三、七"危险源辨识法。所谓"三、三、七"是指包括正常、异常、紧急的三种状态，过去、现在、将来三种时态，机械能、电能、热能、化学能、放射性、生物因素、人机工程因素（生理、心理）七种安全类型。

对于系统危险源要同时考虑可能造成多大损失即受害程度或损失大小，以及造成某种损害的难易程度两个方面。这两方面问题体现出来的风险，可用如下象征性的数学模型形式来表示没有危险的地方或是没有不可靠的地方，也就没有风险：

$$风险(Risk) = 不可靠性(Uncertainty) \times 损害(Damage) \qquad (8-14)$$

从另一视角看，风险也可用下式来表示在同等危险源下，安全防护的措施和设备是决定风险的基本因素：

$$风险(Risk) = \frac{危险源(Hazard)}{安全防护(Safeguards)} \qquad (8-15)$$

系统危险源一般是按危险源在触发危险因素作用下转化为事故的可能性大小与危险源引起事故后果的严重程度进行危险源分级，其中重大危险源划分为四级定性或定量标准。危险源分级实质上是对危险源的评价。重大危险源分级的目的在于：①可以预先识别系统的危险性，使企业的安全管理由事后处理变为事先预测、预防，促使企业达到规定的安全要求，有效地预防事故发生，减少财产损失和人员伤亡。②通过重大危险源分级，能够进一步预测重大危险源发展为事故后，造成人员伤亡和财产损失的严重程度，以及系统危险可能造成的经济损失，以选择最佳的控制措施。③对存在缺陷和事故隐患的危险源，督促企业加大投入以治理整顿，跟踪监控，采取有效措施以消除事故隐患，确保安全生产。④为安全生产监管部门和生成企业提供科学化、制度化、规范化、信息化的现代安全生产管理手段；为政府安全生产决策、重特大事故应急救援提供基础数据及科学决策依据。

目前已有的重大危险源分级方法主要包括："死亡半径法"、"易燃、易爆、有毒重大危险源评价法"等。我国早期的重大危险分级采用用人员伤亡和直接经济损失等定量指标，事故隐患分级标准采用事故危害和整改难度等定性指标、无定量指标。在此摘录出一些常用危险源划分标准，其中表 8-18 是按发生事故的可能性大小将危险源划分为六级，表 8-19 是从危险源转化为事故后果的严重性来划分危险源等级。表 8-20 是我国国家标准或行业标准中规定的一些危险源的危险等级案例。一些标准中规定有很强的专业性的危险源等级计算方法，不再详述。

按发生事故的可能性大小的危险源划分　　　　　　　　　　　　表 8-18

级别	A	B	C	D	E	F
事故发生的可能性	非常容易	容易	较容易	不容易	难	极难

按事故危险程度　　　　　　　　　　　　表 8-19

级别	一级	二级	三级	四级
危害程度	可忽略的	临界的	危险的	破坏性的
危害后果	不会造成人员伤害和系统破坏	可能造成人员伤害和系统破坏，但可排除和控制	会造成人员伤害和系统破坏，需立即采取控制措施	造成人员伤害以及系统破坏

我国国家或行业标准中规定的危险源的危险等级（部分）　　　　　　　　　　　　表 8-20

按坠落高度（即与基准面的高差）的高处作业（坠落事故危险源）划分（GB 33608）			
危险源等级	一级	二级	三级	四级
指标（m）	2～<5	5～<15	15～<30	≥30

按压力容器设计承受压力等级划分			
承压等级	低压（L）	中压（M）	高压（H）	超高压（U）
指标（MPa）	$0.1<p≤1.6$	$1.6<p≤10.0$	$10.0<p≤100.0$	$p≥100.0MPa$

根据压力容器安全状况，新的分为 1、2、3 三个等级，在役的分为 2、3、4、5 四个等级。锅炉另单独划分。

按死亡人数与经济损失划分的重大危险源（计算方法见相关标准）			
危险源等级	一级重大危险源	二级重大危险源	三级重大危险源	四级重大危险源
可能造成死亡人数	30 人及以上	10～29 人	3～9 人	1～2 人
直接经济损失	1000 万元及以上	500 万元及以上 1000 万元以下	100 万元及以上 500 万元以下	50 万元及以上 100 万元以下

冶金系统按发生事故的可能性和事故后果的严重性程度划分［原冶金部（1993）冶安环第 264 号文］			
危险源等级	一级危险源（A 级）	二级危险源（B 级）	三级危险源（C 级）	四级危险源（D 级）
定性指标	事故发生潜在危险性很大并难以控制，一旦发生将造成多人伤亡的重大事故地方	事故发生潜在危险性较大并较难控制，容易发生伤亡或多人伤害的地方	导致重大事故风险较小，但经常发生或潜伏有发生事故可能性较大的地方	具有一定危险性，有可能发生一般伤害的地方

8.4.10.3 系统安全评价方法

所谓安全评价是指对系统存在的安全因素进行定性和定量分析，以评价标准为基准，评估系统的危险度，提出改进措施。此定义揭示出，安全评价的基础是定性和定量分析，包括有安全测定、安全检查和安全分析；安全评价的方法是以评价标准为基准，进行潜在系统危险源评价，确定改进措施和途径；安全评价的目的是寻求最低的事故率。安全评价遵循的基本原则是：

（1）系统思维原则。将系统及其所在环境空间、延续时间的集合性、相关性和层级性相协调，全面审视系统潜在的危险源。

（2）类推原则。所谓类推是指当已知两个不同事件之间的共同联系、互相约束的规律，即可利用已发事件的发展规律来评价迟发事件的发展趋势。

（3）概率原则。若对某系统所发生事件的评价结果是属于小概率事件，则推断该系统是安全的；若是概率很大，则该系统是不安全的。

（4）惯性原则。根据在系统稳定的条件下，同一事物的发展都是带有一定延续性即是惯性，可推断系统发展的趋势。需注意的是，因绝对稳定的系统是不存在的，也就需要根据系统某些因素的偏离程度对评价结果进行修正。

垃圾焚烧发电厂危险源评价有诸多种方法，如施工作业的危险源评价法、作业条件的管理因子危险性评价法、安全检查表法、预先危险性分析法、层次分析法。可采用多种评价方法评价同一危险源，做到相互验证。适用于项目建设运行不同阶段的安全分析方法参见表 8-21。

系统安全评价方法适用情况　　　　　表 8-21

分析方法	开发研制	方案设计	样机制造	详细设计	安装建设	运行管理	改建扩建	事故调查	拆除
检查表		√		√	√	√	√		√
预先危险性分析	√	√	√	√			√		
危险性与可操作性研究			√	√		√	√	√	
故障类型和影响分析			√	√		√	√	√	
事故树分析		√		√		√	√	√	
事件树分析			√			√	√	√	
因果分析			√	√		√	√	√	

对生活垃圾焚烧厂的系统安全评价的核心是对安全管理评价，也就是评价企业的安全管理体系和管理工作的有效性与可靠性，评价企业预防事故发生的组织措施的完善性，评价企业管理者和操作者素质与不安全行为的可控程度。

有研究提出安全管理与机物因素、环境因素所占比例分别是 24%、60% 与 16%。这种权重分配体现了本质安全在系统安全中占主导地位的指导思想。当然这种权重分配是动态的，对不同企业、不同时期是不同的。当企业的本质安全措施不能满足安全要求时，就需要提高安全管理的权重，以弥补本质安全的不足。常用的管理因子危险性评价法采用危险性的值，记为 D。D 值越大说明危险性越大，需要增加安全措施。D 值按式计算：

$$D = L \times E \times C \times M \tag{8-16}$$

式中　L——因子发生事故的可能性大小，与作业类型有关；

E——暴露危险因素中的频繁程度，仅与作业时间长短有关而与检修类型无关；

C——发生事故的后果，与危险源在触发因素作用下发生事故时产生后果的严重程度有关；

M——管理因子，与作业活动的管理措施以及管理措施的实施情况有关，可按表 8-22 确定。

管理因子 M 取值表   表 8-22

M 值	管理因子（条件范围）
10	1. 缺乏相关管理制度和规程，如没有安全生产责任制度、安全生产教育培训制度、安全生产检查制度、安全生产事故报告制度、安全生产事故调查处理制度、特种设备安全管理制度、特种作业管理制度、安全技术措施管理制度、劳动防护用品管理规定等。 2. 未成立相关安全管理机构。 3. 人员培训不及时到位，所有作业人员没有经过三级安全教育培训，特种作业人员未经培训，未持证上岗。 4. 没有制定安全技术措施，未取得安全生产许可证或危险化学品经营许可证。 5. 已经存在显著危险的施工位置、设备没有制定防范措施
8	1. 制定了管理制度、措施，但制度操作性差，可执行程度差。 2. 部分人员未经三级安全教育培训；部分特种作业人员未经培训，未持证上岗，即无培训记录和特种作业证书。 3. 发生事故，未指定生产、技术、安全等有关人员参加事故调查，未提出事故处理意见及防止类似事故再次发生所应采取措施的建议。 4. 未定期进行安全检查。 5. 未根据实际需要编制相应应急预案
7	1. 虽制定严格的制度、措施，但没有严格执行，或执行不到位，常有违章事件。 2. 无专人对劳动防护用品的使用进行监督管理。 3. 未对特殊防护用品定期检验并有记录表格。 4. 发生事故后开展了事故调查，提出事故处理意见和措施，但实施不到位。 5. 定期检查，但无安全检查记录，无隐患整改记录。 6. 成立了安全管理机构，但没有配备相应数量的安全管理人员
5	1. 未建立员工劳动防护发放登记卡。 2. 根据实际需要编制了相应应急预案，但预案未定期演练
3	1. 制定严格的制度、措施，并严格执行。 2. 所有作业人员经过三级安全教育培训，所有特种作业人员经过专业部门培训，持证上岗，培训记录和特种作业证书齐全。 3. 制定合理的安全技术措施，取得安全生产许可证。 4. 专人对劳动防护用品进行管理，建立员工劳动防护用品发放登记卡，对特殊防护用品定期检验并做记录。 5. 发生事故后开展了事故调查，提出事故处理意见及防止类似事故再次发生应采取的建议，并严格执行。 6. 定期检查，有安全检查记录和隐患整改记录。 7. 根据实际需要制定相应的应急预案，并定期演练

三个因子的评分方法见表 8-23，评价结果分类见表 8-24。具体危险源识别与评价表可见相关标准，不再列出。

三个因子的评分方法   表 8-23

\	发生事故的可能性大小	\	人体暴露在这种危险环境的频繁程度	\	发生事故可能造成的后果	
分值	L	分值	E	分值		C
10	完全可预料	10	日连续暴露≥12h	100	灾难	死亡 10 人及以上或造成重大财产损失
6	完全可能发生	6	8h≤每天暴露≤12h	40	非常严重	死亡 2～9 人或造成很大财产损失
3	可能但不经常	5	4h≤每天暴露≤8h	15	严重	重残、严重职业病或 1 人死亡或造成一定财产损失
1	可能性小，完全意外	4	每日暴露<4h	7	重大	暂时性重伤或轻残，或造成一般职业病或较小财产损失
0.5	很不可能，可以设想	3	每月暴露累计～8h	3	一般	轻微的可恢复的伤害，或轻微疾病症状或造成很小财产损失

续表

发生事故的可能性大小		人体暴露在这种危险环境的频繁程度		发生事故可能造成的后果		
0.2	极不可能			1	引人注目	不利基本的卫生健康
0.1	实际不可能					

评价结果分类及控制要求   表 8-24

D 值	危险程度	风险等级	备注
>7000	极其危险，不能继续作业	5	重大风险
$3000 \leqslant D_M < 7000$	高度危险，要立即整改	4	
$1500 \leqslant D_M < 3000$	显著危险，需要整改	3	
$500 \leqslant D_M < 1500$	一般危险，需要注意	2	低度风险
$D_M < 500$	稍有危险，可以接受	1	

最后，需要说明的是按照取之于实践，用之于实践的工程规律，积累的大量实践经验奠定了系统安全的工程理论的基础。根据这些理论形成了对反馈于实践的系统安全的辨识与评价的方法，指导工程实践的预防措施，并积累了大量经验。周而复始，螺旋上升。

下面以在经验积累的基础上，提出的简单明了、通俗易懂的安全生产十不准警示语，作为本章节的结束。

> **安全生产十不准**
> 1. 不戴安全帽，不准进入施工现场。
> 2. 高空作业不挂安全网、不系安全带，不准施工。
> 3. 穿高跟鞋、拖鞋、赤脚不准进入作业现场。
> 4. 工作时间不准喝酒，酒后不准作业。
> 5. 高空作业所用物料不准随便抛下。
> 6. 电源开关不准一闸多用。
> 7. 机械设备不准带病运行。
> 8. 机械设备的安全防护装置不完善不准使用。
> 9. 吊车无人指挥、看不清起落点不准吊装。
> 10. 防火禁区不准吸烟。

参 考 文 献

[1] 陈大燮. 动力循环分析. 上海：上海科学技术出版社，1981.

[2] 岑可法等. 高等燃烧学. 杭州：浙江大学出版社，2002.

[3] 许晋源，徐通模. 燃烧学. 北京：机械工业出版社，1980.

[4] 周校平，张晓男. 燃烧理论基础. 上海：上海交通大学出版社，2001.

[5] Г. Ф. КНОРРе 著. 马毓义译. 锅炉燃烧过程. 北京：中国工业出版社，1966.

[6] 蒋建国编著. 固体废物处置与资源化. 北京：化学工业出版社，2007：23.

[7] 陈世和，张所明. 城市垃圾堆肥原理与工艺. 上海：复旦大学出版社，1990.

[8] 何品晶等. 垃圾堆酵过程水分去除及焚烧污染衍生潜力. 同济大学学报（自然科学版），2011，39 (8)：1173-1176.

[9] 阿世孺，张洪波. 堆酵—低热值生活垃圾焚烧工艺的重要环节. 能源研究与利用，2003 (4)：39-40.

[10] 威廉·拉什杰，库伦·墨菲著. 周文萍，连惠幸译，垃圾的考古学研究. 北京：中国社会科学出版社，1999.

[11] 刘建国. 中国典型城市垃圾填埋场甲烷 $\delta^{13}C$ 特征研究. 环境科学研究，2003，17 (5).

[12] 浙江大学热能工程研究所. 中国部分城市生活垃圾热值的分析. 中国环境科学，2001，21 (2).

[13] 赵颖等. 城市生活垃圾可燃组分挥发分析出动力学预测. 清华大学学报（自然科学版），2007，47 (6).

[14] 刘鹏等. 陈腐垃圾的热解特性及动力学研究. 环境保护科学，2008，34 (5).

[15] 林海等. 大型城市生活垃圾焚烧炉的数值模拟. 动力工程学报，2010，30 (2).

[16] 江淑琴等. 城市生活垃圾的燃烧性能研究. 工程热物理学报，1998，9 (19).

[17] 蒲舸等. 城市生活垃圾可燃成分燃烧特性热重分析. 重庆大学学报，2009，32 (5).

[18] 孙锐等. 城市固体垃圾床层内燃烧过程数值模拟. 中国机电工程学报，2007，27 (32).

[19] 陆少松等. 发光火焰温度的彩色测量方法. 燃烧科协与技术，2003，9 (2).

[20] 新井纪男. 燃烧生成物的发生与抑制技术. 北京：科学出版社，2001.

[21] 刘瑞媚等. 垃圾焚烧炉排炉二次风配风的 CFD 优化模拟. 浙江大学学报 工学版.

[22] 李村生. 垃圾焚化余热锅炉受热面设计特点. 工业锅炉，2005，3.

[23] 李维特等. 热应力理论分析及应用. 北京：中国电力出版社，2004.

[24] 刘鸿文. 材料力学（第四版）. 北京：高等教育出版社，2004.

[25] 中国电力百科全书编辑部. 中国电力百科全书·火力发电卷（第二版）. 北京：中国电力出版社，2001.

[26] 王金枝，程新华. 电厂锅炉原理（第三版）. 北京：中国电力出版社，2014.

[27] 工业锅炉设计计算方法编委会. 工业锅炉设计计算方法. 北京：中国标准出版社，2008.

[28] 北京锅炉厂译. 锅炉机组热力计算标准方法. 北京：机械工业出版社，1976.

[29] 窦照英等. 锅炉压力容器腐蚀失效与防护技术. 北京：化学工业出版社，2008.

[30] 张磊等. 电站锅炉四管泄漏分析与治理. 北京：中国水利水电出版社，2009.

[31] 唐国强等. 400t/d 往复炉排的垃圾焚烧锅炉设计与应用.《工业锅炉》，2013，4.

[32] 蒋旭光等. 垃圾焚烧烟气高温腐蚀机理的研究. 电站系统工程，2002，18 (2).

[33] 徐灏. 疲劳强度. 北京：高等教育出版社，1988.

[34] 王国友等. 电站锅炉汽包热应力的产生及控制. 黑龙江电力，2005，27（5）.

[35] 程星星等. 锅炉内爆动态模拟与分析. 中国电机工程学报，2010，30（2）.

[36] 刘永辉等. 金属腐蚀学原理. 北京：航空工业出版社，1993.

[37] 贾明生等. 烟气酸露点温度的影响因素及其计算方法. 工业锅炉，2003，6.

[38] 黄荣华等. 锅炉烟气露点温度计算方法比较分析. 上海节能，2011，11.

[39] 张海英等. 生活垃圾焚烧飞灰物理化学特性研究. 上海环境科学，2007，26（1）.

[40] 张景林，崔国璋. 安全系统工程. 北京：煤炭工业出版社，2002.